SCHÄFFER
POESCHEL

Ihr Online-Material zum Buch

▶ Exklusiv für Buchkäufer: Kostenloses Zusatzmaterial
zum Download

▶ 40 Werkzeuge zur Unternehmensentwicklung –
passend zum Buch

▶ Konzepte, Interventionen und Instrumente für die praktische
Umsetzung im eigenen Unternehmen

▶ Mit Erläuterung der Anwendungsmöglichkeiten
und der Vorgehensweise

So funktioniert Ihr Zugang

▶ Gehen Sie auf das Portal **www.sp-mybook.de** und geben den
Buchcode ein oder scannen Sie den QR-Code mit Ihrem
Smartphone oder Tablet

▶ Wählen Sie auf der Internetseite zum Buch das gewünschte
Material aus

Buchcode: 3300-BA4W
www.sp-mybook.de

Barbara Heitger / Annika Serfass

Unternehmens-
entwicklung

Wissen, Wege, Werkzeuge für morgen

2015
Schäffer-Poeschel Verlag Stuttgart

Systemisches Management

Gedruckt auf chlorfrei gebleichtem, säurefreiem und alterungsbeständigem Papier

Bibliografische Information der Deutschen Nationalbibliothek
Die Deutsche Nationalbibliothek verzeichnet diese Publikation in der Deutschen
Nationalbibliografie; detaillierte bibliografische Daten sind im Internet
über http://dnb.d-nb.de abrufbar.

Print   ISBN 978-3-7910-3300-6   Bestell-Nr. 20233-0001
EPDF   ISBN 978-3-7992-6736-6   Bestell-Nr. 20233-0150

© 2015 Schäffer-Poeschel Verlag für Wirtschaft · Steuern · Recht GmbH
www.schaeffer-poeschel.de
info@schaeffer-poeschel.de

Einbandgestaltung: Melanie Frasch unter Verwendung eines Entwurfs der Autorinnen
Lektorat: Elke Schindler, Spabrücken
Grafiken und Cartoons: Stephan Rey; Piktogramme: Maria Pöll
Satz: Johanna Boy, Brennberg
Druck und Bindung: C.H. Beck, Nördlingen

Printed in Germany
Mai 2015

Schäffer-Poeschel Verlag Stuttgart
Ein Tochterunternehmen der Haufe Gruppe

Einleitung

Über das Buch und unsere Arbeit

Dieses Buch richtet sich an alle, die sich mit Unternehmensentwicklung beschäftigen. Also **Manager, Strategen, Projektverantwortliche, Organisations- und HR-Experten**, Verantwortliche für strategische **Führungskräfteentwicklung, Berater** und **Vor- und Nachdenker** – solche also, die schon durch ihre Funktion neue Antworten finden wollen, professionell neugierig und vorausschauend sind und dabei an effektive Umsetzung denken müssen. Erfahrungsgemäß haben sie oft wenig Zeit, weil sie mit Projekten und Tagesgeschäft mehr als gut ausgelastet sind. Zugleich haben sie das Bedürfnis, sich rasch darüber zu orientieren, was Unternehmensentwicklung ausmacht, welche Trends und Themen Unternehmensentwicklung bestimmen und ob bzw. wie sie integriert werden können – kurz: Sie wollen sich pointiert und reflektierend orientieren, wissen, worauf es zu achten gilt und wo man ansetzen kann. Für sie haben wir dieses Buch geschrieben: Unternehmensentwicklung aus einer systemischen Perspektive.

Ein schneller Überblick

Wir beschreiben zunächst unser Modell für integrierte Unternehmensentwicklung, das wir seit vielen Jahren in unseren Beratungsprojekten verwenden. Das Modell integriert vier Kernthemen der Unternehmensentwicklung, an denen gearbeitet wird und die aufeinander bezogen werden: Strategie, Organisation, Personen (bzw. deren Verhalten, Fähigkeiten und Relation zum Unternehmen) und Führung. Der Führung kommt dabei eine besondere Rolle zu – ihre Kernaufgabe ist es, für die Lebens- und Zukunftsfähigkeit des Unternehmens zu sorgen. Wir beschreiben Trends und Herausforderungen der Unternehmensentwicklung aus systemischer Sicht (→ KAPITEL 1 und 2) und beleuchten daran anschließend zehn Themenfelder, in denen sich Unternehmensentwicklung inhaltlich positionieren muss; Themenfelder, die kontinuierlich und langfristig Unternehmen wesentlich verändern werden und die Unternehmen ihrerseits auch wesentlich gestalten; Themenfelder also, zu denen sich Unternehmen »ent-scheiden« müssen, als da sind: Innovation, Internationalisierung und Interkulturalität, Virtuelle Zusammenarbeit, Digitalisierung: Web 2.0 und Media Literacy, Lösungsgeschäft als Ko-Kreation, Strategische Kooperationen, Governance, Compliance und Business Ethics, Resilienz durch Robustheit und Agilität, Finanzierung und Liquidität sowie Nachhaltigkeit (→ Kᴀᴘɪᴛᴇʟ 3 Eɴᴛ-Sᴄʜᴇɪᴅᴜɴɢᴇɴ). In der Synthese erarbeiten wir daraus die Konsequenzen für Inhalte und Prozesse der Unternehmensentwicklung (→ Kᴀᴘɪᴛᴇʟ 4: ɴᴇᴜᴇ Wᴇɢᴇ ꜰür Uɴᴛᴇʀɴᴇʜᴍᴇɴsᴇɴᴛᴡɪᴄᴋʟᴜɴɢ) und machen in Fallstudien (→ Kᴀᴘɪᴛᴇʟ 5) und anhand von beispielhaften Werkzeugen (→ Kᴀᴘɪᴛᴇʟ 6 und Online-Angebot zum Buch) deutlich, wie die Übersetzung in die Praxis aussehen kann.

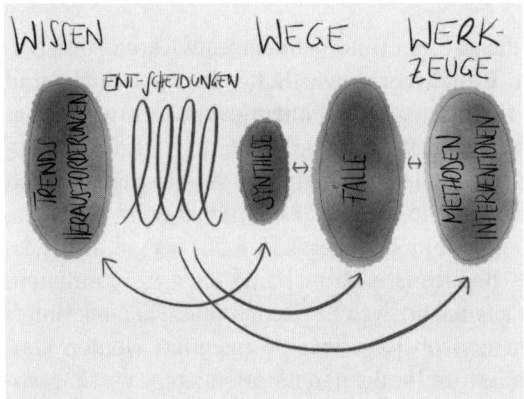

Abb. 1: Die Kapitel im Überblick
(Illustration Maria Pöll)

Dieses Buch wird Ihnen keine richtungsweisenden Entscheidungen abnehmen. Es möchte Sie aufmerksam machen, welche Gabelungen, Chancen und Hindernisse auf dem Weg auftauchen können. Es versteht sich nicht als Gebrauchsanweisung, sondern als Orientierungshilfe. Es bietet Hinweise zu Wegen, Wissen und Werkzeugen, die für Unternehmensentwicklung zur Verfügung stehen.

Wozu dieses Buch – VUKA und Unternehmensentwicklung

Als systemische Berater ist unser Kerngeschäft die Beratung von Unternehmen im Rahmen von Entwicklungsinitiativen und dem damit verbundenen Wandel, das Coaching von Entscheidungs- und Umsetzungsverantwortlichen sowie strategisches Leadership-Development. In unserer Arbeit haben wir Themenfelder beobachtet, auf die sich unsere Kunden grundsätzlich neu einstellen müssen – die strategischen Entscheidungsthemen. Und das in einem Umfeld hohen operativen Drucks. Diese Gleichzeitigkeit von notwendiger Erneuerung und hohem Effizienz- und Zeitdruck hat uns als Berater sehr beschäftigt. Weil wir uns als Pioniere verstehen, war dies für uns der Motor, unser Modell der Unternehmensentwicklung weiterzuentwickeln und neue rote Fäden in das Modell einzuweben. Entstanden sind neue Landkarten für Unternehmensentwicklung, die diese Themen aufgreifen und damit unseren Kunden schnelle und fundierte Orientierungshilfen geben.

Die Welt verändert sich seit Beginn des 21. Jahrhunderts mit einer Geschwindigkeit, die uns einerseits staunen lässt und uns andererseits zutiefst verunsichert: Was bleibt gültig, und was wird morgen schon wieder ganz anders sein? Und wie immer geht es darum, eine Balance zu finden, die Zukunft einerseits proaktiv zu gestalten und andererseits ihre Offenheit und Ungewissheit auszuhalten. Fundierte Zukunftsarbeit mit unseren und für unsere Kunden gehört zu fundierter Unternehmensentwicklung.

Volatilität, **U**nsicherheit, **K**omplexität und **A**mbiguität, kurz VUKA, charakterisieren den neuen Normalzustand der Unternehmensentwicklung, und dieser Umstand hat die Unternehmensentwicklung und damit auch unsere Beratungspraxis deutlich verändert. Die hohe Komplexität und Fragilität der Märkte erfordern von Unternehmensentwicklern dreierlei – zum einen eine Weiterentwicklung ihrer **Prozesse und Methoden,** die **flexibel und schnell** Umsetzungsschritte ermöglichen, auf die dann weitere aufbauen, ohne dabei den roten Faden zu verlieren (statt klassischer Strategiehandbücher), zum anderen ein tiefes **Verständnis übergreifender Entwicklungen** sowie ihrer Logik und Dynamik, mit der sie auf Unternehmen einwirken (z.B. Internationalisierung, Web 2.0 etc.). Das stellt Manager, Strategieexperten wie Berater vor neue Herausforderungen, weil neue Themen in der Unternehmensentwicklung systemisch verstanden, verknüpft und gestaltet werden wollen (statt funktionaler Teilstrategien). Schlussendlich geht es darum, die Unternehmensentwicklung in einem VUKA-Umfeld **robust und agil** zu gestalten – Wachstums- und Kostenziele nicht zu überstrapazieren, zugleich aber Potenziale schnell und entschlossen aufzugreifen. Projekte erfordern damit auch auf Beraterseite **integriertes Arbeiten,** indem das Gestalten von Architekturen und Arbeitssettings für Entwicklungsprozesse (Strategieentwicklung, Reorganisation etc.) verbunden wird mit inhaltlichem Sparring zu den jeweiligen Sachfragen (z.B. zu Varianten des Organisationsdesigns oder Strategieoptionen, Internationalisierungsvarianten ...). Außerdem geht es darum, diese Gestaltungs- und inhaltliche Sparringfunktion zu verknüpfen mit der Entwicklung von produktiven, stabilen und agilen Kooperationsplattformen bzw. tragfähigen Arbeitsbeziehungen zwischen Personen, Teams, Organisationseinheiten und Stakeholdern. Solche neue Arbeitsformen sind immer öfter »Hybride« zwischen Beratung, Information, Austausch, gemeinsamem Nachdenken, Kreativität und Innovationsarbeit, persönlichem und Teamlernen. Das stellt auch **Berater vor neue Ansprüche.** Für Beraterteams bedeutet dies, ihre Kompetenzen in folgenden Bereichen weiterzuentwickeln:

- **systemische Kompetenz** für Architektur und Design von Wandel: je nach Veränderungskonzept und Systemdiagnose konsistente Settings zu schaffen für das Steuern/Entscheiden, für Involvement und inhaltliche Arbeit, für Erproben und Evaluation, für Training und Unterstützung

- **inhaltliche Kompetenzen** zu Themen des General Managements (Strategie, Organisation, Human Resources, Ergebnisse und Effizienz steuern, Innovation, Führung etc.) und den jeweils zu bearbeitenden Trends der Unternehmensentwicklung bzw. der jeweiligen Branche, sodass die Berater die Funktionalität und Logik der jeweiligen Themen gut aufeinander beziehen können bzw. dafür produktive Arbeitsformate und Fragen bzw. Sparringinterventionen ins Spiel bringen können
- **Containment schaffen und Kommunikationskompetenz:** d.h., die Problemlösungsfähigkeit des Systems weiterentwickeln durch Coaching, Teamentwicklung, gezieltes Bearbeiten von Konflikten/Spannungsfeldern oder Kommunikationsblockaden sowie Widerständen, wenn Komplexität und Druck zunehmen. Das erfordert emotionale und soziale Stabilität im Beratersystem und im Kooperationssystem mit dem Kunden ebenso wie ein Interventionsrepertoire, das Containment oder Stabilität für das Bearbeiten von Turbulenzen umfasst oder aufrüttelt und Spannung aufbaut, wenn das System zu unbeweglich ist.
- **VUKA Kompetenz der Beratung:** agiler und flexibler mit Kunden zu arbeiten und gleichzeitig stabile Zonen und Formate für das Bearbeiten von Turbulenzen zu schaffen. Der stärkere Sog ins Operative macht die Außenperspektive der Berater wichtiger und dass sie Settings schaffen, in denen das Öffnen für Neues gut inszeniert wird und bearbeitet werden kann. Dies schafft die Notwendigkeit, zwischen Ko-Kreation mit dem Kunden und Eigenarbeit in der Beratung (konsequente Systemdiagnose durch die Berater mit Verarbeitung in Konzeptszenarien) zu oszillieren.

Die Integration dieser Perspektiven ist anspruchsvoll und wird auch in den Weiterentwicklungskonzepten der systemischen Beratung intensiv diskutiert. Wesentlich dabei ist, dass der klassische Widerspruch zwischen fachlich orientierter Expertenberatung und systemischer Prozessberatung damit transzendiert wird (vgl. dazu insbesondere Wimmer et al. 2014 und auch Königswieser et al. 2006).

Diese Entwicklung unserer Arbeit hat uns als systemische Berater motiviert, dieses Buch zu schreiben. Es geht uns darum, wesentliche Linien der Unternehmensentwicklung nachzuzeichnen und in ihrer systemischen Dynamik zu verstehen, klar herauszuarbeiten, zu welchen Themen sich Unternehmen entscheiden und positionieren müssen und was das insgesamt für Unternehmensentwicklung heißt – ganz gleich, ob aus der Perspektive der entscheidenden Managementteams, der internen oder externen Berater oder aus der Sichtweise der jeweils involvierten Experten. Jeder dieser Perspektiven – so unsere These – ist mit einem tieferen Verständnis dieser Gesamtentwicklung geholfen. Gilt es doch, die eigenen Interventions- und Entscheidungsstränge konsequenter mit dem Gesamten in Beziehung zu setzen.

Gebrauchsanweisung

Dieses Buch bietet diverse Lesemöglichkeiten: neben der chronologischen kann auch einfach von Thema zu Thema gesprungen werden, je nach Anliegen oder Thema, das besonders interessiert. Zu diesem Zweck haben wir ein paar Orientierungshilfen vorgesehen:

1. **Verweise**
   - Listen für **Trends und Thesen**
   - Am Ende jedes Ent-Scheidungskapitels geben wir **Hinweise auf verwandte Themen** in anderen Ent-Scheidungskapiteln des Kapitels 3 **sowie auf hilfreiche Fälle und Methoden** zum Thema (Kapitel 5 und 6).
   - Wenn im Fließtext auf ein anderes Kapitel, ein Fallbeispiel oder auf eine Methode verwiesen wird, geschieht dies im folgenden Format: → VERWEIS-FORMAT

2. **Piktogramme**
   Um inhaltliche Hauptstränge leicht nachvollziehbar zu machen und um Beispielfälle und passende Methoden schnell zu finden, sind am Seitenrand Piktogramme zu folgenden Begriffen eingefügt, die sich zum einen auf unser Modell der Unternehmensentwicklung beziehen (vgl. auch Abbildung 2, S. 6):

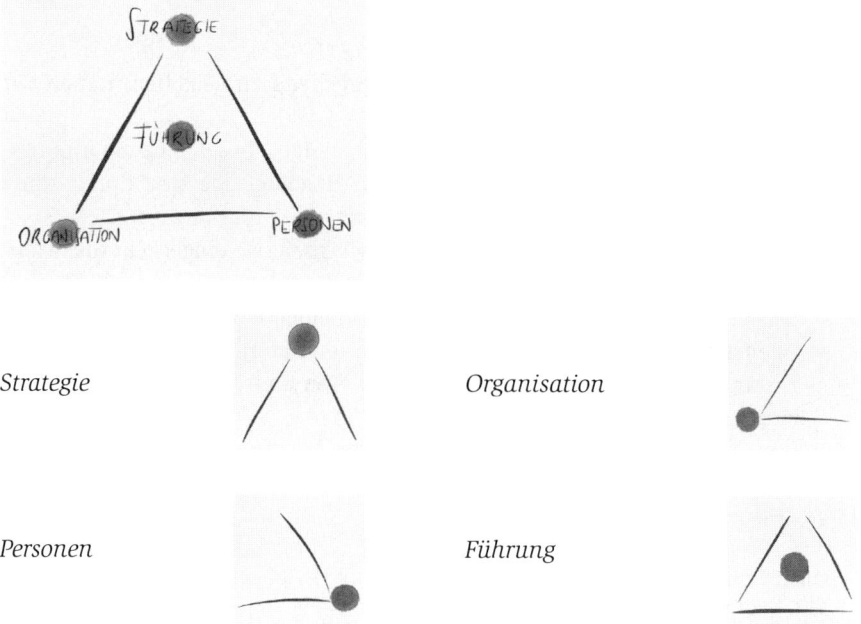

Zum anderen unterscheiden wir zwischen Interventionen (Werkzeugen), die auf »Explore« oder »Exploit« abzielen:

Explore    *Exploit*

Damit meinen wir öffnende Interventionen (Explore – Neues, Innovation als Ziel bzw. das Lösen komplexer Probleme durch Öffnen) oder schließende Interventionen (Exploit – Klarheit schaffende Entscheidungen, die auf Effizienz und unmittelbare operative Umsetzung gerichtet sind). Die Unterscheidung beider Entscheidungstypen ist im VUKA-Umfeld besonders wesentlich.

Fälle…    Werkzeuge…

Die Piktogramme sind jeweils dort zu finden, wo sich der Fließtext auf das Thema bezieht. Das Werkzeug-Piktogramm verweist dabei auch auf das begleitende Online-Angebot zum Buch, das den ausführlichen Werkzeugkasten mit allen angesprochenen Instrumenten enthält (→ Kapitel 6).

3. Weitere strukturgebende Elemente

Um das Buch abwechslungsreich und ansprechend zu gestalten, haben wir zur Orientierung für Sie als Leser

– am Anfang jedes Ent-Scheidungskapitels einige Thesen und Spannungsfelder als kurze Übersicht in das Thema eingefügt. Sie sind durch einen grauen senkrechten Balken gekennzeichnet.

– längere Zitate anderer Autoren und Interviewbeiträge eingerückt und Motivationszitate rechtsbündig kursiv gedruckt.

– Beispiele, wichtige Aussagen etc. jeweils in einen Rahmen gesetzt.

– Quellenangaben und Literaturvorschläge jeweils am Ende jedes Kapitels zusammengefasst, um das direkte Weiterlesen und Vertiefen in ein Thema zu erleichtern.

Literaturhinweise

Wimmer, Rudolf/Glatzel, Katrin/Lieckweg, Tania (Hrsg.) (2014): Beratung im dritten Modus. Die Kunst, Komplexität zu nutzen. Heidelberg 2014.
Königswieser, Roswita/Sonuc, Ebru/Gebhardt, Jürgen (Hrsg.) (2006): Komplementärberatung. Das Zusammenspiel von Fach- und Prozeß-Know-how. Stuttgart 2006.

Dankeschön ...

Die viele Arbeit, die geleistet werden muss, bis so ein Buch seinen Weg zu den Lesern findet, ist von Einzelnen gar nicht zu bewerkstelligen. Auch wenn wir beide – Annika und Barbara – dieses Buch entworfen, (das meiste) geschrieben und es zu einem Ganzen gemacht haben, so ist es doch eine Koproduktion, bei der unterschiedliche Perspektiven und Beitragsqualitäten wirksam wurden: Experten und Kunden haben ihre Praxis und Fachexpertise eingebracht – vor allem wo es darum ging, die Systemdynamik zu aktuellen, neuen Themen der Unternehmensentwicklung (Kapitel 3) zu verdeutlichen. Durch diese Vielfalt hat jedes Kapitel eine gewisse Eigenheit erhalten.

Daher möchten wir die Gelegenheit nutzen und uns bei all denen bedanken, die uns bei der Erstellung dieses Buches unterstützt haben! Als wir die Idee des Buches in unserer Beratergemeinschaft vorstellten, gab es viel Engagement, daran mitzuarbeiten. Wir haben uns darüber sehr gefreut, denn der ko-kreative Ansatz ist Grundlage unserer Arbeit als Berater. Genauso wie die Unternehmensentwicklung und unsere Beratungsprojekte ist also auch dieses Buch Ergebnis einer solchen schöpferischen Zusammenarbeit.

Viele der Themen und Ideen, die in diesem Buch erscheinen, haben wir zuerst in **unserem Kernteam** diskutiert und aufgegriffen. Unseren Kolleginnen und Kollegen gebührt ein großes Dankeschön für kontinuierliche Kooperation an Themen der Unternehmensentwicklung, am Austausch über Kundenbedürfnisse und über methodische Weiterentwicklungen. Danke also an: *Manfred Bouda, Judith Kölblinger, Werner Kroer, Matthias Pöll* und *Peter Wogenstein.* In der Konzeptphase des Buches war auch *David Schubert* dabei.

Unsere Idee war, dass wir beide – Annika Serfass und Barbara Heitger – uns als Autoren auch für den roten Faden sowie Richtung und Rahmen des Buches verantwortlich fühlen, zugleich aber Kolleginnen und Kollegen, Experten und Kunden zur Mitwirkung eingeladen haben – so wie es der Komplexität des Themas und der Philosophie systemischen Arbeitens entspricht. Diese haben uns auf sehr unterschiedliche Art und Weise unterstützt – je nach ihrer persönlichen Expertise und auf ihre eigene Art – manche als Koautoren, andere als Gesprächs- und Interviewpartner, die uns mit Rat und Expertise bei Themen unterstützten, in denen wir die aktuellen Trends und Fachwissen mit der systemischen Perspektive integrieren wollten. Wiederum andere trugen als »Pilotleser« mit ihren Anregungen und Kommentaren zur Überarbeitung der ersten Versionen des Buches bei. Das entstandene Buch ist somit auch ein Gemeinschaftswerk unterschiedlichster Perspektiven und Erfahrungen. Eine genaue Auflistung der Koautoren und ihrer Themen ist in unserem Mitwirkendenverzeichnis zu finden. An sie geht unser Dank für ihre Beiträge und für ein geglücktes Experiment. Vielen herzlichen Dank sagen wir zudem all den **Experten,** die sich für **Gespräche und Interviews** zur Verfügung gestellt haben – ihre Impulse waren für die entsprechenden Kapitel außerordentlich wertvoll:

- Dr. Silvia Buchinger (Relation Unternehmen – Mitarbeitende)
- Prof. Dr. Matthias Gollwitzer (Finanzierung und Liquidität)
- Timo Kob (IT-Sicherheit)
- Lothar Köppl (Nachhaltigkeit)
- Susanne Leithner (Innovation)
- Manuela Mackert (Governance, Compliance und Business Ethics)
- Kurt Schäfer (Finanzierung und Liquidität)
- Guido Schwarz (Nachhaltigkeit)
- Ullrich Silaba (Finanzierung und Liquidität, Internationalisierung)
- Johanna Pasiecznik (Nachhaltigkeit)
- Prof. Dr. Josef Wieland (Governance, Compliance und Business Ethics)
- Prof. Dr. Helmut Willke (Governance, Compliance und Business Ethics)
- und weiteren, denen wir danken, ohne – aus Datenschutzgründen – ihre Namen zu nennen.

Wir danken *Maria Pöll* für die Erstellung der orientierungsgebenden **Piktogramme** und des zeichnerischen Inhaltsverzeichnisses.

Stephan Rey danken wir für seine umwerfenden **Grafiken,** die, mit Engagement und viel Humor entstanden, das Buch bereichern.

Nicht zuletzt danken wir all denen, die eine Kapitelrohfassung als **Kommentator und Feedbackgeber** durchgearbeitet haben, für ihre vielfältigen Impulse:

- Benjamin Bahr (Nachhaltigkeit)
- Dr. Stefan Bergheim (Trends)
- Manfred Brandstätter (Resilienz)
- Barbara Costanzo (Web 2.0)
- Franz Ehrenschwendtner (Einführungskapitel, diverse Interventionen, Lösungsgeschäft, Neue Wege)
- Gerald Fitz (Nachhaltigkeit)
- Hergen Haas (Internationalisierung)
- Gregor Handler (Einführungskapitel)
- Oliver Holle (Strategische Kooperationen)
- Eva Kiefer (DNA und Herausforderungen)
- Judith Kölblinger (diverse Interventionen, Neue Wege)
- Werner Kroer (Innovation)
- Matthias Lang (Neue Wege)
- Dr. Wolfgang Looss (Neue Wege)
- Dr. Manfred Majorkovits (Strategische Kooperationen)
- Rainer Markfort (Governance)
- Christina Orisich (DNA und Herausforderungen)
- Alexander Pöll (Web 2.0)
- Matthias Pöll (Virtuelle Zusammenarbeit)
- Dr. Helmut Reisinger (Lösungsgeschäft)
- Michael Roehrig (Neue Wege)
- Maria Riolo (Internationalisierung)

- Dr. Gerd Schlaich (Strategische Kooperationen)
- Linnéa Serfass (diverse Interventionen)
- Monika Serfass (Einführungskapitel)
- Wolfgang Serfass (Trends)

- Ebru Sonuc (Einführungskapitel)
- Mechtild Walser-Ertel (Virtuelle Zusammenarbeit)
- Peter Wogenstein (Trends)
- Gerhard Zeiner (Innovation)

Solch ein Buch verursacht auch viel Arbeit, die oft unsichtbar bleibt, aber maßgeblich zur Fertigstellung beiträgt. Hier hat uns **unser Office-Team** zuverlässig und kontinuierlich unterstützt, uns tausend Kleinigkeiten abgenommen und uns immer wieder Zeit für Bucharbeit freigeschaufelt. Besonderer Dank dafür an *Ira Stalzer* und *Jessica Schreckenfuchs*. Sie haben uns all das Wichtige abgenommen, was nicht direkt mit dem Schreiben zu tun hat: Layout, Grafiken, Literaturverzeichnisse, Koordination von Pilotlesern, Nachhaken bei Koautoren, das Mitwirkenden-Verzeichnis, Textfreigaben und vieles mehr!

Bedanken möchten wir uns auch beim **Schäffer-Poeschel Verlag**, mit dem die Zusammenarbeit äußerst unkompliziert und angenehm war, besonders bei Herrn *Martin Bergmann,* der uns professionell betreut hat, gleichermaßen mit Klarheit, Ermutigung und Verständnis, und ebenso bei *Elke Schindler,* die als Lektorin mit ihrer Expertise, Sorgfalt und großem Einfühlungsvermögen in die Perspektive der Leser und Autorinnen die Endredaktion des Buches besorgt hat.

Neben der konkreten Bucharbeit gibt es viele Menschen, die uns inspirieren, unterstützen und immer wieder herausfordern. Auch durch sie sind viele der Ansätze entstanden, die jetzt im Buch zu finden sind. Ein großes Dankeschön dafür geht an *Dr. Wolfgang Looss* als langjährigem Sparringpartner und Impulsgeber.

Schließlich danken wir **unseren Kunden,** die uns oft jahrelang an ihren Unternehmens- und Organisationsentwicklungen teilhaben und mitwirken lassen. Die gemeinsame Arbeit mit ihnen und für sie ist Kern und zugleich Ausgangspunkt und Zielpunkt des Buches.

Last but not least bedanken wir uns bei **Freunden und Familien.** Barbara dankt besonders ihrer Kollegin *Judith Kölblinger,* Annika dankt besonders *Franz Ehrenschwendtner* für kontinuierliche Unterstützung und Ermutigung!

Uns beide hat die Arbeit an diesem Buch zwei Jahre beschäftigt und begleitet, abwechselnd in Wien, Berlin und in New York. Für uns beide war es auch eine gelungene Zusammenarbeit aus zwei Beratergenerationen, ein von- und miteinander Lernen, gemeinsames Entwickeln, Auseinandersetzen, über Bord Werfen und schließlich Vollenden.

Über Rückmeldungen zu den Inhalten und zu Ihren Erfahrungen mit dem in diesem Buch vorgestellten Wissen, den Wegen und Werkzeugen freuen wir uns!

Dr. Barbara Heitger und Annika Serfass

Eine Anmerkung per P.S.: Es gibt heute viele Möglichkeiten, die weibliche Be-zeichnungsform schriftlich »unterzubringen«. Um der leichteren Lesbarkeit wil-len haben wir uns entschieden, so weit wie möglich geschlechtsneutrale Be-zeichnungen zu wählen und darüber hinaus darauf zu vertrauen, dass sich Frauen von der männlichen Bezeichnung gleichermaßen angesprochen fühlen.

Inhaltsverzeichnis

1. Trends und Einführung in unser Modell für Unternehmensentwicklung

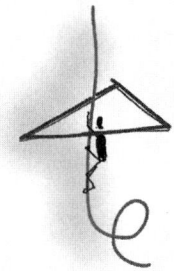 

1.1 Trends und Entwicklungen

Wie jede Generation glauben auch wir, in ganz besonderen Zeiten zu leben. Am Ende oder am Anfang einer Ära. Gekennzeichnet ist diese neue Ära von einem Umfeld, in dem so gut wie nichts mehr sicher und eindeutig scheint. Die Volatilität, Unsicherheit, Komplexität und Ambiguität (VUKA), der wir uns – im Großen und im Kleinen – ausgesetzt sehen, lassen uns sowohl staunen als auch – manchmal – erschrecken. So ein VUKA-Umfeld als neuer Normalzustand zeigt sich in vielfältigen Trends, die schon länger beobachtbar und spürbar sind, ihre ganze Auswirkung jedoch oft erst allmählich und in der Zukunft zeigen werden. Wie gehen wir mit solchen Beobachtungen um, wenn es darum geht, uns heute zum Morgen zu positionieren? In der systemischen Herangehensweise an Zukunft gilt es, die Paradoxie im Blick zu haben, Zukunft einerseits als »offen« zu akzeptieren und andererseits proaktiv zu gestalten. Trends sind wichtige Arbeitshypothesen für den Umgang mit Gegenwart und Zukunft. Ihre Beschreibungen sind vom Beobachter abhängig und daher Wahrnehmungsentscheidungen. Bei den hier ausgewählten Trends haben wir Trend-Studien und Berichte anerkannter Institutionen der letzten Jahre zusammengetragen[1] und diskutiert. Mit der Listung der Trends, die für die DACH-Region (Deutschland, Österreich, Schweiz) besonders relevant sind, geht es uns darum, Umstände und Entwicklungen aufzuzeigen, auf die Unternehmen reagieren müssen[2]. Sie schaffen Herausforde-

---

1 Hauptsächlich vom World Economic Forum, vom Institute for the Future, der Weltbank, dem Zukunftsinstitut und von Faith Popcorns Brain Reserve.
2 Wer sich eine ausführlichere Darstellung wünscht, dem schicken wir auf Anfrage gern einen zwanzig Seiten umfassenden Überblick zu Trends sowie unser »Tool« zur Zukunftsentwicklung: das »Wheel of Future«. (office@heitgerconsulting.com).

rungen, die strategische Entscheidungen verlangen. Als solche sind Trends oft Treiber für Unternehmensentwicklung. Sie können Bausteine für neue Zukunftskonstruktionen sein – empirisch fundiert, aber nicht an die Empirie gebunden.

Umwelt und Nachhaltigkeit – ein Dauerbrenner

Phänomene wie Klimawandel und Naturkatastrophen fordern uns heraus. Ressourcenknappheit wird für viele Regionen und Unternehmen zum akuten Problem. Noch ist das Nachhaltigkeitsthema aber nicht oberste Priorität – sehen wir schwarz für Grün, weil Nachhaltigkeit sich kurzfristig orientierter politischer und ökonomischer Logik entzieht?

Globalisierung in einer multipolaren Welt

In einer postamerikanischen Welt hat die Machtdualität Ost – West ein Ende. Durch den Aufstieg des Ostens und der BRICS-Staaten (Brasilien, Russland, Indien, China, Südafrika) gibt es auf der Weltbühne viel mehr Mitspieler und ein komplexeres und fragiles Geflecht: Neue und alte Schwellenländer unterstützen einander und konkurrieren, es herrschen Radikalisierung und Terrorismus einerseits, Lähmungen und Stillstand andererseits. Von Bedeutung sind dabei auch Fragen zum Zugang zu erfolgskritischen Ressourcen (natürliche Ressourcen, Kapital, Wissen, Bodenschätze, Wasser). Wie kann sich das »alte« Europa in einer multipolaren Welt neu erfinden?

Kapitalismus – Nutzen und Kehrseiten

Wir erfahren ein starkes Auseinanderdriften von Finanzwirtschaft und Realwirtschaft und damit auch von Einkommen durch Vermögen gegenüber Einkommen durch Arbeit. Das liegt vor allem an den vergangenen Liberalisierungen und Deregulierungen. Der Konsequenzen sind wir noch nicht Herr geworden: Euro- und Finanzkrisen, zunehmende soziale Ungleichheit etc. verursachen großes Konfliktpotenzial. Globale Institutionen sind zu schwach, um wirkungsvoll einzugreifen. Eine radikale Frage ist, wie lange das Festhalten am Wachstumsgebot der meisten Wirtschaftssysteme noch möglich ist? Oder werden Krisen und Schrumpfen der Wirtschaft feste Bestandteile des Systems? Was bedeuten die wachsenden Unterschiede für den gesellschaftlichen Zusammenhalt und Kontrakt, was für die Wirtschaft? Der Kapitalismus braucht Wandel.

Neuorganisation von Gesellschaft

Klassische Institutionen und Vorbilder werden vom Thron gestürzt und verlieren ihre »Vorschusslorbeeren«. So stehen etwa Politik, Wirtschaft und Management in der Kritik und haben Vertrauen in ihre Problemlösungskraft und Integrität eingebüßt. Es geht in Richtung Netzwerkgesellschaft: Heterarchie, Abstimmung auf Augenhöhe, Nutzen von »Weak Ties« und das Entstehen selbstorganisierter Gruppen sind Experimentierfelder für die Bewältigung heutiger Komplexität. Konkrete Ausprägungen sind Communities wie Diasporas, Smart Mobs und »Crowds« (vor allem über das Internet). Wie werden sich die klassischen und neuen Modelle für die gesellschaftliche Entwicklung aufeinander beziehen?

Menschen – demografische Entwicklung

Global werden wir immer mehr – in vielen industrialisierten Ländern gibt es mehr alte Menschen sowie Immigration. Beide braucht die Gesellschaft, muss sie aber auch bewältigen: Der demografische Wandel verursacht vielfältige Herausforderungen. Bei uns vor allem für Finanzierung, Integration (Genderfragen, Überbrückung von »Generation Gaps«, Immigration) und teilweise die medizinische Versorgung und Pflege der Älteren. Wir leben länger – und viele sind länger leistungsfähig und können auch lebenslang lernen (»Down-Aging«). Gleichzeitig nehmen Krankheiten wie Fettleibigkeit, Diabetes, Krebs und psychische Leiden zu. So entsteht Diversity zwangsweise, da wir auf die Leistung von Älteren, Frauen und Immigranten angewiesen sein werden. Das Entstehen von Megacities vereinfacht zwar das Zusammenleben, die Versorgung und die Leistungserstellung, schafft aber neue Probleme und Herausforderungen (Versorgung, Infrastruktur, Bildung etc.).

Bedürfnisvielfalt – Individualisierung und die Qual der Wahl

Tendenzen zu Selbstdarstellung, Individualisierung (»Egonomics«), kontinuierlicher Selbstoptimierung bis hin zu neo-liberaler Selbstausbeutung prägen mit ihren Vor- und Nachteilen die postindustrielle Leistungsgesellschaft. Wir wollen komplex, schnell, erfolgreich, einzigartig und attraktiv sein. Der Gegentrend dazu: Wir wollen uns zurückziehen und sehnen uns nach einfachen, sicheren Orten (»Cocooning«). Viele fühlen sich überfordert. Wir wollen uns mit anderen verbunden fühlen, Werte vertreten und Verantwortung übernehmen. Wir wollen »gut zu uns« und der Umwelt sein (Bio- und Wellness-Welle). Eine hohe Integrationsleistung, Eigenverantwortung und Entscheidungskraft jedes Einzelnen für die Gestaltung der eigenen Biografie ist wichtiger als früher.

Internet – Digitalisierung überall

Die Digitalisierung vieler Prozesse und der Anschluss so vieler Geräte an das Internet führt zu Phänomenen wie dem Smart Home (man arbeitet und kauft von Zuhause aus ein, erhält dort Dienstleistungen, vernetzt sich von dort), der Smart Factory (Industrie 4.0 – »das Internet der Dinge« – nach Mechanisierung, Elektrifizierung und Informatisierung) und dem Web 2.0 (Nutzer kreieren Inhalte für offene Plattformen). Das hat weitreichende Konsequenzen:

- **neue Geschäftsmodelle:** Plattformen für Inhalte wie Daten (Facebook, LinkedIn …), Produkte (Amazon) oder Kundenkontakte (Ebay, Dawanda …) erzeugen neue große Player, aber machen auch Long Tail Businesses (Kleinstanbieter) profitabel.

- **neue Formen des Gestaltens:** Open Innovation, online Communities (Foren) etc. brauchen Management kollektiver Intelligenz, führt zu »Crowd«-Phäno-menen, die Wissen der Masse nutzen (Wikipedia, Linux etc.).
- **mehr Transparenz und stärkere Vernetzung** machen Kunden einflussreicher und unabhängiger, führen zu »Nacktheit« von Unternehmen und Personen. Digital Wildfires und Shitstorms entstehen, Reputationsmanagement wird zum Muss.
- **Hyper-Verbundenheit** führt einerseits zu mehr Informationen (»Big Data«), Austausch und »Nähe«, andererseits führen »intelligente« Algorithmen zu On-line Filter Bubbles und eingebildetem Kosmopolitismus. Zugleich stellt sich für Big Data und die ihrer Nutzung zugrunde liegenden Algorithmen die Datenschutzfrage und die Frage der Governance bzw. Ethik. Wesentlich ist auch: Die USA sind das »Digital House« (Google, Facebook, Amazon etc.) mit großer Macht der Internetriesen.
- **Industrie 4.0 – das Internet der Dinge** – integriert IT und Technik in Entwi-cklungs- und Produktionsprozessen im Zusammenspiel sich selbst automati-sierender Automatisierungsprozesse.

Technik und Wissenschaft

Worauf wir uns auch gefasst machen können: Alternative Energien (Solar, Wind, Wasser, Müll), in sich geschlossene, intelligente, unabhängige, regionale Energie-systeme (Microgrids), fortschreitende Robotertechnologien, 3-D Druck, syntheti-sche Biologie (z. B. der Aufbau von »lebensfähigen« biologischen Systemen aus künstlich hergestellten Molekülen), Fortschritte in der Medizin (künstliche Orga-ne, gezüchtete Haut, Transplantation ganzer Gliedmaßen), Geo-Ingenieure (z. B. Wetter beeinflussen), Nanotechnologie und Biotechnologie sowie neue Materia-lien z. B. Bionics (Nachahmen von Naturphänomenen wie dem Lotus-Effekt).

Diese Trends und Entwicklungen verursachen aktuell für die Verantwortlichen in Organisationen Komplexitätserfahrungen, für die noch keine Bewältigungs-routinen existieren (vgl. Wimmer 2012, S. 13). Wir müssen uns auf Neuland wagen, in dem jeder Mitverantwortung für die Gestaltung der Zukunft trägt und das stimmige Design von Organisationen für die Bearbeitung solcher anspruchs-voller Themenstellungen essenziell ist. Ein Modell, das Zugänge für die Heran-gehensweise an Trends und Herausforderung kategorisiert, ist das nachfolgend vorgestellte Modell systemischer Unternehmensentwicklung.

1.2 Systemische Unternehmensentwicklung – rekapituliert in fünf Minuten[3]

Will man eine Organisation verändern, hat man systemisch mit vielen Phänomenen zu kämpfen: den stabilen Entscheidungsprämissen, der eigenwilligen Realitätskonstruktion, den vielen beteiligten Mitgliedern, geteilten und ungeteilten Problemzuständen, operationaler Geschlossenheit und strukturellen Kopplungen zu Stakeholdern. Wo kann man ansetzen, möchte man eine Organisation anregen, sich zu verändern?

Organisationen bestehen aus einem Spezialfall menschlicher Kommunikationsakte, nämlich aus **Entscheidungen.** Solange Entscheidungen getroffen werden können, solange existiert die Organisation. Entscheidungen verwandeln einen unsicheren Zustand (»Was machen wir?«) in einen vorübergehend sicheren (»Das!«). Dies stiftet – zumindest zeitweise – Orientierung (»Aha, das also.«) und somit Sicherheit (»Ich weiß, was zu tun ist.«). Diese Unsicherheitsabsorption ist schon die wichtigste Funktion der Entscheidungen, durch sie kann es weitergehen. Die bereits getroffenen Entscheidungen sind die Grundlage für neue Entscheidungen: Sie verursachen mit der Zeit neue ungelöste Zustände, die wiederum entschieden werden müssen.

Die alltäglich getroffenen Entscheidungen zum operativen Geschäft (Entscheidungen erster Ordnung) stehen in einer Wechselwirkung mit den ihnen zugrunde liegenden **Entscheidungsprämissen.** Diese Prämissen sind selbst wiederum grundlegende Entscheidungen und stecken den Rahmen des kontinuierlichen, operativen Entscheidens ab. Die Prämissen und die alltäglichen Entscheidungen stabilisieren und verändern einander gegenseitig (vgl. Wimmer 2012, S. 38).

Veränderung kann es folglich nur durch anders getroffene Entscheidungen geben oder durch Veränderung der zugrunde liegenden Entscheidungsprämissen, etwa inspiriert durch Beobachtungen der Umwelt wie Trends, Entscheidungen von Kundengruppen oder von Lieferanten. Durch andere Entscheidungen hinsichtlich alltäglicher Situationen kann sich das System oberflächlich verändern. Doch nur wenn die Basis, auf der Entscheidungen getroffen werden, sich ändert – also die Entscheidungsprämissen –, verändern sich auch die grundlegende Ausrichtung des Verhaltens sowie das Entscheidungsverhalten selbst (Entscheidungen zweiter Ordnung etwa zu Strategie, Organisation, Personen, Führung etc.).

Veränderung wird zusätzlich erschwert, da **selten Kausalität zwischen Ursache und Wirkung** besteht: Da in Unternehmen Ketten von aufeinander

---

3 Wer sich umfangreicher einlesen möchte, dem senden wir gerne eine zwölfseitige Einleitung in die systemische Organisationsbetrachtung zu (office@heitgerconsulting.com). Auch die am Ende gelisteten Quellen bieten passende Möglichkeiten zum Ein- und Weiterlesen.

bezogenen Entscheidungen entstehen, sollte man davon ausgehen können, retrospektiv jeweils auch die Ursachen für neue ungelöste »Problemsituationen« zurückverfolgen zu können. Wirkungen und Konsequenzen von Entscheidungen im sozialen, organisationalen Kontext lassen sich jedoch nicht kausal ordnen. Denn sie entstehen aus komplexen Wechselwirkungen vieler Entscheidungen. Die Wirkung dieser Entscheidungen kann beobachtet und thematisiert werden. Dies kann allerdings nicht erschöpfend erklären, wie die Faktoren wechselseitig aufeinander gewirkt haben und ob überhaupt alle Faktoren erkannt wurden. Das ist das Problem beim Entscheiden: Niemals können alle relevanten Faktoren in ihrer Wirkung vor der Entscheidung bekannt sein. Die Sachlage hat zu viele Variablen mit zu hoher Komplexität. Beobachtbare Zustände in Unternehmen sind sehr häufig solche **Emergenzphänomene,** deren Zustandekommen nicht restlos geklärt werden kann, egal wie viel Analyse- oder »Rechen-« leistung man zur Verfügung hat.

Unternehmensentwicklung dreht sich um Entscheidungen zweiter Ordnung, die Ausrichtung, Rahmen und Plattform für operative Entscheidungen im Tagesgeschäft schaffen. Wir schlagen folgendes Konzept vor, das die vier Hauptbereiche aufzeigt, an denen man für Wandel – oder »Change« – ansetzen kann und wo eben solche Metaentscheidungen getroffen werden können. Die einzelnen Gestaltungsdimensionen werden im folgenden Kapitel hinsichtlich ihrer Elemente und aktuellen Herausforderungen näher beschrieben.

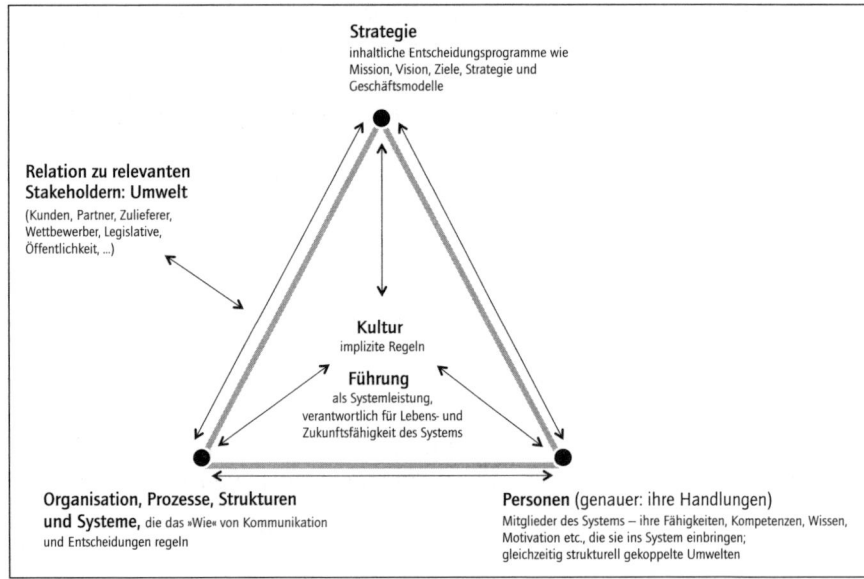

Abb. 2: Das systemische Dreieck – zentrale Gestaltungsdimensionen für Unternehmensentwicklung

In der **Strategie** als Entscheidungsprogramm wird die Grundausrichtung für die Kernaufgabe des Systems und seinen Fortbestand formuliert. Idealerweise integriert sie auch die Ziele der einzelnen Anspruchsgruppen (Stakeholder) und berücksichtigt Veränderungen in der relevanten Umwelt. Die Fragen dazu, *für wen* (für welche Teile seiner Umwelt) und *was* das System leistet, werden hier beantwortet. Das »Muss« des Geld Verdienens wird hier als kontinuierliche Aufgabe adressiert. Die Strategie umfasst die Mission (Kernidentität und Werte: Wer sind wir? Was tun wir für wen?), die Vision (das Zukunftsbild), die Strategie im engeren Sinn (Wege zur Vision und zu nachhaltigem Erfolg) und die Unternehmensziele (Ergebnisse auf dem Weg zur Vision).

Die **Organisation** eines Unternehmens umfasst alle verdichteten Entscheidungsketten zum »Wie?«, also Strukturen, Prozesse, Routinen und Systeme. Sie verdichtet die ständig notwendigen Entscheidungspunkte für Stabilität und Kontinuität. Es entstehen organisationale Muster, die sowohl verschiedene strategische Ausrichtungen als auch verschiedene Akteure überdauern können (aber nicht müssen und manchmal auch nicht sollen). Die Organisation umfasst auch den Umgang mit den Vorgaben von strukturell gekoppelten Umwelten (z. B. Auflagen des politischen Systems zu den Themen Arbeitsrecht, Umweltauflagen, Arbeitssicherheit u. Ä.).

Die **Mitglieder** des Systems beantworten die Frage »Wer?« (oder genauer: »Wessen Handlungen/Entscheidungen sind für das System relevant?«), Personen sind Sender und Adressaten von Entscheidungen. Entlang der Verhaltenserwartungen bringen sie ihr Wissen, ihre Beobachtungen, ihr Engagement, ihre Kooperationskompetenz und ihre Fähigkeiten ein. Zugleich sind sie als Individuen auch – formal über ihren Vertrag mit dem Unternehmen – strukturell gekoppelte Umwelten des Systems. Zwischen der Organisationsentwicklung und der Entwicklung ihrer Mitglieder bestehen enge Wechselwirkungen. Die Formulierung der Mitgliedschaftskriterien und Verhaltenserwartungen, die Organisation, die Führungssysteme und die Human Resources bestimmen etwa die Zusammensetzung der Belegschaft, welches Wissen und welche Fähigkeiten dem System zur Verfügung stehen und den Autonomiegrad der Mitglieder. Die Mitglieder wiederum entscheiden sich jeden Tag aufs Neue, ob sie zur Arbeit erscheinen, wie viel sie leisten und ob sie den erwarteten Autonomiegrad dabei einhalten (materiell-psychologischer Kontrakt); dies hat Konsequenzen für die Organisation.

Führung verstehen wir als integrierende Systemleistung, deren Hauptaufgabe darin besteht, für die Vitalität und Zukunftsfähigkeit der Organisation Sorge zu tragen. Das beinhaltet sowohl Sorge für Systemeffizienz im Umgang mit den zur Verfügung stehenden Ressourcen (»Exploit«-Fokus von Führung) als auch die Systementwicklung in Richtung zukunftsträchtiger Potenziale (»Explore«-Fokus von Führung). Als beobachtende Entscheider reagieren Führungskräfte auf Situationen in Bezug auf Strategie, Organisation, Personen, Umwelt und Kultur. Sie sind verantwortlich für die Metaentscheidungen, welche die anderen Gestaltungsdimensionen prägen. Die Prinzipien, nach denen Führung beobachtet, abwägt und entscheidet, sind immens prägend für eine Organisation. Keine Veränderung hat eine Chance auf Umsetzung ohne die Mitwirkung der Führungsmannschaft (die individuelle *und* kollektive Führung). Zusätzliche Komplexität wird dieser Gestaltungsdimension verliehen durch das Zusammenspiel verschiedener Führungsebenen: Als einzelne individuelle Führungskraft, als Team und auch als gesamte Führungsmannschaft mit all ihren Ebenen wirken sie – nicht immer kohärent – auf das System ein. Nicht zuletzt trifft die Führung auch Entscheidungen über sich selbst. Diesem Umstand verdanken sich einige Paradoxien in Unternehmen, wo z. B. Zukunftssorge und Führungsverhalten/-privilegien scheinbar nicht zusammenpassen.

Natürlich kann man diese vier Bereiche einzeln »anpacken«, indem man die betreffenden Entscheidungsmuster entscheidend verändert. Eine neue strategische Ausrichtung hat nicht zwangsläufig neue Tätigkeitsbeschreibungen zur Folge, und ein neues IT-System verändert nicht unbedingt das Führungsverhalten. Die jeweils anderen Dimensionen mit im Blick zu halten, schafft aber Integration und Umsetzungsorientierung. Soll ein Unternehmen jedoch eine grundsätzlich neue Ausrichtung verfolgen, so ist es unumgänglich, dass Strategie, Führung, Organisation und Personen gleichermaßen einbezogen und bearbeitet werden. Beispielsweise wird eine strategische Entscheidung für mehr Unternehmertum (strategische Geschäftsfelder, Profit&Loss-Verantwortung für Projekte, Kunden etc.) Auswirkungen haben auf Entlohnungs- und Anreizsysteme, auf Reporting und Monitoring, somit auch auf Führung und natürlich auch auf die Mitgliederstruktur und die Organisation. Erst die Integration der Gestaltungsdimensionen macht tiefgreifenden Wandel und somit Unternehmensentwicklung nachhaltig möglich.

Die (beobachtete) Umwelt und die Kultur eines Systems können nicht direkt als Hebel für Veränderungsprozesse genutzt werden:

Die **Systeme der Umwelt** sind genauso operational geschlossen wie das »Heimatsystem« und somit außerhalb des direkten Zugriffs. Für eine Veränderung des Heimatsystems ist es aber wichtig, die Entscheidungen zu hinterfragen, welche Umwelten überhaupt und wie sie beobachtet werden und gegebenenfalls Musteränderungen für neue Strukturen, Prozesse etc. dazu anzuregen (Wie beschäftigt sich das Unternehmen mit seinen Kunden, deren Strategie und Geschäft? Wie mit seinen Mitbewerbern, Lieferanten, Partnern? etc.). Oft sind beobachtete Umweltveränderungen Anlass für Veränderungsbestreben. Relevant für Unternehmen und damit für Unternehmensentwicklung sind jedenfalls folgende externe Stakeholder:

- Die Kunden – differenziert nach strategisch sinnvollen Unterscheidungsmerkmalen
- Lieferanten
- Wertschöpfungspartner

- Eigentümer und Investoren (auch potenzielle)
- Politik als Rahmengeber
- Arbeitnehmervertreter
- Öffentlichkeit/Interessenvertretungen
- Medien
- Finanzdienstleister/Banken
- Wettbewerber
- Innovations- und Technologiepartner sowie -impulsgeber

Auf die **Organisationskultur** – obwohl internes Systemphänomen – kann nicht direkt verändernd zugegriffen werden. Sie ist eine im Alltag verankerte soziale Grundstruktur – vergleichbar einer sozialen Alltagsgrammatik, die oft durch die gelebte Praxis, durch die Geschichte und Rituale so in Fleisch und Blut übergegangen ist, dass sie von innen gar nicht ohne Weiteres dechiffriert werden kann. Organisationskultur *entsteht emergent* aus den über die Zeit getroffenen Entscheidungen hinsichtlich Ausrichtung (Strategie), Form (Organisation), der Mitglieder (Personen) und der Bewältigungsmechanismen ihrer Integration und Steuerung (Führung). Als Verdichtung impliziter Regeln und Routinen wirkt sie natürlich darauf zurück. Diese Rückwirkung einerseits und der nicht direkt mögliche Zugriff andererseits kann sie zu einem mächtigen Hindernis in Veränderungsprozessen machen – oder zu einem beflügelnden Faktor. Oft kommt hinzu, dass Kultur selbstverständlich geworden ist und nicht mehr als Merkmal der Unterscheidung bemerkt wird. »Kulturveränderung« kann nur indirekt veranlasst werden in der integrierten Arbeit an Strategie, Organisation, Personen und Führung und durch konsequente Verankerung des »Neuen« über einen längeren Zeitraum.

Wir widmen uns in den nächsten Kapiteln Themen, mit denen Unternehmen aktuell konfrontiert sind und für deren Bewältigung es richtungsweisender Entscheidungen bedarf. Wir werden immer wieder auf die Frage zurückkommen, wie es gelingen kann, die tiefgreifenden Veränderungen, die diese Entscheidungen mit sich bringen – integriert in Strategie, Organisation, Personen und Führung –, umzusetzen und für die Unternehmensentwicklung fruchtbar zu machen.

Literatur

Simon, Fritz B. (2007): Einführung in die systemische Organisationstheorie. 1. Aufl., Heidelberg 2007.

Wimmer, Rudolf (2011): Die Steuerung des Unsteuerbaren. In: Pörksen, Bernhard (Hrsg.): Schlüsselwerke des Konstruktivismus. Wiesbaden 2011.

Wimmer, Rudolf (2012): Die neuere Systemtheorie und ihre Implikationen für das Verständnis von Organisation, Führung und Management. In: Rüegg-Stürm, Johannes/

Bieger, Thomas (Hrsg.): Unternehmerisches Management. Herausforderungen und Perspektiven. Göttingen 2012.

Wimmer, Rudolf (2012): Systemische Organisationsberatung jenseits von Fach- und Prozessberatung. In: Revue für Postheroisches Management 7, 2012.

2. Unternehmensentwicklung – ihre »DNA« und Herausforderungen

Welche Auswirkungen haben die im ersten Kapitel skizzierten Trends auf Unternehmen? Welche neuen Herausforderungen ergeben sich für Strategiearbeit und -umsetzung, für Organisation und Prozesse, für Führungskräfte und Führungsmannschaften und für die beteiligten Personen und deren Beiträge und Verhalten im Unternehmen? Und gibt es – bei all diesen Herausforderungen – auch einen unverrückbaren Kern für diese vier Dimensionen der Unternehmensentwicklung, der unabhängig von umweltbedingten und selbsterzeugten Herausforderungen, immer zu bearbeiten ist, und den wir – in Analogie zum (fast) universellen Träger der Erbinformation – als »DNA« der Unternehmensentwicklung bezeichnen wollen? Diesen Fragen wollen wir nachgehen, bevor wir jene Themen genauer betrachten, zu denen Unternehmen aktuell besonders gefragt sind, sich zu positionieren.

Unternehmensentwicklung bedeutet, in den vier Dimensionen Strategie – Organisation – Führung – Personen einerseits, inhaltliche Arbeit für das System zu leisten und andererseits, die Arbeiten an diesen Themen jeweils aufeinander zu beziehen, zu integrieren. Das Verkoppeln integrierter inhaltlicher Arbeit mit einem stimmigen Prozessdesign, das die Ressourcen und das Commitment von Stakeholdern dazu gekonnt ins Spiel bringt, macht gelungene Unternehmensentwicklung aus. Dazu werden Kompetenzen inhaltlicher und methodischer Art bei Managern, Change Agents und Beratern gebraucht. Unternehmensentwicklung sorgt durch Metaentscheidungen zu Strategie, Organisation, Personen und Führung für Orientierung und Leitplanken für Entscheidungen im Tagesgeschäft. Diese betreffen – unabhängig von der Größe, der Branche und der Situation – immer auch die Kernidentität jedes Unternehmens. Nur hat bzw. nimmt sich nicht jede Führungsmannschaft die Zeit dazu, an Fragen wie den folgenden zu arbeiten: Was macht den Sinn und Zweck unseres Systems aus, warum gibt es uns? Wer sind wir? Wer wollen wir sein? Für wen? Was tun bzw. was leisten wir? Was ist unser Angebot? Was unterscheidet uns dabei von anderen? Zudem werden bei der Beantwortung dieser Fragen oft die Perspektiven einiger relevanter Stakeholder aus der Umwelt des Unternehmens unterbelichtet, andere überbewertet.

Was macht systemische Unternehmensentwicklung aus?

- Unternehmensentwicklung sichert die Lebens- und Zukunftsfähigkeit (Gewinn, Liquidität) dadurch, dass sie nachhaltig wahrgenommenen Nutzen (»Perceived Value«) für Kunden schafft und knüpft dabei an die eigene Kernidentität (Kernkompetenzen) an.
- Sie arbeitet integriert an den vier Dimensionen Strategie – Organisation – Führung – Personen. Das ist reich an Konsequenzen hinsichtlich der Gestaltung. Im Kern geht es darum, Strategie-, Organisations-, HR- oder Führungsprogramme und -initiativen nicht isoliert zu betreiben, sondern integriert bzw. aufeinander bezogen. Ein solches Verständnis von Unternehmensentwicklung verlangt auch ein pointiertes Zusammenwirken der entsprechenden Unternehmensfunktionen mit der Führung des Unternehmens.
- Unternehmensentwicklung entsteht analytisch, kreativ und ko-kreativ: Sie lässt sich, wenn sie mehr als eine Fortschreibung des Bestehenden sein will, nicht am Reißbrett planen. Das Prozessdesign dafür integriert Stakeholder und dockt an die Unternehmenskultur und Kernkompetenzen an. Daher lohnt es sich, auch die Unterscheidung zu nutzen zwischen einer geplanten Unternehmensentwicklung und der gelebten Entwicklung, die aus Tausenden Entscheidungen emergiert. Aus beiden lässt sich für die Zukunftsarbeit von Unternehmen Gewinn ziehen.
- Die Unternehmensentwicklung verbindet Vergangenheit und Zukunft in einem sinnvollen, nachvollziehbaren Spannungsbogen. Sie erzählt eine identitätsstiftende Geschichte: Was leistet das Unternehmen für seine Kunden? Was für andere Stakeholder? Wie setzt es seine Ressourcen wirkungsvoll ein? Wie bleibt es mit seiner Kernidentität zukunftsfähig? Wie gestaltet es Beziehungen zu den anderen – internen und externen – Stakeholdern? Was unterscheidet es von anderen?

Unternehmensentwicklung bedeutet Wandel für Unternehmen. Dieser Wandel kann sich **evolutionär** gestalten, in dem immer wieder einzelne Prozesse, momentane Ausrichtungen oder Verhalten angepasst werden (eine Veränderung erster Ordnung), oder er kann eine **Transformation** für das Unternehmen bedeuten. In dieser Veränderung zweiter Ordnung werden auch Grundstruktur, Identität und verhaltensleitende Rahmenbedingungen grundsätzlich zur Diskussion gestellt und ggf. neu entschieden. Daher bringen Transformationen immer einen tief greifenden Wandel mit sich, der das ganze System betrifft. Unternehmensentwicklung stellt somit immer wieder die Frage, was bewahrt werden soll, was einer Veränderung bedarf und wie tief diese Veränderung gehen muss.

Bevor eine Veränderung eingeleitet wird, ist zu klären, **welcher Fokus** verfolgt werden soll. James March hat dazu eine sehr hilfreiche Unterscheidung eingeführt. Damit Organisationen wachsen und sich weiterentwickeln können,

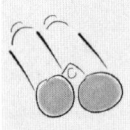

müssen sie zwei verschiedene Modi beherrschen: den der »**Exploration**« und den der »**Exploitation**« (vgl. March 1991). Im Explore-Modus geht es um Öffnung, Experimente, Wagnisse, spielerisches Herangehen, Innovationsansätze, Ideenfindung, Inspiration; die Komplexität wird zunächst erhöht. Das Unternehmen öffnet sich, stellt sich infrage und setzt damit Routinen und Selbstverständlichkeiten außer Kraft. Der Exploit-Modus lässt bekannte Ansätze gewinnbringend werden und setzt auf Best Practice, Effizienz, Ausrollen, Ausführung; die Komplexität wird reduziert und – im Idealfall – ein optimaler Algorithmus erreicht. Es geht darum, operativ zu schließen, Routinen zu nutzen, Standards einzusetzen und das bestehende Geschäftsmodell und Tagesgeschäft zu optimieren. Diese beiden Modi stellen Unternehmen vor ganz unterschiedliche Herausforderungen. Sie brauchen jeweils andere Herangehensweisen, andere Methoden sowie unterschiedliches Steuern und Handeln. Daher sind nicht selten je verschiedene Personenkreise mit diesen beiden Modi betraut. In den folgenden Kapiteln werden immer wieder diese beiden Begriffe verwendet bzw. wird in Form von Piktogrammen auf sie hingewiesen, um anzuzeigen, um welche Herangehensweise es jeweils geht: Neues suchen oder Bekanntes optimieren. In der Beherrschung beider Modi und ihrer sinnvollen Balance liegt die Kraft von Unternehmensentwicklung. Der Sog der operativen Geschlossenheit stärkt in der Unternehmenspraxis den Modus der Exploitation. Das ist auch gut so, schließlich verdanken wir effizienter Strategiearbeit, effizienten Organisationen sowie effizienter Führung und Arbeit der Mitarbeitenden den Erfolg der letzten Jahrzehnte. Allerdings verweist das »New Normal« des VUKA-Marktumfeldes (Volatilität – Unsicherheit – Komplexität – Ambiguität) darauf, dass, wenn Turbulenzen und Unerwartetes zum Normalfall werden, mehr »Explore«-Elemente in die Unternehmensentwicklung einzubauen sind, in die gelebte ebenso wie in die programmatisch gesteuerte.

In den meisten Entwicklungsvorhaben steht **eine Dimension des Modells** im Fokus des Wandels (z. B. bei Strategieprojekten die Strategie, bei IT-Projekten die Organisation etc.). Wichtig ist dabei, die anderen Dimensionen jedenfalls als Hintergrundfolie/Background mitlaufen zu lassen, sie bei Bedarf zu thematisieren und konsequent Verknüpfungen zu schaffen. Denn jede Veränderung ist immer mit Auswirkungen auf die anderen Dimensionen verbunden, es wird lediglich, wie mit einer Lupe, auf die Inhalte des Schwerpunktthemas geschaut. Steht beispielsweise Strategieentwicklung an, so bedeutet das für Führung und Personen, folgende Frage zu stellen: »Welche Führungsherausforderungen sind damit verbunden in der Umsetzung und im zukünftigen Tagesgeschäft? Was heißt das etwa für die Zusammensetzung und die Arbeit von Führungsteams? Was heißt das konkret für die beteiligten Mitarbeitenden (Gewinn/Verlust? Perspektiven? Kompetenzen? Fähigkeiten? Commitment? Zusammenarbeit? ...)«. Wird hingegen die Organisation mit ihren Strukturen und Prozessen weiterentwickelt, so resultieren daraus Fragen wie: »Was heißt das für die Kunden, für das Geschäftsmodell, Geschäftsprozesse? Was für die Mitarbeitenden mit ihren bisher eingeübten Routinen?« etc. Die Wichtigkeit des frühzeitigen Mitlaufenlassens dieser verschiedenen Dimensionen wird vor allem in der Anfangsphase von Projekten oft ausgeblendet und trifft die Umsetzenden dann später recht unvorbereitet. Zunächst wollen wir jedoch jeweils die »DNA« der Dimensionen von Unternehmensentwicklung herausarbeiten und dann Trends bzw. neue Herausforderungen skizzieren.

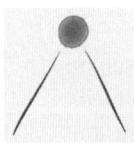

2.1   Strategie

2.1.1   Grundlegendes zur Strategiearbeit

Die Idee einer Strategie ist das Aufzeigen eines Weges zu nachhaltigem Erfolg im unternehmerischen Sinn. Strategie umfasst im weitesten Sinn die **Unternehmens-**  **vision** (Zielbild in der Zukunft), die **Mission** (Wer sind wir? Warum gibt es uns? Was tun wir für wen? Mit welchem Nutzen/Sinn?), **Leitbilder** (Was sind Kernelemente und -werte unserer Identität? Wie sind die stabilen Leitplanken beschaffen?) und **Kernkompetenzen** (Was können wir besonders gut von dem, was maßgeblich zu unserem »Wertbeitrag« beiträgt und das durch andere nicht ohne Weiteres kopierbar ist?).

Die bekanntesten Konzepte zur Differenzierung über die eigene Strategie basieren auf der Idee, einen **nachhaltigen Wettbewerbsvorteil** aufzubauen. Michael Porter (1986) setzte etwa mit seinem Konzept der fünf Kräfte (»Five Forces«; S. 26) auf eine Branchenstrukturanalyse und das Streben entweder nach einer Kostenführerschaft oder einer nachhaltigen Differenzierung vom Wettbewerb (z. B. über die Produkte und Leistungen, über operative Exzellenz oder über physische und soziale Kundennähe). Gary Hamel und C.K. Prahalad beschrieben in ihrem Modell der Kernkompetenzen diese als strategische Differenzierung. Kernkompetenzen tragen einen spürbaren Anteil zum Kundennutzen bei und sind nicht leicht zu kopieren. Neuere Modelle greifen die Strategiearbeit an Geschäftsmodellen auf (Osterwalder/Pigneur 2010) oder konzentrieren sich auf die Frage, wie Unternehmen ihre Strategiearbeit in der Krise des Kapitalismus neu ausrichten (vgl. Porter/Kramer 2011).

Im Prozess der **Strategieentwicklung** werden bestimmte Fragen, auf die Strategie eine Antwort geben soll, periodisch bearbeitet. Der strategische Tripod von Constantinos Markides (vgl. Markides 2000, S. 23ff.; siehe Abb. 3), kategorisiert solche Fragen, anhand derer eine Strategie sozusagen getestet werden kann bzw. eine weitere Ausrichtung vorgenommen wird. Die Fragen sind ähnlich auch von anderen Autoren entwickelt worden. Wesentlich ist, dass diese Fragen nicht immer von denselben Leuten mit denselben Erfahrungen und Haltungen gestellt und beantwortet werden – und somit aus dem Kreis der Stakeholder unterschiedliche Perspektiven ins Gespräch gebracht werden.

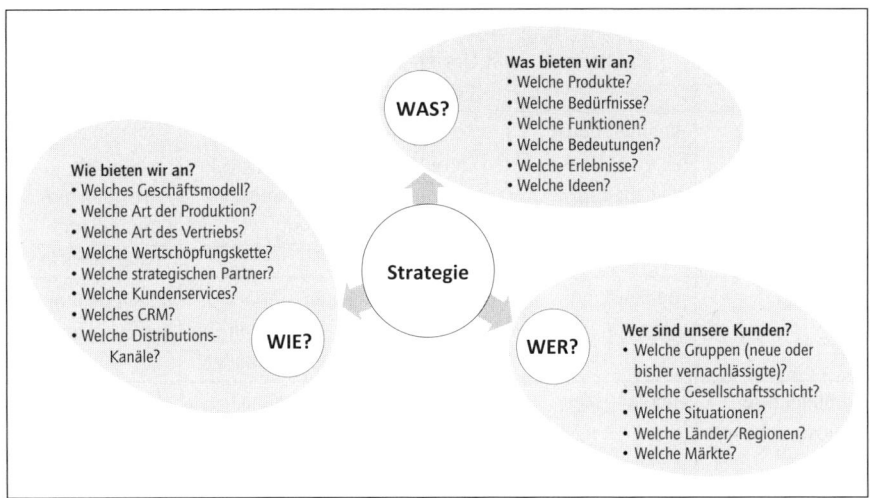

Abb. 3: Der strategische Tripod (verändert und erweitert nach Markides 2000, S. 23ff.)

Für die Bearbeitung externer Marktfaktoren, ist eine Ergänzung durch Porters Modell der fünf Kräfte (vgl. Porter 1986) sinnvoll, bei dem folgende Szenarien durchgespielt werden: die Intensität der Rivalität mit Wettbewerbern, die Gefahr neuer Wettbewerber, die Gefahr von Substituten für das eigene Angebot, die Verhandlungsmacht von Kunden, die Verhandlungsmacht von Lieferanten und (als zusätzlicher sechster Faktor) Regierungen oder andere Interessengruppen als Einflussfaktor auf den Wettbewerb. Weitere Modelle der Strategiearbeit finden sich in Henry Mintzberg's Buch *Strategy Safari* (vgl. Mintzberg 2002).

Neben den inhaltlich zu bearbeitenden Fragen ist auch das Design des **Strategieprozesses** entscheidend – Abbildung 4 zeigt verschiedene Herangehensweisen (angelehnt an die Differenzierung der Beratergruppe Neuwaldegg; unveröffentlichtes Skriptum Strategie 2007). Die klassische Strategiearbeit am Reißbrett ist für evolutionäre Strategiearbeit gut geeignet, hingegen weniger, wenn es darum geht, in Turbulenzen und Zeiten hoher Unsicherheit strategische Orientierung und Commitment zu generieren. In solchen Kontexten entstehen Strategien über ein Netzwerk an Experimenten mit viel Öffnung und Involvement.

In stabilen Märkten ist es noch verhältnismäßig einfach, Strategien in Strategieabteilungen entwickeln zu lassen und mit Strategieworkshops auszurollen (hinsichtlich der Grundlagen systemischer Strategieentwicklung verweisen wir auf Nagel/Wimmer 2002). Ein durch VUKA geprägtes Umfeld braucht andere Formate und Vorgehensweisen. Einige klassische neue Herausforderungen werden im Folgenden kurz skizziert, um einen Einblick in die Komplexität und den hohen Anspruch an Strategiearbeit heute zu geben.

	Strategie am Reißbrett	Strategiearbeit mit Umsetzungs-check	Kollektive Strategie-Intelligenz	Netzwerk an Experimenten
Glaubenssatz	Wahrheit durch (externe) Strate-gie-Experten	interne Experten und Umsetzungs-experten finden zusammen die richtige Lösung	multiperspekti-visch-gemeinsam generieren wir Wissen	Strategie ent-steht in der Praxis durch Erproben und Weiterentwickeln
Richtung	Top-down, teil-weise von außen	Top-down, Bottom-up	quer, verschie-dene Ebenen – auch von außen	außen → innen, Top ←→ down, quer
Implementie-rungsgeschwin-digkeit	eher langsam	mittelschnell	mittelschnell	als Teil des Ent-wicklungsprozes-ses, schnell mit Rückkopplung
Form des Umset-zungsprozesses 	Analyse – Ent-wurf – Planung – Kommunikation – Umsetzung	Verschränkung von Entwurf und Umsetzung in organisiertem Prozess, gleichzei-tiges Denken in viele Richtungen (z. B. Resonanz-gruppen, Expertenzirkel, → WERKZEUG 21: ONLINE- BEFRAGUN-GEN)	Parallelisierung von Entwurf und Umsetzung, gleichzeitiges Denken in viele Richtungen (z. B. Großevents, Townhalls, → WERKZEUG 9: DESIGN THINKING, → WERKZEUG 22: PROGNOSEMARKT PREDIKI nutzen)	Containment, An-reize schaffen, Experimente/ Venturing, evolutionäre Selektion (z. B. → WERKZEUG 19: LEARNING JOURNEY, → WERK-ZEUG 25: RAPID PROTOTYPING)
Träger des Pro-zesses	externe/interne Experten (Bera-ter), Topmanage-ment	interne Experten und Führungs-kräfte	Alle, die thema-tisch beitragen können – auch Peripherie der Organisation und externe Stake-holder	Subsysteme, ex-terne Stakeholder und Impulsgeber

Abb. 4: Formen des Strategieentwicklungsprozesses

2.1.2 Aktuelle Herausforderungen für Strategiearbeit

Die Emergenz von Strategie
Von jeder intendierten und geplanten Strategie werden einige Elemente nicht umgesetzt. Es kommen stattdessen andere Aspekte ungeplant und ungesteuert hinzu, sodass die realisierte Strategie eigentlich emergent entsteht (vgl. Mintzberg et al. 1998). Dieses Phänomen unterminiert die Steuerbarkeit und Planbarkeit strategischer Ausrichtungen und stellt Beteiligte immer wieder vor die Frage, welchen strategischen Kern sie auf keinen Fall riskieren wollen. Zugleich erzwingt diese Emergenz eine konsequente Beobachtung der gelebten Strategie, auch im Hinblick darauf, was daraus an »Lessons Learned« zu gewinnen ist.

Die Verbindung von Kernidentität und Zukunftsidee
Strategie bedeutet, eine mögliche Zukunft zu gestalten, ohne dabei die grundlegenden Kultur- und Kernelemente bzw. -kompetenzen zu zerstören. Ohne sich von ihr einengen zu lassen, wird die Vergangenheit zum Ausgangspunkt für ein möglichst vielfältiges und breites Zukunfts-Reservoir. Konsequentes Beobachten der Umwelt (Markt, Gesellschaft, verwandte Branchen, technologische Entwicklungen, Kunden), verbunden mit einer gehörigen Portion Unternehmertum, ermöglicht eine offenere und vielfältigere Idee der Zukunft.

Genug Bezug zum gesamten System
Wie bereits oben erwähnt, lassen sich neue Ausrichtungen selten realisieren, wenn die anderen Dimensionen des Dreiecks der Unternehmensentwicklung nicht mitbearbeitet werden. Robert Kaplans und David Nortons Untersuchungen geben einen Überblick, wie viele Strategien Ende des letzten Jahrtausends an das System anschlussfähig waren (vgl. Kaplan/Norton 1999): So verbanden nur 40 Prozent der Unternehmen den Strategieprozess mit der Budgetierung. Drei Viertel der Unternehmen schafften keine direkten Verbindungen zwischen Strategie und den Zielen sowie Anreizen, Boni etc. der Belegschaft. Nur fünf Prozent der Belegschaft verstanden die Strategie und was sie selbst zu deren Umsetzung beitragen müssten, und auch die Manager widmeten sich eher dem Tagesgeschäft: 85 Prozent der Führungskräfte verbrachten weniger als eine Stunde pro Monat mit Besprechungen zur Strategie.

Kürzere Gültigkeit von Strategien
Klassische Strategiekonzepte (wie Michael Porters Idee eines nachhaltigen Wettbewerbsvorteils; vgl. Porter 1986) verlieren in turbulenten Branchen an Attraktivität, weil sich Geschäftsmodelle so schnell verändern, dass nachhaltige Vorteile langfristig nicht sicher sind.

Mehr Fokus auf neue Geschäftsmodelle und »Dual Business Transformation«

Das VUKA-Umfeld erfordert nicht allein Produktinnovationen, sondern auch mehr Innovation in der Erarbeitung von Geschäftsmodellen, etwa nach dem interessanten Konzept von Osterwalder/Pigneur 2010 (→ WERKZEUG 5:  BUSINESS MODEL CANVAS). In vielen Branchen ist es inzwischen notwendig, neue Geschäftsmodelle zu entwickeln, die teilweise das bisherige Geschäft kannibalisieren (vgl. Gilbert et al. 2012). Kreative Arbeit an neuen Geschäftsmodellen ist besonders herausfordernd, wenn dadurch ein bestehendes Kerngeschäft gefährdet ist (Festnetztelefonie vs. Videotelefonie, Printmedien vs. Onlinemedien, ...), weil die Organisationsdynamik eher Widerstand und Abwehr erzeugt (vgl. Heitger/Doujak 2014, S. 103ff.). Dann gilt es, beide Geschäfte – das bestehende und das neue – pointiert strategisch zu bearbeiten und zu klären, welche Ressourcen beide nutzen können bzw.  ob und wie sich beide auf dem Markt gegenseitig stärken können und dementsprechende Organisationsdesigns – integrierte oder getrennte – dafür zu schaffen (siehe auch → ENT-SCHEIDUNG 5: LÖSUNGSGESCHÄFT; → FALL 2: PROGRAMM-MANAGEMENT).

Neue und unvorhersehbare Konkurrenten

Wettbewerb kommt schon lange nicht mehr nur aus der eigenen Branche oder durch Startups bzw. Aussteiger aus der Branche. Viele Strategien und Geschäftsmodelle werden obsolet, weil Unternehmen aus anderen Branchen mit neuen Geschäftsmodellen in fremde Branchen eindringen. Branchen dienen immer weniger als sinnvolle Markteinheiten, denn Wettbewerber können von überall her kommen (Branchenkonvergenz).

Information gegenüber Wissen

In einer Zeit, in der Supercomputer anhand von riesigen Datenmengen (»Big Data«) und mithilfe lernender Algorithmen Informationen unglaublich schnell errechnen können, geht es auch in der Strategieentwicklung um Fragen wie: Wie balancieren wir den Spagat zwischen Wissen und Informationen? Worauf vertrauen wir, wenn es um strategische Potenziale oder mögliche Bedrohungen geht: auf unser Expertenwissen oder die empirische Masse an Information? Während Wissen oft personengebunden ist und durch Reflexion und Erfahrung erarbeitet werden muss, sind Informationen heute oft sofort und kostengünstig zu haben. Wissen und Informationen werden für Strategieentwicklung gleich wichtig. In ihrer effektiven Nutzung liegt die Herausforderung, zum Beispiel wie aus der Vielfalt an Informationen wertvolles Wissen generiert werden kann. Dies kann bedeuten, dass große Konzerne unter Umständen Wettbewerbsvorteile weniger durch ihre Größe haben werden, sondern dass ihnen durch die Verarbeitung großer Datenmengen und das Vorhandensein großer Wissensdatenbanken strategische Vorteile entstehen.

Abschied von der richtigen Lösung

Bis eine Strategie umgesetzt wird, sind die Fakten, auf denen sie fußt, bereits oft obsolet. Ein heuristisches Herantasten bedeutet die Abkehr vom Wunsch, es »richtig zu machen«, und stattdessen die Konzentration auf den nächsten »besseren Schritt« zu lenken. Charles Lindblom führte bereits 1959 die Idee der planlosen Planung in Organisationen ein (vgl. Lindblom 1959), die heute eine Renaissance erfährt: Jede Gesamtidee einer sich geplant ändernden Organisation ist unzulänglich: »Gesamtpläne« führen zu Widerständen, langsamer und nicht passgenauer Umsetzung und zu anderen ungewollten Nebenwirkungen. Statt linearer Top-down-Planungen werden »Baby-Steps« bevorzugt, die von jedem und überall in der Organisation getätigt werden und die sich wechselseitig beeinflussen. Inkrementell entstehen so Muster und Richtungen, die vom Management kohärent zusammengefügt und verknüpft werden. Einige Autoren schlagen eine (solche oder ähnliche) im klassischen Sinn »strategielose« Organisation vor. Die gewonnene Flexibilität führe zu mehr organisationalem Lernen und mehr Innovationspotenzial (ähnlich auch Mintzberg zur »gelebten« Strategie; vgl. Mintzberg 2002, S. 26ff.); siehe auch → Ent-Scheidung 8: Resilienz und Agilität).

Östliche versus westliche Idee von Wirksamkeit

Ich konstruiere mit meinem Verstand – also rational – ein ideales Modell, setze dazu ein Ziel und entwickle einen Plan zur Umsetzung. Das beste Mittel ist jenes, das am direktesten zum Ziel führt. Das ist die westliche Idee von Strategie und konsequenter Umsetzung. Die chinesische Idee von Wirksamkeit setzt dagegen: Ich gehe von der tatsächlich vorliegenden Situation aus, evaluiere das in ihr liegende Potenzial und wie ich es nutzen kann. Innerhalb der Situation gibt es Faktoren, die man nutzen und von denen man sich tragen lassen kann. Kein Ziel, sondern der aktuell mögliche Nutzen steht im Vordergrund. Ist kein Potenzial in der Situation erkennbar, zieht sich der Stratege zurück, bleibt im Spiel und wartet aufmerksam ab (vgl. Jullien 2006; siehe auch → Ent-Scheidung 8: Resilienz und Agilität).

Unterscheidung zwischen Kern und Peripherie

Um die strategische Ausrichtung nicht reiner Willkür zu überlassen, braucht es Klarheit darüber, was ein strategischer Kern ist, der unbedingt bearbeitet und realisiert werden muss, und wo es Raum für Experimente gibt, um zum Beispiel kurzfristige strategische Potenziale auszuschöpfen.

Die Maxime der Immersion – Die Paradoxie der Selbsterneuerung

Ohne funktionierende Routinen für Innovation bleiben neue strategische Optionen blutleer. Neben den bestehenden Top-down- und Bottom-up-Ansätzen fehlt oft die dritte Dimension der Strategiearbeit: die Grenzüberschreitung. Sich gezielt in unbekanntes Terrain und fremde Welten zu begeben, um von dort aus

Inspirationen für die eigene Praxis zu generieren, das wird oft beschworen und kaum praktiziert. Strategiearbeit findet fast immer in Meetingräumen statt. Strategisches Explorieren mit Fokus auf die Zukunftsfähigkeit und -identität wurde in den meisten Unternehmen stark reduziert. Im Mittelpunkt stehen stattdessen der Einsatz der klassischen Strategietools und die Logik der Budgets. Es geht in vielen Unternehmen immer noch darum, Zukunft quantitativ zu planen und damit kontrollierbar zu machen. Die Alternative fokussiert auf öffnende Strategiefragen: Eintauchen (Immersion) in fremde relevante Lebenswelten, um daraus neue Ideen für Strategiearbeit zu gewinnen (vgl. Heitger/Serfass 2012, S. 209ff.), zum Beispiel über eine → Learning Journey (Werkzeug 19) oder einen → Seitenwechsel (Werkzeug 28).

Strategie als reine Zahlenübung macht müde
Strategiearbeit braucht Zahlenarbeit, Steuerung und je nach ihrem Umfeld und der beabsichtigten Innovationskraft andere Methoden – und sie braucht Disziplin. Aber: Strategie ist lustvoll, wenn sie sinnvoll ist – und sinnvoll, wenn sie lustvoll ist – wenn sie also mehrere Sinne anspricht, mit Erleben, Gemeinschaft verbunden ist – mit Spannung und intensiven Arbeitssettings, die inspirieren und herausfordern. Leider gerät diese Einsicht gerade in Großunternehmen oft in Vergessenheit. Die gängigen Trivialisierungen und die Auseinandersetzung mit Zahlengebäuden energetisieren nicht – statt Kraft, Orientierung und Fokussierung zu geben, ernten Strategiepräsentationen nur müdes Schulterzucken.

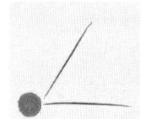

2.2   Organisation

Die Organisation eines Unternehmens umfasst seine **Struktur,** seine **Prozesse** und seine **Systeme.** Sie stellen Routineantworten bereit auf das, was als Marktanfrage oder Kundenbedürfnis verarbeitet wird. Dazu zählen Geschäftsprozesse ebenso wie Supportprozesse mit ihren Kooperationsstrukturen, Kommunikationswegen und ihrem Entscheidungsprozedere. In einer Wechselwirkung mit dem Führungsverhalten entwickelt sich die Organisation im Sinne des Systems, um dessen Erhalt zu sichern (vgl. Nagel/Schumacher 2009, S. 39) und erst in zweiter Linie, um ein definiertes Ziel zu erreichen. Ein Unternehmen ist dann erfolgreich, wenn die Komplexität des Marktes jener der Organisation möglichst entspricht, es also Produkte und Dienstleistungen zu marktadäquaten Kosten, Qualitätsansprüchen

etc. anbieten kann (vgl. Heitger/Jarmai 1991, S. 9). Im Idealfall schränkt das Organisationsdesign einerseits den Spielraum auf das für das Unternehmen Wesentliche ein, ermutigt aber andererseits gleichzeitig zu eigenverantwortlichem Handeln im Sinne und zum Erhalt der Organisation.

Das **Organisationsdesign** stellt Strukturen, Prozesse, Kommunikations-und Entscheidungswege zur Umsetzung der Strategie bereit (Exploit) und zur Arbeit an der Weiterentwicklung des Unternehmens (Explore). Das Organisationsdesign entscheidet, in welcher Form und mit welcher Machtverteilung Leistung erbracht wird und wie die Ebenen der Organisation geformt werden (in welcher Größe, nach welchen Kriterien, in welcher Relation). Flexible Designs nehmen dabei an Bedeutung zu (vgl. Galbraith et al. 2002; Goold/Campbell 2002b). Die für das Organisationsdesign wichtigste Kompetenz besteht in der Balance der Paradoxie, einerseits Komplexität angemessen zu reduzieren, sodass Fokussierung, Effizienz und ein reibungsloser Ablauf möglich werden, und andererseits die Offenheit für mögliche – auch überraschend auftauchende – Chancen zu wahren (vgl. Heitger/Jarmai, 1991, S. 9). Die zentrale Frage der Organisationsgestaltung lautet daher: Welche Umweltaspekte und externen Veränderungen müssen kontinuierlich beobachtet und verarbeitet werden, um antwortfähig zu bleiben?

2.2.1 Grundlegendes zur Organisation

Unternehmen wählen ihre grundsätzliche Organisationsstruktur in Abhängigkeit von den Hauptmerkmalen ihrer strategischen Ausrichtung. Nagel et al. geben einen guten Überblick über die gängigsten Organisationsdesigns (vgl. Nagel et al. 2006):

1. Die klassische **funktionale Struktur** setzt eine Spezialisierung der Mitarbeitenden voraus, die in Abteilungen gegliedert werden: F&E, Produktion, Einkauf, Vertrieb, Marketing, Recht, IT, HR, Kommunikation etc. Je größer die Unternehmen werden, desto häufiger entstehen Stabsstellen, die zwar nicht direkt an der Wertschöpfung beteiligt sind, aber nötig sind, um die steigende Komplexität zu bewältigen. Da sie viele Ressourcen kosten, besteht die Gefahr einer überladenen Struktur, in der zu viele Abteilungen zu weit weg von den tatsächlichen Werttreibern sind. Eine andere Gefahr liegt in der Spezialisierung, wenn Funktionen sich nur noch auf sich selbst beziehen (»Silodenken«).

2. Wird ein Unternehmen in **Geschäftsfeldern** organisiert, können diese oft autonomer und näher am Markt agieren. Je nachdem, welcher Aspekt als ausschlaggebend angesehen wird, werden Geschäftsfelder nach Regionen, Produktgruppen oder Kundengruppen (Branche, Größe etc.) strukturiert. Oft entsteht eine hohe Identifikation innerhalb der Geschäftsfeldorganisation, sodass die Identifikation mit dem Unternehmen als Gesamtheit geringer wird. Was zentral, was dezentral geleistet wird gehört ebenso zu den kontinuierlich

zu klärenden Fragen, wie die nach Autonomie und Integration bzw. gemeinsamen Standards.

3. Die **Prozessorganisation** orientiert sich an der Wertschöpfungskette. Die Geschäftsprozesse sind die Kernprozesse, die jeweils von einem »Process Owner« verantwortet und in ihren Teilprozessen durch interne Kunden-Lieferanten-Prozesse verbunden werden. Diese Organisationsform sichert den Fokus auf den Endkunden und ist besonders für prozessbestimmte Branchen geeignet. Sie erfordert jedoch gute Kooperation und Generalisten-Know-how in den Prozessteams (vgl. Hammer/Champy 2003). Zwischen Standardprozessen und komplexeren Abläufen sinnvoll zu differenzieren und Spezialistenwissen zu stärken, sind die Herausforderungen dieses Organisationsdesigns.

4. Die **Matrixorganisation** stellt zwei Organisationskriterien auf die gleiche Ebene und institutionalisiert damit einen kontinuierlichen Aushandlungsprozess zwischen ihnen, der jeweils an den konkreten Geschäfts- und Ressourcennotwendigkeiten auszurichten ist. Mitarbeitende haben einen disziplinarischen und einen fachlichen Vorgesetzten. Die Matrixorganisation verlangt Dialog, den Fokus auf das Gesamtbild und Flexibilität von allen Beteiligten. Gelingt das nicht, riskiert sie durch Verlangsamung, Lähmung, Loyalitätskonflikte, Machtkämpfe oder Beliebigkeit ihren Flexibilitätsvorteil (vgl. Heitger Consulting 2012).

5. **Projektorganisation:** Es macht dann Sinn, ein Unternehmen in Projekten zu organisieren, wenn die Hauptleistungserstellung jeweils sachlich, sozial und zeitlich spezifisch und abgrenzbar in Projektform erfolgt (wie bei Beratungshäusern, Software-Entwicklung, Baufirmen, Werften etc.). Hier ist die Bindung hervorragender Mitarbeitender schwierig, weil der Personalstand möglichst flexibel gehalten werden muss – je nach Anzahl der zu bewältigenden Projekte. Ebenso gilt es, quer zu den Projekten die Stammorganisation zu sichern, die sie unterstützt, das gewonnene Wissen sichert und sich für die Entwicklung und Bindung der Mitarbeitenden einsetzt.

6. Heute sind in jedem Unternehmen vielfältige **Mischformen** anzutreffen, in dem Versuch, die optimale Passung zwischen Märkten, Stakeholdern und Möglichkeiten des Unternehmens zu erreichen. Mitunter ist dann bereits die Basisorganisation sehr komplex, z. B. eine mehrdimensionale Matrixorganisation, nach Funktionen, Regionen und Produktgruppen ausdifferenziert, und der Weg zur Entwicklung der **Netzwerkorganisation** nicht mehr weit.

Zu der Frage nach dem grundlegenden Organisationsdesign gibt es wesentliche Leitfragen, um die Struktur und die Prozesse der Organisation individuell auszudifferenzieren.

• Wie viel **Dezentralisierung/Zentralisierung** brauchen wir, um die für uns optimale Steuerung und Entscheidungsfähigkeit zu erhalten?
• Wo setzt die Organisation auf **hierarchische Entscheidung** und Steuerung, wo auf **Heterarchie?**

- Wie sind **Aufgaben, Kompetenzen und Verantwortungen** jeweils konsistent, robust und flexibel gestaltet und im Arbeitsprozess aufeinander bezogen?
- Welche **Kernkompetenzen und Elemente unserer Wertschöpfung** wollen wir organisational schützen, um wettbewerbsfähig zu bleiben?
- Welche Prozesse müssen wir unbedingt selbst kontrollieren, welche können wir an zuverlässige Dienstleister abgeben **(Outsourcing/Insourcing),** oft in Verbindung mit möglichem Sparpotenzial?
- Welche **strategischen Allianzen** wollen wir mit externen Partnern bilden (→ Ent-Scheidung 6: Strategische Kooperationen), in welcher Form und zu welchen Anliegen?
- Welche Experten sollten unbedingt vernetzt sein, z. B. durch die Einrichtung von **Competence Centers** (Centers of Expertise/Center of Excellence), um Lernen und Austausch zu sichern?
- Wo setzen wir auf die Entwicklung **informeller Netzwerke,** z. B. um Experten verschiedener Einheiten zusammenzubringen, und wie ermöglichen wir deren Formation?
- Für welche Art von Herausforderungen (z. B. Einführung von Neuerungen) ist es sinnvoll, **Projekte** aufzusetzen, die außerhalb der Kernstruktur stattfinden?
- Anhand welcher **Prozessstrukturen** wollen wir unsere Prozesse steuern und verbessern (wie TQM, Six Sigma, Kaizen, Kanban, Just in Time, …), um unsere Effizienz zu erhöhen?
- Und nicht zuletzt: Wie organisieren wir »**Auszeiten« von der Organisation** wie Off-Site-Traditionen, Strukturen zum Hinterfragen bestehender Herangehensweisen, periodische Experimentierforen etc., um die Versorgung mit neuen Impulsen und Ideen zu gewährleisten?
- Wo und wie schaffen wir explizit **Räume und Prozesse für Innovation**
- Insgesamt: wie und wodurch schaffen wir **Plattformen und Anreize für Selbstorganisation,** die im VUKA Kontext immer wichtiger wird?
- Wie kombinieren Organisationsdesigns **Eigen- und Team- bzw. Gemeinschaftsverantwortung?**

Mit der Struktur der Organisation werden auch bestimmte Optionen festgelegt und andere Optionen ausgegrenzt. Manchmal geschieht dies nach einem reflektierten Plan, oft aber auch implizit. Dennoch gestaltet jedes Organisationsdesign – hoffentlich entlang der Strategie – die Schlüsselmerkmale für die Leistungserstellung:

- die Art des Geschäfts
- welche Kunden besonders im Fokus stehen
- welche Mitarbeitenden und Potenziale für die Leistungserstellung gebraucht werden
- wer welche Verantwortungs- bzw./Kompetenzfelder übernimmt

- wie die Anschlussfähigkeit von Positionen/Abteilungen untereinander aussieht (vertikale und laterale Arbeitsbeziehungen und -prozesse inklusive Berichtswegen und Koordinationsprozessen)
- wie die Arbeit und die Anschlussfähigkeit an die Strategie aussehen
- welche Stakeholder Kontakt mit dem Unternehmen brauchen und in welcher Form

Hand in Hand mit dem Organisationsdesign geht die **Klärung von Steuerungs- und Entscheidungsformaten.** Um Anschlussfähigkeit zu sichern, muss den Systemmitgliedern bekannt sein, in welchem Bezugsrahmen sie ihre eigenen Entscheidungen treffen dürfen und sollen und an welche Entscheidungen sie dabei anknüpfen müssen. Je komplexer das Entscheidungsumfeld ist, desto dynamischer ist die Organisation zu gestalten.

2.2.2 Aktuelle Herausforderungen für Organisationsgestaltung

Agilität und Effizienz
Im VUKA-Umfeld besteht die größte Herausforderung für die Organisationsgestaltung in der bereits erwähnten **Balance von Effizienz und Agilität.** Schließlich geht eine Flexibilisierung von Strukturen fast immer mit mehr Abstimmung und mehr Ressourcen einher. Welches Organisationsdesign also kombiniert agile Antwortfähigkeit auf den Markt mit Effizienz und Verlässlichkeit und beinhaltet zugleich Zukunftspotenzial?

Strategie entlang der Organisationskompetenz
Manche organisationalen Potenziale entstehen durch die strategische Ausrichtung, andere ergeben sich aus den Lernprozessen in der Leistungserstellung. Ob es nun die Fähigkeit ist, Kunden besonders gut zu verstehen, zu besonders günstigen Stückkosten produzieren zu können, schnell auf neue Marktpotenziale reagieren zu können, ein besonders hohes Qualitätsbewusstsein, eine extrem verlässliche Produktfertigung oder eine andere organisationale Kompetenz zu besitzen: **Strategie und organisationale Kompetenzen müssen Hand in Hand gehen.**

Auch die Führungsanforderungen sind sehr spezifisch je Organisationsdesign und verlangen unterschiedliches Agieren. Bei Veränderungen des Organisationsdesigns ist mitzudenken, wie sich die **Anforderungen an Führung** mit verändern.

Ausgleich für die Schattenseiten der Organisation
Jedes Organisationsdesign hat gewisse **Dysfunktionalitäten,** die ausgeglichen werden müssen (z. B. Silodenken der funktionalen Organisation). Es gibt kei-

ne perfekte Organisation. Ob solche »Schwachstellen« mit zusätzlichen Sicherungsprozessen, vermehrter Kontrolle, intensiverer Kommunikation oder dem besonderen Einsatz von Personen überwunden werden, liegt in der Unternehmenskultur und entwickelt sich oft emergent. Das ist nicht immer im Sinne der strategischen Entwicklung und birgt die Gefahr von Überstrukturierung oder von Überlastung einzelner Personen, die organisationale Schwächen überbrücken müssen.

Mehr übergreifende Vernetzung und Dialog

Experten unterschiedlicher Funktionen nachhaltig zu **vernetzen,** wird immer notwendiger. Es gibt immer mehr »Wissensarbeiter«, die Wert schaffen durch Erlernen, Anwendung und Vernetzung von Wissen. Dieses Potenzial wird behindert durch vertikal dominierte Organisationsdesigns. Schließlich müssen sich Experten in riesigen Konzernen erst einmal finden. Hierarchien sind dabei eher hinderlich, und auch überkomplexe zusätzliche Designelemente wie interne Joint Ventures, ausufernde Task Forces und Arbeitskreise verkomplizieren oft die Koordination unter Experten und kosten Zeit und Geld (vgl. Bryan/Joyce 2005). Gerade wenn sich diese dem operativen Geschäft widmen, kommen interdisziplinäres Lernen oder Austausch zu relevanten Themen oft zu kurz. Der interne Kommunikationsbedarf wächst und braucht kluge dialogische Steuerung. Auch die **Vernetzung** verschiedener **interner Einheiten** (z. B. Einkauf, IT, Supply Chain, HR etc.) ist anspruchsvoll, je nachdem welche Funktion die Zusammenarbeit erfüllen soll. Goold und Campbell unterscheiden beispielsweise sechs Formen von Abteilungsverbindungen: zum Teilen und Generieren von Wissen, zum Teilen physischer Ressourcen, um Verhandlungsmacht zu stärken, um gemeinsame Strategieelemente umzusetzen und um neue Geschäftsfelder oder Innovationen zu eruieren und zu etablieren (vgl. Goold/Campbell 2002a).

Das Informelle im Blick haben

Neben den offiziellen Strukturen und Prozessen gibt es häufig **informelle, jedoch faktisch vorhandene Prozesse.** Oft gibt es »Workarounds«, also Umgehungen formaler Prozesse, um gewünschte Ergebnisse zu erreichen. Bei einer geplanten Organisationsveränderung sind es natürlich die faktischen Prozesse (ob formell oder informell), die analysiert und gegebenenfalls verändert werden müssen. Dies verlangt vom Management genaues Hinsehen, Vertrauen und ein sehr offenes, transparentes Vorgehen. Diese informellen Prozesse können problematisch werden, vor allem in Hinblick auf Governance und Compliance, zugleich liegen in ihnen Potenziale für Effizienz, Innovation und Commitment (→ Ent-scheidung 7: Governance, Compliance und Business Ethics).

Organisationswandel braucht Zeit

Wird die Organisation umgestaltet, haben verschiedene Organisationsbereiche oft **unterschiedliche Tempi im Wandel:** Ein Organisationschart ist schnell umgeschrieben, neue Kernprozesse zu etablieren, braucht lange und auch ein neues IT-System einzuführen, kann leicht mehrere Jahre in Anspruch nehmen. (vgl. Heitger/Doujak 2014, S. 335ff. zu den Phasen von Veränderungsprozessen)

Entscheiden im VUKA-Kontext – Führung mit mehr Selbstorganisation kombinieren

Eine große Herausforderung ist, wie bereits erwähnt, die Kombination von Schnelligkeit, Effizienz, Qualität und organisationalem Lernen. Besonders in Organisationen, in denen Entscheidungsbefugnisse stark zentralisiert sind – wie in den meisten Hierarchien der Fall –, wird die **Geschäftsführung zum Engpass.** Egal wie intelligent, effektiv, teamfähig oder umsichtig die Geschäftsführung ist: Es bestehen Grenzen in Bezug auf ihre Problemlösungsfähigkeit in einem angemessenen zeitlichen Rahmen, wenn das Umfeld turbulent ist (vgl. Lawler 2005) (→ ENT-SCHEIDUNG 8: RESILIENZ).

Unternehmensgrenzen werden durchlässiger

In einer turbulenten Umwelt braucht es mehr interne Kapazität, um sie zu beobachten und daraus für die Organisation relevante Erkenntnisse abzuleiten. Ebenfalls benötigt ein komplexes Marktgeschehen mehr Spezialisierung der Marktteilnehmer, die sich dann unternehmensübergreifend aufeinander beziehen und Lösungen für ihre Fragen entwickeln (z. B. unternehmensübergreifende Entwicklungspartnerschaften, große IT-Projekte etc.). Das macht insgesamt einen stärkeren Bezug zur Umwelt notwendig – in der Praxis meist in diversen Formen von unternehmensübergreifenden Kooperationen, Netzwerken, Allianzen, Forschungskreisen etc. (→ ENT-SCHEIDUNG 6: STRATEGISCHE KOOPERATIONEN). Die **Grenzen,** die für das Unternehmenssystem so identitätskonstituierend sind, **werden durchlässiger.** Auch das hat Konsequenzen für die Stabilität und die Steuerung des Unternehmens.

Neues Zusammenspiel zentraler und dezentraler Einheiten

Eine aktuelle Herausforderung besteht in der Frage der **Organisation der Konzernzentrale,** je nachdem, welchen Wert die Zentrale zum Gesamtsystem beitragen will. Zur Wertschöpfung kann die Zentrale folgendermaßen beitragen (in Anlehnung an Goold/Campbell 2002a, S. 187ff.):

- Sie sorgt für strategische Ausrichtung und Kernidentität.
- Sie sorgt für die passende Ausschöpfung vorhandener Ressourcen: einer Marke, einer bestimmten (Kern-) Kompetenz, eines Patents, von Beziehungspotenzial, von Finanzierungsquellen etc.
- Sie sorgt für Synergien: Durch die Verbindung einzelner Einheiten, z. B. mit Zentralisierung bestimmter Aktivitäten, das Setzen von Anreizen, den Aufbau

organisationaler »Brücken« (Stellen schaffen, Kommunikationswege bestimmen etc.).

- Sie sorgt für Monitoring und Umsetzung wesentlicher Initiativen.
- Sie sorgt für Extra-Wachstum und Erweiterung: Durch den günstigen Kauf oder teuren Verkauf von Einheiten oder Ressourcen, die für das Unternehmen Wert stiften (Mergers, strategische Allianzen, Joint Ventures).
- Sie sorgt für Innovation: durch Hilfe bei Expansionsvorhaben, Entwicklung neuer Produkte, Erschließung neuer Märkte, Globalisierung bestimmter Prozesse etc.
- Sie schafft Wert durch Größenvorteile (Einkauf, Finanzierung etc.).
- Sie stellt bestimmte Unternehmensfunktionen standardisiert zur Verfügung, d. h., sie engagiert sich auch operativ.
- Sie führt operativ durch anspruchsvolle, aber passende, Vorgaben und Ziele (Umsatz, Kosten, Profitabilität, Benchmarks).

Je nach Schwerpunkten ist ein klares Contracting zwischen Zentrale und den dezentralen Einheiten zu erreichen. Diese Arbeitsbeziehung gut zu bearbeiten, ist ein Feld, in dem aus unserer Sicht viel zu holen ist an »Wert«, organisationaler Leistungsfähigkeit und vor allem an Commitment.

Ko-kreative Arbeit am Organisationsdesign
Für die Arbeit am Organisationsdesign schlagen wir, wenn es um tiefer greifende Unternehmensentwicklung geht, vor, – ähnlich wie bei der Strategiearbeit – ko-kreativ vorzugehen. Es gilt, das Erfahrungswissen des Tagesgeschäftes mit der Expertise zur Organisationsgestaltung und mit Querdenkern zu verbinden, um nicht lediglich eigene Routinen zu reproduzieren. Die Entwicklung unterschiedlicher Prototypen, ihre Erprobung und anschließende weitere Verbesserung bringen mehr als perfekt anmutende Organigramme.

2.3 Personen: Kompetenzen, Verhalten und die Beziehung Unternehmen – Mitarbeiter

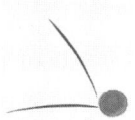

2.3.1 Grundlegendes zur Beziehung Unternehmen – Mitarbeiter

Die Mitarbeitenden sind nie als ganze Personen Teil des Unternehmenssystems, sondern nur in den Anteilen, die sie dem Unternehmen zur Verfügung stellen: ihren Fähigkeiten, ihrem Engagement, ihrer Leistung. Im Kontrakt zwischen Person und Unternehmen geht es um diesen »Austausch« im Sinne des Unternehmens und im Sinne der Mitarbeitenden als ein Geben und Nehmen. Der Kontrakt hat materielle und immaterielle psychologische Komponenten, von denen nicht

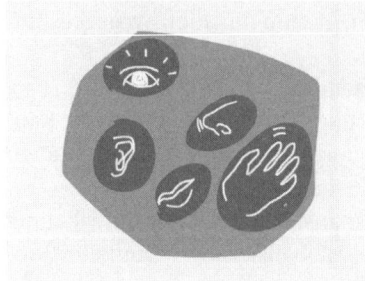

alle ausgesprochen und manche nicht einmal bewusst von den Vertragspartnern als Erwartungen an den jeweils anderen herangetragen werden. Der Vertrag umfasst viele Währungen, je nachdem, was für die Vertragspartner relevant ist: für die Mitarbeitenden etwa eine interessante Aufgabe, Geld und andere Entlohnungsformen (Dienstwagen, Handy, Reisen etc.), Sicherheit, Vertrauen, Loyalität, Formen von Status (Größe und Ausstattung des Büros, Parkplatz, Titel etc.), Identitätsstiftung (sich als Teil eines Ganzen bzw. eines tollen Teams fühlen oder zu einer wertvollen Leistung beitragen), Chancen zum Lernen und sich Weiterentwickeln, das Ausmaß an Verantwortung (Befugnisse, Macht, herausfordernde neue Arbeiten, Anzahl der Untergebenen, Verantwortung für ein Geschäftsfeld/eine Region etc.) und weitere, sehr individuelle Komponenten. Das Unternehmen seinerseits erwartet Leistungsbereitschaft, Währungen wie Flexibilität, Unternehmertum, Loyalität, Einsatzbereitschaft, Kreativität, Teamarbeit etc. Der Vertrag gilt für beide Seiten und wird bei Veränderungen auf einer Seite explizit oder implizit neu ausgehandelt. Je mehr Wandel die Beziehung unterliegt, zum Beispiel durch organisationale Veränderungen, strategische Neuausrichtungen etc., desto häufiger wird der Vertrag thematisiert. Die Personen sind dabei als Entscheider *und* als Subjekt des Vertrags zu sehen, die sich für den Wandel und das Unternehmen, gegen das Unternehmen oder für eine innere Kündigung entscheiden können. Laut dem jährlich ermittelten *Employee Engagement Index* von Gallup ist es um den Anteil der engagierten Mitarbeitenden nicht gut bestellt. Nur etwa 14 Prozent der Beschäftigten in Westeuropa werden als engagiert eingeordnet und fühlen sich mit ihrem Arbeitgeber stark verbunden. 22 Prozent sind dagegen aktiv nicht engagiert und arbeiten wissentlich gegen Ziele des Teams oder des Unternehmens. Die restlichen zwei Drittel arbeiten routinehaft Aufgaben ab und lassen viel an sich »vorbeirauschen« (vgl. Gallup 2013, S. 90ff.). Das stimmt skeptisch und macht im Einzelfall eine eigene Standortbestimmung dazu nötig. Möglicherweise haben die intensiven Veränderungen in vielen Unternehmen seit der Finanzkrise mit ihren Effizienzprogrammen und den enormen Leistungen, die Mitarbeitende und Führungskräfte seither erbracht haben, zu einer Art »struktureller Erschöpfung« geführt. Oder das Agieren in mehr und dauernder Verunsicherung und Turbulenz mit wenig Aussicht auf schnellen und lang anhaltenden Erfolg führt zum Zurücknehmen von Engagement.

Wie also entstehen Leistungsbereitschaft und Leistungsfähigkeit? Wie entsteht Commitment? Eine ältere »Formel« beschreibt die Leistung der Beschäftigten als Leistung = Fähigkeiten x Motivation. Auch wenn diese Formel etwas zu simpel ist, so stimmt die Aussage, dass Leistung nur dann zustande kommt, wenn Personen sowohl leisten können als auch wollen (vgl. Lawler 2005, S. 13). Unser folgendes erweitertes Modell (vgl. Abbildung 5) zeigt, welche Faktoren Einfluss auf die Motivation und die Leistung der Mitarbeitenden haben.

Abb. 5: Wie entstehen Motivation und Commitment?

1. **Verstehen:** Zunächst geht es darum, das »Was, das Warum und Wohin« zu verstehen, was die Erwartungen an die eigenen Leistungen sind, wie sie in den Kontext der Unternehmensentwicklung passen und warum sie wichtig bzw. sinnvoll sind. Erst dann kann abgeglichen werden, ob diese Erwartungen und Ziele realistisch oder erstrebenswert sind. Um den Kontext begreifen zu können, braucht es klare Kommunikation, die einen Bezug zu Vergangenheit und Zukunft herstellt und die anliegenden Aufgaben in diese Meta-»Erzählung« einbettet.
2. **Können:** Um zu beurteilen, was geleistet werden kann, muss klar sein, auf welche Wissensvorräte und welche bisherigen Erfahrungen aufgebaut werden kann. Die Betreffenden müssen ein realistisches Bild ihrer eigenen Fähigkeiten und Kompetenzen haben und Gelegenheit erhalten, sich fehlende anzueignen. Außerdem müssen sie in der Lage sein, die Aufgaben auch tatsächlich auszuüben (Ausstattung Arbeitsplatz, Technologie etc.).
3. **Dürfen:** Nicht nur formal müssen die Mitarbeitenden ermächtigt werden, ihre Aufgaben auszuführen und entsprechende Verantwortung und Entscheidungskompetenzen erhalten. Die Ermächtigung muss auch informell vorhanden sein, d. h. der Unternehmenskultur entsprechen. So muss zum Beispiel bei der Aufforderung, offene Kritik zu äußern oder »mal ganz frei kreativ zu denken«, dies auch kulturell und in der konkreten Arbeits- und Führungsbeziehung möglich sein.
4. **Üben:** Nicht alle nötigen Kompetenzen sind schon in der Alltagspraxis verankert bzw. jederzeit abrufbar. Commitment und Motivation brauchen daher

Möglichkeiten, anspruchsvolle Aufgaben einzuüben und zu trainieren, wie beim Erlernen eines Instrumentes oder einer Sportart. Um sich zu verbessern, brauchen die Betreffenden beispielsweise qualifiziertes Feedback oder Mentoring.

5. **Wollen:** Nur wer sich entscheidet mitzuwirken, der will. Das ist dann der Fall, wenn es persönlich interessante Perspektiven gibt bzw. keinen inneren Widerstand, wie zum Beispiel moralische Bedenken gegenüber den Aufgaben. Arbeit muss als sinnvoll bzw. nützlich erlebt werden. Allerdings wollen auch nicht alle Mitarbeitenden unternehmerisch tätig sein oder viel Verantwortung tragen – sie sehen ihre Arbeit vielleicht »nur als Job«, den sie erfüllen wollen. Das gilt es zu berücksichtigen. Hier sind die Grenzen dessen auszubalancieren, was Unternehmen von ihren Mitarbeitenden erwarten dürfen.

Die Gestaltung dieses **materiell-psychologischen Vertrages** erhält durch verschiedene Ebenen zusätzliche Komplexität:

* Der formale Rahmen des Kontraktes besteht zwischen dem Unternehmen und dem oder der Mitarbeitenden. Darüber hinaus ist er bestimmt von den HR- und Führungssystemen des Unternehmens, die sich auf Strukturen, Prozesse, Vergütung, Talent Management und Performance Management beziehen. Sekundär spielen Strategie, Organisation und Kultur in den Vertrag hinein in puncto Chancen, Grenzen und aktueller bzw. potenzieller Gestaltungsräume.
* Der gelebte Vertrag besteht hauptsächlich zwischen Führungskraft und Mitarbeiter bzw. den »Peers« in der Zusammenarbeit. Er beinhaltet Ziele, persönliche Entwicklung und vor allem das Zusammenwirken im Tagesgeschäft. Alle Partner gestalten ihn, auch wenn die Führungskraft in dieser Ausgestaltung mehr Macht hat. Sekundär spielen die Teamstruktur und die anderen Teammitglieder eine wichtige Rolle für den Vertrag.
* Der Vertrag ist in den Kontext des Unternehmens eingebettet – damit werden auch andere Einflussfaktoren wirksam: zum Beispiel das Employer Branding, die Unternehmensidentität, die Identifikation mit Repräsentanten des Unternehmens (Topmanagement, Produkte etc.), ggf. Stolz, zu diesem Unternehmen zu gehören. Über die Zeit stärken die gemeinsame Leistung und Geschichte den Kontrakt, sofern er flexibel genug ist, sich an Veränderungen auf beiden Seiten anzupassen.

Die Herausforderungen, die sich für die wechselseitige Attraktion, Betreuung, Entwicklung, Beteiligung und Bindung der beteiligten Personen ergeben, haben sich in den letzten Jahren vor allem durch den Vormarsch digitaler Medien verschoben (Image von Unternehmen in den Social Media, schnelle Abrufbarkeit von Infos zu Unternehmenskultur etc.). Aber auch einige sehr klassische Herausforderungen beschäftigen Unternehmen nach wie vor. Die Gestaltung und Weiterentwicklung dieser Kontrakte sind essenzieller Inhalt jeder Unternehmensentwicklung – sei es, um neue Mitarbeitende für Aufgaben zu gewinnen oder den Kontrakt mit bestehenden zu erneuern oder zu beenden.

2.3.2 Aktuelle Herausforderungen für die Beziehung Unternehmen – Mitarbeiter

Veränderungsmüdigkeit

Die Mitarbeitenden insbesondere großer Unternehmen haben in den letzten Jahren **viele Veränderungen** mitgemacht: Auf struktureller Ebene gab es in den meisten Konzernen viele Change-Wellen, Effizienz- und Wachstumsprogramme, neue Kommunikationsmedien haben Einzug gehalten und der unternehmerische Rahmen hat sich in den meisten Branchen in Richtung eines VUKA-Umfeldes entwickelt. Dies erzeugt bei den Mitarbeitenden nicht nur Lust auf Herausforderung und Neues, sondern auch Druck, Veränderungsmüdigkeit, Überforderung und Angst um Arbeitsplatz und Zukunft.

Unternehmertum und Eigenverantwortung

Viele Unternehmen erwarten **mehr Unternehmertum, Einsatz und Übernahme von Verantwortung** bei einer gleichzeitig loseren Bindung. Der materiell-psychologische Kontrakt wird fragiler und steht bei so hoher Veränderungsintensität häufiger zur Debatte. Das schafft Grenzziehungen auf beiden Seiten bei zugleich hohen Ansprüchen. Die Beziehung Unternehmen – Person wird vielfältiger, fragiler und ist oft im Wandel. Generell gilt: Unternehmen sehen sich immer weniger als »Versorger« und als ein Bezugspunkt, der die Mitarbeitenden jahrzehntelang begleitet. Dies wirft neue Fragen auf für Unternehmen, die sich auf ihre zukünftige Belegschaft einstellen wollen: In welcher Form wollen sie Talente und Experten anziehen und gewinnen, wie sie entwickeln und halten? Was erwarten sie von ihnen und was bieten sie im Gegenzug?

Unsichere Zukunft – mehr Individualität, mehr Vielfalt, mehr Ungleichheit

Sowohl für Unternehmen, als auch für die Personen stellt sich die Frage, welche **Kompetenzen und Fähigkeiten** in Zukunft benötigt und gefragt sein werden – und wo. Nicht immer ist klar, welche Branchen in welchen Regionen eine Zukunft haben werden und welche Berufe, welches Wissen und Erfahrungen in Zukunft als »Marketable Skills« gelten. Das schafft weitere Unsicherheit. Die Fürsorge für die Angestellten nimmt ab, ebenso deren Abhängigkeit und Sicherheit. Anstelle dieser Fürsorge bzw. der langfristigen Partnerschaft zwischen Unternehmen und Mitarbeitenden tritt für letztere ein höheres Maß **an Selbst- und Eigenverantwortung** mit all den gesellschaftlich und persönlich damit verbundenen Chancen und Risiken. »Handle unternehmerisch« wird zur doppelten Maxime – für das Unternehmen und für die Person. Als neuer kategorischer Imperativ wird aus dem Angestellten oder der Arbeiterin ein »unternehmerisches Selbst« (Broeckling 2007) oder die Ich-AG im Unternehmen, die auf Leistung oft bis zur Selbstausbeutung, und auf Flexibilität und »sich verkaufen« setzt. Zugleich finden sich vor allem in klassischen großen Unternehmen aber auch traditionell abgesicherte Mitarbeitergruppen, die ihre Rechte, auch wenn diese nicht mehr in die heutige Marktsituation passen, konsequent verteidigen. Damit entstehen innerhalb der Belegschaft Spannungen und stark ungleich verteilte Risiken. Vor allem jüngere Personen erwarten immer häufiger von Unternehmen eine **individuelle** Behandlung und **Ausgestaltung ihres Arbeitsverhältnisses.** Je nach ihren Bedürfnissen können sie sich vorstellen, teilweise auf Geld oder Status zu verzichten, wenn sie dafür mehr Flexibilität, weniger Arbeitsstunden oder ein interessanteres Aufgabenfeld erhalten. Diese Vielfalt, was Verträge, Erwartungen und Zusammenarbeitsformate angeht, müssen Unternehmen lernen zu bewältigen und abzubilden. Für Human Resources Funktionen, die gerade erst für professionelle Standards und Prozesse gesorgt haben (Talentmanagement etc.) bedeutet das einen nächsten Entwicklungsschritt: eine Plattform und Gestaltungsoptionen zu schaffen für mehr Autonomie zwischen den Mitarbeitenden und ihren Vorgesetzten, wo beide möglichst passgenau individuell stimmige Vereinbarungen treffen.

Generationenvielfalt und Diversity

In den nächsten zwanzig Jahren treffen – wieder einmal – **Generationen** in Unternehmen aufeinander, **die extrem unterschiedlich aufgewachsen** sind. Um diese Zusammenarbeit fruchtbar werden zu lassen, müssen Unternehmen passende Formate für Zusammenarbeit sowie für gemeinsames voneinander Lernen entwickeln und umsetzen. Digital Natives, Digital Immigrants und Digital Ignorants sind jeweils anzusprechen mit ihren konkreten Perspektiven – geht es doch darum, trotz mehr Distanz und Flexibilität Vertrauen und Engagement aufzubauen. Mit unterschiedlichen Werten, Erfahrungen und Bedürfnissen umzugehen und diese auszubalancieren, erfordert viel moderative Kompetenz in Unternehmen und große Offenheit.

Und auch in weiterer Hinsicht kommt **Diversity** zwangsweise, da Unternehmen immer mehr auf die Talente von Frauen und Zugewanderten angewiesen sind, internationaler werden, das Wissen Älterer länger brauchen werden sowie die Vielfalt der Gesellschaft auch im Sinn ihres Geschäftes und ihrer Kunden innen stärker abbilden müssen. Doch Diversität ist leicht zu fordern und schwer umzusetzen. Ganz gleich, wie sehr wir Vielfalt theoretisch schätzen, ist es doch so viel einfacher von »Leuten wie wir« umgeben zu sein. Es spart viel Zeit, sich nicht über Andersartigkeiten, verschiedene Perspektiven, kulturelle Prägungen, Meinungen etc. austauschen zu müssen. Sich Gleichgesinnte zu suchen und mit ihnen auf Gemeinsamkeiten aufzubauen (Vorlieben, Religion, ethnische Zugehörigkeit, Abneigungen, Herkunft, Markenbevorzugung etc.), ist menschliche

Natur. Es erfordert viel Mühe, Menschen nicht nur einzustellen, sondern ihnen auch zuzuhören und sie als gleichberechtigt wahrzunehmen, wenn sie anders denken, arbeiten oder kommunizieren (vgl. Institute for the Future 2007, S. 1).

Work Life Balance und strukturelle Erschöpfung

Spezielle Aufmerksamkeit verdient das Thema der **Work-Life-Balance.** Viele Arbeitnehmer sehen sich immer höheren Erwartungen ausgesetzt, gleichen strukturelle oder prozessuale Defizite aus und sind zudem über moderne Medien fast immer erreichbar. Jennifer Deal vom *Center for Creative Leadership* nennt dieses Phänomen »always on, never done!«. In einer Studie mit knapp 500 Personen fand sie heraus, dass es nicht allein das Smartphone oder Tablet ist, das den Druck verursacht, nahezu 24 Stunden erreichbar zu sein. Die Interviewten akzeptierten nahezu alle, dass sie in ihrem Beruf, mit ihrer Verantwortung und mit ihrer Entlohnung auch über die klassischen Arbeitszeiten hinaus arbeiten. Vor allem entstehen Druck, Frustration, Ärger und Unausgeglichenheit durch schlechte Prozesse und unzureichendes Management: Zu viele Leute werden involviert, ausufernd auf den E-Mail-Verteiler kopiert, Manager verzögern Entscheidungen, Termine geraten in Gefahr, Ziele und Fokusse von Projekten werden unnötig redefiniert, Prioritäten sind unklar oder ändern sich ständig, es gibt zu viele und zu schlecht vorbereitete Meetings, E-Mails und Telefonkonferenzen und nicht zuletzt: Die Technik funktioniert nicht immer reibungslos. Für den Ausgleich all dieser Schwächen müssen Arbeitnehmer persönliche Stunden hergeben (vgl. Deal 2013, S. 6ff.). Ein mittlerer Manager erzählte uns in einem Interview:

> »Ich saß im Auto vor meinem Haus, drinnen lief die Geburtstagsparty meiner sechsjährigen Tochter. Ich hing vier Stunden in einer Telefonkonferenz mit dreißig Personen, die letztendlich zu keinem Ergebnis kam. Ich hatte in Gedanken schon ein Kündigungsschreiben aufgesetzt.«

Solche Aussagen sind keine Einzelfälle mehr. Der Einzug des Internets und der Smartphones sowie die wachsende internationale virtuelle Zusammenarbeit haben in vielen Organisationen noch nicht entsprechende professionelle Organisationspraktiken erzeugt. Schon immer gab es organisationale Ineffizienzen, aber durch die Technologie ist es viel einfacher, diese Personen zuzuschieben, statt sie aufzulösen.

In einer Umgebung, die von VUKA geprägt ist, wird durch die wachsende Aufgabenkomplexität und den Anspannungsgrad und nicht zuletzt durch Überlastung von Personen in Veränderungswellen, die die Überstrukturierung ihrer Organisation ausgleichen, ein Erschöpfungszustand schneller erreicht. Immer mehr arbeitet der **Großteil der Beschäftigten in Exploit-Modi:** Es geht um Optimierung, nicht um Inspiration. Es geht um »Quick Wins«, nicht um langfristige Zukunftsentwürfe. Für Neues fehlen Raum und Prozesse: Neues braucht Muße, es muss gären, es muss auch mal in die falsche Richtung laufen dürfen. Nur ein Bruchteil der Führungskräfte, die andere Führungskräfte führen (Leading Managers), verbringt unserer Erfahrung nach mehr als ein Viertel der Arbeitszeit mit Projekten oder Zusammenhängen, die über das nächste Geschäftsjahr hinausgehen. Viele sind hauptsächlich als »Feuerwehr« für das Tagesgeschäft unterwegs oder versinken in einer Flut von E-Mails, Meetings und Telefonaten (vgl. z. B. Bevins/De Smet 2013) – und das in Situationen, in denen Nachdenken und Nachspüren sowie Dialog und Experiment neue Lösungen schaffen könnten.

In Verbindung mit einer zunehmend nicht ausgeglichenen Work-Life-Balance mit dem Fokus auf kurzfristige Exploit-Maßnahmen **geht uns zunehmend die Zeit als Gabe verloren.** Die Folge sind Stress, Burn-out bis hin zur Selbstausbeutung. Wenn selbst die Freizeit, der Urlaub und der Schlaf nur noch dazu dienen, Regeneration für die Arbeitszeit zu bewirken, haben wir uns in einer Effizienz-Logik verloren. Es gehen Momente verloren, in denen Zeit nicht Ressource und Kapital ist, sondern ein offener Raum und eine Gabe, in der Ungeplantes entstehen kann. Auch in Unternehmen braucht es Rituale, Erzählungen und Zeremonien, die einer eigenen organischen Zeit unterliegen. Sie lassen sich nicht beschleunigen, weil sie keinerlei Effizienzkriterien gehorchen. Für solche

Handlungen und Momente Raum zu schaffen, ist, entgegen der herrschenden Logik, für den langfristigen Erhalt nicht nur von menschlichem Miteinander in Unternehmen sondern auch für Unternehmensentwicklung unverzichtbar (vgl. Han 2013; → Fall 5: Den Wandel verändern).

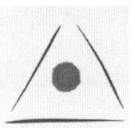

2.4   Führung

2.4.1   Grundlegendes zur »DNA« von Führung

Die Leistung der Funktionsträger »Führungskräfte« sowie die Leistung der gesamten »Führungsmannschaft« sind unmittelbar mit dem Erfolg eines Unternehmens verbunden. Im Modell der Unternehmensentwicklung wird sichtbar, dass

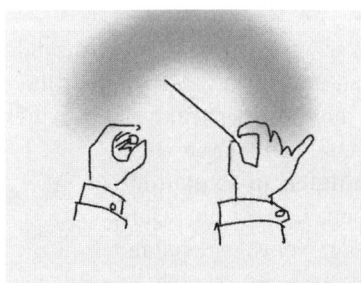

es Führung ist, die Strategie, Organisation und Personen und sich selbst maßgeblich gestaltet. Sie wird allerdings auch durch diese drei Faktoren befähigt oder in ihren Möglichkeiten eingeschränkt. Zusätzlich obliegt ihr die kohärente Integration dieser drei Felder.

Baecker (2011, S. 7) beschreibt Führung als das Immunsystem der Organisation.

Die Hauptaufgabe der Funktion Führung ist die **Sicherung der Zukunft und des Überlebens des Systems.** Dabei ist für Unternehmen die Zahlungsfähigkeit die Basis des Fortbestands. Dazu muss das System kontinuierlich einen Beitrag leisten und Werte schaffen, für die Kunden bereit sind, etwas zu bezahlen. Außerdem müssen die Bedingungen für die Beitragserstellung für weitere Stakeholder – beispielsweise Mitarbeitende, Lieferanten, strategische Partner, Investoren – attraktiv genug sein, um sich zu engagieren. Um die Zukunft zu sichern, ist es die Aufgabe von Führung, **Entscheidungen zu treffen, die Richtungen zu weisen,** die – zeitweise – Unsicherheit zu beseitigen und Klarheit zu schaffen, Orientierung zu geben und somit den Mitarbeitenden und Experten die Konzentration auf die operativen Aufgaben zu ermöglichen.

Führung muss also dafür sorgen, dass **Kommunikationsstrukturen** entwickelt und genutzt werden, die der Situation und ihrem Komplexitätsniveau entsprechen. Nur so können an anderen Stellen sinnvolle Anschlussentscheidungen getroffen werden und Entscheidungen koordiniert werden (vgl. Wimmer 2012, S. 54). Führung entscheidet, wann im Explore-Modus zu arbeiten ist (öffnende Entscheidungen und Arbeitssettings zur Arbeit an Zukunftsthemen oder zum Lösen komplexer Probleme) und wann im Exploit-Modus (schließende Entscheidungen, die operative Klarheit und Effizienz schaffen).

Entscheidungen werden täglich auf vielfältige Art und Weise getroffen. **Führung hat mehrere Entscheidungs- und somit Leistungsebenen:** Sie ist sowohl eine individuelle Leistung (die der einzelnen Führungskraft) als auch eine Teamleistung (z. B. unter Führungskräften eines Bereiches) sowie eine Mannschaftsleistung (alle Führungskräfte des Unternehmens und damit auch ihr Zusammenwirken über verschiedene Ebenen hinweg) und schlussendlich auch eine Systemleistung – das System ermöglicht »gute Führung« durch seine Kultur und seine Identität u. a. (vgl. Heitger/Schubert 2013, S. 182).

Um die Komplexität der unternehmerischen Tätigkeiten als Mannschaft bewältigen zu können, braucht Führung **differenzierte Rollen** und ein **vielfältiges Führungsrepertoire** – mal als Verwalter, mal als Manager, mal als sozialer Architekt, mal als Experte etc. Gerade in einem Kontext mit sowohl einer hohen Unberechenbarkeit als auch einer großen möglichen Vielfalt der zukünftigen Entwicklungen werden diese Rollen zunehmend komplexer und brauchen eine enorme Flexibilität in der Erfüllung (→ siehe Komplexitätslandkarte in Kapitel **4**).

Als einzige der Unternehmensdimensionen entscheidet Führung auch über sich selbst. Die herausfordernde Aufgabe der **Professionalisierung und der Erneuerung ihrer selbst** kann nur gewährleistet werden, wenn Führung sich regelmäßig mit Impulsen von außen versorgt und bereit ist, sich von erfolgreichen und gewohnten Mustern und Vorgehensweisen immer wieder zu trennen. Wenn die dafür notwendige Selbstbeobachtung nicht stattfindet, ist der Erfolg des Unternehmens in Gefahr.

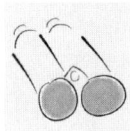

Wenn es um Zukunftssicherung geht, ist es die Aufgabe von Führung, für **trag-fähige Zukunftsentwürfe** und ihre Umsetzung zu sorgen – für Unternehmens-entwicklung. Damit diese neuen Lösungen entstehen können, muss Komplexität zunächst erhöht werden: Es müssen neue offene Fragen gestellt werden, es müssen unbekannte Kontexte erfasst, unbekannte Territorien erforscht werden. **Führung muss dafür sorgen, dass** das **Explorieren** in Unternehmen **möglich wird** (vgl. March 1991).

»In Explore-Settings werden kreativ neue Lösungen gefunden und übersehene Fragen bespro-chen. Komplexität wird erhöht, Widersprüche werden adressiert und Stakeholder über Unter-nehmensgrenzen hinaus involviert. Die Organisation versorgt sich selbst mit Unsicherheit und begibt sich auf Feldforschung in Richtung eigener Zukünfte. Dadurch erfindet Führung Werkzeuge, mit denen Unsicherheiten gestaltbar und zur Ressource für Neues werden.« (Heitger/Schubert 2013, S. 180)

Zuweilen müssen auch Konflikte und Dissenz in das System gebracht werden, um zu neuen Wegen zu gelangen. Führung muss hierfür den Rahmen schaffen, Impulse geben und die erforderlichen Ressourcen mobilisieren.

Führung ist immer auch ein sozialer Prozess – der Führende entscheidet sich, zu führen, der Geführte entscheidet sich, sich führen zu lassen. **Gegenüber den Geführten** besteht in den Aufgaben ein signifikanter Unterschied: Einer-seits stecken Führungskräfte den Rahmen ab, in dem die Geführten ihre Arbeit verrichten. Andererseits versorgen die Geführten die Führenden mit Impulsen für eine neue Rahmengebung. Die Beziehung ist asymmetrisch (und muss es auch sein), da Führungskräfte über mehr Gestaltungs- und Entscheidungsmacht verfügen, mit wechselseitiger **Abhängigkeit** – da Geführte teilweise Führungs-aufgaben übernehmen und Führende sich zuweilen leiten lassen. Beide Seiten können nicht ohne einander funktionieren, und jede der beiden könnte die an-dere scheitern lassen – somit wird die Beziehung prinzipiell störungsanfällig. Der materiell-psychologische Kontrakt (siehe oben) spielt in dieser Beziehung eine große Rolle. Idealerweise schaffen Führende und Geführte in einem auch sym-metrischen, ko-kreativen Prozess ihre Rollen im Hinblick auf die Ausrichtung der Organisation – es geht also um das Pendeln zwischen symmetrischen und asymmetrischen Arbeitssettings.

Auch gegenüber **externen Stakeholdern** hat Führung die Verantwortung, die Relevanz einzelner Gruppen zu erkennen und die Beziehungen mit ihnen unter-nehmerisch zu gestalten. Genau wie in der Beziehung zu Mitarbeitenden spielen auch hier oft vielfältige Währungen mit hinein, von denen nur wenige monetärer Art sind (siehe z. B. → ENT-SCHEIDUNG 6: STRATEGISCHE KOOPERATIONEN, ENT-SCHEI-DUNG 5: LÖSUNGSGESCHÄFT, ENT-SCHEIDUNG 10: NACHHALTIGKEIT).

Die Abbildung 6 zeigt aggregiert die Kernaufgaben von Führung.

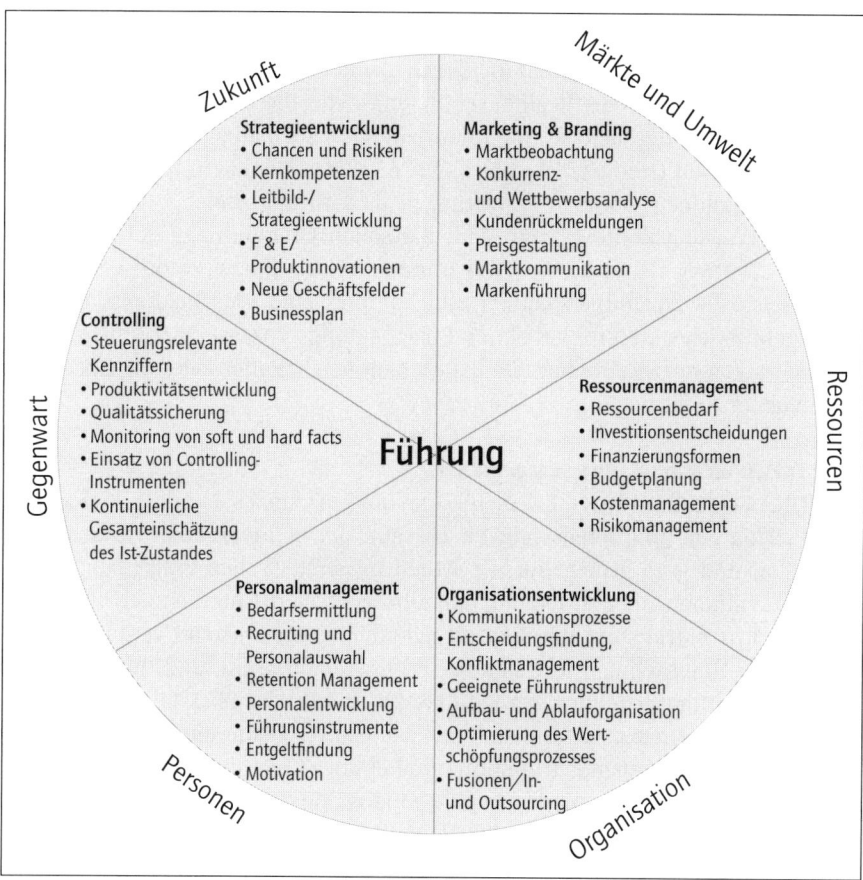

Abb. 6: Kernaufgaben von Führung (vgl. Wimmer/Schumacher 2009, S. 177)

2.4.2 Aktuelle Herausforderungen für Führung

Postheroische Führung und Rollenvielfalt

In den letzten Jahren hat sich das Bild von Führung stark gewandelt, so wie das Umfeld, in dem Führungskräfte agieren. Die Arbeit in modernen Unternehmen – mit Matrix, Globalität, virtuellem Zusammenarbeiten, unklaren Zielen, knappen Ressourcen, zu großen oder zu kleinen Entscheidungsräumen – verlangt Führungskräften viel ab. Zusätzlich erledigen viele von ihnen ehemals klassische Sekretariatsaufgaben über ihre Smartphones und Tablets selbst und sind 24 Stunden erreichbar. Führung wird in diesem Umfeld selbst zu einer knappen Ressource, die noch das Dringende – aber nicht immer das langfristig Wichtige – schafft. Sehr **weit weg scheint das** lange geltende **bürgerliche Führungsideal,** in dem

Manager mit ruhiger Hand wohlüberlegte Entscheidungen treffen und charismatische Führungspersönlichkeiten die Geschicke des Unternehmens lenken. Während Führungskräfte in der Realität schon längst »postheroisch« agieren , werden
sie von Medien, Öffentlichkeit und Mitarbeitenden noch allzu oft an diesen alten
Idealen gemessen (Heitger/Schubert 2013, S. 183f.). Gerade in turbulenten und
offenen Situationen wachsen Erwartungen an Führung und die Rollenvielfalt,
in denen Führungskräfte gefragt sind. Sie sollen Orientierung, Sicherheit und
Klarheit schaffen – und können das unmittelbar als Einzelperson weniger als
früher leisten – zu unübersichtlich und komplex sind Entscheidungskontexte.
Dann geht es eher darum, kollektive Entscheidungsprozesse zu etablieren und
zu moderieren oder Zielräume für Experimente zu schaffen oder als Coach Expertenteams zu führen.

Mehr Fokus auf Explore und Sensemaking

Im VUKA-Umfeld wird der Raum für Exploration zunächst immer kleiner: Es
bleibt wenig Zeit und Bereitschaft für Dissens, der ja immer auch verunsichert,
für Dialog und grundlegend für die Arbeit an strategischen Fragen und Inno-
vationen. In den letzten Jahrzehnten haben Unternehmen ihren **Fo-
kus stärker auf das Exploit** gerichtet. Dem Umstand verdanken vie-
le Unternehmen ihre heutige Professionalisierung und ihre effiziente
Leistungserstellung. Im Exploit-Modus wird der Blick fokussiert, Komplexität reduziert und sich auf das Naheliegende und Kosteneffizienz
konzentriert. Pragmatismus triumphiert dabei über Kreativität. Mittel- und langfristig sind die Reduktion auf den Exploit-Modus und der Verlust des Explore-Modus allerdings gefährlich. Die Fähigkeit, mit Unerwartetem umzugehen, Agilität
und Resilienz (→ ENT-SCHEIDUNG 8: RESILIENZ) nehmen dann ab (vgl. Heitger/
Schubert 2013, S. 180f.). Dann laufen Unternehmen Gefahr, dass ihnen sozusagen die Zukunft ausgeht. In der kleinteiligen Betrachtung des Exploit können
den Systemmitgliedern der Blick und das Verständnis für das große Ganze verloren gehen, das in Turbulenzen und für das Lösen komplexer Fragestellungen
Orientierung gibt. Das so wichtige Sensemaking als Verortung jedes Einzelnen
in seiner Bedeutung für das System und seine Leistung kommt abhanden. Ohne
diese Verortung distanzieren sich Personen leichter von ihrer Arbeit, verlieren
Motivation und Commitment. Wegen der sich schnell ändernden Umwelt und
gegebenenfalls der veränderlichen oder offenen Unternehmensstrategie, wird
das so oft beschworene »Walk the Talk« (im Sinne von: »Tu, was du predigst.«)
zunehmend zum »Talk the Walk« (als »Erkläre kontinuierlich, was und warum
du es tust.«). **Sensemaking wird zur kontinuierlichen Führungsaufgabe** im
turbulenten Umfeld.

Global – multikulturell und virtuell

Eine zusätzliche Herausforderung für Führungskräfte sind kulturelle und internationale Entscheidungsfelder. Das Spielfeld wird **noch internationaler** und mit den BRICS-Staaten spielen inzwischen auch Länder mit ganz anderen kulturellen Vorstellungen eine große Rolle in der globalen Wirtschaft. Interkulturelle Kompetenz wird zur Schlüsselqualifikation, will man in einem international agierenden Unternehmen langfristig erfolgreich sein (→ ENT-SCHEIDUNG 2: INTERNATIONALISIERUNG UND INTERKULTURALITÄT).

Internet – Netzwerke, Selbstorganisation, Transparenz

Auch die abendländischen Kulturen verändern sich. **Neue Werte und das Internet** (Web 2.0) beschleunigen die Entwicklung zur Netzwerkgesellschaft und zu mehr Netzwerken in und zwischen Unternehmen, wo Führung sich anders positionieren muss – heterarchischer, mit mehr Partizipation, höherer Transparenz von Firmen und deren Produkten, mehr Offenheit und Teilen von Daten und Ideen mit internen und externen Stakeholdern. Diese Art der Zusammenarbeit wird zu einer überlebenswichtigen Fähigkeit von Unternehmen werden und ist sehr bewusst durch Führungskräfte zu entwickeln und zu gestalten. Nicht zuletzt wird damit ein wichtiges Element für den Systemerhalt infrage gestellt: Die Grenzen des Unternehmens. Sie verschwimmen – es ist nicht mehr eindeutig zu klären, wer wann und in welcher Funktion ein Systemmitglied ist und wer nicht. Dazu muss Führung Entscheidungen treffen (→ ENT-SCHEIDUNG 6: STRATEGISCHE KOOPERATIONEN, ENT-SCHEIDUNG 5: LÖSUNGSGESCHÄFT).

Führung in der Kritik

Die zunehmende Transparenz und der Abschied vom heroischen Führungsideal wird begleitet von einer Tendenz zum »**Icon Toppling**«. Topmanager und andere klassische Vorbilder werden gesellschaftlich nicht mehr selbstverständlich zu Vorbildern stilisiert und mit hauptsächlich positiven Eigenschaften beschrieben, sondern stehen oft in der Kritik und werden in ihrer Leistung stärker als früher infrage gestellt. Wenn man genau hinblickt, haben die Führungskräfte der DACH-Region in den letzten zehn Jahren sehr viel geleistet: Professionalisierung, Technologiesprünge, weitere Digitalisierung, Krisenmanagement etc. Dafür gibt es insbesondere für die mittleren Führungsebenen oft wenig Anerkennung. Zu der Kritik von außen und von den Mitarbeitenden kommt eine teilweise **Verständnislosigkeit zwischen den einzelnen Führungsebenen.** Gesellschaftliche Konflikte bilden sich auch intern ab. Vor allem die Vorstandsebene und die zweite Führungsebene unterscheiden sich zuweilen durch eine jeweils ganz andere Operationslogik. Während Vorstände vor allem auch in einer finanzwirtschaftlichen Logik denken und handeln (Stakeholder, Investor Relations), operiert das Topmanagement in einer realwirtschaftlichen Logik der jeweiligen Branche (Steuerung und Weiterentwicklung des Geschäfts) (→ ENT-SCHEIDUNG 9: FINAN-

ZIERUNG UND LIQUIDITÄT). Die Spannungsfelder zwischen der Logik der Finanzwirtschaft und Realwirtschaft bilden sich damit auch im Unternehmen ab und müssen von der Führung in der Unternehmensentwicklung bearbeitet werden (z. B. Shareholderinteressen versus Innovationsinvestition). Konflikte und Spannungsfelder, die sich daraus ergeben, werden oft eher personalisiert und weniger strukturell und damit produktiv bearbeitet.

Agilität und Innovation

Die Zunahme an Volatilität, Unsicherheit, Komplexität und Ambiguität hält für Führungskräfte Herausforderungen bereit, für die etablierte Muster und neue Führungspraktiken erst am Anfang stehen. Vor allem in den großen Unternehmen fehlen oft die Ressourcen für das Testen neuer Wege (Explore). So machen die meisten Führungskräfte »**mehr desselben**« mit relativ sinkendem Erfolg. Damit weder Führung noch Mitarbeiter noch die Organisation als gesamtes System Erschöpfung erleiden, ist es eine wichtige Führungsaufgabe, den Fokus auf **Resilienz, Agilität und Innovationskraft des Unternehmens** als roten Faden zu richten. Dies zur Vermeidung von Überlastung und um das Unternehmen robust und fit für Neues und Unerwartetes zu machen. Das ist ein in dieser Form neues Handlungs- und Kompetenzfeld von Führung. (→ ENT-SCHEIDUNG 8: RESILIENZ, ENT-SCHEIDUNG 1: INNOVATION).

Führung – Authentizität und Integrität schaffen Bindung

In solchen Szenarien ist auch die **Beziehung zu den Geführten** einem Wandel unterlegen. Die Hierarchie als solche ist nicht mehr ausreichendes Mittel, um die wichtige Asymmetrie in der Machtverteilung zwischen Führenden und Geführten zu rechtfertigen. Die »formale Autorität« durch Position, Titel oder auch Erfahrung nimmt ab. Zu verschwommen sind heute die Verantwortungsbereiche, zu offen die Fragen, die ein inhaltliches Agieren auf Augenhöhe voraussetzen, zu unklar sind oft die Ansprüche, die aus einer Führungsposition erwachsen. Die wechselseitige Abhängigkeit und die – VUKA geschuldeten – stärkeren Abstimmungsnotwendigkeiten unterhöhlen diesen Machtanspruch zusätzlich. Führungskräfte müssen sich diesen Machtvorsprung deshalb kontinuierlich neu verdienen. Auch deshalb wird das »Wie« des Führens gegenüber dem »Was« oder »Wohin« so erfolgskritisch (vgl. Wimmer 2012, S. 55). Führung bleibt hierarchisch und wird partnerschaftlicher und vielfältiger zugleich Authentizität, Integrität und soziale Kompetenzen gewinnen weiter an Bedeutung (→ KAPITEL 4).

Navigationssystem Führung

Wieder wird klar, dass Führung besondere Instrumente für die **Selbstbeobachtung** braucht. Ein Navigationssystem, wie es beispielhaft die Abbildung 7 zeigt, schafft Konzentration und Grundlage für die notwendige Fähigkeit, alles Wichtige im Blick zu behalten. Der Anspruch von Führung an Führung wandelt sich von einem Beherrschen und Kontrollieren aller möglichen und unwahrscheinlichen Szenarien hin zu einem Nutzen der vorhandenen Potenziale in jeder entstehenden Situation (vgl. Jullien 2006).

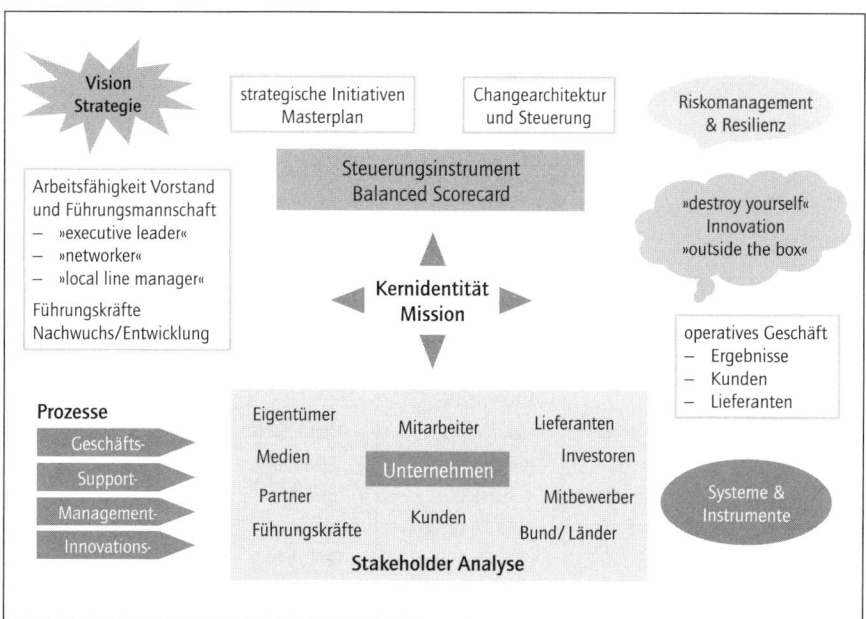

Abb. 7: Navigationssystem für Führung

Letztendlich bedingen solche veränderten Anforderungen an Führung auch **neue Inhalte und Herangehensweisen in der Ausbildung und Entwicklung** von Führungskräften. In der Führungskräfteentwicklung geht es darum, den Fokus auf die Person mit einem Verständnis von Führung als Mannschaftssport und als Organisationsleistung zu verknüpfen. Neben dem persönlichen Assessment, individueller Qualifizierung und der Arbeit mit Managementteams müssen auch die organisationalen Rahmenbedingungen von Führung in den Blick genommen werden: Welchen Rahmen schafft die Organisation über Meeting- und Entscheidungsarchitekturen und institutionalisierte Führungssettings, über Prozesse, Systeme und Strukturen der Organisation, damit sich Führung als Kernkompetenz der Organisation entwickeln kann? (vgl. Heitger/Schubert 2013, S. 195).

Im Kontext von Unternehmensentwicklung ist Führung insgesamt auch dafür verantwortlich, Inhalte und Prozessdesigns auf den Weg zu bringen, die das Zusammenwirken der vier Gestaltungsdimensionen: Strategie, Organisation, Personen (Fähigkeiten und Leistungspotenziale) sowie Führung selbst optimal gestalten.

2.5   Wandel – integrierte Unternehmensentwicklung

2.5.1 Grundlegendes zur Unternehmensentwicklung

Das »Was« der Unternehmensentwicklung ergibt sich durch die vier Dimensionen Strategie, Organisation, Personen, Führung im aktuellen Rahmen und ist mit dem »Wie« eng verknüpft. Je nach der Komplexität des Marktumfeldes gilt es dieses »Wie« unterschiedlich zu gestalten. Das Konzept von Snowden/Boone (2008) gibt dazu hilfreiche und produktive Orientierung und Gestaltungsmaximen:

Komplexitätsniveau	Merkmale des Kontextes	Aufgaben von Führung	Gefahrensignale	Die Reaktion auf Gefahrensignale
EINFACH: Fokus auf Best Practice	• bekanntes Wissen • faktenbasiertes Management • wiederholende Muster und beständige Ereignisse • klare Zusammenhänge zwischen Ursache und Wirkung, für jeden ersichtlich • es existiert eine richtige Antwort	• **wahrnehmen, kategorisieren (Fokus), reagieren** • sicherstellen, dass die richtigen Prozesse in Gang sind • delegieren • Best Practice nutzen • klare und deutliche Kommunikationswege wählen • großräumige, interaktive Kommunikation ist nicht nötig	• Selbstzufriedenheit • Wunsch, komplexe Probleme einfach zu machen • denken in festgefahrenen Mustern, unbewusste Verschlossenheit gegenüber Neuem • erlangtes Wissen wird nicht herausgefordert • blindes Vertrauen in bestehende Praktiken, auch wenn der Kontext sich verschiebt	• Kommunikationskanäle schaffen, um eingefahrene Lehrmeinungen anzufechten • verbunden/vernetzt bleiben, ohne Mikro-Management • kein Abstempeln, dass etwas einfach ist • beides wahrnehmen: den Wert und die Beschränkung von Best Practice

Komplexitätsniveau	Merkmale des Kontextes	Aufgaben von Führung	Gefahrensignale	Die Reaktion auf Gefahrensignale
KOMPLIZIERT: Expertenfokus	• bekanntes Unwissen • faktenbasiertes Management • Diagnose von Experten wird benötigt • Zusammenhang von Ursache und Wirkung ist vorhanden, kann aber nicht sofort von jedem identifiziert werden. Es existieren mehrere richtige Antworten.	• **wahrnehmen, analysieren (Fokus), reagieren** • Expertenteam einsetzen • kontroverse Ratschläge aufnehmen und verarbeiten	• Experten haben zu viel Vertrauen in ihre eigenen Lösungen oder in die Gültigkeit vergangener Lösungen. • paralysierende Analyse (»Analysis paralysis«) • Expertengruppen, die Sichtweisen von Nicht-Experten ausschließen	• externe und interne Stakeholder ermutigen, Expertenmeinungen zu hinterfragen, um gewohntes Denken herauszufordern • Experimente nutzen, um außerhalb des Gewohnten zu denken
KOMPLEX: Fokus auf Emergenz	• Muster-basierte Führung • unbekanntes Nichtwissen • Unbestimmtheit und vieles im Fluss • keine richtigen Antworten; Auftauchen von lehrreichen Mustern • viele konkurrierende Lösungsideen • Bedarf nach kreativen und innovativen Ansätzen	• **Erforschen (Fokus), wahrnehmen, reagieren** • Umfelder, Experimente und Bedingungen schaffen, sodass Selbstorganisation lösungsorientiert entstehen kann • Interaktion und Dialog • Methoden nutzen, die Ideen generieren: Diskussionen eröffnen; Leitplanken und Grenzen festlegen; »Teaser« einbringen; Unstimmigkeiten und Diversität fordern; Entstehendes reflektieren, Selbstbeobachtung	• Verlockung, in altbekannte Gewohnheiten zurückzufallen (Command and Control Mode) • Verlockung, Fakten zu suchen, anstatt Muster zu entwickeln bzw. zu verstehen • der Wunsch nach beschleunigter Lösung oder der Ausschöpfung erstbester Möglichkeiten	• geduldig sein und Zeit zur Reflexion/ Diagnose lassen • Ansätze nutzen, die Interaktion fördern, sodass Muster und emergente Lösungen entstehen • zu Experimenten und Erproben von neuen Lösungswegen ermutigen mit schnellen Feedback-Schleifen

Komplexitätsniveau	Merkmale des Kontextes	Aufgaben von Führung	Gefahrensignale	Die Reaktion auf Gefahrensignale
CHAOTISCH: Fokus auf schnelles Handeln und Antworten	• hoher Grad an Turbulenz • keine erkennbaren Zusammenhänge zwischen Ursache und Wirkung • kein lösungsorientiertes Denken mehr möglich • viele Entscheidungen müssen getroffen werden, aber keine Zeit zum Nachdenken • hohe Spannung • Muster-basierte Führung	• **Handeln (Fokus), wahrnehmen, reagieren** • beobachten, welche Lösungen greifen, anstatt nach richtigen Lösungen zu suchen • sofortiges Einschreiten, um Ordnung zu schaffen für Agieren können im komplexen Kontext • klare, direkte Kommunikation gewährleisten • entscheiden durch gestaltendes Handeln	• den Zustand des Command and Control länger als nötig aufrechterhalten • verpasste Chance zur Innovation • unvermindertes Chaos • Kult um Führung	• Mechanismen aufstellen (so wie etwa Parallelteams), um die Chancen chaotischer Situationen zu nutzen • andere ermutigen, den eigenen Standpunkt herauszufordern, wenn die Turbulenz abgeklungen ist • arbeiten an der Verschiebung vom chaotischen zum komplexen Kontext

Abb. 8: Gestaltungsmaximen für Unternehmensentwicklung in Abhängigkeit von den vier Komplexitätsniveaus

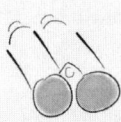

KAPITEL 4 greift diese Kategorisierung wieder auf und bezieht sie auf die Dimensionen Strategie, Organisation, Führung und Personen.

Unternehmensentwicklung ist schließlich ein Prozess, der sowohl den Explore-Modus für das Öffnen braucht, als auch den Exploit-Modus für die operative konsequente Verankerung. Öffnen und Schließen, Komplexitätserhöhung und Komplexitätsreduktion müssen sich die Waage halten.

Mögliche Herangehensweisen zu diesen verschiedenen Modi sind beispielhaft in der Abbildung 9 verortet (→ einzelne der Konzepte in KAPITEL 6: WERKZEUGE und dem zugehörigen Online-Angebot).

Verschiedene der Konzepte werden auch in den nachfolgenden Entscheidungskapiteln aufgegriffen.

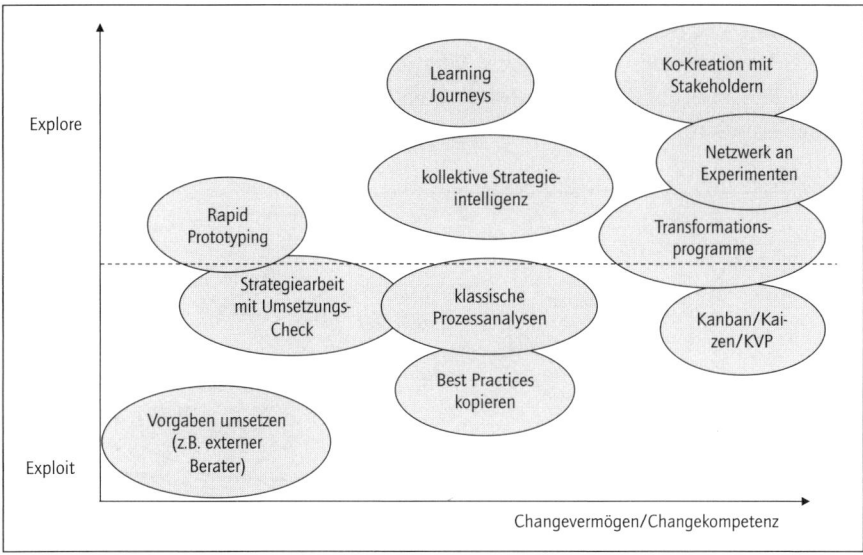

Abb. 9: Methoden für Wandel (vgl. Boos/Mitterer 2014, S. 75)

Unternehmensentwicklung ist immer mit Wandel verbunden – egal ob er als Change-Projekt aufgesetzt wird oder emergent entsteht.

Change-Kompetenz

Kompetenz für Wandel ist in den Unternehmen **vorhanden und gewachsen.** In den letzten Jahren hat eine deutliche Professionalisierung für Change stattgefunden. In großen Unternehmen sind entsprechende Organisationseinheiten – interne Beratung oder Change-Management-Abteilungen – dafür entstanden. Wandel verbindet Selbstorganisation und Steuerung mit gestaltenden Impulsen des Managements, um Veränderungen Richtung, Kraft und Effizienz zu geben und das Ressourcenpotenzial des Unternehmens stärker zu nutzen.

Klare Schnitte und neues Wachstum

Unternehmensentwicklung zielt in ihrer Umsetzung gleichermaßen auf Wachstums- und Innovationsziele wie auf Kostenreduktion und Effizienz. Klare Schnitte und Wachstum bzw. Innovation erzeugen jedoch unterschiedliche Logiken und Dynamiken – im Management von Zahlen, in der Führung der Beteiligten und der Logik der Gefühle, die zu bearbeiten sind (genauer dazu vgl. Heitger/Doujak 2014).

Evolutionäre und tiefgreifende Veränderung
Je nach Intensität des Wandels und Veränderungsvermögen des Systems (nicht nur der Personen) bilden sich unterschiedliche Konzepte für Veränderung auf der Change-Landkarte aus, wie Abbildung 10 zeigt.

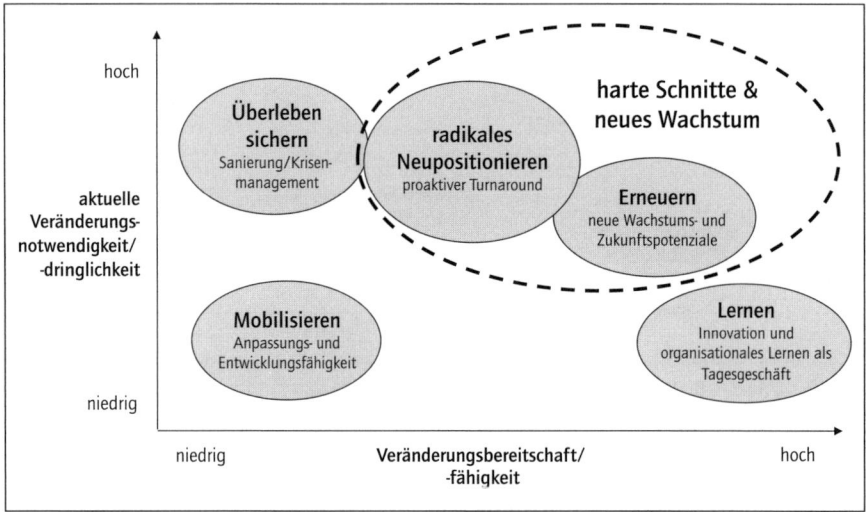

Abb. 10: Change-Landkarte (Heitger/Doujak 2014, S. 35ff.)

Zu den Dynamiken der Changekonzepte siehe Heitger/Doujak (2014). Die Positionierung auf der Landkarte schafft gemeinsames Verständnis über die jeweils typischen Chancen und Risiken des Veränderungskonzepts und treffsichere Gestaltungsstrategien.

Veränderungsmüdigkeit – geplanter und emergenter Wandel
In vielen großen Unternehmen herrscht allerdings eine gewisse **Change-Müdigkeit**. Es gibt zu viele Veränderungsprojekte, die nur zum Teil vernetzt und abgestimmt sind. Der Bedarf nach einem Gesamtbild und einer pointierten Gesamtsteuerung ist hoch. Wenn beides fehlt, besteht der zu zahlende Preis in einem Umsetzungsstau, mangelnder Orientierung und einem Energie- und Aufmerksamkeitsverlust. Geht es um geplanten Wandel, so braucht Unternehmensentwicklung klare Führung, die Zielrichtung, Leitplanken und auch Ressourcen bzw. Dialogbereitschaft zur Verfügung stellt, und Wandel braucht angemessene Steuerung zwischen Top-down Vorgangsweisen und Netzwerk- oder Community-basierter Kollaboration und »Ko-Kreation«. Die Notwendigkeit solcher offenen, ko-kreativen Arbeitssettings ergibt sich aus dem Innovationsdruck und daraus, dass tragfähige Zukunftsszenarien durch die Perspektiven der Stakehol-

der und deren Integration erst geschaffen werden müssen. Das ist nicht selbstverständlich – weil damit auch Stakeholder involviert werden, die üblicherweise nicht von vornherein dabei sind: Kunden, externe Wertschöpfungspartner, das Ökosystem der Organisation. **Ko-Kreation ist** für gängige Geschäftsmodelle und den vorherrschenden Habitus in Unternehmen **eine Provokation:** Es geht um teilen statt »hüten«, sich öffnen statt schließen – und schließlich um Vertrauen in die verantwortungsvolle Nutzung der gemeinsam erreichten Ergebnisse. Transformation (Veränderung 2. Ordnung) wird in diesem Zusammenhang zu einer Expedition in zumindest teilweise unbekanntes Land. Daher verbindet sich mit der klassischen Forderung nach Veränderung auch die Maxime gesteigerter Achtsamkeit und Experimentierfreude. Ansprüche an hoch gesteckte Ziele, an Tempo und Effizienz sind in eine Balance mit Nachdenklichkeit und Achtsamkeit für Personen sowie mit Resilienz zu bringen. Die **Arbeit an einem tragfähigen Commitment** wird zum essenziellen Investment in die Kultur und in die Arbeitsbeziehungen in Organisationen. Das bedeutet, für wesentliche Fragen und Anforderungen, wenn sie auftauchen, aktuell Raum und Zeit zu schaffen – inklusive Sinn- und Wertklärungsfragen.

Solche »Container« schaffen in der VUKA-geprägten Unternehmensentwicklung Stabilität und geben die Sicherheit, dass auftauchende – auch beunruhigende – Fragen bearbeitet werden können. Ein Beispiel: Es gibt eine Adresse für solche Fragen im Office der Unternehmensentwicklung, die binnen einer Woche ein Meeting mit den relevanten Lösungspartnern zum Thema organisiert.

Nur so gelingt es, Change-Müdigkeit und Überlastung derjenigen zu vermeiden, die im Brennpunkt von Veränderungen stehen.

2.5.2 Aktuelle Herausforderungen für integrierte Unternehmensentwicklung

Für die Bewältigung von Wandel durch Unternehmensentwicklung kristallisieren sich einige Themen schon jetzt heraus, die von besonderer Bedeutung sein werden.

Unsicherheit aushalten: Seit der Krise 2008 ein verstärktes Thema für Unternehmen, wird es auch in Zukunft eine Herausforderung bleiben, mit Unplanbarkeiten, Unvorhergesehenem und Unbeabsichtigtem konstruktiv umzugehen beziehungsweise aus der Diskrepanz zur erwarteten Zukunft ein kreatives Handlungspotenzial abzuleiten.

Komplexität begreifen und steuern: Die Heterogenität der Change-Vorhaben und ihre inhaltliche Komplexität müssen immer wieder in Relation zum Gesamtsystem gebracht und flexibel gesteuert werden.

Führung stärken: Ihre Rolle in Change-Vorhaben war schon immer erfolgskritisch. In Zukunft müssen Führungskräfte Wandel aber noch mehr selbst gestalten und verantworten.

Neue Formate nutzen: Die Nutzung von Web 2.0-Formaten spezifisch in Change-Projekten ist noch nicht im Standardrepertoire der Change Agents vorhanden. Die nötige »Social Media Literacy« wird helfen, um Wandel gelingend auf diese Weise zu begleiten und voranzutreiben (→ Ent-Scheidung 4: Digitalisierung, Web 2.0 und Media Literacy).

Bereichernde Partnerschaften eingehen: die internen Ressourcen gut zu kennen und passgenaue externe Expertise dazu einzuholen. Beim bunten Angebot von Change-Beratungen, Kommunikationsagenturen, Designern, Moderatoren und Weiteren fällt es nicht immer leicht zu beurteilen, wer und wie den besten Beitrag leisten kann (→ Ent-Scheidung 6: Strategische Kooperationen).

Authentischer Wandel vereint die Meta-Geschichte, die verschiedene Change-Projekte in eine sinnvolle Gesamtvorgehensweise bettet und braucht Personen, die voll hinter den einzelnen Projekten stehen und mit Überzeugung und Verantwortungsgefühl Wandel vorantreiben (→ Fall 2: Programm-Management).

Fluiden Wandel gestalten: Es braucht eine hohe Achtsamkeit für die Ströme des Wandels, in denen Unternehmen Change-Themen aufgreifen, weiterentwickeln, umsetzen und mit Neuem verbinden. Gründliches Zuhören, was bewegt, und behutsam Impulse zu setzen, sind Voraussetzungen dafür, weil im VUKA-Umfeld kaum ein Change-Vorhaben von Anfang bis Ende dieselben Ziele verfolgt (Wandel im Wandel).

Führung für mehr Selbststeuerung, wenn es um Wandel geht. Wenn Wandel fluider wird, braucht er mehr Formate, in denen netzwerkartig und in »Communities« an den Themen der Veränderung gearbeitet werden kann (→Fall 1: Netzwerkökonomie; neuere Ansätze u. a. auch in Bushe 2013).

Gefühl und Verstand verbinden: Die Emotionen, die durch Veränderungen ausgelöst werden, sind schon lange ein Thema in Change-Projekten. Durch Digitalisierung von Information und Kollaboration wird es noch herausfordernder, sich der vielfältigen Emotionen adäquat anzunehmen. Die Logik der Gefühle zu bearbeiten bzw. diese reifen zu lassen, schafft Klarheit und Commitment (vgl. Heitger/Doujak 2014, S. 137ff.)

In den folgenden Kapiteln werden die Perspektiven von Strategie, Organisation, Personen und Führung näher beleuchtet vor dem Hintergrund einzelner Themen, die Unternehmen zur Positionierung herausfordern – als Impulse für eine integrierte Unternehmensentwicklung (siehe Abb. 11).

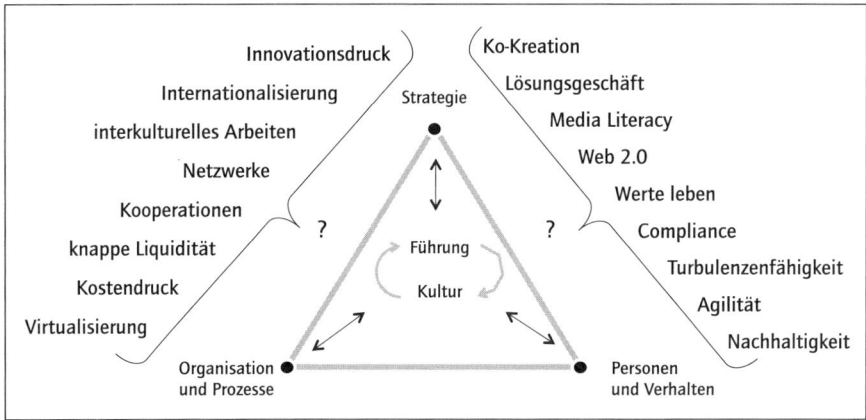

Abb. 11: Strategische Herausforderungen für Unternehmen

Literatur

Baecker, Dirk (2011): Postheroische Führung. In: Baecker, Dirk: Organisation und Störung: Aufsätze. Frankfurt am Main 2011, S. 269–288.

Bevins, Frankki/De Smet, Aaron (2013): Making time management the organization's priority. In: McKinsey Quarterly, Januar 2013. www.mckinsey.com/insights/organization/making_time_management_the_organizations_priority (14.11.2014).

Boos, Frank/Mitterer, Gerald (2014): Einführung in das systemische Management. Heidelberg 2014.

Bröckling, Ulrich (2007): Das unternehmerische Selbst. Frankfurt am Main 2007.

Bushe, Gervase R. (2013): Dialogic OD: A theory of practice. In: OD Practitioner, 45. Jg., 2013, Nr. 1, S. 11–17.

Bryan, Lowell L./Joyce, Claudia (2005): The 21st century organization. In: The McKinsey Quarterly, Nr.3, 2005.

Deal, Jennifer J. (2013): Always on, never done? Don't blame the smartphone. Center for Creative Leadership, White Paper, Issue August 2013.

Galbraith, Jay/Downey, Diane/Kates, Amy (2002): Designing dynamic organizations: A hands-on guide for leaders at all levels. New York 2002.

Gallup (Hrsg.): State of the Global Workforce 2013. Employee engagement insights for business leaders worldwide. Washington (D.C.) 2013, S. 90–94.

Gilbert, Clark/Eyring, Matthew/Foster, Richard N. (2012): Two routes to resilience. In: Harvard Business Review, Dezember 2012.

Goold, Michael/Campbell, Andrew (2002a): Designing effective organizations. How to create structured networks. London 2002.

Goold, Michael/Campbell, Andrew (2002b): Do you have a well-designed organization? In: Harvard Business Review, März 2002.

Hammer, Michael/Champy, James (2003): Business reengineering. Frankfurt/New York 2003.

Han, Byung-Chul (2013): Alles eilt. Wie wir die Zeit erleben ZEIT Online Ausgabe 25, Januar 2013. www.zeit.de/2013/25/zeit-logik-effizienz-kapital-gabe (14.11.2014).

Heitger, Barbara/Doujak, Alexander (2014): Harte Schnitte – Neues Wachstum. Wandel in volatilen Zeiten. Die Macht der Zahlen und die Logik der Gefühle im Change Management. München 2014.

Heitger, Barbara/Jarmai, Heinz (1991): Unternehmen in der Krise – Organisation als Erfolgsfaktor. In: Boos, Frank/Heitger, Barbara (Hrsg.): Organisation als Erfolgsfaktor, Wien 1991, S. 9–28.

Heitger, Barbara/Schubert, David (2013). Next generation leadership. In: Schumacher, Thomas (Hrsg.): Professionalisierung als Passion. Aktualität und Zukunftsperspektiven der systemischen Organisationberatung. Heidelberg 2013.

Heitger, Barbara/Serfass, Annika (2012): Schatzsuche für strategische Innovation. Eine Fallstudie. In: Lames, Guido/Dessoy, Valentin (Hrsg.): Siehe, ich mache alles neu. Innovation als strategische Herausforderung in Kirche und Gesellschaft. Trier 2012. S. 209-218.

Heitger Consulting (Hrsg.) (2012): Issue_7 Matrix. http://heitgerconsulting.com/media/issue/heitgerconsulting_issue_7.pdf (12.11.2014).

Institute for the Future (Hrsg.) (2007): The future of work perspectives. Technology Horizons Program. Palo Alto (CA) 2007, S. 1.

Jullien, François (2006): Vortrag vor Managern über Wirksamkeit und Effizienz in China und im Westen. Berlin 2006.

Kaplan, Robert/Norton, David (1999): The strategy-focused organization: How balanced scorecard companies thrive in the new business environment. Boston (MA) 2000.

Lawler, Edward E. (2005): Creating high performance organizations. In: Asia Pacific Journal of Human Resources 43. Jg., 2005, H. 1, S. 1–17.

Lindblom, Charles E. (1959): The science of ›muddling through‹. In: Public Administration Review, 19. Jg., 1959, Nr. 2, S. 79-88.

Lindblom, Charles E. (1979): Still muddling, not yet through. In: Public Administration Review, November/Dezember 1979, S. 517–526.

March, James G. (1991): Exploration and exploitation in organizational learning. In: Organization Science, 2. Jg., 1991, Nr. 1, Special Issue: Organizational learning: Papers in honor of (and by) James G. March (1991), S. 71–87.

Markides, Constantinos (2000): All the right moves. A guide to crafting breakthrough strategy. Boston (MA) 2000.

Mintzberg, Henry (2002): Strategy safari. Berlin 2002.

Mintzberg, Henry/Quinn, James B./Ghoshal, Sumantra (1998): The strategy process. Upper Saddle River (NJ) 1998.

Nagel, Reinhart/Groth, Torsten/Krusche, Bernhard/Schumacher, Thomas (2006): Führungsherausforderungen in unterschiedlichen Organisationsarchitekturen. In: OrganisationsEntwicklung 2_06, 2006.

Nagel, Reinhart/Schumacher, Thomas (2009): The world is not flat. In: Revue für Postheroisches Management 5, 2009, S. 38–47.

Nagel, Reinhart/Wimmer, Rudolf (2002): Systemische Strategieentwicklung. Stuttgart 2002.

Osterwalder, Alexander/Pigneur, Yves (2010): Business model generation. New Jersey 2010.

Porter, Michael (1985): Competitive advantage. New York 1985.

Porter, Michael (1986): Wettbewerbsvorteile, Frankfurt am Main 1986.

Porter, Michael/Kramer, Mark (2011): Creating shared value. How to fix capitalism and unleash a new wave of growth. In: Harvard Business Review, Januar 2011.

Prahalad, C. K./Hamel, Gary (1990): The core competence of the corporation. In: Harvard Business Review, Mai/Juni 1990.

Snowden, David J./Boone Mary E. (2007): A leader's framework for decision making. In: Harvard Business Review, November 2007.

Wimmer, Rudolf (2009): Führung und Organisation. Zwei Seiten ein und derselben Medaille. In: Revue für Postheroisches Management 4, 2009, S. 20–33.

Wimmer, Rudolf (2012): Die neuere Systemtheorie und ihre Implikationen für das Verständnis von Organisation, Führung und Management. In: Rüegg-Stürm, Johannes/

Bieger, Thomas (Hrsg.): Unternehmerisches Management. Herausforderungen und Perspektiven. Göttingen 2012.

Wimmer, Rudolf/Schumacher, Thomas (2009): Führung und Organisation. In: Wimmer, Rudolf/Meissner, Jens O./Wolf, Patricia (Hrsg.): Praktische Organisationswissenschaft: Lehrbuch für Studium und Beruf. Heidelberg 2009, S. 177.

3. Ent-Scheidungen

Das Kapitel widmet sich zehn Themen der Unternehmensentwicklung, die Unternehmen zu einer Positionierung auffordern. Erst mit dieser Positionierung wird das Thema »ent«-schieden, im Sinne einer Aufhebung eines unklaren »ge-schiedenen« Standpunktes. Es gibt keine echte Entscheidung, wenn es keine Alternative gibt, und jedes dieser Themen bietet eine Vielzahl Alternativen. Auch die Entscheidung, ein Thema zu ignorieren oder »auszusitzen«, ist eine klare Positionierung. An keinem dieser Themen kommt ein Konzern oder ein mittel-ständisches Unternehmen heute vorbei, ohne sich zumindest ansatzweise damit zu beschäftigen. Das soll nicht heißen, dass alle diese Themen neu sind oder erst in den letzten paar Jahren aktuell wurden. Einige dieser Themen beglei-ten Unternehmen schon lange Zeit in immer wieder neuer Form. Megatrends zeichnen sich oft dadurch aus, dass sie sich über lange Zeiträume kontinuierlich entwickeln und gerade wegen ihrer allmählich wachsenden Bedeutung Gefahr laufen, unterschätzt zu werden. All diese Themen sind aktuell und verlangen Beachtung, Bearbeitung und *Ent*-Scheidung:

1. Innovation
2. Internationalisierung und Interkulturalität
3. Virtuelle Zusammenarbeit
4. Digitalisierung, Web 2.0 und Media Literacy
5. Lösungsgeschäft als Ko-Kreation
6. Strategische Kooperationen
7. Governance, Compliance und Business Ethics
8. Resilienz – Robustheit und Agilität
9. Finanzierung und Liquidität
10. Nachhaltigkeit

Die Auswahl ist auf die Themen konzentriert, die in den Projekten der Unterneh-mensenwicklung unserer Kunden immer wieder auftauchen als zu bewältigende Herausforderungen und .jeweils das Gesamtunternehmenssystem betreffen. Da-her gibt es keine Einzelkapitel zu speziellen Anliegen wie z. B. Human Resources (HR), Produktion und Supply Chain, obwohl diese eine ähnliche Brisanz haben können wie die übergreifenden Themen. Wir geben je Thema einen Überblick und einen Einstieg und erläutern entlang der Unternehmensentwicklungsdimen-sionen Strategie – Organisation – Personen – Führung spezifische Herausforde-rungen, Modelle und erste Handlungsoptionen.

3.1   Ent-Scheidung 1: Innovation

Experteninterview mit Susanne Leithner

Zugrunde liegende Trends: Ko-Kreation und Kundeninnovation, neue Möglichkeiten des Web 2.0, Globalisierung, soziale Innovation, Crowd-Ansätze, Dienstleistungsinnovation, Innovation von Geschäftsmodellen, neue Arbeitswelten, Digitalisierung, Mobilisierung, soziale Netzwerke

Unsere Thesen:

- Der Bedarf an Innovationen ist gestiegen, bei gleichzeitig häufiger Erschöpfung in Organisationen.
- Inkrementelle Innovationen werden zuverlässig und kontinuierlich umgesetzt, radikale Innovationen sind die viel größere Herausforderung.
- Es gibt in vielen Unternehmen prinzipiell genug Fachwissen, Expertise und Erfahrung, um Innovation zu ermöglichen. Aber es hapert oft an der Bodenbereitung für Innovation: Teams vernetzen, Sprache anpassen, Vielfalt und Heterogenität ermöglichen, Grundlagen des miteinander Arbeitens, Haltung und Verhalten zu Innovation, auch konkrete Methodenkompetenz und Etablieren von Innovationsprozessen.
- Anreizsysteme für Kreativität und Innovation in den Unternehmen brauchen einen höheren Stellenwert.
- Innovationen brauchen in den Unternehmen einen eindeutig definierten »Platz« mit eigener Strategie und Organisation.

Klassische Spannungsfelder:

- Ideenreichtum gegenüber Umsetzungskonsequenz
- Bedarf bzw. Anspruch an radikale Innovationen gegenüber Realität tatsächlich machbarer inkrementeller Innovationen
- Effizienz und Effektivität durch Nutzung bekannter Methoden gewährleisten Umsetzung gegenüber sehr kreativen Arbeitsumgebungen, die oft ineffizient (und mitunter auch anstrengend) sind
- die manchmal notwendige Koexistenz zwischen traditionellen »Cashcows« und neuen, noch kommerziell umstrittenen riskanten »Rising Stars«

In unserem Wirtschaftssystem sind Innovationen nötig, um das langfristige Überleben eines Unternehmens zu sichern. Sei es durch neue Produkte und Dienstleistungen, durch neue Geschäftsmodelle oder durch neue Verfahrensweisen etc. In einem Umfeld, in dem Technologien (Internet, Industrie 4.0, Bio- und Nanotechnologie etc.) sich rasant weiterentwickeln, die Weltwirtschaft sich neu ordnet (Globalisierung, neue mächtige Player, BRICS-Staaten bzw. Südostasien) und sich daraus auch für Politik und Gesellschaft neue Entwicklungen ergeben, erlangt der Bedarf nach Neuem besondere Bedeutung. Einerseits, um im intensiven Wettbewerb zu bestehen oder um die Nachfrage nach neuen Produkten und Dienstleistungen zu befriedigen, die Konsumenten zufriedenzustellen und den technologischen Fortschritt zu nutzen; andererseits, um kreative Antworten zu finden auf die weitreichenden Potenziale neuer Technologien hinsichtlich gesellschaftlicher Missstände und erneuerungsbedürftiger Institutionen.

Innovationen bringen überdurchschnittliche Renditen[1], redefinieren ganze Branchen[2], verändern unsere Erwartungen daran, »wie die Dinge laufen« – machen unser Leben einfacher, länger, effizienter, angenehmer. Auf den Agenden der Vorstände steht Innovation weltweit ganz oben[3].

Und zugleich: Innovation ist einfach nervig! Sie ist irritierend, aufwendig, mühsam, unsicher und riskant, meistens chaotisch und: Es gibt keine Erfolgsgarantie. Um die 70 Prozent aller eingeführten Endkundenprodukte sind monetäre Flops[4]. Nur 55 Prozent der Topmanager sind mit der Rendite auf ihre Innovationsinvestitionen zufrieden[5]. Die »Innovationsmanie« erzeugt auch den Druck, Innovationen herauszupressen oder marketingmäßig aufzublasen und führt nicht selten zu geringer Wertschätzung bzw. einer Unterbelichtung des Bewährten. Zudem kommen aufgrund des – vermeintlichen – Zwanges, der Erste zu sein, immer wieder zu unreife Produkte auf den Markt.

Zu kurz kommt in fast allen Veröffentlichungen zu Innovation der Maßstab, nach dem sie bewertet wird. Innovationen sind nie ausschließlich gut. Jede Lösungsvariante schließt andere Lösungen zunächst aus und hat Konsequenzen. Viele unserer heutigen Probleme basieren auf Innovationen der Vergangenheit – ob Finanzsystem oder Feinstaubbelastung. Eine Innovation mag ein Nutzer-Problem lösen und dabei auch sehr profitabel sein, aber gleichzeitig kann sie viele Arbeitsplätze kosten, die Umwelt belasten oder unsere Zeit verschwenden. Unsere Lust auf und Passion für Neues verursacht daher blinde Flecken, die selten auf einer Metaebene reflektiert werden (vgl. Berkun 2007, S. 137ff.). Das heißt, dass Unternehmen auch wissen müssen und entscheiden, wann sie Innovation besser vorbeiwinken.

---

1 BCG 2010 Senior Executive Innovation Survey: jährliche Total Shareholder Return Prämie von 12,4 % über drei Jahre und 2 % über die letzten zehn Jahre.
2 Siehe z. B. »Blue Ocean Strategy« by W. C. Kim and R. Mauborgne (2005).
3 z. B. IBM Global CEO Study: Capitalizing on Complexity (2010); McKinsey Global Survey: Leadership Through the Crisis and After (2009); IBM CHRO Study 2010.
4 In Deutschland 2010, basierend auf einer Studie der GFK und Serviceplan. Ähnliche Angaben erscheinen, wenn man »Floprate Innovation« bei Google eingibt.
5 BCG 2010 Senior Executive Innovation Survey. Der Anteil ist allerdings seit 2008 angestiegen von damals 43 %.

3.1.1 Woher kommt Innovation?

> »...und wenn die Phantasie Gebilde ausstülpt, die man nicht
> kennt, verleiht des Dichters Feder ihnen Gestalt und gibt dem
> luftigen Nichts ein festes Domizil und einen Namen.«
> W. Shakespeare, Ein Sommernachtstraum

Innovation lässt sich nicht erzwingen, sie fällt aber auch nicht vom Himmel: Sehr treffend beschreibt dies das englische Wort **Serendipity** – die glückliche Fügung, wenn eine Idee auf fruchtbaren Boden fällt. Das heißt, Innovation braucht »Glück« und die Kompetenz bzw. Disziplin, um den fruchtbaren Boden zu schaffen, der ihre Entwicklung und Umsetzung ermöglicht: »Everything is falling into place«. Innovation ist dabei weder beschränkt auf Erfahrung noch auf bekannte Sachverhalte, sondern gespeist aus Intuition und Offenheit für Neues. Innovation ist nie reiner Glücksfall, sondern sehr voraussetzungsreich und arbeitsintensiv. Ambiguität ist dabei kein Problem, sondern eine Quelle, die uns zu fragen erlaubt »Was wäre wenn?«

Um Innovation gezielt zu schaffen – beziehungsweise sie wahrscheinlicher zu machen – müssen wir uns von einigen Annahmen verabschieden, die uns konsequent auf falsche Fährten locken. Dazu gehört der Mythos der Eingebung oder Erleuchtung. Produktivität im Sinne von Quantität im Sinn von viel probieren ist erfolgreicher als das Warten auf die »eine glorreiche Idee«, die uns wie Newtons Apfel in einem bestimmten Moment in den Schoss fällt. Auf jede gute Idee kommen mindestens genauso viele schlechte Ideen. Und der Moment einer Idee ist nicht alleinstehend, sondern Teil eines fortlaufenden Prozesses *(vgl. Berkun 2007, S. 2ff.)*. Erst ex post und erst im Lichte der Umstände, die eine bahnbrechende Innovation erfolgreich machen, können wir den wahren Wert einer Innovation erkennen. Wir vergessen dann oft die vielen Versuche und Alternativen, die auf dem Weg zurückgelassen oder ignoriert wurden. Beispielsweise gab es viele Versuche, elektrische oder dampfbetriebene Autos zu verkaufen – nur die Umstände haben dem Benzinauto letztlich zum Durchbruch verholfen *(vgl. Berkun 2007, S. 18ff.)*. Innovation wird somit zu einem arbeitsintensiven Prozess mit ungewissem Ausgang (bei radikalen Innovationen), in dem es gilt, seine Einsätze möglichst klug zu verteilen. Die Unterscheidung von Wissen und Nicht-Wissen bietet dafür einen guten Zugang. Je mehr ein Unternehmen über sein Wissen, aber vor allem über sein Nicht-Wissen (also seine Grenzen von Erfahrungen, Kompetenzen und technischen Möglichkeiten) weiß, desto klarer kann es sich Innovation widmen. Gelingt es also in einem Selbstbeobachtungsprozess anzuerkennen, dass und welche blinde Flecken des Wissens vorhanden sind, die wiederum zu Bereichen von Nicht-Können führen, ist ein Raum für Innovationspotenzial geschaffen. Unternehmen können dann bewusst versuchen, die Grenzen dieses Nicht-Könnens und Nicht-Kennens zu verschieben. Diese Perspektive lenkt den Blick von einer technologisch geprägten Sicht hin zu einer sozialen: Um Nicht-Können in konkrete Neuerungen umzuwandeln – also Innovationen zu schaffen – braucht es organisationales Lernen durch einen sozialen Prozess (vgl. Meissner 2011, S. 35ff.; gute Beispiele finden sich in Nonaka/Takeuchi 1997).

Dieser Prozess wird integriert durch ein strategisch definiertes Bekenntnis zu Innovation (Wie viel Raum geben wir dem Thema? Was ist der strategische Fokus?), durch eine organisational verankerte »Adresse« für Innovation (sei es eine Abteilung, ein Chief Innovation Officer, ein regelmäßig stattfindender Zirkel, Startups oder Innovationsmärkte etc.) und durch Innovationskompetenzen von Personen sowie Commitment der Führung zu Innovation. Somit ist Innovation stark verwoben mit der Unternehmenskultur und damit auch ein Thema der Unternehmensentwicklung.

3.1.2 Arten von Innovationen

Vorab: Innovation meint eine Neuerung, die erfolgreich umgesetzt und angewendet wird – in der Wirtschaft bedeutet das, dass sie zum ökonomischen Erfolg beiträgt: Eine Idee wird in Wertschaffendes übersetzt. Erst dann sprechen wir von Innovation. Dass der Begriff Innovation nicht allein auf Produkte bezogen wird, ist heute klar. Zur Orientierung geben wir in der folgenden Abbildung 12 dennoch eine beispielhafte Auflistung verschiedener Felder von Innovationen.

Innovationsfeld	Beschreibung	prominente Beispiele radikaler Innovationen
Produkte und Dienstleistungen	was verkauft wird	Tablet-PCs, SMS-Flatrates, iTunes, Zotter Schokoladen, Wegwerf-windeln
Prozesstechnologien	Art der Erstellung der Produkte	Ford-T Fließbandmodell, General Electric (GE) Six Sigma, Kaizen
unterstützende Technologien	z. B. IT-Struktur; Nachhaltig-keitsstrukturen	Neumarkter Lammsbräu: erfolg-reich mit vielen Nachhaltigkeits-preisen; Nutzung von Big Data; Echtzeit-IT-Technologie von SAP
Ertragsmodelle	wie das Unternehmen be-zahlt wird, innovative Wertgenerierung	Googles bezahlte Suche, Ebays Profit-Sharing mit Verkäufern
entlang der Lieferkette	Zusammenarbeit und Übereinkünfte zwischen den Wertschöpfungspartnern	Keiretsu-Strukturen der japani-schen Autobauer (z. B. Mitsui), deutsche Automobilhersteller

Innovationsfeld	Beschreibung	prominente Beispiele radikaler Innovationen
Kunden/Konsumenten	neue Bedürfnisse entdecken/ wecken; neue Kundenseg- mente ansprechen	X-Box spricht Jugendliche an, statt klassischer Microsoft-Kunden; Mc Cafés erweitern Mc Donalds' Kundenkreis; Nutzung von Social Media Datenanalysen für Marke- ting
Vertrieb	neue Distributionskanäle oder innovative Arten des Verkaufs	Amazon Direktvertrieb, Backwerk Selbstbedienungsbäckerei
Netzwerke/Allianzen	Zusammenarbeit in der Entwicklung zur Marktreife/ Optimierung	Starbucks Allianz mit Becher- Hersteller, Open-Innovation-Platt- formen wie Innocentive oder Tchibo-Ideenwelt
Marke	die Marke erfolgreich »re-branden«, neu positionieren	Puma schaffte 1998 als erster den Sprung von funktionaler Sportklei- dung auch in den Lifestyle-Bereich
Markt	neue Marktsegmente bedienen, neue Regionen, neue Geschäftsmodelle	erfolgreiche »Foreign Market Ent- ries« wie Red Bull in den USA; Innovationen, die Produkte, Kun- den, Prozesse, Technologien etc. neu kombinieren – Car 2 go

Abb. 12: Innovationsfelder

3.1.3 Intensität von Innovation

Es haben sich vor allem zwei Kategorien von Innovationen als gängige Unterscheidung herausgebildet: evolutionäre, inkrementelle Innovationen und bahnbrechende, radikale Innovationen (auch bezeichnet als Breakthrough, Game-
changing oder disruptive Innovationen).

Durch **inkrementelle Innovationen** wird Bestehendes evolutionär weiterentwickelt – es wird so viel Wert wie möglich aus existierenden Angeboten
herausgeholt, ohne dabei große Investitionen zu tätigen oder tief greifende
Veränderungen vorzunehmen. Diese Innovationen sind wertvoll, um Marktanteile zu halten oder Profitabilität zu sichern. Diese Art der Innovation wird
in vielen Unternehmen sehr professionell und zuverlässig betrieben, vor allem
in F&E-Abteilungen, Qualitätsmanagement und Organisationsentwicklung. Sie
lässt sich gut planen, prozessieren und budgetieren. Sie wird allerdings zu
einem Hemmnis, wenn das niedrigere Risiko und die höhere Verlässlichkeit

alle Versuche unterbinden, radikale Innovationen anzugehen (vgl. z. B. Davila et.al. 2006, Kapitel 2).

Radikale Innovationen bedeuten substanzielle Änderungen des Bestehenden etwa für die verwendete Technologie und/oder das Geschäftsmodell (klassischer Buchhandel und Amazon; iTunes und »Streaming« etwa über Spotify). Einer radikalen Innovation folgt sehr oft eine Reihe inkrementeller Innovationen. Bei Produkten liegt dies auf der Hand, da die ersten Serien auf dem Markt oft noch Verbesserungspotenzial haben in puncto Qualität, Bedienbarkeit, Robustheit etc. Nicht selten sind erst die Folgemodelle wirklich ausgereift (vgl. Davila et.al. 2006, Kapitel 2). Da disruptive Innovationen mit sehr hohen Risiken behaftet sind, was Durchführbarkeit, Rendite, Herstellkosten, Größe der potenziellen Kundengruppe und ähnliche Parameter angeht, ist es eine anspruchsvolle Aufgabe, das richtige Maß an Ressourcen dafür bereitzustellen. Radikale Innovationen sind daher hauptsächlicher Gegenstand dieses Kapitels, sie erfolgreich umzusetzen ist herausfordernd.

Gleichwohl ist beides wichtig: die inkrementellen Innovationen kontinuierlich voranzutreiben und dadurch Produkte zu verbessern, Kosten zu sparen und Kunden zu halten etc. und das Aufspüren der nächsten großen Welle: die radikalen Innovationen. Weltweit lässt sich sogar eine gewisse Schwerpunktsetzung beobachten: Während der asiatische Raum, allen voran Japan, Meister der Verbesserung von Produkten ist (Kaizen), sind der nordamerikanische Wirtschaftsraum und einige Staaten Europas führend in der Neuerfindung von Produkten und Dienstleistungen.

3.1.4 Warum radikale Innovation so schwierig ist

Es gibt viele Beispiele von Branchenführern, die einen technologischen Sprung oder eine andere Innovationsquelle verpassen und dafür mit massiven Verlusten oder sogar Insolvenz abgestraft werden. Unternehmen, die noch in den 1990er-Jahren die Innovationsrankings anführten, wie Nokia, EMI, Warner, Ericsson etc., sind heute daraus verschwunden. Dabei ist es nicht so, dass sie den Wandel nicht erkannt haben, oder nicht versucht hätten, ihn zu integrieren. Es gibt eine Reihe von »guten« Gründen dafür, dass etablierte Firmen bei radikalem Innovationsbedarf mitunter abstürzen:

Erfolg macht träge
Während das Gefühl von Erfolg genossen wird und konsequent umgesetzt wird, geht der Antrieb für Neues verloren. Man ist auf das operative Geschäft konzentriert – Wachstum und Effizenz zu steigern, nimmt Ressourcen und Aufmerksamkeit in Anspruch, sodass weder Energie noch Anreiz für grundsätzlich Neues entsteht. Der Erfolg beruhigt, und man hängt an den Strukturen, Prozessen und

Personen, denen dieser Erfolg zugeschrieben wird. So werden diese schnell zum Dogma. Kompetenz wird dann zu Inkompetenz, da eine neue Herangehensweise einen Großteil dieses Wissens, dieser Entwicklungen, dieses Herstellungsprozesses und letztlich dieses Geschäftsmodells obsolet werden ließe (vgl. Sandström 2011 S. 12f.).

Angst vor Selbst-Kannibalisierung

Durch radikale Innovationen verlieren bestehende Geschäftsmodelle und Angebote an Wert. Oft sind es die begleitenden Dienstleistungen, die hohe Margen bringen und die Gewinnquelle für Unternehmen sind. Zum Beispiel waren Kodaks Hauptgewinnquellen nicht Kameras, sondern Filme und deren Entwicklung. Diese Werttreiber wissentlich durch digitale Fotografie zu torpedieren, schien einfach verrückt (vgl. Sandström 2011, S. 12f.). Sehr viele Firmen befinden sich immer wieder in solchen Prozessen der »dualen Transformation« (→ Ent-Scheidung 5: Lösungsgeschäft), in denen ein Kerngeschäft sich langsam verabschiedet, während ein neuer Geschäftszweig kontinuierlich aufgebaut werden muss.

»Missachtung« des Bewährten

Wenn man etwas Neues einführt, wird automatisch am Alten gezweifelt, wird Altes vielleicht sogar komplett obsolet. Das wirkt destabilisierend, da es die Wertschätzung für das Bewährte unterhöhlt. Die Wertigkeit von Beiträgen und Leistungen ist nicht mehr verlässlich und ehemalige »Champions« der Organisation sind irritiert, frustriert und fühlen sich auf das Abstellgleis verschoben.

Das Neue braucht mehr und andere Ressourcen, Aufmerksamkeit und Pflege als das Bestehende und das Bewährte – und das ohne Garantie, ohne sichere bzw. sofortige Cashflows, ohne Margen. Intern bricht ein Kampf um Ressourcen aus zwischen Kerngeschäft und neuen Geschäftsversuchen. Oft werden bestehende Kundengruppen und deren Bedürfnisse bevorzugt, da diese hier und jetzt Gewinn bringen und nicht erst irgendwann und die bestehende Ordnung so nicht gefährdet wird (vgl. Sandström 2011, S. 12f.).

Komplexitätserhöhung

Innovationen führen eine entgegengesetzte Dynamik zur Routine des Unternehmens ein: Es braucht Kreativität statt Planbarkeit, Experimente statt Verlässlichkeit, Diversität statt Spezialisierung, Ausprobieren statt Analysieren, Öffnen statt jetzt das Bewährte umzusetzen. All diese Ansprüche bedeuten eine notwendige Erhöhung der Komplexität. Dies ist die einzige Möglichkeit, dem Unbekannten beizukommen. Personen müssen über ihre im Tagesgeschäft geforderte und benötigte Expertise hinausgehen, um Neues zu kreieren. Das heißt dann »Thinking out of the box«.

Überorganisation

Durch den Versuch, Innovation allzu früh an die operative Organisation des Tagesgeschäfts anzudocken, trocknet sie im Dickicht der Routinen oft aus. Können wir uns vorstellen, dass Genies und Unternehmer wie Bill Gates, Mozart, Marie Curie oder Steve Wozniak Anwesenheitslisten ausfüllen, wöchentliche Statusberichte schreiben, ihre Idee mittels PowerPoint-Präsentationen verteidigen oder sie vom mittleren Management bewerten lassen? Operative Arbeitsumgebungen des Tagesgeschäfts sind für radikale Innovation ungeeignet (vgl. Berkun 2007, S. 96). Das soll aber nicht heißen, dass intendierte Innovation keiner Organisation bedarf. Ganz im Gegenteil verlangt sie nach speziellen Organisationsformen, die eben diese Komplexität begreifbar und beherrschbar machen und gleichzeitig ein maximales Maß an Freiheit und Flexibilität erlauben.

Problem der offenen Zukunft: Bewertung und Planung

Systemisch gesehen ist die Zukunft per se offen. Da sie sich der Planbarkeit entzieht, braucht es Taten, um sie zu schaffen. Innovationsvorhaben gleichen einem Abenteuer mit ungewissem Ausgang. Erst mit einem realistischen Prototyp kann man überhaupt anschlussfähige Kommunikation über das Innovationsteam hinaus ermöglichen. Und bis dahin ist es bereits ein langer Weg. Wie soll man sich vorbereiten auf etwas, von dem man nicht weiß, zu welchem Preis man es verkaufen kann, ob es eine hinreichende Alternative zu bestehenden Lösungen anbietet, welche Kosten es intern letztendlich verursacht, ob diverse Institutionen es überhaupt für den Markt zulassen, welche Bauteile oder Maschinen benötigt werden und wer diese günstig und gut anbietet und letztlich: Ob das Neue so viel Geld einbringt oder einspart, dass sich alle Kosten und Investitionen rentieren – und zwar über eine schwarze Null hinaus?

Die Möglichkeit des Unmöglichen

Die Geschichte ist voll von Beispielen von Genies, die auf ihrer Suche nach dem heiligen Gral, dem Perpetuum mobile oder dem Stein der Weisen – nach heutigem Wissensstand – immens viel Zeit verschwendet haben (darunter Newton, Boyle, Bacon, Locke, Leibniz). Wie sollen also Organisationen die Kompetenz entwickeln, das Unmögliche vom gerade noch Möglichen zu unterscheiden? Die Zeit, ein Problem zu definieren, zu begreifen und wirklich zu verstehen, ob es im Bereich des Möglichen liegt, ist heute oft nicht »gegeben«; vor allem, wenn ein Unternehmen Innovationen dringend »braucht« (vgl. Berkun 2007, S. 126ff.).

Hoher Ressourceneinsatz

Radikale Innovationen sind oft teuer. Das hat mehrere Gründe, von denen nur manche auf der Hand liegen, wie hohe Materialkosten für Prototypen, hohe Investitionskosten für Maschinen, Reorganisation von Abläufen, hohe IT-Kosten, um die Innovation abbilden, verfolgen und bewerten zu können, hohe Marketingkosten und so weiter. Einer der wichtigsten Bodenbereiter für gute Ideen und Innovation sind diversifizierte Teams. Also Gruppen, die über Funktionen, Bereiche, Divisionen oder Standorte hinweg kommunizieren und zusammenarbeiten und so »neues Wissen« entwickeln. Das entspricht weder dem Streben nach Spezialisierung noch dem Streben nach Effizienz.

Eintauchen in die Kundenwelt – Kunden pointiert beteiligen

Es geht nicht darum, wie viel Budget zur Verfügung steht: Berater von Booz Allen Hamilton stellten fest, dass es keine statistisch relevanten Zusammenhänge zwischen den F&E-Ausgaben und so ziemlich allen Kriterien wirtschaftlichen Erfolges gibt (vgl. Jaruzelski et al. 2005). Auch marktreife Innovationen führen nicht zwangsläufig zu finanziellem Erfolg: Eine gute Idee umzusetzen in ein innovatives Produkt/eine Dienstleistung etc. bedeutet nicht zwangsläufig, dass genug Menschen es kaufen, um Kosten und Investitionen zu finanzieren. Vielversprechend ist dagegen, in die Welt der Kunden einzutauchen und in die Beteiligung von Kunden am Innovationsprozess für marktkonformere Lösungen und richtig gesetzte Prioritäten zu investieren.

Marktreife gegenüber Markenversprechen

Ein weiteres Problem liegt in dem Widerspruch zwischen Marktreife und Markenversprechen. Kunden erwarten von einer bestimmten Marke einen bestimmten Standard an Qualität. Die ersten marktreifen Produkte einer neuen Technologie sind diesem Standard oft noch unterlegen. Es wird dann schwer, ein hohes Investment bzw. einen hohen Preis für ein – scheinbar unterlegenes – Produkt zu rechtfertigen: intern gegenüber Eigentümern und Investoren und extern gegenüber Kunden, Verbraucherschützern, Medien usw. (vgl. Sandström, S. 12f.). Wichtig ist, kompromisslos zu sein, wenn es um das einwandfreie Funktionieren der Produkte geht, die auf den Markt kommen. Erinnern wir uns an die – aus heutiger Sicht – geradezu radikale »Primitivität« des ersten iPods. Aber sie war auch das Erfolgsrezept: radikale Reduktion auf die Funktionen Speichern, Sortieren und Abspielen digitalisierter Musik auf einem mobilen, miniaturisierten Endgerät – das allein war radikale Innovation. Alle weiteren Features von Folgevarianten waren dann eigentlich inkrementelle Ergänzungen.

Trotz all dieser Herausforderungen gelingen unglaubliche Innovationen – Tag für Tag, überall. Welche Ansätze und Hebel sich eignen, um zu diesem Gelingen beizutragen, beschreiben wir im nächsten Abschnitt.

3.1.5 Innovationsstrategie

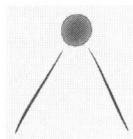

Entlang der systemischen Strategieentwicklung (vgl. in Anlehnung etwa Nagel/Wimmer 2002 S. 339ff.) lässt sich für eine Innovationsstrategie Folgendes ableiten (vgl. Meissner 2011, S. 57):

* **Innovationsorientierung der Gesamtstrategie:** Wird in der Unternehmensstrategie das Thema Innovation explizit beschrieben? Geht daraus klar hervor, was unter Innovation verstanden wird und welchen Stellenwert sie gegenüber anderen Schwerpunkten hat (z. B. gegenüber Kosteneffizienz oder Kundenzufriedenheit, möchte man etwa Pionier, oder »Fast Follower« sein)?
* **Strategieprozess:** Gibt es einen periodisch stattfindenden, definierten Prozess für die Innovationsstrategie, in dem Ziele, Fokus und der Innovationsprozess konkretisiert werden?
* **Übersetzung in eine Innovationsorganisation:** Orientieren sich die Innovationsstrukturen, Innovationsprozesse und Innovationskompetenzen an der strategischen Ausrichtung?
* **(systemische) Umsetzung:** Wird in regelmäßigen »Auszeiten« über die Ziele, Gestaltung und Folgen von Innovationsvorhaben diskutiert – basisnah und dialogorientiert?

> *»Wir sind, was wir regelmäßig tun. Exzellenz ist also kein Akt,*
> *sondern eine Gewohnheit.«*
> *Aristoteles*

Eine Innovationsstrategie kann dabei denkbar einfach und klar sein: »Innovation from anyone anywhere«, formulierte Whirlpool-CEO David Whitwam sein Anliegen, alle Personen im Konzern auf Innovation auszurichten (vgl. Duarte/Tennant-Synder 2003, Kapitel 1); »ein Drittel des Umsatzes über Produkte die nicht länger als drei Jahre auf dem Markt sind«, postulierte der Schweizer Elektroartikelhersteller Trisa (Meissner 2011, S. 57), um viele marktnahe Neuerungen anzureizen; ein Return on Investment für neue Produkte von mindestens 10 % könnte stattdessen eher wenige, dafür sehr lukrative Vorhaben stärken.

Trendsetter: Der frühe Vogel fängt den Wurm ...
Bekennt man sich zu Innovation als strategischem Fokus, wird eine Play-to-Win-Strategie (PTW) verfolgt. Unternehmen, die diese Strategie verfolgen, verstehen sich als Trendsetter und Vorreiter, mit vielen neuen Produkten und Dienstleistungen sowie einem hohen Grad an Experimentierfreude. Google ist dafür in den letzten Jahren ein gutes Beispiel mit seiner Entwicklung von einer Suchmaschine hin zu einem Universalanbieter internetbasierter Dienstleistungen. Auch Hardwaregeräte wie Telefone und Tablets gehören zum Portfolio. Die Schokoladenmanufaktur Zotter geht noch einen Schritt weiter und zwingt sich zu kontinuier-

licher Innovation, indem sie jährlich ihre erfolgreichsten Produkte vom Markt nimmt, um Raum für neue Produkte zu schaffen und sich selbst Innovationsdruck zu machen (vgl. Kausl 2010/11, S. 85ff.).

... aber die zweite Maus bekommt den Käse!

Ist Innovation nur *ein* strategischer Schwerpunkt unter mehreren, verfolgt das Unternehmen eine Play-not-to-Lose-Strategie (PNTL). Diese folgt dem olympischen Gedanken: Dabei sein (und vor allem dabei bleiben) ist alles. In dieser Strategie wird konservativer vorgegangen, was Risiko und Ressourceneinsatz für Innovation angeht. Um die PNTL-Strategie zu verfolgen, braucht das Unternehmen eine komfortable Marktposition, treue Kunden, inkrementelle Innovationen und andere strategische »Besonderheiten«, die seine Angebote zu einer Kaufalternative machen – zum Beispiel außergewöhnlich hohe Qualität, exzellenten Service, besondere Unternehmenswerte (wie starker Fokus auf Nachhaltigkeit) etc. Sehr erfolgreich kann diese Strategie werden, wenn es hervorragende Sensoren für den Markt und für die bestehenden und möglichen neuen Wettbewerber gibt. Mit der Innovationsstrategie des »Fast Follower« kann sehr schnell auf neuartige Angebote reagiert werden und dies teilweise sogar mit höherer Qualität als bei den Pionieren, durch Überwindung der ersten Mängel. Schließlich hat auch Apple nicht die erste Computer-Maus erfunden (sondern XEROX PARC), Google nicht die Suchmaschine und Henry Ford nicht das Auto (vgl. Berkun 2007, S. 71). Sie alle haben bestehende Produkte anderer Innovatoren perfektioniert und sie zum richtigen Zeitpunkt mit dem richtigen Preis auf den richtigen Markt gebracht.

3.1.6   Innovationsorganisation

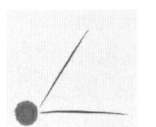

Die organisationale Verortung von Innovation beantwortet auch die Frage »Wer erfindet hier etwas?« Je nach Offenheit dieses Adressatenkreises, können alle oder nur sehr wenige Teile der Belegschaft einbezogen werden. Oft sind Ideengeber nicht die Umsetzer, vor allem wenn es sich nicht um Produktideen handelt. Beispielsweise werden Prozessinnovationen eher von Mitgliedern der Organisationsabteilung oder des Qualitätsmanagements umgesetzt. Somit ist es nicht die Frage, durch wen und wo Ideen entstehen, sondern welche Ideen im System kommunikativ anschlussfähig sind und wo dieser Anschluss hergestellt wird (vgl. Meissner 2011, S. 47).

Die Struktur für Innovationsvorhaben – vor allem radikale Innovationen – braucht sowohl hierarchisch hohe Entscheidungsträger als auch Beiträge der am Innovationsprozess Beteiligten. Gerade weil der »Inhalt« des Prozesses so offen ist, dürfen die Strukturen für Innovation nicht bürokratisch sein.

Innovationsmanagement setzt sowohl für inkrementelle Innovationen als auch für radikale Innovationen eher auf Teams als auf Einzelkämpfer. Der Mythos eines entrückten Genies oder einsamen Innovators ist überholt. Nicht erst heute sind Herausforderungen zu komplex, um sie alleine zu bewältigen, auch historisch ist die Zuschreibung bestimmter Innovationen zu einzelnen Personen eher fiktiv. Wem gebührt auch die tatsächliche Ehre? Dem Ideengeber? Dem ersten Prototyp-Ersteller? Demjenigen, der das Produkt zur Marktreife bringt? (vgl. Berkun 2007, S. 68ff.). Teams sind dann besonders kreativ, wenn sie Heterogenität besitzen und sich herausfordernde Ziele oder Zukunftsbilder setzen, die kreative Spannung erzeugen. Solche Teams zusammenzustellen – aus verschiedenen Standorten, Bereichen, Kulturen, Funktionen – und sie zusammen arbeiten zu lassen, erfordert – sollen sie zu Höchstleistungen auflaufen – Kennenlernen, eine gemeinsame Sprache finden, sich dem Nicht-Wissen und Nicht-Können gemeinsam nähern und Innovations-prozesse und -routinen entwickeln (genauer bei Christensen 2011 und 2013; Markides 2004).

Gängige Annahmen zu Innovationen und Strukturen
Das Vorhandensein formaler Strukturen für einen Innovationsprozess ist wesentlich. Strukturen zwingen zu Entscheidungen: über Innovationsstrategien und -ziele, über Ideen, über Maßnahmen, über Ressourcenallokation und über Meilensteine im Innovationsprozess (vgl. Meissner 2011, S. 73). Sind keine formalen Strukturen für die Organisation von Innovationen vorhanden, kann es sein, dass Kommunikation über Innovation ausbleibt und Innovation, da sie nie zum Thema wird, auch nicht passiert. Bei einem Innovationsprozess geht es darum, aus Ideen eine konkrete wertschöpfende Innovation zu entwickeln. Trotz vieler Beobachtungen und Analysen machen wir oft Annahmen, die uns in diesem Vorhaben behindern können:

1. **Gute Ideen sind schwer zu finden** – Ideen an sich sind zuhauf zu finden. Jeder Mensch kann kreativ sein. Und ob Ideen gut oder schlecht sind, kann erst die Zeit – d. h. die Umsetzung beweisen (vgl. Berkun 2007, S. 82ff.). Durch die Möglichkeiten des Einsatzes sozialer Medien – auch in Unternehmen – lassen sich in effektiver Weise große Teile der Belegschaft z. B. am Ideenfindungsprozess und den nachfolgenden Auswahlprozessen beteiligen.

2. **Die beste Idee setzt sich durch** – diese Idee der Meritokratie ist in der westlichen Welt tief verankert. Gute Ideen (und auch »noble«, »heroische«, »gut gemeinte«) werden aber gegenüber den »schlechten« (oder »so lala«-Ideen) nicht bevorzugt. Beispielsweise ist die bis heute verwendete QWERTZ-Tastatur weder ergonomisch noch besonders effizient, HTML und Java Script sind nicht die besten Programmiersprachen, Kamine sind bis heute populär – und keineswegs effizient. Der Markt setzt für den Erfolg und die Adaptionsrate von Innovationen sekundäre Faktoren: Kultur, Gewohnheit, Tradition, Macht, Kosten, Nachhaltigkeit und letztlich die Subjektivität von »gut« oder »besser« (vgl. Berkun 2007, S. 110ff.).

3. **Es gibt eine Methode für Innovation** – keine Methode kann zuverlässig kontinuierlich und berechenbar Innovationen erzeugen. Alle Versuche, Innova-

tionen zu kreieren, sind stets mit Risiken behaftet. Und auch wenn sich ein etablierter Prozess bewährt: er kann Erfolg nicht garantieren – aber es ist ein Weg, radikale Innovation wahrscheinlicher zu machen. Und darum geht es in Unternehmen.

Metamodell und Methoden

Abbildung 13 zeigt ein Metamodell für radikale Innovation. Die Variation setzt exploratives Vorgehen voraus: das Finden von Ideen und die Überführung dieser in eine Phase loser Steuerung. Nach der Auswahl einer Alternative, geht es in einem exploitativen Modus weiter: Mit strafferer Steuerung werden die Prototypen zur Marktreife gebracht, vertrieben und vermarktet.

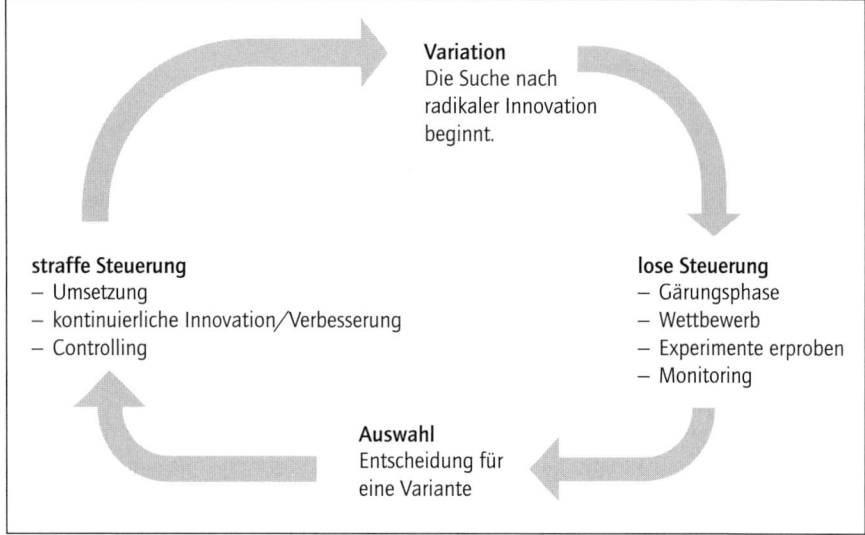

Abb. 13: Metamodell für radikale Innovation (Heitger/Doujak 2014, S. 90f. nach gängigen Innovationsmodellen etwa von Christensen und anderen)

Einige Methoden, um Innovationen in Organisationen Raum zu geben und zu prozessieren, stellen wir in Abbildung 14 vor. Die meisten dieser Methoden sind aufwendig in ihrer Durchführung oder ihrer Etablierung im Unternehmen und vor allem für radikale Innovationen geeignet. Wir haben die Methoden grob nach den explorativen und den exploitativen Anteilen der Innovationsphase geordnet. Alle Methoden können kombiniert oder integriert werden.

	EXPLORE
Ausflüge in fremde Welten	→ Werkzeug 19: Learning Journeys, empathische Kundenbeobachtung (→ Werkzeug 36: Thick Description), Innovationsallianzen mit Kunden oder strategischen Partnern, Sabbaticals und Leben in neuen Welten erproben (→ Werkzeug 28: Seitenwechsel), Fachkonferenzen fremder Disziplinen besuchen, andere Räume als die des Tagesgeschäfts erfahren (→ Werkzeug 29: Shadowing). Jeweils verbunden mit Reflexionsschleifen, um die Erfahrungen konkret nutzbar zu machen.
Skunk Works	ein kleines interdisziplinäresTeam mit hervorragenden und heterogenen Mitgliedern zusammenstellen und ihnen sehr viele Freiheiten und großzügiges Budget zur Verfügung stellen
Innovationsräume	einen Raum oder Bereich zur Verfügung stellen, den jeder aufsuchen kann, wenn er Inspiration oder Abstand vom Tagesgeschäft braucht; ausgestattet mit Materialien für Prototypen, mit informativen, interessanten oder anregenden Dingen, die einen Kontrapunkt zur »normalen« Umgebung setzen
Lightweight Innovation	viele schnelle, kleine Experimente fördern, wenig Budget für viele Personen zur Verfügung stellen nach dem Prinzip »Fail early, fail often«, z. B. über → Werkzeug 25: Rapid Prototyping.
Design Thinking	viel investieren in die Entwicklung einer wirklich guten Idee, die durch iterative Schleifen leichter Anschluss findet; für diese Ideenentwicklung viel Wert legen auf Beobachtungen, Lösungsfokus, Ideenvielfalt, Fakten sammeln, Austesten der Ideen (durch sehr rudimentäre Prototypen); wenige Ideen in spätere Entwicklungszyklen übernehmen und dann konsequent umsetzen; siehe → Werkzeug 9: Design Thinking (vgl. Brown 2009; Liedtka et al. 2014).
	EXPLOIT
Gewächshaus	zum Schutz neuer Ideen (»Inkubationszeit«) und zum Erhalt von Fehlerfreundlichkeit die Innovation als eigene Organisationseinheit etablieren und unter Schutz gebenden Bedingungen wachsen lassen
klassische F&E-Abteilung	als klare Verortung, passend für inkrementelle Innovation, gewährt guten Überblick über Pipeline und Budget sowie Mitarbeiterentwicklung; abhängig von Offenheit der Entwickler; oft Teamentwicklung nötig, klare Adresse für Ideen über die Abteilung hinaus etablieren

Stage-Gate-Prozesse	Nach verschiedenen Meilensteinen wird das Vorhaben jeweils bewertet und ggf. mit weiteren Ressourcen ausgestattet: Ideenfindung, Ausarbeitung/Konzept, Konzept mit Geschäftsinformationen, Prototyp, Tests/Verbesserungen/Präkommerzialisierung, Markteinführung (vgl. Meissner 2011, S. 94).
	für beide Dynamiken gleichermaßen:
Open Innnovation	Unternehmen beziehen entweder Wissen von außen in verschiedene Stufen des Innovationsprozesses ein (z. B. Nutzen von externen Perspektiven und Ideen durch Crowdsourcing) oder vertreiben eigene Roh-Innovationen (wie Patente, Ideen, Prototypen) über Lizenzen oder Nutzungsrechte. Das »Lead User-Konzept« (vgl. von Hippel 2011) integriert pionierhafte Kunden in die Innovation. Open Innovation als Modell unternehmensüberreifender Innovationscommunities mit externen Partnern als »Ökosystem« (Partner, Kunden, Start-ups, Wissenschaftler etc.), um mehr Innovation schneller und kostengünstiger auf den Markt zu bringen, gewinnt an Bedeutung (z. B. Taiwan Semiconductor Manufacturing Company (TSMC), GE, GlaxoSmithKline (GSK), Open Source Software wie Linux, internetbasierte Innovationsplattformen) (Chesbrough 2006; von Hippel 2011).
Business Model Generation	 anhand von → Werkzeug 5: Business Model Canvas strategische Optionen durchgehen; sowohl für neue Geschäftsideen als auch für die Weiterentwicklung bestehender Geschäftsmodelle (vgl. Osterwalder/Pigneur 2011)
Kernkompetenz	Verständnis dafür erzeugen, warum Innovationen notwendig sind. Angekoppelt an die Unternehmenskultur alle Mitarbeitenden befähigen und ihnen erlauben, Ideen zu entwickeln und anzugehen; geeignet für Play-to-Win-Strategien; siehe das beeindruckende Beispiel der Firma Whirlpool (vgl. Duarte/Tennant-Snyder 2003).

Abb. 14: Innovationsmethoden

In jedem Format spielen **Prototypen** eine wichtige Rolle für das Voranschreiten von Innovationsprozessen – auch wenn es nicht um dingliche Produkte, sondern um Services geht! Sie erst ermöglichen eine breite Anschlusskommunikation über das beteiligte Projektteam hinaus: Das Marketing versteht den Unique Selling Point, die Einkäufer verstehen benötigte Materialien, Kunden testen die Funktionalität und Anwenderfreundlichkeit etc. (vgl. Meissner 2011, S. 93).

Markttests sind selbstverständlich für fast alle risikobehafteten, teuren Innovationsvorhaben. Sie schützen vor totalen Flops und minimieren Risiken. Allerdings es ist anspruchsvoll, ein passendes repräsentatives Marktsegment für Tests auszuwählen.

Dem Glück einen Stuhl hinstellen[6] – Innovation ist eine Disziplin!
Maßnahmen, die zu einem Innovationserfolg beitragen können, vor allem zu radikalen Innovationen, konzentrieren sich insbesondere auf die ersten beiden Phasen des Metamodells. Sie fordern klassische Organisationen am meisten heraus und brauchen besonders viel Aufmerksamkeit seitens des Managements (siehe Abb. 13 auf S. 66) (vgl. Duarte/Tennant-Snyder 2003; Davila et.al. 2006; Sandström 2011):

1) Variation – die Suche nach Innovation beginnt:

- die Grenzen des eigenen Geschäftsfeldes ausweiten: Radikale Innovationen setzen kreative Problemdefinitionen voraus – andere mentale Bilder schaffen andere Landschaften für Innovationen. Wie sähe das jemand aus den 1930er-Jahren? Wie eine Person aus der Zukunft oder eine, die die derzeitige Lösung sehr schätzt? Welchen Wert könnte jemand der Innovation beimessen, der sie aus eigenem Antrieb nie nutzen würde? etc.
- Innovationsscouts aussenden, Netzwerker und Brückenbauer aus anderen Disziplinen und benachbarten Welten nutzen: neues Wissen, neue Erfahrungen, neue Inspirationsquellen organisieren
- verschiedene Zukunftsszenarien entwerfen und durchdenken, die einen gemeinsamen Horizont der Möglichkeiten abbilden (→ Werk-zeug 34: Szenarioarbeit)
- beobachten, was Kunden wirklich tun: Wie gehen sie mit den bestehenden Produkten um? Wie bedienen sie sie? Wie bewahren sie diese auf? Wie präsent sind sie im Alltag? Worüber ärgern/freuen sich die Kunden? (Eintauchen in die Kundenwelt)
- Blick auf die Kunden von morgen, die »Digital Natives« bzw. »Millennials«: Einbindung der jungen Generation und junger Start-ups, um neue Herangehensweisen zu lernen und daraus Innovationen abzuleiten
- eigene Netzwerke (Kunden, Partner) aktiv mit neuen Netzwerken verbinden (z. B. mit Start-up-Plattformen oder Social Entrepreneurs) als Impuls-Quelle für Neues
- ein multiperspektivisch heterogenes Team bilden, ausgerichtet am gewünschten Nutzenbeitrags des Teams. Bei diesem Anspruch gibt es vor allem zwei Herausforderungen: Erstens die Frage, wer sich für diese Zusammenstellung verantwortlich fühlt und zweitens, wie es gelingt, die »Realitäten« der Teammitglieder zuerst aufeinander zu beziehen und in ihrer Vielfalt zu nutzen.
- offene Märkte für Ideen, für Kapital und für Talente schaffen: Großveranstaltungen, interne Innovationsmessen, unternehmensinterne Business Angels,

---

6 Nach dem Roman von Mirjam Pressler (2011): Wenn das Glück kommt, muss man ihm einen Stuhl hinstellen, Weinheim 2011.

Innovationsbudgets mit wettbewerbsorientierten Spielregeln, Wechsel erleichtern, Jobrotation, Sabbaticals ermöglichen.

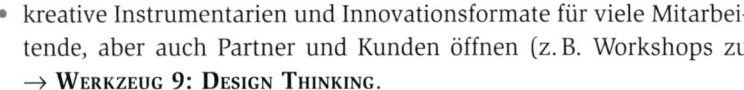

* kreative Instrumentarien und Innovationsformate für viele Mitarbeitende, aber auch Partner und Kunden öffnen (z. B. Workshops zu → Werkzeug 9: Design Thinking.
* Gegensätze herausfordern und hinterfragen, dazu Unterschiede sichtbar werden lassen: Welche Geschäftsfelder sind besonders erfolgreich und warum? Welche Kundengruppen sind besonders treu und warum? Welche Mitarbeitergruppen sind besonders unterschiedlich, und was hat das Unternehmen davon?
* Innovationsexpeditionen und Eintauchen in fremde Welten, deren Verständnis für Erneuerung wesentlich ist (→ Werkzeug 19: Learning Journey).

2) Lose Steuerung – Neues reifen lassen, Wettbewerb und Experimente erproben
* Voraussetzungen schaffen, die Teamwork zu Innovation stärken. Das bedeutet mitunter eine ganze Bandbreite von Maßnahmen, die Selbstbeobachtung und Systemdiagnose voraussetzen: Sind wir eher Einzelexperten oder nutzen wir die Intelligenz der Gruppe? Welche Art von Teamwork brauchen unsere zukünftigen Vorhaben? Wann fällt es uns leichter, gemeinsam Dinge voranzutreiben? Was würde mich selbst zu mehr Teamwork animieren? Die Umsetzung dieser Erkenntnisse geht mitunter sehr weit: etwa dahin, Einstellungskriterien und Ausschreibungen für Dienstleister zu verändern, Raumgestaltungen anzupassen, Arbeitszeiten und Arbeitsweisen zu hinterfragen, in Teamentwicklung und Methodenkompetenz für Innovation zu investieren, herausfordernde Zielbilder und gemeinsame Träume zu entwerfen etc.
* eine aufgeschlossene Haltung gegenüber externen Innovationstreibern verankern: Veränderungen bei Kunden/Konsumenten, neuer Wettbewerb, Änderungen in Vorschriften/Gesetzen/Regularien, technologischer Fortschritt. Wer

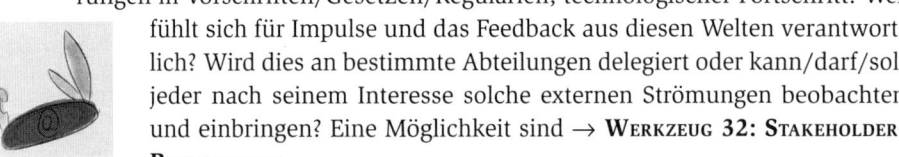

fühlt sich für Impulse und das Feedback aus diesen Welten verantwortlich? Wird dies an bestimmte Abteilungen delegiert oder kann/darf/soll jeder nach seinem Interesse solche externen Strömungen beobachten und einbringen? Eine Möglichkeit sind → Werkzeug 32: Stakeholder-Plattformen

* nicht nur mit neuen Technologien experimentieren – auch mit neuen Kundensegmenten. Beispielsweise machte die schlechtere Tonqualität der ersten Transistorradios Jugendlichen nichts aus, da sie aufgrund von Preis und Mobilität des Geräts überzeugt wurden
* die Bereitschaft, Risiken einzugehen und den Wert des Anders- und Querdenkens anzuerkennen: Das wirklich Neue hat keine Referenzen oder Benchmarks und ist deshalb per Definition riskant. Es wird oft als absurd, fremd, unlogisch, irrelevant, lächerlich und außerhalb valider Denkmuster angese-

hen, dabei kann gerade das Absurde neue Arten des Denkens und Betrachtens stimulieren. Dazu muss man jedoch oft erst üben, sich in Situationen zu begeben, ohne die gewohnte Erwartungshaltung zu haben. Der »Kassensturz« wird erst nach einer relativ langen Strecke gemacht.

- Eigenverantwortung und Autonomie für Personen und Teams stärken das Klima von Offenheit, Herausforderung, Anteilnahme und intensiver Kommunikation. Dieser Autonomiegrad muss zur Unternehmenskultur und zu den Bewertungskriterien passen. Kein Team kann hohe Eigenverantwortung empfinden, wenn es an übermäßig vielen Kriterien gemessen wird oder sehr häufig Rechenschaft ablegen muss.
- kreative neue Räume schaffen, die neues Denken und andere Blickwinkel ermöglichen und zugleich einen straffen zeitlichen Rahmen setzen für erste Ideen und ebenso herausfordernde Zukunftsbilder, die stimulieren und einen gemeinsamen Fokus schaffen

3) Umsetzung der Innovationsstrategie in die Organisation – Leitplanken für die Führung

- Dafür sind zunächst eine klare Innovationsstrategie und ein klares Innovations-Portfolio Voraussetzung; das heißt, einen klaren und verbindlichen Rahmen setzen: Sind wir Trendsetter oder Fast Follower oder legen wir Wert auf andere Alleinstellungsmerkmale? Wie viele Ressourcen verwenden wir für inkrementelle, wie viele für radikale Innovationen? Wer legt diese fest, wie oft und wie kann man welche bekommen?
- Installieren von Messkriterien, Anreizen und Belohnungen, die sowohl zur Innovationsstrategie als auch zur Unternehmensphilosophie passen und diese unterstützen: Wie kann man inkrementelle Innovationen zuverlässig messen und belohnen? Welchen Anreiz haben darüber hinaus die Mitarbeitenden, sich für radikale Innovationen einzusetzen? Welche Art von Beitrag wird wie stimuliert insbesondere in der Phase der Variation und der losen Steuerung: beispielsweise Idee einspielen, Kundenbedürfnisse genau analysieren, Wettbewerb genau beobachten, neue Technologien ausprobieren und einbringen, Prototypen basteln, intern für Anschlussfähigkeit sorgen etc. Anreize sind also auf sehr vielen Ebenen möglich und nötig.
- Wenn sich ein radikaler Technologiewandel abzeichnet, früh neue Leute und neues Wissen an Bord holen. Diese kosten eventuell zuerst unverhältnismäßig viel Geld, tragen aber zu vielfältigerem und neuem Wissen im Unternehmen bei, das sich später auszahlt: »Return on Knowledge« anstelle von direktem Return on Investment.
- Ist die Innovationsentscheidung zur Umsetzung des »Neuen« getroffen, wird in dieser Phase der Innovationsumsetzung auf straffe Steuerung (von Explore auf Exploit) gesetzt.

4) Ansätze für alle Phasen

- Präsenz und Engagement des Topmanagements: Wodurch spüren die anderen Beteiligten dieses Engagement? z. B. Lob, Wertschätzung, kritisches Feedback, mit anpacken, bei der Ideenfindung mitmachen? Was hat in der Vergangenheit Erfolg gezeigt? Beispielsweise durch Dialogformate zwischen Innovationsteams und Geschäftsführung, durch Innovationsforen mit aktiver Beteiligung von Vorständen (→ Werkzeug 24: Quick Ideas).

- ausreichend Ressourcen bereitstellen, damit die definierten Ziele erreicht werden können

- ein klar definierter und trotzdem flexibler Umsetzungsprozess (der klassische »Stage-Gate-Prozess« ist für radikale Innovationen oft ungeeignet); Welches Mindestmaß an Struktur brauchen wir? Wie lange können Vorgesetzte einen losen Prozess »aushalten«? Müssen wir uns eher in puncto zu früher Bewertung bremsen oder in puncto zu langer Euphorie?

- neue, revolutionäre Stimmen zu Wort kommen lassen (z. B. durch umgekehrtes Mentoring, neue Mitarbeitende aus anderen Branchen, externe Stakeholder …), aber immer nur für ein bestimmtes Ziel und einen bestimmten Nutzen innerhalb des Innovationsprozesses. Wann kann eine andere Perspektive produktiv beitragen: im Prozess der Ideenfindung, bei der Verbesserung bestehender Prototypen, wenn das Team »feststeckt«? Der Zeitpunkt bestimmt den passenden Stimmenchor.

- die natürlichen Spannungen zwischen Kreativität und Wertschöpfung aktiv managen; als Manager das jeweils Unterbelichtete mit ins Bewusstsein rücken, konkret nachfragen und herausfordern, was es braucht, was gut läuft und Raum dafür schaffen.

- Geschäftsmodellveränderungen berücksichtigen. Welche Konsequenzen haben technologische Fortschritte auf Kundensegmente, Vertrieb, Zahlungsmodelle, Integration von Wertschöpfungspartnern etc.

- anerkennen, dass die Grundvoraussetzung für Innovation Teams und Netzwerke sind, innerhalb und außerhalb der Organisation. Das Neue entsteht eben durch Inspiration und Rekombination.

- und immer wieder die Kunden einbinden: von der Ideenfindung bis hin zum Testen des Prototyps. Wenn dies nicht möglich ist, zumindest die »Kundenperspektive« in allen Entwicklungsphasen mit reflektieren (ohne die Innovation an die Kunden zu delegieren) und eventuell auch noch weitere, externe Rollen auf diese Weise einbinden.

3.1.7 Welche Personen braucht man für Innovation?

Kann eigentlich jeder innovativ sein? Er oder sie kann – im Rahmen der Möglichkeiten, Strukturen und Rollen, die die Organisation dafür bereitstellt (vgl. Meissner 2011, S. 72). Und jede Person kann das auch in puncto Kreativität.

Kreativität und Innovationsoffenheit kann man lernen und weiterentwickeln. Die folgenden fünf Fähigkeiten wurden von Dyer, Gregersen und Christensen in ihrer Studie *The Innovator's DNA* (2011) ausdifferenziert, in einem Modell, das an der »Bereitung des Bodens« für Innovation ansetzt. Natürlich gibt es ausgeklügelte Techniken, die Kreativität individuell erhöhen, aber organisational braucht es: Großzügigkeit im Geben und Nehmen, Bilden von Gemeinschaften, Verständnis untereinander und für das Innovationsziel schaffen.

> *»What a person does on his own, without being stimulated by the thoughts and experiences of others, is even in the best of cases rather paltry and monotonous.«*
> *Albert Einstein*

Auf persönlicher Ebene sind folgende Basiskompetenzen wichtig, für die allerdings in der Organisation auch Zeit und Raum zu schaffen sind (!):

- **in Bezug setzen** (associating): scheinbar nicht aufeinander bezogene Informationen, Themen, Ideen, Probleme in Verbindung setzen können und sie sinnstiftend integrieren. Oft entstehen radikale Innovationen gerade dann, wenn interdisziplinär gearbeitet und gedacht wird. Umsetzungsmöglichkeiten: sich zu kombinatorischen Gedankenspielen »zwingen«; überlegen, welche Potenziale Partnerschaften mit DAX 30-Unternehmen, Start-ups oder Innovationszentren hätten; Metaphern und Analogien für bestehende Angebote finden und weiterentwickeln. Eine »Inspirations-Box« anlegen mit ungewöhnlichen, interessanten Dingen; durch SCAMPER (= substitute, combine, adapt, magnify, minimize, modify, put to other use, eliminate, reverse, rearrange) zu neuen Ansätzen gelangen (vgl. Dyer et.al. 2011, S. 41ff.).
- **fragen** (questioning): Sowohl ein ständiges Infragestellen als auch eine große Neugier, etwas zu verstehen und immer weiter nachzufragen, zeichnet Innovatoren aus. »Warum, weshalb und wozu?«, »Ginge das nicht anders?«, »Was wären die Konsequenzen, wenn wir es so oder so machten?« In einer durchschnittlichen Unterhaltung werden von Innovatoren mehr Fragen gestellt, als Antworten oder Anweisungen gegeben.
  Umsetzungsmöglichkeiten: Zu den Wurzeln eines Problems vorrücken – ohne Schuld zuzuschieben – durch häufigeres Fragen »Warum …?«; den Frageanteil in Gesprächen erhöhen; ein Fragen-Tagebuch führen; ein »Frage-Storming« statt einem Brainstorming abhalten (vgl. Dyer et.al. 2011, S. 65ff.).

- **beobachten** (observing): Die Augen offen halten für neue Ideen, Trends, Entwicklungen und Bedürfnisse, sei es bei Kunden, Produkten, Dienstleistungen, Technologien oder Organisationen. Umsetzungsmöglichkeiten: Vertriebsangehörige viel Zeit bei den Kunden (Endkunden oder direkte Kunden) verbringen lassen, um deren Probleme mit und Erwartungen an das Produkt kennenzulernen. Jobrotation innerhalb und außerhalb des Unternehmens konfrontiert mit neuen Perspektiven. Google und Procter & Gamble haben z.B. zwei ihrer Teams für einige Wochen in das jeweils völlig anders »gestrickte« Unternehmen geschickt. Eine Firma in ihrer Entwicklung beobachten. Mit allen Sinnen beobachten. SAP & Greyhound Bus haben Scouts ausgeschickt, um die  konkreten Erfahrungen von Kunden und Busfahrern zu machen, und dann erst über eine mobile Anwendung zu entscheiden. Jeden Tag etwas intensiv beobachten, was sich in die Aufmerksamkeit schiebt und Assoziationen dazu aufschreiben (vgl. Dyer et.al. 2011, S. 89ff.). Siehe auch → WERKZEUG 36: THICK DESCRIPTION.

- **netzwerken** (networking): Innovatoren pflegen ein großes Netzwerk vielfältiger Personen mit heterogenen Interessen und Fähigkeiten aus verschiedenen Welten. Und zwar ganz konkret, um Ideen zu finden, um diese zu testen, um Mitstreiter oder Partner zu finden. Immer wieder suchen sie Menschen auf, die die Welt radikal anders sehen als sie selbst.
Umsetzungsmöglichkeiten: die Vielfalt des persönlichen Netzwerks erhöhen; jede Woche eine Mahlzeit mit einer Person teilen, die anders denkt und handelt; mindestens an zwei Konferenzen pro Jahr teilnehmen: einer aus dem eigenen Feld, einer aus einem anderen. Viele Unternehmen haben Prozesse für das Sammeln und Teilen von Ideen installiert, sei es im Intranet oder an bestimmten Orten im Gebäude. Darüber hinaus sind »Innovation Challenges« sehr beliebt: Google z.B. schreibt vierteljährlich Ideenwettbewerbe aus, deren Gewinner die Ressourcen und die Zeit für die Umsetzung ihrer Ideen erhalten. Brainstorming Sessions mit kurzen »Ideen Pitches«/»Elevator Speeches« schaffen schnell eine Vernetzung neuer Ideen. Eine weitere Google-Routine: Beim kostenlosen, gesundes Essen in der Cafeteria treffen sich ganz unterschiedliche Personen zum Netzwerken. Und natürlich werden über die Nutzung der heutigen Crowdsourcing-Möglichkeiten in Wahrheit riesige »Open Innovation«-Netzwerke geschaffen, die Konzerne mit neuen Ideen versorgen (vgl. Dyer et.al. 2011, S. 113ff.).

- **experimentieren** (experimenting): Innovatoren setzen sich neuen Umfeldern aus: neuen Orten, neuen Sachen, neuen Informationen, neuem Wissen. Sie nehmen Produkte auseinander, visualisieren Prozesse in ihren Elementen oder dekonstruieren Ideen. Und sie testen ihre entstehenden Ideen ständig aus, haben simple Prototypen für Feedback dabei. Umsetzungsmöglichkeiten: Räume für »Rapid Prototyping« schaffen, virtuell und ganz real, sei es mithilfe von Lego, Buntpapier oder einer virtuellen Kartei inspirierender Bilder (→ WERKZEUG

25: Rapid Prototyping); viele kleine Teams an viele kleine Projekte setzen; reisen; sich Neuem aussetzen durch das Abonnieren einer ungewöhnlichen Zeitschrift, durch Lesen von Autoren aus sehr unterschiedlichen Regionen; auf Twitter interessanten Querdenkern folgen; eine neue Fertigkeit erlernen; aktiv nach neuen Trends Ausschau halten; Methoden nutzen wie → **Werkzeug 37: Wargaming** (vgl. Dyer et.al. 2011, S. 133ff.).

Auch die bekannte Design-Thinking-Firma IDEO und das Hasso-Plattner-Institut nutzen einen Entwicklungsprozess, der aus genau diesen Elementen besteht: gemeinsames Fragen und genaues Hinschauen auf die Herausforderung, dann frühes Netzwerken und schnelles Experimentieren mit simplen Prototypen (vgl. Kelley 2004). Sollen Mitarbeitende und Führungskräfte aus verschiedenen Bereichen und Hierarchieebenen zu Innovationen beitragen, lohnt es sich, in diese Fähigkeiten auf breiter Basis zu investieren und methodische Innovationskompetenz aufzubauen.

Dies tatsächlich umzusetzen scheint zunächst aufwendig und zeitintensiv. Innovatoren nehmen sich jedoch diese Zeit: CEOs, die innovative Unternehmen aufgebaut haben und/oder führen, nehmen sich 50 Prozent mehr Zeit für diese Aktivitäten (d. h. einen ganzen Tag pro Woche mehr) als CEOs anderer Unternehmen (vgl. Dyer et.al. 2011, S. 250f.).

Die Art wie an Innovationen herangegangen wird, ist – auch auf der Personenebene – sehr unterschiedlich. Das hat gute Gründe. Die Branche hat großen Einfluss darauf, wie ausgereift eine Innovation vor ihrer Markteinführung sein muss. In Organisationen, in denen durch ihre Strategie und Organisation (Fokus auf Qualität, Sicherheit, Standardprozesse) nur wenig Raum für Experimente und Fehler ist – wie in Krankenhäusern, bei der Flugsicherheit, in einem Stahlwerk – kann nicht so stark experimentiert werden. Dort arbeiten Personen, die eher vorsichtig und Schritt für Schritt innovieren, als dass sie große Lust auf radikale Neuerungen haben. Zudem haben Unternehmen in ihrer Leistungserstellung unterschiedliche Bedürfnisse, was Zuverlässigkeit, Überraschungen, Kundenerwartungen angeht. Das ist sinnvoll. Eine Umgebung, die Google kopiert, ist unter Umständen eine starke Überforderung für Organisationsangehörige traditioneller Konzerne. Es lohnt sich, herauszufinden, welche der beschriebenen Innovationskonzepte und -methoden in der Branche besonders anschlussfähig sind und die Leistungserstellung adäquat bereichern.

3.1.8   Zusammenfassung: Wie »führt« man Innovation?

Ideen sind der Grundstoff für Innovationen. Um Ideen »managen« zu können müssen sich Führungskräfte – und Beteiligte – erst einiger Besonderheiten klar werden (vgl. Meissner 2011, S. 62ff.):

- **Ideen kommen und gehen** ohne »Bescheid zu sagen«. Sie lassen sich nicht erzwingen, aber Beobachtungen legen nahe, dass sie häufiger in Zuständen von Gelöstheit, nach oder zwischen Anspannung auftreten – im Bus, im Bad oder im Bett. Daraus könnte man für eine Ideengenerierung ableiten, dass es auch am Arbeitsort Raum für solche Zustände zu kreieren gilt.
- **Gute Ideen gehören niemandem.** Nicht zu verwechseln mit der rechtlichen Absicherung durch Patente, ist eine Idee an sich etwas Immaterielles und ihre Umsetzung kontextabhängig. Im Kontext einer Organisation »gehören« sie auch dieser – sie zu Innovationen werden zu lassen, ist immer eine Mannschaftsleistung.
  - **Ideen sind keine Seltenheit.** Es gibt oft viele und sie lassen sich mit diversen Techniken gut erzeugen (→ WERKZEUG 24: QUICK IDEAS). Erst die Anschlussfähigkeit an die Organisation und die Umsetzung hin zum gewinnbringenden Produkt bringen Stolpersteine ins Spiel.
  - **Ideen sind allergisch gegen Macht.** Das Konzept, eine Person gegen ihren Willen etwas tun zu lassen, verträgt sich nicht mit dem Prozess der Ideenfindung. Bekommen die Träger von Ideen das Gefühl, ausgebeutet, ignoriert oder entmündigt zu werden, dann werden sie die Ideen nicht ins Gespräch bringen oder weiterverfolgen – allenfalls außerhalb der Organisation.

Nimmt man die oben genannten Punkte ernst, wird klar, dass sich Ideen und Innovationen nicht »direkt« managen lassen. **Steuerbar und gestaltbar ist der Kontext,** in dem Ideen entstehen und zu Innovationen weiterentwickelt werden. Dafür spielen offene Kommunikationsräume eine große Rolle – seien es die viel zitierten Kaffeeküchen, die Kantinen oder andere Zonen, die Begegnung und Austausch ermöglichen (vgl. Meissner 2011, S. 66). Auch das Schaffen von Freiräumen – durch bestimmte Zeitbudgets, Ortsungebundenheit oder weitere Ressourcen – sind Aspekte der Kontextgestaltung, die dazu beitragen, dem System alternative Anschlussentscheidungen zu bieten (vgl. Meissner 2011, S. 71). Für die Kontextgestaltung können Führungskräfte auch von Künstlern lernen. Die Choreographin Twyla Tharp unterstützt ihre Arbeit folgendermaßen (vgl. Tharp 2003):

- **Kreativität braucht Übung, Routine und Disziplin.** Disziplin braucht Rituale. Das Anfangen eines Rituals bedeutet, seine Ängste zu überwinden. Die Ängste zu identifizieren hilft dabei, sie zu überwinden.
- Wer **Fokussierung** braucht, muss »Ablenker« identifizieren und sie für bestimmte Zeiten radikal aus dem Radar verbannen (damit sind auch Smart-

phones gemeint!). Kreativität braucht geschützte Räume und Commitment zum Fokus.

- **eine Box schaffen,** aus der man dann aussteigen kann: Das heißt, alles, was man mit einem Thema/Projekt verbindet, an einem eigenen Ort ablegen. So kann man sich dann auch besser davon lösen und andere neue Entdeckungen machen.
- **beim Tun ins Tun kommen:** einfach anfangen und den roten Faden der ersten guten starken Idee halten.

Dieser Ansatz der Kontextgestaltung führt allerdings zu einem Phänomen, das auch in Dutzenden Interviews mit Senior Executives auftrat: Sie fühlen sich nicht persönlich für Innovationen verantwortlich, sondern dafür »den Prozess zu gestalten« (vgl. Dyer et.al. 2011, S. 175), sodass jemand anderes in der Organisation innovativ sein kann. In den innovativsten Konzernen der Welt haben allerdings auch die Chief Executives ihre Hände direkt im Spiel, wenn es um Innovationen geht: Jeff Bezos (Amazon), Marc Benioff (Salesforce.com), A.G. Lafley (Procter & Gamble), Michele Ferrero und sein Sohn (Ferrero), Steve Jobs (Apple) und Josef Zotter (Zotter Schokoladen) sind nur einige prominente Beispiele. Ihr eigener starker Fokus auf Innovation fokussiert auch ihre Teams und Organisationen auf das Neue.

Wie jeder Prozess, jede Struktur und jede Organisation **braucht auch Innovationsmanagement regelmäßige Reflexion und Monitoring** (vgl. Meissner 2011, S. 34). Dies ist eine Führungsaufgabe: Wie werden Ziele für Innovation definiert? Welche Prozesse unterstützen die Innovationsaktivitäten? Was fördert und was hindert das Innovationsklima? Welche Persönlichkeiten finden in der Organisation Anschluss bzw. werden gehört? Wie präsent ist das Thema Innovation unter Führungskräften und bei Mitarbeitenden? Welchen Stellenwert erhält es gegenüber dem Tagesgeschäft/gegenüber Effizienzmaßnahmen/gegenüber Change-Programmen?

3.1.9 Wie misst man Innovation?

Bei der Messung von Innovation ist die ex-post-Bewertung einfacher möglich. Während des Innovationsprozesses ist es schwieriger, realitätsnahe Aussagen zu treffen, die das fertige Produkt betreffen. Ein Mix aus vier Stufen der Bewertung von Innovationen einerseits und von monetären und nicht-monetären Faktoren andererseits bringt mehr als Kennzahlen, die allein auf das fertige Produkt und seine monetären Beiträge abzielen (vgl. Davila et.al. 2006). Als Anregung für die Praxis sollen die folgenden Beispiele für Innovationsinidikatoren dienen, die jeweils passend zum Unternehmen und seiner Innovationsstrategie zu konkretisieren sind.

1) Aufwendungen (Input): Ressourcen, die für Innovation eingesetzt werden

* Arbeit an der Innovationsstrategie: Innovationsplattformen, Bekenntnis zu »Play-to-Win«- oder »Play-not-to-Lose«-Strategie
* materielle Ressourcen: Kapital, Zeit, Software, physische Infrastruktur
* immaterielle Ressourcen: Talent, Motivation, Kultur, Wissen, Marke
* Innovationsstruktur: Gewächshaus, Skunk Works, unternehmensinternes Venture Capital
* externe Netzwerke: Partner, wichtige Lieferanten, treue Kunden, Forschungseinrichtungen
* Innovationssysteme: für Recruiting, Training, kontinuierliches Lernen, Umsetzung, Wertschöpfung

2) Prozesse: Aufwendungen kombinieren und transformieren

* kreative Prozesse: Qualität und Quantität der entstehenden Ideen; Fähigkeit, Ideen zu verfolgen; Konversionsrate von Ideen zu Projekten
* Projektdurchführung: Verfolgen von Innovationsprojekten bezüglich Zeit, Kosten, technischer Leistung, geschätztem Wertbeitrag
* Meta-Projektverfolgung: aggregierte Verfolgung aller Innovationsprojekte
* Innovationsportfolio: auf die Balance zwischen evolutionären und radikalen Innovationen achten und auf ihre Passung mit der Strategie

3) Output: Resultate von Innovationsvorhaben in Quantität, Qualität und geplanter Zeit

* neue Produkte oder Dienstleistungen einführen: Anzahl erfolgreicher Produkte, Produktakzeptanz gegenüber Mitbewerbern, Marktanteil, verkaufte Einheiten
* Technologieführerschaft: Anzahl von Patenten, Lizenzen
* Projektfertigstellung: Soll-/Ist-Vergleich von Projekten oder Vergleich mit Wettbewerbern
* Prozessverbesserungen: durch Prozesskennzahlen abbildbar
* Marktführerschaft: Kundenakquisition, Kundenanteil, Kundenloyalität
* Markenbekanntheit: Bekanntheitsgrad in klassischen und neuen Zielgruppen, verbinden emotionaler Qualitäten mit der Marke

4) Ergebnis: wie sich Innovationen in Wert für das Unternehmen umwandeln

* residuales Einkommen = Gewinne – (eingesetztes Kapital x Kapitalkosten)
* Projektprofitabilität: Schätzung der Wertgenerierung durch die Innovation während ihres Lebenszyklus verglichen mit den Erwartungen oder vergleichbaren Projekten
* Return on Investment: Schätzung der Profitabilität der Innovation

- langfristige Wertschöpfung: Schätzung des Wertbeitrags im Gesamtlebenszyklus der Innovation
- Markenwert: Zuwachs des Markenwertes durch Innovationen
- Kundennutzen: Was bringt die Innovation den Kunden – rational und/oder emotional?
- Anteil »junger« Produkte am Umsatz

Die individuelle Passung von Innovationsprozessen und -vorhaben zum Unternehmen ist immer wesentlich. Innovationen sind Ideen, die umgesetzt werden und ihren Weg in erfolgreiche Anwendung gefunden haben. Das braucht professionelles Öffnen (Explore) und dann Schließen (Exploit), wenn es um die Integration ins Tagesgeschäft geht.

Weiterlesen

Verwandte Ent-Scheidungen: Lösungsgeschäft als Ko-Kreation, Digitalisierung, Web 2.0 und Media Literacy, Strategische Kooperationen.
Passende Werkzeuge: Business Model Canvas, Design Thinking, Learning Journey, Quick Ideas, Rapid Prototyping, Seitenwechsel, Shadowing, Stakeholder-Plattformen, Szenarioarbeit, Thick Description, Wargaming
Fälle: Fall 4: Scrum; Fall 2: Programm-Management

Literatur

Berkun, Scott (2007): The myths of innovation. Sebastopol 2007.
Brown, Tim (2009): Change by design. How design thinking transforms organizations and inspires innovation. New York 2009.
Chesbrough, Henry (2006): Open innovation – the new imperative. Boston 2006.
Christensen, Clayton (2011): The innovator's dilemma. New York 2011.
Christensen, Clayton (2013): Innovator's solution. Boston (MA) 2013.
Davila, Tony/Epstein, Mark/Shelton, Robert (2006): Making innovation work: How to manage it, measure it, and profit from it. Upper Saddle River (NJ) 2006.
Duarte, Deborah/Tennant-Snyder, Nancy (2003): Strategic innovation: Embedding innovation as a core competency in your organization. San Francisco (CA) 2003.
Dyer, Jeff/Gregersen, Hal/Christensen, Clayton (2011): The innovator's DNA: Mastering the five skills of disruptive innovators. Boston (MA) 2011.
Heitger Consulting (2011): Issue Innovation, Heft Nr. 5, Wien 2011.
Heitger Consulting: Issue Explore, Heft Nr. 4, Wien 2011.
Heitger, Barbara/Doujak, Alexander (2014): Harte Schnitte – Neues Wachstum. Wandel in volatilen Zeiten. Die Macht der Zahlen und die Logik der Gefühle im Change Management. München 2014.
Heitger, Barbara/Serfass, Annika (2012): Let it be… Seven reasons why innovation might not be right for you. In: Heitger, Barbara/Doujak, Alexander: Managing Cuts and New Growth. 2. Aufl., Wien 2012, S. 146-155.
Hippel, Eric von (2011): Imperative open service innovation. Boston (MA) 2006.

Jaruzelski, Barry/Dehoff, Kevib/Bordia, Radesh (2005): The Booz Allen Hamilton Global Innovation 1000: Money isn't everything. In: Strategy + Business, Issue 41, Winter 2005.

Kausl, Alexander (2010/11): Geschäftslogiken der Zukunft. In: IMP Perspectives Management Journal, 2010/11, S. 85-99.

Kelley, Tom (2004): The art of innovation: Lessons in creativity from IDEO, America's leading design firm. London 2004.

Liedtka, Jeanne/Ogilvie, Tim/Brozenske, Rachel (2014): Designing for growth field book. A step-by-step project guide. New York 2014.

Markides, Constantinos (2004): Fast second: How smart companies bypass radical innovation to enter and dominate new markets. San Francisco (CA) 2004.

Meissner, Jens (2011): Einführung in das systemische Innovationsmanagement. Heidelberg 2011.

Nagel, Reinhart/Wimmer, Rudolf (2002): Systemische Strategieentwicklung. Stuttgart 2002.

Nonaka, Ikujiro/Takeuchi, Hirotaka (1997): Die Organisation des Wissens. Wie japanische Unternehmen eine brachliegende Ressource nutzbar machen. Frankfurt/New York 1997.

Osterwalder, Alexander/Pigneur, Yves (2011): Business model generation. Frankfurt 2011.

Sandström, Christian (2011): Mastering radical innovation – Turning threat into opportunity. In: Applied Innovation Management, 15. Juni 2011.

Stickdorn, Marc/Schneider, Jakob (2014): This is service design thinking. Amsterdam 2014.

Tharp, Twyla (2003): The creative habit. Learn it and use it for life. A practical guide. New York 2003.

3.2 Ent-Scheidung 2: Internationalisierung und Interkulturalität

Unter Mitwirkung von Ullrich Silaba und Gudrun Becker

Zugrunde liegende Trends: Globalisierung, BRICS-Emergenz, Aufstieg des Ostens, Diversität, Wachstumspotenziale

Unsere Thesen:

- Internationalisierung und Interkulturalität sind zwei Seiten derselben Medaille.
- Schon seit einigen Jahrzehnten werden beide Themen immer weiter professionalisiert und mit immer mehr Wissen und Erfahrung vorangetrieben – trotzdem bleiben sie mit die größte Herausforderung für global wachsende Unternehmen.
- Internationalisierung bedeutet Komplexitätserhöhung, die sich in komplexen Organisationen (z. B. mehrdimensionale Matrizen) abbildet.
- Personen tragen die Hauptlast des Komplexitätsmanagements in internationalen Unternehmen.

- In vielen Ausbildungsprogrammen zu interkultureller Kompetenz wird Kultur zu sehr auf Artefakte und Handlungsanweisungen reduziert.

Klassische Spannungsfelder:
- globale Integration gegenüber regionaler/lokaler Ausdifferenzierung
- strategische Gesamtausrichtung gegenüber nötigen lokalen Maßnahmen und Potenzialen
- bei Führungskräften: persönliche Verantwortungsübernahme gegenüber offiziellem Handlungsrahmen im Unternehmen und lokalen Gegebenheiten
- kulturell begründete Herausforderungen gegenüber Herausforderungen der Organisation
- Ethnozentrismus gegenüber Ethnorelativismus

Allein in den letzten fünf Jahren hat sich der internationale Wettbewerb mit zunehmender Geschwindigkeit verändert. Vor einigen Jahren gab es noch sehr viele amerikanische und europäische Firmen, die von einer kleinen homogenen Managergruppe geleitet und auch »internationalisiert« wurden. Heute reicht das globale Ausrollen nationaler Erfolgsgeschichten und Vorteile nicht mehr, da immer mehr Firmen aus Schwellenländern im globalen Wettstreit um die vorderen Positionen mitspielen (vgl. z.B. Pigorini et al. 2011). Die alten Strategien sind zu überdenken, um am Wachstum und der veränderten Dynamik der neuen erstarkenden Wirtschaftsräume teilzuhaben (vgl. Wimmer 2012, S. 14), aber auch, um in den angestammten Märkten weiter bestehen zu können. Das verlangt von international agierenden Firmen einen multilokalen Blick, der Begebenheiten vor Ort unter Beibehaltung eines kohärenten Zukunftsbilds einbezieht. Das verlangt auch eine differenziertere strategische Positionierung sowie eine veränderte Balance von Entscheidungsbefugnissen, die sich auch im Organisationsdesign widerspiegelt, und nicht zuletzt neue Zugänge, um Führungskräfte und Talente zu gewinnen und zu entwickeln (vgl. u.a. Pigorini et al. 2011, S. 1; Wimmer 2012, S. 14). Mit einer international diversifizierten Belegschaft hält auch das Thema Interkulturalität stärker Einzug in Unternehmen, und zwar mit seinem ganzen Spektrum von einem in Kauf zu nehmenden Ärgernis und Hindernis bis hin zu einer Quelle neuer Ideen und Vorteile.

3.2.1 Internationalisierung

Stolpersteine
Die Herausforderungen, denen sich ein Unternehmen stellen muss, liegen oft in der Struktur und den Prozessen begründet. Dies umso mehr, wenn bei Internationalisierungsvorhaben die Dimensionen Entfernung, Zeit, Sprache und Kultur zum Tragen kommen (eigene Erfahrungen, ergänzt durch Ghislanzoni et al. 2008, S. 3f. und Pigorini et al. 2011, S. 3f.):
- Unklare oder überlappende Verantwortungen zwischen den Regionen führen zu langsamen, redundanten oder konfliktbehafteten Entscheidungsprozessen.

- Lokale und regionale Ängste und Befürchtungen, z. B. der Verlust von Autonomie, die Verschlechterung eigener Kennzahlen, das Auseinanderbrechen von Teams etc. verhindern die Realisierung von Vorhaben, egal wie nutzbringend Potenziale für ein Gesamtunternehmen sein mögen. International agierende Unternehmen brauchen mutige und »selbstlose« Manager, die den lokalen Vorteil einem Gesamtvorteil opfern können, sowie Mechanismen, die ein solches Verhalten belohnen.

- Das Fehlen von gemeinsamen Zielen, Vertrauen, notwendiger Autorität und Verantwortungsübernahme in der internationalen Zusammenarbeit sowie der Koordinationsaufwand und nicht zuletzt interkulturelle Barrieren behindern mitunter den Erfolg, selbst wenn entsprechende Anreize vorhanden sind (→ Ent-Scheidung 3: Virtuelle Zusammenarbeit).

- Fast alle Unternehmen brauchen mit jedem Markteintritt erneut Lernzeit bezüglich des Handlungsrahmens des Managements vor Ort. Verantwortung und Bevollmächtigungen können zu zögerlich oder zu großzügig vergeben werden.

- Welche Aufgaben und Prozesse zentralisiert sein sollten und welche nicht, ist ebenfalls Teil des kontinuierlichen Lernprozesses. Häufig kommt es zu Diskrepanzen zwischen Bedürfnissen und Ressourcen der lokalen Einheiten sowie den Ansprüchen und Vorstellungen der Unternehmenszentrale.

- Grenzüberschreitende Potenziale werden zumeist erst erkannt, wenn ein regelmäßiger Austausch zwischen den Regionen gegeben ist.

- Nicht zuletzt fällt es vielen international tätigen Unternehmen schwer, ihren Pool an vorhandenen Talenten wirklich zu nutzen und die Flexibilität und Mobilität der Mitarbeitenden auf allen Ebenen auszubauen.

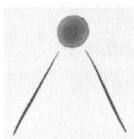

Strategie

Große Konzerne und auch mittelständische Unternehmen sind schon seit geraumer Zeit in einer Vielzahl von Ländern tätig. Allerdings unterscheiden sich diese Unternehmensformen oft in ihren Zielsetzungen und der Herangehensweise. Die nachfolgenden Konzepte können jedoch gleichermaßen angewandt werden.

Selten ist Internationalisierung zufällig für Unternehmen, sie wird geplant angegangen und in die Strategie integriert. Ein Strategieprozess im internationalen Kontext ist anspruchsvoll. Während »zu Hause« bestimmte Rahmenbedingungen bereits implizit festgelegt sind, müssen diese für eine internationale Expansion bewusst diskutiert werden: Nicht allein Fragen zu den zukünftigen Absatzmärkten und dem dafür notwendigen Produkt- und Dienstleistungs-Portfolio sind zu stellen, sondern inzwischen werden auch Antworten in Bezug auf Produktions- und Entwicklungs-Standorte benötigt. Eventuell gilt es auch zu entscheiden, welche Servicefunktionen zumindest in Teilen anderswo effizienter erbracht werden können.

All diese Themenkomplexe bedürfen auch in ihrer Passung zum Unternehmenszweck einer strategischen Analyse, die im Managementteam anhand der folgenden Fragen erarbeitet werden kann (vgl. Bartlett/Ghoshal 2002, S. 306ff.):

Schritt 1: Umfeldanalyse (von außen nach innen)

* Welche Branchentrends waren vor fünf bis zehn Jahren besonders relevant? Welche sind es heute, und welche werden es in fünf bis zehn Jahren sein?
* Welche dieser Trends verursachen einen Bedarf nach mehr Integration, globaler Ausrichtung und Koordination – oder nach mehr Sensibilität und Antwortfähigkeit auf nationale Unterschiede?
* Welche Bedarfe waren einst stärker und welche werden eventuell stärker: die integrierenden oder die differenzierenden?
* Wo fehlt noch Wissen über Trends und deren Auswirkungen?
* Welche Lücken könnten sich daraus für die zukünftige strategische Ausrichtung in puncto Kompetenzen und Ressourcen ergeben?

Schritt 2: Reflexion der Unternehmenskultur (von innen nach außen)

* Welches waren die größten Einflussfaktoren in der Geschichte des Unternehmens/des Bereiches (z. B. Kultur des Landes der Gründung, Schlüsselfiguren, Innovationen, Akquisitionen, …)?
* Welche Strategien und Organisationsdesigns hat das Unternehmen bisher umgesetzt, vor allem in Bezug auf seine Internationalisierung?
* Welches Design hat in welchen Punkten zum Unternehmenserfolg beigetragen?
* Welche organisatorische Grundform nimmt das Unternehmen/der Bereich an hinsichtlich der Internationalisierung (eher global, multinational, international, transnational, Mischformen; Näheres dazu im Abschnitt »Organisation«)?
* Wann wurde eher global integriert, wann national differenziert?
* Und wie könnte es in Zukunft sein, basierend auf Ergebnissen zu Schritt 1?

Wenn es als sinnvoll erachtet wird, können diese Schritte auch für die Mitbewerber aufgezeichnet werden oder für strategische Partner, welche die Internationalisierung mittragen.

Schritt 3: Marktanalyse

* Sind im Hinblick auf die Erfüllung der Kundenbedürfnisse die derzeitigen Anforderungen bezüglich globaler Effizienz, lokaler Anpassungsfähigkeit und weltweiter Lern- und Innovationsprozesse niedrig, mittel oder hoch? Wie werden diese Anforderungen zukünftig sein?
* Wie sind die größten Wettbewerber für die einzelnen Geschäftsbereiche aufgestellt?
* Wo könnten eigene Wettbewerbsvorteile ausgebaut werden? In welchen Geschäftsbereichen, Märkten oder auch Funktionen gibt es Nachholbedarf?

Auf Basis dieser Analyse ergibt sich ein erstes klareres Bild strategischer Grundausrichtungen. Im Verlauf landet »ein internationaler Strategieprozess fast immer in ungeklärten oder als unbefriedigend empfundenen Organisationsfragen. Daher ist es ein wichtiges Thema, die bestehende Organisationsstruktur und ihre Prozesse daraufhin zu prüfen, ob sie bezüglich der neuen, internationalen Ausrichtung antwortfähig sind. Neben der Überprüfung einer inhaltlich plausiblen Organisationslogik wird die Machtdynamik zwischen dem Stammhaus und den Wachstumsregionen immer mit verhandelt. Eine Klärung des Zusammenspiels zwischen Corporate-Funktionen und den Regionen und Ländern ist daher eine wichtige Vorbedingung für die Strategieumsetzung. Die Organisation wird in einem Strategieprozess – manchmal auch unbeabsichtigt – zum zentralen Thema« (Nagel 2013, S. 106). Und das von Anfang an, latent oder manifest.

Wie sind diese strategischen Festlegungen dann zu realisieren? Wie weitreichend will eine Unternehmung sich an einem ausländischen Standort etablieren? Mit einem lokalen Partner, der als Lieferant für Produkte oder Dienstleistungen agiert? Lizenzen oder Franchises vergeben? Ein Joint Venture eingehen? Oder sogar eine eigenständige Tochtergesellschaft aufbauen? Wie soll mit Unterschieden bei z. B. Lohnniveau und Technologie-Know-how umgegangen werden? Je nach Land, Branche und Funktion sind dabei noch gesetzliche Rahmenbedingungen zu berücksichtigen, die sowohl hinderlich als auch förderlich für das Vorhaben sein können. Gleichzeitig wird der Zeithorizont für die Umsetzung beeinflusst. Und um der allfälligen Volatilität Rechnung zu tragen, sind Überlegungen anzustellen, wie flexibel die Maßnahmen gestaltet werden sollen – und können.

Essenziell ist, dass die notwendigen Ressourcen langfristig verfügbar sind und bleiben – finanziell, organisatorisch und personell. Langfristigkeit des Engagements darf dabei nicht mit Langsamkeit oder Starrheit verwechselt werden. Während die strategischen Ziele Bestand haben sollten, kann und muss der Weg dorthin den wechselnden Anforderungen entsprechend geändert werden, unter Umständen sogar laufend und mit großer Flexibilität und Kreativität.

Ergänzend zur zuvor beschriebenen strategischen Analyse sind in solchen Entscheidungsprozessen folgende Fragen wichtig (ergänzt: Nagel 2013, S. 103f.), die von der Strategie hin zur organisatorischen Umsetzung führen:

- Wie berücksichtigen wir aktuelle oder historisch gewachsene transnationale Konflikte (wie in Ex-Jugoslawien, zwischen China und Japan, in Teilen Mittel- und Osteuropas gegenüber Russland etc.) (→ Fall 3: East meets West)?
- Wie gehen wir mit den global sehr unterschiedlichen Rahmenbedingungen um (z. B. Zölle, Einfuhrverbote, Gesetze zu Inhaltsstoffen und Verarbeitungsweise, regionale Prüfgesellschaften, Steuerfragen etc.)?
- Wie gestalten wir eine gezielte Markterschließung (bei hohem Wachstumspotenzial, für eine strategische Präsenz, für Outsourcing-Projekte etc.)?

- Wie organisieren wir die internationale Arbeitsteilung und ihre Prozesse (z. B. Produktionsstrategien, Einkaufspolitik, F&E, HR-Management)? Welchen Weg laufen unsere Produkte/Dienstleistungen durch wie viele Länder? Wer ist dafür verantwortlich?
- Wie agieren wir bei Rückwirkungen von lokalen Maßnahmen auf die Gesamtpositionierung? Wenn z. B. erkannt wird, dass für die Produktion gesundheitsschädliche Komponenten oder fragwürdige Arbeitsbedingungen gewählt werden. Einige Firmen haben durch solche Fälle bereits Umsatzeinbußen und Reputationsschäden davongetragen – zuletzt etwa Amazon mit ihrer Behandlung der Leiharbeiter (→ Ent-Scheidung 7: Governance, Compliance und Business Ethics).
- Welche Rolle und welchen Standort hat das Headquarter im Organisationsgeflecht (→ Kapitel 2: Organisation)? Welche Governance-Strukturen etablieren wir zwischen der Zentrale und den lokalen Einheiten? Welche Aufgaben werden lokal, regional oder zentral abgewickelt? Wie greifen Einheiten bzw. Funktionen aufeinander zu? (vgl. Nagel/Schumacher 2009, S. 38)
- Wie behalten wir den Blick auf die Zukunft, wenn Fragen zu Abstimmung, Verantwortung und Einfluss den Strategieprozess zur Diskussion über aktuell ungeklärte Steuerungsfragen werden lassen?
- Wie gestalten und steuern wir internationale Change-Prozesse? Wie lernen wir voneinander in der Strategieumsetzung? Wie flexibel und zeitnah können wir auf veränderte Rahmenbedingungen reagieren, ohne die Strategie aufzugeben?

Die Strategiearbeit zu Internationalisierung ist auch deswegen besonders anspruchsvoll, weil es um die Paradoxie geht, das »Fremde« in Architektur und Prozess der Strategieentwicklung zu integrieren. Wie das gelingt, ob über strategische Experimente oder erste internationale Schritte, über Experten oder das Einbeziehen internationaler Manager etc., ist jeweils zu entscheiden.

Organisation

Besondere Schwierigkeiten ergeben sich für das strategisch basierte Organisationsdesign. Da Marktentwicklungen regional sehr unterschiedlich und auch gegenläufig sein können, fällt es schwerer, eine Gesamtstrategie zu definieren, aus der sich eine Organisation relativ naheliegend ableiten lässt. Hier kommt es sehr auf die Branche und ihre globale Ausprägung an. Um den organisatorischen Gestaltungsprozess zu strukturieren, empfehlen sich verschiedene Systematiken. Wir nutzen hier die folgenden Dimensionen, wie sie auch aus dem Beispiel aus Bartlett/Ghoshal 2002, S. 111 anhand der Firma Unilever erkennbar sind (siehe Abb. 15):

- Grad der globalen Koordination (zentral und dezentral)
- Grad der lokalen/nationalen Ausdifferenzierung

* Produktsegment/Geschäftsbereich
* Funktion
* Geografie

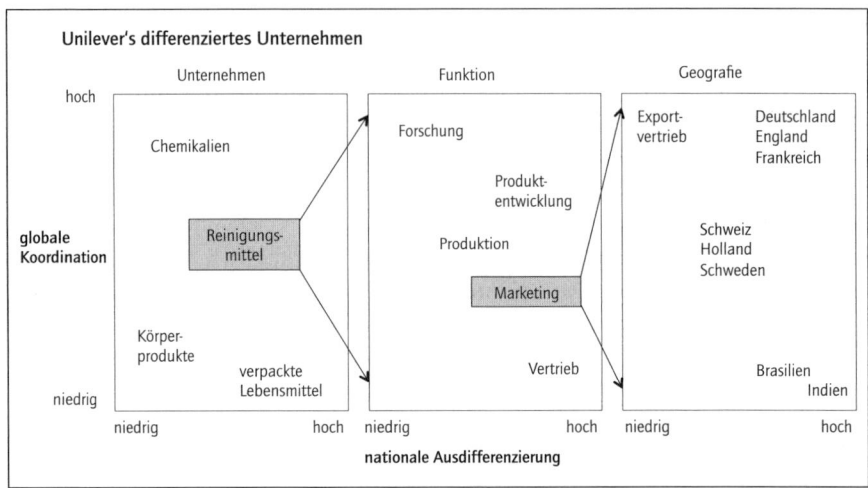

Abb. 15: Differenzierungsgrade bei Unilever (Bartlett/Ghoshal 2002, S. 111)

Aus der Betrachtung insbesondere der beiden Dimensionen Globalisierung und nationale Ausdifferenzierung ergeben sich gewisse Muster, die als Grundtypen strategischer Positionierung von Bartlett/Ghoshal in diversen Veröffentlichungen eingängig beschrieben wurden (vgl. Bartlett/Ghoshal 2002; ergänzt durch Verf.) und die sich auch gut als Analysemodell in der Strategiearbeit mit der Führungsmannschaft nutzen lassen (siehe Abb. 16 auf S. 87).

* **globale Organisation:** Gibt es wenig bis keine lokale Ausdifferenzierung eines Produktes oder einer Dienstleistung und damit die Voraussetzung für eine hohe Standardisierung, dann können Entwicklung und Produktion geografisch so angesiedelt werden, dass die Gesamtkosten insgesamt minimiert und Skaleneffekte bestmöglich genutzt werden. Gleichzeitig findet ein Maximum globaler und zentraler Koordination statt: Strategie wird zentral formuliert und lokal umgesetzt, Wissen wird in der Zentrale fixiert. Kulturelle Unterschiede werden eher als störend wahrgenommen, da sie der Standardisierung entgegenstehen.
* **multinationale Organisation:** Wird dagegen eine hohe lokale Ausdifferenzierung von Produkten oder Dienstleistungen notwendig, sollten Entwicklung und Produktion möglichst nahe an den Kunden heranrücken. Die globale Koordination – ob zentral oder dezentral – ist damit bei ihrem Minimum angelangt, ermöglicht aber eine hohe lokale Anpassungsflexibilität. Optimierung ist die autonome Aufgabe jeder dezentralen (Sub-) Unternehmung, eine kul-

turelle Integration kann sinnvollerweise nur Schlüsselrollen oder Kernfunktionen betreffen. Strategie und Wissen sind lokal fixiert, Austausch findet wenig statt. Diese Form der Organisation ist oftmals anzutreffen bei Unternehmen, die infolge von Zukäufen oder Fusionen international wachsen.

- **internationale Organisation:** Bei hoher Ausdifferenzierung, aber mit der Möglichkeit, Produkte oder Dienstleistungen von einem Markt in einen anderen zu übertragen, kann eine verstärkte globale und zentrale Koordination – insbesondere bei der Produktentwicklung – Skaleneffekte ermöglichen, die bei einer rein lokalen Optimierung nicht realisierbar wären. Strategie wird zentral formuliert, Wissen zentral gesammelt und nutzbringend ausgerollt. Kulturelle Integration ist möglich, sofern sie die Übertragung von Produkten oder Konzepten unterstützt.

- **transnationale Organisation:** Das Primat einer zentralisierten globalen Steuerung kann ersetzt werden durch eine stark kompetenzorientierte Netzwerk-Koordination, um sowohl Vorteile einer schnellen lokalen Adaption als auch Skaleneffekte bei Standardisierungen nutzen zu können. Schnelligkeit entsteht zusätzlich durch einen Informationsfluss, der nicht den Umweg über eine Zentrale nehmen muss, sondern direkt vom jeweiligen Kompetenz-Knoten gesteuert wird. Strategie und Wissen werden im Netzwerk in gemeinsamer Verantwortung entwickelt und ausgerollt. Dies bedarf neben schneller Kommunikations- und Entscheidungs-Mechanismen auch einer starken und integrativen Unternehmenskultur ($\rightarrow$ Fall 1: Netzwerköko-nomie). Eine Integration nationaler Kulturelemente kann nur stattfinden, wenn sie der Ausdifferenzierung von Märkten dient und die Unternehmenskultur unterstützt.

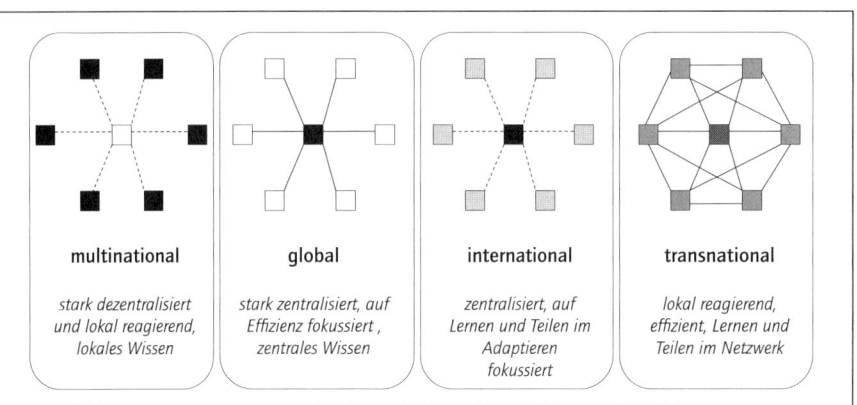

multinational	global	international	transnational
stark dezentralisiert und lokal reagierend, lokales Wissen	*stark zentralisiert, auf Effizienz fokussiert, zentrales Wissen*	*zentralisiert, auf Lernen und Teilen im Adaptieren fokussiert*	*lokal reagierend, effizient, Lernen und Teilen im Netzwerk*

Abb. 16: Grundtypen strategischer Positionierung im internationalen Raum (ergänzt nach Bartlett/ Ghoshal 2002)

Jede dieser vier Optionen unterliegt spezifischen Zielkonflikten. Bei lokal organisierten Unternehmen gibt es oft unnötige Duplikationen von Funktionen und Prozessen, und bei global angelegten Unternehmen führt Standardisierung fast immer zu einer gewissen Starrheit und dem Verlust an Kreativität, Unternehmertum und lokaler Anpassungsfähigkeit (vgl. Ghislanzoni et al. 2008, S. 3). Beide Enden des Spektrums führen zu Effizienzverlusten. Zwischen »Zentralisierung« und »Dezentralisierung« gibt es aber potenziell sinnvolle Abstufungen. Diese gilt es auszuschöpfen, um den optimalen Wertbeitrag zu definieren, aber auch flexibel zu halten (vgl. Ghislanzoni et al. 2008, S. 3).

Wie das Beispiel Unilever zeigt (siehe Abb. 15 auf S. 86), können die Grundtypen auf einzelne Produktsegmente oder Geschäftsbereiche, aber auch auf interne Funktionen und sogar Prozesse angewendet werden, was jeweils einer eigenen strategischen Analyse bedarf. Natürlich gibt es in fast jedem größeren Unternehmen die Tendenz, ähnliche Einheiten oder ähnliche Funktionen auch ähnlich aufzustellen und zu behandeln. Dies wird der Komplexität des Marktes und der vorhandenen Diversität oft aber nicht gerecht (vgl. Bartlett/Ghoshal 2002, S. 321). Um Ressourcen zu schonen, sind natürlich möglichst simple Ansätze zu bevorzugen, aber es gibt immer Situationen, in denen sich eine komplexere Struktur, wie sie in internationalen oder transnationalen Organisationen vorkommt, auszahlt.

Potenzial für Konfusion und Chaos ist dennoch klar erkennbar: Schnell kann eine Organisation zu komplex, zu diffus und zu wenig verlässlich werden. Unternehmen, die ihre Organisation individuell – in einigen Punkten zentralisiert, in anderen differenziert – aufstellen wollen, brauchen darüber hinausreichende Gemeinsamkeiten, die die einzelnen Bereiche und Regionen zusammenhalten.

Des Weiteren gilt, dass eine Unternehmung ihre Hauptaufgabe, nämlich die dem Geschäftszweck dienende Leistungserstellung, bei zunehmender Größe und damit steigender Arbeitsteilung besser und effizienter erfüllen kann, wenn folgende Bereiche je nach ihrer Internationalisierungsstrategie definiert sind:

- Aufgabenverteilung
- Verantwortungszuordnung
- Entscheidungsfindung
- Informationsaufnahme/Wissensentwicklung/Lernen
- Informationsweitergabe/Kommunikation/Lehren

Klassischerweise werden die ersten beiden Punkte über die **Strukturorganisation** geregelt, der dritte über die **Gremienorganisation** und die beiden letzten über die **Prozessorganisation.** Da aber nicht alle Eventualitäten vorhergesehen werden können, hinkt diese explizite Organisation immer der Realität hinterher, und zwar umso mehr, je größer und komplexer das Unternehmen und je volatiler das Umfeld ist. Die Menschen im Unternehmen bilden in ihrer Verknüpfung untereinander eine implizite Organisation, die hier Abhilfe schaffen kann – und oft genug muss, indem die aktuellen Lücken bei den Meta-Aufgaben kreativ und ad hoc überbrückt werden. Damit sind wir bei der eigentlichen Funktion von Führung angelangt, jenseits von Struktur-Diagrammen und Stellenbeschreibungen.

Führung

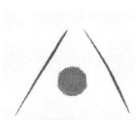

Statt eine überbordend multidimensionale Matrix-Organisation strukturell aufzubauen, kann zur Komplexitäts-Bewältigung die bewusste Nutzung der Leadership-Community mehr Gewicht bekommen. Wie die Führungskräfte denken, handeln, die Organisation sehen und ihre Verantwortung begreifen, führt erst in Folge gegebenenfalls auch zu komplexeren Strukturen. Eine Matrix entsteht somit nicht auf dem Organigramm, sondern im täglichen (Aus-) Handeln in den Köpfen der Führungskräfte. Sie müssen wissen, welchen Paradoxien, Dilemmata und Zielkonflikten das Unternehmen ausgesetzt ist – bezüglich globaler Effizienz, nationaler Reaktionsfähigkeit und im Hinblick auf weltweites Lernen und Innovation; und sie sind diejenigen, die durch Beziehungen und gemeinsames Verständnis diese Komplexität begreiflich und handhabbar machen (vgl. Bartlett/Ghoshal 2002, S. 339f.). Dies sind hohe Ansprüche an Führung, vor allem hinsichtlich des Informations-Managements, die mit vielfältigen Anforderungen an die handelnden Personen und an eine integrative Unternehmenskultur verbunden sind (vgl. Bartlett/Ghoshal 2002, S. 334ff.). Insbesondere bleibt es in internationalen Unternehmen den Führenden überlassen, die Dimensionen Entfernung, Zeit, Sprache und Kultur zu bewältigen (→ Ent-Scheidung 3: Virtuelle Zusammenarbeit).

Welchen Grundtypus strategischer Positionierung man für die drei Fokusse Produkt, Markt oder Funktion bei der internationalen Ausrichtung jeweils günstigenfalls wählt, hat Einfluss auch auf den einzusetzenden Managertypus (vgl. Bartlett/Ghoshal 2002, S. 342ff.):

- **Globale Geschäftsführer/-leiter** sind weltweit für einen Geschäftsbereich oder ein Produktsegment verantwortlich, entsprechen einem globalen oder internationalen Positionierungstypus und sind daher auch eher in der Zentrale angesiedelt. Sie haben durch ihre weltweite Verantwortung keine Präferenz für eine Region oder eine Funktion. Ihre Aufgaben beziehen sich erstens auf die Risiken und Potenziale für ihr Geschäft und die weltweite strategische Ausrichtung dafür. Zweitens sind sie berufen, bei der Verteilung von Ressourcen für ihr Geschäft mitzuentscheiden und somit das Gesamtunternehmen mitzugestalten. Ihre dritte Priorität ist die Koordination des eigenen Geschäftsbereiches über Grenzen hinweg bezüglich Informationen, Wissen, Produkten, Ressourcen etc.

- **Globale Funktionsleiter/Manager von Unternehmensfunktionen** sind weltweit verantwortlich für z. B. Marketing, Personal, F&E, Finanzierung, Produktion, Einkauf etc. Zwar vom Rollencharakter ähnlich den globalen Geschäftsführern/-leitern, sind sie aber vor allem für funktionsbezogene Innovationen, Austausch und Wissensaufbau zuständig und haben damit eine äußerst wichtige Querschnittsfunktion für organisationales Lernen. Abhängig vom Positionierungs-Typus der Organisation sind sie sowohl zentral als auch dezentral angesiedelt und haben mehr oder – vor allem bei »Multinationalen« – weniger starken Durchgriff.

- **Regionalmanager/Landesverantwortliche oder Standortleiter** sind regional für die Umsetzung der Unternehmensstrategie verantwortlich und lassen sich, unabhängig von ihrer Ausrichtung auf Produkt oder Funktion, in allen Grundtypen strategischer Positionierung finden, allerdings mit unterschiedlichem Verantwortungs- und Gestaltungsspielraum. Sie fungieren als Schnittstelle für lokal aufkommende Gelegenheiten, Kompetenzen und Errungenschaften und tragen diese Potenziale insbesondere bei internationalen und transnationalen Organisationsformen zurück in das Gesamtsystem, um sie anderen Regionen zur Verfügung zu stellen und über nationale Grenzen hinaus wirksam zu machen. Im multinationalen Positionierungs-Typus sind ihre Autonomie und Befugnisse am größten, in der globalen Organisationsform hingegen sind sie bei stärkerer Zentralisierung bestimmter Prozesse eher begrenzt (vgl. Ghislanzoni et al. 2008, S. 8).
- Das **Topmanagement** hat diese Rollen einzurichten, zu integrieren und sie mit Verantwortung und Entscheidungskompetenz auszustatten. Sie sorgen durch ihre Entscheidungen für eine Balance zwischen den Rollen und bestimmen die Ressourcenallokation.

Der Fokus bei der Gestaltung einer solchen Organisation liegt also weniger auf den funktionalen Einheiten, sondern eher auf dem Zusammenspiel verschiedener Führungskreise. Gekennzeichnet durch einen hohen Abstimmungsbedarf, ist ein gemeinsames Verständnis über sowohl die allgemeine Ausrichtung als auch die strategischen Priorisierungen Grundvoraussetzung für die Bewältigung dieser Vielfalt.

Mit so viel Verantwortung und zu gestaltenden Paradoxien auf den Schultern gebührt den Führungsmannschaften und -teams besondere Aufmerksamkeit hinsichtlich Kompetenzbereichen, Spannungsfeldern und Entwicklung. Die eigene Zukunfts- und Problemlösungsfähigkeit in der Führung international agierender Unternehmen immer wieder herzustellen und zu erneuern, ist ein wesentlicher Erfolgsfaktor. Folgende Fragen helfen dabei (z.T. angelehnt an Bartlett/Ghoshal 2002, S. 345f.):

- Welchen internationalen Bezug haben die Managementrollen derzeit bei uns?
- Welche spezifischen Aufgaben müssen sie erfüllen, um ihrer Rolle gerecht zu werden? Führen diese zu den gewünschten Effekten?
- Welche Herausforderungen sind rollenspezifisch vorhanden? Welche Grenzen spüren die Rollenträger immer wieder deutlich?

- Welche Konflikte entstehen immer wieder? Sind sie Dilemmata der Rollenverteilung, zu lösende Probleme oder systemimmanent notwendig zur Weiterentwicklung des Unternehmens?
- Sind Rollen über- oder unterrepräsentiert? Gibt es Leerstellen oder Duplikate?
- Wie sieht die Machtverteilung zwischen den Rollen aus? Sollte diese verändert werden?
- Wo können die Rollen in ihrer (notwendigen) Überlappung und Verknüpfung klarer definiert sein?
- Welche Schritte könnten die Rollen besser vernetzen? Welche Plattformen für Austausch, Koordination, Information, Ko-Kreation und Teambuilding gibt es (→ FALL 1: NETZWERKÖKONOMIE)?
- Welche spezifischen Kompetenzen verlangen die einzelnen Rollen? Sind passende Kandidaten für bestimmte Rollen leicht oder schwer am Markt zu finden oder auszubilden?

Bei den Grundtypen internationaler Organisationen konnten wir sehen: Eine explizit kulturelle Integration ist nicht unbedingt erforderlich oder teilweise sogar hinderlich und wird in den Strukturen und Prozessen nicht notwendigerweise abgebildet. Auch bei den Führungsrollen ist dieses Schema erkennbar. Damit sind die immer noch vorhandenen offenen Fragen der internationalen Zusammenarbeit und insbesondere der Kommunikation von den Führungskräften – sprich den Menschen selbst – zu beantworten.

Personen
Um solch anspruchsvolle Rollen adäquat besetzen zu können, müssen Unternehmen die Themen Mobilität, Retention, internationale Führungskompetenz und Diversität von Potenzialträgern in ihre Unternehmensentwicklung aufnehmen. Viele Unternehmen finden nicht genug 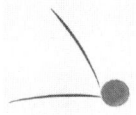 Talente oder haben Schwierigkeiten, solche selbst auszubilden. Vorstände und Topmanager sind oft selbst keine Vorbilder globaler Diversität, sondern eng verbunden mit den historischen Wurzeln oder dem Heimatland der Zentrale. Die multinationale Besetzung in Führungsteams erfordert Investition in die eigene Arbeitsfähigkeit, denn wenn die Strategie auf Varietät setzt, gilt: Es braucht Varietät, um Varietät zu steuern (vgl. Sutcliffe/Weick 2007). Dabei hat die Nationalität entsendeter Manager unter Umständen hohe Symbolwirkung: Ein deutscher Manager aus der Zentrale, der nach Südostasien als »Country Head« versetzt wird, kann vor Ort als Hinweis verstanden werden, dass die Aufstiegsmöglichkeiten für Südostasiaten in diesem Unternehmen begrenzt sind, während ein lokaler Manager als Hinweis für Vertrauen in die Region gewertet wird (vgl. Auer-Welsbach et. al. 2009, S. 75). Zugleich mag aber aufgrund anderer Kriterien – z. B. des Corruption Perceptions Index (CPI) des Landes – eine »deutsche« Besetzung opportun erscheinen. In solchen widersprüchlichen Entscheidungskontexten gilt

es dann, den bestmöglichen Weg zu finden und zu kommunizieren. Ein zentrales Element des Gelingens ist dabei ein sorgfältiger »Onboarding«-Prozess neuer Stelleninhaber – eine oft übersehene Chance.

Ein international agierendes Unternehmen braucht Mitarbeitende und Führungskräfte, die mit Unsicherheit gut umgehen können, die sich mit unterschiedlichen bzw. einem diffusen Verantwortungsrahmen wohl fühlen (der nicht immer ihrer Stellenbeschreibung entspricht) und die sich auf Aushandlungsprozesse einlassen können (vgl. Bartlett/Ghoshal 2002, S. 339). Das Handeln mit und in einer fremden Kultur ist auf jeden Fall ein Schritt aus der Komfortzone heraus und erfüllt alle Kriterien eines VUKA-Umfeldes. Damit kann man aber auch unterstellen, dass die ins Positive gewendeten Prinzipien von VUKA (Volatility→Vision, Uncertainty→Understanding, Complexity→Clarity, Ambiguity→Agility, mit dem von Bob Johansen (2007, S. 49ff.) geprägten Begriff »VUCA Prime« bezeichnet) es erlauben, sich besser in diesem Umfeld zurecht zu finden. Mehr noch: Vision, Understanding, Clarity und Agility lassen sich direkt als die Elemente interkultureller Kompetenz interpretieren, so wie sie u. a. von Livermore (2009) im »Cultural Quotient« (CQ) beschrieben werden:

- Die Cultural-Quotient-Dimension »CQ-Drive« als Ausdruck der Motivation bedeutet zu wissen, was man will und warum (Vision).
- Die CQ-Dimension Knowledge lässt die Situation besser verstehen (Understanding).
- Die CQ-Dimension Strategy befähigt zur besseren Beurteilung der eigenen Handlungsoptionen (Clarity).
- Die CQ-Dimension Action ermöglicht das flexible Anpassen des eigenen Verhaltens, sollte sich die Situation unvorhergesehen ändern (Agility).

Jenseits aller organisatorischen Festlegungen und Rollenbeschreibungen sind es diese Eigenschaften, die Menschen im internationalen Kontext erfolgreich zusammenarbeiten lassen, auch unabhängig von der Nationalität der einzelnen Beteiligten.

Unternehmen tun also gut daran, gezielt nach Kandidaten mit diesen Kompetenzen zu suchen, sowohl »zu Hause« nach Expats als auch »draußen« nach lokalen Managern. Letztlich kann das »drinnen« und »draußen« sogar transzendiert werden – eine wichtige Voraussetzung zur Erreichung einer echten transnationalen Organisationsstruktur. Der Zugriff auf solche globalen Talente schafft Wettbewerbsvorteile, die national agierende Unternehmen nie erreichen können (vgl. Bartlett/Ghoshal 2002, S. 339). Und darüber hinaus ist der Umkehrschluss ebenfalls zulässig: Menschen mit hoher interkultureller Kompetenz sollten grundsätzlich mit den aus VUKA resultierenden Herausforderungen besser umgehen können.

Integrierte internationale Mitarbeiterentwicklung steckt in den meisten Unternehmen allerdings noch in den Kinderschuhen oder beschränkt sich auf ganz bestimmte Personengruppen. Die HR-Strategie hat sich pointiert an die Internationalisierungsstrategie zu koppeln (multinational, global, international, transnational) und dementsprechend dafür zu sorgen, wie Vernetzung und Steuerung zwischen Headquarter und regionalen und lokalen Einheiten in den klassischen HR-Feldern (z. B. Performance- und Talentmanagement) gestaltet werden. Der Talent-Mobility-Report des World Economic Forum ergab, dass nur die Hälfte der untersuchten Unternehmen Personen über nationale und funktionale Grenzen hinaus ausbilden. Und drei Viertel dieser Mobilitätsprogramme sind Teil von Führungskräfteentwicklungsprogrammen und schließen somit andere Potenzialträger (Experten, junge Talente etc.) von vornherein aus (vgl. World Economic Forum 2012, S. 8). Im selben Report werden zusammenfassend einige Empfehlungen gegeben, um internationale Mobilität zu erhöhen und so wirklich aus einem globalen Talente-Pool zu schöpfen (World Economic Forum 2012, S. 4 ergänzt durch Verf.):

- Erweiterung der Mitarbeiterentwicklung um international und interkulturell relevante Komponenten mit vielfältigen Maßnahmen (Coaching, Vernetzung, Peer Groups, Learning Journeys, Entwicklungsgespräche etc.) oder
- unternehmensweite Nachfolgeplanung und Talente-Initiativen, Kooperation mit Wettbewerbern, Lieferanten oder anderen strategischen Partnern über nationale und funktionale Grenzen hinweg, auch als mögliche Partner für Initiativen sowie
- Aufbau einer globalen Datenbank für Stellenausschreibungen und individuelle Profile.

3.2.2 Interkulturalität

Interkulturalität addiert eine zusätzliche Dimension zur ohnehin anspruchsvollen Bewältigung grenzüberschreitenden Arbeitens. »Kultur« ist dabei manchmal ein großes Hindernis und manchmal eine treibende Kraft – ganz gleich, ob man sie als Geschäftskultur, regionale Kultur oder spezifische Unternehmenskultur definiert. Manchmal hat Kultur auch keine sichtbaren hemmenden Auswirkungen, und Personen aus verschiedenen kulturellen Hintergründen können von Anfang an produktiv und weitestgehend ohne Missverständnisse zusammenarbeiten.

Kultur und kulturelle Vergleichsforschung

> *»Culture is a shared system of meanings. It dictates what we*
> *pay attention to, how we act, and what we value.«*
> *Fons Trompenaars*

Kultur und kulturelle Merkmale sind ein weites Forschungsfeld. Milton Bennett, einer der führenden Forscher zum Thema, warnt vor einer zu starken »Verdinglichung« von Kultur im Sinne der Reduzierung auf Artefakte und einzelne Handlungen und weist darauf hin, dass Kultur eher eine »Beobachtungsstrategie« ist (Bennett 2008, S. 69). Für ihn ist Kultur das Verhaltensmuster einer Gruppe, das die Gruppengewohnheiten beschreibt, und das in seinem bestimmten Kontext funktional schlüssig ist (vgl. Bennett 2008, S. 68). Daher sind diese Muster für andere Gruppen aus einem anderen Kontext nicht unbedingt übersetzbar, was dann zu Nicht-Verstehen führt (vgl. Simon 2009, S. 114). Andererseits können andere Kulturen – eben weil sie funktional sind –, als Quelle von Alternativen dienen, die unseren Horizont und unser Repertoire an Handlungsoptionen erweitern (vgl. Clement 2011, S. 42). Als Fixpunkte für die Beobachtungen umschreiben wir Kultur anhand einer ganzen Reihe von Merkmalen: Artefakte/Symbole, Verhalten, Sitten, Gebräuche, Körpersprache etc., die miteinander in Beziehung stehen. Eine Darstellung ist das häufig verwendete **Eisbergmodell** (das u. a. auf Sigmund Freuds allgemeiner Persönlichkeitstheorie fußt und von vielen Autoren in der Folge übernommen wurde; siehe Abb. 17), ein anderes das sogenannte Zwiebelmodell nach Hofstede (vgl. Hofstede 2011, S. 8), das Symbole, Helden, Rituale, Werte/Normen und Grundannahmen unterscheidet.

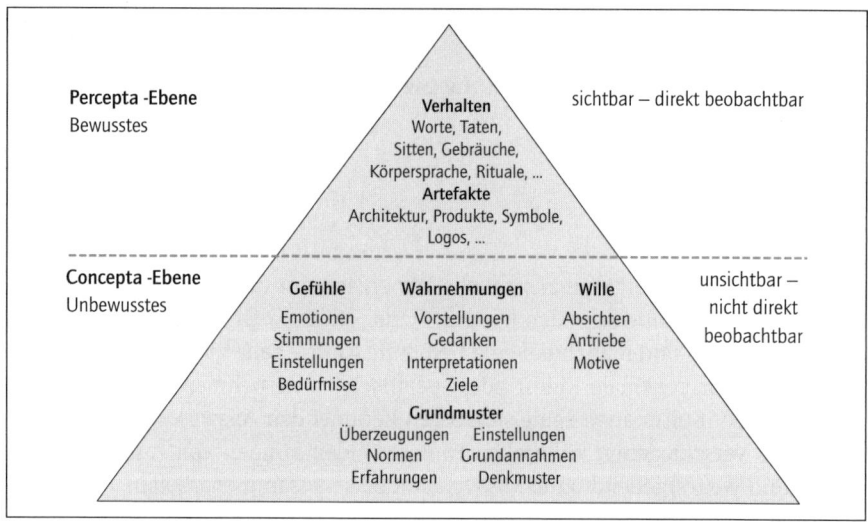

Abb. 17: Das Eisberg-Kulturmodell (angelehnt an Hesse/Schrader 2007 und Landenberger 2006, S. 24)

Im Rahmen der Kulturvergleichsforschung wird klar, dass Information anhand von kurzen Länderprofilen, die kulturelle Standards auflisten sowie »Do's and Don'ts«-Ratgeber zwar erste Orientierung bieten können, aber zu kurz greifen. Und viele Länder zeigen heute an der Oberfläche eine stark westlich orientierte »Global Business Culture«, die darüber hinweg täuschen kann, dass die eigentlichen Verhaltenskodizes sich nur sehr langsam ändern und selbst innerhalb einer Region sehr unterschiedlich sein können. Auch ganz offene »Cultural Awareness« allein reicht oft nicht aus; schließlich haben wir durch ein achtsames Herantasten noch keine Umgangsoptionen gewonnen und viele interkulturelle Projekte und Vorhaben unterliegen zugleich einem hohen Zeitdruck (vgl. Clement 2011, S. 14f.).

Zur Unterstützung der interkulturellen Intelligenz in den Bereichen Wissen, Strategie und Aktion kann daher ein Metamodell helfen, die eigenen Annahmen zu verorten und zu hinterfragen. Relevante Dimensionen, die es erlauben, Kulturen zu vergleichen, wurden von Geert Hofstede entwickelt und von Michael Minkov ergänzt (vgl. Hofstede/Minkov 2010). Ähnliche Vergleichsdimensionen beschrieb zum Beispiel auch Fons Trompenaars mit Charles Hampden-Turner[7]. Auf diesen Vorarbeiten begründete die 62 Kulturen vergleichende GLOBE-Studie eine Struktur mit den folgenden Vergleichsdimensionen (vgl. House et.al. 2004):

1. Vermeidung von Unsicherheit: Wie sehr werden etablierte Normen, Rituale und bürokratische Praktiken eingesetzt, um die Wahrscheinlichkeit unvorhergesehener zukünftiger Ereignisse zu verringern oder ihre nachteiligen Wirkungen zu begrenzen?
2. Zukunftsorientierung: Wie stark sind zukunftsorientierte Verhaltensweisen wie Planung, Investieren in Zukunft und Verzögern individueller oder kollektiver Belohnung ausgeprägt?
3. Leistungsorientierung: Wie sehr werden individuelle Leistung und herausragende Fähigkeiten gefördert und belohnt?
4. Selbstbehauptung: Wie groß sind Erwartung und Akzeptanz, dass sich Menschen in sozialen Beziehungen durchsetzungsfähig, konfrontativ und aggressiv verhalten?
5. Machtdistanz: Wie groß sind Erwartung und Akzeptanz, dass Macht ungleich verteilt ist und sich eher auf höheren Ebenen konzentriert?
6. Geschlechtergleichheit: Wie gut werden Unterschiede in den Geschlechterrollen verringert und Geschlechtergleichstellung gefördert?
7. institutioneller Kollektivismus: Wie stark werden die kollektive Verteilung von Ressourcen und kollektives Handeln durch institutionalisierte Praktiken gefördert?
8. Gruppen-Kollektivismus: Wie sehr sind Stolz, Treue und Zusammenhalt in Familie oder Organisationen ausgeprägt?
9. soziale Orientierung: Wie sehr wird faires, altruistisches, freundliches, großzügiges und fürsorgliches Verhalten gefördert und belohnt?

---

7 Sie alle bieten sehr ausführliche Tests und Vergleichszahlen, online etwa Hofstede: geert-hofstede.com/cultural-tools.html (08.12.2014). Trompenaars: www2.thtconsulting.com/tools/#webtools (08.12.2014). Bennett: www.idiinventory.com (08.12.2014).

Der Wert der GLOBE-Studie – über die Definition und Messung dieser Dimensionen hinaus – besteht in der Bereinigung der interkulturellen Erklärungsmodelle von eher westlich orientierten Beobachtungsverzerrungen und darüber hinaus vor allem in ihrer praktischen Anwendbarkeit, da sie auch die Effektivität von Führungsstilen und konkretem Führungshandeln im kulturellen Kontext analysiert.

Die Vergleichbarkeit von Kulturen mittels dieser Dimensionen bietet gute Anhaltspunkte, um möglichen Leitdifferenzen (siehe nächster Abschnitt) auf die Spur zu kommen.

Bei internationalen Vorhaben lohnt sich daher eine **Cultural Due Diligence** zusätzlich zu der normalen Due Diligence: In welchen Kulturdimensionen sind wir unserem zukünftigen Markt/Partner etc. ähnlich, in welchen nicht? Was wird von uns und von potenziellen Partnern im Zweifel priorisiert: Qualität/Sicherheit, Ressourceneffizienz, Kunden-Attraktivität und -Zufriedenheit, Neuheit, Umweltschutz, Nachhaltigkeit? Nach welchen dieser Leitwerte richten wir Verhalten und Entscheidungen aus (vgl. Clement 2011, S. 23)? Welches Verhaltensprofil haben unsere Expatriate-Kandidaten? Können sie sich auf das Profil vor Ort einlassen oder dieses beeinflussen? Dabei spielt nicht immer die nationale Kultur die größte Rolle. Gruppen können sich in Verhaltensweisen sehr ähneln, auch wenn die Gründe und Wege sehr unterschiedlich sind. Es ist dabei nicht ungewöhnlich, dass eine »berufliche Kultur« die nationale bzw. regionale Kultur überwiegt.

Interkulturelle Kompetenz

Das Wissen um die eigene Positionierung und mögliche Unterschiede begründet aber noch keine interkulturelle Kompetenz, im Sinne von Wahrnehmungs- und Beobachtungskompetenz, Anpassungs- oder Durchsetzungsvermögen, Reflexionskompetenz und kreativem Umgang miteinander. » ... while skills usually demand knowledge, it is not equally the case that knowledge generates skill« (Bennett 2008, S. 69). Interkulturelle Kompetenz erfordert einen langfristigen Lernprozess – auf individueller, ebenso wie auf teambezogener und organisationaler Ebene. »Interkulturelle Kompetenz bedarf Kommunikationskompetenz und sozialer Kompetenz und zwar besonders dann, wenn der verlässliche (erwartete) gemeinsame Bezugsrahmen fehlt« (Clement 2011, S. 25).

Während des Lernprozesses bewegen wir uns auf mehreren Stufen zwischen Ethnozentrismus und Ethnorelativismus (vgl. Bennett 2001):

- **Verleugnung:** Im Extrem des Ethnozentrismus werden andere Kulturen abgelehnt oder die vorhandenen Unterschiede geleugnet: Es kann nur eine richtige Antwort geben, die Akzeptanz anderer Weltsichten bedeutet Kulturverlust.
- **Verteidigung:** Auf der nächsten Stufe werden andere Weltsichten zwar zur Kenntnis genommen, gleichzeitig findet aber auch eine starke Wertung statt. Zumeist wird die eigene Kultur als überlegen wahrgenommen und dargestellt.

- **Minimierung:** Ohne wertende Haltung und mit den Gemeinsamkeiten im Vordergrund befinden wir uns auf einer weiteren Stufe: Im Grunde sind wir doch alle Menschen und müssen einfach nur tolerant sein. Dies ist aber zu einfach, schließlich hat so gut wie jeder schon einmal die Erfahrung gemacht, dass Kulturaspekte relevante Unterschiede erzeugen. Minimierung ist zu wenig, um Entwicklung zu ermöglichen (vgl. Bennett 2008, S. 71).
- **Akzeptanz:** Verschiedene Weltsichten werden als gleichberechtigt erkannt und mit den Gemeinsamkeiten werden auch Unterschiede als richtige und wichtige Bestandteile angesehen. Die Haltung ist von Neugierde geprägt, wenn auch einzelne Elemente fremder Weltsichten mehr oder weniger gemocht werden.
- **Anpassung:** Auf dieser Stufe verfügen wir nicht nur über die Akzeptanz für und das Wissen über andere Kulturen, wir können es bereits zur Anwendung bringen und uns auch außerhalb unseres angestammten Kontextes sicher bewegen.
- **Integration:** Die letzte Stufe des Ethnorelativismus bedeutet die Beherrschung eines breiten Spektrums kulturadäquaten Verhaltens, das eigene Selbstbewusstsein ist nicht mehr abhängig von der Zugehörigkeit zu einer bestimmten Kultur. Letztlich kann im Ethnorelativismus das Interesse an der gemeinsamen Sache im Vordergrund stehen, und es gibt ein starkes Bewusstsein dafür, dass alles Verhalten in einem (kulturellen) Kontext stattfindet.

Die Entwicklung entlang dieser Stufen basiert auf fünf Punkten (vgl. Clement 2011, S. 28ff.), die im Folgenden weiter ausgeführt werden:

1. eine **offene Haltung/Einstellung,** aus der nicht sofort bewertet, sondern beschrieben wird
2. **Selbstaufmerksamkeit:** sich selbst zu kennen mit kulturellen und persönlichen Eigenheiten (über Reflexion, Feedback und Coaching, mithilfe von Profilanalysen etc.)
3. **Aufmerksamkeit gegenüber anderen** und deren Verhaltensmustern als Schlüssel zur Kultur (z.B. mithilfe von → WERKZEUG 36: THICK DESCRIPTION; WERKZEUG 29: SHADOWING; WERKZEUG 28: SEITENWECHSEL).
4. **kulturelles Wissen:** zum Basiswissen für den Umgang mit einer anderen Kultur gehört ein kondensierter Überblick über die politische, geografische und wirtschaftliche Situation, Religion, Unternehmenskultur, einige historische Fakten und ihre Bedeutung (z.B. Kränkungen, Stolz), soziale Strukturen etc. und eventuell auch die Vorbereitung auf Smalltalks. Auch bestimmte Rahmenbedingungen, welche die Zusammenarbeit betreffen, müssen bekannt sein. In multikulturellen Teams ist zum Beispiel ein Kalender mit verschiedenen nationalen und religiösen Feiertagen ein Muss.
5. **Werkzeuge und Techniken,** die den Umgang miteinander erleichtern.

interkulturelle Werkzeuge und Techniken
Die folgenden Tools basieren auf den von Ute Clement herausgearbeiteten Zugängen (vgl. Clement 2011, Kapitel 5):

1) Style Switching
Das Style Switching ist eine Form von Anpassung, die nicht den eigenen kulturellen Standard negiert, sondern die Klaviatur mehrerer Standards bedienen lässt. Bewegt man sich in einem hochkontextbestimmten Umfeld, so bedient man sich eher förmlicher und sehr höflicher Floskeln und umschreibt das Gewünschte auf eine andere Art als in einem Umfeld, das wenig Kontext braucht und in dem Anweisungen sehr klar, kurz und direkt gegeben werden können. Das Nutzen von gebräuchlichen Redewendungen und Verhaltensformen (wie Grußfloskeln etc.) kann relativ leicht gelernt werden. Auch mit Tonhöhe und Sprachmelodie kann gespielt werden. Ein gezielter Stilwechsel im Zeichen eines Entgegenkommens erhöht das Verständnis und erleichtert die inhaltliche Arbeit.

2) Die Kunst der Unterscheidung – Leitdifferenzen finden
»Entgegen der oftmals geäußerten Meinung entwickelt sich die Fähigkeit, mit internationalen Unterschieden umzugehen, nicht schon durch den bloßen Kontakt mit dem internationalen Umfeld« (Nagel/Schumacher 2009, S. 44). Um Unterschiede als Quelle zusätzlicher Möglichkeiten zu nutzen, muss man diese erst einmal feststellen und vergleichen. **Leitdifferenzen** sind daher diejenigen kulturellen Unterschiede in der Gruppe, die die tatsächlichen Interaktionen beeinflussen. Im Sinne von Unterschieden, die einen Unterschied machen. Um diese sichtbar werden zu lassen eignet sich zum Beispiel → WERKZEUG 2: AUFSTELLUNG VON UNTERSCHIEDEN. Dabei werden nationale Kulturen im Vergleich zu den professionellen Kulturen in ihrer Bedeutung oft überschätzt. Einen großen Einfluss haben auch Unternehmensgröße und -typ (beispielsweise der Unterschied zwischen Familienunternehmen) und Großkonzernen und die Kultur einer Branche. Folglich gibt es verschiedene »Kulturen«, die zu Leitdifferenzen werden können (vgl. Clement 2011; Nagel et al. 2011, S. 45 und 49):

- nationale Kultur
- regionale Kultur
- religiöse Kultur
- Kultur einer sozialen Schicht
- Branchenkultur

- Unternehmenskultur
- Sparten-/Funktionskultur
- Professionskultur
- Familienkultur
- eigener/individueller Stil

Es braucht während des Prozesses viel Aufmerksamkeit dafür, ob und welche Differenzen sich bemerkbar machen, um diese dann zu besprechen und zu einem gegenseitigen Verständnis zu führen, das zum Beispiel die Form einer gemeinsamen – gruppenspezifischen – Definition hat.

3) Gemeinsamkeiten finden und Kulturen schaffen

Der Begriff »Third Culture« wurde von Useem, Donoghue und Useem (vgl. Useem et al. 1963) eingeführt und meint einen Bezugsrahmen, der von Beteiligten zweier anderer Kulturen durch Abstimmung über gemeinsame Wertvorstellungen und Handlungsweisen geschaffen wird (vgl. Zeutschel/Kammhuber 2012, S. 228). Eine solche geteilte Kultur ist oft in vielen Aspekten bereits vorhanden und kann dann weiter ausgestaltet werden. Gemeinsame Geschichten haben dabei eine besondere Integrationskraft (→ WERKZEUG 33: STORYTELLING IN SITU). Darauf aufbauend können Ziele und Verantwortungen neu definiert werden – auch wenn sich inhaltlich vielleicht wenig ändert. In diesen Prozess müssen die betroffenen Personen einbezogen werden – schließlich entstehen Kulturen nur über Interaktionen. Für scheinbar »unvereinbare« Kulturaspekte können in einem Workshop auch »Naturreservate« abgesteckt werden (vgl. Clement 2011, S. 129f.), die dann jeweils einfach akzeptiert werden.

Ein Werkzeug für die gemeinsame Entwicklung einer solchen »dritten« Teamkultur ist das GRPIC-Modell (vgl. Kolb et.al. 1984), in dem die fünf Bereiche Goals (Ziele), Roles (Rollen), Processes (Prozesse), Interaction (Interaktion) und Culture (Kultur) durchgegangen werden.

In größeren Zusammenhängen lässt sich eine gemeinsame Kultur auch durch gemeinsame Aus- und Weiterbildung schaffen und stärken. Beispielsweise gibt es in einigen Branchen oder Funktionen – wie der Kreativbranche oder unter Abgängern einschlägiger Elitehochschulen – so etwas wie »Global Tribes«, die eine Form transnationaler Netzwerke sind. Sie gehen dabei in ihrer Funktion oft von einem global weitgehend einheitlichen Verständnis von Business-Prozessen aus, das sie durch ihre Sozialisation erlernt haben (vgl. Priddat 2009, S. 106).

Der wichtigste Treiber für gemeinsame Kultur ist bei alldem immer die gemeinsame Arbeit.

4) Von Unterschieden profitieren

Die Verunsicherung, die durch Ambivalenzen im Umgang miteinander entsteht, kann als Quelle für neue Perspektiven genutzt werden, wenn es gelingt, einen Raum zu schaffen, in dem das Hinterfragen und Ansprechen von Unterschieden wertgeschätzt wird (z. B. über → WERKZEUG 1: APPRECIATIVE INQUIRY). Ein interkulturelles Meeting könnte z. B. so gestaltet werden, dass die deutsche Seite ihre Herausforderungen schildert und von der finnischen dazu beraten wird. Danach geben die Deutschen

Feedback sowohl zu Inhalt als auch zur Art und Weise der Beratung. Die Finnen könnten dieses Feedback wiederum noch kurz kommentieren. So wird anhand inhaltlicher Aufgaben Kultur als Quelle von Vielfalt genutzt und sich gleichermaßen auf einer anderen Ebene kennengelernt. Dann gelingt es leichter, Vertrauen aufzubauen und eine gemeinsame Basis zu schaffen. Solch ein Vorgehen kann beispielhaft sein für den Umgang mit Unterschieden im Unternehmen (vgl. Nagel et al. 2011, S. 51f.).

5) Eigenes Lernen steuern

Es ist emotional und kognitiv anstrengend, sich auf Fremdes einzulassen, vor allem, wenn der Druck hoch und die zu bearbeitenden Themen komplex sind. Entscheidend ist, dass man sich bei Irritationen nicht in eine Abwertungshaltung begibt oder sich zukünftig dem Fremden nicht mehr aussetzt. Dann wird zwar die Irritation vermieden, die Entwicklung aber leider auch. Daher ist es hilfreich, wenn man Irritation als Gelegenheit zum Innehalten und Überprüfen der eigenen Wahrnehmung nutzt, z.B. durch das Aufstellen von Hypothesen dazu, warum man irritiert ist und wodurch genau. Dann können durch Rückfragen die eigenen Hypothesen überprüft oder durch anderes Verhalten versucht werden, eine andere Reaktion zu erhalten. Je weniger Wertung und Interpretation in diesen Hypothesen steckt, desto leichter tun wir uns mit deren Überprüfung (vgl. Clement 2011, S. 136ff.).

Im Erlangen kultureller Kompetenz spielt nicht zuletzt Zeit eine Rolle. Vielfältige Erfahrungen sind von Vorteil, auch wenn erst die **Reflexion und Integration dieser Erfahrungen** in die eigene Persönlichkeit und die eigenen Verhaltensmuster diese zu Kompetenz werden lassen. Die Zeit, die man sich nehmen kann, um sich mit den kulturellen Mustern des fremden Landes auseinanderzusetzen und diese durch Beobachtungen zu verstehen, wird heute in vielen Kontexten kürzer. Dazu trägt auch die technologische Vernetzung bei, die teilweise dazu führt, dass man verschiedene kulturelle Kontexte synchron erlebt (vgl. Simon 2009, S. 115): Gleichzeitig ist man physisch an einem Ort, telefoniert mit einem anderen Kontinent, sieht im Fernsehen wieder eine andere Ecke der Welt und fühlt sich emotional an das eigene Zuhause gebunden. Es bleibt spannend, wie sich die gefühlte globale Gleichzeitigkeit unserer vernetzten Welt auf unser Verständnis von Kultur und unsere Kompetenz, mit ihr umzugehen, in Zukunft auswirkt.

Abschließend sei noch zu bemerken, dass unterschiedliche Kulturen nur *einer* von vielen Faktoren sind, die einer effizienten Leistungserstellung im Weg stehen können. Alle weiteren Faktoren – wie unklare Verantwortungen und Ziele, Machtkämpfe, Unverständnis, widersprüchliche Vorgaben etc. – sind natürlich sowohl im nationalen als auch im internationalen Feld anzutreffen.

> **Zusammenfassung: Systemisch interkulturell arbeiten, führen, beraten (vgl. Clement 2011, S. 145)**
> * **Gemeinsamkeiten schaffen,** dann erst Unterschiede bearbeiten: Für die Bildung einer Identität als Team, Projekt oder Abteilung sorgen und interkulturelle Differenzen bearbeiten, wenn sie im Laufe des Prozesses, der Kooperation Thema werden.
> * **Leitdifferenzen finden:** Welches sind relevante Unterschiede zwischen den betreffenden Kulturen?
> * **Interventionsmodell:** Bei Konflikten oder Problemen ist auch bei internationaler Besetzung eines Teams oder Projekts Kultur noch lange nicht die einzige oder wichtigste Interventionsebene, sondern eine unter vielen.
> * **Metasprache einführen:** Eine Außenperspektive auf die eigene Kultur ermöglicht die Diskussion über kulturelle Gegebenheiten.
> * Bei Irritationen **innehalten, Hypothesen bilden und ausprobieren,** Trial-and-Error-Prinzip anwenden, keine abwertende Haltung einnehmen.
> * **Style-Switching** üben
> * In der **Entdeckerhaltung** können wir Spaß an der Unterschiedlichkeit der Menschen haben – in der Bewerterhaltung wird sie zur Last und erzeugt Trennung, wenn sie ablehnend ist.

Weiterlesen

Verwandte Ent-Scheidungen: Virtuelle Zusammenarbeit; Digitalisierung, Web 2.0 und Media Literacy; Governance, Compliance und Business Ethics; Finanzen und Liquidität
Passende Werkzeuge: Appreciative Inquiry, Aufstellung relevanter Unterschiede, Seitenwechsel, Shadowing, Storytelling in situ, Thick Description
Fälle: Fall 1: Netzwerkökonomie; Fall 3: East meets West; Fall 5: Den Wandel verändern

Literatur

Auer-Welsbach, Claudia/Lang, Matthias/Wulf, Katrin/Gietler, Margit (2009): International + Management + Team = Internationales Managementteam? In: Revue für Postheroisches Management 5, 2009.
Bartlett, Christopher A./Ghoshal, Sumantra (2002): Managing across borders. 2. Aufl., Boston (MA) 2002.
Bennett, Milton (1993): Towards ethnorelativism: A developmental model of intercultural sensitivity. In: Paige, Michael (Hrsg.): Education for the intercultural experience. Yarmouth (ME) 1993.
Bennett, Milton (2001): Developing intercultural competence for global managers. In: Reinecke Rolf-Dieter (Hrsg.): Interkulturelles Management. Wiesbaden 2001.
Bennett, Milton J. (2008): Working with culture: From observation to competence. In: Revue für Postheroisches Management 5, 2009.
Clement, Ute (2011): Konfusionen: Über den Umgang mit interkulturellen Business-Situationen. Heidelberg 2011.
Ghemawat, Pankaj (2007): Managing differences – The central challenge of global strategy. In: Harvard Business Review, März 2007.

Ghislanzoni, Giancarlo/Penttinen, Risto/Turnbull, David (2008): The multilocal challenge: Managing cross-border functions. In: The McKinsey Quarterly, März 2008.

Hesse/Schrader (2007): Berufsstrategie. Kommunikation: Eisberg Modell – größer als gedacht. http://www.berufsstrategie.de/bewerbung-karriere-soft-skills/kommunikationsmodelle-eisberg-modell.php (10.01.2015).

Hofstede, Geert (2001): Culture's consequences: Comparing values, behaviors, institutions, and organizations across nations. 2. Aufl., Thousand Oaks (CA) 2001.

Hofstede, Geert/Minkov, Michael (2010): Cultures and organizations: Software of the mind. 3. Aufl., New York 2010.

Hofstede, Geert: Lokales Denken, globales Handeln: Interkulturelle Zusammenarbeit und globales Management. München 2011

House, R./Hanges, P./Javidan, M./Dorma, P./Gupta, V. (2004): Culture, leadership, and organizations: The globe study of 62 societies. Thousand Oaks (CA) 2004.

Johansen, Bob (2007): Getting there early. San Francisco (CA) 2007.

Kolb, David/Rubin, Irwin/McIntyre, James (1984): Organizational psychology: An experimental approach to organizational behavior. Upper Saddle River (NJ) 1984.

Landenberger (2006): Unternehmenskultur als Erfolgsfaktor. Saarbrücken 2006.

Livermore, David (2009): Leading with Cultural Intelligence. The new secret to success. New York 2009.

Nagel, Reinhart/Oswald, Margit/Engel, Roland (2011): Strategieentwicklung im internationalen Kontext. In: Organisationsentwicklung 3/2001, S. 4653.

Nagel, Reinhart (2013): Die Zukunft erfinden – Über die Neufindung einer Organisation auf internationaler Bühne. In: Schuhmacher, Thomas (Hrsg.): Professionalisierung als Passion. Aktualität und Zukunftsperspektiven der systemischen Organisationsberatung. Heidelberg 2013.

Nagel, Reinhart/Schumacher, Thomas (2009): The world is not flat – Organisations- und Führungsimplikationen für international tätige Unternehmen. In: Revue für Postheroisches Management 5, 2009.

Pigorini, Paolo/Divakaran, Ashok/Suarez, David/Fleichman, Ariel (2011): Managing the global enterprise in today's multipolar world. In: booz&co, 2011.

Priddat, Birger P. (2009): Transnationale Utopie, eine Ebene tiefer: Global tribes und creative centers. In: Revue für Postheroisches Management 5, 2009.

Simon, Fritz B. (2009): Lost in Translation. In: Revue für Postheroisches Management 5, 2009.

Sutcliffe, Kathleen/Weick, Karl (2007): Managing the unexpected. Resilient performance in an age of uncertainty. San Francisco (CA) 2007.

Trompenaars, Alfons (1998): Riding the waves of culture: Understanding cultural diversity in global business. New York 1998.

Useem, John/Donoghue, John/Useem, Ruth H. (1963). Men in the middle of the third culture: The roles of american and non-western people in cross-cultural administration. In: Human Organization, 22. Jg., 1963, H. 3, S. 171–179.

Wimmer, Rudolf (2012): Die neuere Systemtheorie und ihre Implikationen für das Verständnis von Organisation, Führung und Management. In: Rüegg-Stürm, Johannes/ Bieger, Thomas (Hrsg.): Unternehmerisches Management. Herausforderungen und Perspektiven. Göttingen 2012.

World Economic Forum (2012): Talent mobility good practices. Collaboration at the core of driving economic growth. Cologny/Geneva 2012.

Zeutschel, Ulrich/Kammhuber, Stefan (2012): Kultur zwischen Standard und Kreativität. Interkulturelle Impulse. Berlin 2012.

3.3   Ent-Scheidung 3: Virtuelle Zusammenarbeit

Unter Mitwirkung von Matthias Pöll und Christina Bösenberg

Zugrunde liegende Trends: Globalisierung, Akquisitionen, Möglichkeiten des Internets, Wunsch nach persönlicher Flexibilisierung der Arbeits- und Karrieremodelle, strategische Kooperationen, Effizienzsteigerung / Kostenbewusstsein, Orchestrieren großer Gruppen

Unsere Thesen:

- Das Thema virtuelle Zusammenarbeit ist nicht neu, gewinnt aber kontinuierlich an Relevanz.
- Es wird oft nicht explizit adressiert, sondern »einfach gemacht«. Die Praxis war der Theorie zu virtueller Arbeit lange voraus.
- Es besteht dezentrales Erfahrungswissen, das selten gemeinsam ausgewertet wird und noch mehr Eingang in die professionelle Umsetzung und Begleitung virtueller Arbeitsformate finden könnte.
- Zwar gibt es oft Basisprozesse, aber wenige »organisationale Blueprints«, um virtuellen Teams eine professionelle organisationale Basis und Verankerung zu bieten.
- Große Potenziale für Effizienz und Produktivität liegen in weiterer Professionalisierung virtuellen Arbeitens, in der Führung, Organisation, IT und HR integriert agieren.
- Sehr unterschiedlich sind der Erfahrungsstand und die Intensität der Nutzung virtueller Arbeitsformate für Strategieentwicklung und -umsetzung.

Klassische Spannungsfelder:

- Kontrolle gegenüber Vertrauen
- inhaltliche Themen gegenüber sozialen und emotionale gegenüber organisatorischen Rahmenbedingungen
- Teamarbeit gegenüber individueller Arbeit
- Technologie-Nutzung gegenüber Schaffen von Beziehungen und Zusammengehörigkeit
- zum Teil: Produktivität gegenüber gemeinsamer Kreativität

3.3.1 »The Virtue of Virtuality« – die Tugend der Virtualität

Virtuelles gemeinsames Arbeiten gab es schon immer – ob an verschiedenen Standorten oder in verteilten Projektteams. Das Thema der Virtualisierung von Arbeitsräumen und -beziehungen gewinnt allerdings kontinuierlich an Bedeutung in Unternehmen. Globale Organisationen brauchen Vernetzung in Kommunikation und Kooperation. Das Arbeiten in einer Matrixorganisation oder in großen Projekten und internationalen Settings trägt ebenso dazu bei, wie die

Möglichkeiten des Web 2.0 und die jüngeren Mitarbeitergenerationen mit höheren Ansprüchen an die Flexibilisierung von Arbeit. Zunehmende strategische Kooperationen können oft nicht von einem gemeinsamen Standort aus gesteuert werden. Virtuelles Zusammenarbeiten wird zur Notwendigkeit und Herausforderung – mit großen Potenzialen: Dezentral organisierte Teams können emergent Neues entstehen lassen, Innovation kommt oft vom »Rand«. Kleine, flexible Projekteinheiten tragen, richtig eingesetzt, zur Agilität der Organisation bei. Im Folgenden sind **mögliche Vorteile** virtueller Arbeitsformate auf einen Blick (vgl. Offelmann/Zülch 2006, S. 126) dargestellt:

- Möglichkeiten zur Zusammenarbeit jenseits von Standorten
- Fachliche Expertise kann unabhängig vom Standort schnell hinzugezogen werden.
- flexiblere Anpassung an Marktveränderungen
- beschleunigte Prozesse durch moderne Kommunikationsmedien
- Kostenreduktion bei Reisen, Räumen und Prozessen
- Ausschöpfung von Wissensquellen jenseits organisationaler Einheiten und Grenzen, auch als Quelle von Ideen und zur Entwicklung von Innovationen
- flexiblere Arbeitseinteilung für Mitarbeitende
- Karrieregestaltung/-entwicklung ohne »Relocation«
- gesteigerte Motivation durch mehr Eigenverantwortung
- falls Heimarbeit sowie Arbeit an »dritten Orten« genutzt wird: niedrigere Fixkosten für Räume, Büroausstattung und Energie, weniger Pendelzeiten für die Mitarbeitenden

Sicher ist, dass ein Mindestmaß an physischer Präsenz, persönlicher Beziehung und Vertrauen unabdingbar – und technologisch nicht zu ersetzen – ist. Widmen wir uns zuerst dem **Status quo** virtueller Zusammenarbeit in vielen Unternehmen: Die digitale Vernetzung kann und soll uns dabei helfen, unseren Kolleginnen und Kollegen näher zu sein. Via E-Mail und Skype, in Chatrooms und auf Kollaborationsplattformen sind wir heute vielfältig angeschlossen an scheinbar unerschöpfliche Möglichkeiten der Kommunikation. Wir können rasch Rücksprache halten mit örtlich weit entfernten Mitarbeitenden und zeitlich entkoppelt gemeinsam an Ideen und Projekten arbeiten. Und oft gelingt Unternehmen beim Thema virtuelles Arbeiten viel in einem Learning-by-Doing-Ansatz. Das ist die gute Nachricht. Tatsächlich schicken wir unsere Mails aber auch an die Kollegin im Nachbarbüro und wir stellen fest, dass die digitalen Kommunikationskanäle wichtige sinnliche Qualitäten nicht mittransportieren. Aus den Sinnen heißt oft aus dem Sinn. Wenn Führung nicht mehr erlebbar ist, sind auch die »Nahen« plötzlich fern. Die Folge ist eine doppelte Vereinsamung. Virtuelle Verbindungen sind dann extrem laut – weil man immer online und verfügbar ist – und gleichzeitig sehr fern – weil der direkte Kontakt fehlt. Die Studie *Flexible Working 2012* arbeitet als **Problemfelder** bei der Flexibilisierung von Arbeitsort und -umgebung insbesondere die Folgenden heraus (vgl. Deloitte Human Capital 2012; Ranking nach Häufigkeit der Nennung):

* Fehlen klarer Erwartungen, Spielregeln, Leitlinien und Prozesse
* Reduktion informeller Kommunikation und sozialer Kontakte
* unpassender Umgang mit Besprechungen, Teamarbeit und Erreichbarkeit
* mangelnde Verfügbarkeit von Mitarbeitenden
* Schwierigkeiten bei Leistungsbeurteilung und Feedback
* negative Folgen für fachlichen Austausch und Wissensmanagement
* unklare rechtliche Rahmenbedingungen
* unklare Führungsverantwortung (z. B. für Gehalt, Entwicklung, Karriere)
* mangelhafte IT-Infrastruktur

Wie also diese Klippen umschiffen und möglichst viele Potenziale nutzen?

3.3.2 Organisation – eines Teams und im System

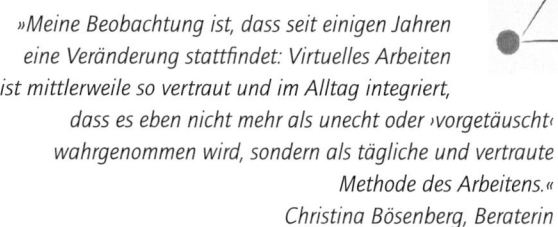

*»Meine Beobachtung ist, dass seit einigen Jahren
eine Veränderung stattfindet: Virtuelles Arbeiten
ist mittlerweile so vertraut und im Alltag integriert,
dass es eben nicht mehr als unecht oder ›vorgetäuscht‹
wahrgenommen wird, sondern als tägliche und vertraute
Methode des Arbeitens.«
Christina Bösenberg, Beraterin*

Organisation virtueller Räume und Zusammenhalte ist herausfordernd. Schließlich wird »virtuell« schon vom Duden Fremdwörterbuch als etwas definiert, das »nicht echt, …, aber echt erscheinend, den Sinnen vortäuschend« ist (Scholze-Stubenrecht et al. 2005, S. 1083).

Auch die viel zitierte Forschung von Tom Allen belegte, dass die Wahrscheinlichkeit zur Zusammenarbeit schon bei einer Entfernung von mehr als ca. 15 Metern (»fifty feet«) dramatisch abnimmt (vgl. Allen 1984). Die zur Verfügung stehenden Technologien bringen eine Entsinnlichung von Kollaboration mit sich. Die Abbildung 18 zeigt die Erfahrungsdimensionen, die von virtuellen Kommunikationsformaten geleistet werden können.

Für den richtigen Mix tauschen sich idealerweise die betroffenen Nutzer, die Führungskraft und dann die IT-Abteilung entlang der sozialen und inhaltlich erzeugten Bedürfnisse aus. Spontane, zufällige oder beiläufige Kommunikation ist fast nur durch persönliche Präsenz gegeben und von technischen Medien schwer produzierbar (vgl. Offelmann/Zülch 2006, S. 121).

In der Auseinandersetzung mit IT-Abteilungen um kollaborative IT-Tools für virtuelles Zusammenarbeiten, kommt es oft zu Meinungsverschiedenheiten,

	Wörter	Dialog	Stimme	Körper-sprache	Kontext, Umgebung
Präsenztreffen	■	■	■	■	■
Videokonferenzen	■	■	■	■	
Telefon	■	■	■		
Chat	■	■			
E-Mail	■				

Abb. 18: Erfahrungsdimensionen von Kommunikationsformaten (vgl. Sumetzberger 2003, S. 5)

schließlich sind Begriffe wie »offen«, »schnell«, »experimentierfreudig« für IT-Experten professionell gesehen »Angstauslöser«, wenn es um die Sicherstellung lückenloser Funktionalität und Sicherheit geht. Verständlicherweise versuchen IT-Abteilungen Standards zu etablieren und einzuhalten, die Pflege, Wartung und somit Kosten reduzieren, bei gleichzeitiger Gewährleistung der Sicherheitsansprüche (vgl. Herrmann et al. 2012, S. 123). Das sind nachvollziehbare Anliegen und nicht automatisch ein »sich quer stellen« gegenüber den Bedürfnissen virtueller Teams.

Um unternehmensweit zu gelingen, braucht virtuelles Arbeiten bewusste und signifikante Investitionen in Führung, Organisation, Beziehungsaufbau und Technologie. Auf der Basis eines expliziten Commitments zu dieser Arbeitsform ist ein Rahmen zu schaffen, in dem konkret und ausreichend Ressourcen für die Ausstattung und Arbeitsbedürfnisse zur Verfügung gestellt werden und verantwortliche Organisationseinheiten wie Human Resources (HR), Informationstechnologie (IT), Personalentwicklung (PE) und Organisationsentwicklung (OE) über das nötige Know-how und die Entscheidungskompetenz für virtuelles Arbeiten verfügen (vgl. Offelmann/Zülch 2006, S. 123). Dabei geht es eben nicht nur um die Bereitstellung funktionierender und passgenauer Technik. Hier können neben der direkten Führungskraft die HR-, PE- und OE-Bereiche einen erheblichen Beitrag leisten. Sei es auf individueller Ebene durch Coachings und Schulungen oder auf organisationaler Ebene durch die professionelle Unterstützung der Einführung (Best Practices und Checklisten, Angebote für Beratung und Moderation) (vgl. Herrmann et al. 2012, S. 128).

Inzwischen gibt es in Unternehmen vielfältige **Formen virtuellen Arbeitens,** die bedarfsspezifisch genutzt werden:

- *individuelles Lernen:* Personen können sich virtuell derjenigen Medien bedienen, die zu ihrem präferierten Lernverhalten passen: seien es Texte, Videos oder Audio-Material. Das Unternehmen stellt diese Inhalte und/oder

Zeit zum Lernen zur Verfügung und steckt den Rahmen für die erwarteten Kompetenzen ab.

* *virtuelles Coaching:* Ob mit einem internen oder externen Coach, einem erfahrenen Kollegen oder Mentor, die Möglichkeiten des Video-Chats erlauben immer bessere Möglichkeiten, den eigenen Coach auch über Distanz zu nutzen. Das ermöglicht Kontinuität in der Beziehung, auch wenn sich der Arbeitsort ändert.
* *virtuelle Meetings:* In virtuellen Meetings können Führungskräfte, Berater, interne Moderatoren oder Teamleiter viel zum Gelingen beitragen, wenn sie die Technik beherrschen und die Stolpersteine und Erfolgsfaktoren virtueller Moderation kennen.
* *virtuelle Projektteams:* Viele große Projekte betreffen mehr als einen Standort und bringen Personen aus ganz unterschiedlichen Funktionen und Ländern als Team zusammen, die nicht ihren Arbeitsalltag gemeinsam verbringen.
* *virtueller Arbeitsalltag:* Besonders im internationalen Kontext und seit die Matrixorganisation verstärkt genutzt wird, ist für viele die virtuelle Zusammenarbeit Alltag.

Den Anfang gestalten: Vertrauen ist unabdingbar für eine erfolgreiche virtuelle Zusammenarbeit, deswegen ist ein persönliches Kennenlernen für den Anfang des virtuellen Arbeitens dringend geraten. Vor allem, wenn virtuelle Projektteams oder neue virtuelle Teams aufgesetzt werden. Dieses erste Treffen betrifft den Austausch untereinander: das Aufgaben- und Zielverständnis, das Zukunftsbild, sich gegenseitig erleben in seiner jeweiligen Art zu agieren, zu reden, zu diskutieren, sich zu kleiden und aufeinander einzugehen; zu erfahren, wer welche Kompetenzen und Vorkenntnisse besitzt; die gegenseitigen Kontexte und Logiken zu erkunden und soziale und kulturelle Hintergründe kennenzulernen (vgl. Offelmann/Zülch 2006, S. 124). Noch wichtiger ist das sich Verständigen auf gemeinsame Spielregeln, Erreichbarkeit, genutzte Medien, eine individuelle Team-Charta, Regeln, Ziele – kurz: das Contracting (vgl. Caulat 2006, S. 3). Möglich ist auch ein Workshop, um Team und Führung zu übernehmen (→ WERKZEUG 20: NEUER MANAGER – NEUES TEAM). Dies kostet Zeit, die eingeplant werden muss gegenüber der tatsächlichen  Leistungserstellung, lohnt sich aber als Investition. Kommt ein neues Teammitglied in ein bestehendes virtuelles Team hinzu, muss es mit diesem Teamrahmen vertraut gemacht werden. Eventuell wird dadurch ein Re-Contracting mit dem gesamten Team nötig.

Ein sehr alltägliches, aber zu vielen Konsequenzen führendes Thema ist das der **Kommunikationsstille.** Sich nicht zu melden oder zu schweigen, ist im virtuellen Arbeiten noch vieldeutiger und wird mangels anderer Signale – wie nonverbaler Botschaften – oft nicht bemerkt und ist schwer dechiffrierbar. Stille kann Zustimmung, Ablehnung oder einfach Abwesenheit bedeuten, ganz nach

Temperament, kulturellem Hintergrund, aktueller Arbeitslast, Funktionalität der Technik oder Urlaubsplan. Und auch die Technik verzerrt unsere Wahrnehmung: Kommunikationspausen von nur drei Sekunden fühlen sich am Telefon an wie zehn Sekunden (vgl. Caulat 2006, S. 6). Zu erreichen, dass diese Stille einerseits nicht sofort und ständig unterbunden wird (z. B. durch ständiges Nachfragen) und andererseits nicht zur Zuspitzung von Missverständnissen und Problemen führt (z. B. durch gegenseitige Unterstellungen), ist eine Lernleistung des Teams über die Zeit hinweg. Dazu braucht es Erfahrungen miteinander und Wissen übereinander. Auch klare Regeln, wann und wie Stille durch Nachhaken unterbrochen wird sowie zu Reaktionszeiten und genereller Erreichbarkeit der Beteiligten können im zweiten oder dritten Teammeeting besprochen werden. In virtuellen Gesprächen mit einem Team sind klare und aktive Moderation und Führung der Kommunikation absolut essenziell.

Who cares? – **Wer kümmert sich? Wen kümmert's?** Manche Unternehmen setzen Chief Collaboration Officer (kurz CCO) ein, die – zumindest zum Start – damit betraut werden, kollaborative Settings aufzubauen und zu verankern. Virtualisierung und Kollaboration sind heute zwei Seiten derselben Medaille. In vielen Unternehmen ist dieses Thema oft nicht prominent genug besetzt, um es konsequent und mit Tempo voranzutreiben. Ein solcher CCO muss neben technischem Know-how und einem ausgeprägten strategischen Gesamtblick ein tiefes Verständnis dafür mitbringen, wie virtuelle Kooperation und die Geschäftsmodelle, die darauf angewiesen sind, funktionieren. Als Botschaft an die Organisation ist er ein Symbol dafür, dass Virtualität als ein strategisches Thema ernst genommen wird.

3.3.3 Führung

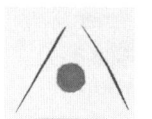

Virtuelle Führung unterscheidet sich vor allem in der Intensität der Aufgaben von direkter Führung. Es braucht ein »*mehr*« (z. B. an Kommunikation), ein »*besser*« (z. B. von Sensibilität für Situationen) und ein »*deutlicher*« (z. B. im Ansprechen des sozialen Teamgefüges). Zusätzliche Komplexität erzeugt der aktuelle Paradigmenwechsel in der Führung hin zu mehr Gleichheit und Augenhöhe. Wo einerseits in der Sache keine Hierarchieunterschiede mehr bestehen und Peer-to-Peer-Ansätze zur Bewältigung von Teamaufgaben gelten, muss andererseits die Führungskraft wegen der Distanz oft überdeutliche und klare Führungsmaßnahmen setzen. Führungskräfte virtueller Teams oder Projekte haben dabei mehrere Fokusse: die inhaltlichen Aufgaben, die Verankerung in der Organisation und die virtuelle Führung von Mitarbeitenden und Teams.

Führungskräfte in virtuellen Teams müssen ihr Verhalten stärker anpassen
und variieren als in Präsenzteams, um situativ den richtigen Ton
zu treffen (vgl. Caulat 2006, S. 5) – das heißt zugleich:
- *Vielfalt fördern versus Normen etablieren*
- *Empathie zeigen versus Autorität zeigen*
- *Coaching versus Anweisen*
- *Aufgabenfokus versus Beziehungsfokus*

1) Aufgabenorientierte Führung: Getting Things Done

Die aufgabenorientierte Führung sichert die Produktivität des Teams und beinhaltet viele Aspekte von Projektmanagement. Es geht um klassische Führungsaufgaben wie Arbeitsaufteilung und Koordination der Aufgaben. Für Projektaufgaben unterstützt beispielsweise ein virtuelles Scrum-Board die Aufgabenerledigung und Selbstorganisation (→ Werkzeug 27: Scrum).  Da virtuelle Mitarbeitende der direkten Kontrolle der Führungskraft entzogen sind, gehören die Ausstattung der Teammitglieder mit den nötigen Entscheidungskompetenzen einerseits und Vertrauen untereinander bzw. Eigenständigkeit des oder der Mitarbeitenden andererseits dazu (vgl. Offelmann/ Zülch 2006, S. 125). Bei geografisch stark verteilten Teams braucht es auch die Festlegung fixer Kontaktpunkte wie Jours fixes oder Telefonkonferenzen. Teammitglieder müssen sich auf bestimmte Arbeitszeiten einlassen, in denen sie für andere Teammitglieder erreichbar sind (vgl. Herrmann et al. 2012, S. 122). Auch das sich Einigen auf die Nutzung bestimmter Tools und Plattformen erleichtert die Abstimmung und Zusammenarbeit (→ Ent-Scheidung 4: Digitalisierung, Web 2.0 und Media Literacy für Beispiele solcher Tools). Diese Kontaktpunkte und Absprachen sind nicht nur für virtuelle Teams notwendig – für diese aber besonders relevant und gleichzeitig schwieriger einzuhalten.

2) Verankerung in der Organisation: Ausrichtung und Marketing

Die »woanders« geleistete Arbeit, der Bedarf an Ressourcen und an Unterstützungsleistungen sind bei virtueller Zusammenarbeit weniger sichtbar in der Organisation. Führungskräfte müssen das verteilte Team daher aktiv in die Organisation einbinden und in der Organisation vertreten, das heißt, ihm proaktiv mehr Aufmerksamkeit geben und verschaffen. Dies ist auf der Teamseite möglich durch (ergänzt nach Herrmann et al. 2012, S. 117ff.):
- transparent machen der Einbindung in das Arbeitsumfeld insgesamt
- sichern von Anschlusskommunikation zu anderen Organisationsabteilungen
- Gleichbehandlung der Teammitglieder in Karriereplanung etc.
- klare Verbindungen der Teamziele mit den Organisationszielen als »Leitplanken«

Auf der Organisationsseite kann dies erfolgen durch (ergänzt nach Herrmann et al. 2012, S. 117ff.):

- Teammarketing (sichtbar machen des Teams in internen Medien, durch eigene Intranet-Präsenz mit Darstellung von Personen, Zielen und Struktur, Konferenzvorträge zur Arbeitsweise, Erscheinen in Organigrammen etc.)
- Einbeziehen von Linien- oder Topmanagern in einige Meetings des Teams, vor allem in Strategie- oder Ausrichtungsmeetings des virtuellen Teams
- Teilnahme von Teammitgliedern (nicht nur der Führungskraft) an internen Veranstaltungen, Lenkungskreisen etc. – gerne auch durch mediale Zuschaltung!

3) Soziale Führung: Nähe trotz Distanz
Führungskräfte stehen im virtuellen Raum vor der großen Herausforderung, ein emotionales und physisches Gespür für Situationen zu entwickeln. Dafür stehen meist nur Sprache und Stimme, manchmal noch Mimik (in Videokonferenzen) als Informationsquellen zur Verfügung. Dabei stellt sich die Frage, wo man sich Feedback holt und wo Dialog stattfindet, der auch nicht Ausgesprochenes spürbar macht. Im digitalen Effizienzfieber ist Technologie oft nur Beschleuniger, es gibt ausschließlich explizite Kommunikationsräume, die informellem Austausch und einem emotionalen »Nachspüren« wenig Platz einräumen. Zudem ermöglichen die zeitlich entkoppelten Interaktionen (z. B. via E-Mail) kein direktes, synchrones Feedback und sind dementsprechend oft Quelle von Missverständnissen. Führungskräften stellt sich die anspruchsvolle Aufgabe, in virtuellen Teams für »Nähe trotz Distanz« zu sorgen und die angesprochenen Wahrnehmungsdefizite so gut wie möglich zu kompensieren. Das ist emotional und koordinativ anstrengend – für Führungskräfte und Teammitglieder.

Mit der zunehmenden digitalen Vernetzung hat sich die **Rolle von Führungskräften** (v.a. aus dem mittleren Management) verändert. In Führungssettings mit direktem Kontakt führt der gemeinsame soziale Kontext mit, es gibt Unterstützung durch ein gemeinsam erfahrenes Umfeld, die geteilte Kultur, informelle Begegnungen, ein bestimmtes Alltagsverständnis des Tagesgeschäfts usw. Diese selbstverständliche gemeinsame Basis geht im Virtuellen weitgehend verloren. Führung muss deshalb sehr viel expliziter werden. Was bisher von selbst miterlebt wurde (»Wie geht es?«, »Was passiert aktuell?«), muss nun bewusst adressiert und geklärt werden. Potenziale und Widerstände zu erkennen wird schwieriger. **Klares und strukturierendes Moderieren,** z. B. in Telefonkonferenzen, ist essenziell. Mitunter kann es vor dem Abhalten einer Telefonkonferenz ratsam sein, alle Teilnehmenden einzeln »durchzutelefonieren«, um über Prioritäten, Stimmungen und Positionen informiert zu sein. Auch Anweisungen sind klarer auszusprechen, weil es weniger Kontaktpunkte für Kontrolle und Einfluss gibt. Das führt zu der paradoxen Situation, dass einerseits der beschriebene »explizitere« Stil Hierarchien (über-) deutlich macht, andererseits aber von den

Geführten viel mehr Autonomie und Eigenverantwortung für die eigenen Ergebnisse erwartet und notwendig wird. Führungskräfte entlassen ihre dezentral
vernetzten Mitarbeitenden also in die Selbststeuerung und zugleich werden sie
ihrer Steuerungsfunktion über räumliche und zeitliche Distanzen hinweg gerecht
und geben ihnen Richtung und Raum mit klaren Monitoring-Vereinbarungen.

Die in vielen Fällen stärker sternförmig stattfindende Kommunikation, die oft
stärker abgegrenzten Arbeitspakete und die Anonymisierung infolge der Distanz
führen in vielen Fällen zu einer »Re-Hierarchisierung«. Das hat Auswirkungen
auf das Team als Gruppe, die von der Führungskraft nicht allein aufgefangen
werden können (vgl. Krejci 2009, S. 311). Die Vorteile von Gruppenarbeit sind
somit in virtuellen Formaten teilweise gefährdet.

Diese Widersprüche und Gefährdungen zu bearbeiten und zu gestalten, erfordert Vertrauen. Und zwar von beiden Seiten: »Ich kann mich auf meine Mitarbeiter verlassen, obwohl ich nicht weiß, wie produktiv sie tatsächlich sind und
ich sie nicht direkt steuern kann« und »Ich weiß, was mein Beitrag ist, werde
nicht vergessen oder vernachlässigt, bekomme Orientierung«. Virtuelle Settings
brauchen **beidseitig, bei Führungskräften und bei Geführten, Vertrauen und
mehr Eigenverantwortung.** Noch intensiver als sonst müssen sich Führungskräfte vor allem der Sinnstiftung bei ihren Mitarbeitenden widmen, d.h., den
Sinn des Unternehmensganzen vermitteln und den Beitrag, den die eigene Arbeit
dazu leistet, deutlich werden lassen – als Leitplanken für die dezentrale Autonomie und Übersetzung.

Virtuelle Zusammenarbeit verlangt von Führungskräften auch **Medienkompetenz.** Gemeint ist nicht nur die souveräne Handhabung der Technologie, die heute oft sehr einfach ist und sich mit ausreichend Praxis einstellt. Es geht vielmehr
schon im Vorfeld um die bewusste Auswahl virtueller Kommunikationskanäle
und Tools, die für das jeweilige Vorhaben geeignet sind (eine Liste verschiedener Tools und Anbieter ist im Kapitel → Ent-Scheidung 4: Digitalisierung, Web
2.0 und Media Literacy). An der Wahl falscher Medien scheitern oft Projekte,
die auf virtuelle Kooperation angewiesen sind. Medienkompetenz heißt auch,
Kanäle und Settings in ihrer Gesamtwirkung zu denken und improvisatorisch zu
kombinieren. Tatsächlich stellen virtuelle Tools, die *nicht* improvisiert sind, die
Ausnahme dar. Unter Druck wird ein Tool gebraucht, aus der Not heraus eines
benutzt, und schon ist es eine Dauerlösung. Es geht darum, die Balance zu finden zwischen der Erkenntnis, dass es Improvisiertes in diesem Bereich immer
geben wird (und muss), und einem notwendigen Anspruch an Standards (z. B.
in Bezug auf die Sicherheit eines Werkzeugs).

Gerade wenn der gemeinsame Alltagskontext fehlt, ist **kommunikative Präsenz** vonnöten. Erfolgreiche Teams unterscheiden sich regelmäßig durch Klarheit
in den Aufgaben und Zielen und durch Vertrauen und gegenseitige Unterstützung. Das benötigt kontinuierlichen Austausch, sowohl durch die Führungskraft
als Anker als auch untereinander. Kurze E-Mails, Beiträge in den Kollaborations-

plattformen und Anrufe bestätigen kontinuierlich, ein Team zu sein, das auf dem richtigen Weg ist. Abgesehen von der Häufigkeit wird die Verständlichkeit zum größten Thema. Alle Teammitglieder – inklusive Führungskraft – sollten sehr offenes Feedback zu ihrem Kommunikationsstil vereinbaren. Mit abnehmender Kommunikation geht auch die Verknüpfung mit der Organisation verloren. Virtuelle Teams sind gefährdet, zu »Satelliten« zu werden oder an Bedeutung zu verlieren (vgl. Herrmann et al. 2012, S. 116).

Zusammenfassend sind folgende Schwerpunkte in der Führung zu beachten:

- *In den Beginn investieren!* Kennenlernen der Personen und ihrer Kontexte, Vertrauen und Beziehungen aufbauen, aktiv gemeinsame Zielbilder entwickeln und Contracting (Ziele, Verantwortungen und Erwartungen zu Beiträgen; Spielregeln der virtuellen Zusammenarbeit sehr explizit klären; Teamcharta gemeinsam erarbeiten).
- *Stabile Arbeitsbeziehungen etablieren und pflegen!* Für Erlebbarkeit sorgen, wo und wann immer es geht (z. B. Videos der Arbeitsplätze zeigen; Bilder des Teams aufhängen oder als Desktop verwenden, persönliche Elemente in die Agenden virtueller Meetings einbauen).
- *Vertrauen aufbauen!* Auch spontan oder ohne expliziten Grund kommunizieren. Virtuelle gemeinsame Kaffeepausen während längerer Meetings einbauen. Telefonkonferenzen strukturieren, aber nicht zu sehr formalisieren. Raum für spontane Unterbrechungen, Abschweifungen und Meinungen lassen.
- *Kontinuierlich für ein klares und geteiltes Zukunftsbild (»Desired Future«) sorgen!* Regelmäßiger Abgleich zur Unternehmensstrategie und den abgeleiteten Zielen .
- *Offen, regelmäßig und transparent kommunizieren!* Regelmäßige Team-Meetings und individuelle Gespräche geben Sicherheit und Stabilität. Wissen und Informationen möglichst großzügig teilen.
- *Reden können, verstanden werden!* Sich klar und unmissverständlich ausdrücken zu können, wird zur Grundvoraussetzung, wenn viele sinnliche Wahrnehmungsoptionen wegfallen.
- *»Ups & Downs« ernst nehmen und sehr direkt ansprechen!* Schwache Signale schnell aufgreifen, bei Eskalation, wenn möglich, auf persönliche »Face-to-Face«-Kommunikation wechseln, Erfolge feiern, kontinuierlich nach Stimmung und Zwischenergebnissen fragen.
- *Medien- und Technologiekompetenz!* Für Kommunikation und Zusammenarbeit einen stimmigen Mix von Medien und Tools einsetzen – mit klarer Struktur und großer Disziplin.
- *Das Team ist das Team!* Auch wenn idealerweise nur sehr intrinsisch motivierte Personen mit hoher Selbststeuerungskompetenz Teil eines virtuellen Arbeitssettings werden, sind die Mitglieder realistischerweise genauso vielfältig wie in Präsenzteams, und die Zusammensetzung ist oft der tatsächlichen Verfügbarkeit von Ressourcen geschuldet.

3.3.4 Personen

Man kann sich in virtuellen Räumen nicht auf Autorität verlassen, damit Arbeit erledigt wird. Die Autorität in der inhaltlichen Bewältigung der Arbeit obliegt dem Team und antriebsstarken Individuen. Dafür braucht man Methoden der Zusammenarbeit, gemeinsames Projektmanagement und gruppenbasierte Entscheidungsfindungsprozesse. Erfolgreiche Teams finden ihre eigene – einzigartige – Art des Zusammenarbeitens. Das braucht Zeit und Raum für ein tragfähiges Contracting (siehe oben zu Führung).

Zu selten wird gefragt, **was virtuelles Arbeiten für diejenigen, die sich führen lassen, bedeutet.** Der Einzelne muss sich verankern und darauf achten, im virtuellen Raum nicht verloren zu gehen oder zu vereinsamen. Es mag die persönliche Freiheit erhöhen, von überall (von unterwegs, von zu Hause, von internationalen Meetings) oder nur projektbezogen zu arbeiten. Mit der steigenden Eigenverantwortung wächst aber auch die Notwendigkeit, Unternehmer seiner selbst zu sein, sich aktiv und ständig zu informieren, zu vernetzen und zu vermarkten. Zugleich wird, wie oben ausgeführt, expliziter geführt, d. h., man hat punktuell detailliert Rechenschaft abzulegen, das Reporting nimmt im virtuellen Arbeiten teilweise rasant zu, oft als überstrukturierter Kontrollversuch der Zentrale. Diesen Widerspruch gilt es auszuhalten. Mobile Geräte und international vernetzte Teams können auch zu Selbstausbeutung führen, z. B. »Die Kollegen in den USA beginnen jetzt erst zu arbeiten, ich arbeite noch etwas mit ihnen gemeinsam...«. Der Trend, nur die Leistungserbringung von Mitarbeitenden zu messen und nicht mehr die physische Präsenzzeit, ist nicht nur Lösung, sondern wirft auch neue Fragen auf.

> *»Einerseits ist eine extreme Eigenverantwortung der Mitarbeiter gefordert. Sechzig Prozent der Mitarbeiter haben ihren Chef im Ausland! Da ist virtuelle Führung notwendig. Gleichzeitig herrscht ›Mikromanagement‹ durch KPI-Vorgaben und unzählige Reports.«*
> *HR Director, IT-Unternehmen*

Selbstvergewisserung, Beziehungsvergewisserung sowie System- und Sinnvergewisserung müssen kontinuierlich stattfinden und bewusst organisiert werden. Emotional kann eine individuelle und gemeinsame Verortung und Besprechung entlang der → BEDÜRFNIS-QUADRANTEN (WERKZEUG 3) dies unterstützen. Eine Möglichkeit (auf sachlicher Ebene) kann in der Vereinbarung feingliedrigerer Ziele bestehen, die in kürzeren Abständen abgestimmt werden. Auf emotionaler Ebene ist auch relevant, in welchem Setting »ferne« Kollegen arbeiten: in einem Büro, zu Hause oder von unterwegs? Stabile Strukturen (durch regelmäßige virtuelle Meetings, alternierend mit »realen« Treffen) können einer solchen Entkoppelung vorbeugen. Die soziale Verankerung ist anspruchsvoll, schließlich bestehen Strukturen nur in dem Maß, in dem sie tatsächlich lebendig genutzt werden (vgl. Luhmann, S. 98f.). Das braucht zunächst regelmäßige Wiederholung (vgl. Luhmann, S. 103) die – vor allem in global verteilten Teams oder Projekten – schon koordinativ sehr anspruchsvoll ist. Es gibt auch Personen, die wenig Wert auf Gemeinsamkeit und

Anbindung legen. Hier besteht die Gefahr, dass sie ganz »ihr eigenes Ding« machen und die Ausrichtung auf Team und Unternehmen graduell verschwindet.

Wer kommt für virtuelles Arbeiten **infrage?** In der Literatur zum Thema zeichnet sich schnell ein Bild ab, wer diese Arbeitsform gut bewältigen kann (vgl. Offelmann/Zülch 2006, Herrmann et al. 2012 und viele weitere): stark intrinsisch motiviert, fähig zu hoher Selbstständigkeit und Eigenverantwortung, Teamdenken, Aufgeschlossenheit gegenüber neuen Technologien, hohe kommunikative Fähigkeiten, stabil gegenüber Selbstausbeutung, flexibel in der Zeiteinteilung, nicht stark angewiesen auf Lob und Sichtbarkeit, Wissen teilend, kulturell sensibel, konfliktfähig und natürlich mit passender inhaltlicher Expertise. Dieser Idealtypus eines Teammitglieds steht in der Realität oft nicht zur Verfügung – weder intern noch als Freelancer. Damit auch reale Personen – und nicht nur der perfekte virtuelle Mitarbeiter – eine Chance haben, in virtuellen Formaten erfolgreich zu sein, brauchen sowohl Führungskräfte als auch Geführte ein gutes Gespür und gute Antennen für Unterstützungsbedarf virtueller Teammitglieder (… wie in allen anderen Settings auch).

Besonders diejenigen Mitarbeitenden, die ihre Arbeit von Zuhause oder sogar ganz anderen (»dritten«) Orten erledigen, brauchen auch ganz praktisch verlässliche Unterstützung, damit sie sich möglichst wenig mit dem Aufbau einer Infrastruktur aufhalten müssen und damit sie den **Rückhalt ihrer Organisation** spüren können. Das reicht von Technik (Intranet, Sharepoint, Helpdesk) bis hin zu ganz konkreten Leistungen: Post-, Reise-, Kopierservices sowie technische Ausstattung, guter Zugang zu Informationen, gute Erreichbarkeit für Kontaktpunkte. Einiges davon kann durch Callcenter oder über E-Mail-Anfragen geregelt werden und wird oft von IT- oder HR-Services geleistet (vgl. Grantham et.al. 2007).

Arbeiten Organisationsmitglieder in verschiedenen Teams und Projekten (wie z. B. in einer Matrixorganisation), müssen vor allem die »Basiskontrakte« mit den **verschiedenen Vorgesetzten** geklärt werden: Welcher setzt inhaltliche Prioritäten und vereinbart Ziele? Wer ist verantwortlich für die erbrachten Ergebnisse? Wer übernimmt welche Kosten? Wer genehmigt Auslagen? Und nicht zuletzt: Wer ist für die Fort- und Weiterbildung und die persönliche Weiterentwicklung Ansprechpartner? Vor allem die **Karriereentwicklung** virtueller Mitarbeitender, bleibt schnell unterbelichtet. Aus den Augen, aus dem Sinn – oder: Wer täglich präsent ist, wird von Vorgesetzten leichter karrieremäßig mitgedacht. Auch die Selbsteinschätzung der Arbeitsqualität wird durch die teilweise bestehende »Losgelöstheit« erschwert, wenn man seine eigene Leistung nicht im direkten Vergleich mit derjenigen der Kollegen reflektieren kann. Die persönlichen Leistungskriterien werden nicht kontinuierlich untereinander abgeglichen und ein wichtiger gruppendynamischer Anpassungsprozess geht verloren (vgl. Krejci 2009, S. 306). Hat das virtuelle Team eine andere Kultur oder Arbeitsweise als dasjenige, in dem Personen gegebenenfalls ihren Arbeitsalltag verbringen, kann es zu Loyalitätskonflikten kommen. Diese beziehen sich dann nicht nur auf die

Ressourcen, die man den jeweiligen Teams zuteilt, sondern auch auf das Verhalten und den Umgang untereinander, die situativ sehr unterschiedlich sein können.

How to: »Aus der Praxis für die Praxis«

Vorgesetzte müssen Teams aus Festangestellten, Freelancern, Heimarbeitern und Cloudworkern zusammenschweißen, motivieren und auf Produktivität achten – aber wie?

- **interaktive Meeting-Struktur:** Planen Sie in virtuellen Meetings, die mehr als 60 bis 70 Minuten dauern, Pausen ein. Jeder, der schon konzentriert virtuell gearbeitet hat weiß, dass dies eine immense Konzentration verlangt. Als erfolgreich hat sich erwiesen, nach einer bis anderthalb Stunden eine Pause einzuplanen (gern auch mit geführten Übungen).
- **gut gewähltes Setting:** Stellen Sie sicher, dass sich so viele Teilnehmende wie möglich an einem ruhigen Arbeitsplatz befinden. Wenn sich zu viele Mitarbeitende in Airline Lounges, Autos oder Zügen aufhalten und deshalb ggf. die Leitung auf stumm stellen, kann der Sprecher oder Themenverantwortliche schnell das Gefühl bekommen, er spräche gegen eine Wand – die Relevanz sinkt, der Frust steigt.
- **auf Gemeinsamkeiten setzen:** Achten Sie beim Recruiting von Projektteams schon auf Gemeinsamkeiten, wie z. B. Mitarbeitende mit internationaler Erfahrung und gemeinsamen Bezugspunkten, etwa ähnlichen Ausbildungen oder vergleichbaren Projekten, an denen die Teilnehmer gearbeitet haben. Idealerweise existiert in dem Team beides: eine gewisse Vielfalt neben reichlich Anknüpfungspunkten. Dies sind die besten Voraussetzungen für einen regen Austausch sowie Lebendigkeit, die somit auch zur Vertrauensbildung dienen.
- **gemeinsame Zukunftsbilder und Ziele:** Finden Sie gemeinsame Ziele und eine inspirierende Mission für ihr virtuelles Team. Anders als in vielen heutigen Projekten, definieren sich virtuelle Teams vor allem über ihre Ziele und weniger über Hierarchien und gemeinsame Strukturen.
- **unkonventionelle Lösungen:** Seien Sie offen für Möglichkeiten, dass Mitarbeitende ihre privaten Geräte und Anwendungen auch im beruflichen Umfeld nutzen können (»BYOD« = bring your own device). Viele Beschäftigte, insbesondere die jüngeren Generationen und innovative Freelancer, sind mit IT sozialisiert und wollen ihren selbstbestimmten Lebensstil beibehalten, wozu der Gebrauch von privaten Notebooks und Smartphones ebenso gehören kann wie Social-Media-Aktivitäten. Sie sind mit den Systemen in der Regel bestens vertraut und können mit ihnen effizient arbeiten, sodass Restriktionen vonseiten der Unternehmen kontraproduktiv wären. Unternehmen müssen daher Verfahren entwickeln, um diese privaten Systeme in ihre IT-Strukturen zu integrieren (Datensicherheit!). Informelle und schnelle Kommunikationsmittel wie Chats und Microblogging erleichtern zudem das Kennenlernen in virtuellen Teams und sollten vorhanden bzw. offen zugänglich sein.

Zuweilen bestehen virtuelle Teams nicht nur aus Angehörigen eines einzelnen Unternehmens. Zu den **Freelancern und Beratern** kommen immer häufiger auch Kunden, Dienstleister, Lieferanten, Behörden oder **weitere Stakeholder** dazu. Nicht alle sind gleich intensiv in die Zusammenarbeit (im Projekt oder anderen Anliegen) eingebunden – weder zeitlich noch vom Aufwand. Daher braucht es stimmige Regelungen bezüglich Teilnahme, Informationsversorgung, Kontaktdichte, Zugriffsrechten auf Ergebnisse und Plattformen etc. für diejenigen, die nicht dem Kernteam angehören.

Ein oft betonter Unterschied in der Analyse virtueller Teams sind **verschiedene Kulturen.** Ashridge Consulting fand in seiner Langzeitbeobachtung jedoch, dass es nicht so sehr die Interkulturalität ist, die berücksichtigt werden muss, sondern die Individualität der einzelnen Teammitglieder. Natürlich sind diese bezogen auf kulturelle Hintergründe, aber wie in jedem Team, möchte sich auch in einem virtuellen Team jeder als individuelle Person fühlen und nicht als »der Inder« oder »der Ami« (vgl. Caulat 2006, S. 4). Interkulturelle Handlungskompetenz ist dennoch bei Teammitgliedern wie bei Führungskräften unabdingbar (→ Ent-Scheidung 2: Internationalisierung und Interkulturalität).

3.3.5 Strategie

»Seid ihr wahnsinnig, **Strategiearbeit** virtuell zu gestalten und an die Peripherie der Organisation zu delegieren – an Communities, die vor lauter eigenem Markt sonst nichts sehen?« – »Seid ihr wahnsinnig, es nicht zu tun und strategische Entscheidungen in euren Zentralen durch Experten und Topmanager treffen zu lassen, die den Geschäftsalltag nicht kennen?« Das ist das Spannungsfeld, in dem sich die Strategieentwicklung heute bewegt. Bisher ist auffällig, dass Virtualität nicht selbstverständlich als ein strategisches Thema begriffen wird. Dabei hält Virtualität auf drei Ebenen Einzug in Strategie und Strategiearbeit:

1) Die implizite Virtualität vieler Strategien
Welche Teile unserer aktuellen Strategie setzen in ihrer Umsetzung bereits implizit voraus, dass virtuelles Zusammenarbeiten gelingt, und wie gut sind Organisation und Führung darauf vorbereitet? Sagt die Unternehmensstrategie »Internationalisierung«, muss sie auch »Virtualisierung« sagen. Global operierende Unternehmen können ohne virtuelle Settings nicht arbeiten. Ebenso verlangt die wachsende Bedeutung von Unternehmensnetzwerken nach Kooperationsformaten, die räumliche und zeitliche Distanzen überwinden. Zusammenarbeit zwischen Lieferanten, Wertschöpfungspartnern und Kunden soll bei minimal aufwendiger Organisation maximale Flexibilität und Kompetenz ermöglichen. Das Internet hat Transaktionskosten massiv verringert, Unternehmen setzen auf »Weak Ties«, aus denen – wenn nötig – jederzeit schnell mehr entstehen kann. Nach der Dominanz von Mergers & Acquisitions (M&A) kommen jetzt auch zunehmend strategische Kooperationen ins Spiel. Sie sind herausfordernd, weil sie laterale Zusammenarbeit ohne hierarchisches Durchgriffsrecht brauchen – und das oft

in anderen Kulturen (Joint Ventures in China, internationale strategische Allianzen). Unternehmen sind auf diese Kooperationen angewiesen, wollen sie flexibel und dynamisch bleiben (→ Ent-Scheidung 6: Strategische Kooperationen). Die Virtualisierung von Arbeitsbeziehungen in den unterschiedlichsten Settings geht damit einher – ob mit oder ohne Hierarchie; in Linie oder als Projekt; mit strategischem oder operativem Arbeitsfokus; ob unternehmensintern oder übergreifend. Das erfordert die Etablierung von jeweils stimmigen Prozessen und Formaten, welche diese neue Art von Beziehungen stärken und Containment schaffen.

2) Communities, Crowds, Ökosysteme – neue Strategieoptionen durch Virtualität

Welche neuen strategischen Ideen entstehen, wenn wir bisher ungenutzte Potenziale virtuellen Arbeitens auf unser Geschäft anwenden?

Strategische Potenziale des Virtuellen – vor allem durch neue Technologien – lassen ganz neue Varianten für Geschäftsmodelle entstehen. Der Kreativität sind kaum Grenzen gesetzt: Marktteilnehmer in weniger entwickelten Ländern unkompliziert erreichen, im Online-Handel den »Long Tail« bedienen, die »Weisheit der Vielen« für die Lösung von Forschungs- und Entwicklungsfragen nutzen (wie bei diversen Crowdsourcing-Plattformen) oder im Internet eine Marke aufbauen und dabei eigentlich als Kleinstunternehmen aus einer Garage zu operieren, das über strategische Kooperationen Wertschöpfung erzeugt – viele weitere Beispiele bieten sich an. Das Internet multipliziert unsere strategischen Möglichkeiten. Zugleich steigt in diesem dynamischen Umfeld die Gefahr, rasch vom Markt zu verschwinden. Die Integration dieser Vielfalt und Distanz in die Strategiearbeit ist vor allem für »klassische« Geschäftsmodelle und Unternehmen anspruchsvoll, weil Bestehendes radikal hinterfragt und gefährdet werden kann und ganz andere Steuerungsmodelle zu entwickeln sind. Manager brauchen in der Strategiearbeit Kompetenz und Settings, um Potenziale *und* Risiken auf dem Radar zu haben. Dafür ist technologisches Know-how ebenso unabdingbar wie die Bereitschaft, extensiv zu kommunizieren, also in einen offenen Dialog mit vielen Stakeholdern zu treten. Vertrauen, Bindungsfähigkeit und die nötigen Attraktoren aufzubauen, sind wesentliche Erfolgskriterien dafür, ebenso wie das Wissen, wie solche virtuellen, netzwerkartigen Beziehungen funktionieren: über den richtigen Mix aus festem Rahmen und Anreizen für die Selbstorganisation der Teilnehmenden; nachhaltiges Community-Building durch Transparenz und Vertrauen; rasches, kluges Reagieren auf schnelle Rückkoppelungen bzw. Umgehen mit Unerwartetem und vieles mehr.

Die Konsequenzen für die Unternehmenssteuerung sind groß, geht es doch um einen Kontrollverlust der klassischen Hierarchie, um das Entstehen neuer, nicht direktiv steuerbarer Communities und um eine ganz neue Dimension und Qualität von Rückkoppelungsbeziehungen: verteilt, schnell, flexibel (→ Ent-Scheidung 4: Digitalisierung, Web 2.0 und Media literacy).

3) Strategiearbeit virtualisieren

Wie können virtuelle Settings in der Strategiearbeit selber die Erfolgschancen der Strategie signifikant erhöhen?

Im Prozess der Strategiearbeit selbst können auf virtuellem Weg ganz neue Perspektiven mit einbezogen werden. Wenn Unternehmen auf internen Web-Plattformen ihre Mitarbeitenden an der Strategiearbeit beteiligen – jeder und jede beitragen, kommentieren und bewerten kann, was Ideen, Chancen und Risiken von Strategievarianten sind –, vervielfacht das die Optio-nen und Standpunkte (z. B. über → Werkzeug 31: Sli.do). Eine derart zentrale Funktion der Unternehmensentwicklung dezentral auf viele Schultern zu verteilen, braucht Mut zur Offenheit und Vertrauen in die Intelligenz der Masse, sowie die Bereitschaft, einen hohen kommunikativen und koordinativen Aufwand in Kauf zu nehmen. Zugleich erhöhen sich die Chancen für ein breites Commitment zur Strategie an der Basis. Auch Kunden können in solche Prozesse mit einbezogen werden. Je nach Zielen und Ansprechpartnern kommen verschiedene Settings infrage. Für die Arbeit mit Kunden bietet sich z. B. → Werkzeug 32: Stakeholder-plattformen an. Sollen wegweisende Entscheidungen für das Unternehmen auf den Weg gebracht werden, braucht es dafür auch Präsenzveranstaltungen, die ein mit allen Sinnen erlebbares Aushandeln beinhalten. Ein vorgefertigtes Strategiekonzept zu 100 Prozent umzusetzen, ist oft schwieriger, als eine emergente 80 Prozent-Lösung in Ko-Kreation effektiv weiterzuentwickeln. Technologisch gestützte Informationsmärkte schaffen einen virtuellen Markt, auf dem viele Stakeholder ihre (strategischen) Ideen handeln und diskutieren können (→ Werkzeug 22: Prognosemarkt Prediki). Sie können virtuell entstehende strategische Entscheidungsprozesse absichern und »Communities«, die Kontaktflächen zum Markt besetzen, virtuell in zentrale strategische Entscheidungen einbinden (im Sinne der Schwarmintelligenz).

3.3.6 Herausforderungen

Wer A sagt, muss auch … die Kultur dafür schaffen: Auch wenn virtuelle Zusammenarbeit nötig und gewünscht ist, werden die konkreten Auswirkungen der Umsetzung oft nicht gern gesehen. Kulturell hinkt die Organisation hinterher. Etwa wenn Manager vor Ort Einfluss verlieren und nicht verstehen, womit die Arbeitenden ihre Zeit verbringen, oder der Eindruck entsteht, virtuelle Teammitglieder entziehen sich der Rechenschaft. Das verursacht Zweifel an ihrer Leistung und Loyalität, obwohl sie vielleicht schon um fünf Uhr früh für internationale Telefonkonferenzen im Büro waren – oder viel von zu Hause arbeiteten.

Kosten, die man nicht misst: Aus den Potenzialen der neuen Kollaborationsmöglichkeiten werden leicht auch Gefahren. Der **potenzielle Verlust von Bezie-**

hungskapital wird gern vergessen, da dieses selten Eingang in das Reporting der harten Fakten findet. Dort ist nur das Kostensparpotenzial zu finden, das Kosten für Reisen, Räume, Meetings und Ähnliches dezimiert. Das folgende Interviewzitat bringt es auf den Punkt:

»Wir sind als Entwickler sicherheitsrelevanter Beleuchtung auf hohe Qualität angewiesen. Neuentwicklungen unserer Zulieferer müssen wir ziemlich genau verstehen, um die vorausgesetzten Standards garantieren zu können. Unser Lieblingslieferant kommt jetzt nicht mehr zu uns in die Firma, um uns Innovationen zu zeigen, sondern es gibt Webinars dazu. Ich glaube, da geht eine Menge verloren – persönlicher Austausch ist ja nicht nur ›nice-to-have‹, sondern ist Wissen darüber, was der Eine kann und der Andere braucht. Dazu gehören auch die Räumlichkeiten der Kunden, ihre Ausstattung und ihre halbfertigen Sachen, die dort herumstehen. Wir konnten etwas sofort gemeinsam Testen und kamen rasch über Schwierigkeiten ins Gespräch. Persönliche Treffen erlauben Vertrauen und somit Offenheit. Die Besuche sind damit auch eine Quelle für Innovationen, Ideen und Passgenauigkeit von Angeboten. Bei mir entstand der Eindruck, dass es rein um Reisekostenreduktion geht als einzigem gemessenen Wert.«

Dipl.Ing. Wolfgang Serfass, aqua signal AG

Dies gilt natürlich nicht nur für Lieferantenbeziehungen, sondern auch für Beziehungen zu Mitarbeitenden sowie zu strategischen Partnern, über funktionale Silos und Geschäftssparten hinweg.

Mangelnde Disziplin in der Verbreitung von Informationen führt ebenfalls schnell zu Kosten, die nicht gemessen werden. Es passiert häufig, dass Informationen wahllos an alle – oder an die Falschen – geschickt werden. Noch häufiger als in Präsenzteams kommt es somit zu Informationsüberlastung oder ungleichen Informationsständen und folglich zu Missverständnissen (vgl. Offelmann/Zülch 2006, S. 121). Aufgaben werden gar nicht, fehlerhaft, doppelt oder zum falschen Zeitpunkt ausgeführt – das alles kostet nicht nur Geld und Zeit: Einer Messung entziehen sich steigende Frustration, sinkendes Vertrauen und Verärgerung bei den Beteiligten, die daraus entstehen.

Auch bei höchst professionellem Aufsetzen und Führen bedeutet virtuelles Arbeiten, bestimmte **Dilemmata** in Kauf zu nehmen. Sie können nicht aufgelöst werden, sondern müssen kontinuierlich situativ adressiert und entschieden werden; entweder von den Teammitgliedern, vom Teamleiter oder von hierarchisch höherer Stellung, wie Abbildung 19 verdeutlicht.

Virtuell Arbeiten und Führen erfordern darin Kompetenz, hohe Aufmerksamkeit und Disziplin. Bei allem Optimismus, allen Vorteilen und aller Notwendigkeit zur Virtualisierung von Arbeitszusammenhängen gibt es doch immer wieder prominente Beispiele von Organisationen, die teilweise bewusst darauf verzichten wollen. Als Yahoo-CEO Marissa Mayer die Heimarbeiter im Juni 2013 ins Bürogebäude zurückholte, um den Internet-Giganten aus der Krise zu lotsen, war die Überraschung groß:

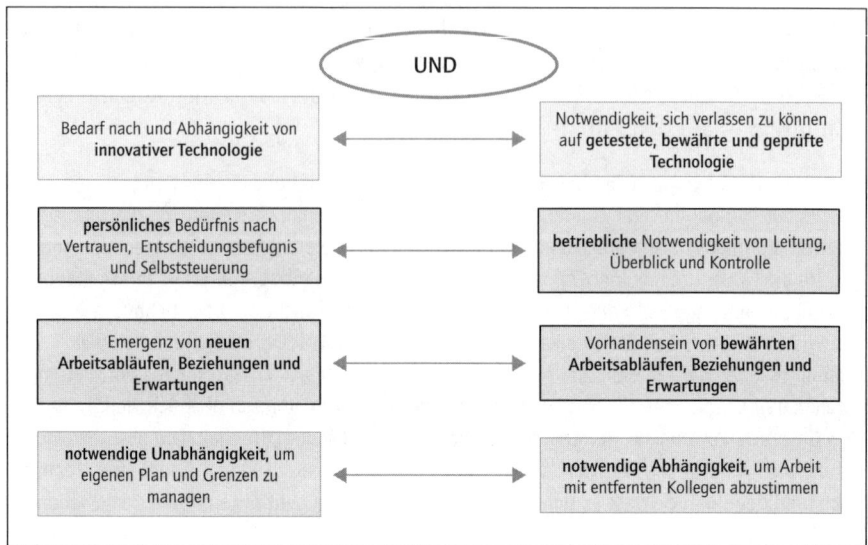

Abb. 19: Dilemmata virtueller Zusammenarbeit (weiterentwickelt nach Caulat 2006, S. 4)

»... To become the absolute best place to work, communication and collaboration will be important, so we need to be working side-by-side. That is why it is critical that we are all present in our offices. Some of the best decisions and insights come from hallway and cafeteria discussions, meeting new people, and impromptu team meetings. Speed and quality are often sacrificed when we work from home. We need to be one Yahoo!, and that starts with physically being together. ...« (aus dem internen Memo).

Intern und extern wurde diese Entscheidung heiß diskutiert und traf sowohl auf große Zustimmung als auch auf völliges Unverständnis. Auch die Bank of America orderte Personen auf bestimmten Stellen zurück zum Präsenzjob. Viele Firmen experimentieren derzeit mit dieser Balance. Auch wenn Flexibilität und Heimarbeit erfahrungsgemäß zu mehr Produktivität führen, bleiben Gemeinschaftsgefühl und zufällige Innovation oft auf der Strecke. Denn sie brauchen echte, kontinuierliche Interaktion.

Weiterlesen

Verwandte Ent-Scheidungen: Internationalisierung und Interkulturalität, Digitalisierung, Web 2.0 und Media Literacy, strategische Kooperationen
Passende Werkzeuge: Bedürfnis-Quadranten, Neuer Manager – neues Team, Prognosemarkt Prediki, Scrum, Sli.do, Stakeholder-Plattformen
Fälle: Fall 1: Netzwerkökonomie

Literatur

Allen, Tom (1984): Managing the flow of technology. Technology transfer and the disse-
mination of technological information within the R&D organization. Cambridge (MA)
1984.

Caulat, Ghislaine (2006): Virtual leadership. In: 360° The Ashridge Journal, 2006, S. 1–6.

Deloitte Human Capital (2012): Flexible Working 2012. Wie flexibel gestalten Unternehmen in Österreich die Arbeit ihrer Mitarbeiter/-innen. Eine Studie von Deloitte Human
Capital 04/2012, Wien 2012.

Grantham, Charles/Williamson, Cory/Ware, James (2007): Corporate agility: A revolutionary new model for competing in a flat world. New York 2007.

Herrmann, Dorothea/Hüneke, Knut/Rohrberg, Andrea (Hrsg.) (2012): Führung auf Distanz. Mit virtuellen Teams zum Erfolg. 2. Aufl., Wiesbaden 2012.

Heitger, Barbara/Pöll, Matthias (2012): Issue_8: The virtue of being virtual. Online-Magazin
der Heitger Consulting GmbH. www.heitgerconsulting.com/index.php?idcatside = 504,
2009 (21.11.2014).

Krejci, Gerhard P. (2009): Projektmanagement in virtuellen Teams? In: Gruppendynamik
und Organisationsberatung, 40. Jg., 2009, H. 3, S. 308–314.

Luhmann, Niklas (Autor)/Baecker, Dirk (Hrsg.) (2011): Einführung in die Systemtheorie.
6. Aufl., Wiesbaden 2011.

Offelmann, Nicole/Zülch, Joachim (2006): Was ist an virtuellen Teams anders? In: Joachim Zülch/Luis Barrantes/Sylvia Steinheuser (Hrsg.): Unternehmensführung in dynamischen Netzwerken. Berlin/Wiesbaden 2006, S. 117–130.

Scholze-Stubenrecht, Werner/Eickhoff, Birgit/Mang, Dieter (2005): Der Duden. Band 5,
Duden Fremdwörterbuch. Mannheim 2005.

Sumetzberger Walter (2003): Virtuelle Kooperation in interkulturellen Projektteams. Beitrag für die Konferenz »Zukunft des Projektmanagements« interPM2003. unveröff. Manuskript.

Wardell, Charles (1998): The art of managing virtual teams: Eight key lessons. In: Harvard
Management Update, No. U9811B, Boston (MA) 1998, S. 3–4.

3.4 Ent-Scheidung 4: Digitalisierung, Web 2.0 und Media Literacy

Unter Mitwirkung von Werner Kroer und Matthias Pöll

Zugrunde liegende Trends: Internet-Revolu-
tion, Globalisierung, Digitalisierung von Kommunikation und Beziehungen, netzwerkartige
Gemeinschaften, Individualisierung, Selbstver-
marktung, mehr Macht bei Kunden, Internet
der Dinge und »Smart Factory« (bzw. Industrie
4.0), »Crowd«-Phänomene

Unsere Thesen:

* Neue Technologien ermöglichen neue Formen von Kommunikation und Interaktion.
* Social Software birgt strategisches Potenzial für Unternehmen und alle seine Funktionen, vor allem in jenen Bereichen, in denen es um Kommunikations- und Kollaborationsprozesse geht, die zeitnah, aber örtlich über riesige Distanzen (global) verteilt stattfinden müssen.
* In der Fülle der Angebote ist es schwierig, passende Tools und Dienste zu finden, ihren Reifegrad zu beurteilen und sie sinnvoll einzusetzen.
* In vielen Firmen gibt es noch keine Kriterien für Nutzenbewertung, Aufwand, Leistung, Sicherheit und Anwendung von Web-2.0-Formaten und Industrie-4.0-Potenzialen.
* Es gibt bisher wenig echte Best Practices – und es genügt nicht, einfach die Formate zu verwenden die »andere« auch nutzen.
* Die neuen Technologien sind nicht nur Thema der Technologen – ihre Übersetzung in Strategie und Geschäftsmodelle ist kollektive Innovationsarbeit, der organisationale Anschluss bedeutet oftmals radikale Veränderung im Unternehmen und darüber hinaus (Social Media, Industrie 4.0).
* Web 2.0 und Industrie 4.0 bedeuten eine Provokation für die klassische tayloristische Organisation mit Arbeitsteilung, Hierarchien, Abgrenzung nach außen, Schutz eigener Daten, Ideen und eigenen Wissens etc.

Klassische Spannungsfelder:

* schützen gegenüber teilen
* schließen (z. B. von Unternehmensgrenzen) gegenüber öffnen
* Hierarchie gegenüber Heterarchie
* Kollaboration gegenüber Partizipation
* Konnektivität (Netzwerk) gegenüber Kollektivität (Schwarm)
* Kommunikation »One-on-One« oder »One-to-Many« gegenüber Kommunikation »Many-with-Many«
* Anweisungen gegenüber Selbstorganisation
* kontrollierte Zielgruppenbeteiligung gegenüber breiter Massenbeteiligung
* zentrale Steuerung gegenüber dezentraler Autonomie/Flexibilität
* nachträgliche Informationsbeschaffung gegenüber Verfügbarkeit in Echtzeit
* relevante Information gegenüber diffuser Datenflut
* Nutzung strukturierter Daten gegenüber zusätzlichen »unstrukturierten« Daten (Big Data)

Die Phänomene Web 2.0 und Industrie 4.0 erfordern eine weitere strategische Positionierung. Im Gegensatz zu den herkömmlichen Web-Tools etwa, wird das Web 2.0 definiert durch Kollaboration, nicht nur durch Partizipation: Nutzer produzieren eigene Inhalte und beziehen sich dabei aufeinander – durch Kommentare, Ergänzungen und Bewertungen durch Sterne, Punkte oder »Likes«.

Das Web 2.0 ist relevant. Schließlich hat es längst und in ungekannter Schnelligkeit eine kritische Masse von Nutzern erreicht: Facebook hat über eineinhalb Milliarden aktive Nutzer, über 800 Millionen Besucher hat YouTube monatlich, und über Twitter werden bereits unglaubliche 340 Millionen Nachrichten pro Tag

»gezwitschert« – das sagt ein weiteres Web-2.0-Phänomen: Wikipedia. Und auch andere Webformate, Blogs etc. wachsen zum Teil schwindelerregend.

> *»Man muss nah an den Menschen sein, muss wissen, was sie bewegt*
> *in solchen Systemen. Dann kann man zwar immer noch nicht*
> *genau vorhersagen, was passiert, aber man hat ein Gefühl für die*
> *Resonanzmuster der Gesellschaft. Es ist eine Frage der Empathie, des*
> *Einfühlungsvermögens in das, was die Menschen gerade bewegt.«*
> *Peter Kruse (zitiert in Tramitz 2014)*

Durch Verknüpfung mit dem Trend »Internet der Dinge« sorgt das Web 2.0 für eine Digitalisierung beinahe jedes Lebensbereiches und führt in Unternehmen zu neuen Konzepten für eine »Smart Factory«, die auch unter dem Begriff »Industrie 4.0« diskutiert wird (vgl. Hellinger/Stumpf 2013). Nach der Mechanisierung durch Wasser- und Dampfkraft, Massenfertigung durch Strom und Digitalisierung durch Elektronik und IT, ist diese Informatisierung die »vierte industrielle Revolution«. Die Vision dieser Informatisierung ist die Vernetzung von Maschinen, Dingen und Menschen über Unternehmensgrenzen hinweg – zugleich an unterschiedlichen Orten. Bislang funktionierte Wertschöpfung in Unternehmen basierend auf Taylorismus mit Hierarchie und Spezialisierung/Arbeitsteilung und Fordismus (standardisierte Massenproduktion). Das wandelt sich in Richtung Peer-to-Peer-Netzwerke und »Mass Customization«. Produkte steuern sich »selbstständig« dezentral durch die Wertschöpfungskette. Ziel ist die Fertigung individualisierter Einzelprodukte mit der Geschwindigkeit und den geringen Kosten von Massenproduktion. Insgesamt steht die Entwicklung der Industrie 4.0 erst am Anfang – sie wird jedoch über die nächsten Jahre und Jahrzehnte Schritt für Schritt disruptiven Wandel mit noch unklaren Auswirkungen auf Wirtschaft, Arbeitsmarkt und Gesellschaft bringen. Sie wird neue Geschäftsmodelle ermöglichen, andere Organisationsmodelle in Richtung intelligent vernetzte Plattformen fordern und neue Berufsprofile durch das Zusammenwachsen von Produktions- und Wissensarbeit entstehen lassen Der erste Paradigmenwechsel ist für Unternehmen bereits spürbar, denn die Online-Communities und Tools zur intelligenten Vernetzung kommen aus der Netzwerkkultur: Sie funktionieren über **Transparenz, Gleichheit, Gleichzeitigkeit, Offenheit, Vertrauen, Teilen und Kollaborieren in dezentraler Selbstorganisation.** Web-2.0-Formate werden von der Informationstechnologie ermöglicht, basieren auf verteilten Rechten für Ergänzung und Modifikation der Inhalte und stellen generell einen möglichst breiten Zugang zu den Inhalten bereit (vgl. McKinsey&Company 2012, S. 16). Damit sind sie eine Provokation für die meisten großen Unternehmen, die hierarchisch, sequenziell, mit klaren Grenzen in der Organisation und nach außen operieren, auf Expertentum und Arbeitsteilung setzen und Wissen schützen. Diese Provokation ist immer mitzudenken, wenn es um Entscheidungen zu diesem Thema geht – als Chance und Risiko.

Fast die Hälfte der Unternehmen in Deutschland (47 Prozent) nutzten 2012 bereits soziale Medien, weitere 15 Prozent planten die Nutzung bereits konkret. Und: Social-Media-Einsatz ist bei kleinen und mittleren Unternehmen (KMU) sowie Großunternehmen gleich weit verbreitet. Mit 86 Prozent sind Unternehmenspräsenzen in sozialen Netzwerken am stärksten vertreten. Auf dem zweiten Platz folgen Präsenzen auf Video-Plattformen (28 Prozent). Solche Video-Kanäle besitzen insbesondere für Großunternehmen eine hohe Relevanz: 81 Prozent der Großunternehmen, die Social Media einsetzen, stellen auf diesen Plattformen eigene Filme ins Internet (vgl. BITKOM 2012, S. 4). Viele Unternehmen sind noch in der Klärung, ob und wie sie Web-2.0-Formate gezielt nutzen wollen. Die Haltung dazu deckt die gesamte Bandbreite an möglichen Einstellungen ab: von blinder Euphorie bis hin zu totaler Ablehnung. Letzteres ist längerfristig eine riskante Strategie, da die »Betroffenheit« ja auch von außen an das Unternehmen herangetragen wird. Zum Beispiel lässt die Online-Plattform *kununu* Arbeitnehmer Unternehmen als Arbeitgeber bewerten, Unternehmen werden auf *XING*, *LinkedIn* und in anderen Social Media diskutiert. Für Unternehmen ist es sinnvoller, sich aktiv an solchen Kommunikationsformaten zu beteiligen und damit interessante Darstellungsmöglichkeiten zu nutzen, anstatt passiv und firmenintern relativ unbemerkt, die Welt da draußen über sich reden zu lassen.

Wichtige **Chancen und Ziele** der Nutzung von Social Media sind die Steigerung der Bekanntheit der Marke oder des Unternehmens und die Akquise neuer Kunden. Und auch bei der Erweiterung von Produkt- und Dienstleistungsportfolios setzt inzwischen fast jedes fünfte Großunternehmen, das soziale Medien einsetzt, auf die Zusammenarbeit mit seinen Kunden via Social Media (vgl. BITKOM 2012, S. 4). Produktivitätssteigerungen[8] durch verbesserte Kommunikation und Kollaboration sind intern die größten Treiber für ihren Einsatz. Die Anwendungsbeispiele gehen aber über diese Felder bereits weit hinaus und wachsen inzwischen in fast alle Unternehmensfunktionen und Bereiche hinein. Pointiert lässt sich formulieren, dass jedes Unternehmen auch ein Technologieunternehmen werden wird – die Digitalisierung macht vor keiner Branche und keiner Unternehmensfunktion halt. Digitale Kompetenz und die Beschäftigung mit der Frage, welche Chancen und Risiken Digitalisierung für Strategie, Organisation, Mitarbeitende und Führung bringt, ist notwendig, um den disruptiven Wandel durch diese Technologie zu verstehen und für sich zu nutzen, anwendbar zu machen.

---

8   McKinsey spricht hier von bis zu 25 % Produktivitätssteigerung bei »Wissensarbeitern« (vgl. McKinsey& Company 2012, S. 47)

3.4.1 Strategie: neue Treiber – noch kein Bild

Klar ist, dass nichts endgültig klar ist. Es wird sich erst über Jahre herausstellen, welche Plattformen, Formate und Tools zu Best Practices werden, aber auch diese könnten nach einiger Zeit wieder von neueren, besseren überholt werden. Da es derzeit noch wenige Best Practices (im Sinne von bewährt über mehrere Jahre hinweg) gibt, müssen Richtungsentscheidungen anders getroffen werden als mittels Orientierung an den Branchenvorreitern. Auch eine ausschließliche Orientierung am eigenen Netzwerk (sprich: Was machen unsere Kunden, Lieferanten, Wettbewerber?) ist nicht zielführend. Die sich laufend vermehrende Fülle an Angeboten erzeugt unentwegt Unübersichtlichkeit, und es fehlt noch an ausgereiften Modellen, die eine schnelle und professionelle Bewertung und Anwendungsplanung erlauben.

Die Treiber der digitalen Transformation können allerdings genannt werden: Hyperkonnektivität, das Internet der Dinge, der überall mögliche Zugang, konvergierende Märkte (wie etwa Telekommunikation und Medien) und sich selbst organisierende Netzwerke oder Plattformen (Online-Marktplätze, Eco-Systeme, in denen Hersteller von Inhalten, Produkten und Dienstleistungen direkt mit Kunden, Lieferanten oder Partnern kooperieren – wo also Wertschöpfungsnetzwerke an die Stelle klassischer Wertschöpfungsketten treten, oder Crowdfunding, wo innovatives Unternehmertum in Start-ups mündet). Die digitale Transformation ist »User«-zentriert, weil diese durch ihren (mobilen) Technologiezugang unmittelbar mitwirken und mitgestalten. Das Zusammenspiel dieser Kräfte stellt Geschäftsmodelle und Industrien auf den Kopf und bringt oft disruptiven Wandel mit sich (*Uber,* das die klassische Taxibranche gefährdet; *Airbnb,* das die Hotelerie und *Netflix,* das TV-Sender konkurrenziert). Deswegen gilt es in der Strategiearbeit, der Digitalisierung Raum zu geben – kontinuierlich zu »scannen«, welche Ideen und Optionen sich für das eigene Geschäft auftun, wo es sich lohnt zu investieren und erste Schritte zu gehen. Das heißt auch, mehr »Explore«, mehr Öffnen im Strategieprozess, Zukunftsräume zu entwerfen und zu simulieren bzw. zu erproben und dazu auch andere Perspektiven und Stakeholder in den Prozess einzubauen.

Neben dieser offenen Zukunftsarbeit (sozusagen im vorstrategischen Raum) braucht es eine **2.0-Strategie** bzw. strategische Entscheidungen, ob und wo in 2.0-Formate investiert werden soll. Auch wenn zunächst gegen eine Einführung oder sogar Duldung entschieden wird: Die Notwendigkeit der Beobachtung der Möglichkeiten und Potenziale sollte nicht übersehen werden. Im Status quo klären viele Unternehmen noch Fragen wie, welche Social Software überhaupt existiert, wofür diese sinnvoll eingesetzt werden kann, welchen Reifegrad diese bereits hat: Die Fragen zur Steuerung der Tools und Angst vor Kontrollverlust, ineffizienter Selbstorganisation, Datenverlust und Verlust von Wissen (Datensicherheit) sind berechtigt. Da auch die Zuständigkeit für die Nutzung im Unternehmen nicht an eine bestimmte Funktion gebunden ist (und auch nicht sein sollte), braucht es interdisziplinäre Teams, die daran arbeiten. Am besten mit vielen kleinen Experimenten.

Vor allem die Chancen für ganz **neue Geschäftsmodelle** gilt es in den Blick zu nehmen: durch das Anbieten von Plattformen und Strukturen, die teilweise oder sogar komplett auf die Inhalte von Nutzern bauen, werden **strategische »Blue Oceans«**[9] produziert: Amazon (e-Commerce), Ebay (C2C Commerce), Dawanda (Long-Tail Onlineshop) und Threadless (Online Community von Kreativen und e-Commerce) sind nur einige Beispiele.

Weitere strategische Möglichkeiten entstehen durch **Big Data** (vgl. Brown et al. 2011, S. 4ff.): Aus der fast unendlichen Fülle von Daten valide strategische Schlüsse ziehen zu können, wird ein Wettbewerbsvorteil. Inhaltliche Filter- und Analyseservices der vorhandenen Daten sowie stabile Algorithmen dafür sind zwar noch nicht perfektioniert. Problematisch ist auch, dass in den Unternehmen nicht alle relevanten Daten leicht zugänglich sind. Viele stecken in organisationalen Silos oder fragmentierten IT-Systemen fest, weil selbst das interne Teilen der Informationen nicht zur Kultur gehört. Aber es gibt für das Nutzen von Big Data sehr viele strategisch relevante Anwendungsmöglichkeiten:

- Entscheidungsprozesse verbessern und beschleunigen
- individualisierte Kundenangebote in Echtzeit erstellen
- validere Hypothesen über Märkte und Kundensegmente erstellen
- die Integration von viel mehr Informationen in Nachfrage- und Lagerplanung (z. B. das Wetter)

Der Bereich der **Business Intelligence** (siehe unten) bekommt deutlich mehr Relevanz, wenn für Big Data passende Analysemechanismen entwickelt werden. Wie Frederick Taylor den Produktionsprozess mithilfe akribischer Dokumentation deutlich effizienter und produktiver gestaltet hat, befinden wir uns aktuell in einem neuen Taylorismus (vgl. Institute for the Future 2009, S. 40): Wir dokumentieren Daten nicht nur bewusst, sondern auch unbewusst – die Strecken, für die wir ein Navigationsgerät benutzen, die Klicks, die wir online machen, wie lange wir auf Seiten verweilen, mit wem wir wann wie lange telefonieren etc. Wenn diese Big Data auch angewendet werden auf die Art wie wir lernen, arbeiten und entscheiden, nimmt Software bald Intuition vorweg und wir werden so transparent, das damit auch Fragen des Datenschutzes und der »Governance« im Internet enorm an Brisanz gewinnen. Der Grat, auf dem sich Unternehmen zwischen Produktivitätssteigerung und kompletter Durchsichtigkeit ihrer Mitarbei-

---

9 Im Sinne von René Mauborgne und W. Chan Kim (vgl. z. B. Kim/Mauborgne 2004)

tenden und Kunden bewegen[10] wird immer schmaler. Die Digitalisierung wird dabei alle Unternehmensfunktionen erfassen (»Digital Transformation« oder »Digitalization«). Der beschriebene Paradigmenwechsel der neuen Technologien erfordert in der Strategiearbeit das Bearbeiten von Fragen wie:

1. Wie beobachten und verstehen wir frühzeitig und genügend 2.0-Entwicklungen, die für unser Geschäft interessant sind (Kundenerfahrungen gestalten, Business Analytics, Prozesse digitalisieren, Kollaboration intern und mit Partnern, Innovation etc.)?
2. Welche Digitalisierungsstrategien entscheiden und priorisieren wir (Nutzenklarheit)? Was ist unsere »digitale Agenda«?
3. Wie steuern wir die Digitalisierung (Investitionen, Spielregeln, Datensicherheit, Vernetzung der Initiativen, Phasen von der Idee zur Verankerung)? Wie gestalten wir den damit verbundenen »Umbau« von Organisation und Führung, wie die Entwicklung der Mitarbeitenden (Digital Natives, Immigrants, Ignorants) und vor allem: Wie gestaltet sich das Zusammenwirken von IT- und Business- bzw. Userbereichen (neue Positionierung der IT-Bereiche, Geschäft bzw. die jeweiligen Anwender als Treiber für strategische Entscheidung und die Umsetzung)?

Außerdem bergen Social Media auch Potenziale für die **Strategiearbeit** selbst. Vor allem durch neue Kollaborations- und Kommunikationstools. In der Abbildung 20 auf S. 128f. sind dazu einige Beispiele genannt.

3.4.2 Organisationale Anbindung und Nutzung

41 Prozent der die Social Media nutzenden Unternehmen verfügen über zentrale Ansprechpartner, welche die Aktivitäten im Social Web steuern. Bei den Großunternehmen liegt dieser Wert mit 86 Prozent weit höher als im Gesamtdurchschnitt (vgl. BITKOM 2012, S. 4). Eigene Abteilungen für die Betreuung sind allerdings selten und auch nicht unbedingt nötig. Es zeigt sich durch die Anwendungsfelder und -beispiele, dass dieselben Web-2.0-Tools für sehr unterschiedliche interne Prozesse genutzt werden können. Wie die Organisation die Einführung, Betreuung und Beobachtung der Formate und Tools konkret sinnvoll gestalten kann, ist daher noch fraglich. Eine vielversprechende Idee ist die Einrichtung von übergreifenden »**Communities of Practice**«, die institutionalisiert werden und sich periodisch austauschen, um Wissen und Gelerntes zu verankern.

---

10 hoffentlich nicht bis zu »Big Brother is watching you«

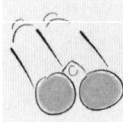

Die Nutzung von Potenzialen geht sowohl in Richtung des Öffnens für Neues **(Explore)** als auch in Richtung der Potenzialausschöpfung von Bestehendem **(Exploit)**. Grundfrage in der Nutzung der Formate ist: Wo geht es um neue Räume, Ideen, Prognosen, um die Einbindung neuer Perspektiven? Wo geht es darum, etwas effizienter zu machen? Wo geht es um eine qualitative Verbesserung des Status quo? Die Unterscheidung ist Teil der Erwartungsklärung, die vor allem für die Nutzer stimmig sein muss, damit sie diese neuen Tools verwenden.

Denn die Prozesse, die durch Web-2.0-Tools und -Formate eingeführt werden, sollten zumindest echter Ersatz für bestehende Prozesslösungen sein, um besser neue Wege zu eröffnen und neuen Nutzen zu schaffen. Immer wieder entstehen jedoch redundante Bypass-Lösungen zu bestehenden Prozessen (oft Bottom-up). In jedem Fall hängt die tatsächliche Nutzung der Formate von ihrer Benutzerfreundlichkeit und ihrer wahrgenommenen Relevanz ab.

Grundsätzlich können alle **Unternehmensfunktionen** vom Einsatz neuer Technologien profitieren. Studien kommen nicht zu gleichen Ergebnissen hinsichtlich der Intensität des Einsatzes von Web-2.0-Technologie, aber es werden immer wieder dieselben Bereiche genannt, die in Unternehmen durch den Einsatz von Web-2.0-Technologie unterstützt werden (vgl. CenterStage 2010, S. 4; BITKOM 2012, S. 10): Wissensmanagement, unternehmensinterne Kommunikation, Marketing, Kundenkommunikation und PR, Ideen- und Innovationsmanagement, Projektmanagement, Kunden- und Partnermanagement, Human Resources. Die Anwendungsfelder gehen darüber jedoch weit hinaus, wie die nachstehende Abbildung 20 zeigt.

Unternehmens-bereiche	Nutzen	Tools/Formate
1. Business Intelligence	• Branchendynamiken erkennen • Wettbewerb beobachten • Zukunftstrends erkennen • Marktgröße schätzen • Kundendaten generieren, Feedback auswerten	• RSS • Storytelling • Crowdsourcing • Corporate-Lösungen von IBM, SAP, Microsoft etc. • viele noch in Entwicklung
2. Business Development	• Testen von Prototypen • neue Kundensegmente ansprechen • neue Märkte testen	• Social Forecasting • Online-Vertriebskanäle
3. Produktentwicklung	• Kundendaten und -feedback generieren, • Ideenfindung • Produkte/Dienstleistungen ko-kreieren	• Crowdsourcing • Webcrowd

Unternehmens-bereiche	Nutzen	Tools/Formate
4. Operations	• Nachfrageprognosen und -verfolgung • Geschäftsprozesse auf- bzw. verteilen • Qualitätssicherung verbessern	• Social Forecasting • Webcrowd • (Enterprise) Social Network Site
5. Marketing und Vertrieb	• Kundendaten und -feedback generieren • Marketing-Kommunikation, Promotion • Social Commerce und Sales-Zubringer • Vertrieb-»Leads« generieren und nutzen	• Social Network Site • Social Media Monitoring • CRM-Tools
6. PR/Kommuni-kation	• Marken- und Imagepflege • Kundenbeziehungen stärken • Sensor für Kundeninteressen	• (Enterprise) Social Network Site • Social Media Monitoring • Blog • Microblogging
7. Kunden-services	• Kundenservice leisten • Plattformen für Kunden-Communities	• Social Network Site • Microblogging
8. Finanzierung	• Finanzierungsquelle	• Crowdfunding • Crowdinvesting
9. Human Resources	• Talente finden und ansprechen • Onboarding-Prozesse effizienter gestalten • Employee Branding	• (Enterprise) Social Network Site
10. gesamtes Unternehmen, v.a. interne Dienstleister	• Wissen schaffen und teilen in Echtzeit • kollaborieren und Projekte auch virtuell effizient managen • kommunizieren und abstimmen • Bildung von Communities • Management externer Partner • Innovation (→ Ent-Scheidung 1: Innovation)	• Wikis, Blogs, Microblogging • Online-Datenspeicher und Filesharing • Mindmapping • Storytelling • Foto-/Videosharing • Webinar • Video-Conferencing • Instant Messaging • Screensharing • Dokumenten-Kollaboration • Projekt-Management • (Enterprise) Social Network • Puls-Check

Abb. 20: Web 2.0-Nutzungspotenzial nach Unternehmensfunktion (weiterentwickelt nach McKinsey Global Institute 2012, S. 37ff.)

Dem Bereich **Business Intelligence** (BI) – sein Ziel ist, das Unternehmen in seinen strategischen und operativen Entscheidungen durch komplexe Analyse großer Datenmengen zu unterstützen – ist nicht in jedem Unternehmen eine eigene Abteilung oder bestimmte Personen zugeordnet. Gerade hier kann sich das Unternehmen aber sehr wirkungsvoll einen Wettbewerbsvorteil erarbeiten, vor allem durch die Nutzung von **Big Data.** Die klassische Form des BI besteht größtenteils in der Sammlung von Informationen aus öffentlichen und privaten Quellen und der Auswertung dieser mit bekannten und bewährten analytischen Methoden und Algorithmen. Die gewonnenen Einsichten werden in Berichten für interne Kunden zusammengefasst, häufig durch Funktions- oder Geschäftseinheits-Silos voneinander entkoppelt. Weiterentwickeln kann sich diese Funktion durch die Nutzung von Experten, die ihr Wissen global und frei zugänglich aus freien Stücken zur Verfügung stellen. Diese Inhalte auf sozialen Medien zu verknüpfen mit Mitarbeitern innerhalb der Organisation, ermöglicht Wissensgenerierung in Echtzeit, global und zukunftsgerichtet (vgl. Harryson et al. 2013, S. 22). Jenseits der traditionellen Analysten-Arbeit braucht es dazu »sorgfältiges Beobachten« von Signalen aus Blogs, Foren, Netzwerken o.Ä., was die Arbeit von Analysten in vielen Funktionsbereichen bereichern kann, sei es in F&E, Marketing, M&A-Planung, Strategie, Kommunikation, Kundenservices usw. (vgl. Harryson et al. 2013, S. 23). Von Informationssammlern werden sie zu Informationsjägern: Zukünftig brauchen Analysten neben Analysekompetenzen vor allem die Fähigkeiten, Trend-Spürnasen zu nutzen, Online-Communities zu leiten sowie eine echte Neugier gegenüber neuen Quellen von Wissen und Erfahrungen. Das braucht Investitionen in Tools: Netzwerk-Mapping, Algorithmen, die Einfluss messen, Visualisierungstools für Informationen, die Wissen lokalisieren und Experten-Relationen zeigen; die Ausbreitungseffekte von Informationen, die durch »Likes«, Bookmarks o.Ä. entstehen, verfolgen und analysieren. Solche Werkzeuge sind noch nicht komplett ausgereift, aber ihr Einsatz ist vielversprechend. Allein über die Informationen, die F&E-Mitarbeitende auf ihren LinkedIn-Profilen preisgeben, kann manchmal überraschend genau geraten werden, woran der Wettbewerber gerade arbeitet (vgl. Harryson et al. 2013, S. 25ff.). Auch wenn diese soziale Intelligenz die herkömmliche Informationsgenerierung nicht ablösen wird, so wird sie doch zu einem starken Komplement werden.

Das **Business Development** kann vom Web 2.0 besonders durch *Test-Möglichkeiten* profitieren. In einem eingeschränkten Rahmen können die Ideen, Produkte oder Dienstleistungen auf ihre Anschlussfähigkeit und Akzeptanz beim Anwender getestet werden. Dafür sind schon die Nutzung weniger Kanäle wie z. B. eines kommentierfähigen Blogs oder einer Profilseite in sozialen Netzwerken geeignet. Wichtig ist eine präsente Betreuung dieser Kanäle, die sich in ihrer Verantwortung und ihren Kompetenzen sicher fühlt – darüber also, welche Informationen teilbar sind, wie kommuniziert wird, worüber nicht kommuniziert wird etc.

Die Fähigkeit, Kunden oder Interessierte in den Entwicklungsprozess von Innovation einzubinden, nennt man »Open Innovation« (→ Ent-Scheidung 1: Innovation). Schon seit mehreren Jahren gibt es sehr erfolgreiche Plattformen und Beispiele, bei denen eine große Anzahl von Personen mitarbeitet – ob ehrenamtlich (wie bei Wikipedia und Linux) oder bezahlt (wie über Innocentive). Im Web gibt es für viele Phasen der **Produktentwicklung** eigene Formate. Besonders in der *Ideenfindung* (beispielsweise Tchibo Ideas), beim *Design* (z. B. Jovoto) und in Richtung *Vorschlagswesen* zur inkrementellen Verbesserung bestehender Produkte und Dienstleistungen. Nutzen wird dann leichter generiert, wenn die »Crowd« (also die beteiligte »Masse«) sehr groß ist, sehr divers oder von sehr hoher Qualität (z. B. durch genaue Kenntnisse der Produkte oder durch Expertenwissen). Oft stehen Unternehmen vor der Frage, welche der gesammelten Verbesserungsvorschläge für inkrementelle Verbesserungen bestehender Angebote als nächstes realisiert werden sollen – auch da kann die offene Kommunikation helfen, Präferenzen der Kundenseite zu erkennen (z. B. über Informationsmärkte → Werkzeug 22: Prognosemarkt Prediki).

Formate des Web 2.0 können im Bereich der **Operations** in drei Hauptstoßrichtungen sinnvoll sein. *Sales Forecasting* wird durch die 2.0-Technologie einfacher und macht es möglich, diverse Stakeholder entlang der Wertschöpfungskette kostengünstig einzubinden. So kennen beispielsweise Großhändler und Supermarktbetreiber die Kaufgewohnheiten der Konsumenten oft besser als die eigenen Vertriebler und ermöglichen bessere Schätzungen der Abnahme. Das führt zu kleinerem Lager, zu weniger leeren Regalen und zu einer besser integrierten Lieferkette. Eine Möglichkeit, um ad hoc Expertenwissen hinzuzukaufen, ist die *Einbindung externer Fachkräfte* für spezielle Projekte oder wissensbasierte Aufgaben, entweder virtuell oder vor Ort (→ Ent-Scheidung 3: Virtuelle Zusammenarbeit). Desweiteren können Web-2.0-Tools den *Qualitätssicherungsprozess unterstützen*, seien es Six Sigma, Kaizen oder ähnliche Methoden. Hier geht der Trend weg von unübersichtlichen Datenbanken hin zu verknüpften Wikis mit Moderatoren, die Erfahrene mit den Fragenden in Foren zusammenbringen. Repair-Cases und Support-Cases werden nicht nur abgelegt, sondern bleiben lebendig durch Ergänzungen, Bewertungen und Kommentare.

Die meiste Nutzung erfahren Web-2.0-Formate derzeit in **Marketing und Vertrieb.** Im Online-Marketing werden sie in der Relation Unternehmen zu Endkunde (B2C) schon sehr breit genutzt, bei Business zu Business (B2B) zurzeit noch weniger. Hauptsächlich sind die Web 2.0-Kanäle »*Zubringer« auf die eigene Website* oder den Webshop. Zum Beispiel, indem die vorhandenen Daten auf Profilen zum Generieren von »Sales-Leads« genutzt werden, wie dem Vorschlag eines bestimmten Versicherungsangebots bei bestimmten Lebensereignissen. *Social Commerce* ist ein weiterer Vertriebs-Zubringer: Loggt man sich mit seinem Facebook-Account bei einem Webshop ein, kann man sehen, was die eigenen

Freunde mögen. Die vorhandenen Daten geben natürlich weitere, für das Marketing relevante Informationen her: über die Nutzung und den Nutzen von Produkten und Services, das Ansehen von Mitbewerbern, Hinweise für Kampagnen, neue Ideen, über Markenwert, Preisgestaltung, Verpackung etc.

Sehr beliebt ist das *Platzieren von Rabattaktionen, Gewinnspielen oder Ideenwettbewerben* in sozialen Netzen. Darüber können Unternehmen direkt mit Kunden in Aktion treten, Kunden-Communities aufbauen sowie die Kunden selbst sich untereinander Tipps und Hilfe zu Produkten geben.

Auch im *Post-Sales-Bereich* spielen die sozialen Medien eine große Rolle. Das Erlebnis der Leistungserbringung wird eigenständig bewertet und kommentiert (wie z. B. auf Amazon u. a.). Verkäufer benötigen Spitzenbewertungen, um wettbewerbsfähig zu bleiben, vor allem im Handel. Gutes Feedback ist sehr viel wert. Teilweise wird lieber auf Marge verzichtet, als eine schlechte Bewertung zu erhalten (z. B. Preisnachlass bei später Lieferung). Schon vor fast 15 Jahren stand im *Cluetrain Manifesto*: »Märkte sind Gespräche« (Levine et al. 2001 Theses 1–6; Übers. d. Verf.). Wer heute ein Produkt kauft, liest nicht nur Testberichte, sondern auch Nutzerkommentare auf Amazon und Co.

Das Thema der Marken- und Image-Pflege betrifft vor allem die Bereiche **PR** und **Kommunikation.** *Social Media Monitoring* betrieben 2012 schon 48 Prozent der Großunternehmen, aber nur zehn Prozent der KMU. 52 Prozent der großen und 90 Prozent der mittelständischen Unternehmen beobachten demnach nicht, welche Unterhaltungen über das eigene Unternehmen, eventuelle Mitbewerber und die eigene Marke geführt werden (vgl. BITKOM 2012, S. 16). Ob man nun eine eigene Präsenz im Web 2.0 durch Profile, Blogs, Foren oder Ähnliches hat oder nicht – es wird öffentlich über einen gesprochen. Und es besteht die Gefahr eines »Shitstorms« – einer öffentlichen Schmähkritik im Internet, die sich rasant verbreiten kann und teilweise konkrete Auswirkungen auf das Geschäft hat. Hier wirken Proaktivität und Authentizität. Sei es im Einmischen in Diskussionen, im Klarstellen von falschen Angaben oder auch im Zugeben von Fehlern. Bei den letzteren beiden Punkten bestenfalls auf derselben Plattform, bei proaktivem Mitreden und Moderieren ist der Kanal (Experten-Blog, YouTube, Facebook, …) zweitrangig – sofern er der Zielgruppe entspricht.

Mehr und mehr wird das Web 2.0 für **Kundenservices** eingesetzt. Klassische Callcenter werden bereits teilweise online ergänzt für das Beschwerdemanagement, Garantiefälle, generelle Auskünfte etc. Dies ist mutig, da die Inhalte zumindest teilöffentlich und transparent werden. Wird es mit sichtbar hoher Qualität betreut, ist das für das Unternehmen allerdings ein besonderer Pluspunkt. Die niederländische Fluggesellschaft KLM verspricht ihren Kunden einen 24-Stunden-Service über Social Media: Jede Frage auf Englisch oder Holländisch soll binnen einer Stunde persönlich beantwortet sein. Firmen wie Basecamp, Squarespace oder Harvest haben ihre Support-Prozesse inzwischen so stark optimiert, dass Antwortzeiten von wenigen Minuten Standard sind: beeindruckend und kundenfreundlich. Die Kundenservices können sich auch darüber profilieren, dass sie Kundengesprächen im Netz »zuhören«, um Service-Probleme frühzeitig zu erkennen. Innovativ ist auch die Einbindung von besonders bewanderten Kunden (»Lead-User«) in die eigenen Kundenservices über eigene online-Kanäle.

Ein für Unternehmen neuer Bereich des Web 2.0 sind innovative **Finanzierungsmöglichkeiten.** Das *Crowdfunding* kommt eher aus der Ecke der Förderung sozialer Projekte und aus der Gründerszene. Eigentlich sind es Mikrokredite, die online vergeben werden. Da ganz viele Personen Mikrokredite vergeben, ist auch das Zusammensammeln recht beachtlicher Summen möglich. Auf *Kickstarter.com* kamen bereits Millionenbeträge zustande für die Entwicklung neuer Produkte oder das Aufnehmen einer CD. Neuer ist die Vergabe von Unternehmensanteilen oder Anleihen über eine »Crowd«: das *Crowdinvestment* entwickelt sich weiter und könnte vor allem für den Mittelstand eine interessante Finanzierungsalternative sein – eine Konkurrenz für klassische Finanzdienstleister, aber auch riskant, weil die Kreditwürdigkeit nicht ohne Weiteres eingeschätzt werden kann.

Das Web 2.0 ist bereits in einigen **HR-Prozessen** angekommen, sei es für *Auswahlprozesse, Onboarding-Prozesse* oder *Führungskräfteentwicklung* bzw. in *Entwicklungs- und Lernprozessen* sowie im »*Community-Building*«. Besonders die Passung von Talent und Rollen kann leichter werden, weil noch transparenter wird, welche Skills intern und extern vorhanden sind für Projekte oder offene Stellen, auch auf Basis des sozialen Kapitals der Personen (interessante Connections) und auch, wenn sie gerade nicht aktiv suchen. Für die Personalentwicklung können interne soziale Netzwerke interessant sein, wenn sie auch für Austausch genutzt werden, z. B. in Form kollegialer Beratung oder Mentoring. Es können auch die Fähigkeiten und Kompetenzen in den Profilen sichtbar gemacht werden (wie auf LinkedIn durch gegenseitiges Bestätigen von »Skills«), sodass es leichter wird, sich Unterstützung für konkrete Anliegen zu holen und sich dabei selbst weiterzuentwickeln.

Viele Formate des Web 2.0 lassen sich nicht bestimmten Funktionen oder Prozessen zuordnen und sind für das **gesamte Unternehmen** interessant, besonders für die **internen Dienstleister** in ihrer Querschnittsfunktion.

Effizienz und Qualitätszuwachs lassen sich in fünf Hauptbereiche unterteilen, die jedoch nicht trennscharf voneinander abzugrenzen sind, auch da sie auf ähnliche bzw. gleiche Tools zurückgreifen:

- *Wissen schaffen und teilen in Echtzeit:* über Wikis, Blogs, Wissensplattformen oder moderierte Foren mit Kommentierung, Bewertung etc.
- *kollaborieren und Projekte effizient managen:* Reduktion von Meetings, virtuelle Teamarbeit, online Projektmanagement, offene Dateien, gemeinsam genutzte Ablagesysteme etc.
- *kommunizieren und abstimmen:* schneller globaler Austausch wird möglich, Entscheidungsprozesse verkürzen, moderierte »Massendialoge«, Vergemein-

schaften von Ideen und Entscheidungen (z. B. über →WERKZEUG 31: SLI.DO).

*   *bilden von Communities* (of Experts, of Practice, …): bessere Vernetzung von Experten, wissensbasierten Austausch schaffen, Zusammenhalt und Loyalität zu bestimmten Themen etablieren und diese inhaltlich vorantreiben

*   *arbeiten mit externen Partnern:* einfaches Einbeziehen von Lieferanten, Kunden und anderen Wertschöpfungspartner durch verschiedenste Tools

Insgesamt bilden die Nutzung und die Dynamik von Web-2.0-Formaten selbst eine **Querschnittsfunktion,** die in Zukunft alle Entscheider (sowohl Führungskräfte als auch Experten) beherrschen werden. Schließlich ist es realistisch, dass in Zukunft jede Unternehmensfunktion mit Web 2.0 verknüpft wird. Dazu braucht es ein Verstehen der Chancen und Risiken der Tools, Kenntnis ihrer möglichen Nutzung, Verständnis ihrer Logik und ihrer möglichen Konsequenzen und die Fähigkeit, einen Bezug zum Unternehmenskern und den strategischen Stoßrichtungen des Unternehmens zu schaffen.

3.4.3 Auswirkungen auf Personen

In Unternehmen werden die Web-2.0-Technologien vor allem von Mitarbeitern im Marketing verwendet (80 Prozent der Marketingabteilungen). Vertrieb, IT und F&E holen stark auf mit um die 50 Prozent und auch Kundenservices, Produktion und weitere interne Funktionsbereiche nutzen die Formate schon zu rund einem Drittel. Die Hierarchieebene spielt dabei kaum eine Rolle. Ob mittleres Management, Experten oder Mitarbeitende: Um die 60 Prozent der Personen sind mit Web-2.0-Tools aktiv. Selbst beim Topmanagement sind bereits 53 Prozent zu verzeichnen (vgl. McKinsey Global Institute 2012, S. 26).

Woher die **Kraft der sozialen Medien** kommt, ist leicht nachzuvollziehen: Sie bedienen die Freude von Menschen daran, zu zeigen, was sie können, die Freude am Lernen, an intellektueller Stimulation, an der Äußerung der eigenen Meinung und der Befriedigung der Neugierde über andere (vgl. McKinsey Global Institute 2012, S. 13). Außerdem fordern sie unmittelbar Feedback ein und erhalten dieses i.d.R. auch.

Dabei ist die Nutzung neuer Formate nicht automatisch ein **Generationenthema,** bei dem sich »Generation Y« und die »Baby Boomer« unversöhnlich gegenüber stehen. Die Nutzung sozialer Netzwerke ist inzwischen über die Alterskohorten hinweg ziemlich homogen verteilt (vgl. McKinsey Global Institute 2012, S. 23). Eine weitere Unterstellung ist, dass Jüngere sich mit diesen Medien und

Tools auskennen. Auch wenn die sogenannten Digital Natives[11] ständig online chatten oder ihr Smartphone blind bedienen können, so hapert es oft an Verständnis dafür, welche Technologie für welche Zwecke verwendet werden kann, oder auch an wichtigem Basiswissen, etwa zur Prüfung des Wahrheitsgehaltes von Online-Informationen (vgl. Rheingold 2008). Unterscheiden ließe sich eher die Haltung zu neuen Medien. Von »unwissend«, »ablehnend« oder »vorsichtig abwartend«, über »begrenzt konsumierend«, hin zu »regelmäßig produzierend« oder sogar »unkritisch, euphorisch nutzend«. Insgesamt brauchen wir mehr Verständnis für diese neuen Technologien und Medien und einen souveränen Umgang mit ihnen. Personen brauchen eine »**Media Literacy**«, die erweitert wird um Web-2.0-Tools: »Social Media Literacy«. Media Literacy wird als ein Bündel von Kommunikationskompetenzen definiert, die es Individuen erlauben, nicht nur kritische Nutzer, sondern auch kreative Produzenten von Medieninhalten zu sein, basierend auf dem Zugang zu Medien und der Fähigkeit, sie zu benutzen, zu kritischer Analyse ihrer Inhalte und zur Kommunikationsfähigkeit der eigenen Meinung (vgl. National Association of Media Literacy Education 2011; European Commission 2011). Erwartungsgemäß korrelieren Bildungsniveau und auch das verfügbare Einkommen stark mit diesen Kompetenzen (vgl. European Commission 2011, S. 98f. und 106).

Da im Vergleich zu früheren Medien die Produktion von Inhalten heute stärker ins Gewicht fällt, muss oft viel gelernt werden. Abgesehen von der technischen Bedienbarkeit, die in vielen Formaten relativ einfach und intuitiv bewältigbar ist, geht es um ein Bewusstsein für Konsequenzen von Veröffentlichungen, Risikobewusstsein und um gesunden Menschenverstand – vor allem wenn man nicht bei jedem Beitrag die Corporate-Governance- und Compliance-Regeln durchforsten möchte (→ ENT-SCHEIDUNG 7: GOVERNANCE, COMPLIANCE UND BUSINESS ETHICS). Entscheidend ist der Paradigmenwechsel, dem zu verdanken ist, dass die meisten Web-2.0-Tools funktionieren: Transparenz, Gleichzeitigkeit, Gleichheit und Offenheit machen die Nutzung in Unternehmen anspruchsvoll, weil sie neue Sozialkompetenzen voraussetzen. Auch Normen und Regeln bilden sich anders, Höflichkeit wird anders gelebt: So ist es beispielsweise nicht hilfreich, wenn zwanzig Personen einen »Danke«-Kommentar unter ein hochgeladenes Dokument posten. Tools und Beiträge dürfen nicht nerven, weil alle alles mitkriegen.

In Unternehmen ist das Thema der Social Media Literacy bisher noch nicht im Fokus von Qualifizierungs- und Entwicklungsmaßnahmen. Viel Entwicklung der Social Media Literacy passiert derzeit im privaten Umfeld. Wird diese von Unter-

---

11 In der Bezeichnung der drei Kategorien: »Digital Natives« – die in das Internetzeitalter hineingeboren sind, »Digital Immigrants« – die den Umgang in der Internetwelt erlernten, »Digital Ignorants« – an denen das Phänomen Internet vorbeigeht. Dabei ist nicht immer eine klare Altersunterscheidung zu treffen.

nehmen allerdings dauerhaft ins Privatleben delegiert, wird der »Re-entry« in den Job unter Umständen schwierig. Dort kommt es dann in der Unternehmenspraxis zu ungenehmigten informellen Lösungen, die vorgeschriebene Prozesse umgehen. Oder eben zu einem nicht vereinbarten Verständnis von Teilen oder Transparenz. Einige Aspekte der konkret für soziale Medien und netzwerkartige Medien aufzubauenden »Literacy« sind (angelehnt an Hellweg 2012):

- Verständnis für das Leistungsspektrum der Tools für den eigenen Arbeitsbereich: Welche Art von Formaten unterstützen mich? Wo finde ich diese? Wer unterstützt mich bei der Nutzung?
- Wen man kennt, bestimmt wer man ist: die Vielfalt seiner Kontakte sinnvoll nutzen können und in sinnvolle Richtungen seine Fühler ausstrecken bzw. Aufmerksamkeit orchestrieren können.
- Nicht der Zugang zu Informationen ist heute die Herausforderung, sondern die adäquate Herangehensweise beim Sortieren und Auswerten dieser Informationen: Was wollte ich wissen, und was genau macht diese Daten zu relevanten Informationen?
- Erkennen können, welche sozialen Normen sich in einer Online-Community bereits durchgesetzt haben, diese befolgen oder bewusst infrage stellen – nicht einfach missachten.
- Nachvollziehen können, ob die erhaltene Information tatsächlich »wahr« ist und woher diese ursprünglich stammt.
- Die Dynamik von Social Media einschätzen und produktiv damit umgehen können (Begeisterung, »Shitstorm« etc.)

Mit diesen Kompetenzen gehen neue Herausforderungen Hand in Hand. So verpflichten wir uns mit den neuen Tools zu **kontinuierlicher öffentlicher »Performance«**. Die konstante Präsenz eines externen Publikums und die Tatsache, dass die beigetragenen Inhalte sofort bewertet werden, lässt uns anders kommunizieren. Es entstehen Bedenken darüber, was man lieber nicht teilen möchte, weil es noch nicht »fertig« ist, oder Tendenzen, alle Beiträge zu schönen, da der qualitative Verlauf, den Inhalte online nehmen, nie wirklich gelöscht wird. Alles wird mit einem Empfänger im Hinterkopf konzipiert, der sofort dazu Stellung nehmen kann. Dies birgt die Gefahr, dass wir von Kommunikationsakten wegrutschen zu reinen Selbstdarstellungsakten (vgl. Institute for the Future 2009, S. 37) Das ist die Schattensete von Transparenz – zu wenig Schutz für Sensibles und Unfertiges.

In der Selbstdarstellung müssen wir interessant sein oder neuartig oder attraktiv, damit wir »Followers« und »Likes« bekommen. Mit diesem Zwang sind nicht alle unsere Persönlichkeitsanteile zufrieden, was zu einer Art von **Identitätsspielen** führt. Der Psychologe Paul Bloom beschreibt diese Anstrengung folgendermaßen: »... *to varying degrees ... each of us is a community of competing selves, with the happiness of one often causing the misery of another*« (Institute for the Future 2009, S. 7). Aber diese Spiele lassen auch das Zutagetreten von neuen Persönlichkeitsanteilen zu. Und sie fördern die Fähigkeit, Botschaften zu durchschauen. Da wir in unserer Selbstdarstellung alle Experten der Verpackung und Sendung von Botschaften werden, müssen Unternehmen wiederum authentische Wege finden, unsere Aufmerksamkeit zu erregen (vgl. Institute for the Future 2009, S. 39).

> *»In the future, everyone will be world famous for 15 minutes.«*
> *Andy Warhol*

Außerdem hat die Sichtbarkeit unserer Beiträge für den Arbeitskontext einen Nebeneffekt, der noch ziemlich unterbelichtet ist: Was macht es mit einem Team, wenn Arbeitsabläufe extrem transparent werden? Wenn man in Echtzeit sehen kann, wie To-do's abgearbeitet werden? Welche Konsequenzen hat das für die Gruppendynamik, den Output, die Übernahme von Verantwortung? Unterwerfen wir uns einem ständigen Rechtfertigungsdrang? Bedeutet diese Transparenz in ihrer Konsequenz mehr Kontrolle, sodass man kontinuierlich Leistung bringen und immer »PR« für sich im Team machen muss? Zur Selbstdarstellung gesellt sich so der **Aktivitätsimperativ.** Daraus erwachsende Befürchtungen sind vielfältig: Bleibt Raum zum Nachdenken und Abwägen? Beschneiden wir noch den letzten Raum für Scheitern oder Authentizität? Reduzieren wir Arbeitsleistung allein auf Schnelligkeit? Welchen Preis zahlen wir letztendlich für die Transparenz? Bedenken gehen auch in Richtung Selbstausbeutung. Diese funktioniert viel effizienter als Fremdausbeutung und wird in einer neoliberalen Leistungsgesellschaft bisher nicht wirklich wahrgenommen. Die Subjekte machen sich selbst zu Projekten, ohne es zu merken (vgl. Han 2013).

Dieser konstante Anspruch an Präsenz und Engagement in den sozialen Medien kann durchaus eine **Trennung zwischen unser Erleben und das Dokumentieren** schieben. Eine Twitter-Nachricht zieht erstens den Sender aus dem Moment des Erlebens heraus, und indem sich Gedanken um die publikumswirksame Formulierung des Tweets gemacht wird, verändert sich zweitens das eigene Verhältnis zum Erlebten. Der Dokumentationsakt kann das Erlebte verfälschen, aber er kann dem Erlebten (durch den hohen Fokus, um ihm dokumentarisch gerecht zu werden) auch erst seine Relevanz geben (vgl. Institute for the Future 2009, S. 15f.). Wie sich diese Dichotomie in unternehmenseigenen Web-2.0-Formaten auswirkt, muss sich erst zeigen.

Bei allen Herausforderungen bergen die sozialen Formate auch Chancen und gleichzeitig Entwicklungsbedarf; zum Beispiel neue Jobprofile und **neue Rollen** (vgl. Institute for the Future 2007): Ein *Data Ecologist* könnte die automatisch anfallenden Daten-Clouds gestalten und verwalten und daraus soziale Analysen erstellen: biometrische Faktoren, Kollaborationsdaten, raumbezogene Daten etc. *Wiki Gardeners* betreuen Wissensdatenbanken in einer Art, die Gemeinschaft fördert und aktuelles Wissen in Echtzeit zugänglich macht, *Blog Owners* sind beauftragte Beobachtende des Unternehmens und spiegeln ihre Sicht einer breiten Basis zurück. Je nach Bedarf und Intensität der Nutzung der jeweiligen Tools lassen sich viele weitere zukünftige Berufsbilder erfinden.

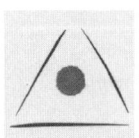

3.4.4 Führung

Führung ist vermutlich am meisten vom Einsatz der neuen Technologien betroffen: Die Steuerung und Kontrolle von Kommunikations- und Kollaborationsprozessen wird schwieriger und »zufalls«-anfälliger. Social Software Applikationen wirken auch als Gegenpol zur klassischen Organisation mit ihrer Hierarchie und tradierten Managementpraktiken. Neue Communities entstehen quer zu Hierarchien und über Organisationsgrenzen hinaus entlang von geteilten Themen. Der Paradigmenwechsel führt zu mehr Gleichheit und Augenhöhe (Peer to Peer), bei der Führung Plattformen für eine solche Selbstorganisation schafft und steuert, und benötigt zugleich oft auch expliziteres Führen im virtuellen Raum und dann bisweilen überdeutlich agierende Hierarchien (→ Ent-Scheidung 3: Virtuelle Zusammenarbeit). Letztendlich müssen Führungskräfte antwortfähig bleiben bei dem hohem Tempo und der Dichte der Interaktionen.

Neue Kompetenzen und Fähigkeiten in der Führung werden wichtig, und Unterstützung in der Einführung und Nutzung von Web-2.0-Tools ist vonnöten. Bei der Einführung von Web-2.0-Formaten ist es zwar ein Erfolg, wenn die Nutzung sich Bottom-up durchsetzt, Führungskräfte können und müssen aber viel für die **Verbreitung und Verbesserung dieser Nutzung** tun und entscheiden schlussendlich Web-2.0-Anwendungsfelder (vgl. McKinsey Global Institute 2012, S. 121; Timms 2013):

- Der Fokus liegt auf dem konkreten Nutzen, der erzielt werden soll, nicht darauf, was theoretisch alles ginge.
- Erfolg ist durch eine breite Nutzung der Anwender definiert, aber es braucht auch die Unterstützung von Führung als Vorbild und als öffentliche Befürworter in formellen und informellen Settings.
- Nutzer brauchen die Möglichkeit, das Format zu ihrem eigenen machen zu können. Genaue Vorschriften darüber, was, wie, wo hochgeladen werden soll, sind nicht hilfreich. Wichtig ist es, eine Story zu haben, die interessant genug ist, erst einmal hinzuschauen und auszuprobieren. Das Bedürfnis operativer Top-down-Kontrolle muss aufgegeben werden, denn genau wie jedes andere System sind auch Web-2.0-Formate nicht direktiv steuerbar.
- Nutzer entdecken oft durch die Nutzung noch weitere oder andere sinnvolle Anwendungsgebiete als die vom Management angedachten. Wie können Führungskräfte diesen generierten Wertzuwachs bemerken, aufgreifen, wertschätzen und die neue Nutzung unterstützen?

- Die wertschöpfende Verwendung entsteht durch Einbinden der richtigen Anwender in die Testphase. Sie müssen einerseits fähig sein, mit dem Tool zu experimentieren und andererseits auch dessen Verbreitung unterstützen können. Das mag auf der Hand liegen, aber die wichtigsten Multiplikatoren sind auch in diesem Fall nicht immer die offensichtlichen.
- Intrinsische Belohnungen für die Nutzung sozialer Medien (Status, Beachtung, Anerkennung, Bekanntheit, einen guten Ruf erarbeiten, …) sind effektiver als extrinsische (Boni, Vorschriften, Verbote, …). Auch Zielvereinbarungen zur Nutzung bestimmter Formate sind wenig hilfreich, denn es wird das benutzt, was den eigenen Arbeitsfluss tatsächlich erleichtert oder verbessert. Alles, was neben den »eigentlichen« Prozessen herläuft und zusätzliche Aufgaben verursacht, hat bei einem dichten Tagesgeschäft keine Chance auf langfristige Etablierung. Aufmerksamkeit ist eine knappe Ressource und bei konkurrierenden Zielen und Methoden wird dem Vertrauten und Schnellen der Vorzug gegeben.

Die Nutzung von Web-2.0-Tools hat auch Konsequenzen von außen nach innen. Wie bereits gesagt, bringt die neue Öffentlichkeit vieler Gespräche neue Herausforderungen für Unternehmen. Potenziell wird die gesamte (Web-) Öffentlichkeit zum Stakeholder interner Prozesse. Zum Beispiel sah sich die Fluglinie United Airlines einem PR-Desaster ausgesetzt, nachdem eine wütende Band ein Musikvideo mit dem Titel »United breaks guitars!« veröffentlicht hatte (vgl. Willenbrock 2012, S. 120ff.). Es gibt viele Beispiele für Anlässe, die im Web ausgelöst wurden und sich zu echten Problemen ausweiteten, weil nicht zeitgerecht oder nicht adäquat auf den Anlass reagiert wurde. Die Reichweite und Schnelligkeit der Verbreitung auch nur kleiner »Fehltritte« sind durch soziale Medien exponentiell gestiegen. Social Media Monitoring ist dabei nicht nur Aufgabe der PR-Abteilungen, sondern jeder beobachtenden Führungskraft: Wer sich auf Unternehmens-Bewertungsseiten oder über eine Schlagwortsuche in den gängigsten sozialen Medien informiert, kann rechtzeitig reagieren oder Impulse für Veränderungen aufgreifen.

Viele **Kompetenzen,** die Führungskräfte generell brauchen, erhalten durch den Einsatz sozialer Medien **erhöhte Relevanz:** seien es strategische Kreativität, authentische Kommunikation oder das Umgehen mit den spezifischen Dynamiken des Systems (vgl. Deiser/Newton 2013, S. 2). Diese Kompetenzen müssen nun auch in einem Umfeld beherrscht werden, das hauptsächlich kollaborativ und ko-kreativ funktioniert. Da die meisten Web-2.0-Applikationen über andere Mechanismen wirken und andere Konsequenzen verursachen – wie zum Beispiel eine Informationsflut – brauchen Führungskräfte zusätzlich ein erweitertes Kompetenzprofil. Das von Roland Deiser und Silvain Newton (2013) entwickelte Kompetenzprofil (siehe Abbildung 21) unterscheidet Fähigkeiten auf persönlicher und organisationaler Ebene.

persönlich		organisational/strategisch	
Produzent	mit eigenen Videos oder Blogs Botschaften vermitteln, Meinungen von Mitarbeitenden transportieren, Erfolge teilen; Technische Bedienkompetenz ist Voraussetzung, aber erst der Mut zu Offenheit und Imperfektion erzeugt Authentizität.	**Berater**	in der direkten Umgebung (Direct Reports, unmittelbare Stakeholder) dafür sorgen, dass die Nutzung gelernt werden kann und Konsequenzen der Anwendung reflektiert werden; im Verantwortungsbereich »Tutor« und »Dirigent« für Web-2.0-Aktivitäten werden, inkl. der Schaffung neuer Rollen (Community Mentoren, Netzwerkanalysten, ...);
Verteiler	klassische Kanäle (die kontrollierbar sind) und neue Kanäle (deren Dynamik nicht kontrolliert werden kann) in Einklang bringen; verstehen, wie kollektive Meinungen entstehen, sich verändern und kommentiert werden; wichtige empfangene Inhalte weiter platzieren und eine stabile Gruppe von Multiplikatoren aufbauen, die diese Inhalte in die relevanten »Kanäle« schleust (in jede Richtung);	**Architekt/ Designer/ Rahmensetzer**	Infrastruktur zur Verfügung stellen und zugleich Grenzen setzen und Richtung geben; geteilte Verantwortung für Standards zum »Geben und Nehmen« etablieren (intern und extern); darüber hinaus die formale und die informelle Organisation in der Nutzung von Web-2.0-Formaten mitdenken und gleichermaßen adressieren;
Empfänger	in der riesigen Datenflut richtige Filter setzen, Wichtiges von Unwichtigem unterscheiden können, selektiv antworten (z. B. durch »Likes«); Bedeutsame Inhalte entstehen durch einen kollaborativen Prozess, in dem Führungskräfte einen wichtigen Beitrag dazu leisten, ob Botschaften jeweils akzeptiert oder abgelehnt werden.	**Analyst**	die extrem vielfältigen neuen Möglichkeiten kontinuierlich beobachten und entdecken, damit experimentieren und sie ggf. verwerten; kulturelle und systemische Auswirkungen verstehen und beurteilen;
Moderator	sowohl behutsam als auch klar zum Knotenpunkt für die Nutzer werden; Inhalte verknüpfen, Personen verbinden, auf Einhaltung von Grenzen achten (thematische und persönliche), eine produktive Atmosphäre für Austausch schaffen, Inhalte vorantreiben; als Brückenkopf und Integrator fungieren, der stark auf die anderen Rollen Bezug nimmt;		

Abb. 21: Führungskompetenzen für das Web 2.0 (ergänzt nach Dieser/Newton 2013, S. 3ff.)

Diese Kompetenzen sind bisher noch sehr wenig Teil von Leadership-Development-Programmen und expliziten Führungsaufgaben in Unternehmen. Und auch im Bildungssystem von Hochschulen und Weiterbildungszentren sind sie vielfach noch nicht präsent. Um die zusätzliche Komplexität bewältigen zu können, die auf Führungskräfte durch den Einsatz der kollaborativen und ko-kreativen Formate zukommt, braucht es einen offenen Dialog über die Führungsebenen hinweg und gemeinsam mit den Geschäftsbereichen über Organisations-, Personal- und Führungskräfteentwicklung.

3.4.5 Warum nicht? – Risiken und Gründe gegen die Nutzung

Es gibt auch einige gute Gründe, sich dem Trend Web 2.0 (vorerst) zu widersetzen oder – vielleicht besser – vorsichtig anzunähern. Immerhin hatten 44 Prozent der Großunternehmen und 39 Prozent der KMUs 2012 noch keine konkrete Nutzung solcher Formate umgesetzt (vgl. BITKOM 2012, S. 6). Die Analyse des McKinsey Global Institute hat eine Kategorisierung genutzt (vgl. McKinsey Global Institute 2012, S. 54ff.), die wir hier erweitern:

Gesellschaftliche Risiken
Die Qualität Nutzer-generierter Inhalte – von exzellentem Journalismus bis hin zu Spam oder gar Missbrauch – führt zu Diskussionen über das Filtern, das mögliche »Verblöden«, die Vielfalt und die Wichtigkeit von Media Literacy. Geteilte Werte auf Basis geteilter/kollektiver Erfahrungen können unter der möglichen Isolation und einem gewissen Narzissmus und Selbstdarstellungsdrang im Netz leiden *(Sozialer Zusammenhalt)*. Es entsteht kein »Wir« sondern ein vorübergehend aufflackerndes Netzwerk.

Risiken für Unternehmen
Strategie: geschützte Informationen und Intellectual Capital; 55 Prozent der Executives sind der Annahme, dass das Risiko des Durchsickerns vertraulicher Informationen durch soziale Technologie erheblich steigt (vgl. McKinsey Global Institute 2012). Und 40 Prozent sind der Meinung, dass geistiges Eigentum nicht adäquat behandelt wird (vgl. BITKOM 2012, S. 5). Zudem glauben 30 Prozent der Manager, dass die Marke darunter leiden könnte, dass Mitarbeitende oder Kunden sich negativ über das Unternehmen äußern, strategische Pläne herabsetzen oder das Management attackieren *(Stichwort: Markenreputation)*.

Organisation: Die Nutzung der neuen Formate entsteht durchaus auch »viral« und an bestehenden Prozessen vorbei, ohne Genehmigung. Das verursacht Probleme für die offizielle Einführung, Qualitätssicherung und das Einhalten vorgegebener Standards (z. B. Zertifizierungen, interne und externe Kontrollsysteme) *(Stichwort: Prozesswidrigkeit)*.

Personen: Laut McKinsey machen sich 40 Prozent der Arbeitgeber darüber Sorgen, dass die Kernarbeit zu kurz kommt. Allerdings fänden Personen, die in Social Media Zeit verschwenden, auch ohne Social Media Wege, Zeit zu verschwenden *(Stichwort: Arbeitsproduktivität)*.

Während traditionell nur wenige Artefakte ausgewählt wurden, um sie dem Vergessen zu entreißen – vor allem im schriftlichen Dokumentformat –, ist es heute sehr kostengünstig, große Datenmengen zu speichern und durch komplexe Analysealgorithmen ständig neu zu konfigurieren. Dies könnte zu viel Vergangenheitsbezogenheit oder zu übergroßer Vorsicht führen, wenn jeder weiß, dass die persönlichen Beiträge noch nach Jahren wieder auf den Tisch kommen könnten (vgl. Wimmer 2012, S. 23f.) *(Stichworte: ewiges Erinnern, kein Recht auf »Vergessen«)*.

Führung: Die horizontale Kollaboration in Web-2.0-Formaten mit ihren nicht vorhersagbaren Konversationsmustern umgeht tradierte Machtverhältnisse und Kommunikationsrichtungen (vgl. Deiser/Newton 2013, S. 2) *(Stichworte: Kontrollverlust, Machterosion)*.

Externe Risiken

Öffentliche Attacken auf ein Unternehmen auf Social-Media-Seiten, Blogs oder Foren durch Kritiker, Kunden oder auch Mitarbeitende *schädigen Marke und Reputation*. Unternehmen müssen auf die Tonalität des »Social Media Buzz« achten und ggf. schnell und konstruktiv reagieren, um einen »Shitstorm« abzuwenden. Bestenfalls auf demselben Kanal und ernsthaft.

Geistiges Eigentum wird oft verletzt, da gerade das »Teilen« zum sozialen Aspekt des Web 2.0 beiträgt. Plattformen und Software wie Solarmovie, BitTorrent etc. werden oft dazu benutzt, bestehende Rechte wissentlich zu übergehen.

Vor allem Unternehmen aus den Bereichen Medien und Unterhaltung sehen ihre *Geschäftsmodelle* durch Web-2.0-Formate *gefährdet*. Sowohl durch das Ignorieren geistiger Eigentumsrechte als auch durch die wachsende Konkurrenz von Nutzern, die selbst hochwertige Inhalte erstellen und kostenlos oder sehr günstig zur Verfügung stellen. Als Folge wächst die Gefahr der Selbstkannibalisierung des bisherigen Geschäfts, sofern man sich ganz auf dieses neue Spiel einlässt[12]. Bestimmte Prozesse wie Finanzierung oder Personalbeschaffung bekommen ebenfalls starke Konkurrenz (z. B. durch Crowdfunding, Freelancer-Sites). Ebenso werden manche Dienstleistungsbereiche sich neu erfinden müssen, um sich am Markt halten zu können, z. B. Werbefirmen, F&E-Anbieter, Marktanalysten, externe Recruiter, Reisebüros, Telekomanbieter von SMS etc.

---

12 Beispielsweise kannibalisiert das »Smart«- und »Online- Banking« immer mehr das Beratungsgeschäft der vielen Filialen.

Wird auf Dauer jedoch zu vorsichtig agiert und sich immer wieder kategorisch gegen die Nutzung von Web-2.0-Formaten entschieden, kommt es leicht zu selbstorganisiertem »Wildwuchs«. Mitarbeitende nutzen ihre privaten E-Mail-Adressen oder Smartphones, um über solche »Bypasses« ihre Arbeit effizienter und kollaborativer zu gestalten. Auf lange Sicht werden außerdem wichtige Lernchancen verpasst, wenn keiner im Unternehmensumfeld mit solchen Formaten vertraut werden kann. Dann kommt es zu einer gefährdenden »Illiteracy«, zu digitalem Analphabetismus.

3.4.6 Wie jetzt? – Herausforderungen im Einsatz

Eine besondere Herausforderung liegt im Paradigma des **Kollaborierens und Ko-Kreierens.** Die Beteiligung muss allerdings erst einmal vorliegen – oder interessant genug sein. Je mehr Personen teilnehmen und mitdiskutieren bzw. Inhalte erstellen, desto mehr Bezüge aufeinander entstehen, desto mehr nehmen Quantität und Qualität der Inhalte zu, desto höher wird der Wert der Community insgesamt. Je aktiver und stabiler solche Online-Communities werden, desto eher bilden sich auch eigene soziale Normen heraus, die nicht konstruktiven Beiträgen, Beleidigungen oder haltlosen Behauptungen selbstgesteuert Einhalt gebieten (vgl. McKinsey Global Institute 2012, S. 124), ganz gleich, ob es um Informationsmärkte, Open-Innovation-Formate, Wikis oder lebendige Blogosphären geht. Wenn man auf die Beteiligung von sehr vielen Personen angewiesen ist, braucht das Projekt bestimmte Charakteristiken. Im Folgenden sind einige Treiber und Charakteristiken produktiver Selbstorganisation aufgezählt:

- Die Teilnahme hängt von positiver Einstellung zum Format ab (vgl. Institute for the Future 2008, S. 11ff.): Neugier, Stolz, sich klug fühlen, sorgfältige, wertschätzende Ausführung, Lust am Thema, Freude am »Vorankommen« oder Ähnliches. Das Format muss so konzipiert sein, dass sich bei der Nutzung schnell erste Erfolgserlebnisse ergeben. Und es muss sich »gut anfühlen«, einen Beitrag zu leisten: Das Format muss ein Ziel/einen Nutzen haben, der den es Nutzenden sinnvoll erscheint, und es muss transparent sein, wozu es genutzt werden soll und wer dahintersteht.
- Beiträge in Web-2.0-Formaten werden von 90 Prozent der Besucher nur angeschaut, neun Prozent kommentieren Beiträge anderer und nur ein Prozent erstellt selbst Inhalte. Damit diese Verteilungspyramide nicht zu einem Beteiligungsproblem wird, sollte es viele kleine, leicht und schnell zu erledigende Aufgaben geben und nur wenige sehr komplexe Einzelaufgaben, denen sich die Top-ein-Prozent-Nutzer widmen können (vgl. Institute for the Future 2008, S. 14f.). Durch »Trigger« wie SMS, Erinnerungsmails, Facebook Pokes oder Ähnliches können wenig aktive Nutzer an das Tool erinnert werden.

- Direktes Feedback, klare Rückmeldung zu Erfolg/Misserfolg und ein adäquates Level an Herausforderung durch das Tool sind gute Voraussetzungen. Aus dem Bereich der Online-Games lässt sich das Prinzip des »Levelling« übertragen (vgl. Institute for the Future 2008, S. 17ff.): Nach einer bestimmten Anzahl von Beiträgen/Errungenschaften etc. erhält der Nutzer einen neuen Status, oft verbunden mit neuen Verantwortungen wie beispielsweise Moderatorenrechten. Zeit spielt dabei keine Rolle – allein der Inhalt zählt.

Grundsätzlich braucht es ein breites Verständnis dafür, wie eine unternehmenseigene Community aussehen soll und kann, wenn das Ziel eine sehr hohe Beteiligung ist.

Eine weitere Herausforderung liegt im teilweisen **Machtverzicht,** den Web-2.0-Formate vom Management fordern (vgl. Institute for the Future 2005, S. 40). Denn Macht wird verteilt unter den Beitragenden. Dies ist ein wichtiger Anreiz, um Partizipation und Kooperation zu fördern – man begegnet sich auf Augenhöhe, darf die eigene Expertise und Sicht einbringen, unabhängig vom Hierarchielevel. Dieser Verzicht kann auch eine Entlastung von Verantwortung sein: Vertrauen in ein Team zeigen und in die gegenseitige Normierung und Restriktion. Jedem und jeder Mitarbeitenden Verantwortung generell zuzumuten, das schafft höhere Ansprüche und prägt das Verhalten. Besonders schwierig wird es, wenn die Formate zu Ergebnissen führen, die das Management nicht gewollt oder erwartet hat. Im Anerkennen dessen, was ist, hat beispielsweise das Team des Versandhandels Otto geglänzt. Als ein Facebook-Wettbewerb für das neue Titelmodel von einem jungen Mann mit übertriebenem Make-up, billiger blonder Perücke und Frauenkleidung gewonnen wurde, haben sie ihn tatsächlich eingeladen, vor die Kamera zu treten. Sascha wurde professionell und geschmackvoll als Frau gestylt und war tatsächlich auf dem Titel des Weihnachtskatalogs zu sehen. Diese das Unerwartete aufnehmende, humorvolle Reaktion hat dem Unternehmen viel Respekt und Aufmerksamkeit gebracht, man sprang über den eigenen Schatten.

Große **Herausforderungen kultureller Art** erleben Unternehmen, die sehr klassisch hierarchisch arbeiten. Um an den neuen Formaten teilzunehmen, muss Unbehagen und Angst vor offener Partizipation überwunden werden. Viele Initiativen in diese Richtung werden auch aufgrund von Bedenken der Rechts- oder HR-Abteilungen gestoppt. Im Gegensatz dazu gab es bei früheren Technologie-Einführungen hauptsächlich die Risiken hoher Kosten oder schlechter Umsetzung.

Die Abbildung 22 zeigt, welche Art von kultureller Transformation mit der intensiven Nutzung von Web-2.0-Tools einhergeht.

	»**Production**arbeit« – Fords Fließbänder u.Ä.	»**Erledigung**sarbeit« – Taylors funktionale Ausdifferenzierung etc.	»**Wissen**sarbeit«/ »**Interaktion**sarbeit« – Web 2.0
Strategie und Innovation	zentralisiert und Top-down	zentralisiert, Matrix	dezentralisiert, Bottom-up, evolutionär
Organisation	Hierarchien, Befehl und Gehorsam	Hierarchien, Mitsprache	flach, flexibel, durchlässig
Wissen und Lernen	Routine und anweisungsorientiert, Top-down	Expertentum, standardisierte Entwicklungsprogramme	Lehrzeit, dezentralisiert, Wissensmarkt, selbstorganisiert
Technologie nutzen, um …	… Handarbeit zu ersetzen und zu automatisieren	… menschliche Arbeit zu ersetzen (IT) zu automatisieren, zu beschleunigen, zu wachsen, abzustimmen	… Wissen zu ergänzen, auszuweiten, anzupassen, auszuhandeln, zu kollaborieren, zu innovieren
Rolle des Managements	Ziele setzen, Aufgaben zuweisen, optimieren	Ziele setzen, Verständnis fördern, Commitment sichern, orchestrieren	Richtung festlegen – Zukunftsbild und Anreize für Initiative und Vernetzung, Plattformen schaffen Ressourcen/Wissen verfügbar machen, ermutigen

Abb. 22: Kulturelle Transformation durch Web-2.0-Nutzung (erweitert nach McKinsey Global Institute 2012, S. 122)

Noch in den Kinderschuhen steckt die **Messung des Nutzens** der sozialen Formate und Medien. Auch wenn 90 Prozent der nutzenden Unternehmen bestätigen, dass sie durch die Web-2.0-Formate einen Geschäftsvorteil generieren (vgl. McKinsey Global Institute 2012), bleibt die Frage des »Wie genau?« zur Messung der Wirksamkeit bzw. der Beitragsleistung dieser Tools bestehen. Klassische Schwierigkeiten, wie es sie auch z. B. im Marketing oder im Talent Management gibt, treten zutage: Wie und wodurch bildet man zunächst einmal qualitative Zustände ab? Wie misst man emergente Phänomene, bei denen keine eindeutige Beitragsrelation unterstellt werden kann? Das heißt, im Großen und Ganzen geht es um Fragen wie: Wie beziffert man Reputationsgewinn oder Vermeidung von Reputationsverlust, verbesserte Transparenz innerhalb des Unternehmens, reibungslosen Wissensaustausch oder höhere Kundenzufriedenheit?

Zu bedenken ist ebenfalls, dass die Einführung und Nutzung dieser Tools immer auch **Veränderungsarbeit in der Organisation erfordert.** Schwierig ist vor allem die grundsätzlich benötigte Veränderung der Kultur zu großer Offenheit, Teilen, Vertrauen, Teamwork und Kollaboration. Klar ist inzwischen, dass die Tools und Applikationen den Arbeitsalltag betreffen und – mittelfristig – erleichtern oder verbessern müssen. Sonst werden sie sich gar nicht erst durchsetzen. Die gute Nachricht: Für die technische Beherrschung der Medien sind formale Trainings nicht unbedingt nötig; vor allem dann nicht, wenn die Vorteile der Nutzung einnehmend genug sind und neugierig genug machen. Mentoring ist für die neuen Medien ein geeignetes Training (vgl. McKinsey Global Institute 2012, S. 122). Ermutigend kann Reverse Mentoring sein: Der Chef lässt sich von Jüngeren oder »Early Adopters« die Nutzung erklären. Denn die Hierarchieumkehrung wirkt positiv auf die angestrebte »gleiche Augenhöhe« und eröffnet Chancen, Expertenwissen zu zeigen.

Letztendlich geht es bei der Einführung von Web-2.0-Formaten und der Förderung von Social Media Literacy um eine Balance: weg von blinder Euphorie oder Abwehr hin zu realistischen **Grenzen der Technologie** – was kann sie und was nicht? Physischer Kontakt und direkter Dialog sind weiter wichtig, denn heikle Themen können selten besser gelöst werden. Und es gibt viele Implikationen bei Sicherheit, Prozessen und der Anschlussfähigkeit an die eigenen Systeme. Schützenswerte Bereiche, in denen Teilen, Öffnung und totale Transparenz nicht angebracht sind, betreffen nicht nur Daten, sondern auch Personen und Arbeitssettings: Gibt es genug Rückzugsorte? Gibt es informelle Räume, in denen Themen auch mal ohne Öffentlichkeit gären und reifen können? Gibt es Möglichkeiten für eine Beobachterposition jenseits des Aktivitätsimperativs? Wo wird die Privatsphäre der Mitarbeitenden durch die – mögliche – ständige Nachvollziehbarkeit verletzt? Wo gibt es Raum für absolut geschützte Kommunikation?

3.4.7 Und der Gewinner ist: der Kunde

Die Konsumenten scheinen die größten Gewinner der Web-2.0-Reformation zu sein: niedrigere Preise, bessere Produkte, schnellere Services, bessere Vergleichbarkeit von Wettbewerbern, höhere Transparenz hinsichtlich Geschäftspraktiken und -ethos, verbesserte soziale Interaktion und noch weitere Vorteile, von denen einige noch Zukunftsmusik sind (wie zum Beispiel die komplette Online-Verwaltung der eigenen Gesundheit – mit Services, Versicherungen, Sport- und Ernährungsprofilen) und andere schon ganz klar den Alltag mitbestimmen (wie die Konsumentenbewertungen bei Restaurants oder Hotels). Eine Studie von McKinsey beziffert das Verhältnis der Aufteilung des zusätzlichen Wertes auf zwei Drittel, die den Konsumenten zugutekommen, gegenüber einem Drittel für Produzenten (vgl. Mc Kinsey&Company 2010). Diese profitieren von mehr direkter Kundenkommunikation, von Kunden als Koproduzenten von Leistungen sowie von intensiverer Kundenbindung.

Diese neue Macht der Kunden braucht auf Unternehmensseite neue Strategien und Initiativen der Unternehmensentwicklung (**Customer Centricity**): Wie gestalten wir die Kundenbeziehung im Wertschöpfungs- und Kundenprozess bzw. im Lebenszyklus des Kunden und nutzen dabei Web-2.0-Formate klug, verbunden mit direkten Kontaktpunkten und -situationen?

Auch hier wird wieder ein schmaler Grat begangen. Viele der Vorteile basieren auf der Auswertung persönlicher Daten: Kaufgewohnheiten, Ansichten, Vorlieben, gesundheitliche Fakten, Finanzausstattung etc. Besorgnisse, die Privatsphäre betreffend, sind durchaus angebracht. Wann zerbricht der »gläserne Kunde«? Welche Daten sind wirklich tabu? (vgl. Brown et al. 2011, S. 11).

3.4.8 Do's and Don'ts

Eine **Social Media Policy** ist gemeinsam *mit* den Nutzern zu entwickeln – nicht *für* die Nutzer. Anstelle von Verboten sollte es Konversationen darüber geben, was für die Kunden, die Mitarbeitenden, für die Führung/Eigentümer und für das Geschäft insgesamt Sinn macht. In größeren Firmen sollten die HR-, Rechts- und IT-Abteilung in die Erstellung der Nutzungsbedingungen mit einbezogen werden.

Wichtig bei der Einführung ist zweckgerichtetes, **kontinuierliches Experimentieren** mit den Formaten. Sonst verpuffen die positiven Effekte nach dem Hype der Einführung und die Formate werden nicht genutzt: »Im Kleinen probieren – dann im Großen forcieren«.

Auch wenn Firmen zögerlich sind beim Einsatz von Web-2.0-Tools, so können sie doch erste Schritte wagen, indem sie bestimmte **Dienstleistungen zukaufen,** etwa die Analyse der Datenflüsse auf sozialen Plattformen über Bemerkungen zum Unternehmen, Warnsignale hinsichtlich gewisser Häufigkeiten von Beschwerden oder Problemen in Bezug auf Produkte oder Ähnliches (vgl. McKinsey Global Institute 2012, S. 123).

Die Zusammenarbeit mit **strategischen Partnern** entlang der Wertschöpfungskette verteilt das Risiko auf mehrere Schultern, und neue Partner können ggf. neue relevante Expertise zu diesem Bereich beitragen. Hier ist auch Zusammenarbeit mit kleineren Firmen spannend und lehrreich, die mit solchen Formaten oft ganz unkompliziert umgehen können und mehr Anwendungserfahrung mitbringen (→ Ent-Scheidung 6: Strategische Kooperationen).

Informations- und Datensicherheit ist weiter zu fassen als in der klassischen IT (Cyberkriminalität, Phishing, Hacking, Cloud Computing etc.) und ist wesentliche Dimension von Web-2.0-Kompetenz und Web-2.0-Strategien.

3.4.9 Kleines Web-2.0-Wörterbuch

Die Abbildung 23 beschreibt gängige Formate und nennt etablierte Anbieter.

Formate	Beschreibung	etablierte Anbieter
Social Forecasting (Information Markets)	Prognosemärkte nutzen zur Einschätzung einer zukünftigen Entwicklung: die »Weisheit der Vielen«. Wie bei einer Aktienbörse werden Einschätzungen über die Zukunft gehandelt (mit Credits; evtl. ergänzt durch qualitative Kommentar- oder Wiki-Funktionen). Unternehmen können so große Personengruppen in die Bewertung von Zukunftsszenarien einbeziehen.	CrowdWorx, → WERKZEUG 22: PROGNOSEMARKT PREDIKI
Social Media Monitoring	Social Media Monitoring meint die Beobachtung relevanter sozialer Online-Medien im Hinblick auf Informationen über ein Unternehmen oder eine Organisation.	Kununu, Glassdoor
Webcrowd	das Auslagern einer wirtschaftlich verwertbaren Leistung an einzelne Akteure (oft Freelancer) im Internet durch ein Unternehmen oder eine Organisation in Form eines offenen Aufrufs	Amazon Mechanical Turk
Crowdsourcing	das Auslagern einer wirtschaftlich verwertbaren Leistung an eine »Crowd« von Akteuren im Internet durch ein Unternehmen oder eine Organisation in Form eines offenen Aufrufs	Innocentive, Tchibo-Ideas
Crowdfunding	Online-Plattformen, die es ermöglichen, Projekte vorzustellen und um finanzielle Unterstützung oder Beteiligung mittels eines offenen Aufrufs zu werben	kickstarter, respekt, seedmatch, betterplace
Crowdinvesting	funktioniert ähnlich wie Crowdfunding, aber hier erhält der Investor einen Return in Form von Auszahlung des Kredits oder Anteilen am Gewinn	Innovestment, Companisto, Deutsche Mikroinvest
Storytelling	Plattformen, auf denen über ein Ereignis erzählt werden kann (Dokumentation), oft unter Einbeziehungen verschiedener Kanäle des Social Web und der Beiträge verschiedener User (z. B. während eines Events oder eines Projekts)	Storify

Formate	Beschreibung	etablierte Anbieter
Social Network Site	User können ein (semi-) öffentliches individuelles Profil anlegen, sich mit anderen Usern vernetzen und Inhalte teilen.	Facebook, Google+, LinkedIn, Xing
Enterprise Social Network Site	Diese Netzwerke funktionieren ähnlich wie Social Network Sites, sind aber ausschließlich für die Nutzung innerhalb eines Unternehmens gedacht, i.d.R. gibt es ergänzende Funktionen z. B. für Projektmanagement und/oder Schnittstellen zu anderen Systemen des Unternehmens.	Yammer, Jive, Podio, Unternehmensprodukte
Wiki	Wikis sind Applikationen für das kollaborative Erstellen und Modifizieren von Inhalten, die u. a. im Wissensmanagement eingesetzt werden.	Wikipedia
Blog (Weblog)	Die User teilen Inhalte in Form von Posts auf ihrer Blog-Seite (Darstellung i.d.R. in umgekehrt chronologischer Reihenfolge). Kommentare und das Teilen/Verbreiten der Inhalte durch andere User sind meist möglich.	Tumblr, WordPress, Blogger
Microblogging	funktioniert wie Blogging, umfasst aber kleinere Inhaltsteile (z. B. 140 Zeichen auf Twitter) und findet meist auf für jeden Web-User offenen Websites statt	Twitter
Online-Datenspeicher und Filesharing	Online-Datenspeicher ermöglichen das Speichern von Daten auf Webservern (in der Cloud) und den Zugriff von unterschiedlichen Geräten und Orten mit Internet-Zugang. Die Applikationen haben i.d.R. eine Funktion zum Teilen von Daten mit ausgewählten Personen. Achtung: Datensicherheit!	Dropbox, Sugarsync, Google Drive, Microsoft Skydrive, iCloud
Video-Conferencing	Web-Applikationen für Video-Telefonate zwischen mehreren Personen an verschiedenen Endgeräten und Orten, oft ergänzt durch Funktionen für Screensharing, kollaboratives Mindmapping, Instant Messaging und Filesharing	GoToMeeting, WebEx, Skype, Google Hangout, Facetime
Screensharing	das Teilen des eigenen Bildschirms mit Nutzern an anderen Endgeräten und Orten	Join.me, Skype, GoToMeeting, WebEx, Google Hangout

Formate	Beschreibung	etablierte Anbieter
Mindmapping	digitale Mindmaps, die kollaborativ erstellt werden können und zur späteren Modifizierung und Verwendung geeignet sind	Simplemind, Mindmeister
Webinar	Nutzung von Video-/Telefon-Conferencing Tools für Online-Seminare	WebEx, GoToWebinar, Edudip
Dokumenten-Kollaboration	gemeinsames, z.T. auch zeitgleiches Arbeiten an Dokumenten	Google Docs, Sharepoint, iWorks
Projekt-Management	webbasierte Applikationen, die Elemente und Werkzeuge von Projektmanagement abbilden (je nach Tool mehr oder weniger differenziert bzw. rudimentär)	Basecamp, Trello, Asana, MS Project
Instant Messaging (Chats)	direkte (sofortige) Kommunikation zwischen Nutzern und Austausch von Informationen	Skype, ICQ Messenger, Yammer, Messages (Mac), Google Hangout, Campfire
Videosharing	Videos können online gestellt, (semi-) öffentlich geteilt, bewertet und kommentiert werden (oft in Verbindung mit Social Network Sites wie Facebook).	YouTube, Vimeo
Fotosharing	Fotos können online gestellt, (semi-) öffentlich geteilt, bewertet und kommentiert werden (oft in Verbindung mit Social Network Sites wie Facebook).	Instagram, Pinterest, Tumblr
Puls-Check	Puls-Checks erstellen ein breites Stimmungs- oder Meinungsbild zu einer Frage (z. B. wie ein Unternehmen mit einer bestimmten Initiative vorankommt).	Know Your Company; → WERKZEUG 31: SLI.DO
RSS	RSS veröffentlicht Änderungen an Websites (d. h. auch Blogs) in einem standardisierten Format. Sie können als automatisierte E-Mail-Feeds abonniert werden.	RSS Feeds
Location Based Social Network Site	Social Network Sites, die das (semi-) öffentliche Teilen der geografischen Position durch die User nutzen	Foursquare, Facebook, Google+, Twitter
Social Bookmarking	auf Social Bookmarking Sites sammeln und teilen mehrere User gemeinsam »Internet-Lesezeichen« (Bookmarks)	Digg, StumbleUpon, Reddit, Delicious, Technorati

Abb. 23: Web-2.0-Wörterbuch: Formate und Anbieter

Weiterlesen

Verwandte Ent-Scheidungen: Virtuelle Zusammenarbeit, Innovation, Strategische Kooperationen, Governance, Compliance und Business Ethics
Passende Werkzeuge: Prognosemarkt Prediki, Sli.do

Literatur

BITKOM (2012): Social Media in deutschen Unternehmen. Berlin 2012.

Brown, Brad/Chui, Michael/Manyika, James (2011): Are you ready for the era of »Big Data«? In: McKinsey Quarterly, Oktober 2011.

Buhse, Willms/Stamer, Sören (2008): Enterprise 2.0 – The art of letting go. New York 2008.

CenterStage (2010): Enterprise 2.0 – Zehn Einblicke in den Stand der Einführung. Deutschland/Österreich/Schweiz. http://de.scribd.com/doc/28846171/Enterprise-2-0-Studie-2010-centrestage-GmbH (09.12.2014).

Deiser, Roland/Newton, Sylvain (2013): Six social-media skills every leader needs. In: McKinsey Quarterly, Februar 2013.

European Commission (2011): Testing and refining criteria to assess media literacy levels in Europe. Final report. European Commission, April 2011.

Han, Byung Chul (2013): Transparenzgesellschaft. 3. Aufl., Berlin 2013.

Harrysson, Martin/Metayer, Estelle/Sarrazin, Hugo (2013): How »social intelligence« can guide decisions. In: McKinsey Quarterly, November 2013.

Hellinger, Ariane/Stumpf, Veronika (2013): Deutschlands Zukunft als Produktionsstandort sichern: Umsetzungsempfehlungen für das Zukunftsprojekt Industrie 4.0., Abschlussbericht des Arbeitskreises Industrie 4.0. Frankfurt am Main, April 2013.

Hellweg, Eric (2012): Are you network literate? In: Harvard Business Review, March 2012.

Institute for the Future (2005): Rapid decision making for complex issues. How Technologies of Cooperation Can Help. Palo Alto (CA) 2005.

Institute for the Future (2007): New careers. Palo Alto (CA) 2007.

Institute for the Future (2008): Engagement economy. The future of massively scaled collaboration and participation. Palo Alto (CA) 2008.

Institute for the Future (2009): Blended reality. Superstructing reality, Superstructing selves. Palo Alto (CA) 2009.

Kim, Chan W./Mauborgne, Renée (2004): Blue Ocean Strategy. In: Harvard Business Review, Oktober 2004.

Lanier, Jaron (2013): Who owns the future? London 2013.

Levine, Rick/Locke, Christopher/Searls, Doc (2001): The Cluetrain Manifesto: The end of business as usual. New York 2001.

Mayer-Schoenberger, Viktor/Cukier, Kenneth (2013): Big Data: A revolution that will transform how we live, work and think. New York 2013.

Mc Kinsey&Company (2010): Consumers driving the digital uptake: the economic value of online advertising-based services for consumers. White Paper, September 2010.

Mc Kinsey Global Institute (2012): The social economy: Unlocking value and productivity through social technologies. Mc Kinsey Global Institute Juli 2012.

National Association of Media Literacy Education. www.namle.net (22.08.2014).

Pariser, Eli (2012): Filter Bubble. Wie wir im Internet entmündigt werden. München 2012.

Rheingold, Howard (2008): Writing, reading, and social media literacy. In: Harvard Business Review, 22. Oktober 2008.

Schmidt, Eric/Cohen, Jared (2013): The new digital age: Reshaping the future of people, nations and business. London 2013.

Timms, Henry (2013): Creating social change with social media. In: Harvard Business Review, 25. März 2013.

Tramitz, Christiane (2014): Nicht ohne mein Netz. Die Macht im Internet. In: Tagesspiegel vom 10.06.2014.

Willenbrock, Harald (2012): Und dann greift er zur Gitarre. In: brand eins, Ausgabe 01/2012: Schwerpunkt Nein sagen, S. 120–125.

Wimmer, Rudolf (2012): Die neuere Systemtheorie und ihre Implikationen für das Verständnis von Organisation, Führung und Management. In: Rüegg-Stürm, Johannes/ Bieger, Thomas (Hrsg.): Unternehmerisches Management. Herausforderungen und Perspektiven. Göttingen 2012.

3.5 Ent-Scheidung 5: Lösungsgeschäft als Ko-Kreation

Zugrunde liegende Trends: komplexere Kundenbedürfnisse nach Lösungen, Ansprüche an maßgeschneiderte Produkte und Services, selbstorganisierte Communities, »besser durch cleverer« und »besser durch simpler«, Management kollektiver Intelligenz, beschleunigte Technologieentwicklung und Konvergenz von Technologien, Customer Centricity

Unsere Thesen:

* Wettbewerbsintensive, globale und dynamische Märkte führen zu komplexeren Kundenbedürfnissen. Kunden fordern vermehrt maßgeschneiderte Lösungen für ihre Anliegen.
* Die Konsequenzen für das Anbieten ko-kreativer Lösungen sind weitreichend: Strategie, das eigene Angebot, Organisationsstruktur, Prozesse, Teams und Expertise müssen überarbeitet werden.
* Lösungsgeschäft durch Ko-Kreation erfordert ein tiefes Verständnis des Kundenunternehmens und von dessen Geschäft sowie die Kompetenz, gemeinsam mit dem Kunden Arbeitssettings zu etablieren, in denen gemeinsam maßgeschneiderte Lösungen entstehen können.
* Das Lösungsgeschäft für komplexe Fragestellungen ist immer auch ein kreativer Innovations- und Wissensentwicklungsprozess. Maßgeschneiderte Lösungen steigern das Innovationspotenzial, gehen aber zulasten von Effizienz und Standards.
* Führungskräfte konzentrieren sich auf Strategie, Organisationsdesign des Lösungsgeschäftes bzw. auf seine Moderation, Konfliktmanagement und Prozessgestaltung, um eine Balance zwischen Lösungsfokus, Wertschöpfung, Ertrag und Effizienz zu gewährleisten.
* Inhaltlich gehen jeweils die interdisziplinären Expertenteams in Führung, deren Kompetenzen zum jeweiligen Thema und methodisch in der Prozessgestaltung gefragt sind.

- Technologien – insbesondere IT Lösungen – ermöglichen nicht nur Mass Customization, sondern unterstützen auch Lösungen durch Ko-Kreation.
- Der Kunde ist mit seinem professionellen Mitwirken wesentlich für das Gelingen, er trägt Mitverantwortung am Ergebnis und ist zugleich Auftraggeber, der für die Leistung bezahlt.
- Beide Seiten, Anbieter und Kunde, haben anspruchsvolle »Beziehungsarbeit« zu leisten, stehen sie einander doch zugleich als Verkäufer und Käufer, als Dienstleister/Lieferant und Abnehmer, aber auch als Kooperationspartner gegenüber.
- Lösungsgeschäft braucht Investition in die eigene und die (räumlich) übergreifende Arbeitsfähigkeit interdisziplinärer Teams der beteiligten Unternehmen in sich, aber auch miteinander. Silodenken hat keinen Platz!
- Der Wechsel zwischen Standard- und Lösungsgeschäft ist auch ein Wechsel in der Kernidentität für alle beteiligten Personen und als Unternehmen.
- Verfolgt ein Unternehmen beide Strategien – Produkt- und Lösungsangebot –, braucht es unterschiedliche Settings für (Produkt-) Angebot und Pricing, für Ziele, Steuerung, Organisation, Führung und Support-Prozesse in beiden Geschäftsfeldern.
- Die Lösungsteams der beteiligten Unternehmen erarbeiten gemeinsame Ergebnisse, die dann in beiden Heimatorganisationen »zu verkaufen« sind.

Klassische Spannungsfelder:
- Standardlösung gegenüber Mass Customization gegenüber individueller Lösung
- Expertise und Expertentum (»die eine« richtige Lösung) gegenüber ergebnisoffenen Prozessen, in denen zum Klienten passende Lösungen entwickelt werden
- »Tried-and-Tested« gewohnter Erfolgsmuster gegenüber »Undetected Space« neuer Geschäftsmodelle und Lösungen, d.h. Sicherheit gegenüber Offenheit
- effiziente Funktionsdifferenzierung gegenüber kreativer, übergreifender und lateraler Vernetzung in den mitwirkenden Teams
- Komplexität durch Standards reduzieren (z.B. Baukastensysteme) gegenüber Komplexität erhöhen für Passgenauigkeit
- individuelle Verantwortung von Experten gegenüber Lösung durch kollektive Intelligenz und interdisziplinäre Hochleistungsteams

Klassische Industrieunternehmen haben mit ihrer Technik- und Produktorientierung viel zum Wohlstand und zur Entwicklung der Märkte beigetragen – und dabei Kundenbedürfnisse in Standardlösungen gegossen. Der Preis, der damit verbunden war und ist, liegt darin, dass in der weiteren Ausdifferenzierung der Produkte der Kundenfokus oft nur mit Nachdruck eingebaut werden konnte. Viele Unternehmen haben als Start-up noch einen starken Fokus auf Kunden und ihre Bedürfnisse. Nach einer erfolgreichen Marktetablierung, Wachstum und internen Ausdifferenzierung geht diese Ausrichtung nicht unbedingt verloren. Aber mit mehr Routine werden intern kundenrelevante Entscheidungen getroffen und ein Verhalten angenommen, das vor allem aus der Perspektive der angebotenen Produkte oder Dienstleistungen auf die Kunden sieht und nicht mehr aus der Kundenperspektive selber. Zum Beispiel wird Qualität dann oft anhand interner Kriterien gemessen, nicht unmittelbar anhand von Kundenbedürfnissen (vgl. Gulati 2007, S. 5). Die Folge sind Technik- und Produktverliebtheit, Over-engineering etc. Dies ist in vielen Unternehmen bis heute der Fall, auch wenn sich der Fokus von »fertige Produkte und Dienstleistungen verkaufen« seit den 1990er-Jahren immer mehr auf »Lösungen verkaufen« verschoben hat.

Inzwischen sind viele Unternehmen an einem Punkt, an dem ihre Produk-te (und zunehmend auch ihre Standardlösungen) zur Massenware mit geringer Marge werden (»commoditized«). Damit Kunden wieder bereit sind, einen höhe-ren Preis für die ihnen erbrachten Leistungen zu bezahlen, lernen Unternehmen, deren Bedürfnisse passgenauer zu befriedigen. Auch die erhöhte Komplexität vieler Branchen benötigt eine stärkere Ausdifferenzierung der Leistungen (z. B. Automobilgeschäft, Telekommunikation, IT etc.). Dies geht in vielen Unterneh-men über die in den 1990er-Jahren entwickelten Ideen vom Baukastenprinzip und der Mass Customization hinaus. Kunden brauchen Partner an ihrer Seite, die Bedürfnisse und deren Befriedigung nicht nur erkennen und bedienen, sondern sie bereits mit ihnen gemeinsam entwickeln und konzipieren. Anbieter und Kun-de lassen sich dabei auf einen Prozess ein, an dessen Ende eine **maßgeschnei-derte Lösung** steht.

Da diese Lösung nicht bereits zu Anfang anhand bekannter Kriterien kom-biniert werden kann, benötigt der Prozess eine Haltung von Offenheit auf bei-den Seiten, Neugier, Respekt und Interesse an wechselseitigen Beiträgen – zu-gleich aber auch ein gemeinsames »Big Picture« hinsichtlich des Ziels. Weil so ein Prozess emergent mit Beiträgen mehrerer Stakeholder entsteht, nennen wir ihn **Ko-Kreation**. In gewisser Weise wird dadurch jede kundenspezifische Leistungserstellung zu einer Innovation. Ko-kreatives Lösungsgeschäft ist im-mer auch Dienstleistung, umfasst immer auch inhaltliche Beratung (zu den ge-fragten Fachgebieten) sowie Methoden- und Prozesskompetenz, wenn es darum geht, wie ein solcher Prozess sinnvoll auszurichten, zu gestalten und zu steuern ist.

3.5.1 Ko-Kreation: Abgrenzung und Entwicklung

Für Ko-Kreation gibt es zwei hauptsächliche Kontexte. Im engeren Sinne bedeu-tet Ko-Kreation die gemeinsame Leistungserstellung mit *einem* Kunden, speziell für diesen Kunden und dessen Geschäft (im B2B-Bereich). Im weiteren Sinn wird der ko-kreative Ansatz auch genutzt, um in sehr großen, heterogenen Gruppen an einer Herausforderung zu arbeiten, die von einer Organisation angestoßen oder beauftragt wird. Dann kommen die neuen Technologien ins Spiel, um sol-che »Crowds« zu organisieren und zu fokussieren (→ ENT-SCHEIDUNG 4: DIGITA-LISIERUNG, WEB 2.0 UND MEDIA LITERACY). Unabhängig vom Kontext, in dem auf Ko-Kreation gesetzt wird, gibt es einige, im Folgenden aufgeführte Merkmale für das Konzept (vgl. Humphreys et al. 2009, S. 3; erweitert d. Verf.):

- **Kreativität:** Ko-Kreation ist eine Form kollaborativer Kreativität, um Innovationen nicht nur *für*, sondern *mit* Kunden zu generieren.
- Ein **reichhaltiger Mix:** Ko-Kreation ist ein interdisziplinäres Konzept. Neben Wissen aus dem Management von Komplexität und Offenheit, Innovation, Wissensmanagement und Marketing kommen auch Gruppendynamik (Kooperation, Gruppenentscheidungskompetenz) sowie psychoanalytische Konzepte (zum Beispiel gleichzeitig Subjekt und Objekt des Prozesses zu sein) zum Tragen.
- Ein **moderierter Prozess und Design- bzw. Methodenkompetenz:** Weil es bei Ko-Kreation zunächst um öffnende Prozesse, Kreativität, Fantasie und unbekanntes Terrain geht, ist eine moderative, steuernde Kompetenz wichtig, die öffnende und schließende Interventionen gut und stimmig zum jeweiligen Entwicklungsstand setzt.
- **Ko-Kreation braucht eine »Organisation auf Zeit«** für die Dauer des Ko-Kreationsprozesses und den Beginn der Umsetzung. Es geht darum, passende Organisationssettings und Formate zu definieren; vor allem solche, in denen entschieden/gesteuert und inhaltlich gearbeitet wird, in denen Lösungen erprobt, ausgehandelt sowie Konflikte geklärt werden.
- **Beziehungen und Teams als Leistungsträger stärken:** Die Qualität der Interaktionen ist sehr viel wichtiger als komplexe und perfekte Technologien. Ko-Kreation braucht Investition in Arbeitsbeziehungen, die tragfähig, komplementär und durch Vertrauen und den Ehrgeiz verbunden sind, das Zielbild zu erreichen (vergleichbar zu Hochleistungsteams).
- **Lernprozess:** Ko-Kreation braucht eine konsequente **Verknüpfung von Wissen und Prozessen,** um organisational wirksam zu werden. Das bedeutet, dass gemeinsam generierte Ideen und neues Wissen strukturiert vorangetrieben werden und an die jeweilige Heimatorganisation »rückgekoppelt« sind. Sonst bleibt es bei einer – zwar interessanten, aber im Wirkungsfeld beschränkten – Ko-Kreativität. Ko-Kreation stellt zunächst die Frage, welche Perspektiven und damit welche Lösungspartner nötig sind, um ein Ziel zu erreichen – und wie diese Lösungspartner sinnvoll und effizient involviert werden können in einen kreativen Wissensentwicklungsprozess. Wesentlich ist dabei, nicht nur Experten, sondern auch diejenigen mit dem Handlungswissen aus der Praxis des Tagesgeschäftes einzubeziehen und deutlich zu machen, was klar und entschieden ist und wo der Raum für Ko-Kreation jeweils offen bleibt. Ein solcher Lernprozess braucht also sozusagen Boxenstopps, damit Lernerfahrungen, offene Themen und Ergebnisse ausgetauscht, bearbeitet und gesichert werden können.
- Die Wertschöpfung für die beteiligten Partner entsteht in einem **iterativen Prozess.** In diesem Prozess wird Erfahrung kontinuierlich generiert und die Lösung oft Stück für Stück definiert und erstellt. Eine bewährte Methode, um solche Prozesse effizient und agil zu organisieren, ist agiles Projektmanagement → Werkzeug 27: Scrum.

Das gesamte Spektrum der Ko-Kreation umfasst vielfältige Konzepte, die sich teilweise überlappen. Die Beispiele in Abbildung 24 geben einen Überblick (vgl. Humphreys et al. 2009, S. 8).

Konzept	Beschreibung	Beispiele
Open Innovation	Im konsequent aufgesetzten Fall kann jeder, der möchte und sich kompetent fühlt, einen konkreten Beitrag zur Produkterstellung leisten. Wenn Unternehmen einen Auftrag über eine Open Innovation anbieten, werden für gewöhnlich »die beste« Lösung oder die »Top-Lösungen« entlohnt.	Linux Betriebssysteme, Lego Mindstorms, Unternehmen: Innocentive, Tchibo Ideenwelt, …
Mass Customization	Aus einer teilweise sehr hohen Anzahl an Optionen kann der Kunde sein Modell über eine Internetplattform oder Software selbst konfigurieren.	Smartphones, Neuwagen, Nike ID, Küche
Nutzer-generierter Inhalt (user-generated content)	Plattformen werden von Nutzern mit Inhalten gefüllt – dezentral und selbstorganisiert. Ein klassisches Feld für das Web 2.0.	YouTube, Facebook, Twitter, Amazon, eBay
Koproduktion	Der Kunde legt selbst Hand an bei der Fertigstellung der Produkte.	IKEA's Selbstbaumöbel
Mass Collaboration	Viele Personen arbeiten freiwillig an einem gemeinsamen Werk (sehr ähnlich Open Innovation und kollaborativer Innovation).	Wikipedia
kollaborative Innovation	In einem kontinuierlichen Abstimmungsprozess zwischen einem Auftraggeber und wenigen (oder sehr vielen) anderen entstehen neue Produkte bzw. Dienstleistungen.	Boeing 787 Dreamliner
Lösungsgeschäft im engeren Sinn	Projekt, in dem ein Unternehmen einen externen Lösungspartner beauftragt, gemeinsam mit internen Experten ein maßgeschneidertes Ergebnis für das Unternehmen zu entwickeln und dann zu liefern	in vielen Fällen Software, Beratung etc.

Abb. 24: Varianten von Ko-Kreation (vgl. Humphreys et al. 2009, S. 8)

Dieses Kapitel widmet sich hauptsächlich der Ko-Kreation mit speziellen Kunden, also dem Lösungsgeschäft im engeren Sinn, wenn Kunden mit offenen Anliegen auf den Anbieter zukommen. Nicht behandelt werden solche Anliegen, die von Organisationen über Technologieplattformen an eine anonyme Kundengruppe weitergegeben und mit ihnen geteilt werden. Zu diesen Konzepten gibt es Hinweise in den Kapiteln → Ent-Scheidung 4: Digitalisierung, Web 2.0 und Media Literacy sowie →Ent-Scheidung 1: Innovation.

Abbildung 25 zeigt eine Verortung der Konzepte entlang des Standardisierungsgrades und des »Auftraggebers« (vgl. Humphreys et al. 2009, S. 8).

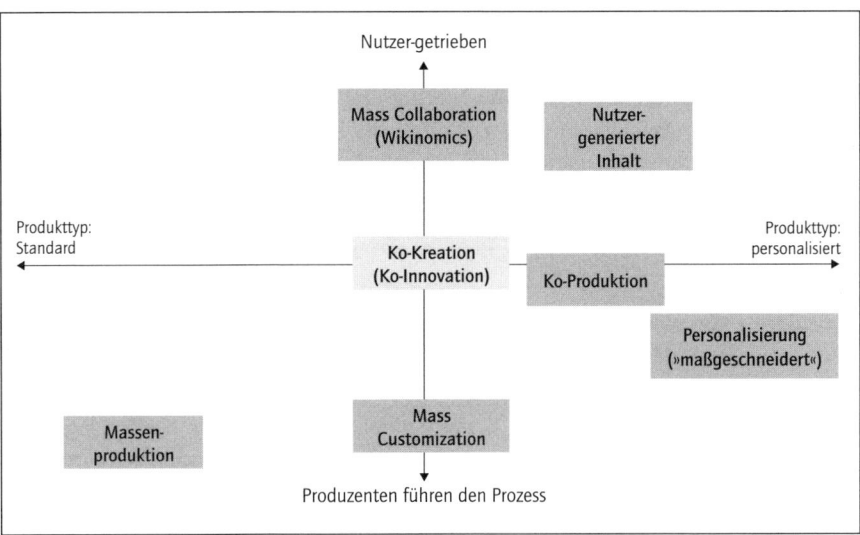

Abb. 25: Formen von Ko-Kreation (vgl. Humphreys et al. 2009, S. 8)

Entwicklung vom Produktfokus zur Ko-Kreation
Der erste Schritt von einer rein angebotsorientierten Verkaufsstrategie hin zu einer Lösungsstrategie kam mit der Produktbündelung. Dabei wurden – meist aufbauend auf bereits vorhandenen Produkten und diese ergänzende Dienstleistungen (z. B. Kopierer mit Wartungsverträgen) – **Angebotsbündel** geschnürt, in der Hoffnung, dass Kunden dem Ganzen mehr Wert beimessen als der Summe der Teile (vgl. Gulati 2007, S. 2). Diese Bündelung hatte zunächst nichts mit individuellen Bedürfnissen zu tun, da diese Bündel konstruiert werden, um allgemeine Bedürfnisse, z. B. nach Wartung und Service, zu befriedigen (vgl. Midgley 2012). In der Folge gab es als nächsten Schritt das Konzept des **lösungsorientierten Vertriebs**. Dem Kunden sollte kein Produkt mehr, sondern eine Lösung für seine Probleme und Bedürfnisse angeboten werden. Dies war ein großer Schritt in Richtung Perspektivenwechsel von »intern → extern« zu »extern → intern«, wenn auch in vielen Unternehmen zunächst das Marketing Lösun-

gen proklamierte, ohne dass Vertrieb und Organisation dies sofort zu leisten imstande waren. Doch nach und nach wurden die spezifischen Kundenbedürfnisse stärker mit einbezogen. Zunächst durch ausdifferenziertere Produktpaletten mit mehreren Variationen oder in vorsegmentierten Bündeln, die Lösungen für einen bestimmten Kundenkreis erbrachten. Bei Smartphone-Verträgen war dies im letzten Jahrzehnt sehr gut zu sehen: Es gibt einen Tarif für Jugendliche, die vor allem SMS schreiben, Internet nutzen und wenig telefonieren; einen für Geschäftsleute, die viel telefonieren und so gut wie nie SMS schreiben, aber E-Mail und Internet nutzen; einen weiteren für Vielreisende, die sich öfter im Ausland aufhalten und Flatrates für Roaming brauchen usw.

Diese Ausdifferenzierung mündete dann in das Konzept der **Mass Customization**. Da das Produkt und die Dienstleistungen in kleinere Bausteine zerlegt werden, kann der Kunde sich seine Lösung auf Basis seiner Bedürfnisse entweder selbst zusammenstellen oder zusammenstellen lassen. Wie sich Mass Customization von der Ko-Kreation für das Lösungsgeschäft im engeren Sinn unterscheidet, zeigt die Abbildung 26.

	Customization	Ko-Kreation
Grundidee	bestehende Elemente aus Baukasten heraus passend kombinieren	aus bestehender Expertise und Erfahrung neue Lösungen gemeinsam passgenau erarbeiten
Kontexte	Der Auftrag/das Problem ist klar definierbar, fertige Lösungsansätze bestehen und sind kombinierbar bzw. es besteht ein klares Bild der Lösungssituation.	Der Auftrag/das Problem kann allenfalls umschrieben werden, das Zielbild entwickelt sich durch die Arbeit weiter, ändert sich im Prozess und keiner der Partner hat anfangs fertige Lösungsansätze.
Angebote	Produkte mit diversen möglichen Features, (sich) ergänzenden Dienstleistungen addieren	Ziele, Leistungen, Kooperationsbedarfe und notwendige Kapazitäten sind für Erfahrene zwar einschätzbar (aus Referenz- und Vorprojekten), aber nicht klar. Anspruchsvoll ist die Frage, wie Verantwortung und Kosten für Unerwartetes verhandelt werden. Recontracting (Ziele, Beiträge etc.) im Prozess zu etablieren, ist nötig.
Beispiele	Fast-Food-Menü, Tablets durch Apps personalisieren, Neuwagen, Handyverträge, Versicherungspakete, Modulküchen, Geräte mit individuellen Wartungsverträgen, ...	unternehmensspezifische IT-Projekte, Prozessentwicklung wie Supply Chain Management, maßschneidernde Designarbeit, Innovationsberatung, systemische Beratung, Geschäftslösungen für Telekommunikation, Strategieberatung...

Vertrieb	schnelles Verstehen von Kundenbedürfnissen durch offene Fragen, gute Kenntnis des Baukastens	Diagnose/Analyse der Kundenwelt(!), strategische und passgenaue Zielbilder entwerfen und Wege/Methoden dorthin konkretisieren; Ergebnisoffenheit aushalten können; Vernetzung unter Experten schaffen; professionelles Design des Ko-Kreationsprozesses; Team- und Moderationskompetenz; Mikropolitik und Konfliktmanagement
Herausforderung	Der Kunde kauft berechenbare Produktkomplexität (primär Ergebnis- und Prozessqualität). Limitationen des Baukastens bzw. Passgenauigkeit der Lösungswünsche mit den möglichen Lösungskombinationen	Der Kunde kauft Ergebnisqualität einer zukünftigen Lösung – und damit neben der inhaltlichen Expertise auch Prozessqualität (der Organisation und der Teamarbeit) und Potenzialqualität (d. h. Problemlösungskompetenz für noch offene Fragen, die erst im Prozess auftauchen). Herausforderung daher: Kompetenzzuschreibung für das Lösungsgeschäft als Anbieter im Markenkern erarbeiten (Referenzprojekte, Seniorität, Designkompetenz, Ausweisen der Problemlösungskompetenz); Kosten der Maßschneiderei (es ist nicht immer sinnvoll »das Rad neu zu erfinden«; Erfahrungen skalieren können; »recyclen« von Ideen); Teams und Organisation aufbauen, die produktiv Unbekanntes steuern und schnell arbeitsfähig sind.
organisationale Leistungen	hohe Expertise, um optimal zueinander passende Teile zu entwickeln	lernende Organisation: Wissen aus Erfahrungen als höchstes Gut, stabile Relationen intern und mit Kunden entlang der Wertschöpfungskette, laterale Kooperation im Unternehmen und zwischen Anbieter und Kunden; Kundenwelt mit der eigenen verknüpfen können – öffnen *und* Grenzen ziehen (Wer leistet was? Wer ist wofür verantwortlich? Wie sehr auf Kundenthemen eingehen? ...)
Fazit	Die Übergänge sind fließend. Es können auch Elemente des jeweils anderen in beiden Arten der Lösungsfindung/-erstellung vorkommen.	

Abb. 26: Customization gegenüber Ko-Kreation

Von dem Perspektivwechsel von Produkten zu ko-kreativen Lösungen versprechen sich Unternehmen strategische Vorteile (ergänzt nach McKinsey&Company 2003, S. 6):

- Die Lösungen schaffen für den Kunden mehr Wert als Produktangebote. Das führt zu **höheren Erfolgschancen** bei der Auftragsvergabe und schafft Wettbewerbsvorteile.
- Individualisierbare Lösungen eröffnen **Wege in neue Märkte** oder Marktsegmente.

- Die Fähigkeit, Kunden breitere und maßgeschneiderte Lösungen bieten zu können, **erhöht Marktanteile und Auftragshöhe.**
- Durch passgenaue Lösungen ein strategischer Geschäftspartner zu werden, schafft stabile und mehr **Kundenbindung.**
- Das tiefe Verständnis für Kundenbedürfnisse und das Geschäft des Kunden, das im Lösungsgeschäft entsteht, ist einerseits notwendige Investition für das jeweils aktuelle Projekt, andererseits aber auch für zukünftige, weil es gegenüber anderen Anbietern in Zukunft einen Startvorteil bedeutet: Strategische Partnerschaft ist erprobt und **wertvolles Wissen übereinander wurde gewonnen** (über den jeweiligen Kunden bzw. Partner und ebenso über die Branche).
- **Die Mitarbeitenden** erleben das Lösungsgeschäft oft als herausfordernder und intensiver, mit Unternehmertum und Gestaltungschancen, wie sie für Hochleistungsteams typisch sind, aber eben auch mit der Offenheit, der Unsicherheit und der Konfliktdynamik solcher komplexen Projekte. Die meisten **empfinden ihren Job als zufriedenstellender.**

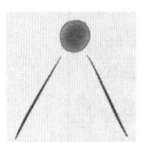

3.5.2 Strategie

Laut einer Umfrage unter 4 000 Vorständen weltweit haben Kunden und ihre Bedürfnisse den größten Einfluss auf die Geschäftsstrategie (vgl. IBM Institute for Business Value 2013, S. 4). In einer Befragung von Topmanagern fand Ranjay Gulati heraus, dass mehr als zwei Drittel der Befragten diesen Perspektivenwechsel hin zum Lösungsgeschäft als strategische Priorität bis 2017 ansahen (vgl. Gulati 2007, S. 2). Um Kundenerfahrungen und die Kundenherausforderungen oder -probleme im Lösungsgeschäft in den Fokus zu rücken, braucht es ein klares strategisches Bekenntnis zu dieser Art des Vertriebs und der Kundeninteraktion. Sie hat weitreichende Konsequenzen für Organisation, Führung und Personen.

Gehen wir von einem ko-kreativen Ansatz des Lösungsgeschäftes aus, braucht das Unternehmen Kompetenzen sowohl in konsequenter »Maßschneiderei« als auch in der Ausschöpfung und Integration der Erfahrungen aus dem Lösungsgeschäft, um sie für die nächsten Projekte als relevantes Hintergrundwissen zu nutzen und weiterzuentwickeln. Damit kann so etwas wie **Ko-Kreationskompetenz im Lösungsgeschäft** entwickelt und verfeinert werden, die zukünftige Projekte effizienter, schneller bzw. erfolgreicher machen kann. Die Kundenbedürfnisse können dabei als ein Aufgabenspektrum angesehen werden, um das herum sich ein oder sogar mehrere Unternehmen in Kooperationsnetzwerken organisieren (vgl. Gulati 2009, Kapitel 6).

Strategisch ist also zu klären, **für welche Kundenanliegen** das Unternehmen Lösungen anbieten möchte und auf welche bestehenden Kundenbeziehungen es dabei setzen kann und muss. Ebenfalls herauszuarbeiten ist, auf welche eigenen Kompetenzen in der Lösungserstellung strategisch, organisatorisch, technologisch für die Bewältigung anspruchsvoller Fragestellungen gesetzt werden kann. Lösungsgeschäft für Kunden erfordert die Kompetenz, das Kundenunternehmen in den angesprochenen Aspekten zu verstehen im Kontext seiner Identität, d. h. in seiner Strategie und mit seinem Geschäftsmodell, in seiner Organisation und ihrer Dynamik sowie seine Führung (wie wird gesteuert und entschieden) und seine Mitarbeitenden, ihr Potenzial, ihre Routinen und Fähigkeiten. Das heißt, nicht nur im eigenen Unternehmen, sondern auch beim Kunden die vier Elemente des bekannten Modells der Unternehmensentwicklung (Kapitel 2) zu verstehen und mitzudenken. Schließlich gilt es, umsetzbare Lösungen zu entwickeln, die das Kundenunternehmen voranbringen und die wirklich passen. Die Umsetzung der Lösungen kann zuweilen auch intensive Change-Prozesse beim Kunden auslösen, die schon in der Ko-Kreation ihre Schatten voraus werfen.

Lösungsgeschäft als Strategie ist damit voraussetzungsreich. Wenn das Unternehmen bisher auf Produkte gesetzt hat, kann eine solche Strategie nur konsequent evolutionär und nicht radikal aufgebaut werden, weil sie gleichbedeutend mit einer tief greifenden Veränderung bzw. einer Erweiterung der Kernidentität ist, die Organisation, Führung und Mitarbeitende in ihrer Haltung und ihrem Selbstverständnis verändert. Auch die Frage, wie das **Standardgeschäft neben dem Lösungsgeschäft** positioniert wird, wo getrennt und wo gemeinsam gearbeitet wird, ist im Strategieprozess zu klären, um gemeinsame Kundenpotenziale zu nutzen und Effizienzverluste durch zu einfache oder zu komplexe Prozesse insbesondere in der Vertriebsphase und der »Auftragserfüllung« zu vermeiden (→ FALL 2: PROGRAMM-MANAGEMENT). Diese Klärungen sind nicht trivial, weil für beide Settings eine jeweils andere Positionierung sowie andere Steuerung und Organisation ebenso notwendig sind wie andere Vertriebskompetenzen und vor allem andere Arbeit mit den  Kunden. Der »Change Impact« und die zu bewältigende Komplexität sind im Lösungsgeschäft ungleich höher, weil zwei oder mehrere Organisationen (die »Lieferanten« bzw. Lösungsanbieter und der Lösungsanwender bzw. das Kundenunternehmen) mit ihrer jeweiligen »DNA« aufeinandertreffen und Turbulenzen damit vorprogrammiert sind – mit all ihren Chancen und Gefahren. Diese Veränderungsintensität gilt es bei der Strategieentscheidung für das Lösungsgeschäft mitzudenken.

3.5.3 Personen

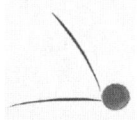

Karl Weick beschrieb 1996 in seinem Artikel *Drop your tools, or you will die!* (vgl. Weick 1996) die Wichtigkeit und die immense **Schwierigkeit des Verlernens.** Das Hauptbeispiel basiert auf einem Fall, in dem

27 Feuerwehrmänner, die den Befehl missachteten, ihre schweren Gerätschaften in großer Gefahr fallen zu lassen, vom Feuer eingeholt wurden und die in Sichtweite befindliche sichere Zone nicht erreichen konnten. Sie konnten bzw. wollten einem Befehl nicht folgen, der gegen alles ging, was sie vorher geübt und gelernt hatten und konnten die Werkzeuge und Verhaltensweisen, die sie schließlich das Leben kosteten, einfach nicht hinter sich lassen. Experten zu sein, die mit ihren Werkzeugen klare Antworten bereitstellen, gehörte zu ihrer Kernidentität.

Ähnlich geht es Mitarbeitern in Unternehmen, die von Produkt- auf Lösungsvertrieb umstellen. Es ist sehr schwierig, eine lang etablierte Profession, die auf inhaltliche Expertise setzt und darauf, durch Wissen, das der Kunde braucht, Sicherheit und Wert zu schaffen, neu zu denken und umzulernen. Die eigene Produktexpertise – die fertige Antwort für den Kunden parat zu haben – scheint nicht mehr gefragt zu sein. Die Vertriebsexperten müssen ihre Werkzeuge – die Expertise im Produktwissen für den Kunden – fallen lassen (oder besser beiseite und zurückstellen) und sich auf neue Prozesse, Verhaltensweisen und teilweise **eine neue Berufsidentität** einstellen. Anstatt ihre hochwertigen und innovativen Produkte und Leistungspakete exzellent zu platzieren, müssen sie sich mit dem Kunden gemeinsam in einen offenen Suchprozess begeben. Andere Fähigkeiten sind jetzt gefragt: Methodiken anbieten, wie Lösungen gefunden werden, die zu Strategie und Organisation des Kunden passen und die im Prozess der Ko-Kreation Commitment beim Kunden mit entstehen lassen. Das frühere Produktwissen der Lösungsanbieter ist dabei nicht obsolet, es hilft als Erfahrungswissen und Hintergrundfolie für das Kreieren neuer Lösungen, aber: Die Lösungsanbieter sind nicht mehr die Lieferanten für die *richtige* Lösung, die Mitwirkung der Kunden an der Lösung ist essenziell.

> *»Being able to listen carefully to create relevancy [for customers]*
> *is a more important business value than innovation.«*
> *Gulati 2007, S. 5*

Aufseiten der Lösungsanbieter ist diese Umstellung daher auch oft mit Sorgen um den Arbeitsplatz verbunden. Im Zuge einer Reorganisation hin zu Lösungserstellung wird nicht selten mehr als die Hälfte der Vertriebsmannschaft ausgetauscht (vgl. McKinsey&Company 2003, S. 7), weil die Umstellung auf Lösungsgeschäft mit einem anderen Set von Kompetenzen und einem anderen Vertriebsverständnis einhergeht. Für den Vertrieb brauchen Unternehmen dann weniger inhaltlich hoch spezialisierte Experten, sondern vielmehr **Vertriebsteams** mit vielfältigen und anderen **Fähigkeiten:**
- Sich in verschiedenen inhaltlichen Kontexten des Kundenunternehmens schnell orientieren, darin agieren und sich vernetzen zu können, das braucht **Diagnose- und Ankopplungskompetenz** an verschiedene Logiken und Wel-

ten des Kunden (z. B. an die IT und Organisationsperspektive des Kunden, an die seines Geschäftes, an die seiner Führung etc.).

* **Strategische und unternehmerische Kompetenz:** d. h. die Fähigkeit, Wettbewerbsvorteile während der Lösungsarbeit konsequent im Fokus zu haben und im Sinn der Kundenstrategie priorisieren zu können.
* **Design-, Methoden-, und Beratungskompetenz:** Damit sind Fähigkeiten gemeint, den Prozess der Lösungsentwicklung gekonnt zu orchestrieren:
  - Formate – soziale Architekturen: Welche Teams arbeiten in welchen Zusammensetzungen an welchen Themen?
  - Steuerung (Governance): Wo wird entschieden, operativ gesteuert, inhaltlich gearbeitet, Sounding eingeholt etc.?
  - Phasen und Meilensteine der Lösungsentwicklung
  Diese Kompetenzen geben Stabilität und zeigen Professionalität, die es dem Kunden (und den Anbietern) möglich macht, sich auf die Offenheit und Unsicherheit der Ko-Kreation zuversichtlich einzulassen.
* **Moderations- und Teamkompetenz:** Das meint die Fähigkeit, die typischen Phasen solcher Ko-Kreation, die auch mit gruppendynamischen Schritten der Teamentwicklung und den Phasen der Veränderung einhergehen, professionell zu moderieren und zu strukturieren.
* **Fähigkeit, intern Verbindungen zu knüpfen und Personen** aus sehr verschiedenen Bereichen an Bord zu holen und **zu orchestrieren:** Mikropolitik als Kompetenz heißt dann auch, die Organisationsdynamik und Machtthemen, die Lösungsprojekte beim Kunden und beim Anbieter auslösen, produktiv zu bearbeiten und dabei die Loyalität zu beiden Systemen balancieren zu können.
* Gut **sprachlich an die Welt des Kunden andocken** zu können und **genaues Zuhören** sind ebenso wichtig (vgl. Gulati 2007, S. 6).
* Dazu kommt die Notwendigkeit, die mit dem Kunden entwickelten Lösungsansätze ständig mit entsprechenden Spezialisten der Heimatorganisation auf technische Machbarkeit und Profitabilität abzugleichen. Für die an der Lösung Mitarbeitenden heißt es also, in beide Richtungen zu agieren: für und mit dem Kunden Lösungsansätze zu entwickeln und die eigene Heimatorganisation zu aktivieren, möglichst passgenau, integriert (also funktionsübergreifend!) und effizient für den Kunden zu arbeiten.

Dieses **anspruchsvolle Generalistentum** braucht konsequente Stärkung durch individuelle Qualifizierung mit intensivem Transfer in die Praxis. Außerdem geht es um Übersetzung und Umsetzung der Ko-Kreation in neue Prozesse im anbietenden Unternehmen, vor allem um die Steuerung und die Prozesse im »Presales«, in der Angebotsentwicklung und in der Entwicklung der technisch-kommerziellen Lösung selber. Organisatorisch kann sich das abbilden in **interdisziplinären Lösungsclustern,**

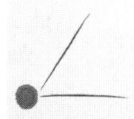

in denen Experten mit unterschiedlichen Kompetenzen an Kundenlösungen zu einem inhaltlichen Feld arbeiten. Oder darin, dass für strategische Kunden **Account Teams** etabliert werden, die aus Kundensicht Lösungsperspektiven proaktiv erarbeiten und dabei auch strategische Beratungskompetenz ins Spiel bringen. Wie im Beispiel von Jones Lang LaSalle (JLL), wo es darum ging, interne Silo-Grenzen zu überwinden:

Beispiel 1:

Um eine Gruppe Mitarbeitender für eine Rolle als Account Manager fit zu machen, rotierten diese durch die drei bestehenden Silos, um bestehende Produkte und Dienstleistungen, aber auch zugrunde liegende Kompetenzen verstehen zu lernen. Außerdem bauten sie in dieser Zeit ihre eigenen unternehmensweiten Netzwerke aus. Sobald sie in einer Account-Manager-Position waren, wurden regelmäßige Telefonkonferenzen und Meetings institutionalisiert. Diese Elemente dienten dem Austausch untereinander, die Angebote und Neuentwicklungen anderer Bereiche kennenzulernen, Cross-Unit-Sales zu ermöglichen und erste kundenbasierte Erfolgsrechnungen zu etablieren. Ein unerwarteter Effekt dieser Maßnahmen war, dass die regelmäßigen Treffen der Account Manager dazu führten, dass sie sich nicht mehr einem Silo zugehörig fühlten, sondern zusätzlich eine eigene Gruppe bildeten – ein unternehmensweites Netzwerk. Die Unternehmensführung bemerkte, dass die Account Manager in der Folge mehr Verantwortung für das Gesamtunternehmen übernahmen (vgl. Gulati 2007, S. 7).

Ebenso eignet sich die Bündelung von Skills in **Kompetenzzentren** – als Unterstützung für die Teams vor Ort – für schnelles Lernen und hohe Reagibilität auf Kundenangebote.

Aber auch **auf Kundenseite** stellt Lösungsgeschäft als Ko-Kreation Anforderungen. Besonders im B2B-Bereich haben sich die Vertriebsstrategien in den letzten Jahren verändert. In den meisten Unternehmen werden bisher Kunden präferiert, die drei Kriterien erfüllen: Sie haben die Notwendigkeit eines Wandels anerkannt, es gibt bereits ein klares Zielbild, und es gibt gut etablierte Prozesse, um Kaufentscheidungen zu treffen (vgl. Adamson et al. 2012, S. 5). Diese Anforderungen sind heutzutage oft nicht mehr zu leisten. Gute Lösungsanbieter lernen – und sind erfolgreich darin – mit Kunden sehr viel früher in Kontakt zu treten, nämlich bevor diese ihre eigenen Bedürfnisse selbst ganz verstehen. Die Kunden spüren eventuell nur einen externen Druck (durch eine veränderte Gesetzgebung, neue Konkurrenten) oder internen Druck (z. B. durch Akquisitionen, Topmanagement-Wechsel, Mitarbeiterunzufriedenheit). Firmen, die ihren Status quo verändern müssen, aber noch nicht genau wissen, in welche Richtung und wie, sind offener für neue Ideen und zugänglicher für einen gemeinsamen Weg (vgl. Adamson et al. 2012, S. 4f.).

Wenn Ko-Kreation der Weg zum Ziel ist, erfordert das auf Kundenseite, ebenso wie auf Anbieterseite Folgendes im Vorgehen und in der Haltung:
• Fokus auf ein *gemeinsam erarbeitetes Zielbild* – das im Prozess entsteht

- *Agilität, Flexibilität und Immersion,* das heißt, durch Eintauchen in die Welt des Kunden schnelle Prototypen für die Lösung zu entwickeln, zu erproben und daraus lernend das Zielbild zu überprüfen, gegebenenfalls weiterzuentwickeln und die nächsten Versionen für die Lösung zu erproben (→ WERKZEUG 25: RAPID PROTOTYPING)
- eine Haltung, die *wechselseitige Herausforderung* und Unterstützung mit *Vertrauen und Mut* zu Offenheit und Unsicherheit in der Zusammenarbeit kombiniert sowie Organisationskulturen, die das fördern
- Ko-Kreative Lösungen gehen oft mit *Veränderungsprozessen* einher und berühren Strategie-, Organisations-, Führungs- und Personalfragen. Das gilt es mitzuführen in der Steuerung (→ siehe unten: Dual Business Transformation).
- Systemisch betrachtet, braucht es auf der Seite des Kunden eher »*Mobilisierer*«, »*Herausforderer*« und »*Sparringspartner*« und weniger »Fans« des Anbieters. Letztere testen Lösungsvarianten zu wenig ab, was später Umsetzungsschwierigkeiten und Andockkonflikte erzeugen kann.

Konsequenterweise erhalten **interdisziplinäre Teams** sehr viel mehr Bedeutung, um in ko-kreativen Prozessen einen echten Mehrwert zu generieren. Wegen all dieser unterschiedlichen Kompetenzen, Aufgaben und Herausforderungen braucht ein Team, das ko-kreative Lösungen entwickelt, typischerweise schon bis zum Auftragsabschluss mehr Personen aus verschiedenen Funktionen und verschiedenen Geschäftseinheiten im Team als im klassischen Produktvertrieb. Da größere und komplexere Aufgaben bewältigt werden, braucht auch der Auftragsklärungs-, Entwicklungs- und Verkaufsprozess deutlich länger (vgl. McKinsey&Company 2003, S. 9).

3.5.4 Führung

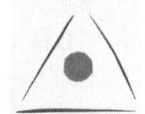

Oft agieren Geschäftseinheiten und Funktionen relativ unabhängig voneinander (»Silos«). Eine solche Kultur steht oft der für Lösungen notwendigen übergreifenden Zusammenarbeit entgegen. Führungskräfte in den Silos und den kundennahen Organisationseinheiten müssen ihre Perspektive transformieren von einem Produkt- und Dienstleistungsfokus zu einem Erfahrungs- und Interaktionsfokus. »Wert« wird dabei definiert auf Basis des Wertes, den Kunden und andere Stakeholder der Erfahrung und der Interaktion mit dem Unternehmen beimessen (»Perceived Value«) (vgl. Ramaswamy/Gouillart 2010, S. 5). Dieser Fokus auf Erfahrungen braucht hohe Kompetenzen im Verstehen und im Dialog (→ FALL 1: NETZWERKÖKONOMIE). Managen und Führen wird dann zu auch wechselseitigem Führen und Folgen. In ko-kreativen Diskursen braucht es Augenhöhe. In der inhaltlichen Arbeit als Peers fallen Idee, Planung und Umsetzung eng zusammen.

Die Balance zwischen aktivem Führen und dem sich **auch von »Untergebenen«
und Kunden führen lassen,** führt zu ko-kreativen Strukturen. Organisationen
können dabei von Massive Multiplayer Online Games lernen: Wer die Expertise
für die jeweilige Situation hat, führt, dann wird er oder sie abgelöst von der
Person, die für die nächste Herausforderung relevantes Wissen oder Erfahrung
oder Ideen hat. Die offizielle Führungskraft moderiert, balanciert und geht mit.
Sie schafft Plattformen und Arbeitssettings, die das ko-kreative Arbeiten mit dem
Kunden ermöglichen und organisiert im Heimatunternehmen die Unterstützung,
die effiziente und produktive Lösungsarbeit mit dem Kunden ermöglicht. **Führung sorgt für**

- Kompetenzentwicklung,
- Ressourcen,
- zielgerichtete Selbstorganisation interdisziplinärer Teams sowie
- offene Peer-to-Peer-Kooperation, in der Führung situativ wahrgenommen wird.

Das ist alles andere als trivial, weil die Führungsaufgaben sich mehr in Richtung
Architekt, Designer, Coach, Sparringspartner, Moderator und Kulturentwickler
verschieben – also zu mehr Offenheit und »Empowerment des Teams« bei blei-
bender Verantwortung für anspruchsvolle Ziele. Es geht um Leistungen und Errungenschaften durch gemeinschaftliche Leistungserstellung über interne Funk-
tionsgrenzen hinweg (vgl. Gulati 2007, S. 5).

Eine wirksame Intervention von Führung, um den nötigen Kundenfokus für
Ko-Kreation zu erzeugen, ist, die eigenen **Mitarbeitenden** konsequent so zu **behandeln, wie sie die Kunden behandeln sollen** (vgl. Gulati 2007, S. 5).

3.5.5 Kunden

Das Komplementär zu den Unternehmensangehörigen sind natürlich ihre externen Partner auf Kundenseite. Durch Ko-Kreation werden Kunden zu **Prosumenten** – sie sind Konsumenten und Mitproduzenten gleichzeitig. Die Beziehung
zu den Kunden wird dadurch vielschichtiger, denn sie wird gleichzeitig symmetrisch und asymmetrisch. Aus Sicht des Unternehmens als Auftraggeber besteht
zunächst eine asymmetrische Beziehung zum Kunden: Dieser determiniert eher
die Richtung, er hat zur Problemlösung »eingeladen«, er ist letztendlich der Leis-
tungsempfänger und kann diese Leistung als gut oder weniger gut empfinden,
er zahlt dafür. Symmetrisch wird die Beziehung in der gemeinsamen Arbeit.
Inhaltlich wird auf Augenhöhe gearbeitet: Der Kunde ist dabei Experte für sein
Geschäft, seine Organisation und seine Bedürfnisse – auch wenn er diese nicht
immer von vornherein klar formulieren kann.

Die partnerschaftliche Arbeit hat Konsequenzen. Durch das gemeinsam er-
arbeitete und erworbene Wissen werden auch Kunden »qualifiziert«. Teilweise

werden sie somit zu **Mitbewerbern,** die sich solchen Anliegen in Zukunft unter Umständen allein widmen können. Dies ist vor allem bei intangibler Leistungs-erstellung der Fall, wie Beratungsleistungen, und gilt dann nicht nur für die Lösungsinhalte, sondern auch dafür, wie solche ko-kreativen Prozesse aufgesetzt und durchgeführt werden können. Das qualifiziert Kunden einerseits für eigene Projekte, andererseits macht es die zukünftige Zusammenarbeit leichter, weil ein gemeinsames Verständnis für das Herangehen bereits begründet ist **(Klienten-professionalisierung).**

3.5.6 Organisation

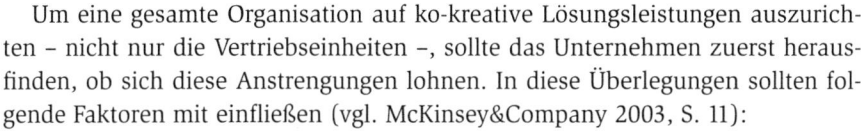

Der ko-kreative Ansatz bedeutet, dass Wertschöpfung nicht mehr im Unternehmen des Lieferanten erbracht wird, sondern mit zwei oder mehr beteiligten Firmen. Besonders oft ist dies der Fall in B2B-Kontex-ten zwischen Anbieter (oder mehreren Anbietern) und Kunde. Eine Organisation darauf vorzubereiten, jedes Angebot maßgeschneidert liefern zu können, bedarf eines hohen Maßes an Agilität, nicht nur der Person, sondern der Organisation und ihrer Strukturen und Prozesse (→ Ent-Scheidung 8: Resilienz).

Um eine gesamte Organisation auf ko-kreative Lösungsleistungen auszurich-ten – nicht nur die Vertriebseinheiten –, sollte das Unternehmen zuerst heraus-finden, ob sich diese Anstrengungen lohnen. In diese Überlegungen sollten fol-gende Faktoren mit einfließen (vgl. McKinsey&Company 2003, S. 11):
* Wie groß ist das Potenzial der lösungsbasierten Leistungserstellung im Ver-gleich mit bestehendem Potenzial?
* Wie stark müssten Organisationseinheiten reorganisiert und integriert wer-den, um ko-kreative Lösungen kreieren, verkaufen und liefern zu können?
* Wie hoch ist die Bereitschaft zu Transformationsprozessen? Wie aufnahme-bereit wäre die Organisation für so einen Wandel?
* Wie agil kann sich die Organisation derzeit bewegen und verändern?

Interaktionsformate mit Prosumenten
Die Grundlage von Ko-Kreation – ob zwischen Firmen oder für interne Lösungs-findung – sind die **Interaktionen** und individuellen Erfahrungen zwischen Personen, z. B. zwischen Kunde und Anbieter. Sie zu gestalten ist Aufgabe der Organisation. Die Interaktionen und ihre Formate sind in ko-kreierenden Unter-nehmen die verbindenden Elemente für kollektives Lernen, Weiterentwickeln und Innovieren (vgl. Ramaswamy/Gouillart 2010, S. 5, 165 und 247). In den meisten Unternehmen sind Kunden und andere Stakeholder außerhalb des Unternehmens derzeit im Prozess der Werterstellung eher passiv und werden nur punktuell einbezogen. Von einer Inside-out-Perspektive werden sie beobachtet, segmentiert, umworben, untersucht, und ihnen wird etwas verkauft. Die meis-

ten Unternehmen schaffen für die Zusammentreffen mit Kunden zwar »**Touch Points**«, aber diese sind meist kurz und von der Unternehmensperspektive her gedacht. Sie definieren dadurch auch die Beziehung, die Kunden mit dem Unternehmen haben (können). Um andere positive Erfahrungen zu ermöglichen, müssen Kunden selbst mitentscheiden, wie und wodurch sie mit dem anbietenden Unternehmen interagieren wollen (vgl. Ramaswamy/Gouillart 2010, S. 6f.). Im Lösungsgeschäft als Ko-Kreation geht es daher um die drei folgenden Perspektiven, aus denen heraus der **Lösungsentwicklungsprozess zu organisieren** ist:

1. Wie gestaltet der Lösungsanbieter mit dem Kunden die – zeitlich befristete – gemeinsame organisationsübergreifende Architektur für die ko-kreative Lösungsentwicklung und -erprobung?

2. Wie gestaltet der Lösungsanbieter seine eigene Organisation so, dass sie agil, interdisziplinär und in partnerschaftlichen Expertenteams an Kundenlösungen arbeiten kann (»Outside in«)?

3. Wie berät der Lösungsanbieter gegebenenfalls den Kunden, seine Organisation proaktiv auf die Umsetzung der Lösung einzustellen?

Abbildung 27 zeigt, wo diese drei Strukturen jeweils beim Anbieter, beim Kunden und als gemeinschaftliche Struktur mit Vertretern beider Parteien aufgebaut werden müssen.

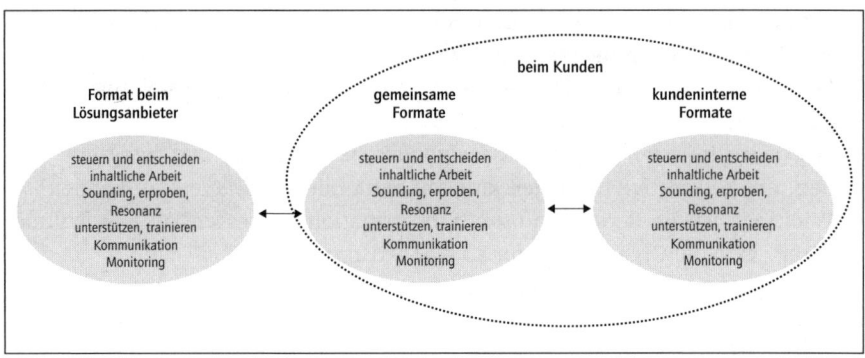

Abb. 27: Ko-Kreationsstrukturen

Zu 1) Für die **organisationsübergreifende Architektur** geht es darum, gemeinsame Formate zu schaffen, in denen gemeinschaftlich folgende Funktionen geleistet werden:
- steuern und entscheiden
- inhaltliche Arbeit
- Sounding, erproben, Resonanz
- unterstützen, trainieren

* Kommunikation
* Monitoring

Der Fokus liegt auf interdisziplinären Teams. Es wird differenziert zwischen gemeinsamen Arbeitsformaten und solchen, in denen jeweils projektmäßig autonom in der jeweiligen Heimatorganisation gearbeitet wird. Die Lösungsteams beider Unternehmen erarbeiten gemeinsame Ergebnisse, die dann in beiden Heimatorganisationen durchzusetzen bzw. »zu verkaufen« sind. Um Konflikte in der Heimatorganisation des Anbieters zu vermeiden, geht es beispielsweise intern um die Klärung folgender Fragen:
* Wie gelingt es, dass der Kunde mit seinem Anliegen in den nachfolgenden Prozessen verstanden wird? Was braucht das an Vorleistung und Investition?
* Stimmt die Balance zwischen Effizienz/Ertrag und Nutzen bzw. Wert für den Kunden – und ebenso für das anbietende Unternehmen?
* Wie hoch ist die Komplexität, die intern erzeugt wird? Wie gestaltet der Anbieter Andockstellen zwischen gemeinsamen Arbeitsformaten mit dem Kunden und internen Entscheidern?

Für das nachfragende Unternehmen stellen sich folgende Fragen:
* Haben die Kollegen die späteren Anwender und Umsetzer genug in ihre Überlegungen mit einbezogen?
* Gibt es genug Fokus auf Wertschöpfung und »Usability«?
* Wie gut wird der meist mitzuplanende Umsetzungs- und Changeprozess mitgedacht?
* Stimmt der Mix von Investition und Passgenauigkeit?
* Wie gestaltet das Unternehmen die Andockstelle zwischen dem »Lösungsprojekt« und der Linie, Entscheidern sowie späteren Anwendern im Projektverlauf?

Zu 2) Um die **eigene Heimatorganisation** auf interdisziplinäre Zusammenarbeit von Experten vorzubereiten, wählen Unternehmen als Lösungsanbieter bezüglich des Organisationsdesigns meist zwischen folgenden Varianten:
* Matrixorganisation (Funktionen versus Industrieorientierung)
* Funktionen und Industrie-Competence-Center, die ad hoc von Account Managern in zeitlich befristeten Projektteams zusammengerufen werden
* stabile Account Teams, die interdisziplinär zusammengesetzt sind

Zum Kunden gewandt strukturieren Vorreiter oft ein **Account Team** um bestimmte Kundenbeziehungen herum, mit einem Haupt-Account-Manager. Dieses Team aus Generalisten wird unterstützt durch Branchenexperten, technische Spezialisten, Controller und Analysten, Umsetzungsbeteiligte und zuweilen durch das Topmanagement. Diese Integrationsleistung sichert für den Kunden einen durchdachten Prozess vom Verkauf über die Implementierung oder Lieferung der Leistungen bis hin zur Wartung oder anderen Service-Leistungen. Das Monitoring der Leistungsbeiträge und der Kundenzufriedenheit gehört ebenfalls zur Aufgabe der Account Teams (vgl. McKinsey&Company 2003, S. 9).

Folgende vier Punkte sind außerdem wesentlich, um ko-kreative Lösungen leisten zu können:

1. Als Grundvoraussetzung braucht es ein Grundverständnis des Systems des Kunden (Strategie, Geschäft, Organisation, Führung, Kultur) und des eigenen Leistungsspektrums (Was können und wollen wir leisten und entwickeln, wo sehen wir Grenzen?).

2. *Kultur:* Interdisziplinarität und – mehr und mehr virtuelle – Teamarbeit sind in Kulturen, Prozessen und Zielkriterien verankert (auch Silo-, Funktions-, Bereichs- usw. übergreifende KPIs).

3. *Kompetenzen*: Erforderlich ist kontinuierliches Recontracting mit dem Kunden und der eigenen Organisation. Es braucht klare Spielregeln für Prozesse des Öffnens (neue Impulse aus der Ko-Kreation intern aufgreifen) und des Schließens (Grenzen ziehen z. B. gegenüber neu auftauchenden Kundenbedürfnissen, die man nicht mehr in die Lösung integriert). Das bedeutet Agilität und erfordert kontinuierliche »Beziehungsarbeit« aller Beteiligten.

4. Als *Arbeitsprinzip* gilt: Immersion, Eintauchen in die Welt des Kunden, schnelle Prototypen ko-kreativ erarbeiten und erproben, schnelles Feedback und daraus die Lösung weiterentwickeln in iterativen Schleifen – das heißt, eine kontinuierliche Beziehung mit den Kunden pflegen und sie zu ihrem tatsächlichen Tun zu befragen.

Solche Organisationsprinzipien sind teilweise konträr zu den klassisch produktorientierten Unternehmen bzw. klassischen Expertenorganisationen. Die meisten Versuche, Ko-Kreation ins Unternehmen einzuführen, scheitern daran, dass der Change-Prozess selbst nicht ko-kreiert wird. Ein Change-Prozess, der zu mehr Ko-Kreation führen soll, kann selbst nicht a priori festgelegt, bzw. geplant oder designt sein (vgl. Ramaswamy/Gouillart 2010, S. 149 und 165), sondern das **Ziel muss bereits in der Umsetzung** gelebt werden. Die Führungskräfte erhalten somit eine Schlüsselrolle in der Einführung von Ko-Kreation in Unternehmen und eine Vorbildfunktion im täglichen Meistern der Ansprüche.

Die **Wertversprechen,** die ko-kreative Lösungen halten müssen, werden daran gemessen, wie der Kunde Erfolg misst, nicht wie intern Leistungserfüllung definiert wird. Dies hat auch Konsequenzen für das **Customer Relation Management,** das ebenfalls auf eine kontinuierliche Wissensgeneration in Richtung Lösungspartnerschaft auszurichten ist.

3.5.7 Der Weg zum Lösungsgeschäft: Dual Business Transformation

Viele Unternehmen sehen sich der Herausforderung ausgesetzt, neben ihren bisher profitablen Produkten und Dienstleistungsangeboten ein zweites Standbein in Richtung ko-kreatives Lösungsgeschäft aufzubauen. Die Notwendigkeit, diese Art der Geschäftstransformation zu bewältigen, führt zu einem dualen Ansatz (vgl. CrowdWorx 2007-2012):

Erstens, das bisher profitable Kerngeschäft repositionieren. Das Ziel ist, das Kerngeschäft so lange wie möglich gewinnbringend zu halten, auch wenn die Lebenszyklen mancher Produkte sich dem Ende zuneigen. Beispiele sind Festnetztelefonie, Kameras mit belichteten Filmen, Stand-PCs, Videokassetten. Zur Gruppe der gefährdeten Produkte gehören sicherlich Tageszeitungen, Bücher, MP3-Player und günstige Kameras sowie preiswerte Armbanduhren – all dies kann jedes durchschnittliche Smartphone bereits leisten. Ansätze, dieses Kerngeschäft umzugestalten, beinhalten: weniger Varianten, Konzentration auf die profitabelsten und umsatzstärksten Produktgruppen, Effizienzsteigerungen durch Recycling, reduzierten Ressourceneinsatz und weniger Investitionen.

Zweitens, das neue Geschäft für zukünftiges Wachstum konsequent aufbauen. Mit neuem Geschäftsmodell, ggf. neuen Kundengruppen, neuem Leistungsversprechen und wahrscheinlich auch teilweise neuen Mitarbeitenden. Obwohl das neue Geschäft noch nicht profitabel ist bzw. sein kann, wird konsequent an seiner Vermarktung gearbeitet. Monetär wird es noch vom alten Kerngeschäft »genährt«. Das neue Geschäft braucht hohe Aufmerksamkeit, Vorbilder als Rollenmodell und eine eigene »Organisationshaut«.

Drittens, die Steigerung von Effizienz durch Verknüpfungen der beiden Geschäftsseiten. Hierfür werden Ressourcen gefunden, die sich beide Geschäftsseiten sinnvoll teilen können. Oft gehören dazu Abteilungen wie Marketing, Branding, Wissensmanagement und F&E oder auch Ressourcen und Wissen über bestehende Kunden, Verkaufsbeziehungen, Kommunikationskanäle etc.

Ein prominentes Beispiel ist Xerox (vgl. CrowdWorx 2007-2012, S. 4). Der Wettbewerb aus Asien führte zu einer Umsatz- und Gewinnkrise – es türmten sich im Jahr 2000 Verluste von ca. 270 Millionen Dollar auf. Das Kerngeschäft wurde neu positioniert mit einfacheren Modellen, die günstiger produziert werden können und leichter zu warten sind. Als neues Geschäft wurde die Dienstleistung des internen Dokumentenmanagements aufgebaut. In einem ko-kreativen Entwicklungsprozess kamen bald weitere Prozesse dazu, die Xerox seinen globalen Kunden als Dienstleister abnahm. Die beiden Geschäftszweige teilen sich Marketing-, Branding- und F&E-Kapazitäten. 2012 erreichte der neue Geschäftszweig einen Anteil von 51 Prozent, und das Unternehmen operiert schon länger wieder profitabel und wächst.

Systemisch ist das ein anspruchsvoller Prozess – geht es doch darum, beiden Geschäftstypen gerecht zu werden, der impliziten Abwertung des bisherigen

Kerngeschäfts entgegenzuwirken und zugleich dem Neuen Schutz und Wachstumschancen zu geben (mehr dazu vgl. Heitger/Doujak, S.103 ff.)

3.5.8 Nachteile und Risiken

Die strategische Ausrichtung auf ko-kreative Lösungserstellung hat viele Vorteile,
aber auch Nachteile und Risiken, wie im Folgenden dargestellt:

- Die **Verantwortung** gegenüber den Kunden steigt. Wird eine Lösung – nicht
  nur ein Bündel von Produkten – verkauft, so ist das Unternehmen nun teilweise verantwortlich für die Geschäftsergebnisse des Kunden, nicht nur für
  die reine Funktionalität der Produkte (vgl. McKinsey&Company 2003, S. 12).
- Oft wird vergessen, dass es großes Verständnis und viel Wissen darüber
  braucht, welche **Erwartungen und Bedürfnisse** die eigenen Kunden tatsächlich haben. Dieses Wissen ist nicht durch einfaches Abfragen zu erlangen,
  sondern braucht tiefere Verständnisarbeit (vgl. Gulati 2007, S. 9).
- Manche Kunden sind besser bedient durch Produkte und Dienstleistungen
  aus einer Art **Bauchladen.** GE Healthcare versuchte sein Glück im Lösungsgeschäft zuerst in einem Kundensegment, das prioritär über den Preis einkauft,
  nicht über Passgenauigkeit oder Qualität. Solche Kunden sind keine gute Zielgruppe für die ko-kreative Herangehensweise (vgl. Gulati 2007, S. 9).
- Viele Kunden werden immer besser in der **Selbstreflexion und -beobachtung**
  und lassen sich von sehr spezialisierten Beratern unterstützen. Sie wissen oft
  schon genau, welche Lösung für sie geeignet ist. Hier geht es dann weniger
  um offene Ko-Kreation, als vielmehr darum, das Anliegen genau zu erfassen
  und zu bedienen. Wird das nicht erkannt, wird der ko-kreativ vorgehende
  Account Manager eher zu einem Ärgernis als zu einer Unterstützung (vgl.
  Adamson et al. 2012, S. 4).
- Intern sind die **Veränderungs- und Investitionskosten** für ein ko-kreatives
  Herangehen nicht zu verachten. Vor allem die Transformation (oder teilweise
  der Austausch) von Vertriebseinheiten und die Etablierung von Zusammenarbeit über Funktionen und Geschäfteinheiten hinweg sind aufwendig.
- Ko-kreative Verkaufsprozesse sind aufwendiger und komplexer, weil sie oft
  strategische Themen des Kunden betreffen. Das resultiert auch in **längeren
  Auftragsklärungen** und langwierigen Geschäftsabschlüssen (vgl. McKin-
  sey&Company 2003, S. 6). Die Transaktionskosten steigen.
- Mitunter ergeben sich in der **Implementierung** einer Lösung Schwierigkeiten,
  wenn die **Governance auf der Kundenseite** zwischen Zentrale und lokalen
  Einheiten unklar ist und z. B. eine wichtige Region autonom agiert und eine
  global definierte Lösung nicht umsetzt.

- Die funktionsübergreifende Zusammenarbeit benötigt **mehr Interaktion** (intern und mit Partnern) und verursacht somit höhere **Governance-Kosten** (vgl. McKinsey&Company 2003, S. 6).
- Das erweiterte Kompetenzspektrum von Account Managern, Presales und Vertriebssupportteams verursacht höhere **Qualifizierungsinvestitionen.**
- Die »Maßschneiderei« für Kunden ist fast immer mit **inkrementellen Investitionen** in bestehende Angebote und deren Erbringung verbunden, um die Passgenauigkeit zu garantieren (vgl. McKinsey&Company 2003, S. 6).
- Die konsequente Einbeziehung von Kunden – oder sogar Kundengruppen und Lieferanten – **verwischt die Unternehmensgrenzen** (vgl. Humphreys et al. 2009, S. 4). Somit werden als selbstverständlich geltende Regeln für Umgang und Verhalten eventuell infrage gestellt. Andererseits ermöglicht dies ein schnelleres Lernen und damit eine Verkürzung der Go2Market-Zeit.

Die Fähigkeit, Kunden genau zu verstehen und durch die gemeinsamen Lösungen mehr Wert für sie zu schaffen, wird vielleicht noch wichtiger als Innovationen (vgl. Gulati 2007, S. 5).

Weiterlesen

Verwandte Ent-Scheidungen: Digitalisierung, Web 2.0 und Media Literacy; Innovation, Resilienz, Strategische Kooperationen
Passende Werkzeuge: Stakeholder-Plattformen, Scrum, Rapid Prototyping
Fälle: Fall 1: Netzwerkökonomie, Fall 2: Programm-Management

Literatur

Adamson, Brent/Dixon, Matthew/Toman, Nicholas (2012): The end of solution sales. In: Harvard Business Review, Juli-August 2012, S. 4–7.
CrowdWorx (2007-2012): The rise of social forecasting. How the crowd learned to be smart. CrowdWorx White Paper Series. Poznan u. a. O. 2007–2012.
Gulati, Ranjay (2007): Silo busting. How to execute on the promise of customer focus. In: Harvard Business Review, Mai 2007.
Heitger, Barbara/Doujak, Alexander (2014): Harte Schnitte – neues Wachstum. Wandel in volatilen Zeiten. München 2014.
Humphreys, Patrick /Samson, Alain/Roser, Thorsten/Cruz-Valdivieso, Eidi (2009): Co-Creation. New pathway to value an overview. London 2009, S. 3–8.
IBM Institute for Business Value (2013): Der Kunde entscheidet mit. Wie Kunden Unternehmensentscheidungen aktiv beeinflussen. C-Suite Studies. IBM Corporation 2013.
McKinsey&Company (2003): Solutions selling. Is the pain worth the gain? New York 2003.
Midgley, David (2012): Understanding customers in the solution economy. In: Harvard Business Review, August 2012.

Osterwalder, Alex/Pigneur, Yves/Bernarda, Greg/Smith, Alan (2014): Value proposition design. How to create products and services customers want. Hoboken (NJ) 2014.

Ramaswamy, Venkat/Gouillart, Francis (2010): The power of co-creation: Build it with them to boost growth, productivity, and profits. New York 2010.

Ramaswamy, Venkat/Ozcan, Kerimcan (2014): The co-creation paradigm. Stanford Business Books, Stanford 2014.

Weick, Karl (1996): Drop your tools. An allegory for organizational studies. In: Administrative Science Quarterly, 41. Jg., 2009, H. 2, S. 301–314.

3.6   Ent-Scheidung 6: Strategische Kooperationen

Zugrunde liegende Trends: Netzwerkgesellschaft, volatile Märkte, Kooperationen zwischen Konzernen und Start-ups, wachsende Komplexität und Spezialisierung, neue »Player« – neue Möglichkeiten, heterarchische Beziehungen

Unsere Thesen:

• Strategische Kooperationen zwischen Unternehmen gewinnen an Bedeutung.

• Heterarchische Zusammenarbeit zwischen den Unternehmen verlangt andere Steuerungs- und Abstimmungsmechanismen als unternehmensinterne Hierarchien und interne Kooperation einerseits und als klassische Post-Merger-Prozesse andererseits.

• Strategische Kooperationen werden in ihrer Komplexität und ihrer Rückwirkung auf das eigene Unternehmen unterschätzt.

• Die Vielfalt der Kooperationsformen erschwert die Übertragung und Integration von Lessons Learned z. B. aus Fusionen.

• Neben expliziten Kooperationsformen gewinnen auch losere Formen wie Netzwerke und Interessengemeinschaften an Bedeutung.

Klassische Spannungsfelder:

• teilen gegenüber schützen

• Vertrauensvorschuss gegenüber Vertrauen auf Basis von Erfahrungen

• kurzfristige Nutzenoptimierung gegenüber langfristiger Partnerschaft

• geben gegenüber nehmen

• Verbindlichkeit gegenüber ad-hoc-Nutzung von Potenzialen

• planen und festlegen gegenüber emergentem Entstehen lassen

• öffnen gegenüber schließen

• Autonomie gegenüber Abhängigkeit

• Transaktionskosten gegenüber Kosten eigener Leistungserstellung

*»Viele hochgradig professionelle Kompetenzen in der nächsten
Gesellschaft lassen sich als Kompetenzen beschreiben, einen Schritt zu
machen, der eine Öffnung produziert und Partner einlädt, mitzumachen.«*
Dirk Baecker 2011

Viele Unternehmen richten sich auf mehr Effizienz aus und konzentrieren sich
auf ihre Kernkompetenzen. Das verursacht eine Zunahme unternehmensüber-
greifender Kooperationen, da eine komplexe Leistungserstellung durch ein Ein-
zelunternehmen unter diesen Voraussetzungen kaum noch möglich ist. Ein
durchschnittlicher Konzern ist für 15 bis 20 Prozent seiner Umsätze auf Kooperationen angewiesen (vgl. Ernst/Bamford 2005), Tendenz steigend.

3.6.1 Strategie

Viele Unternehmen konzentrieren sich auf ihr Kerngeschäft und sind
damit sehr erfolgreich. Um trotzdem schnell und flexibel Marktchan-
cen oder Effizienzpotenziale aufzugreifen, nehmen Partnerschaften
zwischen Unternehmen zu. Sie ermöglichen es, schneller und mit weniger Kapi-
taleinsatz Wert zu schaffen als das mit dem Aufbau eigener Strukturen möglich
wäre.

Es gibt viele Gründe für Organisationen, sich strategische Kooperationspartner
zu suchen. Sich der eigenen Gründe konkret bewusst zu sein, ist eine Voraussetzung für das Finden geeigneter Kooperationspartner und -modelle. Treiber für
strategische Kooperationen sind etwa:
- Erweiterung des Absatzmarktes (regional oder neue Kundensegmente)
- Stärkung der Marktposition (z. B. Marktanteile)
- Zugang zu neuen Technologien oder neuem Wissen
- gemeinsame Exploration von Potenzialen
- erhöhte Innovationsdynamik
- komplementäre Kompetenzen, die Synergien schaffen (z. B. für erweiterten
  Kundennutzen)
- Kostensenkung bzw. Effizienzbestrebungen (z. B. durch Skaleneffekte)
- begrenzte eigene Ressourcen für eine effiziente (globale) Leistungserstellung
- ad hoc notwendige Ressourcen verfügbar machen können
- Risiken teilen – Resilienz stärken

Häufig ist ein Begleitmotiv für diese strategischen Ziele, keine Fusion oder Akquisition mit hohem Investment anpacken zu müssen bzw. neue Felder und
Kompetenzen nicht mühsam selber aufbauen zu müssen. Es können alle, einige
oder auch nur ein Unternehmensbereich (z. B. Einkauf, Produktion, Vertrieb, interne Dienstleister, F&E, …) von der Kooperation betroffen sein und einen un-

mittelbaren Nutzen aus ihr ziehen. In vertikalen Kooperationen verbinden sich Unternehmen entlang der Wertschöpfungskette (Vorwärtsintegration in Richtung Absatz, Rückwärtsintegration in Richtung Lieferanten). In horizontalen Kooperationen arbeiten Unternehmen derselben Wertschöpfungsstufe zusammen – z.T. auch Wettbewerber –, um die Marktposition oder die Verhandlungsmacht bei Lieferanten zu stärken oder durch gemeinsame größere Projekte mehr Effizienz zu erlangen.

Kostenvorteile können gleichartige Partner in einer Branche gut erreichen. Integrierte Wertschöpfungsketten mit festen Partnerschaften, wie sie in japanischen Keiretsu-Strukturen oder der Automobilindustrie häufig vorkommen, sind hier beispielsweise zu nennen. Daimler und Renault/Nissan kooperieren etwa, um effizienter zu produzieren und zu entwickeln.

Hohes Innovationspotenzial entsteht jedoch, wenn sich starke Partner mit komplementären Fähigkeiten und aus verschiedenen Branchen zusammentun (vgl. Dürmüller 2010), wie beispielsweise:

- Der Sportartikelhersteller Nike entwickelt und vermarktet gemeinsam mit Apple das Nike & iPod Sport Kit, bei dem Zeit-, Strecken- und Geschwindigkeitsangaben, Kalorienverbrauch usw. auf den iPod® übertragen werden.
- Der südkoreanische Mobilfunkhersteller LG Electronics etabliert eine Marketingkooperation mit der Luxusmarke Prada, um mit Mobilfunkgeräten unter der Co-Brand Prada seine Position im Premium-Marktsegment zu stärken.
- Der Elektronikkonzern Philips und der traditionsreiche Kaffeeröster Douwe Egberts (Sara-Lee-Konzern) entwickelten gemeinsam das Senseo® Kaffeepadsystem.

Alle Kooperationen kosten Zeit, Geld, Nerven und bergen Risiken. Des Weiteren erhöhen sie die Komplexität auch im Heimatsystem, weil dort Kooperationsstrategien ausgewertet und weiterentwickelt und auf die Kooperationssysteme reagiert werden muss – Kooperationen brauchen also eine **organisierte Repräsentanz** im Heimatsystem. Diese Transaktions-und Komplexitätskosten werden häufig nicht mit bedacht oder unterschätzt.

Um zu klären, ob eine Kooperation strategisch sinnvoll ist, braucht es also Klarheit darüber, welche Wettbewerbsvorteile dadurch erreicht werden können. Die Vielfalt und wachsende Bedeutung von Kooperationen macht es lohnenswert, das Besondere ihrer Strukturen und Steuerung zu beleuchten.

3.6.2 Kooperationen – eine Annäherung

Kooperationen – und vor allem strategische Kooperationen – sind kein normaler Geschäftsabschluss. Die Produktivität zwischen den beteiligten Partnern ist abhängig von einer Balance von Geben und Nehmen. Kooperationen bestehen nur, solange eine Gebérmentalität bei den Teilnehmenden besteht (vgl. Looss 2004). In dieser Balance besteht einerseits gleichzeitig eine wechselseitige Kontrolle sowie andererseits eine trotzdem jederzeit wählbare Abbruchmöglichkeit für die Beteiligten (vgl. Wimmer 2011, S. 543). Es ist höchst anspruchsvoll, die entstehenden Abhängigkeiten und die gleichzeitig signifikanten Unterschiede zu überbrücken und nutzbar zu machen, obwohl diese Unterschiede ja mit ein Grund für die Kooperation sind. Kein Wunder, dass die Erfolgsrate von Kooperationen bei nur fünfzig Prozent liegt (vgl. Ernst/Bamford 2005; Hughes/Weiss 2007). Kooperationen benötigen spezielle Rahmenbedingungen und erfordern neue und oft andere als die geübten Kompetenzen von Organisationen. Außerdem erzeugt jede Kooperation ein Dilemma: Wie kann man einerseits den Nutzen für die Heimatsysteme optimieren und andererseits Vertrauen und Partnerschaft langfristig erhalten? Schließlich bekommt »Nutzen« mehrere mögliche Dimensionen: jeweils für die kooperierenden Heimatsysteme, für die Beziehung zwischen ihnen und für das Kooperationssystem selbst.

Es gibt viele verschiedene Definitionen für Kooperationen, Koalitionen und Netzwerke. Wir verstehen strategische Kooperationen als freiwillige, gemeinsame Arbeit mindestens zweier Partner an bestimmten, für die Partner strategisch relevanten Themenfeldern, für die kein Partner alleine hinreichend antwortfähig ist. Hierbei bleibt die Autonomie aller Partner gewährleistet (also keine Fusion oder Übernahme) und aus dem Kooperationsbereich wird keine eigenständige rechtliche Entität (wie z. B. ein Joint Venture). Darüber hinaus ist eine strategische Kooperation mittel- bis langfristig angelegt, was sie von einem Einzelprojekt unterscheidet.

Kooperationen unterscheiden sich von Organisationen durch

- offenere Ziele und Wege dorthin (tendenziell weniger Routinegeschäft)
- mehr Akteure, die zugleich der Kooperation und ihrem Heimatsystem verpflichtet sind
- mehr laterale Steuerung durch Aushandeln
- mehr Gleichzeitigkeit von Kooperation und Wettbewerb
- Vertrauen, Augenhöhe und Transparenz in wesentlichen Punkten als Prämissen, um gut miteinander zu arbeiten – wenn das nicht gelingt, entstehen Machtkämpfe und Kontrollschleifen, die die Vorteile der Kooperation gefährden
- offenere und beweglichere Systemgrenzen
- mehr Team- und Personenfokus als formaler Hierarchie- und Strukturfokus

Da es sich in strategischen Kooperationen um strategisch relevante Kernfragen der Organisationen handelt, muss das Unternehmen bereits im Vorfeld festlegen, in welchen Bereichen es seine Kernkompetenzen unbedingt autonom halten möchte und in welchen Bereichen es die durch Kooperation entstehenden Abhängigkeiten in Kauf nehmen will. Den Führungskräften, die in und für die

Kooperation tätig sind, kommt dabei eine Schlüsselrolle zu. Es bedarf aber auch einer besonderen Prozessreife in den kooperierenden Bereichen sowie einer sorgfältigen strategischen Planung der Kooperationsbereiche (vgl. Schenk/von Dombrowski 2009).

In vielen Kooperationsformen zwischen Unternehmen ist **Steuerung eher symmetrisch** – zwei oder mehr Partner treffen sich auf Augenhöhe – während in Unternehmen noch fast überall in letzter Instanz eine hierarchische Steuerung gilt. Auch diesem Unterschied müssen Beteiligte mit unterschiedlichem Verhalten begegnen und im Kooperationssystem anders agieren als im Heimatsystem. Damit unterscheiden sich Kooperationen von Organisationen markant. Sie brauchen einen»eigenen Blick«, sind also nicht so»einfach« steuerbar wie ihre jeweiligen Heimatsysteme. Strategische Kooperationen sind, ähnlich wie Netzwerke, Brücken zwischen Markt und Unternehmen. Abbildung 28 zeigt die Unterschiede in der Steuerungslogik in verschiedenen Bereichen.

Markt	Netzwerke	strategische Kooperationen	Unternehmen
Steuerung über Angebot/Nachfrage	Steuerung über Beziehungspotenziale	Steuerung über Aushandeln	Steuerung (meist) über Hierarchie

Abb. 28: Unterschiede in der Steuerungslogik

3.6.3 Kooperationen und ihre Herausforderungen

Durch eine Kooperation verflechten zwei oder mehr Organisationen ihre Anliegen. Es entsteht mit der Kooperation ein »eigenes« drittes System, das an seine Urheber strukturell gekoppelt ist (siehe Abb. 29). Die teilnehmenden Organisationen sind für das Kooperationssystem hochrelevante Umwelten.

Die Grafik verdeutlicht die entstehende Komplexität, wenn das dritte Kooperationssystem dazu kommt. Dazu ein Beispiel:

Beispiel 1:
In der Kooperation zwischen Partner A und Partner B agierten die Mitarbeitenden von B in der Kooperation sehr abgestimmt und integriert, während diejenigen von A eher – ihrer Herkunftskultur entsprechend – autonom und lose verkoppelt unterwegs waren. Beide Unternehmen wirkten mit ihrer Kultur in die Kooperation. B setzte seine Interessen stärker durch als A. A wertete diese Erfahrungen aus (notwendige Binnenrepräsentation der Kooperation im Heimatunternehmen) und intervenierte im erneuten Aushandeln mit B für neue Spielregeln im Kooperationssystem.

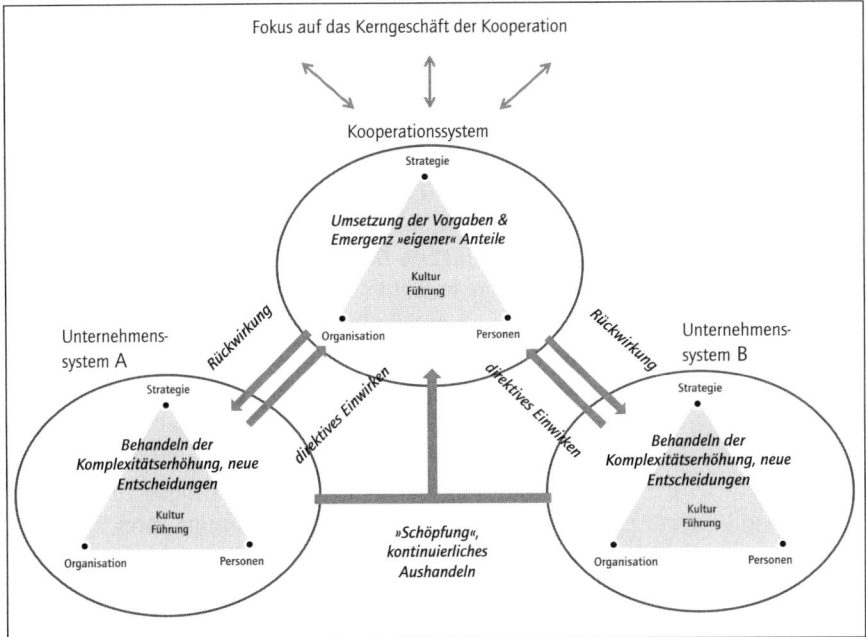

Abb. 29: Intersystemische Auswirkungen von Kooperationen

Mit diesem Beispiel wollen wir die oft übersehenen Erfolgskriterien für das Gelingen von Kooperationen verdeutlichen: Erstens, die notwendige Binnenrepräsentanz der strategischen Kooperation im Herkunftsunternehmen (Selbstbeobachtung, Beobachtung des Partners und des Kooperationssystems sowie der Relationen). Zweitens, Verständnis für und Wissen um die Varianten und Besonderheiten von Kooperationen, um sie behutsam zu steuern bzw. in diesem Geflecht wirkungsvoll zu intervenieren. Kooperationen wirken demnach durch ihre Selbstorganisation ins Herkunftssystem zurück, sind also durch selbstbezügliche Rückkopplungen verbunden.

Das Kooperationssystem braucht und hat eigene Entscheidungsspielregeln, eigene Kommunikationsmechanismen und eigene Strukturen. Diese sich ausbildenden Muster entstehen mithilfe der teilnehmenden Organisationen. Sie bringen Zeit und Ressourcen ein, damit das neue System entstehen kann. Aber das Kooperationssystem entsteht nicht kausal. Die Partner können nicht wissen, wie es letztendlich »funktionieren« wird. Der Umgang mit diesem Nichtwissen erfordert Neugier, Offenheit und Kompetenzen wie zuhören, beobachten, wertschätzend nachfragen, kompromiss- und integrationsfähig sein. Es geht darum, die Partner und sich selbst besser kennenzulernen und die Kooperation zu erproben. Besonders zu Anfang ist es von höchster Relevanz, dass die unterschiedlichen **Wirklichkeitskonstruktionen** der Teilnehmenden in ein gemeinsames

Verständnis der Ziele und Prozesse des Kooperationssystems münden. Ganz wesentlich ist es, das Kooperationssystem so aufzustellen, dass es sich agil und **wirksam auf sein eigenes Geschäft** konzentriert und sich nicht in der internen Abstimmung der Teilnehmerorganisationen verliert.

Eine eigene Komplexität birgt die **Grenzziehung** zwischen Kooperationssystem und den Teilnehmerorganisationen (Partnern). Die Grenze zur Umwelt wird in Organisationen hauptsächlich durch Mitgliederzugehörigkeit gezogen. Das ist in Kooperationen auf unterschiedlichen Ebenen zu betrachten. Erstens sind in größeren Kooperationsstrukturen manchmal die Teilnehmerorganisatio-nen selbst Mitglieder (z. B. Unternehmensverbände). Und das wiederum ist – besonders in fluiden Kooperationsformen wie Netzwerken und Interessengemein-

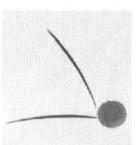

schaften – eine schwierige Aufgabe. Zweitens sind die entscheidenden Akteure für das Kooperationssystem zu nominieren: Sie haben die Aufgabe, die Kooperation operativ voranzutreiben und sind zu Eingriffen berechtigt. Für die betroffenen Personen bedeutet diese weitere Mitgliedschaft eine höhere Komplexität in der Ausübung ihrer Tätigkeit, vor allem, wenn es zwischen dem Kooperationssystem und der Heimatorganisation zu Zielkonflikten kommt. Es ist daher besonders wichtig, dass das Kooperationssystem ein attraktives Zielbild und eine klare Strategie bietet, für die es sich einzusetzen lohnt und die für die handelnden Personen einleuchtend sind.

Besonders anspruchsvoll ist die **Steuerung der Kooperation.** Behandelt man die Kooperation als eigenes System, ist man auch mit seiner Autopoiese konfrontiert. Im Sinne von Maturana und Varela (vgl. Maturana/Varela 2009, S. 55) bedeutet das, dass das System in gewissem Sinne autonom ist und seine eigenen Gesetzmäßigkeiten festlegt. Ein direktives Steuern »von außen« ist also nicht möglich. Es bleibt das Konzept der Kontextsteuerung: Das heißt, die Setzung und Veränderung des Rahmens und der Grenzen (z. B. durch Budgets) für das Kooperationssystem sind die hauptsächliche Steuerungsleistung und Steuerungsmöglichkeit der Teilnehmerorganisationen. Dies ist in Kooperationen mit Doppelzugehörigkeit von Entscheidern in der Teilnehmerorganisation leichter möglich, da sie deren Muster und Entscheidungspräferenzen sowie Informationsstand leichter einbringen und durchsetzen können, als dies ohne die Personalunion der Fall wäre. Zugleich kann es natürlich auch zu Ziel- und Loyalitätskonflikten kommen. Komplexitätssteigernd kommen allerdings die Akteure der Kooperation aus anderen Teilnehmersystemen als nötige Abstimmungsinstanz hinzu. Wie diese Kontextgestaltung aussehen kann und welche Schritte dafür möglich sind, wird weiter unten beschrieben.

Die **Autopoiese des Kooperationssystems** hat einen weiteren (oft unterbelichteten) Nebeneffekt: das Kooperationssystem »steuert zurück« (siehe die Pfeile in Abbildung 29). Entscheidungen, die innerhalb dieses Systems getroffen und gelebt werden, haben Rückkoppelungsdynamiken auf das Heimatsystem bzw. die teilnehmenden Organisationen, die nicht selten die Innenkomplexität erhöhen. Dafür gilt es, Prozesse und Fähigkeiten auszubilden, die diese Dynamiken aufgreifen.

In einer guten Kooperation entsteht durch das gemeinsame Arbeiten eine wechselseitige Verantwortung. Dies bedeutet gegenseitige Abhängigkeit und ein gemeinsames Erschließen von Potenzialen.

3.6.4 Organisation der Kooperationsstrukturen – klassische und neuere Formen

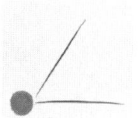

Die Kooperation zwischen zwei oder mehr Organisationen unterliegt vielen Gestaltungsmerkmalen. Um einen Eindruck der möglichen Gestaltungsdimensionen zu erhalten, möchten wir als Unterscheidungs- und Gestaltungskriterien aufzählen (vgl. u. a. Roehl/Rollwagen 2004): Anzahl der Teilnehmer, Art der Risikoteilung, Form der Sanktionierung, Grad der Abhängigkeit voneinander in der Wertschöpfung, Unterschiedlichkeit der Kooperationspartner, Offenheit für Ein- und Austritt, Zeithorizont (geplante Dauer), Formalisierungsgrad (Flexibilität), Zentralisierungsgrad (Machtverteilung). Jedes dieser Merkmale kann auf einem Kontinuum mehr oder weniger stark ausgeprägt sein. Ihre Zusammenstellung und Intensität prägt die Form der Kooperation.

Kooperationen sind genauso vielfältig und individuell wie die Unternehmen, die an ihnen teilhaben. Jede Systematisierung in Archetypen und Kategorien kann daher nur eine Annäherung sein. Wir möchten eine an die von Roehl/ Rollwagen (2004, S. 33ff.) angelehnte vorstellen, weil die von ihnen gewählten Bezeichnungen relevante Unterschiede gut verdeutlichen.

- **enge und verbindliche Partnerschaft – Ehe** (vgl. Abbildung 30): stark formalisierte Verträge zwischen zwei Partnern, die ein speziell aufeinander abgestimmtes Konzept beinhalten. Die Vertragsanbahnung ist typischerweise lang, die Auflösung mit hohen Kosten verbunden. Daher sind diese Kooperationen oft sehr stabil. Ein Risiko ist die geringe Perspektivenvielfalt. Die Chance liegt im klaren, stabilen Fokus und in der oft guten Kenntnis der Partner übereinander, dem langfristigen Zeithorizont, der vertrauensfördernd wirkt, und der Senkung von Kosten durch Lerneffekte über die Dauer der Kooperation. Beispiel: Daimler und Bosch

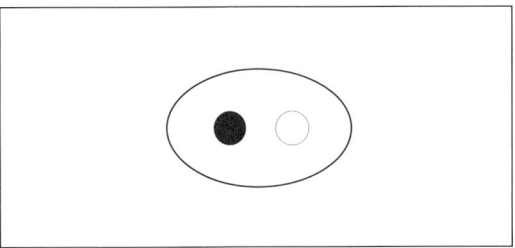

Abb. 30: Kooperationsform Ehe

- **Club** (vgl. Abbildung 31): Eine kleine Anzahl von Organisationen mit ähnlichen Interessen formiert eine langfristige Kooperation mit strikten, sanktionierten Regeln für Eintritt, Austritt und Verhalten. Die Mitgliederfluktuation ist niedrig, die Wertschöpfung orientiert sich an gemeinsamen Standards. Meist kostet die Durchsetzung dieser Standards viel Zeit und/oder Geld. Die Stabilität, Langfristigkeit und Standardisierung ermöglichen intensives Kennenlernen, Vertrauen, sinkende Kosten aufgrund steigender Effizienz und Überschaubarkeit an Meinungen/Positionierungen.
Beispiel: die Star Alliance Fluglinien

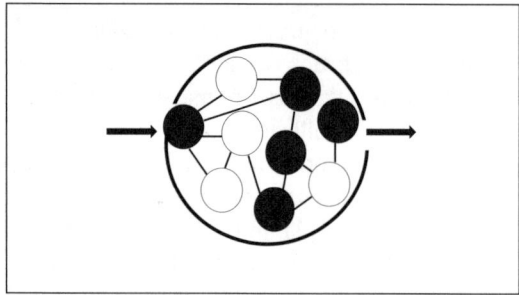

Abb. 31: Kooperationsform Club

- **Syndikat** (vgl. Abbildung 32): Eine zentrale Organisation hat bestimmte Ressourcen oder eine Position, die sie die Spielregeln der Kooperation für viele heterogene und wechselnde Partner zentral bestimmen lässt. Syndikate werden oft von gemeinsam genutzten IT-Lösungen unterstützt. Je nach Marktmacht der zentralen Institution können sich starke Abhängigkeiten für kleinere Partner ausbilden, bis hin zur völligen Abhängigkeit. Kleinere Partner wirken aus unterschiedlichsten Gründen bei einem Syndikat mit: beispielsweise Zugang zu Kunden und Märkten, Reputationsgewinn durch die Kooperation mit einem wichtigen Player oder die niedrigere Komplexität der Kooperation, in der alles einseitig vorgegeben wird. Die zentrale Organisation profitiert wiederum von der Innovation, Vielfalt und Dynamik der kleineren Partner.
Beispiele: Amazon, Apple

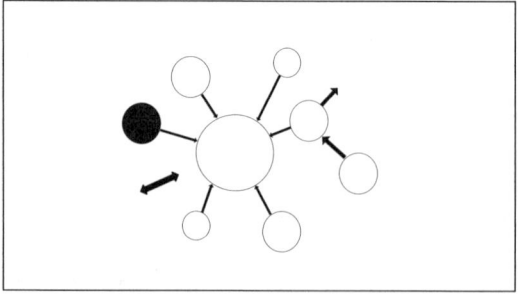

Abb. 32: Kooperationsform Syndikat

- **Gemeinschaft** bzw. **Community** (vgl. Abbildung 33): Die Partner produzieren wechselseitige Abhängigkeiten durch sich ergänzende Wertschöpfung. Sie sind oft stark in ihren Umweltkontext eingebettet und agieren stark wertebasiert. Die Gemeinschaft ist aufgrund ihrer Werte stabil, die Mitgliedschaft ist an die Einhaltung dieser Werte geknüpft. Solange diese als »Common Sense« nicht herausgefordert werden, ist diese Kooperationsform sehr fruchtbar. Viele Unternehmen sehen besonders in dieser Kooperationsform die Möglichkeit, innovative Projekte mit Partnern zu verwirklichen.
Beispiele: die englische Wholesale Society; z.T. Crowdsourcing-Plattformen, Berater-Communities

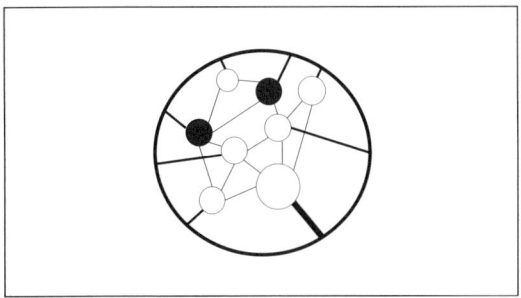

Abb. 33: Kooperationsform Community

- **offene Plattform mit »Partycharakter«** (vgl. Abbildung 34): Viele Partner treffen ohne Verbindlichkeit kurzfristig zusammen. Tragende Elemente sind Image, Reputation und Spaßfaktor. Lernbereitschaft und Aufgeschlossenheit spielen eine große Rolle, ebenso wie die Sekundärpartner der teilnehmenden Organisationen, die schnell einbezogen werden können. Risiken entstehen durch eine Anfangseuphorie, die fehlende Bedingungen für eine konkrete, verbindliche Weiterarbeit in diesem Kontext übersieht.
Beispiele: Kreativ- und Marketingsektor; z.T. Crowdsourcing-Plattformen

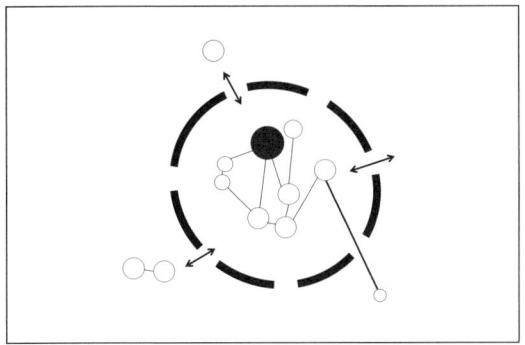

Abb. 34: Kooperationsform offene Plattform

• Ein **Forum** (vgl. Abbildung 35) wird durch gemeinsame Themen und Inhalte konstituiert. Im Vordergrund stehen Diskurs, Informationsaustausch und inhaltliche Auseinandersetzung von vielen, in gewissem Grad unterschiedlichen Teilnehmern. Respekt füreinander und für das Forum ist Voraussetzung. Austritte sind nicht mit Kosten verbunden und jederzeit möglich. Die Glaubwürdigkeit und Reputation des Forums und der dort erarbeiteten Inhalte müssen für Teilnehmer und Außenstehende ersichtlich sein.
Beispiele: Online-Rating-Agenturen wie Dooyoo.com, ko-kreative Plattformen, an denen gemeinsam an Inhalten gearbeitet wird (z. B. Wikipedia). Spezialtyp: Interessengemeinschaften

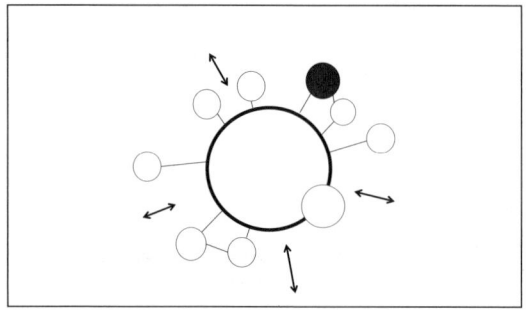

Abb. 35: Kooperationsform Forum

• **Expedition** (vgl. Abbildung 36): Befristet wird in projektähnlichen Konstellationen kooperiert. Das gemeinsame »Nichtwissen« in einem bestimmten Bereich ist Anlass zur Kooperation. Es wird wenig geplant, viel experimentiert und ggf. im Anschluss an die Ergebnisse weiter kooperiert. Diese Kooperationsform bedarf viel Neugierde und viel Offenheit – auch für die Möglichkeit des Scheiterns bzw. des »Nichts-Relevantes-Findens« (→ Ent-Scheidung 5: Lösungsgeschäft).
Beispiel: organisationsübergreifende → Learning Journeys (Werkzeug 19).

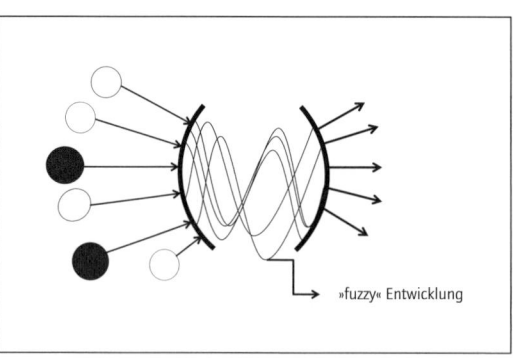

»fuzzy« Entwicklung

Abb. 36: Kooperationsform Expedition

Alle Formen der Kooperation verursachen zusätzliche Komplexität und Kosten – wenn auch in unterschiedlicher Höhe. Ihr Nutzen muss den direkt Beteiligten, aber auch den Verantwortlichen in den Heimatsystemen, klar und attraktiv genug sein. Ehe, Club und Syndikat sind schon seit langem praktizierte Formen der Kooperation. Communities, »Partys«, Foren und Expeditionen sind neuere Formen, die sich an das fluider gewordene Umfeld anpassen, somit aber auch schwerer zu steuern sind. Diese Formen basieren im Wesentlichen auf den Grundlagen und Bedingungen von Netzwerken. Bei ihnen ist es besonders wichtig, die veränderten Kooperationsbedingungen zu berücksichtigen (siehe unten).

Exkurs: Netzwerke als Grundlage strategischer Kooperationsformen

Netzwerke – auch solche wie wir sie heute kennen und nutzen – haben eine lange Tradition. Ihre besonderen Funktionsmechanismen von Selbstkoordination und Selbstverpflichtung sind spätestens seit den regionalen Clustern des 19. Jahrhunderts in Gebrauch (vgl. Berghoff/Sydow 2007, S. 11). Ein entscheidendes Kriterium von Netzwerken ist die Beteiligung von einer größeren Gruppe Akteuren. In Netzwerken geht es um die Möglichkeit zur Realisierung individueller Ziele der Akteure mittels eines gemeinsamen Kooperationszieles. Die Akteure bleiben dabei rechtlich autonom (vgl. Glatzel 2012, S. 50f.). Durch die Vielfalt ergeben sich in großen Netzwerken oft polyzentrische Strukturen mit mehreren Handlungs- bzw. Aktivitätszentren, die daher nicht hierarchisch und zentral steuerbar sind (vgl. Glatzel 2012, S. 53). Es gibt aber fast immer Akteure, die durch ihre besondere Aktivität, ihr Wissen, ihre Reputation, Marktmacht, Ressourcen o.Ä. zu Knotenpunkten werden. Gerade wegen dieser polyzentrischen Struktur ist es in den meisten Netzwerken schwierig bis unmöglich, eine intendierte Richtung bzw. eine neue strategische Ausrichtung durchzusetzen. Zu den Managementinstrumenten, die derzeit am häufigsten in Netzwerken verwendet werden, gehören gemeinsames Projektmanagement inkl. Projektdokumentation für ihre gemeinsamen Tätigkeiten (Berghoff/Sydow 2007, S. 267f.). Um den Rahmen zu gestalten, wird viel Zeit in die Formulierung einer Netzwerkstrategie und die Bewertung des Netzwerkerfolges investiert. Trotz dieser gemeinschaftlichen Investitionen erheben Netzwerke für die Mitgliedschaft ihrer Akteure keinen Anspruch auf Ausschließlichkeit. Wer gerade Mitglied ist und wer nicht, lässt sich – anders als bei Gruppen und Organisationen – oft nicht klar definieren (vgl. Boos et al. 1992, S. 3). Man kann Netzwerke gewissermaßen mit einem Markt vergleichen, der nicht ortsgebunden stattfindet und auf dem Personen mit ähnlichem Basisinteresse, die nicht alle voneinander wissen, immer wieder anlassbezogen miteinander kooperieren. Netzwerke haben nicht nur keine Grenzen, sie entziehen sich auch der vorhersagbaren Regelmäßigkeit (wie z. B. durch festgelegte Markttage). Sie können plötzlich aktiviert werden, um ebenso schnell auch wieder brach zu liegen (vgl. Boos et al. 1992, S. 4). Den nur fallweise getesteten und trotzdem schnell aktivierbaren Beziehungen in Netzwerken liegt ein Grundvertrauen zugrunde, dass sich über die Rahmengebung, die Ziele und Themen des Netzwerkes und seiner hauptsächlichen Akteure speist. Da die Netzwerkbeziehungen nicht ständig – und vor allem nicht zu allen Netzwerkangehörigen – gepflegt werden, aber als »Weak Ties« dem Unternehmen prinzipiell als Ressource zur Verfügung stehen, kann man behaupten, **Netzwerke handeln mit (potenziellen) Handlungen** (vgl. Boos et al. 1992, S. 7). Ihre Attraktivität liegt gerade in dem potenziellen Nutzen von Wissen und Ressourcen, ohne in lange Vertragsverhandlungen oder Kennenlernphasen zu investieren. Sie sind außerdem eine »mögliche Antwort auf chaotische Situationen. In Netzwerken kann Neues leichter getestet werden, weil nichts den Charakter des Dauerhaften hat. Sie laden ein zum Probehandeln.« (Boos et al. 1992, S. 2). Ein Netzwerk ist allerdings nicht per se besser geeignet als eine Hierarchie, vor allem, wenn es um effiziente Erledigung sich wiederholender Aufgaben geht. Ob ein Netzwerk eine adäquate Struktur für die Bewältigung bestimmter wirtschaftlicher Herausforderungen ist, hängt ab von den technologischen, soziokulturellen, politischen und ökonomischen Umständen (vgl. Berghoff/Sydow 2007, S. 12). Netzwerke sind keine Organisationen und können daher auch nicht wie Organisationen gesteuert werden (insbesondere sind sie auch von Netzwerkorganisationen zu unterscheiden – das sind Organisationen, deren Design auf laterale und vernetzte Kooperation setzt; vgl. dazu etwa die Konzepte »Holocracy«).

3.6.5 Veränderte Kooperationsbedingungen

Durch Veränderungen in vielen Branchen und Märkten sind auch die **Gestaltungsparameter** der Kooperationen einem Wandel unterworfen. Veränderte Gestaltungsstrategien in Kooperationsbeziehungen beobachten wir vor allem in den folgenden Richtungen (vgl. Roehl/Rollwagen 2004; Wimmer 2012; Saveri et al. 2004; Looss 2004; Hughes/Weiss 2007):

* *Notwendigkeit zur Flexibilisierung:* Bedingt durch ein beschleunigtes Marktumfeld und kürzere Produktlebenszyklen sowie veränderte Kundenbedürfnisse ist es nicht mehr möglich, alle Einzelheiten einer Kooperation im Vorfeld zu regeln. Es ist stattdessen wichtig, die Art der angestrebten Zusammenarbeit zu klären: das »Wie« gibt den handlungsleitenden Bezugsrahmen vor, das »Was« leitet dann über ein gemeinsames »Big Picture«, nicht über vorab fixierte operative Ziele.
* *Variation in der Kooperationsintensität:* Es wird bedarfsorientierter kooperiert, Anzahl und Intensität der Interaktionen zwischen den Partnern werden situativ angepasst. Regelmäßigkeit und Vertrauen bleiben ein wichtiger Erfolgsfaktor.
* *Kooperationen werden offener und vielfältiger:* Wer heute noch ein Kunde ist, kann morgen ein Partner oder ein Wettbewerber sein – und andersherum. Das

Konzept der Coopetition (Wortschöpfung aus den frühen 1990er-Jahren von Adam Brandenburger und Barry Nalebuff als eine Mischung zwischen Kooperationspartnerschaft und Wettbewerb; vgl. Brandenburger/Nalebuff 2008) macht deutlich, dass die Austrittsregeln der Kooperationen klar sein müssen und auch genutzt werden dürfen. Ein Kooperationsende ist normal und nicht automatisch als Scheitern anzusehen. Rollenvielfalt im Zusammenwirken verlangt reife und tragfähige Grundbeziehungen mit fairen Spielregeln.

- *Kooperationen sind weniger planbar:* Inflexible, detaillierte Vereinbarungen über einen langen Zeitraum hinweg scheinen heute in vielen Branchen unmöglich. Der Fokus verschiebt sich auf die kollaborative Haltung, nicht allein auf das Einhalten formaler Strukturen. Stabilität entsteht durch die Motivation der Beteiligten, durch Vertrauen, gemeinsame Praxis und ein Basisset von Regeln.
- *Die Zukunft spielt eine größere Rolle:* Die Bewertung der Kooperationsbeziehung erfolgt nicht nur auf Basis der vergangenen Ergebnisse, sondern auch auf Basis der zukünftigen Potenziale.
- *Kooperationsbeziehungen brauchen mehr Augenhöhe:* In den neuen Kooperationsbeziehungen wird – auch zwischen ungleich großen Partnern – heterarchisch agiert: Gemeinsame Lernchancen und Ertragspotenziale stehen im Vordergrund. Mehr Augenmerk muss daher auch auf die internen Stakeholder gerichtet werden und auf ihren Einfluss auf die Kooperation.
- *Kooperationen werden toleranter:* Statt zu versuchen, Unterschiede auszumerzen, um eine stabile Basis zu schaffen, werden sie zur Quelle eben jenes gesuchten Kooperationspotenzials. Weil Kooperationen mehr Schnittstellen haben als Hierarchien, fördern und erfordern sie die Fähigkeit zum Umgang mit Vielfalt und Unerwartetem.
- *Kooperationen werden Reputationsquelle:* Geteiltes Wissen und Ressourcen (»Poolressourcen«) sind ein wichtiger Faktor gelingender Kooperation. Kooperationspartner achten mehr darauf, dass Geben und Nehmen ungefähr im Gleichklang sind. Gelingt dies, werden Unternehmen in ihren Netzwerken und Branchen als verlässliche Partner geschätzt (genaue Gegenrechnungen allerdings gefährden die Kooperation).
- *Kooperationen werden technologischer:* Neue, webbasierte Kollaborationsformate sind günstig und leicht skalierbar. Dies unterstützt auch räumlich getrennte Kooperationspartner in ihrer Abstimmung, ihrer gemeinsamen Leistungserstellung etc. (→ Ent-Scheidung 3: Virtuelle Zusammenarbeit).

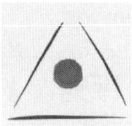

3.6.6 Kooperation aufbauen

Grundlage für eine Kooperation ist zunächst, zu klären, warum und wozu man kooperiert. Die Partner sollten in der Zielformulierung spezifisch werden. Die Liste mit den Gründen für Kooperationen, die wir weiter oben vorgestellt haben, ist ein Startpunkt. Ein weiterer können → WERKZEUG 13: DIGITALER RAPID SCAN oder → WERKZEUG 10: DIGITALE BUSINESSANALYSE von sich selbst und von den potenziellen Partnern sein. Danach sollte wirklich ins Eingemachte gegangen werden: Wie viel Kosten wollen wir in welchem Bereich durch die Kooperation sparen? Welche Art von Informationsgewinn zu welchen Themen erhoffen wir uns? Welche neuen Kundensegmente sollen angesprochen werden und wie drückt sich das in Verkaufszahlen aus? Welche positiven Nebeneffekte erwarten bzw. »unterstellen« wir? Und so weiter.

Gemeinsam mit den potenziellen Kooperationspartnern sollten diese Gründe durchgegangen und bewertet werden, z. B. mit einer Skala von »keine Chance« bis »so gut wie erledigt« (in Ziffern ausgedrückt z. B. von 1 bis 7). Im Anschluss werden sie qualitativ besprochen.

Zum Beispiel formulierte ein Lieferant der amerikanischen Fast-Food-Kette Wendy's die Erwartung, durch die Kooperation auch Geschäftspotenzial mit Wendy's kanadischer Kette Tim Hortons zu erschließen. Das Team von Wendy's bewertete diese Erwartung mit »1«, da das Management von Tim Hortons seine Lieferantenbeziehungen autonom beschließt (vgl. Lambert/Knemeyer 2004). Genau diese Art von Erwartungen gilt es zu formulieren und auszusprechen, da sonst Potenzial für spätere Enttäuschung entsteht. Oder man beschließt – im Sinne des → WERKZEUG 25: RAPID PROTOTYPING – eine Annäherung mit mehreren kleinen Schritten und Pilots. Das bietet sich besonders dann an, wenn das Umfeld sehr dynamisch und Ziele noch offen sind. Dann verbinden sich Erproben, Kennenlernen und Beziehung/System aufbauen mit Zielklärung vom Kleinen ins Größere.

Trotzdem ist ein grober Businessplan erst die halbe Miete. Vor allem der Umgang miteinander muss möglichst früh geklärt werden – eben das »Wie«. Sich gegenseitig »Respekt« zu versichern, ist nicht ausreichend in einem turbulenten Umfeld mit heterogenen Wirklichkeitskonstruktionen. Sich gegenseitig viel Vorschussvertrauen zu schenken, ist in diesem Kontext notwendig, aber nicht hinreichend! Natürlich gehört Vertrauen zu einer fruchtbaren Kooperation, es ersetzt aber nicht die Notwendigkeit, den oder die Partner zu verstehen. Die Offenlegung des Modus Operandi ist wichtig für die gegenseitige Annäherung: »Was ist unser Kerngeschäft, wie arbeiten wir mit Kunden und Partnern?«, »Wie treffen wir Entscheidungen?«, »Wen involvieren wir wobei?« (Eskalationsverhalten), »Was ist unser Führungsstil?«, »Wie teilen wir Informationen und Ressourcen?«, »Worauf legen wir Wert im Umgang miteinander?«, »Worauf richten wir unsere

---

Checkliste für die Auswahl strategischer Partner
(Dürrmüller 2010, S. 34; mit Ergänzungen und Änderungen d. Verf.)

1. **Kooperationskompetenz:** Verfügt das eigene Unternehmen über die notwendige Erfahrung in der Gestaltung und Steuerung von Kooperationen?
2. **strategischer Fit der Partner:** Unterstützt das fremde Unternehmen und die Zusammenarbeit die eigenen strategischen Ziele? Unterstützt die Kooperation die Partner in ihren strategischen Zielen?
3. **kultureller Fit der Partner:** gemeinsames Werteverständnis? gemeinsame Basis für Austausch? Sind beide Kulturen für Kooperationen offen? Wie offen für Unterschiede wird die Kooperation gestaltet?
4. **Kompetenzen und Ressourcen:** Ergänzen sich die Kompetenzen der Partner so, dass ein effektiver Prozess in Gang kommen kann? Sind alle relevanten Kompetenzlücken geschlossen? Ist es realistisch, die finanziellen und personellen Ressourcen umzusetzen? Ist Zeit eingeplant, um sich kennenzulernen und in der Arbeit zu erproben?
5. **Prozessreife und Organisation:** Besteht ein ausreichendes, einheitliches Prozessverständnis und wird dieses auch tatsächlich gelebt? Sind Verantwortlichkeiten, Aufgaben und Kompetenzen klar genug, aber nicht zu detailliert geregelt?
6. **Partnermanagement:** Erhoffen Sie kurzfristige Vorteile oder haben Sie und die Partner den Willen, die personellen Kapazitäten und die Zeit, um die Partnerschaft längerfristig zu entwickeln?
7. **Anforderungen:** Besteht genug gemeinsames Verständnis von Zielen und Anforderungen unter den beteiligten Partnern? Wie werden entsprechende Änderungen kommuniziert, entschieden und umgesetzt?
8. **wirtschaftliches Potenzial:** Sind die wirtschaftlichen Erwartungen der beteiligten Partner genügend transparent? Können diese auch noch erfüllt werden, wenn es zu Abweichungen vom ursprünglichen Plan kommt?
9. **Exit-Strategie:** Beinhaltet die Kooperation auch klare Abbruchkriterien und Ausstiegsszenarien?
10. **Monitoring:** Welche anderen strategischen Prioritäten oder Entwicklungen könnten die Kooperation gefährden oder stärken? Wie sieht der Prozess des Monitoring dazu aus?
11. **Gemeinsame Orientierung zum Kooperationsmodell:** Haben die beteiligten Organisationen ein gemeinsames Grundverständnis des angestrebten Modells (vgl. an Roehl/Rollwagen (2004) angelehnte Modelle weiter oben)?
12. **Vertrauen und Spielregeln zwischen den Entscheidern:** Kooperationen sind wie Expeditionen mit Rückwirkung auf das Heimatsystem und daher notwendigerweise turbulent. Deswegen ist wesentlich, dass die Entscheider vor allem zu Beginn in das Vertrauen zueinander investieren und ein Basisset an Spielegeln für ihre Zusammenarbeit für die spätere Kooperation vereinbaren.

Aufmerksamkeit?«, »Von welcher Kultur sind wir gesellschaftlich umgeben?« Erst das gegenseitige Verstehen, wie der Partner »tickt«, macht einerseits toleranter im Umgang miteinander und ermöglicht andererseits, in Konfliktsituationen valide Lösungsmöglichkeiten zu finden. Bei diesen Prozessen ist es wichtig, diese Unterschiede anzuerkennen und *beizubehalten*. Es geht um einen Umgang mit ihnen, nicht um ein Eliminieren. Oft sind es ja gerade diese Unterschiede, die das Potenzial für die Kooperation erst entstehen lassen. Das wird im Kooperationsalltag oft vergessen, da es für die Personen an den Schnittstellen anstrengend ist, ständig mit einem Modus umzugehen, der für das eigene Arbeitsumfeld (vielleicht) völlig unpassend oder neu ist. Auch hier hilft eine Verbildlichung der Unterschiede (wie schon bei den Zielen): gemeinsam aufzeichnen, in welchen Dimensionen man sich ähnelt und in welchen man sich unterscheidet. Ist der erwartete Nutzen der Kooperation relevant für das Unternehmen, braucht es genügend Zeit für das Beobachten und Beschreiben der potenziellen Partner. Nicht

nur der Kopf, auch der Bauch muss »Ja« sagen. Eine Entscheidungshilfe kann → Werkzeug 12: Digitale Entscheidungsfindung sein. Optimal ist das Erproben der Kooperation in einem geschützten Rahmen, sodass viele der Missverständnisse bereits in den Anfängen auftauchen und bearbeitet werden können.

Sind die Partner sich grundsätzlich über die Ziele und die Passung einig, geht es darum, die Kooperation konkret zu gestalten. Dazu geben wir Ihnen im Folgenden einige Anregungen zu Knackpunkten in der Kooperationsausgestaltung, eben jene oben erwähnte Kontextgestaltung.

- **Exit und Restrukturierung von Beginn an mitdenken,** auch jenseits von Alles-oder-Nichts-Modellen. Wie werden Konflikte angesprochen und Lösungen probiert? Welche weniger drastischen Möglichkeiten als Kooperationsabbruch werden berücksichtigt? Welche Anzeichen für notwendige Restrukturierungs- oder Neuabstimmungsmaßnahmen könnte es geben?

- **Verantwortliche für die Kooperationsbeziehung benennen** zur Handhabung von Schnittstellen und Interdependenzen. Sowohl für die Aufgaben-Koordination, als auch für die Mitglieder-Koordination (»People Management«). Das braucht Fachkompetenzen und soziale Kompetenzen, vor allem wegen der oben erwähnten doppelten Systemmitgliedschaft.

- **die Spielregeln gemeinsam so gestalten, dass sie Vertrauen fördern:** zum Beispiel beschließen, Eskalationen gemeinsam durchzuführen und nicht jeder einzeln in seiner eigenen Hierarchie. Entwicklung der Kooperationsbedingungen und -regeln mit allen Teilnehmern gemeinsam erhöht die Erfolgschancen der Kooperation.

- **unterschiedliche Pay-Back-Horizonte der Kooperationspartner beachten:** Während eine private, durch den Unternehmer geführte Firma wesentlich längerfristige Investitionen akzeptieren kann, ist dies für ein börsennotiertes Unternehmen mit vielen kurzfristig orientierten Anlegern deutlich schwieriger.

- **alle wichtigen Stakeholder involvieren:** Das meint vor allem interne Stakeholder, die früher oder später für die Kooperation relevant werden, weil sie einen Beitrag leisten müssen oder sollen. Werden sie in der Gestaltungsphase vergessen, tauchen unnötige Umsetzungsprobleme auf.
- **bewusste Kommunikation** gegenüber den eigenen Mitarbeitenden und denjenigen der Partner: klare Erwartungen formulieren, bewältigbare Aufgaben stellen, in der Umsetzung Vertrauen zeigen.
- **Poolressourcen festlegen:** Klare Definition festlegen, wer, wie lange und unter welchen Voraussetzungen Zugang zu den eingebrachten und den gemeinsam geschaffenen »Poolressourcen« erhält. Bei mehreren Partnern die Möglichkeit des »Trittbrettfahrens« diskutieren und Verständigungsmodi einrichten, falls ein oder mehrere Partner sich übervorteilt fühlen.
- **gegebenenfalls Subgruppen bilden:** Besonders bei sehr großen, heterogenen Partnerschaftsgruppen, die komplexe Aufgabenstellungen gemeinsam bewältigen wollen, kann die Einrichtung von Subgruppen eine große Arbeits- und Abstimmungserleichterung bedeuten.
- **positive Sekundärfaktoren prüfen:** Diese können einer Kooperation sehr zuträglich sein (vgl. Lambert/Knemeyer 2004): gemeinsame Wettbewerber, physische Nähe (macht gemeinsame Arbeit viel leichter), potenzielle Exklusivität der Leistung oder gemeinsame Endkunden
- **Führungsmannschaft der Heimatorganisationen vorbereiten** (vgl. Heitger/Schubert, S. 187f.): Wie kann Führung ein optimales Zusammenspiel von Ko-Kreation mit anderen und zugleich stabile Organisationsgrenzen und Klarheit über den eigenen Leistungsbeitrag aufbauen? Wie kann Führung dabei einerseits gemeinsamen Nutzen ermöglichen und andererseits den eigenen Ertrag und die eigenen Kernkompetenzen stärken? Wie positioniert sich das Linienmanagement in Relation zu einflussreichen Wertschöpfungspartnerschaften und dezentralen Expertenstrukturen?
- **konsequenter Fokus auf das Kerngeschäft der Kooperation** – das ist die wichtigste Strategie, um sie zum Leben zu bringen.

3.6.7 Kooperationen am Leben halten: Führung und Organisation

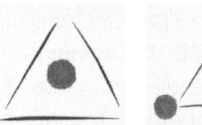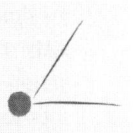

In Hughes/Weiss 2007 listen die Autoren Gründe für das Scheitern von Kooperationen. Ganz oben sind dabei Vertrauensverlust und Kommunikationsdefizite. Auch die Unfähigkeit, Unstimmigkeiten zu lösen, ist unter den häufigsten drei Antworten zu finden. Bessere Geschäftsplanung wurde nur selten als eine Möglichkeit zur »Rettung« von Kooperationen genannt und bessere Ausformulierung der Verträge fast gar nicht.

»What counts in making a happy marriage is not so much how
compatible you are, but how you deal with incompatibility.«
Leo Tolstoi

Konflikte in einer Kooperationsbeziehung sind nicht nur normal, sondern aufgrund der beibehaltenen Selbstständigkeit und der rekursiven Rückkopplungen zu den Partnersystemen zusätzlich zur eigentlichen Kernaufgabe auch unvermeidlich. Auch wenn Konflikte sich zunächst negativ auswirken, weil sie die Zufriedenheit der Beteiligten senken, liegt in ihnen immer auch das Potenzial des sich besser verstehen Lernens. Wird ein Konflikt gemeinsam gelöst, stärkt es die Kooperationsbeziehung (vgl. Schmidt 2007, S. 88f.). Daher ist es wichtig, das Auftreten von Konflikten anzunehmen, sich jedoch schon auf das »Wie« der Bearbeitung zu verständigen. Das beinhaltet zum Beispiel die Eskalationsadressaten und das Eskalationsverhalten sowie die Konsequenzen bei Eskalationen (z. B. ob Meetings vereinbart werden, ob Sanktionen verhängt werden etc.).

»Eine der größten Hürden, die es in Kooperationsteams zu überwinden gilt, ist die Tendenz des Schuld Zuweisens in der Sekunde, in der etwas schief läuft« (Hughes/Weiss 2007) und auch die Gefahr der Innenorientierung, wenn statt des Fokus auf die Kernaufgabe der Kooperation interne Konflikte zwischen den Herkunftsorganisationen in den Mittelpunkt treten. Führungskräfte haben die Aufgabe, eine kollaborative Haltung mit den Mitarbeitenden, die in der Kooperation arbeiten, zu entwickeln. Effektive Governance-Strukturen allein (wie Steering Committees etc.) können keine gute Zusammenarbeit garantieren. In Konfliktsituationen das Augenmerk auf Nachfragen und Verstehen anstatt auf Verurteilen zu legen, wird dem Umstand gerecht, dass Schwierigkeiten meist von Handlungen (oder Abwarten) von beiden bzw. allen Partnern ausgehen (vgl. Hughes/Weiss 2007). Denn eine effektive und effiziente Auseinandersetzung mit den Problemen wird erst ermöglicht, nachdem klarer geworden ist, wie es zu den Problemen kam.

Wie bereits bei der Gestaltung erwähnt, darf **das Heimatsystem** nicht vergessen werden. Es ist eine große Herausforderung so zu agieren »als ob« man zu einer gemeinsamen Entität gehöre, ohne dass das der Fall ist. Gerade dieses »Als-ob«-Agieren bringt die beteiligten Personen in eine Position, in der sie zwischen den Systemen hängen: Die Umwelt-System-Grenze wird Quelle für Loyalitäts- und Zugehörigkeitskonflikte. Im Kooperationssystem gelten andere Regeln als im Heimatsystem, die aber gleichzeitig und zusätzlich mit zu bedenken sind. Das ist keine leichte Aufgabe für die Betroffenen. Das Heimatsystem kann mit Irritation reagieren, wenn sich Systemmitglieder zu sehr in das Kooperationssystem begeben – es entstehen Vorwürfe hinsichtlich der Überidentifikation mit der Kooperation oder dem Partner. Es ist daher wichtig, die Kooperation zu managen sowohl nach außen als auch nach innen.

Um sie kontinuierlich weiterzuentwickeln, ist es zudem notwendig, sie entlang der Dimensionen des Modells systemischer Unternehmensentwicklung (Strategie – Organisation – Personen – Führung) **regelmäßig** zu **evaluieren:** Ist die Struktur und Organisation der Partnerschaft noch dem Ziel angemessen? Passt sie noch zu den Partnern (zu ihrer strategischen Ausrichtung)? Hat das Ziel noch genügend »Kraft«, um Ausrichtung und Motivation zu erzeugen? Besonderes Augenmerk brauchen die Governance-Struktur der Partnerschaft und die finanziellen Verpflichtungen (Wer zahlt wofür wie viel? Wie werden finanzielle Ergebnisse verteilt?).

Insbesondere gilt es, die Personen an den direkten Schnittstellen zu befragen. Insbesondere auch mit offenen Fragen wie:»Wie gut sind wir unterwegs? Wie oft bin ich über das Verhalten/Agieren meines Partners oder der eigenen bzw. anderen Partnerorganisation überrascht und warum?« Dies zeigt gut, wo potenzielle Risiken eines »Cultural Clash« oder aber Potenziale liegen. Die Regelmäßigkeit eines Puls-Checks unter Einbeziehung verschiedener Perspektiven verhindert außerdem das »Vergessen werden« der Kooperation auf den oberen Managementebenen. → WERKZEUG 21: ONLINE-BEFRAGUNGEN sind eine unkomplizierte Möglichkeit für solche regelmäßigen kurzen Befragungen, die Entwicklungen im Zeitverlauf deutlich machen.

Ein häufiges Problem ist, dass den Partnern zu schnell »die Luft ausgeht«. Kooperationen brauchen Investitionen in Form von Geld und auch Zeit, bevor sie verrechenbare Ergebnisse produzieren. Gegenüber den vereinbarten monetären bzw. quantifizierbaren Zielen sollten deshalb **weitere Bewertungsmaßstäbe** – vor allem für die Startphase – gefunden werden. Diese können sich orientieren an Faktoren wie: Informationsaustausch der Partner, Entwicklung neuer Ideen, Schnelligkeit in Abstimmungen und Entscheidungsprozessen. Diese Bewertungskriterien mögen »weich« erscheinen, sie bilden aber ein positives Voranschreiten (also die fruchtende Mühe) der Kooperationsbeziehung ab (vgl. Hughes/Weiss 2007).

Nach der Gestaltungsphase kommt dem gegenseitigen **Vertrauen** eine große Rolle zu, da es die Stabilität der Kooperation stützt (vgl. Schmidt 2007, S. 81ff.): Vertrauen reduziert Komplexität vor allem in der rechtlichen Vertragsgestaltung, es steigert die Effizienz, da Taktieren und Positionskämpfe wegfallen können, es erleichtert Lernen durch erhöhte Bereitschaft zum Wissensaustausch, es steigert die Robustheit der Partnerschaft und somit ihre Resilienz, es reduziert Transaktionskosten, und es erleichtert Problembewältigung im Sinne des Vertrauens auf ein gemeinsames Anliegen. Eine mögliche Falle liegt hierbei in der Übertragung bzw. Verwechslung von interpersonellem Vertrauen und interorganisationalem Vertrauen.

Zum Risiko kann eine Kooperation auch werden, wenn sie **zu stabil** ist, d.h. nicht agil genug oder nicht proaktiv weiterentwickelt wird. Kooperationen haben es, wie schon erwähnt, mit ihrem Kerngeschäft und mit mindestens zwei hochrelevanten Umwelten durch ihre Teilnehmersysteme zu tun – jedes mit eigenen (oft nicht konvergierenden) Zielen, Interessen und Vorstellungen. Es wird also anspruchsvoll sein, ein **Change-Vorhaben** in einer Kooperationsbeziehung anzustoßen und umzusetzen, weil damit die Macht- und Steuerungsfrage (Wer hat Einfluss und Berechtigung dazu?) aktualisiert wird. Wegen der oft heterarchischen Abstimmung kann es zur Lähmung kommen, wenn keiner der Partner die Führung übernimmt oder zu konkurrierender Übersteuerung und Machtkämpfen, wenn beide Teilnehmerorganisationen machtvoll »hineinsteuern«. Zusätzlich bedeutet Wandel in einer Kooperation oft auch eine aufwendige Änderung der zugrundeliegenden rechtlichen Verträge (vgl. Ernst/Bamford 2005).

Change-Projekte in Kooperationen brauchen in der Regel zwei- bis dreimal so viel Abstimmung und Kommunikation wie »normale« Change Projekte. Die Gründe sind recht offensichtlich: Es hat selten automatisch ein Kooperationspartner das letzte Wort bei Entscheidungen, schwelende Konflikte brechen leicht auf und gegenseitige Unterstellungen versteckter Interessen gestalten die Abstimmung schwierig. Und wie jedes Change-Projekt braucht auch die Reorganisation einer strategischen Kooperation die Unterstützung und das Involvement von einem oder mehreren Topmanagern.

Nicht zuletzt bedeuten Kooperationen einen Balance-Akt zwischen effizienter **Standardisierung und** flexibler **Individualisierung.** Gerade Großkonzerne begehen oft den Fehler zu hoher Standardisierung ihrer Kooperationsgestaltung. Dann werden Lernchancen vertan und Fehler wiederholt. Integrierende Mechanismen können die institutionalisiert-formalen wirksam ergänzen, zum Beispiel über qualitative Interviews mit Betroffenen, Austauschrunden zu Kooperationserfahrungen oder durch die Bereitschaft, gemeinsam zu improvisieren und zu experimentieren. Firmen, die diese Mechanismen für einen Lerntransfer nutzen, konnten ihre Kooperationserfolge auf durchschnittlich 71 Prozent erhöhen (im Gegensatz zu 50 Prozent bei rein institutionalisierten Methoden) (vgl. Heimeriks 2009[13]).

Das setzt Evaluation und Feedback voraus:

Feedback erzeugt Wissen. Wissen übereinander, über sich selbst und über den Kontext stärkt Kooperationschancen. Welche Feedbackschleifen unterstützen die Kooperation? Welche neuen Feedbackmöglichkeiten bringen evtl. die Partner ein? Wie sehen lokale, aber auch gesamtorganisationale Feedbackschleifen aus? Wie wird Feedback lösungsorientiert und aktivierend formuliert und verarbeitet?

Erfahrungen als gespeichertes Wissen in kodifizierter Form (Dokumente, Geschichten, Bewertungssysteme, …) können sowohl als Input zur Verbesserung wie auch als Reservoir für die Entwicklung möglicher Zukunftsszenarien dienen.

---

13 Es handelt sich um eine Auswertung von 200 Firmen mit zusammen über 3 400 Kooperationsbeziehungen. Überraschendstes Ergebnis war, dass gerade die Firmen mit der meisten Kooperationserfahrung schlechtere Kooperationsergebnisse erzielten als die mit mittelviel Erfahrungen.

Wo werden gemeinsames Wissen und gemeinsame Geschichte gespeichert? Wie geschieht das? Welchen Wert geben wir unserer gemeinsamen Geschichte? Wie hängt das Gedächtnis über die Kooperation mit dem Gedächtnis der Partnerorganisationen zusammen? Das schafft im Lauf der Zeit eine eigene Identität des Kooperationssystems und damit auch Stabilität in der Relation zu den Partner- bzw. Heimatorganisationen.

3.6.8 Gefahrensignale in Kooperationen

Bei allem Nutzen und aller umsichtigen Gestaltung und Betreuung von Kooperationen können gewisse Risiken nicht eliminiert werden. Wenn beim Durchgehen der folgenden Punkte Bauchschmerzen in Gedanken an die eigenen Kooperationen entstehen, ist es Zeit, sich deren Nutzen, Aufwand und Strukturierung genauer anzuschauen (vgl. u. a. Schmidt 2007, S. 24 und 77):

- Innenorientierung statt Fokus auf das Kerngeschäft der Kooperation
- Aufgabe eines Teils der eigenen Selbstständigkeit
- Schwierigkeiten in der Be- und Verrechnung eingebrachter Leistungen und erzielter Gewinne
- aufwendige rechtliche Absicherung
- Know-how-Abfluss bis hin zu gegenseitigem Abwerben von Mitarbeitern
- langfristige und komplizierte Abstimmungsprozesse
- Fragen zu Nutzungsrechten für entstandenes Wissen und Ideen
- steigendes unternehmerisches Risiko (z. B. durch gemeinsame Produkthaftung)
- Einblick in eigene Prozesse und Strukturen wird als zu weitgehend empfunden
- »Verselbstständigung« der Kooperation: zu wenig Rückkoppelung an die Partner
- Die Unmöglichkeit, teilnehmende Organisationen von gemeinsamen Ressourcen auszuschließen, birgt das Potenzial des »Trittbrettfahrens« und damit Synergieverluste und konstante Dysbalancen.
- Nichteinschätzbarkeit der Krisenfestigkeit der Partner, vor allem in Schwellenländern. So sind in China z. B. in der ersten Jahreshälfte 2008 mehr als 67 000 Firmen insolvent gegangen (vgl. Green 2009).
- und sehr oft: fehlende Energie, wirklich gemeinsam tätig zu werden bzw. zu viele konkurrierende andere Themen

Für Führung und Steuerung der Vielfalt von Kooperationsvarianten ist besonders relevant, ob sie über klare oder sehr offene Grenzen verfügen. Sind die Grenzen sehr klar, können Kooperationen in vielen Dimensionen mit Großprojekten verglichen werden – damit sind sie auch mit dem in Organisationen vorhandenen

Steuerungsrepertoire zu gestalten. Sind sie sehr offen – also näher an Netzwerken – dann gilt es der Versuchung zu widerstehen, mit dem auf Organisation trainierten Blick solche offenen Plattformen und Communities wie klassische Organisationen steuern zu wollen – etwa durch den Versuch hierarchisch zu entscheiden oder sie eben wie eine Organisation zu strukturieren. Dann geht es eher darum, in Beziehungen von Beziehungen zu investieren, Selbstorganisation anzuregen und dafür Begegnungsplattformen und Ressourcen bereitzustellen, Basisvertrauen zu schaffen und bei Missbrauch klar zu reagieren. Solche offenen, netzwerkähnlichen Kooperationen werden zunehmen. Sie bieten neue Gestaltungschancen und sind für alle – Manager wie Berater –, was ihre Gestaltung und Steuerung angeht, im Vergleich zu tradierten Unternehmen nach wie vor Neuland.

Weiterlesen

Verwandte Ent-Scheidungen: Virtuelle Zusammenarbeit, Lösungsgeschäft als Ko-Kreation, Innovation
Passende Werkzeuge: Digitale Business Analyse, Digitale Entscheidungsfindung, Digitaler Rapid Scan, Learning Journey, Online-Befragungen, Rapid Prototyping, Storytelling in situ
Fälle: Fall 1: Netzwerkökonomie

Literatur

Baecker, Dirk (2011): Organisation und Störung: Aufsätze. Suhrkamp 2011.
Berghoff, Hartmut/Sydow, Jörg (2007): Unternehmerische Netzwerke. Stuttgart 2007.
Boos, Frank/Exner, Alexander/Heitger, Barbara (1992): Soziale Netzwerke sind anders. In: OrganisationsEntwicklung. 11. Jg., 1992, H.1, S. 54-61.
Brandenburger, Adam M./Nalebuff, Barry J. (2008): Coopetition: kooperativ konkurrieren. Mit der Spieltheorie zum Geschäftserfolg. Eschborn 2008.
Dürmüller, Christoph (2010): Mit Kooperation zu neuen Ideen. In: Swiss Innovation Guide, 2010, Magazin Netzwerke, S. 32-34.
Ernst, David/Bamford, James (2005): Your alliances are too stable. In: Harvard Business Review, Juni 2005.
Green, Josh (2009): Just how healthy is your global partner? In: Harvard Business Review, Juli 2009.
Glatzel, Katrin (2012): Weder Organisation noch Netzwerk. Struktur, Strategie und Führung in Verbundnetzwerken. Heidelberg 2012.
Heitger, Barbara/Schubert, David (2013): Next generation leadership. In: Schuhmacher, Thomas (Hrsg.): Professionalisierung als Passion. Aktualität und Zukunftsperspektiven der systemischen Organisationsberatung. Heidelberg 2013.
Heimeriks, Koen (2009): Superstition undermines alliances. In: Harvard Business Review, April 2009.
Hughes, Jonathan/Weiss, Jeff (2007): Simple rules for making alliances work. In: Harvard Business Review, November 2007.

Lambert, Douglas M./Knemeyer, A. Michael (2004): We're in this together. In: Harvard Business Review, Dezember 2004.

Looss, Wolfgang (2004): Netzwerke als »organisatorisches Betriebssystem«. unveröffentlichtes Manuskript 2004.

Roehl, Heiko/Rollwagen, Ingo (2004): Club, Syndikat, Party – wie wird morgen kooperiert? In: Organisationsentwicklung 3/2004, S. 30ff

Maturana, Humberto R./Varela, Francisco J. (2009): Der Baum der Erkenntnis. Die biologischen Wurzeln menschlichen Erkennens. Frankfurt am Main 2009.

Saveri, Andrea/Rheingold, Howard/Soojung-Kim Pang, Alex/Vian, Kathi (2004): Towards a new literacy of cooperation in business. Managing dilemmas in the 21st century. Menlo Park (CA) 2004.

Schenk, Stefan/von Dombrowksi, Sven (2009): Kooperationen verstehen und gestalten. In: www.wirtschaftsmagazin.ch, 2009.

Schmidt, Alexander (2007): Co-Opera – Kooperationen mit Leben füllen. Ein multiperspektivischer Blick auf die Entwicklung von Unternehmenskooperationen innerhalb von Clustern und Netzwerken. Heidelberg 2007.

Wimmer, Rudolf (2011): Die Steuerung des Unsteuerbaren. In: Pörksen, Bernhard (Hrsg.): Schlüsselwerke des Konstruktivismus. Wiesbaden 2011.

Wimmer, Rudolf (2012): Die neuere Systemtheorie und ihre Implikationen für das Verständnis von Organisation, Führung und Management. In: Rüegg-Stürm, Johannes/Bieger, Thomas (Hrsg.): Unternehmerisches Management. Herausforderungen und Perspektiven. Göttingen 2012.

3.7   Ent-Scheidung 7: Governance, Compliance und Business Ethics

Dieses Kapitel entstand wesentlich über Gespräche mit Themenexperten: **Manuela Mackert** (Chief Compliance Officer der Deutschen Telekom AG, Vorstandsvorsitzende des Deutschen Instituts für Compliance (DICO) und Sprecherin des Vorstandes des Forums »Compliance & Integrity«), **Prof. Dr. Josef Wieland** (Zeppelin Universität Friedrichshafen, Lehrstuhl für Institutional Economics, Organizational Governance, Integrity Management & Transcultural Leadership) und **Prof. Dr. Helmut Willke** (Zeppelin Universität Friedrichshafen, Lehrstuhl für Global Governance). Sie haben durch ihr Wissen und ihre Perspektive viel dazu beigetragen.

Zugrunde liegende Trends: Unternehmen rücken wieder in die Mitte der Gesellschaft, Krise des Kapitalismus, Bedürfnis nach Ethik, Transparenz und Nachhaltigkeit, Internet-Trends, Flexibilisierung von Arbeit, Internationalisierung, Globalisierung, Deregulierung (v.a. von Finanzmärkten)

Unsere Thesen:

- Das Thema gewinnt an Bedeutung. Aufgrund von Finanzkrise, Skandalen (unlautere Geschäftspraktiken, Betrugsfälle, ausufernde Boni etc.) und VUKA (Volatilität, Unsicherheit, Komplexität, Ambiguität) wird das Bedürfnis nach Risikobegrenzung, Leitplanken für Entscheidungen und transparentem und verlässlichem Agieren größer.
- Die Spannungsfelder, in denen Unternehmen agieren und Manager entscheiden müssen, wachsen. Werte und formale Spielregeln sind Versuche, diese Spannungsfelder auszubalancieren. Sie sollen Orientierung geben, wie sich das Unternehmen sinnvoll in den Polaritäten seines Umfelds und in der Gesellschaft mit seinen Stakeholdern verortet.
- Das Thema hat vielfältige Zielrichtungen und Anliegen: In manchen Unternehmen geht es rein um Gesetzestreue, in manchen auch um Risikovermeidung, in anderen darüber hinaus darum, sich als integer agierendes Unternehmen zu positionieren oder darum, Potenziale zu entfalten, und in wiederum anderen ist eine höhere Prozesstreue und Verlässlichkeit das vornehmliche Ziel.
- Die Komplexität ist immens, vor allem im internationalen Raum, da hier kulturelle, politische und rechtliche Unterschiede stark hineinspielen, vor allem wenn man über »Business Ethics« steuern möchte. Die Maßstäbe sind abhängig von Geschichte, Kultur und Entwicklungsstand der Wirtschaft sehr unterschiedlich.
- Oft sind die Prozesse und Strukturen zu Governance und Compliance klar definiert und in Trainings ausgerollt worden, nicht immer mit expliziter Verknüpfung zu Strategie, Organisation, Personen bzw. ihrer Perspektive, ihrem Commitment und zu Führung.
- Für die mit dem Thema Betrauten ist herausfordernd, dass sie gleichzeitig ansprechbar sein und sich dabei inhaltlich klar positionieren müssen. Sie sollen unterstützen, kontrollieren, umsetzen und sind zugleich diejenigen, an die das Thema gern delegiert wird, anstatt es in die Führungsarbeit eines jeden Managers zu integrieren.
- Wie bei kaum einem anderen Thema sind Führungskräfte – bis hin zu Vorstand und Aufsichtsrat – in einer Vorbildrolle, werden genauestens beobachtet, und ihr Verhalten wird mit den Vorgaben verglichen.
- Entscheidend sind auch die verwendeten Steuerungshebel bei Compliance: In welchen Bereichen geht es um das Einhalten von formalen Vorschriften, und wo geht es darum Leitplanken und Maximen zu definieren, die jeweils vom Entscheidungsträger vor Ort stimmig konkretisiert werden (Rahmen und Leitplanken für Selbststeuerung)?

Klassische Spannungsfelder:

- mehr Unternehmertum und Eigenverantwortung gegenüber verlässlichem Einhalten aller, oft formalen, Richtlinien
- Risiken vermeiden gegenüber Identität stärken
- formal verpflichtende Regeln versus Leitplanken und eigenverantwortliche Selbststeuerung
- »lückenlose« Regelwerke gegenüber starker Identität und individueller Auslegung
- Delegieren des Themas an eine Abteilung gegenüber gemeinsamer Verantwortungsübernahme
- lokale Gesetze und Kultur gegenüber multinationaler Vielfalt und dem Bedarf an gemeinsamer Basis
- verlässliche Grundausrichtung gegenüber kreativen Neuerungen

Die Themen Governance und Compliance werden immer prominenter, da es in der jüngeren Vergangenheit zu Verstößen kam. Diese werden inzwischen verstärkt durch nationale, europäische und internationale Behörden verfolgt und mit höheren Strafen und Bußgeldern belegt. Unternehmensleitung und Aufsichtsräte werden zunehmend in die Pflicht genommen. Dazu kommen komplexitätssteigernd eine steigende Normenflut, hoher Wettbewerbsdruck auf gesättigten Märkten, die ausufernde Dynamik der Finanzmärkte und die Globalisierung der Märkte mit ganz unterschiedlichen Kulturkreisen und Wertesystemen. Dies lenkt die öffentliche Wahrnehmung, getrieben auch durch intensive Mediendarstellung, auf die Frage, welche Werte und Verhaltensmaßstäbe sich Unternehmen geben. Damit steht die Unternehmens- und Compliance-Kultur im Fokus. Diese gilt es kontinuierlich weiterzuentwickeln, innere und äußere Einflussfaktoren zu reflektieren, um den komplexen Herausforderungen gerecht zu werden und den Mitarbeitenden klare Handlungsausrichtung für ihre tägliche Arbeit zu geben (Gespräch Mackert, geführt am 13.03.2014).

Dass die beiden Begriffe Governance und Compliance immer wieder gemeinsam mit dem Thema »Werte« bzw. »Business Ethics« verbunden werden, geschieht nicht zufällig. Werte können ein wichtiger Baustein sein, um Compliance und Governance im Sinne des Unternehmens zu gewährleisten. Nach Meinung vieler Experten gewährleistet nur ein ganzheitlicher Ansatz eine »gute« Compliance und Governance. Die Einführung eines formalen Regelwerkes ist nur die halbe Leistung, schließlich geht es vor allem um integres Verhalten von Personen, und das ist mit dem rein formalen Einhalten von Spielregeln noch nicht gewährleistet.

3.7.1 Definition und Abgrenzung

Mit **Corporate Governance** wird die Art und Weise der Leitung und Kontrolle einer Organisation bezeichnet. »Die Regeln können dabei sowohl formaler als auch informaler Natur sein. Gesetzliche Rahmenbedingungen und unternehmensspezifische Anweisungen, Leitlinien und Verfahren gehören in die erste, Unternehmenskultur und Unternehmenswerte in die zweite Kategorie« (Wieland 2002, S. 2). Zu den Prinzipien von Governance gehören dabei:
* Accountability: Rechenschaftspflicht
* Responsibility: Verantwortlichkeit
* Transparency: Offenheit und Transparenz von Strukturen bzw. Prozessen
* Fairness

Im *Deutschen Corporate Governance Kodex* (DCGK) werden sowohl gesetzliche Bestimmungen und Vorschriften für die Unternehmenssteuerung zusammengefasst (gekennzeichnet durch die Verwendung von »muss« oder »hat«), als auch

Empfehlungen ausgesprochen (»soll«). Falls Unternehmen sich gegen die Befolgung dieser Empfehlungen entscheiden, so müssen sie dies begründen. Als dritte Stufe gibt der Kodex unverbindliche Anregungen für die Leitung und Steuerung von Unternehmen, die durch die Wortwahl »kann« oder »sollte« markiert werden. Börsennotierte Gesellschaften müssen jährlich eine Erklärung verfassen, inwiefern den Empfehlungen und Anregungen des Kodex gefolgt wurde und gegebenenfalls Abweichungen argumentieren. So sollen auch Investoren und Öffentlichkeit informiert werden.

In Österreich besteht ein sehr ähnlicher Kodex (*Österreichischer Corporate Governance Kodex;* vgl. Österreichischer Arbeitskreis für Corporate Governance 2012), der eingehalten werden muss, wenn ein Unternehmen an der Wiener Börse notiert ist. Die drei Abstufungen entsprechen dem deutschen Kodex durch verbindliche L-Regeln (»Law«), teilverbindliche erklärungsbedürftige C-Regeln (»Comply or Explain«) und unverbindliche R-Regeln (»Recommended«).

Für Familienunternehmen, die nicht an der Börse gelistet sind, bestehen kaum gesetzliche Grundlagen. Ein freiwilliger Leitfaden, der von einer Kommission aus Familienunternehmern und Wissenschaftlern entworfene *Governance Kodex für Familienunternehmen* (vgl. INTES/ASU 2010), gibt allerdings wertvolle Empfehlungen für die Gestaltung und Außendarstellung bestimmter Leitungs- und Kontrollthemen. Dazu gehören zum Beispiel der Grad der Unabhängigkeit vom Kapitalmarkt, interne Regelungen zu Nachfolge im Management, Vorgehen bei Ausstieg oder Hinzutreten von Gesellschaftern etc.

Die Einhaltung der gesetzlichen Regeln und Vorschriften sowie der Empfehlungen wird als **Compliance** (engl. Folgsamkeit, Einhaltung, Regeltreue) bezeichnet. Oft wird aber auch die Einhaltung interner Vorgaben (wie der »Code of Conduct«) zur Compliance gezählt. Unter dem Begriff *Compliance-Kultur* wird die Bedeutsamkeit bezeichnet, die den externen und internen Regelungen beigemessen wird. Sie zeigt sich im täglichen Umgang mit den Regeln und im Grad ihrer Einhaltung. Zur Etablierung einer positiven Compliance-Kultur wird oft ein *Compliance-Management-System* (CMS) erstellt. Dieses beinhaltet Verhaltensvorschriften, Strukturen, die die Einhaltung gewährleisten sollen, mit der Einhaltung betraute Personen oder Unternehmenseinheiten sowie alle Maßnahmen, die getroffen werden, um regelkonformes Verhalten zu fördern.

Als wichtiger Hebel für die Einhaltung von Compliance-Vorgaben und somit für eine »gute« Governance, haben sich **Unternehmenswerte** bzw. **»Business Ethics«** erwiesen. Laut Wieland (2002, S. 4) gilt die

»Erkenntnis, dass Werte und moralische Vorstellungen handlungs- und verhaltenssteuerndes informales Fundament sind. Die Frage ist daher nicht, ob Organisationen und ihre Mitglieder über Werte und Moral verfügen, sondern über welche. Die Handlungen von Mitgliedern einer Organisation lassen sich demnach nicht allein durch Führung und Kontrolle, durch Anreize und Sanktionen, sondern grundlegend auch durch Werte – Einstellungen, Haltungen, Überzeugungen – steuern«. In der Konsequenz »stellt sich nicht die Frage, ob ein Unternehmen sich mit seinen Werten (…) beschäftigt oder nicht, sondern allein die Frage, ob diese Seite unternehmerischer Entscheidungen sich selbst überlassen bleibt oder gezielten Management-anstrengungen unterworfen wird« (Wieland 2002, S. 5).

Business Ethics sind damit ein inhaltliches Fundament von leitenden Werten und unterstützen Governance und Compliance.

3.7.2 Chancen und Herausforderungen

Die Themen Governance und Compliance stoßen bei Führungskräften und Mitarbeitenden als bloß formales Regelwerk selten auf Begeisterung. Oft werden sie als »notwendiges Übel« – losgelöst vom Tagesgeschäft – toleriert. Dabei liegen in den Konzepten viele Chancen, von denen Unternehmen profitieren können. Insgesamt kann gute **Corporate Governance** die *Pflege der Verbindungen des Unternehmens zu seinem Umfeld sichern* und tragfähige Stakeholder-Relationen wachsen lassen. Das macht sich in vielen Dimensionen bemerkbar. Gerade in Bezug auf Transparenz kann ein Unternehmen bei Stakeholdern wie Kunden, Medien, aber auch Anlegern punkten. Sind zum Beispiel die Verfahren für die Auswahl der Board-Mitglieder klar und öffentlich, bestehen keine Verflechtungen zwischen (vergüteten) Posten bestimmter Unternehmen oder werden die Gründe für richtungsweisende Entscheidungen offengelegt, fühlen sich Stakeholder informiert. Rating Agenturen ebenso wie Transparency International achten auf solche Maßnahmen. Dies hat auch einen positiven Marketingeffekt und stärkt das Ansehen. Im Idealfall – und im Sinne des Deutschen Corporate Governance Kodexes – leistet Governance einen Beitrag zu langfristiger Wertschöpfung durch integrierte, ausgewogene und transparente Entscheidungskriterien und -systeme.

Primärer Zweck von **Compliance** ist die *Haftungsvermeidung*. Haftungsrisiken sowie sonstige Rechtsnachteile für das Unternehmen, seine Organe und Mitarbeitenden sollen vermindert werden. Compliance hat folgende Ziele:
* Durch umfangreiche Compliance-seitige *Präventionsmaßnahmen* kann künftiges Fehlverhalten reduziert werden. Dazu gehört ein hochwertiges Beratungs- und Informationsangebot, das zu einer größeren Handlungssicherheit bei Beschäftigten und Führungskräften führt.
* Konsequentes *Untersuchen und Sanktionieren* von Fehlverhalten kann unerwünschtes Handeln für die Zukunft vermeiden. Um dies zu erreichen, werden Schwächen im internen Kontrollsystem identifiziert und behoben (Gespräch Mackert, geführt am 13.03.2014).

All diese Beiträge können damit auch zu *Effizienzsteigerungen* führen, da Klarheit in diesen Themen zu weniger Abstimmungs- und Aushandlungsbedarf und weniger kostspieligen Fehltritten führt.

Wenn es gelingt, mit Compliance Unsicherheiten abzubauen und Prozesse zu vereinfachen, dann kann Compliance auch langfristig einen Wertbeitrag für das Unternehmen leisten und dessen Effizienz steigern (vgl. Heißner/Benecke o.J.).

Durch die zunehmende Globalisierung wird die Sicherstellung der unternehmensspezifischen Compliance komplexer. Eine Herausforderung ist, dass oft unterschiedliche Jurisdiktionen berücksichtigt werden müssen. Neben anderen Rechtssystemen spielen die unterschiedlichen Kulturkreise eine wichtige Rolle, die es vor allem in ethischen Fragestellungen zu beachten gilt (Gespräch Mackert, geführt am 13.03.2014).

Was **Business Ethics** leisten können, beschreiben Crane und Matten (vgl. Crane/Matten 2010, S. 9ff.):

* In der vorherrschenden VUKA-Umwelt fühlen sich Menschen zunehmend verunsichert. Werte geben eine *Orientierung* für offene Situationen und helfen jeweils konkret »Sinn« zu geben und zu schaffen. Auch der Einfluss, den Unternehmen auf Gesellschaft und Politik zuweilen nehmen, ist basierend auf Werten gut zu erläutern und nachzuvollziehen.
* Unternehmen leisten *Beiträge zur Gesellschaft* durch Produkte und Dienstleistungen, Beschäftigung und Steuern und treiben technologische Entwicklung voran. Wie diese Beiträge erstellt werden und mit welcher Positionierung, berührt immer auch ethische Themen, die tief verwurzelte kulturelle Empfindungen betreffen. Business Ethics haben dann eine Leitplankenfunktion.
* Von internen und externen *Stakeholdern* werden zunehmend auch ethische *Erwartungen* an Unternehmen herangetragen – und zwar durchaus vielfältige, widersprüchliche und komplexe. Das Übernehmen und Leben eigener, selbst definierter Werte schafft hier Klarheit, welche dieser Erwartungen anerkannt werden, wie damit umgegangen wird und welche Grenzen gesetzt werden sollen.
* Die wenigsten Manager haben zu Werten und ethischen Normen explizit eine Weiterbildung erhalten. Es gibt gute Konzepte und Methoden, die es ihnen erleichtern können, *ethische Probleme und Dilemmata zu verstehen* und zu bearbeiten.
* Ethisches Fehlverhalten (auch gegen Gesetze) kommt immer wieder vor. Über Unternehmenswerte und deren Etablierung können diese *Verstöße* einerseits *minimiert* werden und andererseits oft als solche überhaupt erst identifiziert und behandelt werden.
* Über bestehende Werte lassen sich Nutzen und Risiken bestehender *Alternativen* besser *bewerten*.

Die Themen Governance, Compliance und Business Ethics bergen jedoch nicht nur Chancen, sondern auch viele **Herausforderungen.** Neben Schwierigkeiten in der Erstellung, Auslegung und Einführung gibt es oft interne Ablehnung, Stolpersteine in der Kommunikation nach innen und außen und auch ein Gefühl des »Das auch noch!« in einer ohnehin komplexen und fordernden Arbeitswelt:

* Die wichtige Frage, *welche Funktion diese Themen haben* sollen, ist oft nicht genug geklärt, bestimmt aber in hohem Ausmaß, ob und wo diese Themen zu Konflikten, Frustration und ganz handfesten Problemen führen oder eben ihre Umsetzung gelingt. Wo sollen sie helfen, Risiken zu vermeiden, wo Potenziale entfalten, wo Identität stärken und wo vielleicht einfach nur als Rechtfertigung dienen?
* Eine weitere, ganz praktische Herausforderung liegt in der Umsetzung. Prozesse, Systeme und Papiere zum Thema sind oft sehr *instruktiv, eindringlich und losgelöst vom Unternehmensalltag konzipiert* und werden nicht konsequent und produktiv in der Umsetzung gesteuert und gemessen (Gespräch Wieland, geführt am 04.02.2014).
* Vielfältige Beispielfälle von Betrügereien und »plötzlichen« Insolvenzen (wie Enron, Lehman Brothers etc.) schafften das Bedürfnis nach lückenloser Absicherung und damit einen *Trend zu immer mehr Richtlinien* und Vorschriften, der in manchen Unternehmen zu gesetzesähnlichen Werken ausartet. Auch dieser Fakt macht das Thema unbeliebt, weil es als Versuch der Geschäftsleitung gesehen wird, sich zu exkulpieren, Unmögliches oder etwas nicht Alltagstaugliches zu verlangen und die Verantwortung dafür nach unten weiterzureichen (Gespräch Wieland, geführt am 04.02.2014). Eine solche Überstrukturierung schafft kein inhaltliches Commitment.
* Das Thema Governance und Compliance ist auch deswegen unbeliebt, weil es Grenzen zieht und damit als *Hindernis fürs Geschäft* (»Obstacle to Business«) gesehen wird. Es schränkt persönlich ein und führt zu Widersprüchen. Führungskräfte oder Mitarbeitende, die über Millionen-Budgets entscheiden, dürfen externe Kollegen nicht mehr zum Essen einladen. Das ist rechtlich notwendig, wird aber von Einzelnen oft als unpassend, einschränkend und unangemessen Vorschriften machend empfunden. Auch das Abraten von gewissen Geschäften oder von Tätigkeiten in bestimmten Regionen ist für diejenigen, die sich davon mehr Umsatz oder Gewinn versprochen haben, nicht leicht hinzunehmen; stecken doch oft monatelange Arbeit und das Streben nach Erfolg im Sinn des Unternehmens dahinter.
* Die Tendenz, *das Thema primär über formale Kommunikation zu Marketing-Zwecken oder um sich abzusichern, abzuhandeln,* ist hoch. Weil mühsam in der Umsetzung, wird es oft nicht substanziell behandelt. Man »wurschtelt« sich durch, faktisch ändert sich wenig. Die Gefahr liegt darin, dass ethische Grundsätze oder Compliance-Vorgaben in Hochglanzbroschüren leuchten, aber die Diskrepanz zur Realität zu groß ist, um wichtige Stakeholder (inter-

ne oder externe) zu überzeugen und um reale Risiken abzufedern (Gespräch Willke, geführt am 03.02.2014).

- Die *Symbolwirkung der Führung*, gerade zu diesen Themen, wird oft unterschätzt. Es wird sehr genau beobachtet, ob der sogenannte »Tone at the Top« mit den proklamierten Werten und Grundsätzen übereinstimmt. Dafür gilt es Bewusstsein und Gespür zu entwickeln – auch in der Führungsmannschaft als Kollektiv. Verfehlungen sind menschlich. Passieren sie, sollten sie schnell offengelegt und erklärt (nicht gerechtfertigt) werden, es braucht eine Entschuldigung oder Konsequenzen, bis hin zur Abberufung.

- Herausfordernd ist es auch, vorab *Transparenz über die Konsequenzen bei Verletzung von Vorschriften* zu gewährleisten. »Wenn Verstöße auftreten, werden entsprechende Maßnahmen und Sanktionen gegenüber Mitarbeitern ausgesprochen. Es darf nicht das Gerücht oder Bild entstehen, dass für gleiche Vergehen unterschiedliche Beurteilungsmaßstäbe angelegt werden, z. B. dass Angestellte, die in besonderem Maße zum Umsatz beigetragen haben, weniger strenge Konsequenzen zu erwarten haben. Hier muss bei »Muss«-Regeln und Werten transparentes Vorgehen kommuniziert werden« (Krumbach o.J.).

- Eine sensible Balance besteht in der *richtigen Dosierung der Compliance-Kommunikation*. »Ein kontinuierliches ›Grundrauschen‹ sollte für die konsequente Verankerung aufrechterhalten werden, ohne dass die Mitarbeiter das Gefühl haben, von ständig neuen Informationen und Regeln überfordert zu werden« (Krumbach o.J.).

- Richtig anspruchsvoll werden Bestrebungen im Governance- und Compliance-Bereich, wenn Unternehmen *international agieren*. Dann entsteht eine ganze Fülle neuer Herausforderungen. Neben unterschiedlichen Vorgaben und unterschiedlichen »Kontrolleuren« – wie der SEC (Security and Exchange Commission) in den USA und der Börsenaufsicht in Deutschland – kommen auch unterschiedliche Ansichten und Herangehensweisen zum Tragen. Im internationalen Konzern variiert das Verständnis darüber, was konkret unter »Compliance und Integrität« zu verstehen ist. Insbesondere in Ländern mit hohen Korruptionsquoten gilt es dann Klarheit über die einzuhaltenden Spielregeln zu schaffen.

- Neben öffentlichen Maßgaben kommen *inoffizielle kulturelle Gepflogenheiten* hinzu: Kann man in Lateinamerika ohne Bestechung erfolgreich agieren? Darf man dort bestechen, weil der Kontext anders ist? Macht man es nicht, was wären die Konsequenzen? Ist dies die einzige Möglichkeit, in diesem Land tätig zu werden? Welche Werte gelten dort? Welche Grenzen werden gezogen?

- Will man die Einhaltung von Richtlinien und Vorgaben steuern, ist es *nicht sinnvoll, dies über Moral zu tun:* Was ist schon »gut« und »böse«? Und in welchem Kontext? In welchem Land/welcher Situation/auf welcher Ebene/ etc.? Die Unterschiede in der Eigenlogik von Moral und der der Wirtschaft erzeugen strukturelle Widersprüche: »Gutmensch sein« gegenüber »Gewinne maximieren«. Da ein Unternehmen kein Wohlfahrtsverband ist, kann dieser Widerspruch nicht endgültig aufgelöst werden (Gespräch Willke, geführt am 03.02.2014). Damit es überhaupt moralische Anreize in einem Wirtschaftssystem geben kann, muss das Funktionssystem der Moral eine für die Wirtschaft relevante Leistung erbringen, es muss in die Logik der Wirtschaft sinnvoll eingebaut werden (Zielsysteme, Selbstverpflichtungen, die mit dem Kerngeschäft verwoben werden und transparent gemacht werden etc.). Sonst erzeugt es nur »Rauschen« in einem Wirtschaftssystem und wird nicht ernst genommen, weil es eben nicht in die Logik der Wirtschaft übersetzt wird (vgl. Wieland 2005, S. 260ff.).

- *Führung über Werte bzw. Moral kann leicht Gegensätzliches bewirken.* Wer als Führungskraft die Idee hat »Wir machen einen auf Werte«, muss wissen, wie »Führen über Werte« funktioniert. Werte sind ein hochgradig diffiziles Führungsinstrument, weil man dann als Führung gesprächsbereit sein muss. Werte brauchen Klärung im Dialog und dass sich Subjekte für sie entscheiden und sie leben. Die Führungskräfte brauchen selbst Commitment zu den Werten nach innen, sodass man ihnen glaubt. Und sie müssen gleichzeitig fähig sein, die Umsetzung nach außen professionell voranzubringen (Gespräch Wieland, geführt am 04.02.2014).
- *Business Ethics* im engeren Sinn sind besonders wichtig für den Aufbau von *Reputation, Vertrauen oder Integrität.* Das ist vor allem für jene Organisationen wichtig, bei denen die Qualität eines Produktes oder einer Dienstleistung nicht sofort nach Erwerb oder Nutzung festgestellt werden kann (wie es bei einem guten Essen, Kleidung oder bei einem Auto leichter der Fall ist). Das gilt also etwa für: Ärzte, Finanzberater, Organisationsberater, Rechtsanwälte und für solche Firmen, deren Leistung moralisch legitimiert werden soll: Tabakkonzerne, Kernkraftwerke, Hersteller gentechnisch veränderter Lebensmittel etc. Sie investieren am ehesten in gemeinsam geteilte Unternehmenswerte. Prinzipiell kann jedes Unternehmen in die Position kommen, um die gesellschaftliche Akzeptanz seines Leistungsangebot kämpfen zu müssen: So z. B., wenn unmenschliche Arbeitsbedingungen in der Textilindustrie oder der Technologieanbieter zum Gegenstand des öffentlichen Diskurses werden (vgl. Wieland 2005, S. 272f.).
- Bei der Etablierung eines Werte-Management-Systems gilt allgemein: *»Je mehr Regeln aufgestellt werden, desto mehr Verstöße* sind zu verzeichnen. Zu viele Regeln versteht niemand mehr, was dazu führt, dass diese eher umgangen statt eingehalten werden. Es gilt also einen solchen ›Bumerang-Effekt‹ zu vermeiden« (Niewiarra o.J.). Werte lassen sich nicht instruktiv verordnen – sie verankern sich durch Dialog, Klärung und durch gelebte Praxis.

3.7.3   Strategie

Unternehmen sind zunehmend mit den Interessen externer Stakeholder und anderer gesellschaftlicher Teilsysteme konfrontiert – Recht, Politik, Medien, andere Kulturen und Märkte etc. Sie rücken mehr in die Mitte der Gesellschaft und müssen daher ihre ihnen eigene Logik für das Überleben und Funktionieren (nämlich Gewinnerzielung und Liquidität) erweitern. Dadurch werden Governance, Compliance und Business Ethics zu strategischen Themen.

Welche **Bedeutung** haben alle drei Themen **für die Strategie?**

* Die strategische Positionierung zu den drei Themen hat erstens eine *identitätsschaffende Funktion.* Sie schaffen den Rahmen für Dialog und Klärung, wie Polaritäten und Spannungsfelder (z. B. kurzfristiger Profit vs. langfristige Nachhaltigkeit) gesteuert werden.
* Zweitens haben sie eine *Orientierungs- und Übersetzungsfunktion.* Sie geben die Richtung vor, um das eigene Verhalten oder das im Team eigenverantwortlich zu konkretisieren.
* Die Governance-, Compliance-Management-Systeme und Werte sind teilweise auch eine Art *Unterbau für die Strategie,* denn sie beziehen sich auf sehr langfristige Themen wie z. B.: Was meinen wir mit Kundenorientierung oder Wertschätzung von Mitarbeitenden? Daher sind sie ein klar strategisches Thema.
* Eine wichtige strategische Kontrollfunktion liegt in der *Grenzziehung und Risikovermeidung:* formale und klar definierte Standards und Regeln, die jedenfalls einzuhalten sind und deren Missachtung geahndet wird.
* Für die Strategiearbeit relevant ist letztlich die *Integrationsfunktion,* also eine Strategie in Verbindung mit Governance-, Compliance- und Wertesystemen zu entscheiden. Durch Bezugnahme auf die Themen und externen Logiken in der Strategie werden diese enger mit dem Unternehmensgeschehen (innen) und mit der Gesellschaft (außen) verbunden.

Wenn die Strategie nicht zu Werten und Compliance-Vorgaben passt, entstehen für das Unternehmen risikoreiche Situationen. Extrem hohe Ertragsziele verleiten beispielsweise dazu, dass Mitarbeitende sich auf heikle Geschäfte einlassen. Dann wird die Strategie zu einem Verführer für Non-Compliance. Dass **Werte ein wichtiges Stützinstrument für die Strategie** – und die Reputation – sind, zeigen prominente Beispiele. Auch die Deutsche Bank hat nach einigen Skandalen und viel Misstrauen aufgrund mutmaßlicher und angeblicher Vergehen (wie Zinsmanipulationen, Umsatzsteuerbetrug, Bilanz-»Schönung«, Fokus zu wenig auf Kunden und zu stark auf Profit etc.) in den letzten Jahren den Versuch gestartet, einen Kulturwandel einzuleiten, der sich auf einen neuen Wertekanon stützt (vgl. z. B. Kaiser 2013; Ertinger 2013). Es geht um Themen wie Qualität, Integrität, Kundenfokus. Darüber hinaus wird betont, dass man weiter gehen will als nur die rechtlichen Rahmenbedingungen zu befolgen – es ginge auch darum, was

»richtig« ist. Da Werte und Leitplanken die strategische Ausrichtung überdauern sollen, gehören wertebasierte Instrumente (wie der Code of Conduct) ebenfalls zum strategischen Management. Und da sowohl die Werte, als auch die Strategie sich auf die Compliance-Ziele und -Maßnahmen auswirken, sitzen **Vertreter des Compliance-Bereichs** bei strategischen Entscheidungen sinnvollerweise mit am Tisch; oder die **Leitplanken- und Grenzsysteme werden als Check des Strategieentwurfs** im Strategieprozess selbst durch die Führung angesprochen und diskutiert – wenn eigene Compliance-Verantwortliche nicht etabliert sind, beispielsweise durch Diskussion der folgenden und ähnlicher Fragen: Unter welchen Bedingungen können wir in diese Länder gehen? Schaffen wir dieses Wachstum mit unseren Governance, Compliance und Business Ethics und halten dabei Qualität und Kundenorientierung? Wie gelingt das, wenn wir uns für die Produktion X im Land Y entscheiden? Es geht dann also darum, bereits vor der Strategieentscheidung herauszufinden, ob und wie das geht. Oft genug wird die Entscheidung zuerst getroffen und dann eine Risikoanalyse gemacht. Die klassischen strategischen Fragen zu erweitern um eine Risikobewertung, ist eine Perspektivenerweiterung, die Compliance bieten kann (Gespräch Wieland, geführt am 04.02.2014).

Ein wichtiger Schritt für die Entwicklung einer wirksamen **Compliance-Struktur** ist, den Diskurs anzuregen und dabei eine **Vielfalt von Perspektiven** und Sichtweisen einzubeziehen (z. B. über → WERKZEUG 32: STAKEHOLDER-PLATTFORMEN oder über WERKZEUG 39: WISDOM COUNCIL). So wie das Projektmanagement entwickelt wurde, um quer zur Hierarchie und kreativ etwas zu schaffen, so braucht es für die Verbindung von Strategie und Compliance einen größeren Reichtum an Perspektiven (Beobachtung der gesellschaftlichen, internationalen Umwelt und ihrer Veränderungen, wie etwa Ökologie, Gender, Compliance), die in die Strategieentwicklungsprozesse einzubringen sind (Gespräch Willke, geführt am 03.02.2014).

Strategisch ist außerdem zu beachten, auf welchen **Ebenen** Compliance-Maßnahmen entwickelt und geändert werden. Auf der Ebene der *Policies und Procedures* muss man Veränderungen schnell vollziehen können, weil sich die Rechtslage und die strategische Ausrichtung immer wieder ändern. Ein »*Code of Conduct*« (Verhaltenskodex) ist stabiler und der grundlegende »*Code of Ethics*« entspricht quasi einer Verfassung als Leitsystem. Im Auge zu behalten ist die Kohärenz und Konsistenz der Elemente (Gespräch Wieland, geführt am 04.02.2014).

Klassischerweise definiert man zunächst **Leitlinien** (gewünschtes Zielverhalten – konkretisiert etwa am Beispiel typischer Entscheidungssituationen aus dem Tagesgeschäft oder am Beispiel von »Moments of Truth« – Situationen, die für Werte besonders herausfordernd sind). Diese müssen in Zusammenhang mit der Strategie des Unternehmens stehen und sind (Mit-) Garanten für den nachhaltigen Geschäftserfolg. Die Leitlinien stellen die Basis für die Zusammenarbeit mit Kunden, Lieferanten und Dritten dar und müssen mit Leben gefüllt werden. Dies kann durch einen **Code of Conduct als Orientierungsrahmen** erfolgen. Er verknüpft etwa bei der Deutschen Telekom den Anspruch an die Einhaltung von Recht und Gesetz mit besonderen Anforderungen an ethisches Verhalten. Die im Code of Conduct definierten Werte erlangen Glaubwürdigkeit dadurch, dass sie durch das Top Management sowie das Mittelmanagement gelebt und in die tägliche Arbeit integriert werden. Der Code of Conduct ist Brücke zwischen Unternehmensstrategie, Leitlinien und weiteren (auch formalen) Verhaltensrichtlinien für die Mitarbeitenden im Konzern und zeigt auf, was die Leitlinien für unsere tägliche Arbeit bedeuten, wo sie konkrete und praktische Auswirkungen haben, wie z. B. Anti-Korruptions-Richtlinie, Spendenrichtlinie, Sponsoring-Richtlinie, Richtlinie zum Umgang mit Beratern etc. (Gespräch Mackert, geführt am 13.03.2014).

3.7.4   Organisation

Oft werden beim Thema Governance und Compliance zu sehr Personen und deren Verhalten adressiert. Dabei sind es Organisationsentwicklung, Organisationsdesign und Kontextbedingungen, die den Rahmen und die Anreize für Verhalten schaffen. Daher wird bei der Umsetzung von Governance und »Business Ethics« die Organisation und Struktur mit zu beachten sein, auch wenn eine enge Verbindung zur Unternehmenskultur und zur Führung besteht (Gespräch Willke, geführt am 03.02.2014).

Struktur und Maßnahmen

Typisch für die Themen Governance und Compliance ist, dass ihre Umsetzung strukturell zu wenig ausgearbeitet ist. Prozesse werden zwar genau definiert, aber oft nicht passgenau umgesetzt. Es gibt zu den Themen dann engagierte Personen oder eben auch nicht. Die Kernfrage, wie man Governance und Compliance in die Organisation einbaut, führt zu sehr unterschiedlichen Herangehensweisen. Vielerorts geht man sehr formalisiert vor, über stark detaillierte Vorgaben und Vorschriften, hält instruktive Trainings ab und sieht das Thema damit als behandelt an. Bei Fehlern wird der Vorfall personalisiert und entsprechend Leute abgemahnt oder entlassen. Dieses Vorgehen ist relativ einfach, beinhaltet allerdings die Gefahr der Entmündigung oder »Verkindlichung« der Adressaten, da Eigenverantwortung, und Entrepreneurship unterminiert werden. Ein anderer Ansatz setzt stärker auf Business Ethics und einen breiten Mix von Maßnahmen. Es gibt Leitplanken, an die man sich zu halten hat und die, mit Leitbild und Mission verknüpft, die Kernidentität stärken sollen. Über eine Art »Guidance für eigenes Ermessen« werden Mitarbeitende ausgebildet und treffen dann eigenverantwortlich im Alltag ihre Entscheidungen, die allerdings einem Monitoring-Dialog standhalten sollen.

Wie bei anderen »neuen« Themen, werden oft neue Compliance-Abteilungen geschaffen und die Verantwortung an diese delegiert. Diese Abteilungen können den hohen Erwartungen oft nicht gerecht werden. Daher braucht es einen strukturellen und organisationalen Unterbau, mit dem Transparenz und Verantwortlichkeit über Regeln in die Organisation eingebaut werden. Für solch einen Unterbau brauchen Unternehmen unter Umständen massive **Veränderungen in ihren dominanten Organisationskomponenten** (Gespräch Willke, geführt am 03.02.2014):

- *Strukturveränderungen* (neue Abteilung, Officer, Vorstand)
- *Einbau in die kritischen Geschäftsprozesse* (zum Beispiel Vertrieb) – dies ist sehr viel schwieriger, da daran oft Interessen hängen, die nicht so stark an Absicherungen interessiert sind, weil diese als einschränkend empfunden werden. Daher braucht es dazu:
- *Arbeit an den Regeln*. Oft gibt es inoffizielle Spielregeln darüber, wie Prozesse wirklich laufen. Zum Beispiel, wer was im Vertrieb macht und wie der Verkaufsprozess wirklich läuft. Im ersten Schritt ist herauszufinden: Was sind die faktischen Regeln? Wie gehen wir tatsächlich mit Konkurrenten um? etc. Es ist ein legitimes Anliegen des Unternehmens, dies über sich selbst zu lernen und daran anzudocken.

Obwohl Innovation, Kreativität, Proaktivität und Unternehmertum heute wichtige Kompetenzen auf allen Hierarchieebenen sind, ist es – aus Unternehmenssicht – wichtig, diese Freiheit nicht in ausufernder Beliebigkeit enden zu lassen. Wie können also Strukturen, Prozesse und Regeln als verbindlich gelten und einen Rahmen abstecken, der nicht infrage gestellt wird, ohne diese wichtigen Kräfte zu schwächen? Um einen solchen Mix an Struktur-, Prozess-, Regel- und Verhaltensveränderungen zu kategorisieren und umzusetzen, hat Robert Simons ein differenziertes Modell entwickelt, dessen Anwendung sich in unserer Arbeit sehr bewährt hat. Die »klassische« Unternehmenssteuerung, Personen an einem vorgegebenen Plan mit zu erreichenden Zielen zu messen (diagnostische Steuerung und Kontrolle), ist nur eine Möglichkeit. Drei andere Hebel, mit deren Hilfe Governance und Compliance etabliert werden können, sind: Wertesysteme, Grenzsysteme, interaktive Steuerungssysteme. Jeder dieser Steuerungshebel hat seine Anwendungsfelder (vgl. Simons 1995, S. 81ff.). Das Modell ist eine gute Landkarte für die passgenaue Umsetzung und Verankerung – jedes Feld gilt es zu besetzen, und zwar je nach Offenheit und Komplexität des Regelungsfeldes:

1. **diagnostisches Steuerungssystem:** Mit diesem System werden *erfolgskritische Variablen* verfolgt. Je nach Zielen werden KPIs definiert und periodisch analysiert. Durch Feedback wird die Ausrichtung gesteuert. Viele Firmen verlassen sich auf diese Art der Steuerung, die zuweilen Druck aufbaut und sehr einseitige Anreize setzt, durch die Ergebnisse als KPIs geschönt oder gefälscht werden – die zugleich aber klare Ziele setzt.
2. **Wertesystem:** Dieses basiert auf prägnanten und inspirierenden Grundsätzen darüber, was das Unternehmen anstrebt und auf welche Art und Weise.

Es beinhaltet also wenige ethische Werte als Leitplanken, die dem Handeln im Unternehmen zugrunde liegen sollen. Die Werte sind nur dann wirksam, wenn die Mitarbeitenden sie beobachten können: im Verhalten des Topmanagements, des direkten Vorgesetzten oder öffentlich auftretender Repräsentanten. Werte schaffen einen zeitstabilen Identitätskern. Sie geben den Mitarbeitenden Orientierung, sofern diese sie verstehen und mit ihrer Aufgabe in Verbindung bringen können. Sie brauchen Geschichten, in denen sich ihre Umsetzung zeigt. Zusammen mit dem Grenzsystem erzeugen Werte eine dynamische Spannung zwischen Raum und Grenzen.

3. **Grenzsystem:** Diese Vorschriften definieren einen Rahmen, indem sie klarstellen, was nicht erlaubt ist, um unerwünschte Risiken zu vermeiden. Sie werden als minimale Standards oder als negative Aussagen formuliert. Sie sind wie die Bremsen eines Systems und verhindern, dass sich Systemmitglieder in ihrer Kreativität und ihrem Drang, etwas zu erschaffen, so verhalten, als hätten sie einen »Blankoscheck«. Dies ist besonders relevant in Branchen, in denen Reputation über Vertrauen aufgebaut wird. Nicht nur ethische Grenzen werden dabei abgesteckt, sondern auch strategische. Dies soll verhindern, dass Innovationspotenzial und neue Bestrebungen konträr zur strategischen Ausrichtung stehen. Konkrete Compliance-Regeln bestehen z. B. zur Vermeidung von Korruption und Kartellabsprachen, zur Einhaltung von Vorgaben bezüglich Datenschutz und Gleichbehandlung, zur Beachtung von Vorschriften zu Produktsicherheit und Arbeitsschutz etc. Zum Grenzsystem gehören auch Strukturen, bei denen intern und extern Regelverstöße gemeldet werden können, zum Beispiel Whistleblowing-Hotlines. Werden die Grenzsysteme verletzt, gibt es klare und schnell sichtbare Sanktionen – sonst sind sie nicht wirksam.

> *»Grenzsysteme sind die Bremsen einer Organisation.*
> *Und – wie bei Rennwagen – brauchen die schnellsten*
> *Organisationen die besten Bremsen.«*
> *Robert Simons (1995, S. 85)*

4. **interaktives Steuerungssystem:** Um strategische Unsicherheiten zu erkennen und Risiken ggf. zu vermeiden, brauchen Manager ein formales System bzw. ein Arbeitsformat, das sie regelmäßig und intensiv mit der Basis des Geschäfts und den Mitarbeitenden in Verbindung bringt. Durch dieses System nehmen Führungskräfte an den Fragen, offenen Themen und Entscheidungen des Tagesgeschäfts Anteil und fokussieren organisationales Lernen und Aufmerksamkeit auf strategische bzw. offene, komplexe Felder. Dieses Steuerungssystem fokussiert auf neu entstehende Informationen, die wichtig genug sind, dass sich Führungskräfte auf allen Ebenen damit beschäftigen. Interaktiv heißt, dass im offenen Dialog gemeinsam Wissen geschaffen wird oder auch

in die jeweilige Themenwelt direkt eingetaucht wird (Welt des Einkaufs, der Lieferanten, der Kunden, des chinesischen Marktes etc.) Die generierten Erkenntnisse werden im Dialog weitergeklärt, bearbeitet und konkretisiert. Die kontinuierliche Debatte fördert die Wirksamkeit dieses Hebels, hält das Thema in der Aufmerksamkeit und sendet klare Signale in die Organisation. Es geht um gemeinsames »Explorieren« und Verstehen komplexer Sachverhalte (z. B.: Wie werden Werte übersetzt in einen anderen Kulturkreis? Was entspricht da der eigenen Identität?).

Insgesamt gilt für Governance: Ermächtigung ist das wesentliche Puzzleteil, das der Organisation zum Erfolg verhilft. Wenn Führungskräfte ihren Mitarbeitenden Freiräume zugestehen, in denen sie ihre eigenen Entscheidungen und ihre eigenen Vorgehensweisen wählen können, kommen erwünschte Verhaltensweisen – Eigenverantwortung, Proaktivität usw. – eher zum Tragen. Die vier Steuerungshebel unterstützen sie dabei.

Die Abbildung 37 fasst Vorteile und Hindernisse im Zusammenspiel der vier Steuerungshebel zusammen und zeigt konkrete Beispiele für Maßnahmen und Instrumente (eigene Darstellung nach Simons 1995, S. 81 und Wieland 2004, S. 11).

Einführung von Werten

Viele Firmen haben bereits festgestellt, dass ein Grenzsystem alleine nicht effektiv ist. Reine Kontrolle wird nicht in Integrität übersetzt. Damit Verbindlichkeit zu Integrität und Kernidentität steigt, brauchen Unternehmen auch Wertesysteme und interaktive Steuerungssysteme. **Werte** eines Unternehmens greifen am besten die bereits positiv gelebten auf und machen sie sichtbar und manifest; Das heißt also eher *Werteklärungsworkshops als Wertefindungsworkshops* (hilfreich hier → WERKZEUG 1: APPRECIATIVE INQUIRY). Zum Beispiel zu den zentralen Fragen, die das Unternehmen in den nächsten Jahren bewältigen muss und welche es bisher im Alltag und in wichtigen Situationen gelebt hat. Mehr als sechs bis sieben Werte zu postulieren,  ist unrealistisch. Bei der Definition der Werte ist wichtig, zu beachten, ob diese Werte auch wirklich konkret umgesetzt und gelebt werden können. Der Code of Conduct ist ein Versprechen. Es geht nicht um absolute Werte, sondern darum, einen Prozess zu etablieren, der glaubwürdig macht, dass nach diesen Werten gestrebt wird. Daher sind Formulierungen wie »wir beabsichtigen, wir wollen sein« realistischer als »wir sind«. Ob Werte ernst gemeint sind oder nicht, erkennen die meisten leicht in der gelebten Praxis (Gespräch Wieland, geführt am 04.02.2014).

Wird ein **neuer Unternehmenswert** organisational eingeführt, stellen sich einige konkrete Fragen (ergänzt nach Gespräch Wieland, geführt am 04.02.2014):
- Ist der Wert unternehmensspezifisch genug? Passt er zur gelebten Kultur, zur Branche, zur Region, zur Historie etc.?

»Steuerungshebel«	Potenzial	organisationale Hindernisse	Führungsantworten	Maßnahmen und Instrumente
Wertesystem	etwas Sinnvolles beitragen, Zugehörigkeit zu etwas Sinnvollem	Unsicherheit über Leitplanken, Werte und Anliegen	Werte und Mission kontinuierlich kommunizieren und vorleben	• Unternehmensleitbild • Mission/Vision/Value Statement • Werteleitfaden (Code of Ethics, Code of Conduct o.Ä.) • Ethics Committee (Ausschuss unter dem Vorstand und/oder Aufsichtsrat) • Ethics Officer/Compliance Officer • Verhaltensweisen der Vorstände und Geschäftsführer haben Vorbildcharakter • Geschichten über gelebte Werte
Grenzsystem	das Richtige tun, bzw. das Falsche nicht tun, Risiken vermeiden	Ergebnisdruck oder Versuchung	Die Spielregeln eindeutig definieren und durchsetzen – Verbote und Risikospielregeln	• Compliance-Abteilung • »Guiding Principles« o.Ä. • Beschaffungspolitik • Whistleblowing-Hotline • Beratungs-Hotline als pragmatische Hilfestellung für alle Hierarchieebenen • Audits • Interne Revision • Geschenke-Richtlinie • klares »Zero-Tolerance«-Statement in internen Regelwerken • konsequente, sichtbare Reaktion auf aufgedeckte Regelverstöße • einheitliche Beurteilungspraxis bei Regelverstößen (ohne Rücksicht auf Status und Hierarchieebene) • zertifizierte Audit Programme (z. B. durch Transparency International)
diagnostisches Steuerungssystem	operative Ziele erreichen	zu wenig Fokus oder fehlende Ressourcen; Überstrukturierung (zu viele Ziele und Reports)	klare Ziele vereinbaren und unterstützen	• KPIs, Ziele/Zielvereinbarungen • Einbeziehung von Compliance- und Wertekriterien in Boni- und Entlohnungssysteme • QM-Handbuch • Dokumentation/Reporting • Nachhaltigkeitsbericht • Berücksichtigung von Compliance/Integrität bei Personalbeurteilungen und Beförderungen

»Steue-rungs-hebel«	Potenzial	organisa-tionale Hinder-nisse	Führungs-antwor-ten	Maßnahmen und Instrumente
inter-aktives Steue-rungs-system	gemein-sam gestalten und steuern; kollektiv Wissen entwi-ckeln	hohe Komple-xität des Themas, Angst vor Risiken; zu wenig Ressour-cen für »Explore«-Settings	offene Dialoge, ermutigen zu gemein-samem Lernen	• interaktive Unternehmenskommunikation • Dialogformate und Workshops • Lieferantenentwicklung • Stakeholder-Dialoge • interaktive Beobachtungssysteme • Beratungshotline • Ethic Hotline (unter der Fragen gestellt werden können) • Einbindung des Aufsichtsrats über regelmä-ßige Berichterstattung • zielgruppengerechte Trainingsangebote für sensible Bereiche und die breite Mitarbeiter-schaft • fortlaufende Trainings und Kommunikation als direkter Draht zu den Führungskräften und Mitarbeitenden

Abb. 37: Simons Steuerungshebel im Vergleich (eigene Darstellung nach Simons 1995, S. 81 und Wieland 2004, S. 11)

• Leistet der Wert eine sinnvolle Verknüpfung zur wirtschaftlichen und organi-sationalen Logik? Verursacht er Zielkonflikte (z. B. »Umweltbewusstsein« als Wert in einem Unternehmen mit sehr hohem Profitabilitätsstreben)?
• Was bedeutet der Wert (z. B. Kundenzufriedenheit) ganz genau in den einzel-nen Bereichen? Dies ist genau auszuloten, denn Kundenzufriedenheit soll bei-spielsweise nicht heißen »Wir akzeptieren alle Reklamationen«.
• Brauchen wir dazu neue »Policies and Procedures«? In welcher Art und wo?
• Ist die Verantwortung klar genug geregelt: Wer entscheidet was? Was ent-scheidet die Compliance Abteilung und was der Mitarbeiter vor Ort oder die Führungskraft (Steuerungshebel nach Simons' Modell)? Die Verantwortung muss zumindest so klar sein, dass man sich im Zweifel Unterstützung vom Vorgesetzten oder von Compliance-Mitarbeitern holt (Gespräch Wieland, ge-führt am 04.02.2014).
• Übersetzung ins Tagesgeschäft immer wieder thematisieren. In der Auseinan-dersetzung damit geht es darum, herauszufinden: Wo wird das sichtbar? Wo nicht? Woran zeigt sich das? Daran orientiert sich dann auch das Monitoring. So erhält ein neuer Wert Konsistenz.

Die konsequente **Umsetzung und Verankerung** verbindet Kommunikations-
maßnahmen, Integration in Trainings und in Bewertungs- und Monitoring-Sys-
teme mit Organisationsformaten wie in der Abbildung 37 auf S. 212f. gelistet.
Betont sei, dass es sich bei der Verankerung der Werte um einen kontinuierlichen
Prozess handelt und nicht um die Einführung per Stichtag. »Im Kern geht es um
einen Lernprozess der Organisation und ihrer Mitglieder, der darin besteht, die
Kompetenz zu erwerben, den unvermeidbaren moralischen Aspekt wirtschaftlicher Transaktionen zu erkennen und so zu gestalten, dass er einen positiven Beitrag zur Sicherung und Entwicklung des Unternehmens leistet.« (ergänzt nach
Wieland 2002, S. 6ff.)

Um die Einführung plastisch zu machen und zu zeigen, dass sich diese Investition mittelfristig lohnt, geben wir das folgende, kurze **Fallbeispiel** zur Herangehensweise der Deutschen Telekom AG bei ihrer **Anti-Korruptionskampagne
und der Erstellung des Code of Conduct**. Das Beispiel zeigt einen iterativen
Prozess (Gespräch Mackert, geführt am 13.03.2014):

Fallbeispiel 1:

»Der Begriff Integrität ist je nach Kultur sehr unterschiedlich ausgeprägt. Zuerst war es notwendig, dass wir unseren Code of Conduct unter Einbindung der wesentlichen Tochtergesellschaften neu aufsetzen. Darauf aufbauend wurden konkretisierende Richtlinien erstellt (z. B.
zu Beratern, Geschenken, Einladungen). Dieses Vorgehen, alle wichtigen Tochtergesellschaften
frühzeitig einzubinden, ist zielführend, da nicht »zentral« etwas für nicht alle Passendes auf-
oktroyiert wird. Wir haben also zuerst Informationen gesammelt: Was sagen die landesspezi-
fischen Gesetze? Was gibt es an Regelungen vor Ort bereits? Gibt es eine bestimmte gelebte
Praxis? Wie sieht es kulturell aus? Dann haben wir uns ausgetauscht und Gemeinsamkeiten
gefunden *(Anmerkung: also eher Werteklärung als Wertesetzung)*. Zur Feinformulierung zum
gemeinsamen Verständnis (im Sinne einer Kommentierung zur einheitlichen Handhabung)
gab es viele lange Gespräche und Diskussionen. So entstand relativ schnell ein tragfähiges
gemeinsames Verständnis und damit unsere Compliance-DNA.

Anschließend wurden die einzelnen Richtlinien der Gesellschaften in den Geschäftsführungen
beschlossen, den jeweiligen Mitarbeitern bekanntgemacht und die betroffenen Mitarbeiter
geschult. Präsenztrainings und E-Learning fanden in Landessprache statt. Insgesamt hat der
Prozess drei Jahre gedauert. An der Fragequalität und dem weiteren Kontakt mit den Beschäftigten und dem Management zeigt sich, dass sich der Aufwand gelohnt hat.«

Compliance als Organisationseinheit und die Verantwortung der Linie

Für die Mitarbeitenden und Führungskräfte, die für »Compliance« verantwortlich sind, ist dies mitunter eine undankbare Aufgabe. Nicht zuletzt aufgrund
der Unbeliebtheit des Themas. Ein Problem in vielen Unternehmen ist, dass das
Thema gerne an diese Personen »wegdelegiert« wird: Einige wenige bekommen
dann diese Funktion und Verantwortung zugeschrieben und müssen kontrollie-

ren, während andere scheinbar von der Eigenverantwortung entlastet werden. Oft fühlen sich die formal Verantwortlichen dann schnell hilflos oder »schießen mit Kanonen auf Spatzen«. Besser funktioniert die Umsetzung, wenn die Verantwortlichen als **Abteilung mit unabhängiger Beraterfunktion** ausgestattet sind – **also Führung und Mitarbeitende in der Verantwortung bleiben** – und sich damit erlauben können, auch qualifiziert mit Argumenten und Nutzenabwägung »Nein« zu sagen.

> »Natürlich darf heftig diskutiert werden, aber es ist unerlässlich, seine Empfehlungen stark zu vertreten. Dies kann dadurch erfolgen, dass es zur Hinterlegung der jeweiligen (Risiko-) Szenarien mit qualifizierter Bewertung einschließlich des Aufzeigens von Handlungsalternativen kommt. Letztlich ist es dann eine Management-Entscheidung. In meiner Praxis habe ich jedoch noch nie erlebt, dass nicht eine tragfähige konstruktive Lösung gefunden wurde.« (Gespräch Mackert, geführt am 13.03.2014)

Beraterfunktion bedeutet auch, dass die konkrete **Umsetzung gemeinsame, ko-kreative Arbeit** mit den jeweils für das Geschäft Verantwortlichen ist. Auch damit gelingt Selbstverpflichtung und das Entwickeln von Lösungen, die an die Compliance-Logik ebenso andocken können wie an die Logik der jeweiligen Aufgabe bzw. der betriebswirtschaftlichen Perspektive.

Viele Personen sind dem Thema Compliance und seinen »Vertretern« gegenüber, wie gesagt, zunächst abwartend bis negativ eingestellt. Oft merken sie dessen Relevanz erst, wenn es kritisch wird. Bestenfalls sind in allen Geschäftseinheiten weltweit Compliance-Mitarbeiter oder -Beauftragte als **Ansprechpartner** installiert.

Entscheidend ist, dass für sensible Themen die Option besteht, einen »geschützten Raum« anzubieten, in dem Vertraulichkeit zum gesprochenen Wort und Anonymität der Person gilt. Sinnvoll ist es, nicht nur eine klare und eindeutige Empfehlung auszusprechen, sondern auch, **verschiedene Szenarien** als Lösungsoptionen aufzuzeigen und Hinweise auf die entsprechende Risikobewertung anzubieten. So wird ein Perspektivenwechsel vollzogen, und es können unterschiedliche Argumente bei der Lösung betrachtet werden, sodass ein Gesamtbild des Sachverhaltes entsteht und blinde Flecken minimiert werden können (Gespräch Mackert, geführt am 13.03.2014).

Das **Fallbeispiel aus der Deutschen Telekom** verdeutlicht die Möglichkeiten organisationaler Verankerung, Positionierung und Ausgestaltung der Compliance Funktion und macht das Zusammenwirken der vier Steuerungshebel nach Simons in der Organisationspraxis eindrucksvoll deutlich (Gespräch Mackert, geführt am 13.03.2014):

Fallbeispiel 2

»Ein Konzern wie die Deutsche Telekom mit zahlreichen und unterschiedlichen Beteiligungen weltweit benötigt individuelle Compliance-Lösungen für die jeweiligen Geschäftsmodelle. Tochterunternehmen in jungen Märkten und mit neuen Produkten oder Kooperationen mit Start-ups müssen anders begleitet werden als etwa das deutsche Festnetzgeschäft. In Abhängigkeit von der wirtschaftlichen Entwicklung, von Geschäftsstrategien und -risiken haben wir die Anforderungen an ein Compliance-Management-System für die verschiedenen Konzerngesellschaften definiert. Dabei ist konkret festgelegt, wie das jeweilige Compliance Management eingerichtet, ausgestaltet und kontrolliert wird. In diesem sogenannten **reifegradorientierten Baukasten** können wir auch neu erworbene Beteiligungen einsortieren und systematisch in das Compliance-Management-System integrieren. Selbstverständlich ist, dass immer von Anfang an eine Verankerung der Verantwortung von Compliance in der Organisation der jeweiligen Gesellschaft bzw. des Geschäftsmodells gesichert ist. Deutlich geregelt ist aber auch, wann erstmals ein Compliance Risk Assessment durchgeführt werden muss und wann welche Richtlinie wie zu implementieren ist. Bei größeren Mergern sind wir bereits in den Due-Diligence-Prozess integriert und nehmen bereits im Vorfeld differenzierte Compliance-Analysen vor.

Von besonderer Bedeutung für die erfolgreiche Compliance-Arbeit in einem diversifizierten Konzern ist die Zusammenarbeit mit anderen Bereichen im Konzern. Die internen Schnittstellen des Compliance-Bereichs sind vielfältig:

* Mit der *Personalabteilung:* zum einen, weil die legitimierten Arbeitnehmervertreter nach lokaler und/oder übergreifender Regelung ggf. bei der Einführung oder Änderungen von Regelungen zu beteiligen sind und zum anderen bei der Durchführung des individuellen Konsequenzenmanagements. Daneben ist eine Zusammenarbeit mit dem Personalbereich insbesondere bei kulturellen Themen, wie beispielweise der konzernweiten Implementierung des Code of Conduct wesentlich, um ein einheitliches Verständnis und somit Commitment zu erzielen.

* Mit dem *Datenschutz:* Dies ist von wesentlicher Bedeutung bei der Untersuchung von Fällen. Hier kommen wir mit personenbezogenen Daten in Kontakt, mit denen wir sehr achtsam und sparsam umgehen.

* Mit den *Abteilungen mit Marktkontakten* wie Einkauf, Vertrieb und Service: Diese Abteilungen sind die Repräsentanten der Deutschen Telekom nach außen. Daher ist die Wahrnehmung der Öffentlichkeit intensiver auf deren Handeln gerichtet. Die spezifischen (Geschäfts-) Risiken sind im Rahmen des Compliance-Risk-Assessments zu analysieren und durch Maßnahmen einzugrenzen. In diesen Bereichen müssen eindeutige Compliance-Prozesse implementiert werden. So muss z. B. mit dem Einkauf festgelegt werden, wie Lieferanten überprüft werden sollen und wie mit Einkaufsumgehungen umgegangen wird.

* Mit der *internen Revision:* Diese überprüft u. a. die Implementierung des Compliance-Management-Systems bei ausgewählten Tochtergesellschaften, anhand von klar definierten Mindestanforderungen die Umsetzung bestimmter Compliance-Prozesse oder die Einhaltung bestimmter Richtlinien, um die Wirksamkeit des Compliance-Management-Systems zu überprüfen.

Die Compliance-Organisation und die inhaltliche Zielsetzung der Compliance-Aufgaben müssen im Unternehmen bekannt sein.

In unseren wesentlichen Tochtergesellschaften habe ich **Direct Reports** (»dotted line«, funktionale Führung), zu denen ein enger persönlicher Kontakt besteht. Wir treffen uns halbjährlich in einem **International Advisory Team.** Schwerpunkte sind strategische Themen, die Vereinbarung von Zielen sowie Potenzial- und Performance-Analysen. Zusätzlich gibt es zu aktuellen Themen Telefonkonferenzen und individuelle Dialoge. Einmal jährlich gibt es einen sogenannten *International Compliance Day,* bei dem sich die internationale Deutsche Telekom Compliance Community für zwei Tage trifft. Dabei tauschen wir Informationen aus, gehen neue Themen an, halten fachbezogene Workshops und vernetzen uns. Zusätzlich hat jedes Segment eigene Sessions, um seine geschäftsspezifischen Themen durchzuarbeiten. Für **unsere Compliance-Community** geben wir drei Mal im Jahr einen *Compliance-Newsletter* heraus. Darin enthalten ist ein Gastbeitrag aus einer anderen Firma oder von einem externen Experten und einem »Nicht-Compliance-Bereich«, Fallbeispiele aus den Medien, eigene Fallstudien, neue gesetzliche Regelungen, ein Fokusthema und Neues aus der Compliance-Community. Dies macht Compliance anfassbar und stellt eine gute Kommunikations-und Vernetzungsplattform dar.«

3.7.5 Personen

Das Thema Compliance ist bei vielen Mitarbeitenden und Führungskräften vor allen dann unerwünscht, wenn sie sich dadurch eingeschränkt, kontrolliert oder auch bevormundet fühlen.

»Viele Dinge, die man in der Vergangenheit liebgewonnen hat, gehen heute nicht mehr oder so nicht mehr – das macht unbeliebt. Eine Einladung zu hochkarätigen Sportveranstaltungen auf der anderen Seite der Erdkugel ist nicht mehr zeitgemäß. Auch von unseren Lieferanten und deren Subunternehmern verlangen wir, dass sie sich an unsere Verpflichtungen und Grundsätze halten. Dies gilt für alle Stakeholder« (Gespräch Mackert, geführt am 13.03.2014).

Allerdings reichen Vorgaben nicht aus. Die eigentliche Herausforderung ist, Eigenbindung und Selbstverpflichtung zu schaffen: das eigene Verhalten zu reflektieren, organisationale Intelligenz aufzubauen und Erkenntnis zu schaffen, dass es im eigenen Interesse ist, sich an die Regeln zu halten (Gespräch Willke, geführt am 03.02.2014). Diese Eigenbindung ist vor allem wichtig vor dem Hintergrund, »dass die Kenntnis und Bejahung von Leitplanken oder moralischer Überzeugungen noch keineswegs zu einem entsprechenden Handeln führen. Im Gegenteil, (…) Experimente (…) zeigten, dass Personen, die Unehrlichkeit für schlecht halten, in den Experimentalsituationen mit gleicher Wahrscheinlichkeit lügen wie solche Personen, die diese moralischen Gebote nur mit Einschränkungen hinzunehmen bereit sind« (Wieland 2005, S. 267).

Wie entsteht also Eigenbindung? Personen folgen in ihrem Handeln Anreizen, die sowohl extrinsisch als auch intrinsisch entstehen und sowohl ökonomische, als auch soziale bzw. moralische Dimensionen beinhalten, wie die Abbildung 38 verdeutlicht.

Anreize	extrinsische	intrinsische
ökonomische	*materielle* (Einkommen, Güter, »Benefits«, Dienstwagen, ...)	*immaterielle* (Nutzen, Eigeninteresse, Identifikation, ...)
soziale bzw. moralische	*immaterielle* (Achtung, Missachtung, Anerkennung, Wertschätzung, Dankbarkeit, Ächtung, ...)	*immaterielle* (angewöhnte Pflichten, Normen, Tugenden, Prinzipienkonsistenz, ...)

Abb. 38: extrinsische und intrinsische Anreize (aus Wieland 2005, S. 265)

Mit Blick auf die Frage, warum diesen sozialen Anreizen gefolgt wird, finden wir als Beweggründe (vgl. Wieland 2005, S. 268f.)
1. Strafe vermeiden,
2. Akzeptanz überlegener Macht und Autorität,
3. eigene Interessen und Bedürfnisse verfolgen,
4. Anerkennung und Zuneigung von anderen,
5. Erwartungssicherheit schaffen,
6. Wertschätzung sozialer Bindung zum eigenen Nutzen und zum Nutzen aller und schließlich
7. Präferenz für zwischenmenschlich geteilte universal gültige moralische Prinzipien.

Für Unternehmen stellt sich also die Herausforderung, diese **Anreize mit den Werten und Regeln des Unternehmens zu verknüpfen** (den vier Steuerungssystemen nach Simons). Dabei wird – oft in sehr unterschiedlichen Mixturen – auf die genannten sieben Motive gebaut. Die Regeln und Werte für Governance und Compliance greifen immer auch in das Verhältnis von Mitarbeitern zum Unternehmen ein. Sie bestätigen oder verändern den materiell-psychologischen Kontrakt zwischen den Mitarbeitenden und dem Unternehmen und können faktisch alle Motivdimensionen adressieren. Zunächst ist es wichtig, die *Währungen der Mitarbeitenden zu eruieren*; vor allem um Botschaften, Ansätze und Steuerung zu wählen, sodass die Mitarbeitenden an die Kodizes möglichst gut andocken können. Die andere Seite ist, *Klarheit darüber zu schaffen, was das Unternehmen erreichen möchte* (siehe die Funktionen, die solche Kodizes für das Unternehmen erbringen sollen, unter Strategie).

Beide Seiten sind bei der **Einrichtung der Steuerungsmodi** zu berücksichtigen:

1. Wo ist es wichtig, auf *formale Regeleinhaltung mit direktiver Kontrolle* zu setzen und

2. wo geht es darum, *Eigenbindung durch gemeinsame oder individuelle Konkretisierung* d. h. Empowerment (»Glaubenssysteme«/Leitplanken) zu erreichen oder eben Verbindlichkeit durch interaktiven Dialog (interaktive Steuerung) bzw. durch operative messbare Ziele (diagnostische Steuerung) und Verbote (Grenzsystem)

Zu 1) Zur **formalen Regeleinhaltung** eignen sich eher Grenzsysteme mit klaren Ver- und Geboten sowie diagnostische Steuerungssysteme (siehe Maßnahmen und Instrumente in Abbildung 37), verbunden mit *klarer Kommunikation*. Die Fremdsteuerung ist dabei ein Impulsgeber und braucht intelligente Verknüpfung mit der Unternehmenskultur und -identität, um die Verankerung voranzubringen. Weniger ist bei der Dosierung von Regeln und Vorgaben mehr.

Zu 2) Die **Eigenbindung durch gemeinsame und individuelle Konkretisierung** setzt eher auf »Empowerment« und knüpft an die Wertesysteme und interaktiven Steuerungssysteme an (siehe Maßnahmen und Instrumente in Abbildung 37, S. 212f.). Wichtig für die Eigenbindung und Selbstverpflichtung sind *Settings für Selbstbeobachtung* und *Dialog*, wie Austauschplattformen, Arbeit an kritischen »Moments of Truth« etc. Diese Settings haben eine wichtige Übersetzungs- und Integrationsfunktion. Das Wissen um *Ansprechpartner* und die Existenz *geschützter Räume* für Klärung und offenes Gespräch sind wichtige Elemente für die individuelle Konkretisierung von Verhalten.

Bezogen auf die Praxis heißt das, in so manchen Fällen von eher formaler Einführung und Kontrolle Abstand zu nehmen und mehr auf gemeinsame Selbststeuerung und -beobachtung zu setzen.

Offener Umgang mit Diskrepanzen und Verfehlungen ist eine wichtige Voraussetzung für Eigenbindung. Beruflicher Erfolg ist sehr vielen Personen wichtig. Integres Verhalten muss also mit dem zu erreichenden Erfolg kompatibel sein (lösbare Spannungsfelder). »Nein« sagen zu dürfen, ohne dafür beruflichen Erfolg aufs Spiel zu setzen, ist eine notwendige Grundlage (vgl. Niewiarra o.J.). Probleme und Fehler bleiben natürlich nicht aus. Sie als Anreize für Verbesserungen zu sehen, ist eine gute Basis für nachhaltige Verankerung. Dies gelingt, wenn das Unternehmen neben der Fachkompetenz auch persönliche Kompetenzen wie Verantwortungsbereitschaft, Lernen aus Fehlern, Loyalität etc. nachweislich schätzt (vgl. Niewiarra o.J.). Dann können Personen sich angstfrei und ernsthaft mit Compliance und Werten auseinandersetzen bzw. sich dazu an Führungskräfte oder Compliance-Vertreter wenden.

Das **Beispiel** aus der Deutschen Telekom zeigt den vielfältigen Mix von Maßnahmen:

Fallbeispiel 3:

»Neue Mitarbeiter bekommen bei uns gleich anfangs das Basis-Paket für Compliance mit ihrem *Welcome-Package*. Darüber hinaus platzieren wir Themen über verschiedene Kommunikationswege, wie *Video-Testimonials, Newsletter*. Dazu haben wir einige *Compliance-Gesprächskreise* veranstaltet, bei denen wir zu einem speziellen Thema Mitarbeiter eingeladen haben. Das A und O ist, dass die *Compliance-Mitarbeiter in der Organisation sichtbar* und bekannt sind und von der Geschäftsleitung die notwendige Unterstützung erhalten. *Schulungen* müssen aktiv und interaktiv als echte Austauschplattform gestaltet werden, die auf die Besonderheiten der Aufgabenbereiche individuell zugeschnitten sind. Wir setzen auf *neue Trainingsmethoden*, wie Webex Seminare zu speziellen Themen, Zehn-Minuten-Quiz zu Compliance-Richtlinien und haben eine Compliance App entwickelt.« (Gespräch Mackert, geführt am 13.03.2014)

3.7.6   Führung

Dass eine Organisation »compliant« ist, liegt nicht allein an den Systemen, sondern an den Führungskräften im Zusammenspiel mit professionellen Compliance-Abteilungen, die sich als Experten, Berater und Dienstleister verstehen. In kleineren oder Familienunternehmen wird das Thema Compliance von der Geschäftsführung mit übernommen, in anderen von den HR- oder Rechts- bzw. Finanzbereichen. Ein Compliance Office, Trainings und weitere Maßnahmen können wichtig sein, aber wenn diese nicht einhergehen mit der Unternehmens- und Führungskultur, sind sie ineffektiv (Gespräch Wieland, geführt am 04.02.2014). Speziell im Compliance Bereich größerer Unternehmen wird häufig der Ausdruck »**Tone at the Top**« verwendet. Die Vorgaben, Regeln und Werte müssen im tatsächlichen Handeln und Auftreten der Unternehmensvertreter und Topmanager sichtbar sein. Sonst ist das gesamte Compliance- und Wertesystem nicht glaubhaft. Vorstände, Aufsichtsräte und die Führungsmannschaft insgesamt haben Vorbildfunktion.

Die **einzelne Führungskraft** ist einerseits *Transformator* und andererseits *Multiplikator* für die Verankerung und Umsetzung im Geschäftsalltag. Sie ist erster Kontaktpartner für die Mitarbeitenden, die erfahrungsgemäß Fehlverhalten zuerst an das mittlere Management berichten. Die direkte Führungskraft hat Verantwortung dafür,

- die Risiken der eigenen Geschäftsprozesse zu kennen und zu analysieren,
- Grauzonen und Zielkonflikte zu klären bzw. transparent zu machen,
- als Vorbild zu fungieren,
- bei den Mitarbeitenden Aufmerksamkeit für das Thema zu schaffen,
- die Möglichkeit zu geben, die Praxis und offene Fragen im Dialog zu bearbeiten sowie
- sich dabei vom Compliance Bereich unterstützen zu lassen und Erfahrungen und Fragen rückzumelden (Gespräch Wieland, geführt am 04.02.2014).

Die Führungsmannschaft insgesamt muss sich in der Werte- und Compliance-Umsetzung vor allem den vorhandenen Zielkonflikten, Paradoxien und anderen unaufhebbaren Widersprüchen widmen und diese besprechbar machen (Gespräch Willke, geführt am 03.02.2014). Diese Klärung und Diskussion ist ein kontinuierlicher Kampf um Deutung und erfordert eine Kultur großer Offenheit. Als Führungskraft gilt es, diese notwendigen Widersprüche immer wieder zu kommentieren und zu erklären: Werte sind Teil einer »Fuzzy Logic« in der klar ist, was gemeint ist, aber nicht, welche Aktionen daraus folgen. Denn nicht die Werte gebieten bestimmte Aktionen, sondern die Aktionen stützen einen Wert (Gespräch Wieland, geführt am 04.02.2014). Dafür sind *Dialogformate* zu schaffen, bei denen die Führungskräfte zu Werten und Compliance-Systemen Commitment entwickeln können und die sie befähigen, dies im Alltag durch entsprechende Aktionen umzusetzen. Zum Beispiel durch Arbeit daran, wie man in »Moments of Truth« (= erfolgskritischen Momenten der Führung) agiert. Für das Finden von Handlungsoptionen in Dilemmata und Paradoxien eignet sich auch →  WERKZEUG 35: TETRALEMMA. Werte in Unternehmen zu thematisieren, ist also nur scheinbar »rein ethisch«, sondern vielmehr in der Konsequenz sehr wirtschaftlich (Gespräch Willke, geführt am 03.02.2014).

In der Schublade landen Werte, wenn sie keine Anbindung an die Realität des Tagesgeschäfts, an die strukturellen Anreize, an Dialog und Diskussion haben. Wenn sie nicht in die Selbstbeobachtung eingebaut sind, werden sie keine Folgen haben. Werte sind keine Tatsachen, sondern Versprechen. Daher ist es wichtig, dass die Führungsmannschaft sich damit auseinandersetzt. Menschen sind sehr aufmerksam und merken schnell, wenn es zu große Diskrepanzen gibt. Auch wenn sie das nicht formulieren können oder sich nicht trauen, es zu sagen: Sie merken es und sie richten sich darauf ein (Gespräch Wieland, geführt am 04.02.2014).

Weiterlesen

Verwandte Ent-Scheidungen: Internationalisierung und Interkulturalität, Digitalisierung, Web 2.0 und Media Literacy
Passende Werkzeuge: Appreciative Inquiry, Learning Journey, Stakeholder-Plattformen, Storytelling in situ, Tetralemma, Wisdom Council

Literatur

Crane, Andrew/Matten, Dirk (2010): Business Ethics. 3. Aufl., New York 2010.
Deutscher Corporate Governance Kodex (DCGK). In der Fassung vom 24. Juni 2014. http://www.dcgk.de//files/dcgk/usercontent/de/download/kodex/D_CorGov_Endfassung_2014.pdf (25.11.2014).
Ertinger, Sebastian (2013): Grundwerte wider den bösen Banker. Ethikregeln der Deutschen

Bank. Handelsblatt vom 24.07.2013. http://www.handelsblatt.com/unternehmen/banken/ethikregeln-der-deutschen-bank-grundwerte-wider-den-boesen-banker/8540412.html (25.11.2014).

Heißner, Stefan/Benecke, Felix (o.J.): Interview. 5 Fragen an Dr. Stefan Heißner & Felix Benecke über die Mehrwerte von Compliance. Deutsches Institut für Compliance: http://dico-ev.de/index.php?id = 149 (25.11.2014).

INTES Akademie für Familienunternehmen GmbH/ASU e.V. Die Familienunternehmer (Hrsg.) (2010): Governance Kodex für Familienunternehmen. Leitlinien für die verantwortungsvolle Führung von Familienunternehmen. Bonn/Berlin 2010.

Kaiser, Stefan (2013): Kulturwandel bei der Deutschen Bank: Sechs Werte für ein Halleluja. Spiegel Online vom 23.07.2013.
http://www.spiegel.de/wirtschaft/unternehmen/deutsche-bank-stellt-am-mittwoch-neuen-grundwerte-kanon-vor-a-912735.html (25.11.2013).

Krumbach, Torsten (o.J.): Interview. 5 Fragen an Torsten Krumbach zum Thema Compliance-Kommunikation. Deutsches Institut für Compliance: http://dico-ev.de/?id = 106 (25.11.2014).

Niewiarra, Kathrin (o.J.): Interview. 5 Fragen an Dr. Kathrin Niewiarra zum Thema Integrität und Werte-Management. Deutsches Institute für Compliance: http://dico-ev.de/?id = 108 (25.11. 2014).

Österreichischer Arbeitskreis für Corporate Governance (Hrsg.) (2012): Österreichischer Corporate Governance Kodex. Fassung Jänner 2012. http://www.wienerborse.at/corporate/pdf/CG % 20Kodex % 20deutsch_Jan_2012_v3.pdf (25.11.2014).

Simons, Robert (1995): Control in an Age of Empowerment. In: Harvard Business Review, März 1995, S. 81–88.

Wieland, Josef (2002): WerteManagement und Corporate Governance. Konstanz Institut für WerteManagement. KIeM-Working Paper Nr. 3/2002, Konstanz 2002.

Wieland, Josef (2004): Wozu Wertemanagement? Ein Leitfaden für die Praxis. In: Ders. (Hrsg.): Handbuch WerteManagement. Hamburg 2004, S. 2–17.

Wieland, Josef (2005): Governanceethik und moralische Anreize. In: Beschorner, Thomas/Hollstein, Bettina/König, Matthias (Hrsg.): Wirtschafts- und Unternehmensethik. Rückblick, Ausblick, Perspektiven. München/Mering 2005, S. 252–280.

3.8 Ent-Scheidung 8: Resilienz – Robustheit und Agilität

Unter Mitwirkung von Judith Kölblinger

Zugrunde liegende Trends: volatile Märkte, Turbulenzen in Branchen, internationalen Märkten und Gesellschaften, Kostendruck, Wachstumsdruck, Neoliberalismus erzeugt individuell »unternehmerisches Selbst«, erschöpfte Menschen und Organisationen, Autonomie in Organisationen – hohe Ansprüche und losere Bindung im Verhältnis zwischen Unternehmen und Mitarbeitenden, demografischer Wandel, Digitalisierung verändert Industrien und Geschäftsmodelle, Beschleunigung und disruptiver Wandel.

Unsere Thesen:

- Der Aufbau von Resilienz wird in einem unsicheren, vieldeutigen, turbulenten und komplexen Umfeld zu einer Kernkompetenz.
- Organisationale, strategische und persönliche Resilienz müssen gleichermaßen gestärkt werden. Bisher gleichen Mitarbeitende und Führungskräfte oft strukturelle Schwächen unbeweglicher Organisationen aus. Je stärker das nötig ist, desto größer die persönliche Belastung.
- Resilienz entsteht in der Polarität von Robustheit und Agilität. Wird beides miteinander in Balance gebracht und verankert, stärkt das die Resilienz eines Unternehmens.
- Eine robuste Strategie im Kern mit der Möglichkeit der flexiblen Ausgestaltung lässt Unternehmen Unvorhergesehenes und schwierige Umstände gut überstehen bzw. unvorhersehbare Potenziale erkennen und nutzen.
- Das Organisationsdesign ist ebenfalls im Kern stabil und flexibel antwortfähig in der Ausrichtung zu konzipieren: Querschnittsfunktionen und -teams sowie Plattformen kommt eine besondere Bedeutung zu, um Unerwartetes zu gestalten.
- Besonders in Prozessen und in der Steuerung kann Agilität hinzugewonnen werden.
- Führungskräfte sind als Team und als Individuen gefragt, zu Resilienz beizutragen. Als Integratoren aller Elemente (Strategie, Organisation, Mitarbeitende, Führung) kommt ihnen eine Schlüsselrolle für das Gelingen zu.
- Von Mitarbeitenden wird einiges an Widerstandskraft erwartet. Sie müssen sich dazu persönlich positionieren und ggf. abgrenzen. Resilienz liegt, wie Gesundheit, in der Selbstverantwortung.
- Persönliche Resilienz kann gezielt aufgebaut werden, sie ist von einer Vielzahl von Umweltfaktoren und der persönlichen Situation abhängig.

Klassische Spannungsfelder:

- Konzentration auf Kerngeschäfte gegenüber Diversifikation
- Effizienz und Kosten sparen gegenüber nötigen Redundanzen
- mehr desselben gegenüber Musterunterbrechungen
- Wachstum gegenüber Begrenzung, Robustheit
- persönlicher Einsatz gegenüber struktureller und prozessgesteuerter Agilität
- einzelne Integratoren und Experten gegenüber verlässlichen Teamleistungen
- Selbstverantwortung gegenüber Verantwortung füreinander

Wenn man den Begriff »Resilienz« verwendet, erschien bis vor einigen Jahren entweder ein Fragezeichen beim Gegenüber oder man dachte an Kriegsüberlebende oder die Formbeständigkeit von Materialien. Der Begriff **Resilienz** stammt vom lateinischen Wort *resilire*, das »zurückspringen« oder »abprallen« bedeutet. Zuerst wurde er in den Naturwissenschaften verwendet. So gibt der Resilienzgrad an, inwieweit ein Material, das sich unter Druckeinwirkung verformt, wieder seine ursprüngliche Form erlangt, sobald der Druck nachlässt. In der Entwicklungspsychologie wird der Begriff vor allem verwendet, um die Fähigkeit von Kindern zu beschreiben, trotz widriger Umstände oder traumatischer

Erlebnisse nicht Depression, Sucht, Aggressivität oder Ähnliches zu entwickeln, sondern eine stabile, widerstandsfähige, zuversichtliche Persönlichkeitsstruktur auszubilden. Jedes lebende Wesen, jede bestehende Organisation ist bereits in einem gewissen Grad resilient, d. h. fähig, flexibel und robust auf Turbulenzen, seien es positive wie Wachstumschancen oder negative wie unerwartete Einbrüche, zu reagieren, sie aktiv zu gestalten – sonst gäbe es sie nicht mehr. Die Ausprägung von Resilienz ist dabei sehr unterschiedlich.

Wir glauben, dass Resilienz hochrelevant für Organisationen ist: Die Welt beschleunigt sich und Märkte werden zunehmend in ihrer Entwicklung »gebrochen« (= disruptiver Wandel), sei es durch Krisen, Katastrophen, Technologiesprünge oder durch ganz neue Möglichkeitsräume (vgl. Osztovics et al. 2012). Das Umfeld ist immer stärker von VUKA (Volatilität, Unsicherheit, Komplexität, Ambiguität) geprägt. Wir reden nicht mehr davon, was wir dagegen unternehmen können. Wir reden davon, wie wir uns auf Dauer darauf einrichten. Der Aufbau und das Management von Resilienz werden daher zu Kernkompetenzen – dies verstärkt seit der Finanzkrise 2008.

Bisher wird es vielerorts als Notwendigkeit verstanden, die Widerstandsfähigkeit von Mitarbeitenden und Führungskräften zu stärken. Viele Trainingsangebote versprechen, die persönliche Resilienz zu verbessern. Fast trotzig möchte man entgegnen: Warum sollte ich das tun? Warum kann ich nicht einfach mal »fertig« sein? Warum muss ich mich dem steigenden Druck mit weiteren Selbstoptimierungsanstrengungen stellen? Lernt die Organisation auch dazu? Und zu Recht – viele Firmen haben ihre strukturellen Schwächen und strategischen Fehlentscheidungen schon zu lange durch immensen persönlichen Einsatz der Mitarbeitenden und Führungskräfte kompensiert. Aber die »Stellschraube Mensch« ist oft am Anschlag. Wer heute die Widerstandskraft eines Unternehmens verbessern möchte, kommt nicht mehr darum herum, die Prozesse, Strukturen, Entscheidungsfindungen, IT-Systeme und strategische Ausrichtung in Richtung Resilienz weiter zu entwickeln. Denn der Druck auf Unternehmen, immer bessere Ergebnisse mit immer weniger Mitarbeitern zu erzielen und dabei resilienter zu werden, wird weiter steigen. Wir schlagen daher vor, die organisations- und strategiebezogene Resilienz in den Mittelpunkt der Ansätze zu stellen und parallel dazu die Personen im Umgang mit höheren Anforderungen und Turbulenzen zu stärken.

3.8.1 Balance zwischen Robustheit und Agilität

Wie wird ein Unternehmen resilient? Es braucht eine Balance zwischen Robustheit einerseits und Agilität andererseits. Robustheit macht stark und belastbar, Agilität macht beweglich und schnell antwort- und anpassungsfähig. Nur wenn beide Qualitäten gestärkt werden, wird das System resilient. Wer nur robust ist, läuft Gefahr, zu fest und starr zu werden; wer nur auf Agilität setzt, wird haltlos, überflexibel und verliert sich letztendlich in Beliebigkeit. Das Eine muss auch im Anderen enthalten sein: der »Tanker mit Kajak-Qualitäten«, die »Trutzburg als mobiler Wohncontainer«, der »Sumo-Ringer, beweglich wie ein Schlangenmensch«.

Abbildung 39 zeigt die Elemente, die Resilienz in Unternehmen fördern und in die investiert wird. Sie sind im Einzelnen nicht neu, aber sie zu kombinieren, zu balancieren und als Bündel vernetzt zu entwickeln, das ist die Herausforderung; vor allem dann, wenn Unternehmen auf schnelles Wachstum und zugleich hohe Effizienz bzw. Kostensparprogramme setzen wollen.

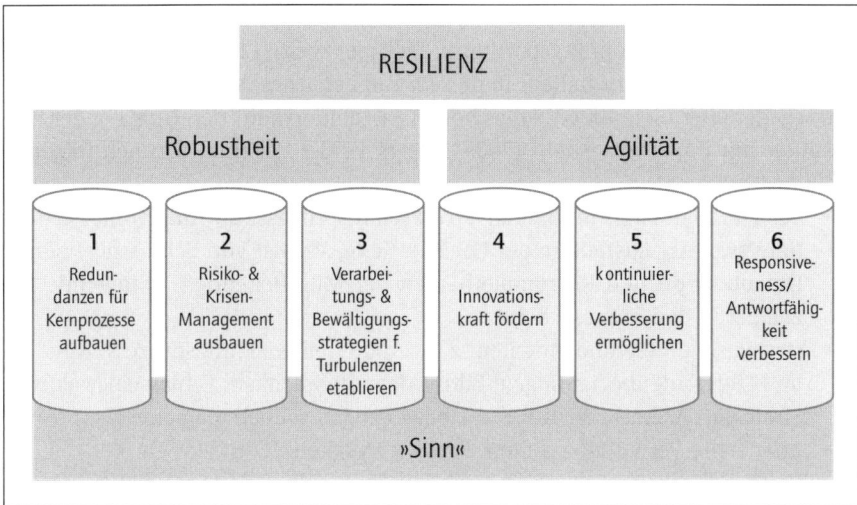

Abb. 39: Bausteine für Resilienz in Unternehmen

1. **Redundanzen:** Es geht darum, die wichtigsten Wertschöpfungstreiber zu erkennen und für sie gezielt Redundanzen aufzubauen (Technologie, Wissen, Zeit, Budget, Material etc.), die bei Ausfällen, Störungen oder für unerwartete Extra-Leistungen aktiviert werden können. Das heißt etwa, bestimmte Schlüsselkompetenzen mehrfach aufzubauen, sodass der Ausfall einzelner Personen nicht zu Risiken führt, für bestimmte Produktgruppen ein größeres Materiallager zu erhalten oder für wichtige Lieferanten Ersatz bereit zu haben. Diese zusätzlichen Ressourcen stehen zwar im Gegensatz zur Maxime der reinen Kostenreduktion, wiegen aber das Risiko von Engpässen in Wertschöpfungsprozessen auf. Es werden darüber hinaus Programme aufgesetzt, welche die Lebensfähigkeit dieser Kernprozesse sichern. Notfallpläne werden erstellt und die Mitarbeitenden für den Störungsfall trainiert, das Improvisieren geübt, um den »Kern« der Organisation leistungsfähig zu halten.

2. Risiko- und Krisenmanagement: *Proaktivität* für den Notfall bzw. die Krise ist die Basis dieser Säule, in der es darum geht, Vulnerabilitäten (= verletzliche Bereiche) zu erkennen, zu verstehen und möglichst abzusichern, zum Beispiel durch das Erstellen einer Vulnerabilitätslandkarte (vgl. Sheffi 2005, S 44). Es geht hier um ein produktives Risikobewusstsein. Wer sich die schlimmsten Szenarien für sein Unternehmen ausmalt und dafür Lösungen findet, ist wesentlich besser vorbereitet. Bill Gates ist ein typisches Beispiel für einen Unternehmenslenker, der Horrorvorstellungen davon hatte, was seiner Firma Microsoft passieren könnte und der das Unternehmen auch mit den entsprechenden Risikoszenarien und -strategien sehr erfolgreich machte. Collins und Hansen (2012) nennen dieses Verhalten »produktive Paranoia«. Sehr komplexe Maßnahmenbündel können nötig sein, um Relationen zu externen relevanten Wertschöpfungspartnern – beispielsweise Lieferantenbeziehungen resilient und stabil zu halten. In diesem Fall bedarf es einer bestimmten »Policy« gegenüber Lieferanten, eines hohen Augenmerks für den Umgang der Einkäufer mit ihnen etc. Sheffi (2005) unterscheidet bei Unternehmen folgende Vulnerabilitäten:

- Verwundbarkeiten im operativen Geschäftsprozess: Störungen im Produktionsprozess, Ausfälle in der Logistik-Kette, Verlust von Schlüsselpersonal, Demotivation und Korrumpierbarkeit der Mitarbeitenden, mangelnde Exzellenz in den Prozessen etc.
- strategische Verwundbarkeiten: z. B. Produktentwicklungsprozess, Kunden- und Lieferantenbeziehungen, Bild in der Öffentlichkeit, Fehlen eines aktiven Strategieprozesses, der auf Marktbewegungen schnell reagieren lässt
- finanzielle Verwundbarkeiten: Kreditwürdigkeit, Liquidität etc.
- Verwundbarkeiten durch externe Risiken: z. B. Sabotage, Naturkatastrophen, Haftungen

Resilienz bedeutet, dass die Führungsmannschaft und die Mitarbeitenden die von den Vulnerabilitäten verursachten Restriktionen anerkennen und Lösungen dafür erarbeiten. In diesem Feld wurde nach der ersten Finanzkrise 2008 viel gelernt.

3. Turbulenzen verarbeiten und bewältigen: Diese Säule widmet sich der *Reaktion* auf Turbulenzen. Es geht um die Fehlerkultur und die Auswertungszyklen der Organisation, aber auch um die Belastbarkeit von Personen und Beziehungen (vgl. insbesondere Weick/Sutcliffe 2003):

- In Turbulenzen und Extremsituationen handeln Experten bzw. Expertenteams an der Hierarchie vorbei. Wer das relevante Wissen hat, bewegt sich an den Ort des Geschehens und trifft dort Entscheidungen und nicht, wie sonst, die Hierarchie. Diese Verantwortungsdelegation an die operative Expertise vor Ort muss klar kommuniziert und etabliert werden, bevor es zu Störungen kommt. Belastbare Arbeitsbeziehungen, Vertrauen und das Verständnis, wie der eigene Beitrag das Ganze unterstützt (Sinn), sind das Fundament für dieses Empowerment.

* Teams und Personen erhalten Unterstützung, anspruchsvolle Situationen zu meistern. Wenn es schnell gehen muss, werden unbürokratisch und effizient Expertise, Zeit oder Hilfsmittel zur Verfügung gestellt. Ob und inwieweit dies jeweils nötig war und wie man das zukünftig besser gestaltet, wird im Nachhinein ausgewertet.
* Nach Turbulenzen oder großen Herausforderungen werden Erkenntnisse als »Lessons Learned« in den Alltag bzw. zukünftige Notfallpläne integriert.
* Fehlern, Abweichungen und »Beinahe-Unfällen« wird Aufmerksamkeit geschenkt – es wird ihnen programmatisch nachgegangen und Ursachen behoben. Als »schwachen Signale« wird ihnen auf den Grund gegangen, bevor es zu größeren Schäden kommt. Sie werden als wertvolle Hinweise auf strukturelle Schwächen gesehen, nicht als persönliches Versagen (hohe Aufmerksamkeit auf operative Abweichungen im Tagesgeschäft).

4. **Innovationskraft und Improvisationsfähigkeit fördern:** Der Beitrag von Innovationen und Improvisationsgeschick zum Thema Resilienz besteht einerseits in der Sicherung der jetzigen und zukünftigen Einkommensquellen, z.B. können Marktanteile durch Produktverbesserungen erhalten werden. Andererseits tragen Innovationen zur Um- oder Weitergestaltung von Prozessen, Technologie, Zahlungsströmen etc. bei und sichern somit Profitabilität, neue Wege der Kundenbetreuung und Weiteres. Innovation korrespondiert eng sowohl mit der Säule 6 »Antwortfähigkeit«, denn aus dieser ergeben sich oft Innovationspotenziale, als auch mit der kontinuierlichen Verbesserung (Säule 5), in der es um kleine, evolutionäre Innovationen geht (→ Ent-Scheidung 1: Innovation). Auf Innovationskraft zu setzen heißt auch, sich für das Unerwartete zu öffnen und gestaltend ko-kreativ zu agieren – eine wichtige Fähigkeit für Resilienz. Improvisationsgeschick aufzubauen bedeutet, das Improvisieren zu üben und damit agil zu bleiben – z.B., wie würde man einen Kundenprozess gestalten, wenn die IT ausfiele etc.

5. **kontinuierliche Verbesserung:** Zur kontinuierlichen Anpassung an Marktbegebenheiten, aber auch, um die Effizienzbemühungen bewältigen zu können, ist es sinnvoll, einen kontinuierlichen Verbesserungsprozess zu installieren oder kontinuierliche Entwicklung in der Kultur zu verankern: Six Sigma, Kaizen, Kanban, Just in Time etc. sind alles valide Möglichkeiten. Diese Konzepte erhöhen die Aufmerksamkeit der Mitarbeitenden für operative Themen und ermutigen sie, ihren Beitrag zu einer Entwicklung zu leisten. In den 1980er- und 1990er-Jahren in der westlichen Welt angekommen, gehören diese Methoden heute in vielen Branchen zum Standard.

6. Antwortfähigkeit (»**Responsiveness**«): Diese Säule ist wichtig für die schnelle Reaktion auf Möglichkeiten und Gefahren. Sie beinhaltet die Kompetenzen, Veränderungen im Umfeld schnell zu bemerken, zu deuten, aufzugreifen und intern adäquat, d. h. lösungsorientiert, darauf zu reagieren – und dies in einer möglichst kurzen Zeit. Für viele Unternehmen ist dies herausfordernd, weil es dem vorherrschenden Tempo, der Effizienz und Arbeitsdichte entgegensteht. Antwortfähigkeit ist voraussetzungsreich und verlangt hohe Achtsamkeit und dazu immer wieder Anpassungen in der Organisation, der Führung und der Beziehung zu den Mitarbeitenden. Einige davon werfen Fragen auf wie:

- Wo gibt es intern Adressaten für auffällige Beobachtungen? Welche Kompetenz haben diese, und sind sie im Unternehmen bekannt? Wie schaffen wir eine Kultur, die dafür sorgt, dass schlechte Nachrichten schnell und klar im Unternehmen an die Entscheider transportiert werden (»bad news travel first« als Haltung)?
- Wie organisieren wir Durchlässigkeit in der Organisation für Kundenbedürfnisse und -rückmeldungen?
- Welche Methoden nutzen wir, um Beobachtungen und Informationen zu deuten (Expertenzirkel? → WERKZEUG 36: THICK DESCRIPTION? computergestützte Modellanalysen usw.)?
- Wie schaffen wir eine zeitnahe Bewältigung der daraus erwachsenden Maßnahmen und Projekte (Mit → SCRUM (WERKZEUG 27)? Über klassisches Projektmanagement? Durch externe Ressourcen? Über Communities of Practice oder Online-Plattformen?)?

»Menschen möchten Sinn in ihrer Tätigkeit haben. Sie möchten etwas Sinnvolles tun, sich dabei aber nicht krank machen. Wenn ihnen ein Unternehmen beides bietet – Sinn und Gesundheit – dann werden sie dort arbeiten wollen.«
Prof. Dr. Ralph Bruder, Institutsleitung/
TU Darmstadt, Institut für Arbeitswissenschaft

Immer mehr suchen Mitarbeitende und Führungskräfte im VUKA-Umfeld einen Anker in Form von »Sinn« (Sense of Purpose, Sense of Direction). Der Frage »Wozu?« sieht sich fast jede Führungskraft ausgesetzt. Mitarbeiter wollen das große Ganze erfassen und verstehen, was ihr Beitrag dazu ist – jenseits von Wachstums- und Effizienzzielen – und müssen das auch, um mit Unerwartetem, sei es Gefahr oder Potenzial, produktiv umgehen und sinnvoll im Gesamtkontext entscheiden zu können. Daraus entstehen Ansprüche an die Strategie des Unternehmens und an seine gesellschaftliche Positionierung: Wofür stehen wir? Was leisten wir? Auf Basis welcher Werte agieren wir? Sinn vermittelt sich nicht über Hochglanz-Einwegkommunikation. Er entsteht durch gelebte Praxis und Dialog.

Das schafft für die direkten Führungskräfte eine zusätzliche Aufgabe im VUKA-Umfeld, weil sie immer wieder einen Bezug herstellen müssen zwischen den zu leistenden Aufgaben und der Strategie, der Unternehmensentwicklung, dem gesellschaftlichem Auftrag etc. (→ Ent-Scheidung 7: Governance, Compliance und Business Ethics).

Abbildung 40 zeigt die Hebel für die Umsetzung dieser Säulen anhand des systemischen Modells für Unternehmensentwicklung.

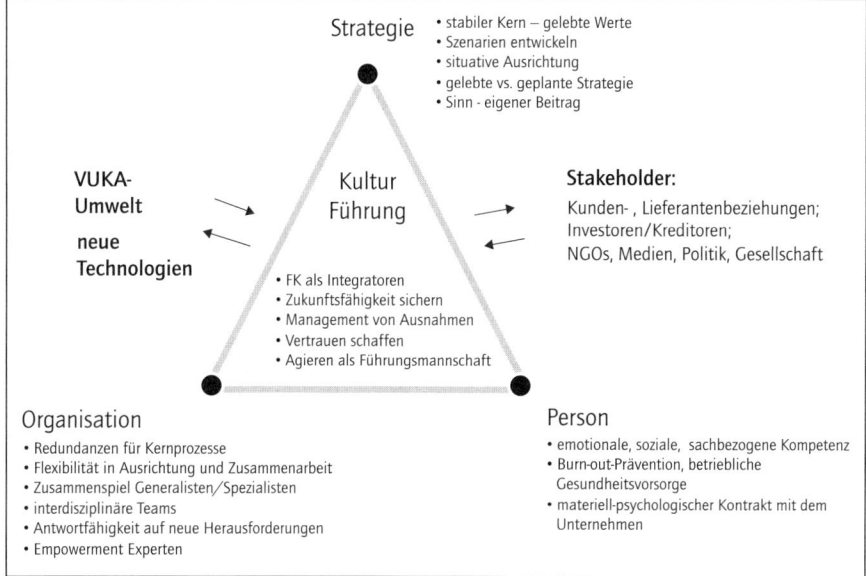

Abb. 40: Resilienz im Dreieck der Unternehmensentwicklung

3.8.2 Strategie = stabiler Kern, sinnvolle Ausrichtung

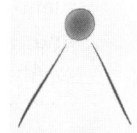

Um eine Strategie gleichzeitig robust und agil zu halten, braucht sie einen **verlässlichen Kern.** Dieser kann auch in den Werten oder in Form eines »Mission Statements« bestehen. Der Glaube an die Bedeutsamkeit des eigenen Tuns ist ein starkes Merkmal resilienter Personen und lässt sich auf Unternehmen übertragen. Die meisten über einen langen Zeitraum erfolgreichen Unternehmen haben feste, erlebbare Unternehmenswerte und einen spürbaren Identitätskern. Auf diesen beziehen sich Fragen wie: Wozu gibt es uns? Wer sind wir? Was wollen wir schaffen? u.Ä. Dieser Kern wird durch die Beantwortung solcher Fragen kontinuierlich verankert und gibt Orientierung in Turbulenzen (zur Verankerung von Werten → Ent-Scheidung 7: Governance, Compliance und Business Ethics).

Resilient ergänzt wird dieser Kern durch strategische Nutzung von situativ und unerwartet entstehenden Potenzialen auf dem Markt. Für die **situative Ausrichtung** stößt die klassische, westlich geprägte, rational analytische Strategiearbeit in Form von langfristiger Planung und Zielen, von denen dann operative Maßnahmenbündel abgeleitet und umgesetzt werden sollen, an ihre Grenzen. Strategie im chinesischen Verständnis kann neue Impulse für das Meistern von turbulenten Zeiten liefern. Gemäß dem Philosophen François Jullien ist die westliche Strategie ein durch den Verstand gesteuertes Konzept, das Ziele setzt, die mit einem bestimmten Plan verfolgt werden sollen. In der Realisation der erdachten Idealform macht man Abstriche, da Plan auf Realität trifft. Die chinesische Strategie entwickelt sich demgegenüber emergent und geht immer von der tatsächlich vorliegenden Situation aus. Es werden Möglichkeiten konsequent genutzt und genährt – »opportunistisch« im ursprünglichen Sinn. Ausrichtung kann demnach »wildwüchsig« an verschiedenen Orten einer Organisation entstehen. Strategieentwicklung lässt sich dann nicht als instrumentierte Planung periodisieren, und Instrumente dienen allenfalls als Prozesshilfen. Der gesamte Strategieprozess passt sich also an die jeweilige Situation und den Grad der Unsicherheit an. Dazu gehört auch, sich von einem wie auch immer gearteten »fixen Ziel« zu verabschieden und stattdessen auf die vorliegende Situation und die Gelegenheit, die sie eröffnet, konkret einzugehen, um einen möglichst hohen Nutzen zu erreichen, insbesondere in einem »VUKA«-Umfeld. (vgl. Jullien 2006)

 Voraussetzung dafür ist die Etablierung von Beobachtungsroutinen und Prüfroutinen auf solche Potenziale (z. B. über WERKZEUG 39: WISDOM COUNCIL oder → WERKZEUG 5: BUSINESS MODEL CANVAS). Und es braucht die bereits beschriebene Kompetenz der Responsiveness (Antwortfähigkeit), um solche Potenziale schnell nutzbar zu machen.

Wichtig ist, dass sich die beiden **Strategieteile** des Kerns und der situativen Ausrichtung aufeinander beziehen. Beide Elemente sind dann wirksam, wenn sie authentisch nach innen und außen vertreten und gelebt werden. Diese Authentizität kann über wenige, aber sehr klar durchgehaltene Grundprinzipien und Ausrichtungen geleistet werden.

Ähnlich radikal wie der chinesische Opportunismus in Form des Ausnutzens vorhandener Potenziale ist die Idee von Charles Lindblom (1959): **Durchwursteln** bzw. **durchlavieren** (»Muddling through«). Bei diesem Durchlavieren gibt es keinerlei Top-Down-Planungen, sondern »Baby Steps«, die von jedem und überall in der Organisation getätigt werden und die sich wechselseitig beeinflussen. Diese Baby Steps sind nützlich, weil sie nicht schwerwiegend und damit leicht revidierbar sind. Inkrementell entstehen Muster und Richtungen, die von Führungskräften und Management zu einer Meta-Erzählung zusammengesetzt werden. Diese wiederum kann Vertrauen und Identität stiften, also »rückwirkend« den Identitätskern stärken.

3.8.3 Organisation

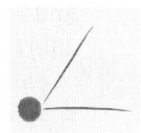

Resilientes Organisationsdesign

Die Balance von Robustheit und Agilität im Organisationsdesign zu verankern, ist anspruchsvoll. Viele Unternehmen versuchen, der wachsenden Komplexität ihrer Umwelt und ihrer Geschäftstätigkeit mit zunehmender formaler Strukturierung der Aufbau- und Ablauforganisation gerecht zu werden. Dies stärkt allerdings weder die Robustheit – da solche Komplexität auch fehleranfälliger ist – noch die Agilität: Überstrukturierung erschwert schnelle Antwortfähigkeit.

Resiliente und agile Organisationsdesigns setzen stärker auf Selbstorganisation von außen nach innen und auf Teams bzw. Vernetzung: Durch so wenig Hierarchieebenen wie möglich wird die Agilität von Organisationen verbessert. Geschäftseinheiten strukturieren sich eher in Richtung eines *Netzwerkes.* Viel Verantwortung, besonders über Entscheidungen im Tagesgeschäft, liegt bei den kundennahen Geschäftseinheiten, da dies die einzige Möglichkeit ist, schnell genug Potenziale zu realisieren oder Bedrohungen auszuweichen. Solche Organisationsformen können vielgestaltig sein – auch *Hybride* zwischen hierarchisch strukturierten Bereichen und je nach Thema heterarchisch strukturierten Einheiten. Die zentrale Einheit sorgt dabei für Vernetzung und richtet übergreifende Formate und Plattformen ein, in denen geschäfts- und lösungsorientierte Selbststeuerung stattfinden kann. Ein institutionalisierter, regelmäßiger *Austausch zwischen Schlüsselpositionen* gewährleistet eine erhöhte Interaktionsdichte, die die Wahrnehmungs- und Improvisationsfähigkeit der Organisation verbessert. Ein gutes Beispiel sind HR-Business-Partner, die quer zu den Geschäftseinheiten eine Integrationsfunktion haben. Auch *Communities of Practice* leisten solch eine Verknüpfung. Sie verschreiben sich eher einem Wissensaufbau und -austausch, analysieren Lessons Learned, kennen Best-Practice-Beispiele und Standards und leisten Unterstützung und Begleitung zu ihrem Expertenthema. Treffen und Mitgliedschaft werden lose institutionalisiert, um Kontinuität und Entwicklung zu gewährleisten. Auch neuere Organisationsmodelle wie »Holocracy« oder agiles Projektmanagement (→ Werkzeug 27: Scrum) greifen diese Prinzipien auf.

Periodische Nutzung von »*Arenen*« ist ebenfalls ein interessantes Designelement: Zu einem bestimmten Anliegen oder Thema (z. B. strategische Ausrichtung) wird eine Großgruppenveranstaltung durchgeführt, in der Teilnehmer mit vielfältigen Perspektiven und Expertisen gemeinsam arbeiten, sowohl firmenintern als auch mit externen Vertretern relevanter Stakeholder (→ Werkzeug 32: Stakeholder-Plattformen). Zu stärken sind Personen, die eine solche Integrationsfunktion »natürlicherweise« bzw. intrinsisch übernehmen. Für die Leistung solcher *Integratoren* werden

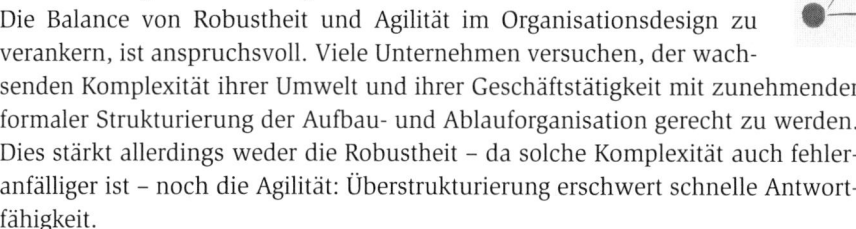

Ressourcen bereitgestellt, ihnen wird Verantwortung zugestanden, und – auf Basis ihrer Expertise – wird ihnen erlaubt, im Ernstfall jenseits von Hierarchie

und formalen Regeln zu agieren (vgl. Weick/Sutcliffe 2003; Morieux/Tollman 2014).

Sinnvoll ist auch das Einrichten (und die Nutzung) von *Informations-Schlüsselstellen*. Ein Beispiel dafür wäre ein »Head-Troubleshooter«, der Störungen und latent wichtige Themen wie auf einem Radar verfolgt und jede Abweichung aufgreift, die in Bezug auf die vorher definierten Vulnerabilitäten auftaucht oder die Kernprozesse betrifft (Beispiel Nokia in Sheffi 2007).

Um Robustheit und Agilität kombinieren zu können, müssen diese Plattformen, Arenen, Communities bzw. solche Funktionen wie Integratoren oder Troubleshooter verlässlich und stabil im Unternehmen etabliert und bekannt sein. Dann ermöglichen sie ein die Hierarchie- und Geschäftseinheiten übergreifendes Handeln, was der schnellen und flexiblen Anpassung an Bedrohungen oder Nutzung von Potenzialen zugutekommt.

Steuerung

Die Steuerung solch vernetzter und übergreifender Gruppen berücksichtigt, dass sich z. B. Verantwortung nicht immer eindeutig in Richtung zentral oder dezentral zuordnen lässt, sondern sich situationsbezogen verändert (vgl. Weick 1998). Unternehmen können hier **von Schwärmen lernen**. Auch in Schwärmen wechseln Autorität bzw. Verantwortung immer wieder bzw. wird delegiert. Die schnelle Koordination, die agile Unternehmen brauchen, basiert auf der *Eigeninitiative von Individuen*. Individuen teilen und achten auf dezentral neu entstehende *Informationen*. Diese Eigeninitiative und Informationsteilung wird durch verschiedene Merkmale gestärkt:

- ernst genommen zu werden in der individuellen Expertise oder Integrationsfunktion
- verständliche und klare gemeinsame Grundausrichtung (strategischer Kern, Sinn und Werte)
- bereitstellen von Möglichkeiten, sich zu treffen und auszutauschen (Kompetenzzentren, Strategiearenen etc.) und tragfähige Arbeitsbeziehungen und Vertrauen aufzubauen
- auf breiter Ebene und vielfältig relevante Informationen sichtbar machen, damit Synchronizität hinsichtlich eines gemeinsamen Ziels möglich wird. Zum Beispiel in Echtzeit Performance-Daten auf Dashboards laden, die von PCs, Telefonen, Tablets etc. abgerufen werden können. Jeder kann sehen, wenn die Ergebnisse des Bereiches oder der Abteilung die gewünschten Parameter nicht erreichen. Individuelle Beiträge zum Gesamterfolg des Unternehmens werden für die Beteiligten spürbar und sichtbar (vgl. Hugos 2009, Kapitel 3).

Investiert ein Unternehmen in eine so verstandene Resilienz, dann kostet das zunächst Geld, Zeit und Energie und bedeutet für die Führung in gewisser Weise loszulassen und wachsender Komplexität nicht mit mehr Kontrolle und Überstrukturierung zu begegnen. Das ist anspruchsvoll: ökonomisch – weil scheinbar entgegengesetzt zu Wachstums- und Effizienzzielen und emotional, weil scheinbar die Zügel lockernd statt sie strammer zu halten. Das gilt auch für die Steuerung durch das **Headquarter**, die sich in Richtung verdichteter Kooperation weiterentwickelt (Morieux/Tollman 2014; Weick/Sutcliffe 2001):

- die Ziele der Geschäftseinheiten zu verknüpfen, um Kooperation zwischen ihnen zu stärken
- Wechselseitigkeit/Reziprozität zu belohnen und zu fördern, damit Kooperation geschieht
- diejenigen zu belohnen, die kooperieren – unabhängig von Erfolg oder Misserfolg
- Schuldzuschreibungen zu reduzieren und Fehlern nüchtern auf den Grund zu gehen.

Routinen/Prozesse

Die Aktivitäten der meisten Organisationen bestehen zu ca. 80 Prozent aus Routine. Diese **Standard Operating Procedures** (SOPs) sollen perfektioniert und standardisiert werden, so weit wie nur möglich automatisiert und dies mit einem Fokus auf Effizienz und Kosten. Unternehmen brauchen eine klare Unterscheidung zwischen Routine und Einzelfall. Denn oft wird versucht, in Prozesse (und vor allem IT-Systeme) auch Aufgaben zu zwängen, die nicht routinemäßig, sondern nur selten auftreten. Schnell werden Prozesse, wenn sie Standardabwicklungen ebenso gerecht werden sollen wie seltenen Sonderfällen, zu komplex, zu teuer und ermüdend. Außerdem sind es gerade diese seltenen Aufgaben, die sich schnell, oft und unvorhergesehen ändern. Menschen – nicht Computer oder Maschinen – müssen sich der restlichen zehn bis 20 Prozent annehmen, die abweichen vom Regelfall (vgl. Hugos 2009, Kapitel 2). Es spart immense Kosten, wenn nicht versucht wird, einer Software jede mögliche Komplexität beizubringen.

Keine Standard Operating Procedure, aber eine wichtige Routine für Resilienz ist das **Improvisationsvermögen** der Organisation, um die Antwortfähigkeit zu erhöhen. Zum Beispiel durch das Entwerfen und Durchspielen verschiedener möglicher Szenarien (→ WERKZEUG 34: SZENARIOARBEIT). Je mehr alternative Handlungsoptionen die Organisation  kennt, desto besser kann sie bei Eintritt von Unerwartetem darauf reagieren und desto besser wird sie der eigenen und der sie umgebenden Komplexität gerecht. Unter großem Druck verhalten sich die meisten Menschen so, wie es ihrer Gewohnheit entspricht. Eine gewohnheitsmäßige Auseinandersetzung mit Alternativen und Vielfalt lassen, wenn der Zufall zuschlägt, kreative Improvisation zu und diese Form der Multiperspektivität stärkt auch die Resilienz der Mitarbeitenden. Das alles ist anspruchsvoll, weil es gegenläufig zum reinen Kostenfokus ist und als Investition erst wirksam wird, wenn die VUKA-Dynamik Realität wird.

Damit Improvisation wirksam werden kann, braucht es eine **positive Haltung Fehlern gegenüber.** Mitarbeiter dürfen Lernfehler machen, ohne dafür Repressalien erwarten zu müssen. Resiliente Organisationen nutzen Fehler zur Weiterentwicklung. Sie gehen routinemäßig akribisch der Frage nach, wie es zu operativen Fehlern kommen konnte und geben sich nicht mit vereinfachenden Erklärungen zufrieden (vgl. Weick/Sutcliffe 2003 S. 69). Als erste Symptome grundlegender Schwierigkeiten gesehen, unterstützen Fehler den Lernprozess der Organisation und somit die Verbesserung ihrer Strukturen und Prozesse.

Resiliente Mitarbeiterstruktur

Belastbare Beziehungen zwischen Personen mit hohem Problemlösungspotenzial sind wichtig für mehr Resilienz und Agilität. Wenn es gelingt, eine hohe **Mitarbeitervielfalt** mit gemeinsamer Orientierung (Sinn) und offener Zusammenarbeit zu etablieren, wird die Fähigkeit gestärkt, verschiedenste Perspektiven einzunehmen. Annahmen und Haltungen, die blinde Flecken einer Organisation erzeugen, werden geringer. Das bedarf gezielter Integrationsbemühungen. Es lohnt sich, Mitarbeitenden mit großem Experten- und Erfahrungswissen im Unternehmen viel Beachtung zu widmen und sie bei Bedarf mit viel Entscheidungsverantwortung auszustatten. Auf Schlüsselpositionen werden allerdings **Generalisten als Integratoren** eingesetzt, die in der Lage sind, schnell die Perspektive zu wechseln und die richtigen Spezialisten »ins Boot zu holen«.

Über den systematischen Einsatz von Ausbildungspfaden mit Crosstraining und Jobrotation wird die **Rollenflexibilität** der Mitarbeitenden gestärkt. Dies erzeugt ein Verständnis von den Wirkungszusammenhängen verschiedener Unternehmensteile. Dieses Wissen erzeugt sowohl Robustheit (»Wir wissen, was läuft«), als auch Agilität (»Ich schöpfe aus vielfältiger Erfahrung«). Eine weitere Möglichkeit zur Flexibilisierung der Mitarbeiterschaft ist eine **Beförderung auf Zeit** oder noch genauer Rollenübernahmen flexibel nach Bedarf, auch wenn es um Führung geht. In Spielen wie MMOGs (Massive Multiplayer Online Games), in denen dazu hinsichtlich Resilienz und Agilität viel zu lernen ist (z. B. Teamaufgaben, »Missionen« erledigen etc.) ist die Beförderung zum Anführer zeitlich begrenzt und berücksichtigt die tatsächlichen Bedürfnisse der Gruppe in ihrer speziellen Situation (vgl. Hugos 2009, Kapitel 2) (→ Ent-Scheidung 5: Lösungsgeschäft als Ko-Kreation). Das können Unternehmen sich zum Vorbild nehmen, wenn es darum geht, strategische Projekte umzusetzen, in explorativen Settings zu führen oder in unerwarteten Situationen in auf Expertise basierende Verantwortung zu gehen.

In Richtung Agilität können Mitarbeiter ihre **Arbeit von mehreren Orten** aus erledigen: im Büro, zu Hause und auch an »dritten Orten« und wollen darin unterstützt werden (→ Ent-Scheidung 3: Virtuelle Zusammenarbeit). Auch die zusätzliche, kurzfristige Nutzung von Freelancern wird – aus Kosten- und Flexibilitätsgründen – zunehmen und muss strukturiert werden. Zur Erhöhung der Robustheit braucht das Unternehmen andererseits einen verlässlichen Mitarbeiterstamm: Mitarbeiterbindung/**Retention** wird zum strategischen Thema. Retention gelingt bei vielen Personen dadurch, dass der Bezug zu Sinn und die Wertigkeit des eigenen Beitrags klar wird. Hier leistet die Befolgung der »**Regeln des ernsten Spieles**« einen wichtigen Beitrag in Richtung Transparenz und Verortung (vgl. Stack 2013):

* Beteiligte verstehen die Regeln des Spiels. Sie wissen, wie sie »Punkte« machen können und was »fair« und »unfair« ist.
  → Transparenz hinsichtlich Erwartungen, Ziele, Aufstieg und Weiterentwicklung ist gegeben.
* Sie erhalten Trainingsmöglichkeiten und können Erfahrungen sammeln, die notwendig sind, um sich weiterzuentwickeln und in ihrem gewählten Tätigkeitsbereich erfolgreich zu sein.
  → Zugang zu passenden Weiterbildungsmöglichkeiten und Reflexion (Mentoring, Coaching etc.) sind etabliert. Die Mitarbeitenden haben eine hohe Eigenverantwortung, sich auch selbst für ihre Weiterentwicklung zu engagieren und diese einzufordern.
* Alle »Spieler« kennen zu jeder Zeit den Spielstand: Sie wissen, ob sie gewinnen oder verlieren, und sie sehen die Ergebnisse ihrer Bemühungen.
  → Eine gute Datenlage, passende Informationen, heruntergebrochen auf den eigenen Bereich, unterstützen diese notwendige Transparenz.
* Alle »Spieler« haben darüber hinaus ein persönliches Interesse am Ausgang des Spiels. Es gibt einen wichtigen Anreiz für jeden, teilzunehmen und das Ziel zu verfolgen. Schließlich könnten sie jederzeit aussteigen und woanders mitspielen.
  → Die Form dieser Anerkennung bzw. Belohnung kann individuell sein.

Durch die erhöhte Transparenz können auch Beförderungsstrategien überdacht bzw. demokratisiert werden. Nicht nur von erfahrenen Führungskräften werden Talente nominiert, sondern auch von ihren Mitstreitern (»Peers«), basierend auf ihrem Können und ihren bisherigen Leistungen. Diese Spielregeln sind insgesamt flexibler als die oft sehr detailorientierten und industrialisierten HR-Systeme, die in stabilen Branchenkontexten ihre Berechtigung hatten.

Das eigene Ökosystem und Stakeholder

Extrem relevant für die Resilienz von Unternehmen ist ihr Bewusstsein über ihre **Einbettung im eigenen Öko-System** und die daraus resultierenden Interdependenzen – trotz eventueller Größe oder Marktmacht. **Arbeitsfähige und belastbare Stakeholder-Beziehungen** sind ein wichtiger Beitrag zu mehr Resilienz. Sich selbst als Unternehmen als Teil eines größeren Ganzen zu sehen, ermöglicht eine weitere Perspektive auf bestehende Abhängigkeiten und Restriktionen. Die aus diesen Abhängigkeiten resultierenden Risiken (Vulnerabilitäten) gilt es zu bewerten und gegebenenfalls Alternativszenarien zu entwickeln. Grundsätzlich hat der Aufbau von langfristigen und stabilen Kunden- und Lieferantenbeziehungen eine hohe Priorität, um bei Unvorhergesehenem schnell und flexibel mit ihnen neue Lö-

sungen zu erarbeiten. Investitionen in solche tragfähigen Beziehungen schaffen als Resilienzroutinen Agilität und Flexibilität. Werkzeuge wie etwa → Werkzeug 32: Stakeholder-plattformen, → Werkzeug 28: Seitenwechsel oder → Werkzeug 37: Wargaming sind sämtlich gute Methoden, um Abhängigkeiten zu erkennen und eignen sich auch, um die Einflüsse wenig beachteter Stakeholder zu berücksichtigen, die – wenn unbeachtet – als fragile Beziehung dem Unternehmen durchaus großen Schaden zufügen könnten.

3.8.4   Personen

Es geht hier einerseits um die Resilienz der Personen selbst und die Möglichkeiten ihrer Stärkung. Andererseits geht es um den Beitrag, den Personen zur Resilienz von Organisationen leisten können. Diese beiden Zugänge bedingen sich wechselseitig: Wer sich als aktives, sinnvoll beitragendes Element eines größeren Ganzen empfindet, hat damit eine wichtige persönliche Ressource zur Verfügung. Gleichermaßen sind resiliente Mitarbeitende eher in der Lage, in turbulenten Zeiten Stress, Druck, Ungewissheit auszuhalten und zu Verbesserungen beizutragen.

Eine Vielzahl unterschiedlicher Resilienzkonzepte definiert die Faktoren für Resilienz. Sie legen nahe, dass Resilienz zu einem großen Teil erlernbar ist. Im Vordergrund steht hier die Arbeit an der Einstellung und Haltung zu sich selbst und den Herausforderungen, die das Leben bereithält. Nicht mit Härte zu verwechseln, hat Resilienz viel mit Disziplin, aber auch mit Bewusstsein und Reflexion zu tun (vgl. Drath 2014). Wir geben hier einen knappen Überblick und fassen in der Abbildung 41 häufig genannte Kriterien zu unterschiedlichen Dimensionen persönlicher Resilienz zusammen.

Als Ansätze für die **Entwicklung** der einzelnen Dimensionen **von Resilienz** kann auf folgende Möglichkeiten zurückgegriffen werden:

1. *kognitive/mentale Aspekte:* Reframing bzw. lösungsorientiertes Umdeuten von Erfahrungen, Ressourcen bewusst machen, Szenarien entwickeln, Ziele setzen und mit kleinen Schritten verfolgen, mit Problemen und Rückschlägen rechnen, Eigenverantwortung anerkennen, Entscheidungen, wie man sich in bestimmten Situationen positioniert, vorab durchspielen
2. *soziale Aspekte:* sich selbst Neuem aussetzen (Reisen, neue Hobbies), Grenzen aufzeigen üben, sich unterstützen lassen, Kontakt mit anderen suchen, Beziehungen und Freundschaften pflegen, lernen sich anderen »zuzumuten«, Verantwortung übernehmen
3. *emotionsbezogene Aspekte:* Netzwerke aktivieren, aus vergangenen Erfahrungen Kraft schöpfen, gedankliche »Auszeiten« gönnen, sich kleine Glücksmomente verschaffen, sich belohnen, Erfolge wahrnehmen als Selbstwirksamkeit

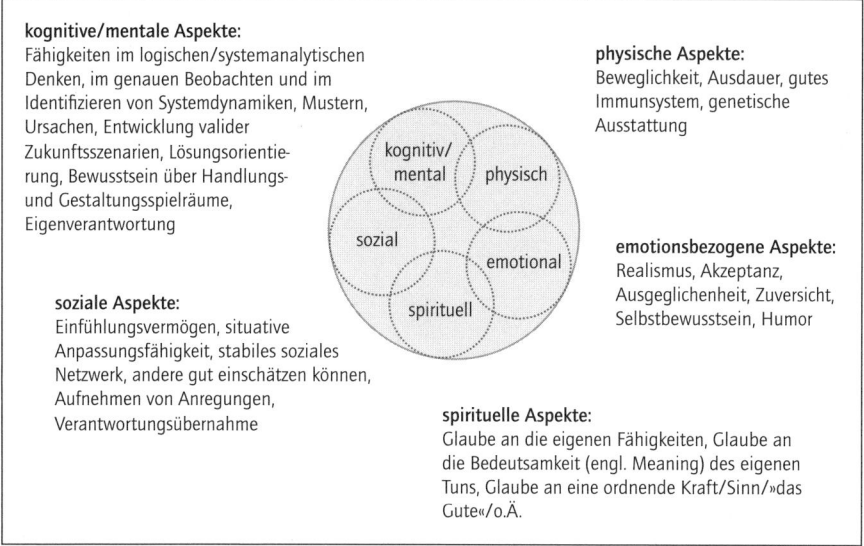

kognitive/mentale Aspekte:
Fähigkeiten im logischen/systemanalytischen Denken, im genauen Beobachten und im Identifizieren von Systemdynamiken, Mustern, Ursachen, Entwicklung valider Zukunftsszenarien, Lösungsorientierung, Bewusstsein über Handlungs- und Gestaltungsspielräume, Eigenverantwortung

physische Aspekte:
Beweglichkeit, Ausdauer, gutes Immunsystem, genetische Ausstattung

soziale Aspekte:
Einfühlungsvermögen, situative Anpassungsfähigkeit, stabiles soziales Netzwerk, andere gut einschätzen können, Aufnehmen von Anregungen, Verantwortungsübernahme

emotionsbezogene Aspekte:
Realismus, Akzeptanz, Ausgeglichenheit, Zuversicht, Selbstbewusstsein, Humor

spirituelle Aspekte:
Glaube an die eigenen Fähigkeiten, Glaube an die Bedeutsamkeit (engl. Meaning) des eigenen Tuns, Glaube an eine ordnende Kraft/Sinn/»das Gute«/o.Ä.

Abb. 41: Dimensionen persönlicher Resilienz

4. *physische Aspekte:* frische Luft, Schlaf, Bewegung, Ernährung, Abwechslung von Aktivität und Entspannung
5. *spirituelle Aspekte:* Konnex zu etwas Wichtigem, Sinnstiftenden herstellen, Bezugspunkte suchen, erkennen wofür man steht, Selbstfürsorge

Resilienz ist ein Prozess, der immer in einem kulturellen, historischen, ökonomischen und menschlichen Entwicklungskontext auftritt. Als solcher unterliegt er Schwankungen, je nach Lebensphase, konkreter Situation und zur Verfügung stehenden Ressourcen (wie Netzwerke, angespartes Geld, Leben in einer engen Gemeinschaft, funktionierende Partnerschaft, Gesundheit etc.). Die Reduktion auf Resilienz als individuelle Eigenschaft ist daher nicht sinnvoll. Mentorenprogramme können für die Resilienz-Entwicklung hilfreich sein: Mit einem Mentor an einer klaren Haltung und an Problemlösungsstrategien zu arbeiten, unterstützt einzelne Aspekte der persönlichen Resilienz. Ein kompetentes Vorbild zu haben, dient als Quelle, ermöglicht die eigene Ausrichtung, und durch konstruktives und wertschätzendes Feedback zur Leistung wird Selbstwirksamkeit spürbar. Nicht zuletzt gibt es Möglichkeiten, einige der Resilienzaspekte in Trainings gezielt zu üben. Vor allem die kognitiven Aspekte können gut in Kleingruppen, Intervisionen, Peer-Coaching o.Ä. zum Thema gemacht werden.

Es geht allerdings nicht darum, länger arbeiten zu können und später schlapp zu machen, sondern um eine geteilte Verantwortung, die jeder spürt und jeder bewusst schultert. Die Mitarbeitenden verstehen, dass sie für das Unternehmen wertvoll sind.

Resilient zu sein ist keine moralische oder ethische Kategorie. Jeder von uns kennt resiliente Personen, deren Handeln oder Verhalten nicht allgemein geschätzt wird. Ebensowenig ist Resilienz ein Garant für Erfolg oder Glück. Es ist nicht immer wünschenswert, resilient zu sein. Abgrenzung bzw. Schutz durch andere ist teilweise vonnöten, vor allem, wenn immer dieselben Personen an und über ihre Grenzen gehen.

3.8.5 Führung

Führungskräfte sind für das Mitlaufen lassen von Resilienz schaffenden Entscheidungen verantwortlich, wenn es um Unternehmensentwicklung geht – und zwar in all ihren Dimensionen: der Strategiearbeit, dem Design der Organisation, der Führung der Mitarbeitenden, der Gestaltung der Stakeholder-Beziehungen. Oft in den Hintergrund gerät dabei, wie Führung sich selbst resilient entwickelt – als Führungsteam, aber auch als Führungsmannschaft (Da gelten dieselben Maximen wie oben unter Organisation und Personen ausgeführt.). Als Führungsmaxime für Agilität konkret lässt sich »**Management by Exception**« (Management von Ausnahmen) postulieren. Die Führungskraft mischt sich nur in unerwarteten Situationen, nur in außergewöhnlichen Ausnahmefällen ein. Wichtig ist allerdings ein Fokus auf das Analysieren von Fehlern und Störungen, um strukturelle und prozessuale Schwächen zu erkennen (vgl. Weick/Sutcliffe 2003, S. 115f.). Die Ziele und KPIs bestehen nicht nur aus Kennzahlen, sondern können, wenn sorgfältig gewählt, Leitplanken und Kriterien für **unternehmerisches Denken und Handeln** transportieren: Dazu gehören Kundenzufriedenheit, Innovationskennzahlen und betriebliche Verbesserungen (Qualität, Effizienz). Um die Nutzung der strategischen Situationspotenziale mit dem Identitätskern sinnvoll zu verknüpfen, müssen Führungskräfte sehr viel kommunizieren. Mit »**Talk the Walk**« in turbulentem Umfeld (statt »Walk the Talk« in stabilen Zeiten) ist gemeint, dass kontinuierlich erklärt und erläutert wird, worum es aktuell geht, was hinter »Moving Targets« steht, was der nächste Schritt ist und warum er besser ist als die aktuelle Ist-Situation. Diese ständige Erklärung reduziert Verunsicherung und Ängste in turbulenten Zeiten und schafft »Just-in-time«-Orientierung. Damit das gelingt, muss sich die **Führungsmannschaft als Kollektiv** verstehen, das eine gemeinsame Ausrichtung verfolgt. Investitionen in eine solche Entwicklung als Mannschaft sind oft nötig. Diese gelingt erfolgreich, wenn sie entlang konkreter Anliegen und Inhalte als Hybrid aufgesetzt wird: Ein inhaltliches Anliegen wird bearbeitet (zum Beispiel das Entwickeln strategischer Potenziale oder das Aufsetzen eines Organisationsentwicklungsprozesses) und gleichzeitig durch die Gestaltung des Prozesses die gemeinsame Arbeit, den Austausch, die Normbildung etc. vorangetrieben – also integrierte Arbeit an Strategie, Organisation und Führung (Beispiele dazu im → FALL 1: NETZWERKÖKONOMIE).

Führungskräfte sind Vorbilder – ob sie es wollen oder nicht, ob im Negativen oder im Positiven. Die Mitarbeitenden nehmen die Signale ihrer Führungskräfte auf und bringen sie mit ihrem eigenen Einsatz, ihrer Leistungsbereitschaft und ihrem Leistungsvermögen in Verbindung. **Vertrauen in die Authentizität** der Führungsmannschaft spielt daher für Robustheit und Agilität eine große Rolle. Vertrauen wird kontinuierlich aufgebaut, etwa durch das Zeigen und Erklären der finanziellen und betrieblichen Kennzahlen (ohne diese zu beschönigen oder sonst darauf Einfluss zu nehmen). Die teilweise Aufgabe direktiver Kontrolle ist auch Voraussetzung dafür, dass in unvorhergesehenen Turbulenzen die Entscheidungsermächtigung und -verantwortung dorthin wandern kann, wo die Kompetenzen zur Bewältigung liegen und die Veranlassung zum Handeln besteht.

> *»There is life beyond routines, formalization, and success. To see the beauty in failures is to learn an important lesson that Jazz improvisation can teach.«*
> *Karl Weick (1998)*

Gegenüber den Mitarbeitenden braucht es offene, direkte und – wenn möglich – persönliche Kommunikation. Von den MMOGs kann gelernt werden, dass offene und schnelle Rückmeldung funktioniert – und zu kreativeren Prozessen führt. Agilität braucht Innovation, Neugier und den Mut zu Neuem anstelle von Orientierung an bekannten Benchmarks. Erfolgreiche Führungskräfte sind fähig, Mitarbeitende mit langjährigem Erfahrungswissen und solche mit hoher Improvisationskraft effektiv miteinander zum Einsatz zu bringen. Dazu gehört auch der Umgang mit Emotionen. Sie sind als Motor für gemeinsames Arbeiten (und vor allem gemeinsame Hochleistung) anerkannt. Führungskräfte dürfen sich nicht scheuen, Emotionen sowohl zu äußern als auch zu adressieren. Gleiches gilt für die Weitergabe und Offenlegung schlechter Nachrichten. Bei den ersten Anzeichen von Turbulenzen wollen gemeinsame Prioritäten gesetzt und schnell, gezielt und flexibel die relevanten Personen involviert werden. Expertenwissen der operativen Basis wird als wichtigster Baustein für Entscheidungsfindung einbezogen. Die Fähigkeit der Improvisation für diese Turbulenzen in der Organisation zu verankern, ist herausfordernd, aber lohnend. Karl Weick (1998) macht Vorschläge, was Menschen in Organisationen **von Jazz-Improvisation lernen** können, um ebenfalls improvisierend erfolgreich zu werden:

• Bereitschaft, *Planung zu reduzieren*, stattdessen *in Echtzeit zu agieren* und die Abstimmung ad hoc zu üben
• Verständnis für die zur Verfügung stehenden internen *Ressourcen* und Materialien ausbauen (sowie deren Grenzen)

- kompetent werden, ohne auf Pläne und Diagnose angewiesen zu sein, vor allem durch das Erlangen von *»Deutungskompetenz«* (→ Kapitel 4 Neue Wege) um die Situation schnell zu erfassen
- fähig werden, den *eigenen Raum mit der eigenen Melodie* auszugestalten und seine Individualität auszudrücken (Identität wahren, eigene Expertise)
- Offenheit, *Routinen zu verändern* oder zu verlassen, kein starres Festhalten an bekannten Erfolgsmustern
- eine reiche und bedeutungsvolle *»Schatzkiste«* an Themen, Fragmenten, Motiven, Phrasen etc., aus der für laufende Entscheidungen und Handlungen geschöpft werden kann. Hier spielen das Wissensmanagement, aber auch die Reflexion eigener Erfahrungen eine große Rolle.
- bereit sein, die teilweise Wichtigkeit *vorheriger Erfahrungen* für Neuheiten einzubeziehen. Diese werden durch Beobachtung, Reflexion und Austausch zu Expertise.
- Fähigkeit, *auf die Leistung anderer zu achten*, darauf aufzubauen und einander interessante Möglichkeiten zu bieten
- das *Tempo* der Improvisation der anderen *mitgehen* können – Anpassungsfähigkeit an Neues und Interessantes
- hier und da auf schnelle, flexible *Koordination achten* – wie es in einer Jazzband durch Blicke geschieht, um gemeinsam zu steuern (z.B. Einstieg nach Soli)
- *sich wohlfühlen mit Prozessen* eher als mit Strukturen. Dies vereinfacht die Auseinandersetzung mit kontinuierlicher Entwicklung ohne »das eine große Finalziel«.

An Resilienz orientierte Führung wird dann wirksam, wenn die Führungskräfte zunächst auf ihre eigene Resilienz achten. Dann heißt es, die Fähigkeit zum achtsamen und präsenten Dialog zu verstärken, um die Resilienz der eigenen Mannschaft zu stärken:

Realitätssinn: Den Fakten nüchtern ins Auge sehen (Verstehbarkeit)
- gut und relevant informieren
- nichts beschönigen, keine falschen Versprechungen machen
- den Worst Case benennen und sich darauf vorbereiten, ohne Panik zu erzeugen
- den Best Case skizzieren – worin liegen Potenziale?
- differenzieren: Was bleibt positiv und verlässlich?
- Eigenverantwortung einfordern
- Mitarbeitenden verdeutlichen, in welchen Aspekten für sie gesorgt wird und in welchen nicht
- Abschied von Dingen einfordern, die nicht mehr sind, Abschiedsrituale nutzen
- Möglichkeiten zum Austausch schaffen, aber Jammern unterbinden. Jammern und Dramatisieren hält von der Akzeptanz der Realität ab.

Pragmatismus und Improvisationstalent (Machbarkeit/Bewältigbarkeit)
- Improvisieren mit allem, was vorhanden ist
- so weit kommen, wie man eben kommt
- die kleine, unfertige Lösung akzeptieren und nutzen für den nächsten Schritt
- eine »Es geht«-Haltung, die das Vorankommen an sich würdigt, selbst wenn der Erfolg auf sich warten lässt. Darauf setzen, dass sich der weitere Weg beim Gehen eröffnet.
- Employability nach innen und außen fördern – lebenslanges Lernen als Arbeitshaltung
- Mitarbeitende zum Ausprobieren ermutigen, Kreativität fördern, unkonventionelle Lösungen begrüßen
- Probleme anhören und nach Lösungsideen fragen
- Hemmungsloses Nachmachen ist okay. Was funktioniert, wird akzeptiert.
- normal weiterarbeiten; tun, was zählt

In schweren Zeiten auch einen Sinn sehen (Sinnhaftigkeit und Bedeutsamkeit)
- übergeordnete Sinnbezüge verdeutlichen; das, was Sinn gibt, herausstellen
- menschlichen Zusammenhalt fördern; ethische Werte wahren, Kernwerte ansprechen
- die Fähigkeit zu Beschränkung und Bescheidenheit einfordern und als Wert verteidigen
- »erwachsene« Ansprache, Zutrauen!
- Arbeit am Selbstwert: auf das Klima achten; Ich-Botschaften anstatt Kritik äußern
- Humor, um der Situation die Dramatik zu nehmen

Für Führungskräfte und Mitarbeitende gleichermaßen spielen für Robustheit und Agilität zwei Haltungen eine besondere Rolle: Humor und Gelassenheit! Denn »Panik ist der Königsweg von der Krise in die Katastrophe« (Baecker 2009, S. 108). Und Katastrophen können sich die meisten Unternehmen nicht mehr leisten – dafür sind sie zu schlank aufgestellt und arbeiten im Normalbetrieb als Hochleistungsorganisation. Resilienz und Agilität sind für Unternehmen und Führungskräfte ein anspruchsvolles, aber lohnendes Programm. Resilienz und Agilität können als Anspruch nicht nur an Mitarbeitende und Führungskräfte delegiert werden – Strategie, Organisation und das Ökosystem des Unternehmens ebenso resilient und agil zu gestalten, wird wesentlich werden. Das gilt es als Entscheidungsdimension klar und deutlich zu etablieren.

Weiterlesen

Verwandte Ent-Scheidungen*: Innovation, Nachhaltigkeit, Governance, Compliance und Business Ethics, Virtuelle Zusammenarbeit, Lösungsgeschäft als Ko-Kreation
Passende Werkzeuge*: Scrum, Thick Description, Szenarioarbeit, Stakeholder-Plattformen, Seitenwechsel, Business Model Canvas, Wargaming
Fälle: Fall 1: Netzwerkökonomie, Fall 4: Scrum, Fall 5: Den Wandel verändern

Literatur

Baecker, Dirk (2009): Management für Fortgeschrittene. In: Revue für postheroisches Management 5/2009, S. 108ff.

Boss, Pauline (2006): Loss, trauma and resilience: Therapeutic work with ambiguous loss. New York 2006.

Bruch, Heike/Vogel, Bernd (2008): Organisationale Energie. 2. aktualisierte Aufl. Wiesbaden 2009.

Byung-Chul, Han (2010): Müdigkeitsgesellschaft. Berlin 2010.

Collins, Jim/Hansen, Morten (2012): Oben bleiben. Immer. Campus, 2012.

Coutu, Diane (2002): How resilience works. In: Harvard Business Review, Mai 2002.

Drath, Karsten (2014): Resilienz in der Unternehmensführung. Was Manager und ihre Teams stark macht. Freiburg 2014.

Grantham, Charles/Ware, James/Williamson, Cory (2007): Corporate agility. A revolutionary new model for competing in a flat world. New York 2007.

Gulati, Ranjay (2010): Reorganize for resilience: Putting customers at the center of your business. Boston (MA) 2010.

Hugos, Michael (2009): Business agility. Sustainable prosperity in a relentlessly competitive world. Hoboken (NJ) 2009.

Heitger, Barbara/Serfass, Annika (2010): Dem Zufall ein Schnippchen schlagen – durch Resilienz Unerwartetes meistern. In: Revue für postheroisches Management, Heft 6/2010.

Heitger, Barbara/Serfass, Annika (2012): Unvorhergesehenem begegnen. In: Hernsteiner 03/12, 2012.

Jullien, François (1999): Über die Wirksamkeit. Berlin 1999.

Jullien, François (2006): Vortrag vor Managern über Wirksamkeit und Effizienz in China und im Westen. Berlin 2006.

Lindblom, Charles (1959): The science of ›muddling through‹. In: Public Administration Review, 19. Jg., 1959, H. 2, S. 79-88.

Morieux, Yves/Tollman, Peter (2014): Six simple rules. How to manage complexity without getting complicated. Boston (MA) 2014.

Osztovics, Walter/Kovar, Andreas/Mayrbäurl, Cornelia (2012): Resilienz oder Katastrophe. In: Arena Analyse 2012, Wien 2012.

Sheffi, Yossi/Rice, James B. (2005) A supply chain view of the resilient enterprise. In: MIT Sloan Management Review, 45. Jg., 2005, Nr. 1, S 41-48.

Sheffi, Yossi (2006): Worst-Case-Szenario. Wie Sie Ihr Unternehmen auf Krisen vorbereiten und Ausfallrisiken minimieren. Landsberg am Lech 2006.

Stack, Jack (2013): The great game of business. The only sensible way to run a company. New York 2013.

Weick, Karl (1998): Improvisation as a mindset for organizational analysis. In: Organization Science, 9. Jg., 1998, H. 5, S. 543-555.

Weick, Karl/Sutcliffe, Kathleen (2001): Managing the unexpected. Assuring high performance in an age of complexity. San Francisco (CA) 2001.

Weick, Karl/Sutcliffe, Kathleen (2003): Das Unerwartete managen. Wie Unternehmen aus Extemsituationen lernen. Stuttgart 2003.

3.9 Ent-Scheidung 9: Finanzierung und Liquidität

Dieses Kapitel basiert auf Gesprächen mit Experten: Prof. Dr. **Mathias Gollwitzer** (damals Vice Executive President EnBW), **Kurt Schäfer** (Vice President, Leiter Treasury der Daimler AG), **Ullrich Silaba**, M.Sc. (General Manager Controlling bei internationalem Autokonzern bis 2013) und weiteren Kollegen, die aus Datenschutzgründen nicht genannt werden wollen. Sie alle haben durch ihr Wissen wesentlich zu diesem Kapitel beigetragen. Aufgrund interner Unternehmensvorgaben haben wir vereinbart, die Aussagen den einzelnen Personen nicht zuzuordnen.

Zugrunde liegende Trends: Globalisierung, Kapitalismus als Leitsystem, Ökonomisierung der Gesellschaft, widersprüchliche Logiken der Finanz- und Realwirtschaft, Volatilität der Finanzmärkte

Unsere Thesen:

• Die Volatilität der Finanzmärkte (mit Wirkungen auf Zinsen, Währungskurse, Staatsfinanzkrisen, Ratings etc.) erschwert die Sicherstellung von Finanzierung: Liquidität wird seit der Finanzkrise zu einem knapperen Gut bzw. »Rohstoff«.

• Die Finanzfunktionen in Unternehmen positionieren sich im Unternehmen neu, um zur Unternehmensentwicklung beizutragen.

• Klassischerweise eher ein Exploit-Thema, tragen gutes Treasury und Liquiditätsmanagement heute auch zum Explore der Unternehmensentwicklung bei.

• Unternehmen müssen einerseits mehr Vorschriften folgen (Basel III, Aufsichtsbehörden, Ratingagenturen) und andererseits vielfältiger und schneller ihre Liquidität sichern, um ihre Entwicklung finanzieren zu können. Die Finanzbereiche agieren in wachsenden Spannungsfeldern.

• Mitarbeitende und Experten in den Finanzabteilungen passen sich diesen veränderten Berufsbedingungen an.

• Führungskräfte in den Finanzbereichen erweitern ihren Radar und achten stärker auf schwache Signale.

• Auf der Ebene der Organisation wächst die Notwendigkeit zu mehr Verknüpfung und Zusammenarbeit mit Strategie- und OE-Abteilungen, was ebenfalls Herausforderungen mit sich bringt.

Klassische Spannungsfelder:

* Finanzmarktlogik gegenüber Logik der Realwirtschaft
* Investitionsbedarfe gegenüber Effizienzbemühungen
* kurzfristige gegenüber langfristiger Finanzierung
* Corporate Governance/Compliance gegenüber Flexibilität und schnellen Entscheidungen

Situation VUKA: Internationalisierung, Krisen, Umbrüche

In Europa gab es eine lange Zeit wirtschaftlichen Wachstums. Seit dem Ende des Zweiten Weltkriegs prosperierte die Realwirtschaft und war erste Wahl für Anlagen und Investitionen. Der Finanzsektor unterstützte diese Wachstumsentwicklung und »diente« als Financier. Seit den 1980er-Jahren wurden Investitionen in den Finanzsektor zunehmend lukrativer als die Realwirtschaft – wenn auch mit höherem spekulativem Risiko (vgl. Wimmer 2010, S. 248). Der Finanzsektor – und die beteiligten Akteure – schöpften immer mehr Selbstvertrauen und befriedigten die Investoren mit immer kreativeren Produkten. Auch realwirtschaftlich tätige Unternehmen profitierten teilweise sehr von diesem Umschwung: Kapital war leicht zu erhalten, Kredite wurden gern gegeben, teilweise übertraf das über den Finanzsektor erwirtschaftete Ergebnis großer Konzerne sogar das real erwirtschaftete Ergebnis. Durch die internationale Deregulierung der Finanzmärkte in den 1980er- und 1990er-Jahren hat sich deren Attraktivität und Dominanz weiter verstärkt. Seit der Finanzkrise 2008/09 (Platzen der Immobilienblase, Pleite der Lehman Brothers etc.) gibt es hier eine Trendwende. Die Abkoppelung des Finanzsektors von der Realwirtschaft rächte sich. Die Finanzbereiche in Unternehmen spüren heute, dass die Themen Kapitalbeschaffung, Cash-Flow-Management und Umsatzsicherung an Relevanz gewinnen und sie sich stärker in diese Themen einbringen und ihre Vorgehensweise dazu erneuern müssen. Finanzexperten werden zunehmend zu Beratern der Vorstände hinsichtlich Prognosen, Profitabilität, Risikomanagement, strategischer Entscheidungen über Lieferketten, Preisgestaltung und Produktion (vgl. IBM Institute for Business Value 2010, S. 6). Ihre Themenfelder werden vielfältiger und anspruchsvoller. Ihre Bedeutung für die Unternehmensentwicklung wächst dementsprechend. Für Vorstände, deren Unternehmen an der Börse notiert sind, spielt die Perspektive von Investoren und Analysten eine größer werdende Rolle (Bewertung der Aktie, Rating, Attraktivität für Käufer und Anleger). Für Kreditgeber und Banken steht die Bewertung des Unternehmens im Vordergrund (Basel III, Ratingagenturen), SEC (US-amerikanische Börsenaufsichtsbehörde) bzw. BAFIN (Bundesanstalt für Finanzdienstleistungsaufsicht) kontrollieren die gesetzlichen bzw. börsenrelevanten Compliance-Vorschriften.

Und: Die Finanzkrise prägt nach wie vor das Verhalten und die Sorgen derjenigen, die sich beruflich mit Finanzen beschäftigen. Einerseits gibt es wieder komfortable Refinanzierungsoptionen, andererseits beschäftigt sie weiterhin die Frage: »Wie bewältigen wir solche systemischen Risiken, die dadurch gekennzeichnet sind, dass sich von heute auf morgen die Bedingungen dafür ändern, in welcher Höhe, Art und Weise wir uns refinanzieren können?« (Expertengespräch). Die Verunsicherung ist groß, sowohl auf den Märkten, bei den Unternehmen – wo ein Gefühl des »nervösen Erfolgs« momentan den bestmöglichen Fall kennzeichnet – als auch in der Politik – die in Europa mit neuen Vorschriften versucht, wieder mehr Kontrolle und Stabilität zu erzeugen. Gerade beim Thema Finanzen ist es gerechtfertigt, von einem **VUKA-Umfeld** (volatil, unsicher, komplex, Ambiguität) zu sprechen:

- *Finanzmärkte bleiben volatil und nervös.* Davon zeugen sprunghafte Bewertungsanstiege und -abstiege durch Ratingagenturen, Preisvolatilität, Zinsvolatilitäten, Aktien- und Wechselkursschwankungen etc. Das Zeitfenster, um »gute« Entscheidungen zu treffen, ist oft klein: Einerseits braucht man genügend Klarheit, um mit seinen Erwartungen nicht komplett daneben zu liegen, andererseits müssen die Entscheidungen fallen, bevor die Klarheit für jeden ersichtlich ist – und somit fast wertlos (vgl. Bryan 2009, S. 2).

- Das Finanzmanagement wird noch komplexer, weil es *fast überall neue – und unterschiedliche – Vorschriften* gibt. Wo und in welcher Art man geografisch tätig ist, wird finanztechnisch sehr relevant. Das beginnt bei so simplen Unterschieden wie dem Geschäftsjahr, welches beispielsweise in Indien im April endet, und geht weiter über die unterschiedlichen Buchhaltungsvorschriften und die regional bzw. national unterschiedlichen Ausprägungen der Finanzsektoren selbst. Allein die sinnvolle Taktung der jährlichen (oder quartalsweisen) Aufgaben wird zur Herausforderung, ganz zu schweigen von der Abwicklung grenzübergreifender Zahlungsströme. Und es endet bei dem Umstand, dass die Standardisierung globaler Prozesse durch erhebliche lokale Unterschiede in der Reglementierung schwierig bis unmöglich wird. Das führt zu Verwirrung und mehr Fehlern – Unternehmen müssen extrem aufpassen, sich hier nicht strafbar zu machen (Expertengespräche) (→ Ent-Scheidung 2: Internationalisierung und Interkulturalität).

- Noch gibt es *keine international gültigen Standards* oder Vorschriften, die für global agierende Unternehmen gelten. Und es gibt auch keine globalen Institutionen, die solche Standards erheben könnten. So wird auch die Kontrolle des globalen Finanzmarktes zu einem komplexen Wechselspiel sich gegenseitig beeinflussenden nationalen Taktierens.

- Die meisten Unternehmen haben heute technisch sehr gut ausgestattete Finanzabteilungen. Es stehen Tools zur Verfügung, die eine bessere und weniger fehleranfällige Datenerhebung ermöglichen als vor zehn Jahren. Dieser technologische Fortschritt wird jedoch durch die Unmöglichkeit, global standardisierte Prozesse und Bewertungen einzuführen, teilweise wieder aufgehoben. Die *Verknüpfung lokaler Bestimmungen* mit den konzernorientierten Bedürfnissen zur Gesamtrisikosteuerung *ist sehr anspruchsvoll* (Expertengespräche).

• Der *Finanzsektor operiert mit einer anderen Logik* und anderem Werteverständnis als die Realwirtschaft. Gerade in produzierenden Unternehmen führen diese unterschiedlichen Logiken zu großen Spannungen, was die Ausrichtung und die Organisationsgestaltung angeht. Das wirkt sich wiederum auf Führung und Mitarbeitende aus, zum Beispiel als Frust durch unrealistische Vorgaben oder kurzfristige Abweichungen von geplanten Investitionen.

Schon in den letzten zwanzig Jahren existierte für viele Unternehmen die Herausforderung, einerseits Schrumpfung hinzunehmen und »harte Schnitte« durchzuführen und andererseits – in anderen Märkten, bei anderen Kundengruppen, mit neuen Produkten etc. – in neues Wachstum zu investieren. Diese Dynamik wird in einem VUKA-Umfeld noch verstärkt und ihre Bewältigung noch schwieriger. Drei der Themen, die daraus erwachsen sind, werden in diesem Kapitel exemplarisch beleuchtet. Sie stehen für jene VUKA-Dynamiken, die in den Unternehmen die größten Konsequenzen nach sich ziehen. Die Themen bedingen und beeinflussen sich gegenseitig und sind nicht klar voneinander abzugrenzen:
1. die Logik der Finanzmärkte gegenüber der Logik der Realwirtschaft
2. Geld als Rohstoff: der erhöhte Bedarf an Liquidität
3. die Positionierung von Finanzfunktionen in Unternehmen: ihr Beitrag zur Unternehmensentwicklung, ihre Struktur, funktionsübergreifende Zusammenarbeit, Führung und veränderte Ansprüche an Mitarbeitende inner- und außerhalb der Finanzabteilungen.

3.9.1 Logik der Finanzmärkte gegenüber Logik der Realwirtschaft

Der Aufstieg des Finanzsektors ging mit einer Konsequenz für realwirtschaftlich tätige Unternehmen einher, die viel diskutiert wird: der Aufstieg des Konzeptes des Shareholder Value und die starke Ausrichtung auf den Aktienwert als Leistungsbemessungsgrundlage für Unternehmen, insbesondere in den USA und Europa.

Der Shareholder Value und seine Konsequenzen
In den USA entwickelte sich zuerst die Tendenz, Eigentümer und Manager deutlicher auszudifferenzieren. In einem modernen Finanzmarkt sind die Eigentümer Investoren, die oft anonym durch Fonds, Händler und Investmentbanken vertreten werden. Die Investoren werden einerseits durch eine Dividende an dem realen Ertrag des Unternehmens beteiligt, andererseits funktionieren die Aktien wie Geld, dessen Wert sich durch die Spekulation am Finanzmarkt schnell ändern kann. In den letzten Jahrzehnten ist die Erwartung eines steigenden Börsenkurses für die Investoren wichtiger geworden als die reale Dividendenzahlung. So entstand die Möglichkeit, dass der reale Wert eines Unternehmens – basierend

auf Patenten, Immobilien, Anlagen, Umlaufvermögen etc. – sich deutlich von dem Wert unterscheidet, den der Finanzmarkt ihm beimisst. Dieser Wert bezieht unter anderem die kalkulatorischen Kosten des eingesetzten Eigenkapitals ein. Nur, wenn ein Unternehmen Erträge erwirtschaftet, die über den Kapitalkosten liegen – den Zinsen auf Fremdkapital und den kalkulatorischen Zinsen für die Ausschüttung an die Eigentümer – ist von einer Wertsteigerung des Unternehmens in der Logik des Kapitalmarktes zu sprechen (vgl. z. B. Wimmer 2010, S. 250). Abgesehen von diesem kalkulatorisch errechneten Wert – der immer ein über dem üblichen Zinsniveau liegendes Wachstum voraussetzt, um den Wert eines Unternehmens zu steigern – spielen vor allem die Erwartungen derjenigen eine Rolle, die Wertpapiere handeln. Es hängt also zum Teil von ihrer Einschätzung der *zukünftigen* Entwicklung ab, wie wertvoll ein Unternehmen *heute* am Finanzmarkt ist. Auf diesen spekulativen Anteil der Unternehmenswertbemessung haben Akteure innerhalb der Unternehmen nur begrenzt Einfluss. Mit bewertet werden beispielsweise nicht nur Wettbewerber, sondern die Geldpolitik der Notenbanken, politische Entwicklungen etc. Man sieht sofort, dass der Begriff »Unternehmenswert« somit sehr unscharf ist und stark davon abhängt, in welcher Logik man sich bewegt (vgl. Wimmer 2002, S. 74). Die Steigerung des Shareholder Value und die Steigerung der realen Ertragskraft des Unternehmens sind zwei unterschiedliche Konzepte und führen in ihrer Konsequenz auch zu unterschiedlichen Zielsetzungen.

Interessant wird das, wenn das Überleben des Unternehmens – und damit ist vor allem sein Zugriff auf Kapital am Finanzmarkt gemeint, um seine internen Vorhaben zu bezahlen – immer stärker allein von seinem Börsenwert abhängig gemacht wird. Dann kommt es zu Widersprüchen, die unter Umständen seine Zukunftsfähigkeit beeinträchtigen. Konzentriert sich das Unternehmen darauf, den aktuellen Renditeerwartungen des Finanzmarktes gerecht zu werden, um weiterhin Kredite zu guten Konditionen aufnehmen zu können, verknüpft es seine innere Zielsetzung mit den Erwartungen der Anleger. Nur wenn das Unternehmen seine unmittelbare Verwertbarkeit am Kapitalmarkt kontinuierlich unter Beweis stellt, steigt sein Kurs. Strategie und Unternehmensentwicklung richten sich demnach nicht mehr (nur) darauf, eine zukunftsfähige Wettbewerbsposition in realwirtschaftlichen Zusammenhängen zu erreichen oder auszubauen, sondern darauf, welche Erwartungen das Management denjenigen unterstellt, die die Unternehmensanteile handeln und somit seine Überlebensfähigkeit bestimmen (vgl. Wimmer 2002, S. 73). Als Folge werden Investitionshorizonte oft kürzer, der Kostendruck höher, und es wird viel getan, um bestimmte Indikatoren – in der Bilanz, in den Kennzahlen etc. – zu »schönen«, um am Kapitalmarkt erfolgreich zu sein. Damit können Erfordernisse, die aus dem eigentlichen Kerngeschäft entstehen, wie z. B. längerfristig nötige Investitionen, gefährdet werden. Entscheidungen in der Unternehmensentwicklung werden anspruchsvoller.

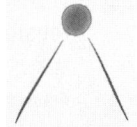

Ein Unternehmen hat – als System betrachtet – Interesse an seinem eigenen Fortbestand. Für diesen muss es sowohl in den gesellschaftlichen realen Zusammenhängen für seine Kunden einen Mehrwert bringen als auch die Erwartungen seiner Eigentümer befriedigen. Dieser Grundkonflikt wird im Shareholder-Value-Ansatz zugunsten der Eigentümer aus der Balance gebracht, in der Annahme, dass diese nur in Unternehmen investieren, die auch in den realen Zusammenhängen ihre Überlebensfähigkeit sichern – zudem abgesichert von Wirtschaftsprüfern. Dass dies ein Trugschluss ist, zeigen spektakuläre Insolvenzen (Enron, WorldCom, Lehman Brothers etc.), Einbrüche ganzer Branchen (die »New Economy«) und tief greifende Krisen (Preisblasen in Immobilienmärkten, der Internetbranche und anderen Märkten, in denen Finanzwert und Realwert zu weit auseinanderklafften).

Als Systeme sind Unternehmen einer Vielzahl von Stakeholdern verpflichtet. Das gesamte Tun und Entscheiden allein auf die prioritäre Befriedigung einer einzigen Stakeholdergruppe – nämlich der Investoren – auszurichten, ist langfristig gefährlich und schadet letztendlich auch den Interessen eben jener Gruppe. Die Paradoxie, die daher in Unternehmen bewältigt werden muss, ist folgende: Wie können einerseits Investoren befriedigt werden und eine so komfortable Position am Finanzmarkt erreicht werden, dass verlässlich auf frisches Geld zu guten Konditionen zugegriffen werden kann, um Geschäftserfolg und Zukunftspotenziale zu sichern? Wie können andererseits andere Stakeholder – und hier vor allem Kunden und Mitarbeitende – durch Leistungen und Angebote so zufriedengestellt werden, dass das Unternehmen langfristig angemessen viel davon verkaufen kann und eine qualitativ fähige Belegschaft halten kann, die den Herausforderungen in der Leistungserstellung gewachsen ist?

Ausrichtung des Topmanagements – Ausrichtung operativer Führungskräfte

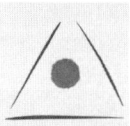

Das Ausbalancieren dieses Zielkonfliktes obliegt der Führung. Eine starke Überbetonung einseitiger Interessen – vor allem wenn sie von gegenteiligen Beteuerungen begleitet wird – untergräbt ihre Glaubwürdigkeit bei anderen Anspruchsgruppen (vgl. Wimmer 2003, S. 2). Das vielzitierte Konzept »Walk the Talk« ist dann nicht gegeben und wird schnell von entsprechenden Stakeholder-Gruppen wahrgenommen. Doch es ist nicht einfach, die Zielkonflikte zwischen den Stakeholdern authentisch auszutarieren und dabei auch noch jeder Stakeholdergruppe – und sich selbst – gegenüber ehrlich zu sein. Zuweilen ist Offenheit nicht einmal möglich (z.B. bei Insiderinformationen).

Konzentriert sich die Führungsmannschaft, und hier vor allem das Topmanagement, zu sehr auf die Maximierung des Shareholder Value, sind Unternehmensziele nicht mehr »das Ergebnis einer vom Management gemeinsam getragenen strategischen Einschätzung des Marktpotentials« (Wimmer 2002, S. 77). Die Ziele reflektieren dann die Renditeerwartungen der Eigentümer sowie die unterstellten Erwartungen der Händler. Werden diese Ziele für das Unternehmen – und seine realwirtschaftliche Positionierung und Potenziale – übernommen, wird konsequent auch nach innen mit der Brille der Finanzmarktlogik geschaut und Entscheidungen werden darauf basierend getroffen. Das bringt Vorstände in die Gefahr, nicht mehr zwischen den Bedingungen des Kapitalmarktes und den realwirtschaftlich und unternehmerisch zu bewältigenden Aufgaben zu unterscheiden. Dies geschieht vor allem, wenn Topmanager durch Aktienoptionen selbst zum Teil der Investoren werden und hat unter Umständen Folgen, die realwirtschaftlich nicht nachzuvollziehen sind: große Entlassungswellen trotz Rekordgewinnen, Abstoßen profitabler Geschäftsbereiche, weil sie nicht dem vom Kapitalmarkt favorisierten Portfolio entsprechen, Bevorzugung kurzfristigerer Investitions- und Innovationshorizonte und weitere Maßnahmen mit kurz- und mittelfristigen Ertragseffekten (vgl. Wimmer 2002, S. 77). Die Kapitalmarktlogik setzt also dem Topmanagement sehr starke Anreize, sich kapitalmarktorientierten Zielen zu verpflichten. Die darunter liegenden Führungsebenen (Geschäftsfelder, Regionen, Tochterunternehmen etc.) müssen diese dann in ihren realwirtschaftlichen Zusammenhängen einlösen. Das »Strategiepferd« wird von hinten aufgezäumt: die operativen Führungskräfte sind dann gefragt, die von der Logik des Finanzmarktes geprägten »Ziele von oben« (bzw. von außen) zu erfüllen – und nicht mehr Input und Ideen für kreative Strategiefindung zu leisten. Das führt zu Konflikten zwischen den Führungsebenen, wenn die Kapitalmarkterwartungen im realwirtschaftlichen Umfeld und vice versa nicht befriedigt werden können. Damit entstehen negative Konsequenzen für die Kooperation und offene Auseinandersetzung hinsichtlich wichtiger Themen zwischen oberster und zweiter Führungsebene. Mitunter fühlt sich das Topmanagement nicht mehr verantwortlich, mit den am Finanzmarkt orientierten Zielen auch die Zukunfts- und Überlebensfähigkeit des Gesamtunternehmens in seinem realen Umfeld konkret zu gestalten und überlässt dies unteren Führungsebenen, denen allerdings ein »Big Picture« fehlt, das über Finanzkennzahlen hinausgeht und Sinn stiftet. Solche **Abkoppelungen des Topmanagements** führen zu unterschiedlicher Einschätzung der Unternehmenssituation, zu problematischen Macht- und Einflusskonstellationen, zu weniger offener und ehrlicher Kommunikation zwischen den Hierarchieebenen und somit zu einer niedrigeren Problemlösungsfähigkeit des Gesamtsystems und zu Legitimationskrisen des Topmanagements (vgl. Wimmer 2002, S. 78).

Hinsichtlich der Lösung des Dilemmas ist anzuerkennen, dass es keine einseitige Lösung zugunsten einer Logik geben kann. Nur wenn das Topmanagement sich selbst verantwortlich fühlt, diesen Zielkonflikt aktiv und (soweit rechtlich möglich) transparent kommuniziert und eine Unterscheidung zwischen kurzfristigem Aktienkurs und langfristigem Unternehmenswert trifft, kann ein Unternehmen sowohl am Aktienmarkt als auch in der Realwirtschaft langfristig bestehen. Um die beiden Welten zu verbinden, brauchen Unternehmen das Zusammenwirken von Topmanagement, operativem Management und diverser Stakeholder-Perspektiven in einem periodischen, rekursiven Strategieentwicklungsprozess, der die Perspektiven jeweils plausibel zueinander in Bezug setzt. Es gibt durchaus Hoffnung, dass auch Analysten und Händler das Management daran messen, wie gut es in der Lage ist, mit diesen Paradoxien umzugehen und somit zur tatsächlichen Zukunftsfähigkeit des Unternehmens beizutragen (vgl. Wimmer 2002, S. 78).

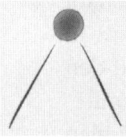

Sprachliche Anknüpfung zur Überbrückung

Die Sprache der Finanzmarktlogik ist nicht immer verständlich im Unternehmen – je nach Funktion und Hierarchieebene. Ist das Topmanagement sehr eng an den Kapitalmarkt gekoppelt, senkt dies auch oft die Besprechbarkeit heikler Themen zwischen den Hierarchieebenen (vgl. Wimmer 2010, S. 257). Vor allem für untere Hierarchieebenen und Funktionen außerhalb des Finanzbereiches wird es dann schnell schwierig, überhaupt mitzureden und an einer Diskussion über strategische Ausrichtung teilzuhaben. Werden Ziele ganz am Finanzmarktgeschehen ausgerichtet, gibt es oft eine **Lücke zur Übersetzbarkeit in das reale Geschäft:** Operative Führungskräfte stehen dann vor der Herausforderung, ihren Teams Ziele als sinnvoll zu erklären und als wert, sich dafür im nächsten Jahr einzusetzen, obwohl sie diese selbst nicht verstehen oder deren Zustandekommen nicht nachvollziehen können.

Da Kommunikation auf gegenseitiges Verständnis angewiesen ist, gilt es Brücken zu bauen, die eine inhaltliche Auseinandersetzung zwischen Kapitalmarktlogik und Realwirtschaftslogik überhaupt erst ermöglicht. Das bestätigen auch unsere Expertengespräche und die letzte CFO-Studie von IBM (IBM Institute for Business Value 2010, S. 34): Die »Sprachlosigkeit« zwischen den Ebenen gibt es, und sie wird als Problem aufgegriffen und adressiert, vor allem dadurch, dass Personen aus Finanzfunktionen immer mehr zu internen Strategieberatern werden. Damit dies gelingt, müssen sie ihre Finanzanalysen so formulieren, dass sie allgemein verständlicher werden und zu einer konstruktiven und informierten Diskussion beitragen. Unterstützung gibt es auch intern: Der Kommunikationsbereich kann helfen oder weiterbilden – zum Beispiel mit Kommunikations- und Präsentationstrainings oder Unterstützung in der Datenaufbereitung. Empfehlenswert ist ein solcher Abgleich allemal, da es sinnvoll ist, die interne und externe Kommunikation (speziell für Finanzkennzahlen) in Einklang zu halten.

Die Finanzbereiche selbst sorgen auch für **mehr Verständlichkeit.** Zum Beispiel durch regelmäßige Beiträge in den unternehmensinternen Medien (Zeitschriften für Führungskräfte, Onlineportale, interne Wikis, Blogs etc.), die beschreiben, was gemacht wird und welche Herausforderung es dabei gibt. Auch ein neues, verständlicheres Kennzahlensystem kann diese »chinesischen Mauern« überwinden, vor allem wenn die Kennzahlen an den realwirtschaftlichen und funktionalen Notwendigkeiten des Mittelmanagements ausgerichtet sind

(Expertengespräche). Wenn jeder die Zwänge, Herausforderungen und Bedürfnisse des anderen, oder genauer die »Welt« des anderen, kennt und versteht, sind Unternehmensfunktionen nicht mehr so entkoppelt und können enger zusammenarbeiten (Expertengespräche).

3.9.2 Geld als Rohstoff – mehr Liquidität bitte!

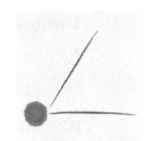

Unternehmensentwicklung kostet Geld – woher diese Liquidität nehmen? Wer seine Liquidität »im Griff« hat, ist als Unternehmen resilienter und agiler. Das sind zwei ganz wesentliche Bezüge zwischen Liquidität und Unternehmensentwicklung und dem Beitrag der Finanzbereiche zu ihr.

Seit der Finanzkrise 2008 kann der Rohstoff Geld weniger einfach und selbstverständlich von außen bezogen werden (Vorschriften und Risikomanagement der Banken). Auch Kunden schnallen ihre Gürtel enger und schauen stärker auf Preise, während Lieferanten sensibler auf verspätete Zahlungen reagieren (vgl. Kaiser/Young 2009, S. 2). In den letzten Jahren steht daher das **Cash Management im Vordergrund.** Vielen Unternehmen ist bewusst geworden, dass Steuerung über betriebswirtschaftliche Kennzahlen (z. B. Kennzahlen zu Kosten) alleine nicht ausreicht. Die Liquiditätsplanung braucht einen gleichrangigen Stellenwert. Daher richten Unternehmen in vielen Branchen ihr Augenmerk stärker auf das Messen und Steuern von Liquidität (Expertengespräche).

Um die Liquidität im Unternehmen zu sichern, gibt es drei hauptsächliche Stellhebel: die Kosten reduzieren, das Management des Umlaufvermögens optimieren und die Treasury-Funktion zur Kapitalbeschaffung im Unternehmen weiterentwickeln bzw. die Finanzfunktionen (vor allem Controlling und Treasury) noch enger verzahnen.

Kosten reduzieren

Wie man Kosten im laufenden Betrieb reduziert, ist eines der Lieblingsthemen von Beratern und betriebswirtschaftlichen Veröffentlichungen. Hierzu gibt es ständig neue, unglaublich vielfältige und unterschiedliche Konzepte und Ansätze, sodass eine seriöse Auswahl in diesem Rahmen gar nicht möglich ist. Und auch wenn Kostenreduktion in jedem Unternehmen immer wieder nötig und sinnvoll ist, zeigt die Erfahrung immer wieder, dass niedrige Preise von Produkten bzw. Dienstleistungen und höchste Effizienz in der Leistungserstellung nicht die hauptsächlichen Erfolgsfaktoren für Unternehmen sind. In einer sehr gründlichen Untersuchung zeigen Raynor und Ahmed, dass von den 25 000 Unternehmen, die zwischen 1966 und 2010 an US-Börsen gehandelt wurden, langfristig erfolgreiche Unternehmen (gemessen am stabileren Return on Assets (ROA), nicht am Aktienwert), während ihrer erfolgreichen Periode allein und ausschließlich zwei Gemeinsamkeiten hatten: Sie legten Wert auf ein anderes Unterscheidungsmerkmal als den Preis, und sie priorisierten zusätzliche Einnahmen gegenüber niedrigeren Kosten (vgl. Raynor/Ahmed 2013, S. 2). Höhere Qualität, besserer Kundenservice, exzellente Erreichbarkeit, überragende Expertise oder eine attraktive Marke kosten Geld. Investitionen in diese Art von Unterscheidungsmerkmalen zahlen sich langfristig aus (vgl. Raynor/Ahmed 2013, S. 11).

Umlaufvermögen managen

Exemplarisch zeigen wir in diesem Kapitel nur einige wenige Hebel auf, die intern zu mehr Verfügbarkeit von Liquidität führen können. Abzuwägen sind jeweils die Konsequenzen dieser Maßnahmen, beispielsweise ihre Wirkung auf Kundenloyalität, Anreizstrukturen für Mitarbeitende, Qualität der Beziehung zu Lieferanten etc. Folgende Maßnahmen können die interne Verfügbarkeit von Liquidität verbessern:

1. *Anreize beseitigen, unnötiges Rohstofflager aufzubauen:* Auch wenn Rohstoffe zu einem Rabatt angeboten werden, verursachen sie Lagerkosten. Da Lagerkosten in der Gewinn-und-Verlustrechnung (GuV) jedoch nicht gesondert auftauchen, hat der Einkäufer keinen Anreiz, diese Rabattangebote auszuschlagen. Vor allem dann nicht, wenn sein Bonus auf Basis des GuV-Ergebnisses berechnet wird (vgl. Kaiser/Young 2009, S. 2).

2. *Forderungsmanagement:* Wie wirkt sich zum Beispiel ein kürzeres Zahlungsziel (von z.B. 20 statt 30 Tagen) aus? Könnten die früher zur Verfügung stehenden liquiden Mittel den eventuellen Bestellungsrückgang und mögliche nötige Preisreduktion aufwiegen? (vgl. Kaiser/Young 2009, S. 3).

3. *Anreize nicht über Umsatz allein setzen:* Vor allem Vertriebsmitarbeiter werden häufig allein am Umsatz gemessen und entlohnt. Dies macht Zugeständnisse für gute Kunden (Zahlungsziele, Rabatte ...) deutlich wahrscheinlicher, da sich der Verkäufer nicht mit deren Konsequenzen beschäftigen muss und sie finanziell nicht mitträgt. Eine Idee dazu ist etwa, dass Vertriebsangehörige ihre Kunden eine Woche vor Zahlungsfälligkeit selbst anrufen, um daran zu erinnern. Der zusätzliche Kundenkontakt gibt außerdem aufschlussreiche Informationen zur Kundensituation und kann dazu führen, dass Kunden auf Konditionen wie »zahlbar bei Lieferung« umgestellt werden, bevor ernste Zahlungsausfälle erfolgen (vgl. Kaiser/Young 2009, S. 3).

4. *Verzichten auf »unnötige Qualität«:* Produktionsmitarbeitende werden danach entlohnt, je weniger Ausschuss und fehlerhafte Produkte passieren. Dies kann Liquidität auf zwei Arten binden, indem halbfertige Erzeugnisse stark zunehmen: Überflüssige Qualitätskontrollen verlangsamen den Produktionsprozess und Qualitätsmerkmale, die vom Kunden nicht geschätzt (und daher nicht »extra« bezahlt) werden, treiben Produktionskosten in die Höhe. Wenn winzige Qualitätseinbußen hohe Effizienzgewinne verursachen, kann das Unternehmen viel Liquidität generieren, ohne seine Reputation aufs Spiel zu setzen (vgl. Kaiser/Young 2009, S. 4f.).

5. *Forderungen und Verbindlichkeiten nicht verknüpfen:* Viele Unternehmen gleichen die Zahlungsziele für ihre Kunden immer noch an diejenigen an, die sie von ihren Lieferanten bekommen. Diese repräsentieren jedoch zwei völlig unterschiedliche Stakeholder-Gruppen mit sehr unterschiedlichen Beziehungen, die nach ihren eigenen Regeln und Notwendigkeiten betreut werden müssen (vgl. Kaiser/Young 2009, S. 5).

6. *Liquiditätskennzahlen zur Liquidität zweiten und dritten Grades* werden gern von Bankern berechnet, um Kreditwürdigkeit zu überprüfen. Ironischerweise führt gerade das Abzielen auf gute Werte bei diesen Kennzahlen zu einer höheren Wahrscheinlichkeit von Insolvenz. Eine hohe Liquidität dritten Grades (= Umlaufvermögen / kurzfristige Verbindlichkeiten) wird erreicht durch hohe Lagerbestände, Vorräte und Forderungen und niedrige Verbindlichkeiten. Diese Anhäufung steht jedoch tatsächlich verfügbarer Liquidität entgegen. Bei der Liquidität zweiten Grades (= (Geldvermögen + Wertpapiere + kurzfristige Forderungen) / kurzfristige Verbindlichkeiten) wird zumindest ein hoher Lagerbestand vermieden. Aber auch das Aufstocken von Forderungen ist nicht förderlich für echte Verfügbarkeit von Liquidität. Unternehmensinterne Experten sollten sich lieber dem verfügbaren Cashflow widmen, um kurzfristige Liquidität zu beurteilen (vgl. Kaiser/Young 2009, S. 6).

7. *Jenseits von brancheninternen Benchmarks* entstehen erst die wirklich kreativen und wertschöpfenden Ideen. Wer seine Kunden, Lieferanten, Prozesse wirklich gut kennt und dieses Wissen nutzen kann, wird sich leichter tun, innovative Möglichkeiten zur optimalen Aufstellung seines Unternehmens zu finden (vgl. *Kaiser/Young* 2009, S. 6f.).

Manager und Mitarbeitende allein über Zahlen und Key Performance Indicators (KPIs) zu steuern, funktioniert selten. Sobald sie streng darauf fokussiert sind, einige bestimmte KPIs zu maximieren, zerstören sie fast überall Potenziale an anderer – eventuell wichtigerer – Stelle. Und je stärker die Kennzahlen in direktem Bezug zu Entlohnung, Aufmerksamkeit, Wertschätzung und Aufstiegschancen stehen, desto opportunistischer werden Führungskräfte sie verfolgen, auch wenn sie für den Unternehmenserfolg hinderlich oder eigentlich überholt sind. Leider kann man oft die Aussage hören: »Ich finde das ja auch nicht sinnvoll, aber mein Bonus hängt davon ab und es ist ja nicht meine Aufgabe, das System zu hinterfragen« (vgl. Kaiser/Young 2009, S. 7).

Treasury als Bereitstellungsfunktion
Die Hauptaufgabe des Treasury ist die zeitlich **punktgenaue und optimale Bereitstellung von Geld** für das Unternehmen. Dazu gehören unter anderem das Risikomanagement im Finanzbereich, die Liquiditäts- und Finanzierungsplanung, das Beobachten und gegebenenfalls das Absichern von Zins- und Währungsrisiken, die Informationserstellung zur finanziellen Risikosituation des

Unternehmens sowie die Planung, Optimierung und organisatorische Abwicklung von ein- und ausgehenden Zahlungen (in kleineren Unternehmen, sonst eher Accounting-Funktion). Die Funktion des Treasury ist für Unternehmen vergleichbar »dem Öl in einem Hochleistungsmotor. Wenn es nicht vorhanden ist, gibt es einen Kolbenfresser, der Motor funktioniert nicht mehr. In so einem sehr komplexen technischen System greifen viele Teile ineinander – das Öl ist immer an den Teilen notwendig, wo viel Bewegung stattfindet. Wenn das Treasury nicht dort Geld hinbringen kann, wo es gebraucht wird, funktioniert das gesamte System nicht« (Expertengespräch). Diese **Aufgabe wird herausfordernder** (Expertengespräche) aus folgenden Gründen:

- Märkte verändern sich schneller, Zinsen und Bonds gehen hinauf und hinunter – daher gibt es günstige und weniger günstige Zeitpunkte, Geld zu beschaffen, und das kann unter Umständen sehr teuer werden.
- Viele Unternehmen sehen in ihrer Strategie ein starkes Wachstum vor. Die erste Herausforderung lautet also, das operative Geschäft und das Wachstum durch vorhandene Liquidität zu begleiten und zu sichern. Die zweite Herausforderung für Treasury ist, dass sich solch ein Wachstum viele Unternehmen am Markt vornehmen.
- Auch Treasury-Bereiche sind von dem beschleunigten Tempo globaler Geschäftsmodelle betroffen. Entwicklungen, die früher Jahre brauchten, dauern heute Tage oder Wochen: Innerhalb von 24 Stunden kann z. B. eine Finanzkrise ausbrechen. Es gibt Märkte mit Wachstum im guten zweistelligen Bereich, in denen man schnellstens an einem Standort mit einem Treasury-Team präsent sein muss. Wofür früher fünf Jahre Zeit blieben, sind es heute noch zwei – wie beispielsweise beim Aufbau eines kompletten Treasury-Centers in Indien (Beispiel eines Experten).

Die Konsequenzen für die Positionierung und den Aufbau der Treasury-Funktion sind weitreichend.

3.9.3 Die Position der Finanzfunktionen in Unternehmen

Vor der Finanzkrise haben sich die Finanzfunktionen großer europäischer und nordamerikanischer Firmen vor allem auf Kostenkontrolle, interne Revision, Betriebsbudget und vergangenheitsbezogene Zahlenanalysen konzentriert. In einer globaleren VUKA-Welt eröffnen sich jedoch ganz neue Möglichkeiten, Verantwortungen und Herausforderungen. Die **Finanzbereiche gewinnen an Bedeutung:** Einhaltung von Compliance und Umgang mit der vielfältigen formalen Kontrolle (Börsenaufsichten, Gesetzesvorschriften, Governance-Kodizes etc. → ENT-SCHEI- DUNG 7: GOVERNANCE, COMPLIANCE UND BUSINESS ETHICS), Bereitstellung von Kapital zum passenden Zeitpunkt und zu guten Konditionen, Risikominimierung etc. Als

Konsequenz wird die »Finance Chain« so wichtig wie die »Supply Chain«. Gleichzeitig muss sich der Finanzbereich stärker am Geschäft ausrichten und dessen Partner werden, um die Unternehmensziele zu erreichen (vgl. IBM Institute for Business Value 2010, S. 12). Die Ergebnisse der CFO-Studie von IBM lassen hierzu eine wachsende Kluft erkennen: Einige Finanzfunktionen heben sich durch Effizienz, Geschäfts- und Strategieverständnis und folglich durch bessere Leistungen deutlich von anderen Organisationen ab. Viele Finanzbereiche sehen sich jedoch weniger in der Lage, ihren eigenen und den Ansprüchen der Vorstände und Kollegen gerecht zu werden (vgl. IBM Institute for Business Value 2010, S. 4).

Beitrag zu Strategie und Unternehmensentwicklung
Abstrahiert gesehen, liegt der Beitrag der Finanzbereiche zur Unternehmensentwicklung darin, sie überhaupt möglich zu machen. Geld wird dabei oft mit dem Blutkreislauf verglichen. Die Finanzbereiche stellen also bildlich gesprochen sicher, dass Blut vorhanden ist – auch wenn ein funktionsfähiger Körper weit mehr braucht als Blut (Expertengespräche).

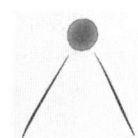

Finanzbereiche müssen die Unternehmensentwicklung begleiten und ermöglichen und sehen sich zunehmend als integrierten Teil der Wertschöpfungskette. Der Beitrag zur Strategie liegt in der **Begleitung durch Risikosicherung und Refinanzierung** im globalen Umfeld. Daher wird der Finanzbereich – und hier vor allem das Treasury – früher in die Strategieentwicklung einbezogen, um richtungsweisende Fragestellungen zu diskutieren: Schaffen wir dieses Wachstum? Können wir uns das leisten? Können wir die Volumen stemmen, die aus dem Wachstum entstehen? (Expertengespräche). Die CFO-Studie kommt zu einem ähnlichen Ergebnis: Mehr als 70 Prozent der CFOs spielen in der Strategieentwicklung bereits eine wesentliche Rolle. Vor allem zu Themen der Risikominimierung, der Innovation des Geschäftsmodells und bei der Festlegung geeigneter KPIs (vgl. IBM Institute for Business Value 2010, S. 12). Im KPI-System spiegeln sich die neuen Herausforderungen durch **Aufwertung von Liquiditätskennzahlen:** Cash wird ebenso wichtig wie der EBIT (Earnings Before Interest and Taxes; Gewinn vor Steuern) und betriebswirtschaftliche Kennzahlen. Es wird stärker auf Selbstfinanzierung geachtet, um eine möglichst eigenständige Unternehmensentwicklung zu ermöglichen (Expertengespräche). Hoch entwickelte Analysemethoden, die technisch unterstützt werden, helfen dabei, Zusammenhänge von Informationen und Muster zu erkennen. Auch über diesen Hebel der relevanten »Business Insights« trägt der Finanzbereich wesentlich zur Wertschöpfung bei (vgl. IBM Institute for Business Value 2010, S. 27). Dafür **tauschen sich die Finanzabteilungen** intern **stärker** über die Strategie **aus.** Das Treasury stellt dabei die aktuelle Situation am Kapitalmarkt dar, das Controlling hingegen die Veränderungen im Nahbereich und zudem die Effekte auf die Liquidität. Jede Abteilung behält zwar ihre Themen im Auge, aber es geht mehr um eine gemeinsame Entwicklung (Expertengespräche).

Für die Strategieentwicklung ist es insgesamt wichtig, dass die Balance zum Kapitalmarkt gewahrt bleibt. Für Analysten bestehen Strategien in erster Linie aus einer »Story«, die potenzielle Investoren davon überzeugt, dass das Unternehmen ausreichend zukünftiges Wertsteigerungspotenzial bietet. Diese »Stories« sind durchaus Moden unterworfen: War es vor 15 bis 20 Jahren noch die Diversifikation, die umjubelt wurde, so ist es vor zehn Jahren die konsequente Konzentration auf das Kerngeschäft gewesen und in der letzten Zeit Wachstum in »Emerging Markets«, das von Händlern bevorzugt wird (vgl. Wimmer 2010, S. 251). Diese »Stories« liefern selten die Identifikation, die eine nachhaltige Sinnstiftung ermöglicht. Diese Sinnstiftung geht über ökonomische Ziele hinaus und vermittelt Führungskräften und Mitarbeitenden die Gewissheit, an etwas Wichtigem und Sinnvollen mitzuarbeiten. Finanzvertreter können zu so einem sinnstiftenden Prozess der Strategieentwicklung beitragen, indem sie ihre Expertise des Kapitalmarkts als »Enabler« also als Ermöglicher für die Unternehmensentwicklung einbringen und dabei in zwei Richtungen moderierend tätig sind.

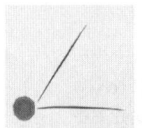

Organisation der Funktion

Ein neueres Verständnis der Finanzfunktion sieht diese weniger als bloße Planungs- und sondern vielmehr als eine **breit aufgestellte Beratungsfunktion** (Expertengespräche). Die Ansprüche an Finanzbereiche steigen mit neuer Vielfalt ihrer inhaltlichen Aufgaben, wie der Informationsintegration im gesamten Unternehmen, der Mitarbeit an Strategieentwicklung und Unternehmensentwicklung, der Aufgabe, komplexere Risiken zu minimieren oder abzusichern, Effizienzprogramme verantwortungsvoll zu begleiten oder der Messung und Analyse der Geschäftätigkeit. Wenn sie handlungsleitende Messkriterien und KPIs mit definieren, werden sie – mit anderen zusammen (Organisation, Human Resources, Strategieentwicklern) – zu **Systemdesignern,** die über solche Messkriterien die Unternehmensentwicklung im Tagesgeschäft viel stärker mitprägen als allgemein angenommen wird. Die Chief Financial Officer (CFOs) selbst hielten 2010 ihre eigenen Organisationen für diese Tätigkeiten noch nicht für effizient genug. Die Frage lautete, wie die Finanzabteilungen diese Kluft zwischen Realität und Erwartungen schließen können (vgl. IBM Institute for Business Value 2010, S. 16). Besonders in zwei Themengebieten sahen CFOs ihre Organisationen noch nicht im »Soll-Bereich«. Erstens geht es um die Aufteilung der Arbeitszeit zwischen Abwicklung von Transaktionen – die noch immer den Alltag dominiert – und den weiterführenden **Aufgaben zu Steuerung, Analyse und Beratung.** Die Abbildung 42 vergleicht den Ist- und den Soll-Zustand.

Das »zweite Sorgenkind« von CFOs ist die Bereitstellung von **Informationen für die Unternehmensstrategie.** Obwohl sie diese als oberste Priorität sahen, empfand nur die Hälfte der Befragten ihre Organisation hier als effizient.

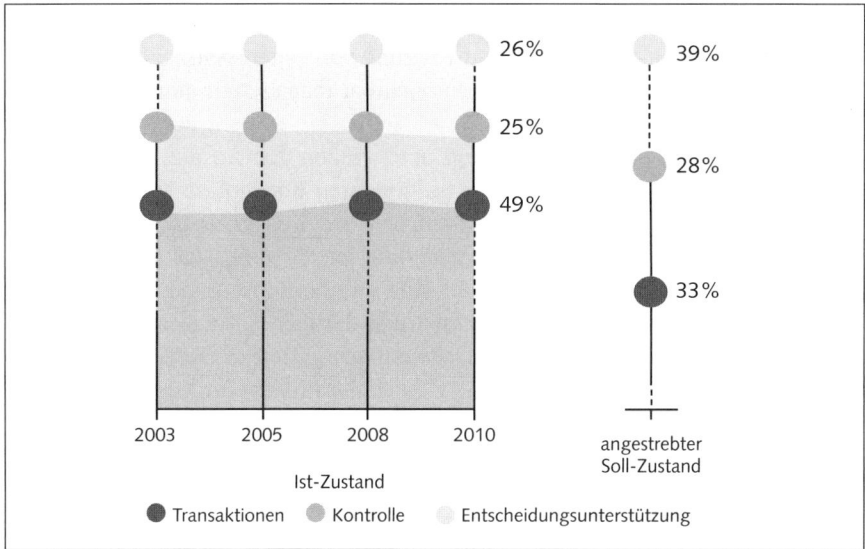

26%   39%

25%

28%

49%

33%

2003   2005   2008   2010   angestrebter
                                      Soll-Zustand
        Ist-Zustand

● Transaktionen   ● Kontrolle   ● Entscheidungsunterstützung

Abb. 42: Aufgabenverteilung der Finanzabteilungen: Ist und Soll-Vergleich (vgl. IBM Institute for Business Value 2010, S. 41)

»Viele CFOs haben den Eindruck, dass ihre Organisation lieber ›Rücklichter‹ bereitstellt als ›Frontscheinwerfer‹ einzubauen. Ein CFO aus Japan räumt ein: ›Unsere Finanzorganisation lebt mit Ist-Zahlen. Mit Prognosen ist sie nicht vertraut.‹« (IBM Institute for Business Value 2010, S. 28).

Dies gilt vor allem für den Controlling-Bereich, der zwar – verglichen mit dem Accounting-Bereich – eher zukunftsbezogen und entscheidungsvorbereitend arbeitet, aber primär auf der Basis von Vergangenheitsdaten. Planung wird von dem abgeleitet, was schon mal funktioniert hat. Überraschungen werden mit dem Repertoire der Erfahrung zu bewältigen versucht, »schwarze Schwäne« sind nicht vorgesehen. Strategisches und kreatives Denken wird zu oft vermisst. Die Treasury-Funktion, die das Geld verwaltet und – wenn notwendig – extern besorgt und damit eine Außenfunktion in Richtung Markt wahrnimmt, ist hingegen mit der »Perspektive nach vorne« eher vertraut (Expertengespräche). Die CFO-Studie hat Maßnahmen und Merkmale für Finanzbereiche herausgearbeitet, um einerseits deren Effizienz zu steigern und andererseits ihre **Rolle als Berater und Sparringspartner voranzutreiben** (vgl. IBM Institute for Business Value 2010, S. 23):

1. über alle Geschäftsbereiche und Regionen gleiche Finanzprozesse und Dateninterpretationen aufsetzen
2. eine einheitliche Finanzplattform für das gesamte Unternehmen erstellen
3. neben finanzorientierten auch geschäftsrelevante Informationen liefern

4. Dank technologisch unterstützter Geschäftsanalytik plus entsprechendem Fachwissen zur Interpretation und Nutzung von Daten beitragen, welche die Leistungsfähigkeit des Unternehmens sichtbar machen und unterstützen

Zu 1. Auch unsere befragten Experten unterstützen den Ansatz, ein fokussiertes und zentrales Steuerungskonzept im gesamten Konzern zu verankern: Aus der Zentrale heraus werden alle *Finanzrisiken weltweit gemanagt* (zentrale Risikosteuerung). Die *operative Risikosteuerung* ist allerdings *lokal umzusetzen.* Diese Fokussierung und Aufteilung ist eine direkte Konsequenz aus der Krise (Expertengespräche). Eine klare Vereinbarung darüber, auf welchem Level und an welchem (geografischen) Ort Entscheidungen getroffen werden, ist Voraussetzung für eine effektive Funktionalität. Auch der Prozess für Ausnahmen sollte definiert sein, zum Beispiel durch ein Finanzkomitee, das Optionen durchsieht und sicherstellt, dass Abweichungen angemessen gemanagt werden (vgl. Desai 2008, S. 3f.).

Zu 2. Eine einheitliche Finanzplattform ist in einem globalen Unternehmen nicht leicht umzusetzen. Die rechtlichen Rahmenbedingungen sind leider nicht so, wie es sich globale Konzerne wünschen. Die Politik hat in den Krisen viele Steuergelder ausgegeben. Jetzt müssen Taten folgen in Form von Gesetzen, und das macht jedes Land für sich: Basel III, EMIR, Dodd-Frank etc. So, wie sich die Regulierungen entwickeln, finden Unternehmen sich mit sehr unterschiedlichen Regelungen in verschiedenen Ländern konfrontiert. Dies resultiert in *extrem komplexen Rahmenbedingungen.* Dies in den Prozessen abzubilden, ist sehr schwierig (Expertengespräche).

Zu 3. Um den Anspruch, auch geschäftsrelevante Informationen bereitzustellen, zu erfüllen, brauchen Finanzbereiche einen guten Einblick in das Geschäft, der nur durch eine *Vernetzung der Finanzfunktion* im Unternehmen erreichbar ist. Die CFO-Studie zeigt, dass ein besseres Geschäfts- und Strategieverständnis auch dazu beiträgt, die eigene Finanzfunktion zu entwickeln und die Leistungsfähigkeit des Gesamtunternehmens zu verbessern (vgl. IBM Institute for Business Value 2010, S. 20). Zur Bewältigung der klassischen Finanzfunktionen im VUKA-Umfeld muss der Finanzbereich die Quellen und Treiber von Wertschöpfung und Risiken im gesamten Unternehmen verstehen und zusammen mit den Fachabteilungen und Geschäftsbereichen die Systembeziehungen zwischen den wesentlichen Kennzahlen definieren (finanzielle Kennzahlen, betriebliche Einflussgrößen und Stellhebel), um das Unternehmen für das Management wirksam steuerbar zu machen. Anhand dieser Definitionen können die Verantwortlichen im Unternehmen dann festlegen, welche Informationen (Vernetzung, Reporting) wann und bei wem vorliegen müssen (vgl. IBM Institute for Business Value 2010, S. 33). Als Folge gibt es eigentlich keinen Bereich mehr, mit dem es keine Anknüpfungspunkte gibt (Expertengespräche).

Insgesamt entwickeln sich die Finanzbereiche *von Verwaltern zu Managern,* mit mehr Verantwortung und höherer Proaktivität. Das Balancieren der neuen Positionierung ist eine Herausforderung und ein ständiger Aushandlungsprozess. Das gilt für die Finanzbereiche und genauso auch für das jeweilige Gegenüber im Unternehmen – und das wird oft übersehen. Beide Seiten brauchen ein Recontracting ihrer jeweiligen Rollen, Verantwortungen und Beiträge bzw. ihrer Spielregeln für die Zusammenarbeit. Und sie brauchen eine Weiterentwicklung ihrer Arbeitssettings, die einerseits offener und dialogorientierter sind, wenn es um Beratung, Sparring und Ko-Kreation geht (z. B. → WERKZEUG 37: WARGAMING, WERKZEUG 5: BUSINESS MODEL CANVAS, WERKZEUG 2: AUFSTELLUNG UNTERSCHIEDE) sowie Settings, die andererseits strukturierter, analytischer und formaler sind, wenn es um das Einbringen fachlicher Expertise und um formales Monitoring oder Kontrolle geht (z. B. → WERKZEUG 12: DIGITALE ENTSCHEIDUNGSFINDUNG). In der  Folge entstehen intern Beziehungen, die gleichzeitig oder im schnellen Wechsel symmetrisch und/oder asymmetrisch sind: Berater und Klient, Lösungspartner und Lösungspartner, Experte und Kunde, Prüfer und Geprüfter. Rollenvielfalt braucht stabile Grundbeziehungen, Verstehen der Logik des anderen und ein gemeinsames Zielbild sowie gemeinsame Arbeitsprogramme.

Einerseits sind die Finanzabteilungen eine Supportfunktion. Sie spielen – beispielsweise im Gegensatz zu Händlern in einer Bank – nicht die erste Geige. »Als Fußballer wären wir die Verteidiger: wir passen auf, dass wir keinen Treffer ins Tor kriegen.« Daher sind Qualität und Kundenorientierung sehr wichtig. Das wissen auch die Mitarbeitenden (Expertengespräche). In 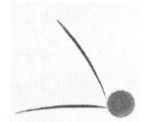 der relativ neuen Rolle des oder der Beratenden brauchen Finanzmitarbeiter andererseits noch eine gewisse Durchsetzungskraft. Es geht darum, in einem Aushandlungsprozess sich schnell verändernde Bedingungen zu erfassen, Argumente aufzunehmen und zu reagieren. Es darf nicht sein, dass »diejenigen Geld bekommen, die am lautesten schreien«, sondern es muss versucht werden, die Problemlösung dort zu halten, wo sie die wenigsten Kreise zieht: Bei einem finanziellen Engpass wird zuerst versucht, im eigenen Einflussgebiet das Problem zu lösen, dann gemeinsam mit den direkten Nachbarabteilungen. Je nach Vorhaben und Aufgabe werden immer größere Kreise gezogen bis hin zur Aufnahme neuer Kredite am externen Finanzmarkt (Expertengespräche).

Finanzmitarbeiter erwarten von Abteilungen, früher und kontinuierlicher einbezogen zu werden: bei Problemen ebenso wie bei strategischen Vorhaben. Natürlich hat es eine hohe Relevanz, wo Geld gespart und wo es eingesetzt wird. Einsparungen können für einzelne Abteilungen sehr schmerzhaft sein, auch wenn sie insgesamt dem Unternehmen sehr viel bringen. Hier fänden Finanzbereiche eine Zusammenarbeit mit internen Kommunikationsabteilungen hilfreich – schließlich ist auch das Controlling ein internes Marketing von Zahlen

(Expertengespräch) und dazu ist schnelle, passgenaue und qualitätsvolle Informationsverarbeitung bei dem hohem Tempo und der Volatilität der Finanzmärkte essenziell.

Zu 4. *Informationsbereitstellung* war in der Studie *höchste Priorität und größtes Sorgenkind.* Ein Beispiel aus einem Expertengespräch illustriert die Maßnahmen und Herangehensweise, um mit dieser speziellen Herausforderung umzugehen:

»Welche Informationen zur Verfügung stehen, wie schnell und wem, ist eine wichtige Frage. Innerhalb von wenigen Sekunden erzeugen neue Informationen am Finanzmarkt konkrete Auswirkungen. Die technologischen Sprünge erhöhen den Anspruch zusätzlich. Der Umgang mit Informationen in Echtzeit ist eine echte Herausforderung für unsere Reaktionsgeschwindigkeit, bis hin zur persönlichen Frage, wie man 24 Stunden diese Informationen verarbeitet, ohne nur an Geräten zu hängen.

Wir vermeiden die rein reaktive Strategie, immer nur auf neue Informationen zu reagieren. Wir ziehen uns ganz bewusst einmal pro Woche zurück und machen eine qualitative Informationsverarbeitung zum Thema. Wir filtern die verschiedenen Einflüsse und stellen die Entwicklung der Woche in einfacheren Bildern dar. Dann diskutieren wir verschiedene Marktentwicklungen in geschlossener Runde und entwickeln ein gemeinsames Bild. Es geht darum, gemeinsames Wissen zu generieren und abseits der Informationsflut Situationen zu bewerten und zu verstehen. Wir legen großen Wert auf Gespräche in einem Raum mit wenig Technik. Die ›Karten legen‹ und sich gegenseitig erklären, wie man die Entwicklung sieht, ermöglicht uns, die unterschiedlichen Meinungen auszutauschen – das geht nur in persönlichen Gesprächen. Wir nehmen uns den Raum und die Zeit. Dieser Austausch unterstützt nicht nur Informationsverdichtung, sondern auch Selbstverortung als Team. Wir sind sehr technikabhängig, aber es muss auch ein Team geben – nicht nur Individuen. Gerade Meinungsunterschiede offen zu diskutieren, ist in einem Markt mit hohen Risiken sehr wichtig. Gute Entscheidungen ganz alleine zu treffen ist kaum möglich – dafür ist die Umwelt zu komplex. Aber es ist wichtig diese gemeinsame Verantwortung ganz klar zu definieren.« (Beispiel aus einem Expertengespräch).

Die CFO-Studie ergänzt zu diesem Leistungsvorteil von Expertenteams: »Die klare Zuordnung von Zuständigkeiten für bestimmte Prozesse wie Procure-to-Pay, Order-to-Cash, Treasury, Steuerwesen oder allgemeine Buchführung, ist doppelt so oft bei effizienten Finanzorganisationen zu finden als bei weniger effizienten Organisationen. (…) Klar festgelegte Prozessverantwortlichkeiten fördern die globale Integration und Einheitlichkeit, vereinfachen und vereinheitlichen dadurch Abläufe, verhindern doppelten Aufwand und reduzieren Fehler.« (IBM Institute for Business Value 2010, S. 42) Die Umsetzung ist hingegen nicht so einfach. Eine Verortung von Verantwortung durch Benennung eines Prozessverantwortlichen – selbst wenn dieser entsprechende Entscheidungsbefugnisse bekommt – reicht nicht aus. Oft wird versucht, aus vorhandenen Daten etwas »zu stricken«, um innerhalb des Unternehmens schnell und flexibel auf Anfragen reagieren zu können. Die ad-hoc-Fragen der internen Kunden sind oftmals vielfältiger und komplexer, als dass standardisierte Systeme sie beantworten könnten. Und selbst wenn es die Möglichkeit gibt, aus dem Erfahrungsschatz der Beteiligten so etwas wie ein eigenes System zu entwickeln, gibt es keine Garantie, dass die Lösung auch angenommen wird. Standardisierung von Prozessen wird oft nicht gern gesehen, da viele Mitarbeitende ihre eigenen – individuellen, situationsbezogen passgenauen – Tools entwickeln (Expertengespräche).

Personen innerhalb der Finanzfunktion
Der neue Fokus auf Geschäftswissen und die veränderten Bedingun-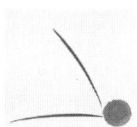
gen am Kapitalmarkt verlangen eine **Verlagerung der Fachkompe-**
tenzen in Finanzbereichen. Moderne Finanzorganisationen brauchen
Mitarbeitende mit »geschäftlicher und analytischer Fachkompetenz,
die in der Lage sind, Sachverhalte zu interpretieren und werthaltige Ratschläge
zu erarbeiten. Darüber hinaus benötigen die Mitarbeiter eine Beratungs- und
Kommunikationskompetenz, um Lösungen zu erarbeiten, Empfehlungen überzeugend zu vermitteln und geschäftliche Entscheidungen effizient beeinflussen
zu können.« (IBM Institute for Business Value 2010, S. 33) Hinzu kommt eine
zunehmend relevante *internationale Kompetenz.* Viele Unternehmen planen
Wachstum in Regionen, die sie zwar bereits kennen, aber zu denen oft wenig
direkter Kontakt besteht und in denen es noch wenig lokale Konzernstrukturen
gibt. Je nach Region ist dies eine besondere Herausforderung, wenn dort besonders stark reglementiert wird, die Unterschiede zum Land der Zentrale sehr
groß sind oder wenn es bestimmte Finanzinstrumente gar nicht gibt. Das ist
in den BRIC-Staaten und dabei vor allem in China der Fall. Von Treasury wird
dann beispielsweise schnell gefordert, auch in solchen Märkten operativ tätig zu
werden. Viele Mitarbeitende waren jedoch mit einer solchen Arbeitsumgebung
noch nie konfrontiert. Ihre eigene Berufsentwicklung führte sie nur in entwickelte Finanzmärkte, nun müssen sie in stark reglementierten Märkten mit hohem
Wachstum Erfolg haben. Es ist wichtig, dafür Sorge zu tragen, die Experten global stark mit der Konzernzentrale zu verzahnen. Junge Talente sind oft bereit,
Erfahrungen als »Expatriates« im Ausland zu sammeln – zunehmend auch jenseits der entwickelten Standorte. Solche Erfahrungen kann man nur persönlich
machen. Auch das Konzept der »Impatriates« ist zukunftsträchtig: Begabte junge
Mitarbeitende aus Brasilien etc. werden in der Zentrale gezielt weiterentwickelt
(Expertengespräche). Um eine Dynamik zwischen der Finanzzentrale und den
Regionen aufrechtzuerhalten und ein stabiles, globales Expertennetzwerk unter
Finanzmitarbeitern aufzubauen, ist eine *globale Jobrotation* ein interessanter Ansatz und wird in schwierigen Zeiten schnell zum geeigneten Mittel, um Wissen
einfach zusammenzubringen (vgl. Desai 2008, S. 3f.).

Der folgende Exkurs verdeutlicht, wie sehr neben den rechtlichen und Kapitalmarkt-basierten Unterschieden auch die interkulturellen Unterschiede eine global ausgerichtete und standardisierte Finanzorganisation erschweren:

Exkurs: zusätzliche Komplexität durch Interkulturalität

Einige Beispiele aus den Expertengesprächen verdeutlichen die unterschiedliche Orientierung und Ansichtsweise verschiedener Kulturen: Was als erstrebenswert empfunden wird, schlägt sich auch in der Unternehmensführung und in der Finanzrechnung nieder.

- In den *USA* interessiert stark: Was kommt als Bottom-Line-Ergebnis heraus, um unsere (externen) Shareholder zu befriedigen? Finanzielle Prosperität ist sehr wichtig, ebenso die Durchsetzung gegen andere im Wettbewerb.

- In *Indien* gibt es im privaten Wirtschaftssektor eine größere Bottom-Line-Orientierung als in den USA, allerdings auch mit einer sehr starken Familien-Komponente in den Eignerstrukturen, gerade bei den großen Konglomeraten. Staatsbetriebe dagegen zeigen eher eine Bürokratie- als eine Gewinnorientierung.

- In *Japan* ist ein Unternehmen primär nicht da, um Profit zu machen, sondern um eine gesellschaftliche Aufgabe zu erfüllen und ein Auskommen für eine möglichst große Mitarbeiterschaft zu garantieren. Japaner sind zudem viel stärker konsensgetrieben als US-Amerikaner, Europäer oder Chinesen – das gilt auch in der finanziellen Berichterstattung.

- In *China* waren über Jahrhunderte Assets (insbesondere Land, nachwachsende Ressourcen) einfach da und wurden genutzt. Daher ist in der Buchhaltung nie das Konzept der Abschreibung entstanden. Es geht eher darum: Was kommt herein und was als Ergebnis heraus? Es gibt daher dort ein viel weniger professionalisiertes Asset Management als in Europa und den USA, was sich auch negativ auf eine optimale Ressourcenallokation auswirkt. Aus dem Kommunismus gibt es noch die Idee der »Iron Ricebowl« nach der möglichst viele Leute beschäftigt sein sollten, ungeachtet der eigentlichen Profitabilität einer Unternehmung. Im Herzen ist China aber historisch ziemlich kapitalistisch, allerdings immer bezogen auf das unmittelbare (familiäre) Netzwerk. So bleibt Geben und Nehmen nur im unmittelbaren »Circle of Trust« selbstverständlich, und opportunes Verhalten wird nicht als verwerflich angesehen.

- In *Deutschland* sehen Unternehmen, im Sinne der nach dem zweiten Weltkrieg installierten sozialen Marktwirtschaft, ihren Auftrag als sowohl gesellschaftlich (»Wohlstand für Alle«) als auch kompetitiv (Profitabilität als Mittel zur Durchsetzung gegen die Konkurrenz) – auch wenn der Druck, Gewinn zu erwirtschaften und zu wachsen viel stärker geworden ist, insbesondere durch Übernahme US-amerikanischer Management-Prinzipien.

Wie also bringt man einem chinesischen Manager Asset Management bei, wenn er das weder gelernt hat noch wichtig findet? Oder wie überzeugt man einen Japaner, dass der Shareholder das Wichtigste ist? Dort sind Investoren wie die Eltern: Sie sind wichtig und werden respektiert, aber man hat sich emanzipiert, und sie haben nichts zu bestimmen und halten sich zurück.

Mithin schlagen sich diese unterschiedlichen Wirtschafts-»Philosophien« in den verschiedenen Regularien der einzelnen Länder nieder und bestimmen so auch auf legislativer, institutioneller und prozessualer Ebene das wirtschaftliche Verhalten. Der internalisierte gesellschaftliche Konsens des Einen wird damit zum scheinbar unüberwindlichen Hindernis des ausländischen Geschäftspartners.

Interessanterweise dominieren in den Finanzfunktionen nicht die wissenschaftlich entwickelten Konzepte, sondern es regiert eher die Empirie, aus der ex post dann Konzepte werden. Das macht Finanzmitarbeiter zu Experten im Explorieren: Was geht? Was geht nicht? Was bringt das Unternehmen voran? etc. Dabei ist der grundsätzliche Zugang oft der von Einzelkämpfern: Jeder Controller baut seine eigenen Excel-Berichte. Auch gemeinsame Lösungen werden oft noch ergänzt durch eigene Tools, damit sie genau zu den Bedürfnissen passen (Expertengespräche). Dieser Umstand verdeutlicht, wie wichtig Teamaufgaben sind, wie sie oben im Beispiel dargestellt wurden.

Finanzmitarbeiter, die in der Lage sind, neben den klassischen Kompetenzen auch neue Analyseformate zu erlernen, die sich in der komplexen Umwelt zurechtfinden und die Organisation aufgrund ihres zusätzlichen Geschäftswissens kompetent und effektiv kommunizieren und beraten können, sind dünn gesät. Typischerweise kosten solche Personen auch mehr. Die CFO-Studie kommt daher auch zu dem Ergebnis, dass ein »ausgewogenes Verhältnis zwischen hoher Fachkompetenz und den entsprechenden Personalkosten einen kritischen Faktor beim Aufbau der Teams darstellt« (IBM Institute for Business Value 2010, S. 33).

Personen außerhalb der Finanzfunktion
Die Frage, wie viel Ahnung Personen außerhalb von Finanzbereichen von finanziellen Belangen des Unternehmens haben sollten, wird viel diskutiert. Außer Frage steht sicherlich, dass Führungskräfte ein Grundverständnis finanzieller Dynamiken haben sollten, um neben der 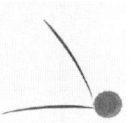 finanziellen Gesamtsituation des Unternehmens auch die des eigenen Verantwortungsbereiches nachvollziehen zu können und Entscheidungen zur Unternehmensentwicklung zu treffen, die die finanzwirtschaftliche Perspektive einbauen. Doch in welchem Ausmaß ist solches Wissen tatsächlich ein Mehrwert und für welchen Personenkreis?

Es macht Sinn, dass Mitarbeitende erkennen, wie sich ihr Handeln direkt und indirekt auf die Finanzkraft des Unternehmens auswirkt. Das kann auch positive Auswirkungen auf bestimmte Dauerthemen haben: zum Beispiel die Vorratsbeschaffung – was macht wirklich Sinn, eher schlank oder »auf Halde«? Diese Themen können auch den Mitarbeitenden nahegebracht werden, anhand einfacher Beispiele, durch Erklärungen von Führungskräften oder durch grafische Unterstützung. In einigen Firmen gehört diese Informationsweitergabe und Weiterentwicklung der Mitarbeitenden bereits zur Zielvereinbarung der Führungskräfte (Expertengespräche). Dabei muss im Auge behalten werden, dass man zum Beispiel Entlohnungsschemata nicht zu eng an einzelne KPIs knüpft. Sonst geht es schnell einfach um die Maximierung des eigenen Gehalts und nicht um die eigene Tätigkeit insgesamt und deren Nützlichkeit für das Unternehmen im Gesamten. Je komplexer und volatiler das jeweilige Handlungsumfeld ist, desto wichtiger sind Zielkriterien, die den unternehmerischen Lösungsfokus und den Beitrag zur »Desired Future« fokussieren. Das erfordert mehr Dialog- und Diagnosearbeit in der Konkretisierung und der ex post Bewertung der Leistung, sichert aber die unternehmerische und lösungsorientierte Ausrichtung der Mitarbeitenden und sorgt für die Verbindung von Entlohnung und gemeinsamem Lernen durch gemeinsame Auswertung. Zugleich darf das Abstraktionsniveau nicht zu hoch sein, damit die Personen noch in der Lage sind, den eigenen Beitrag zur Unternehmensentwicklung zu erkennen bzw. herzustellen. Die Frage lautet daher: Was haben Leute im täglichen Tun im Überblick? Wie verbindet man das mit einem Informationssystem? (Expertengespräche)

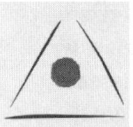

Führung

Wie bereits mehrfach beschrieben, ist bei CFOs der Fokus auf das Unternehmen deutlich stärker geworden. Die Dimensionen, die besonders im Fokus stehen, zeigt Abbildung 43.

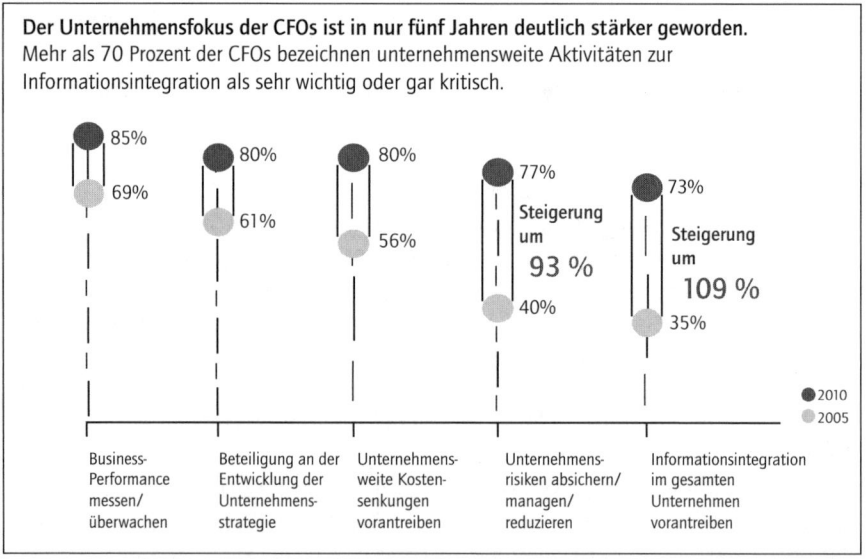

Abb. 43: Gesteigerter Unternehmensfokus bei CFOs (vgl. IBM Institute for Business Value 2010, S. 14)

Die Fokusse, die Führungskräfte in den Finanzbereichen heute im Auge behalten, sind vielfältig. Ihr **Navigationssystem** vereint operative, strategische, realwirtschaftliche und finanzmarktorientierte Größen (vgl. IBM Institute for Business Value 2010, S. 15 sowie diverse Expertengespräche). Wesentlich ist:

- das Verständnis, welche Indikatoren für welche Konsequenzen stehen
- die Unterscheidung, welche Ergebnisse und Informationen wie oft und wem vorliegen müssen – monatlich, wöchentlich, stündlich oder in Echtzeit – als eine Art aktive »Data-Governance«
- klare Prozesse und Zuständigkeiten etablieren, um solch konsistente Daten zu ermöglichen
- Involvierung in das Management von Unternehmensrisiken, auch jenseits von Finanzrisiken. Schließlich haben auch strategische, betriebliche, geopolitische, rechtliche oder ökologische Risiken letztlich finanzielle Konsequenzen. Dies geschieht in Zusammenarbeit mit volkswirtschaftlichen Analysten.
- Veränderungen am Kapitalmarkt beobachten: Wechselkurse, Zinsen, Preise für Verschuldung etc.
- Optionen für Konzernfinanzierung ausloten wie Anleihen etc.
- Kurz- und langfristige Planungshorizonte verbinden: Refinanzierungsprojekte, Bedarfsanalysen, Absicherungen etc.
- Absicherungsparameter bestimmen als einen Korridor, beispielsweise Limitsysteme entwickeln, die Diversifizierung gewährleisten oder eine Mindestverzinsung definieren
- Entwicklung passender Kennzahlen gemeinsam mit dem Topmanagement, die zum Unternehmen passen und von der Führungsmannschaft verstanden werden, z. B. WACC (Weighted Average Cost of Capital) eher als effektive Zinsen
- Aufbau integrierter Kennzahlensysteme mit einem vernünftigen, ganzheitlichen Blick auf das »System Unternehmen«: finanzwirtschaftliche Kennzahlen, betriebswirtschaftliche Kennzahlen sowie funktions- oder branchenspezifische und auch nicht-monetäre Kennzahlen (z. B. Produktivitätskennzahlen oder Qualitätskennzahlen in der Produktion). Solche Kennzahlensysteme sollten nicht als alleiniges Allheilmittel in der erfolgreichen Steuerung des Unternehmens verstanden werden, doch hilfreich sind sie allemal. Diese Form der stringenten Nutzung solcher KPI-Systeme ist für viele Unternehmen nach wie vor ein Novum. Dabei gilt es, das Gesamtbild dieser Kennzahlen und Indikatoren mit ihrer Wirkung auf Entscheidungen und Verhalten mitzudenken, zu eruieren, welche Systemdynamik damit geschaffen wird und darauf zu achten, sich vor Übersteuerung (und Untersteuerung) zu schützen.

Führung im Finanzbereich hat also **signifikant neue Themen** zu bearbeiten, als Beitrag zu einem agilen Expertenunternehmen. Konkret heißt das für Führung:

1. schnell, reaktiv, (Exploit) agieren und gleichzeitig bzw. periodisch auch verlangsamen, proaktiv, Explore-Formate einbringen

2. den Finanzbereich als Unternehmen denken mit eigener Strategie, Kunden, pointiertem Leistungsangebot und nicht als bloß internen Dienstleiser. Was heißt das konkret für die eigene Strategie, Kundenbindung, Rollenvielfalt, Wertschöpfungskette, das Navigationssystem etc.?

3. »das Unerwartete managen« mit einem Team von Experten, sowohl dem eigenen Team als auch Teams mit internen Kunden. Dies geschieht in einem Modus von Ko-Kreation, in dem die Teammitglieder sich auf einen offenen Lösungsfindungsprozess einlassen. Es geht mehr darum, zu gestalten und gemeinsame Annahmen zu entwickeln, als darum, zu analysieren.

Diese Vielfalt an Aufgaben bedingt eine enge Abstimmung innerhalb der Finanzbereiche und eine enge Anbindung an Topmanagement, Strategieabteilung und Geschäfts- bzw. Fachabteilungen. Die Beziehungs- und Kommunikationsqualität wird zum entscheidenden Faktor, wenn solch komplexe Aufgaben bewältigt werden müssen (vgl. Bryan 2009, S. 5). Schließlich geht es gerade im Führungskreis darum, einer allzu engen Kopplung mit den Renditeerwartungen der Anleger zu entgehen. Die Bearbeitung des Zielkonfliktes heißt, einerseits genügend Kapital zum Weitermachen zu erwirtschaften und andererseits auf Dauer solche Leistungen zu erbringen, die die Kunden zufriedenstellen und für sie attraktiv sind. Das verursacht Spannungen, für deren Bearbeitung die Expertise von Finanzfachleuten einen wesentlichen Beitrag leistet (vgl. Wimmer 2010, S. 261).

Zukünftige Entwicklung

Als weitere inhaltliche Stoßrichtung bietet sich an, Unternehmens- und Organisationsentwicklungsprojekte aus der finanzwirtschaftlichen Perspektive besser zu begleiten und zu analysieren. Mit einer **Wirtschaftlichkeitsrechnung,** analog zu anderen Investitionsprojekten aufgesetzt, kann eher die Frage nach der Zukunftsrelevanz beantwortet und auch ein Beitrag zur Professionalisierung der Beteiligten und der Entscheider solcher Projekte beigetragen werden: Was kosten sie – auch jenseits von Beraterkosten und Feasibility Studies – an Geld und Zeit? Was bringen sie an Geld, Zeit, Motivation, »Spirit« etc.? Das würde solche Projekte anschlussfähiger machen für das Topmanagement, auch im Hinblick auf ihr strategisches Gewicht. Schließlich werden bei Kapitalverknappung zuerst solche Projekte gekappt, von denen man nicht weiß, wie viel sie bringen (Expertengespräch).

Eine interessante Idee ist die Weiterentwicklung der Finanzmitarbeiter in Richtung eines Konzeptes, das in den HR-Bereichen bereits erfolgreich angewandt wird: der **Business Partner.** Eine Art Controlling- und Finanz-Business-Partner könnte Fachabteilungen in ihrer finanziellen Ausrichtung, ihrer Planung, ihrer finanziellen Zielerreichung und ihrem Kompetenzaufbau in Richtung Finanzen unterstützen, während die Business-Partner gleichzeitig wichtige Einsichten in den Geschäftsbetrieb gewinnen. So wären Leistungserstellung und Kapitalausstattung enger verzahnt und aufeinander bezogen (Expertengespräch).

Weiterlesen

Verwandte Ent-Scheidungen: Internationalisierung und Interkulturalität, Governance, Compliance und Business Ethics, Resilienz – Robustheit und Agilität
Passende Werkzeuge: Aufstellung relevanter Unterschiede, Business Model Canvas, Digitales Entscheiden, Wargaming
Fälle: Fall 5: Den Wandel verändern

Literatur

Bryan, Lowell (2009): Dynamic management: Better decisions in uncertain times. In: McKinsey Quarterly, Dezember 2009.
Desai, Mihir A. (2008): The finance function in a global corporation. In: Harvard Business Review, Juli-August 2008.
IBM Institute for Business Value (2010): Die Finanzorganisation: Der neue Value Integrator. Einsichten aus der globalen Chief Financial Officer Studie. Ehningen u. a. O. 2010.
Kaiser, Kevin/Young, S. David (2009): Need cash? Look inside your company. In: Harvard Business Review, Mai 2009.
Raynor, Michael E./Ahmed, Mumtaz (2013): Three rules for making a company truly great. In: Harvard Business Review, April 2013.
Wimmer, Rudolf (2002): Aufstieg und Fall des Shareholder Value-Konzepts. In: OrganisationsEntwicklung 4_02, S. 70-83.
Wimmer, Rudolf (2003): Unternehmer in ethischen Konfliktsituationen. Zur Renaissance ethischer Fragen in der Unternehmensführung. In: Forumsletter 2_2003. S. 2.
Wimmer, Rudolf (2010): Das Leitprinzip des Shareholder Value hat ausgedient. Gehört die Zukunft den Familienunternehmen? In: Pasero, Ursula/van den Berg, Karen/Kabalak, Alihan (Hrsg.): Capitalism revisited. Anmerkungen zur Zukunft des Kapitalismus. Marburg 2010.

3.10 Ent-Scheidung 10: Nachhaltigkeit

Mitgewirkt hat Maximilian Manderscheid

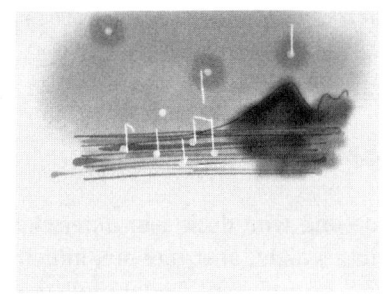

Zugrunde liegende Trends: Klimawandel, zunehmende Klimakatastrophen, Ressourcenknappheit, Veränderungen in persönlichen Wertesystemen, komplexere Stakeholder-Geflechte, veränderte – im Westen wachsende – Ansprüche an Unternehmen

Unsere Thesen:

* Eine Definition des Begriffes ist anspruchsvoll, weil er erstens normativ aufgeladen und zweitens objektiv schwer zu fassen bzw. zu konkretisieren ist. Ein Beispiel: Wo fängt eine Wertschöpfungskette an, wo hört sie auf, wie will man ihre Nachhaltigkeit einschätzen?

* Unternehmen sind durch die Logik unseres Wirtschaftssystems zunächst darauf ausgerichtet, ihre (vor allem: kurzfristige) Zahlungsfähigkeit zu sichern. Daher gibt es kein natürliches systemlogisches Interesse an ökologischer und sozialer Nachhaltigkeit.

* Erst sind Investitionen notwendig. Die »Ernte« kommt erst langfristig und ist für Unternehmen schwer zu beziffern (z. B. in Form von Reputationsgewinn).

* Bei vielen Personen gibt es ein individuell wachsendes Bewusstsein bzw. eine Handlungsbereitschaft, Nachhaltigkeit in Entscheidungen mit einzubeziehen.

* Bestehende organisationale Routinen verhindern oft mehr Nachhaltigkeit im Sinne von »never change a running system«, besonders wenn diese als »nice to have« angesehen wird.

* Ökologie und Ökonomie auszubalancieren und authentisch nach außen zu kommunizieren, ist anspruchsvoll: Es drückt zum einen aus, wie das Unternehmen kurzfristige Gewinninteressen in Relation zur langfristigen Lebensfähigkeit insgesamt balanciert. Zugleich sind die Indikatoren von Nachhaltigkeit Gegenstand hoch differenzierter Expertendiskussionen, die für Nichtexperten oft schwer nachvollziehbar sind, sodass Nachhaltigkeit dann wieder ein »Glaubensthema« ist bzw. unterschiedlich interpretiert werden kann.

* Nachhaltigkeit wird, wenn in die Unternehmenslogik übersetzt, oft auch zu einer Marketingkampagne, die dazu dient, Kunden zu gewinnen.

* Offen ist, ob Öko-Kapitalismus ein »Blue Ocean«-Thema für Unternehmen ist, das neue Möglichkeiten bietet. Dies auch, weil sich durch die rasch wachsenden großen Märkte im Osten (China, Indien etc.) das Spannungsfeld Ökonomie – Ökologie noch schneller zuspitzt und nach Reaktionen verlangt.

* Nachhaltigkeit ist eines der an Bedeutung gewinnenden Themen, das intersektorale Anstrengungen der gesellschaftlichen Teilsysteme braucht (Politik, Recht, Wirtschaft, Medien, Technik, Wissenschaft etc.), um selbst nachhaltig entwickelt zu werden.

Klassische Spannungsfelder:
* wirtschaftliche Nachhaltigkeit (Erhalt der Zahlungsfähigkeit) gegenüber ökologischer Nachhaltigkeit (Umweltverträglichkeit)
* Realität nachhaltiger Handlungen gegenüber Vermarktung von Nachhaltigkeit
* Aufmerksamkeit und Bewusstsein für das Thema gegenüber tatsächlichen Verhaltensänderungen gegenüber Evangelismus

3.10.1 Definition und warum dieses Thema?

Der Begriff **Nachhaltigkeit** ist in aller Munde und wird doch sehr unterschiedlich gebraucht. Eine eindeutige Definition gibt es nicht, aber hier drei hilfreiche Versionen, die die Entwicklung des Begriffs verdeutlichen. Der »Erfinder« des Begriffs, Hans Carl von Carlowitz bezog ihn auf die Forstwirtschaft und schrieb

1713 in seinem sehr erfolgreichen Werk *Silvicultura Oeconomica,* »der Mensch müsse erforschen, wie ›die Natur spielet‹, und dann ›mit ihr agiren‹ und nicht wider sie« (Carlowitz 1713, zitiert in: Grober 1999, S. 4). Seine Schlussfolgerung lautete daher »(…) wird derhalben die größte Kunst, Wissenschaft, Fleiß, und Einrichtung hiesiger Lande darinnen beruhen, wie eine Conservation und Anbau des Holzes anzustellen, daß es eine continuirliche beständige und *nachhaltende Nutzung* gebe, weil es eine unentbehrliche Sache ist, ohne welche das Land in seinem Esse nicht bleiben mag.« (Carlowitz 1713, zitiert in: Grober 1999, S. 4)

1992 tagte die UN-Konferenz für Umwelt und Entwicklung in Rio. Dort wurde erstmals die Dreiteilung des Begriffes in eine *ökologische,* eine *soziale* und eine *ökonomische Komponente* vorgenommen. Diese Komponenten sind voneinander abhängig und bedingen einander in gewisser Weise. Dieses Kapitel widmet sich vor allem der ökologischen Nachhaltigkeit und dem Spannungsfeld zur wirtschaftlichen Überlebensfähigkeit. Eine wiederum allgemeinere Definition abstrahiert Bernd Klauer (1999):

> »Die Gemeinsamkeit aller Nachhaltigkeitsdefinitionen ist der *Erhalt eines Systems* bzw. bestimmter Charakteristika eines Systems, sei es die Produktionskapazität des sozialen Systems oder des lebenserhaltenden ökologischen Systems. Es soll also immer Lebensfähigkeit langfristig bewahrt werden zum Wohl der zukünftigen Generationen.«

Das »sollen« impliziert bereits die größte Schwierigkeit des Begriffs: Nachhaltigkeit wird hauptsächlich normativ verwendet. Daher tun sich Unternehmen oft schwer mit diesem Konzept. Von wem dieses »Sollen« an sie herangetragen wird, in welchem Ausmaß und auf welcher Basis, wie sie dieses »Sollen« für sich selbst begreifen, übersetzen und schließlich als Auftrag verstehen, ist höchst unterschiedlich.

Vorrangiges Ziel eines Systems ist sein Selbsterhalt. Dieser Selbsterhalt könnte mit Nachhaltigkeit gleichgesetzt werden. Aber die Komponenten der sozialen und ökologischen Nachhaltigkeit sind nicht per se als Ziele eines Unternehmenssystems vorhanden. Selbsterhalt bedeutet für ein Unternehmen in erster Linie die *Sicherung der Zahlungsfähigkeit,* die in unserem Wirtschaftssystem durch Gewinne und durch Liquidität bzw. Zugang zu Liquidität entsteht. Warum und wie ökologische Nachhaltigkeit nun doch als Begriff und als Konzept in Unternehmenssystemen relevant wird – als Beitrag zu dessen Selbsterhalt – ist nicht generell zu beantworten. Je nach gesetzlichen Vorgaben oder Anreizen, nach Branche, Kundenstruktur, Mitarbeiterstamm, Überzeugungen des Gründers, geografischer Lage und vor allem auch nach dem bereits erreichten wirtschaftlichen Wohlstand und vielen anderen Einflussfaktoren, verspüren Unternehmen **Anreize, sich diesem Thema auf irgendeine Art und Weise zu widmen.** Die größten Anreize – für deutsche Unternehmen – sind derzeit:

- aufseiten der Endkunden *steigt die Nachfrage nach »nachhaltigen« Produkten.* Egal ob Fair-Trade-Logo, Öko-Test-Sieger oder Bio-Siegel – immer mehr Personen entscheiden sich lieber für Produkte, die solche Auszeichnungen haben, vor allem, wenn diese leicht zu erwerben sind und nicht wesentlich teurer als Alternativen. Laut einer Umfrage sind 72 Prozent der Europäer bereit, eine gewisse Prämie für nachhaltigere Produkte zu bezahlen (vgl. World Economic Forum 2012, S. 13). Doch das Verständnis, was ein nachhaltiges Produkt ist, ist kulturell sehr unterschiedlich. Was in einem Land selbstverständlich ist (z. B. Verzicht auf Konservierungsmittel), dessen Gegenteil ist in anderen ein Qualitätsmerkmal (also im Beispiel durch Konservierungsmittel länger haltbare Lebensmittel).

- *gesetzliche Vorschriften werden strenger* und vielfältiger: Vorgaben zur Behandlung der Mitarbeitenden (derzeit: Mindestlohn), zur ökonomischen Sicherung (derzeit: Basel III) und zur Umweltbelastung (derzeit: Senkung fluorierter Gase, Energieeffizienz, Klimaschutz) unterstützen eine nachhaltige Entwicklung.
- *Knappe Ressourcen* – aufgrund ihrer natürlichen Begrenztheit oder resultierend aus Umweltkatastrophen und Umweltschutzprogrammen – führen in Unternehmen zu Engpässen. Diese Ressourcen langfristig zu sichern oder sich nach nachhaltigeren Alternativen umzusehen, wird für viele Unternehmen Realität, so z. B. in der Energiebranche, Transportbranche etc. Und fast alle Branchen und sehr viele Regionen sind betroffen vom zu erwartenden Wassermangel, der 2030 bereits 40 Prozent der gesamten Nachfrage betreffen könnte (vgl. World Economic Forum 2012, S. 10). Zugleich gibt es unter den Stakeholdern (Länder/Regionen, Industrien, Politik) je nach ihrer Perspektive nur selten Übereinstimmung über die Dringlichkeit zu handeln und über geeignete Vorgehensweisen (vgl. World Economic Forum 2014, S. 5)
- *Preisvolatilität von Grunderzeugnissen* erzeugt Unsicherheit und begrenzt Wachstum. Beispielsweise stiegen von 2000 bis 2010 die Weltmarktpreise von Baumwolle um 75 Prozent, von Kakao um 246 Prozent und von Palmöl um 230 Prozent. Die Auswirkungen solch starker Schwankungen könnten vermindert werden, wenn wirtschaftliches Wachstum vom Rohmaterialeinsatz teilweise entkoppelt und entlang der Wertschöpfungskette – zum Beispiel durch Recycling – nachhaltiger gestaltet würde (vgl. World Economic Forum 2012, S. 10).
- Auch innerhalb von Unternehmen gibt es auf Mitarbeiter-, Führungs- und Gründerebene Akteure, denen mehr Nachhaltigkeit wichtig ist bzw. die diese fordern. In vorbildlich nachhaltig agierenden Unternehmen wird dieses Vorgehen auch für die *Attraktion und Retention von Talenten* genutzt.
- Die öffentliche und mediale Aufmerksamkeit macht es nötiger, unternehmerisches Vorgehen in Relation zu Nachhaltigkeit zu rechtfertigen, offenzulegen oder hervorzuheben. Hierdurch entsteht auch das Bedürfnis, Skandalen oder Kritik proaktiv entgegenzuwirken. Das bedeutet, dass *Marketing*abteilungen und Kommunikationsabteilungen gefragt sind, das Unternehmen zum Thema zu positionieren.

- Die meisten Unternehmen sind immer auf der Suche nach Möglichkeiten, *Kosten zu reduzieren.* Die Erhöhung des Effizienzgrades in Prozessen, Abläufen und Ressourcen spart unmittelbar Geld ein. Deswegen sind viele Unternehmen daran interessiert, dort nachhaltiger zu werden, wo es unmittelbare monetäre Effekte gibt. Vor allem das Thema Energieeffizienz ist branchenübergreifend ein Anliegen.
- Ein letzter Anreiz entsteht durch den *Vergleich zu Wettbewerbern.* Wenn diese bestimmte Standards setzen, die dann gesellschaftlich erwartet werden, sehen sich Unternehmen im Zugzwang, in dieser Hinsicht ebenfalls nachhaltiger zu agieren, um wettbewerbsfähig zu bleiben (wie z. B. die Fortschritte in der Wärmedämmung, v.a. bei Fenstern; die Energieeffizienzklassen bei Waschmaschinen und Kühlschränken etc.).

Bei all diesen Varianten geht es darum, das Thema Nachhaltigkeit wirkungsvoll in die Unternehmenslogik zu übersetzen.

> *»Mein Sohn, sey mit Lust bey den Geschäften am Tage, aber mache nur solche, dass wir bey Nacht ruhig schlafen können.«*
> *Johann Buddenbrook sen. in Thomas Mann:*
> *Buddenbrooks (1901), IV, 1., S. 190*

Ein der Nachhaltigkeit eng verwandtes – und oft synonym verwendetes – Konzept ist die **Corporate Social Responsibility** (CSR, dt. soziale Verantwortung in Unternehmen). Viele internationale Dachverbände haben bereits Handlungsempfehlungen zu CSR herausgegeben. So bietet die OECD (plus acht weitere Staaten) Leitsätze für multinationale Unternehmen, die in Zusammenarbeit mit Unternehmen, Gewerkschaften und der Zivilgesellschaft entworfen wurden. Sie umfassen die Bereiche Grundpflichten, Informationspolitik, Menschenrechte, Beschäftigungspolitik, Umweltschutz, Korruptionsbekämpfung, Verbraucherinteressen, Wissenschaft und Technologie, Wettbewerb und Besteuerung. Auf europäischer Ebene wurde im Oktober 2011 durch die Europäische Kommission die neue Strategie zur Corporate Social Responsibility »*A Renewed EU Strategy 2011-14 for Corporate Social Responsibility*« verabschiedet (vgl. Europäische Kommission 2011). Darin wird CSR neu definiert als »die Verantwortung von Unternehmen für ihre Auswirkungen auf die Gesellschaft.« (Europäische Kommission 2011, S. 7) Und weiter heißt es: »Damit die Unternehmen ihrer sozialen Verantwortung in vollem Umfang gerecht werden, sollten sie auf ein Verfahren zurückgreifen können, mit dem soziale, ökologische, ethische, Menschenrechts- und Verbraucherbelange in enger Zusammenarbeit mit den Stakeholdern *in die Betriebsführung* und in ihre Kernstrategie *integriert* werden.« (Europäische Kommission 2011, S. 7; Hervorhebung d. Verf.)

Der reinen Begrifflichkeit nach ist CSR demnach ein Gerüst der sozialen und gesellschaftlichen Dimension von Verantwortung, das den ökologischen Aspekt einschließt. Nachhaltigkeit ist demgegenüber ein Konzept, das vor allem auf die langfristige und gesamthafte Wirkung der Handlung abzielt. Unternehmerisches Verhalten soll so gestaltet werden, dass es mit ökonomischen, sozialen und ökologischen Faktoren langfristig vereinbar ist. Dieses Kapitel legt den Fokus auf die Langfristigkeit und den ökologischen Aspekt von Nachhaltigkeit, weshalb CSR hier nicht gesondert weiter behandelt wird.

3.10.2 Status quo

Nachhaltigkeit ist als Thema in Unternehmen angekommen. 50 Prozent der Unternehmen haben bereits ihre Strategie angepasst, um die Chancen des Themas zu nutzen (vgl. Kiron et al. 2013). Und durchschnittlich 80 Prozent der Befragten (CFOs und Investitionsexperten) gaben an, dass ökologische und soziale Faktoren in die Evaluation ihrer strategischen Projekte einfließen (vgl. Bonini et al. 2009, S. 6). Aber 37 Prozent der befragten Executives sehen das Thema Nachhaltigkeit auch in Konkurrenz zu anderen Prioritäten (vgl. Haanaes et al. 2011). Zusätzlich wird das Thema gebremst durch die Auswirkungen der Finanzkrise bzw. generell durch ökonomische Engpässe. Ein Jahr nach der Lehmann-Insolvenz gab die Hälfte der Befragten an, dass ökologische Nachhaltigkeitsbemühungen eine niedrigere Wichtigkeit hatten, als noch vor der Krise. Für soziale Bemühungen galt dies für 37 bis 48 Prozent der Befragten (vgl. Bonini et al. 2009, S. 5). Das ökonomische Prinzip hatte Vorrang.

Nachhaltigkeitsaktivitäten konzentrieren sich vor allem auf folgende Handlungsfelder (vgl. Bonini/Görner 2011, S. 3; Studie mit knapp 3 000 Befragten):
- Mehr als die Hälfte der Befragten bemüht sich konkret um die Reduktion des Energieverbrauchs, um Abfallreduktion in der Produktion und um das Management der Unternehmensreputation zum Thema Nachhaltigkeit.
- Zwischen 30 und 45 Prozent der Befragten gaben als konkrete Aktionen ihrer Unternehmen an: gesetzliche Auflagen als Anreize zu sehen, Emissionen zu reduzieren, Nachhaltigkeitstrends zu verfolgen und Erfolg versprechende Maßnahmen zu prüfen, Wasserverbrauch zu reduzieren und die F&E-Bereiche zur Entwicklung nachhaltigerer Produkte zu verpflichten.
- Und immerhin 18 bis 28 Prozent der Befragten konzentrieren sich in ihren Unternehmen auf folgende Maßnahmen: die hohe Nachhaltigkeit existierender Produkte nutzen, um neue Kundengruppen anzusprechen, Mitarbeiterbindung zu stärken und Motivation zu erhöhen, Risiken durch Klimawandelfolgen zu minimieren sowie höhere Preise oder größere Marktanteile durch nachhaltige Produkte zu erzielen.

In welche Geschäftsprozesse und -bereiche das Thema Nachhaltigkeit in Unternehmen vollständig oder größtenteils integriert ist, zeigt die Abbildung 44.

Abb. 44: Nachhaltigkeit in Geschäftsprozessen (vgl. Bonini/Görner 2011, S. 4; Übersetzung d. Verf.)

Auffällig ist die Überbetonung des Themas in der Kommunikation und Außendarstellung im Gegensatz zu konkreten Maßnahmen in den Geschäftsprozessen und Stakeholder-Beziehungen. Die These dazu lautet, dass Aktionen für mehr Nachhaltigkeit für Unternehmen dann lohnenswert sind, wenn sie neben den Kosteneinsparungen, Risikominimierungen und Absatzpotenzialen auch die Vermarktung und Kommunikation an externe und interne Stakeholder adressieren, deren Verhalten sich dann zusätzlich positiv für das Unternehmen auszahlt (sei es durch mehr Konsum, mehr Investitionen, positive Medienberichterstattung etc.).

Auch die Branche ist ein entscheidender Faktor dafür, welche Rolle Nachhaltigkeit spielt. Die Endlichkeit bestimmter natürlicher Ressourcen hat aus Nachhaltigkeitssicht den Effekt, dass Unternehmen die Notwendigkeit eines Umdenkens von sich aus erkennen. Energiekonzerne sehen sich beispielsweise schwindenden Rohölvorkommen gegenüber und müssen Alternativen erforschen und zur Marktreife bringen (erneuerbare Energien bzw. neue Technologien wie etwa Fracking). Industrien mit Fokus auf Manufacturing und High Tech setzen auf mehr Energieeffizienz als Innovationstreiber. Andere Branchen (Beratung, viele Dienstleistungen) haben Nachhaltigkeit noch nicht so intensiv als strategisches Anliegen im Blick.

Aber auch wenn viele Unternehmen bereits die Nachhaltigkeitsfolgen ihres eigenen Handelns besser verstehen, haben nur die wenigsten ein fundiertes Verständnis davon, was entlang ihrer gesamten Wertschöpfungskette in der Kosten/Nutzen-Relation und unter dem Aspekt der Nachhaltigkeit passiert. Dazu mehr Wissen und Verständnis im Unternehmen aufzubauen, ist anspruchsvoll und erfordert Instrumente und Methoden zu Diagnose und Analyse bzw. Nachhaltigkeitskonzepte, die ihre Prämissen deutlich machen. Sie sind aber zugleich die Voraussetzung dafür, Verantwortung für den nachhaltig gestalteten Gesamtprozess zu übernehmen.

Unternehmen, die international agieren, stehen darüber hinaus verschiedenen Stakeholdern wie Gesetzgebern, Medien, Nichtregierungsorganisationen (NGOs) und Konsumenten gegenüber, die sehr unterschiedliche Schwerpunkte dazu haben, was ihnen in punkto Nachhaltigkeit wichtig ist und was nicht. Neben den Gesetzen gibt es also jede Menge sozio-kulturell geprägte »Soft Laws«, mit denen sich Unternehmen konfrontiert sehen. Unternehmen wählen, daraus abgeleitet, jene Kombination an Nachhaltigkeitsaktivitäten, die ihrer Logik und Kernidentität am meisten entsprechen.

3.10.3 Barrieren

Zum Status quo gehören auch Barrieren und Hindernisse, die einer flächendeckenden Initiative für mehr Nachhaltigkeit, beziehungsweise der Skalierung bestehender Ansätze im Weg stehen. Diese betreffen verschiedene Dimensionen (vgl. World Economic Forum 2012, S. 20f.):

1. die **Nachfrageseite,** vor allem den Einfluss und das Engagement von Konsumenten. Auch wenn Konsumenten behaupten, dass ihnen Nachhaltigkeit wichtig ist, sind Bequemlichkeit, Preisbewusstsein, Markenaffinität oder Technikverliebtheit oft stärker. Während in 2011 72 Prozent der befragten Europäer angaben, sie seien Willens »grünere« Produkte zu kaufen, taten dies im vorhergehenden Monat nur 17 Prozent. Global gesehen kam die Aegis Media Consumer Connections Study zu ähnlichen Ergebnissen: Von den 10 000 Befragten in über 40 Ländern gab die Hälfte an, »alles in ihrer Macht Stehende zu tun, um die Umwelt zu schützen«, aber deutlich weniger waren bereit, für nachhaltigere Produkte höhere Preise zu bezahlen und nur 12 Prozent haben sich für Maßnahmen entschieden, die persönliche Einschränkung bedeuten (wie z. B. auf Flugreisen zu verzichten) (*World Economic Forum* 2012, S. 9). Mit dieser Kluft zwischen Selbstbild und Verhalten bei Konsumenten müssen Unternehmen zunächst also rechnen. Anspruch und Bereitschaft zu handeln stehen in einer kognitiven Dissonanz – ein wichtiger Punkt für Unternehmen, die ja auf Kaufentscheidungen angewiesen sind.

2. Aufseiten des **Angebots** gibt es zwei Hauptpunkte:

   a. **fehlende Infrastruktur und Technologien,** um Initiativen zu skalieren. Viele Technologien für Recycling, Energieeffizienz, alternative Energieerzeugung etc. sind bereits vorhanden, aber noch nicht ausgereift genug oder als Infrastruktur zu begrenzt lokal verfügbar, um in großem Umfang bezahlbar eingesetzt zu werden (Elektrotankstellen für Elektroautos etc.). Beispielsweise gibt es weltweit 13 zertifizierte Einrichtungen, die Braun'sche Röhren alter Fernseher einschmelzen und recyceln dürfen. Alle sind in Asien. Die Teile müssen also immense Strecken transportiert werden, um wiederverwertet zu werden. Obwohl dies aus wettbewerblichen Gründen Sinn macht

(Kostengesichtspunkte), verschlingt so der Recycling-Prozess selbst einiges an Ressourcen, die »Netto-Ökobilanz« wird belastet.

   b. **komplexe Wertschöpfungsketten,** die eine Nachhaltigkeitsanalyse und -bewertung erschweren. Wertschöpfungsketten spannen sich oft über Kontinente, sind interdependent und so komplex, dass sie kaum noch transparent nachvollzogen werden können. So wird es sehr schwierig, die Einführung, Zertifizierung und Einhaltung nachhaltiger Standards zu erreichen und zu kontrollieren. Das gilt besonders bei Massengütern und Rohwaren: Bevor z. B. Baumwolle als Produkt in den Handel kommt, durchläuft sie acht Stadien. Während dieser Prozesse wird viel der Rohware vermischt und ihre Herkunft kann nicht zurückverfolgt werden.

3. die **Spielregeln für Erzeugung und Handel:**

   a. Zoll- und Handelsvorschriften, paradoxe oder fehlgeleitete Fördermaßnahmen und Anreize, die selten zwischen »herkömmlichen« und »nachhaltigeren« Produkten und Dienstleistungen unterscheiden bzw. Märkte, die nicht-nachhaltiges Vorgehen stützen. Ein Beispiel ist die staatliche Förderung des Abbaus fossiler Brennstoffe, die andere gesellschaftspolitische Ziele (Arbeitsmarkt, langsame wirtschaftliche Neuausrichtung von Regionen) verfolgt als das der Nachhaltigkeit.

   b. Oft fehlt eine **langfristige und systemische Perspektive** bzw. eine Plattform, auf der die Verknüpfungen zwischen den Perspektiven von Regierungen, Unternehmen, Investoren, Konsumenten und der Umwelt geleistet werden können. Es bräuchte Settings für den sytemübergreifenden Diskurs, in dem die Logiken sinnvoll durchgearbeitet werden, um Lösungsvarianten zu finden, die kompromissfähig sind.

4. Darüber hinaus gibt es **unternehmensinterne Hindernisse,** die die Ausschöpfung des Potenzials nachhaltigeren Vorgehens verhindern (vgl. Bonini/ Görner 2011, S. 8):

   a. **strategisch:** beispielsweise ist der Druck kurzfristiger Finanzleistung konträr zu den langfristigeren Nachhaltigkeitszielen ($\rightarrow$ Ent-Scheidung 9: Finanzierung und Liquidität), Ressourcen für Nachhaltigkeitsinitiativen (Geld, Zeit, Wissen, ...) fehlen, Führungskräfte, die eine solch langfristige Ausrichtung entscheiden könnten, haben zu kurze Arbeitsperioden um noch in den Genuss der Früchte solcher Anstrengungen zu kommen.

   b. **organisational:** etwa fehlende Anreize und KPIs, die an den Fortschritt in Nachhaltigkeitsinitiativen gebunden sind, Geschäftsfelder sind nicht einbezogen worden, Nachhaltigkeitsverantwortliche haben zu wenig Einfluss oder sind abgekoppelt von der Restorganisation oder es tragen zu wenige Personen Verantwortung für die Umsetzung der Nachhaltigkeitsziele

   c. **personenbedingt:** Spezielle Kompetenzen und Wissen, Nachhaltigkeitskonzepte sowie Praxisinstrumente für Maßnahmen und deren Umsetzung fehlen.

d. führungsbedingt: Zum Beispiel versieht die Geschäftsführung die Nachhaltigkeitsziele mit niedriger Priorität, Nachhaltigkeit ist kein Teil der Leistungsbeurteilung bzw. der Eigentümerinteressen.

Eine letzte Barriere für die Skalierung und Ausschöpfung von Nachhaltigkeitspotenzial besteht in der **Einordnung unter das Risikomanagement.** Dann wird nur ein kleiner prozentualer Teil dessen realisiert, was möglich wäre, denn es werden hauptsächlich Wahrscheinlichkeiten geschätzt und proaktive Notfallpläne erstellt. Nachhaltigkeit in diesem Sinne konzentriert sich vorrangig auf Vermeidung von und den Umgang mit potenziell unternehmensschädigenden Themen. Könnte in der Öffentlichkeit die Meinung entstehen, dass ein Unternehmen nicht nachhaltig produziert und dies wird publik gemacht (mit Shitstorms im Internet oder öffentlich durch Aktivisten), so wird Risikomanagement auch in Richtung Nachhaltigkeit gedacht. Dann wird oft eine Strategie des minimalen Aufwands verfolgt. Der Aktionsradius ist folglich genau so groß, wie die potenzielle Beschwerde des Konsumenten oder Aktivisten gravierend. Eine Subsumierung von Nachhaltigkeit unter das Risikomanagement ist also kein langfristiges Umdenken, sondern ein »Wogen glätten«.

3.10.4 Externe Akteure

Bei wenigen Themen sind die externen Akteure so stark die Impulsgeber dafür, was in Unternehmen aufgegriffen wird. Vor allem, da – wie bereits erwähnt – systemintrinsische Anreize für Nachhaltigkeit nicht per se gegeben sind. Die Aktionen der Externen wirken in einem komplexen Geflecht – mal sicht- und spürbar, mal indirekt – auf Organisationen ein. Die Abbildung 45 ist eine sehr vereinfachte Darstellung dazu.

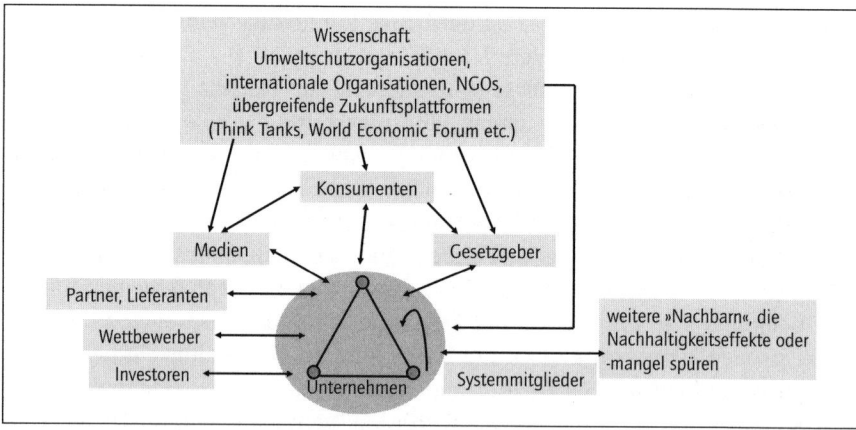

Abb. 45: Geflecht externer Stakeholder

Die folgenden Gruppen haben sehr unterschiedliche Ideen über Nachhaltigkeitsziele und deren Verfolgung:

Investoren

Selbst wenn das Unternehmen und seine Angehörigen intrinsisch motiviert sind, muss den Investoren, Eigentümern bzw. den Aktionären der Sinn zusätzlicher Kosten für mehr Nachhaltigkeit klar sein (sonst sinkt der Kurs). Investoren achten darauf, ob die Ausgaben angemessen sind für die Situation des Unternehmens und ob die Maßnahmen die gewünschten Effekte zeigen. Den Investoren muss klar werden, dass Marktmotive bei den Bemühungen eine wichtige Rolle spielen (vgl. Bhattacharya 2011, S. 2).

In Bezug auf Investoren ist auch das Marketing der bzw. die PR für Nachhaltigkeitsaktionen wesentlich im Sinne der Information von Konsumenten und Kunden darüber, dass dies gemacht wird. Daraus kann ein Reputationsgewinn generiert werden, der wiederum für Anleger zählt (Kohärenz zwischen Maßnahmen und Kommunikation).

Individuen/Konsumenten

Konsumenten können großen Einfluss nehmen, sofern sie ihre Kaufentscheidungen (auch) von Nachhaltigkeitsfaktoren abhängig machen. Sie ändern ihr Kaufverhalten eher, wenn Alternativen zum gleichen Preis und mit gleicher Bequemlichkeit (»Convenience« heißt das Schlüsselwort) zu erhalten sind.

Trotzdem sollten kurzfristige Entrüstungsstürme (in Medien, »Shitstorms« in Social Media wie etwa zu Amazon) nicht unterschätzt werden. Sie sind »Interventionen«, die gesellschaftliche und politische bzw. ökonomische Prozesse auslösen können. Sie weisen etwa auf Missstände hin und machen Politiker oder sogar Staatsanwaltschaft darauf aufmerksam, aktiv zu werden. Die Impulse haben allerdings selten ihren Ursprung auf Plattformen wie Facebook, sondern in damit dann durchaus verwobenen NGO-Kampagnen oder Medienberichten. In der Kombination können Social Media somit sehr einflussreich sein.

»über Netzwerke lässt sich der Druck steigern, der Unternehmen langfristig beeinflusst.« (Interview mit Guido Schwarz, Schriftführer Grüne Wirtschaft Wien, geführt am 18.07.2013).

Genau wie Unternehmen stehen Individuen allerdings vor dem Problem moralischer Bewertung: Wie wiegen sie den Nutzen des Produktes gegen die Kosten (auch ökologische und soziale) auf? Wie gelangen sie dafür an Informationen, und welchen Quellen schenken sie Glauben? Gerade in komplexen Wertschöpfungsketten ist es schwierig, die Umsetzung der eigenen Ansprüche zu konkretisieren und angemessen nachzuvollziehen.

NGOs und Interessengruppen, Think Tanks, Multistakeholder-Plattformen

Solche Organisationen werden an Bedeutung gewinnen. Sie leisten viel Aufklä-rungsarbeit, weil sie als Multistakeholder das Zusammenwirken der beteiligten Logiken thematisieren können. Sie sorgen für sinnvolle Aushandlungssettings bzw. schaffen Anreize dafür. Sie setzen sich mit dem übergreifenden längerfristi-gen Wirkungsgeflecht auseinander und wirken auf vielfältige Akteure ein.

Der Staat und das Gesetz sind national gebunden und können nur beschränkt international intervenieren. NGOs und Bürgerinitiativen werden teilweise zu »Watch Dogs« der Regulierung. Gemeinsam mit den Kaufentscheidungen der Konsumenten haben sich daraus in den letzten zwanzig Jahren »Soft Laws« entwickelt. Diese sind gesellschaftsbasierte Vereinbarungen, deren Sinn es ist, soziale und ökonomische Standards zu erhalten sowie ein Wertesystem auf glo-baler Ebene zu stützen und einzuführen. Als solche sind diese Plattformen und Organisationen wichtige Impulsgeber für Medien, Konsumenten, Politik und Unternehmen.

Politik

Der Anspruch lautet, dass Politik als die »Kunst des Möglichen« Antworten auf die Bedürfnisse und Anliegen der Gesellschaft entwickelt. Somit ist die Politik ein integraler Bestandteil, um unternehmerisches und gesellschaftliches Handeln in eine nachhaltigere Entwicklung zu führen und aufeinander zu beziehen. Das Thema wird dadurch auch zu einer Frage nach der kritischen Masse: Finden sich genug Treiber für die Nachhaltigkeitsbewegung, werden Politik und Unterneh-men wenig Ausweichmöglichkeiten haben (vgl. Panapanaan 2003).

> »Die Rahmenbedingungen für ein alltägliches nachhaltiges Verhalten müssen ein Bewusst-sein hervorrufen, das zum Handeln einlädt. Dazu kann Politik einen entscheidenden Beitrag leisten. Werden für Unternehmen sich lohnende Bedingungen geschaffen, nachhaltig zu agieren, so werden Hürden gesenkt und Türen geöffnet.«
> (Interview Johanna Pasiecznik, Diakonie Österreich, Assistenz der Geschäftsführung, geführt am 30.10.2013).

Die Politik sieht sich allerdings einem Dilemma ausgesetzt. Einerseits Druck von NGOs und Bevölkerung, andererseits Anliegen von Unternehmen, die Arbeits-plätze, Steuereinkommen und unter Umständen politische Unterstützung bieten. Gerade multinationale Unternehmen können sich leichter organisieren als einzel-ne Staaten und ihre nationalen Standorte schließen oder verlagern, wenn ihnen die Rahmenbedingungen nicht mehr zusagen.

Zur Etablierung nachhaltigeren Handelns hat die Politik diverse Interventions-möglichkeiten: freiwillige Richtlinien, Gebote und Verbote, gesetzliche Kontrol-len, Abgabenzahlungen (Umweltsteuern oder »Verschmutzungsrechte«) oder den Aufbau von Marktmechanismen, der zum Beispiel beim Handel mit CO_2-Zertifikaten Anwendung findet. Einer der momentan eingeschlagenen Wege ist die Freiwilligkeit und die Hoffnung, dass sich Richtlinien trotzdem als Standards etablieren. Ein Beispiel ist etwa die *Umweltmanagementnorm ISO 14001*. Bisher sind in Deutschland 4 000 Unternehmen nach ihr zertifiziert. In Kombination mit der *ISO 26000,* der *Richtlinie für Social Responsibility,* könnten diese beiden einen Grundstein in der Ausrichtung von Unternehmen legen.

Ein positives Beispiel für das Zusammenspiel von politischen Vorgaben und Selbstverpflichtung bietet Finnland. Dort ist nachhaltige Entwicklung in den Unternehmensalltag integriert, Nachhaltigkeitsbestrebungen werden stark intensiviert und in den unternehmerischen Alltag eingebettet. Seit knapp fünfzig Jahren praktiziert und zu Beginn von der Regierung als Steuerungsinstrument genutzt, wurde die Entwicklung von Unternehmen stark beeinflusst, nach dem Leitmotiv: »One should be responsible and should act ethically in business« (*Panapanaan* et al., 2003, S. 139). In Finnland herrscht bei den Unternehmen eine große Bereitwilligkeit, sich auf mögliche Lücken »scannen« zu lassen, die im Zusammenhang mit der eigenen Nachhaltigkeit vorliegen. Dies passiert auf freiwilliger Basis und ist ein Investment in die eigene Organisation. Durch die gesellschaftliche Verankerung von Nachhaltigkeit werden diese Bemühungen anerkanntes »Soft Law«.

Eine klare Handlungseinschränkung für die Politik sind die Grenzen des gesetzlich Auferlegbaren. Keine einzelne Regierung der Welt besitzt genügend Macht und Einfluss, globalen Wandel in Richtung Nachhaltigkeit zu forcieren. Nachhaltigkeit ist zugleich regional und global – und geht über die nationalen gesetzlichen Regeln hinaus. Wer trägt also Verantwortung? Eine Hoffnung ist, dass hier internationale Organisationen in Zukunft wirksamer werden können (vgl. Reich/Vogel 2008).

Internationale Organisationen

Viele der Leitlinien, Strategiepapiere, Handlungsempfehlungen und Grünbücher bzw. Weißbücher haben den Charakter von »Soft Laws«. Und einige von ihnen werden dann später in nationales Recht übernommen.

Organisationen wie OECD, EU, UN, NATO oder WTO leisten mit ihrer Arbeit richtungsweisende Beiträge in der Erstellung teilverbindlicher Richtlinien. Als supranationale Organisationen können sie im internationalen Spielfeld da ansetzen, wo lokaler Gesetzgebung Grenzen gesetzt sind. Für die Langzeitentwicklung in Richtung zu mehr Nachhaltigkeit können solche Institutionen erfolgsentscheidend werden, da sind sich viele Forscher einig (vgl. Senge et al. 2011; Jackson 2011; Visser 2011).

Der beste Zeitpunkt, einen Baum zu pflanzen, war vor zwanzig Jahren. Der zweitbeste Zeitpunkt ist heute.
Chinesisches Sprichwort

Der Weg zu einem nachhaltigen Unternehmen kann nicht nach einer Checkliste durch Erfüllung der Schritte A-Z gelingen.

»Ob so etwas wie die zehn Gebote der Nachhaltigkeit bestehen, wage ich zu bezweifeln. Auch bin ich mir nicht sicher, ob, wenn es das gäbe, es Bestand hätte und uns in die richtige Richtung führen würde. Daher ist eine meiner Hauptthesen, dass Nachhaltigkeit nur funktionieren kann, wenn sie individuell auf das Unternehmen angepasst wird und selbst als Entwicklung und Prozess gesehen wird.« (Interview Johanna Pasiecznik, geführt am 30.10.2013).

Es geht also für Unternehmen darum, einen Prozess anzustoßen, um nachhaltiger zu werden, nicht darum »nachhaltig zu sein« als Absolutum. Die Integration der Nachhaltigkeitsperspektive in die Unternehmensentwicklung und in das Zukunftsbild jeder Relation zwischen Unternehmen und Stakeholder mag Anhaltspunkte dazu liefern, wie »nachhaltige Nachhaltigkeit« jeweils aussehen kann. Diese Integration gelingt, wenn langfristige Sichtweisen in die handlungsleitenden Logiken eingebaut werden. Transparenz hinsichtlich selbstauferlegter Nachhaltigkeitsziele könnte ein systemisch kluger Anreiz sein. Dann werden eben schuldzuweisende Diskussionen vermieden, die Zusammenarbeit und Kommunikation erschweren. Dazu stellen wir Ihnen im Folgenden strategische Ansätze vor, wie sie beispielhaft das World Economic Forum (WEF) zur Diskussion gestellt hat.

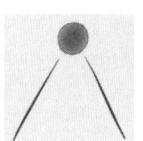

3.10.5 Strategie

Für eine strategische Ausrichtung mit mehr Nachhaltigkeit bedarf es zunächst einer Art »innerer Landkarte« darüber, welche Hebel sich im eigenen Unternehmen überhaupt anbieten. Das in Abbildung 46 dargestellte Modell unterscheidet vier Hebel, deren Beispiele bereits den beeindruckenden Radius möglicher Praxis zeigen.

Hebel	Herausforderung	Beispiel
Kosten vermeiden	wachsender Wettbewerb um Ressourcen	In den letzten Jahren haben Preissteigerungen bei vielen Rohstoffen den Trend über hundert Jahre sinkender Preise ausgeglichen. Wie bereits oben erwähnt, stiegen z. B. die Weltmarktpreise von Baumwolle um 75 %, Kakao um 246 % und Palmöl um 230 % zwischen 2000 und 2010. Preisschwankungen sind so hoch wie zuletzt in den 1970er-Jahren und werden wahrscheinlich die nächsten Jahre so bleiben.

Hebel	Herausforderung	Beispiel
Kosten vermeiden	steigende Kosten der externen Effekte	Puma ist die erste Firma, die eine umweltbezogene GuV erstellt hat. Diese zeigt, dass die direkten ökologischen Kosten der Geschäftstätigkeit 7,2 Mio. Euro betragen. Weitere 87,2 Mio. Euro entstehen entlang der Wertschöpfungskette.
Kosten reduzieren	effizienter Ressourceneinsatz in Produktion und Wertschöpfungskette (v.a. Wasser und Energie)	Wal-Mart, eines der drei größten Unternehmen weltweit, reduzierte von 2008 bis 2013 das gesamte Verpackungsmaterial seiner Produkte um 5 %. Dies hat zu Einsparungen von 3,4 Mrd. Dollar geführt.
	effizienter Ressourceneinsatz in Produkten und Materialrückgewinnung	Xerox sparte 2009 rund 400 Mio. Dollar und 42 % Kohlenstoff in der Produktion, indem wieder aufgearbeitete Teile verwendet wurden.
Erlössteigerungen	neu entstehende Märkte für nachhaltige Produkte und Dienstleistungen	Umwelttechnik als Wachstumssektor, besonders in Deutschland: Jede dritte Solarzelle und jedes zweite Windrad weltweit kommen aus Deutschland. Ein Drittel der weltweit aus Wasserkraft gewonnenen Energie wird mithilfe von Generatoren und Turbinen der deutschen Firma Voith produziert; vgl. Spiegel Online 2007.
	(Konsumenten-) Nachfrage nach innovativen, nachhaltigen Produkten	Innovative Geschäftsmodelle wie Carsharing tragen zur Reduktion der Umweltbelastung bei und sind ein Wachstumsmarkt in vielen Ländern. Produkte wie Hybridautos (zuerst Toyota Prius, jetzt auch diverse andere Anbieter) oder Elektroautos wie Tesla, BMWi3 erfreuen sich allmählich wachsender Beliebtheit.
Ertragssicherung	Kundeneinstellung beeinflussen, stabile Kundenbeziehungen aufbauen	80 % der Konsumenten in Schwellenländern sagen, dass sie mehr Vertrauen zu einer Marke haben, die ethisch, sozial und ökologisch verantwortungsvoll handelt.
	Absicherung gegen Risiken (Knappheiten, soziale Veränderungen etc.)	Hersteller von Fast Moving Consumer Goods setzen sich einem Risiko von bis zu 47 % ihrer Erträge aus (bis 2018), wenn sie keine Maßnahmen ergreifen gegen Faktoren wie Klimawandel, Wassermangel und Entwaldung.

Abb. 46: Strategische Hebel für mehr Nachhaltigkeit (vgl. World Economic Forum 2012, S. 16)

Das Bemerkenswerte dieses Modells ist die Übersetzung von Nachhaltigkeit in ökonomisch für Unternehmen interessante Effekte. Analog dazu schlägt das WEF **vier Kernstrategien** vor, um zu nachhaltigerem Handeln zu kommen, die in Summe die Effizienz des Unternehmens und der Wertschöpfungskette positiv beeinflussen (vgl. World Economic Forum 2012, S. 31):

1. die Optimierung der Wertschöpfungskette, der Produktion und des gesamten Produktlebenszyklus, um Ineffizienzen und Kosten zu reduzieren
2. bereits bestehende Kompetenzen nutzen, um neue Quellen für Wachstum zu finden, vor allem wenn Rohstoffe zukünftig begrenzt oder sehr teuer werden können
3. in Innovationen investieren, die effizient sind (→ ENT-SCHEIDUNG 1: INNOVATION)
4. Partnerschaften eingehen mit Regierungen, Branchenvertretern und der Zivilbevölkerung, um ein Kollaborationsnetzwerk zu schaffen und damit eine breite Trägerschaft und eine Skalierung von Nachhaltigkeitsinitiativen rund um Kernaktivitäten zu erreichen, die außerhalb des Wirkkreises eines Einzelunternehmens liegen

Abbildung 47 zeigt, wie diese vier Stoßrichtungen auf die Hebel der Wertentwicklung einwirken und wie ein möglicher Prozess dazu aussehen könnte.

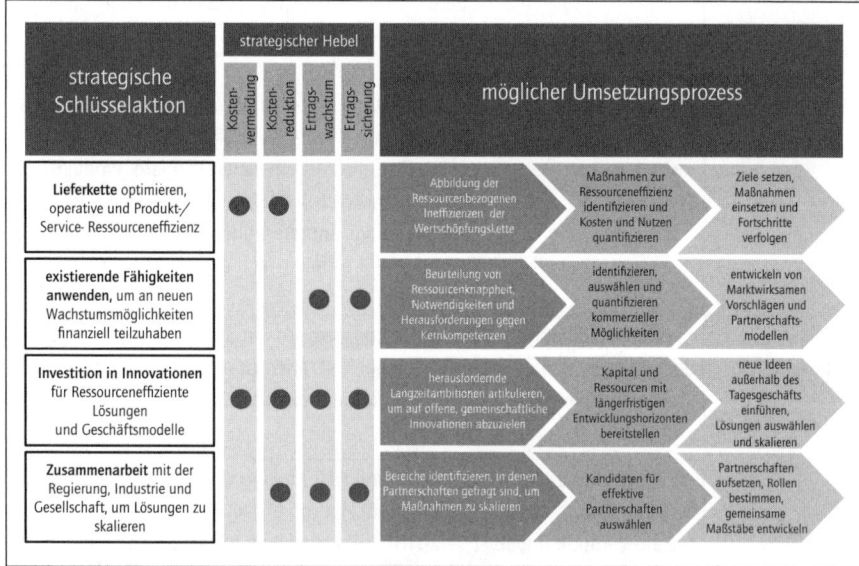

Abb. 47: Strategische Optionen für nachhaltige Wertschöpfung (vgl. World Economic Forum 2012, S. 31)

Neben diesem modellhaften Vorgehen gibt es Vorreiter, die mit mehr Nachhaltigkeit auch größeres Wachstum verbinden. Die meisten dieser konkreteren Ansätze passen gut in das dargestellte Schema der Hebel und Schlüsselaktionen. Die **Strategien solcher Vorreiter** sind laut einer Umfrage (vgl. Kiron et al. 2013, S. 11) vor allem:

1. **Bereitschaft, das Geschäftsmodell zu ändern:** langfristige Veränderungen (wie Nachhaltigkeitsziele) brauchen oft neue Wege, um sie zu erreichen. Will ein Unternehmen sein Geschäftsmodell ändern, bietet sich dazu die Strategie der »Dual Business Transformation« an (→ENT-SCHEIDUNG 5: LÖSUNGSGESCHÄFT). Ein prominentes Beispiel ist das Carsharing Unternehmen »Car2Go«, eine Tochtergesellschaft der Daimler AG.

2. **mischen von Bottom-up und Top-down:** obwohl Energie für das Thema oft »unten« entsteht, ist es wichtig, dass die Geschäftsführung dafür sorgt, dass – wie alle Ziele – auch Nachhaltigkeitsziele in Bezug zur Geschäftsstrategie gesetzt, in diese integriert und durch die Führung mit gesteuert und kommuniziert werden. Steht die Führungsspitze nicht hinter dem Thema und treibt es persönlich mit, verlaufen Aktionen und Projekte oft im Sand, weil sie »gefühlt« keine Priorität haben.

3. **Kommunikation** und **Bewertungssysteme:** von kompletten Nachhaltigkeits-Scorecards über KPIs bis hin zu Reporting-Tools und -Systemen: Was nicht gemessen wird, wird nicht nachverfolgt. Auch die Integration in Zielvereinbarungen und Leistungsbewertungen ist sinnvoll. Der Aufwand, den die Einrichtung eines solchen Systems verursacht, wird als klares Signal verstanden, dass die Geschäftsführung die Ziele ernst nimmt. In der Kommunikation ist der Bezug zu ökonomischen Dimensionen und zur Kernidentität des Unternehmens relevant. Nachhaltigkeit darf dabei – wie gesagt – kein vom Geschäft losgelöstes Thema sein.

4. **die Kunden verstehen** – jetzige und zukünftige: Herausfinden, wie viel derzeitige Kunden ggf. bereit sind, mehr für ein Produkt bzw. eine Leistung zu bezahlen oder ob es neue Kundengruppen gibt, die auf nachhaltigere Produkte größeren Wert legen bzw. für die Nachhaltigkeit auch einen ökonomischen Wert bedeutet.

5. **mit Stakeholdern außerhalb der Organisation arbeiten:** nicht nur mit Kunden – auch mit Wertschöpfungspartnern, Lieferanten, mit Zukunftsplattformen etc. Vor allem NGOs haben oft bereits Erfahrung mit Nachhaltigkeitsansätzen und sind bereit, diese mit Unternehmen zu teilen. Dies führt vielleicht auch zu Initiativen, die substanzieller sind als das sogenannte Greenwashing.

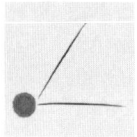

3.10.6 Organisation

Aufbauend auf den vier Hebeln aus der Strategieentwicklung können konkrete Maßnahmen und Prozesse geplant werden (vgl. World Economic Forum 2012, S. 36ff.), die in der organisatorischen Umsetzung ganz unterschiedliche Dynamiken erzeugen und hier beispielhaft skizziert werden:

Die **Optimierung der Wertschöpfungskette, der Produktion und des gesamten Produktlebenszyklus:**

* die derzeitige Ressourceneffizienz und Verschmutzungsgrade (z. B. Kohlendioxidausstoß) analysieren und entlang der Wertschöpfungskette bewerten

* Hochrechnungen anstellen, falls das Geschäft wie zurzeit weiterläuft: Welche Ressourcen werden in welchem Umfang benötigt? Wie entwickelt sich der Effizienzgrad? (→ WERKZEUG 34: SZENARIOARBEIT)
* Maßnahmen identifizieren für Ressourceneffizienz (z. B. mithilfe von → WERKZEUG 37: WARGAMING; WERKZEUG 1: APPRECIATIVE INQUIRY; WERKZEUG 36: THICK DESCRIPTION; WERKZEUG 28: SEITENWECHSEL)
* Ziele setzen entlang der Wertschöpfungskette (z. B. über → WERKZEUG 11: DIGITALE LEISTUNGSEVALUATION)

Risiken möglicher Rohstoffengpässe eruieren – eigene Kompetenzen nutzen, um daraus Quellen für Wachstum zu entwickeln:

* die Marktlandschaft analysieren, um Risiken durch mögliche Rohstoffengpässe herauszufinden und eigene Geschäftskompetenzen auf potenzielle Anwendungsfelder anwenden, um die Herausforderungen der Rohstoffengpässe zu meistern und daraus eigene Marktangebote zu erarbeiten

In Innovationen für Nachhaltigkeit investieren:

* Kriterien für gewünschte Projekte und Ziele priorisieren und veröffentlichen

* breite Gruppen an Stakeholdern einladen, Ideen dazu einzubringen (z. B. auch Lieferanten) und ein Budget für einen Innovationsfonds für Nachhaltigkeit aufsetzen (→ WERKZEUG 32: STAKEHOLDER-PLATTFORMEN)
* zum Prozess siehe Kapitel → ENT-SCHEIDUNG 1: INNOVATION

Partnerschaften eingehen mit Regierungen, Branchenvertretern und der Zivilbevölkerung, um ein **Kollaborationsnetzwerk** für Nachhaltigkeit zu schaffen:

* recherchieren und identifizieren von Bereichen, die für eine Partnerschaft infrage kommen
* Mit Stakeholdern abstimmen (z. B. über → WERKZEUG 39: WISDOM COUNCIL)

- Voraussetzungen und Anforderungen für die Partnerschaft zusammentragen
- strategische Partnerschaften vereinbaren und Pilotinitiativen entscheiden
  (→ Ent-scheidung 6: Strategische Kooperationen)

Gemeinsam ist diesen vier Feldern organisationaler Initiativen, dass es jeweils darum geht, passgenau an das eigene Geschäft anzudocken, auf eigenes Commitment zu setzen und das Engagement innerhalb der Organisation und mit ihren Stakeholdern zu verankern und schlussendlich in Organisationsroutinen umzusetzen (von der Idee bis zu Umsetzung, Messung, Kommunikation etc.) und damit im Tagesgeschäft zu verankern. Weil Nachhaltigkeit ein gesellschaftliches und internationales Thema ist, braucht seine Bearbeitung in der Organisation mehr Brückenschläge und Vernetzung nach außen und in der Umsetzung konsequente Steuerung und Integration in die strategische und ökonomische Logik.

Fallbeispiel: Marks & Spencer

Ein besonders beeindruckendes Beispiel organisationaler Verankerung von Nachhaltigkeit zeigt die Handelskette Marks & Spencer aus Großbritannien (ergänzt nach Davis-Peccoud et al. 2013, S. 5; http://plana.marksandspencer.com). Das Unternehmen startete 2007 mit seinem »Plan A« – so genannt, weil es keinen Plan B für den Planeten gibt. Einige Beispiele des Plans zusammengefasst:

Ziele:

Bis 2015 soll das Unternehmen das nachhaltigste Handelsunternehmen der Welt sein und will bis 2020 in jedes seiner Produkte Nachhaltigkeitsattribute einbauen wie Biobaumwolle oder Holz aus nachhaltiger Forstwirtschaft. Ebenso sollen alle Fische und Meeresfrüchte des 500 Millionen Dollar Geschäftsfeldes aus nachhaltigen Quellen stammen (zum Beispiel definiert durch die Standards des Marine Stewardship Council – bis 2013 gilt dieser Standard bereits für 93 Prozent der Verkaufsmasse). Ebenfalls bis 2020 sollen alle gefährlichen Chemikalien aus Produkten und aus der Wertschöpfungskette entfernt sein.

Insgesamt gibt es 100 Ziele zu den fünf Themen Klimawandel, Abfallproduktion, nachhaltige Rohstoffe, faire Partnerschaften und Gesundheit.

Partner:

Die Einkäufer von Marks & Spencer arbeiten etwa mit Vertretern der Fischindustrie und mit dem World Wildlife Fund zusammen, um die letzten sieben Prozent zum Ziel zu erreichen. Die Detox-Kampagne von Greenpeace gab 2012 den Anstoß für die Selbstverpflichtung bezüglich der Vermeidung schädlicher Chemikalien.

Maßnahmen, Aktionen und Initiativen:

Das Einbeziehen von allen Mitarbeitenden – von den Vorständen bis hin zu Kassierern – in unterschiedlichen Rollen und Verantwortungen ist Teil des Plans. Jedes Geschäft weltweit hat einen »Plan A Champion«, der ungefähr drei Stunden pro Woche investiert, um Kollegen zu schulen, Maßnahmen anzustoßen und Potenzial für weitere Aktionen ausfindig zu machen.

Die Geschäfte werden regelmäßig anhand bestimmter Nachhaltigkeitskriterien gemessen und ein Ranking erstellt. Kriterien sind zum Beispiel Papierverbrauch, Energieverbrauch, Recycling und Wasserverbrauch. Um neben diesem Wettbewerb auch Kooperation anzuregen, treffen sich die regionalen »Plan A Champions« quartalsweise, um Best Practices und neue Ideen auszutauschen. Solche neuen Ideen kommen von allen Ecken und Enden des Unternehmens. Zum Beispiel führte Simon Colbecks Beobachtung 2008 zu der erfolgreichen Initiative des »Shwopping«. Colbeck – selbst Head of Technology for Clothing – war besorgt über die Mengen an Kleidung, die jährlich in Mülldeponien landen. Sein Vorschlag, sich mit der Non-Profit-Organisation Oxfam zusammenzuschließen, wurde vom Vorstand aufgenommen. Mehr als vier Millionen Kleidungsstücke wurden bisher jährlich über die Oxfam-Shops recycled und haben Oxfam letztes Jahr zu zwei Millionen Pfund Umsatz verholfen. Marks & Spencer konnte erfolgreich Produkte recyclen und einen Kundenzuwachs und höhere Loyalität der Kunden zur Marke erreichen.

Die Einführung kostenpflichtiger Tragetaschen für Einkäufe ist bei Kunden zunächst auf Unverständnis gestoßen. Marks & Spencer spendet jedoch alle Einnahmen für Tüten und Taschen an Marine Wildlife und sichert damit auch Kundenverständnis.

Um dem Ziel der CO_2-Neutralität näherzukommen, hat das Unternehmen 2008 drei eigene Windkraftanlagen in Betrieb genommen. Seit 2009 wird genug erneuerbare Energie (aus Windkraft und Wasserkraft) eingekauft, um damit alle Geschäfte und Büros in England und Wales zu versorgen.

Unter http://plana.marksandspencer.com können sich Konsumenten informieren und erhalten außerdem viele Tipps, wie sie das eigene Leben und Konsumverhalten »grüner« gestalten können.

Nachverfolgung und Messsysteme:
Der Plan A zeichnet sich durch Transparenz und klare Verantwortungen aus. Das Unternehmen verfolgt inzwischen 180 messbare Indikatoren und dokumentiert seinen Fortschritt auf monatlicher Basis. Alle sechs Monate werden Vorstand und Aufsichtsrat umfassend informiert. Ein unabhängig geprüfter, jährlicher Report zeigt auf, wo Maßnahmen besonders gut greifen und wo zusätzliche Maßnahmen notwendig sind, um die Ziele zu erreichen. Für 2012 wurde im Report ein Nutzen (zusätzlicher Umsatz, eingesparte Kosten etc.) des Plan A von 105 Millionen Pfund geschätzt.

3.10.7 Controlling und Evaluation

Gerade was den monetären Effekt angeht, stoßen Unternehmen immer wieder an die Grenzen der Messbarkeit ihrer Nachhaltigkeitsinitiativen. Neben der teilweise schwierigen Messung in Geld (Kosten sparen oder zusätzliche Gewinne), kann strategischer Wertzuwachs durch eine stärkere Bindung der Kunden an die Marke oder durch stabile Partnerschaften und Zusammenarbeit mit NGOs erzielt werden (vgl. Kiron et al. 2013). Hier gilt es, als Unternehmen selbst kreativ zu werden, wie dieser Wert bemessen und verfolgt werden soll. Da Nachhaltigkeit auf breiter Basis in Unternehmen noch ein relativ junger Trend ist, gibt es auch noch wenige Vergleichszahlen und Best Practices, die sich bewährt haben.

Wie andere strategische Projekte auch, sind Nachhaltigkeitsinitiativen dann erfolgreich, wenn sie stark ins Management und in Entscheidungsprozesse eingeflochten werden, sodass Fortschritt sichtbar und Lernen forciert wird. Dazu muss ein Mix von Controlling und Evaluation mit einem iterativen Prozess des Weiterentwickelns und Weiterdenkens verknüpft werden, vor allem, um der Vernetztheit des Themas gerecht zu werden und den Bezug zu kurz- und mittelfristiger Wertschöpfung zu halten.

3.10.8 Personen

Basierend auf den Fähigkeiten, Kompetenzen und dem Commitment, die Personen für das Unternehmen einsetzen, ergeben sich daraus mehrere Ansatzpunkte, wenn es um Nachhaltigkeit geht. Eine aktuelle Umfrage bei Mitarbeitenden verschiedener Branchen in Brasilien, China, Indien, Deutschland, Großbritannien und den USA (vgl. Davis-Peccoud et al. 2013, S. 2) kommt zu dem Ergebnis, dass **Mitarbeitern das Thema Nachhaltigkeit heute wichtiger** ist als noch vor drei Jahren. 40 Prozent der Befragten gaben an, ihnen sei das Thema »viel wichtiger«, weiteren 30 Prozent ist es »etwas wichtiger«. Als Gründe dafür wurden hauptsächlich genannt:

- mehr Bewusstsein für globale Schwierigkeiten und Herausforderungen
- die positiven Beispiele anderer Unternehmen und deren Auswirkungen
- die Überzeugung, dass Unternehmen zu dem Thema mehr beitragen sollten
- der Fakt, dass globale Probleme dringender werden
- der Glaube, dass andere Instanzen alleine diese Probleme nicht lösen können

Wenn es um eine realistische und nachhaltige Einbettung von Nachhaltigkeit in die Unternehmensentwicklung und -praxis geht, gehört dazu zunächst die *kommunikative Verknüpfung des Kerngeschäfts mit Nachhaltigkeitszielen*, die es den Mitarbeitenden ermöglicht, ihre Beiträge dazu zu leisten, zu klären und initiativ zu werden. Nicht zuletzt erzeugen solche Initiativen auch mehr Mitarbeiterbindung und Attraktivität als Arbeitgeber – langfristig jedoch wohl nur, wenn sie realistisch, konsequent und »undramatisch« aufgesetzt werden.

Bei manchen Unternehmen funktioniert bezüglich der Mitarbeitereinbindung ein Top-down-Ansatz im Sinne von »Build it, and they will come«. Das könnte Maßnahmen beinhalten wie gesundes Kantinenessen anzubieten oder eine gewisse Parkplatzfläche einfach zu Fahrradständern umzuwandeln. Andere bauen auf den Bottom-up-Ansatz nach dem Motto »Do it, and it will catch on«. In den meisten erfolgreichen Firmen, die stark auf Nachhaltigkeit setzen, hat sich ein Mix dieser beiden Zugänge bewährt.

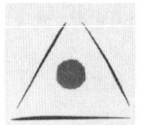

3.10.9 Führung

Führungskräfte stecken in punkto ökologischer Nachhaltigkeit oft in einem Dilemma. In ihrer Funktion ist es ihre Aufgabe, die Zukunftsfähigkeit des Unternehmens in Abhängigkeit vom umgebenden Wirtschaftssystem zu sichern. Das heißt Effizienz (= Kosten sparen) einerseits, Wachstum (= mehr Umsatz) andererseits. Wo ökologische Nachhaltigkeit konkret Geld spart oder mehr Geld bringt, ist sie einfach zu entscheiden. Wo Nachhaltigkeit mehr Geld kostet, als sie in absehbarer Zeit bringt, muss ein anderer Entscheidungsfaktor ins Spiel gebracht werden, der unterschiedliche Facetten haben kann – immer aber auch nach der Wirtschaftslogik sinnvoll begründet werden muss: Druck von unten (Mitarbeitende), von oben (Geschäftsleitung), von innen (das eigene »grüne« Gewissen) und von außen (externe Stakeholder). Doch erst wenn die Führungskräfte als Team – und vor allem die Top-Führungskräfte – selbst von der Wichtigkeit nachhaltiger Unternehmenspraktiken überzeugt sind, kann das Unternehmen in diesem Punkt erfolgreich werden. Das erfordert die Integration von Nachhaltigkeit in die Unternehmensentwicklung: zum einen den Fokus, vielleicht auch manchmal nur ein Rückbesinnen, auf langfristig wirksame Unternehmensstrategien, zum anderen eine Entscheidung, wie das Unternehmen den Begriff Nachhaltigkeit für sich und das eigene Geschäft besetzen will. Das ist jedenfalls Führungsaufgabe und braucht als solche, damit sie wirksam wird, einen nicht moralisierenden Diskurs.

> *»In zahlreichen Umfragen und in meiner eigenen Erfahrung hat*
> *sich gezeigt, dass das Commitment der Unternehmensführung*
> *zum Thema Nachhaltigkeit der wohl allerwichtigste*
> *Erfolgsfaktor für Nachhaltigkeit im Unternehmen ist. Wenn*
> *die Unternehmensführung von Nachhaltigkeit überzeugt ist,*
> *bewegt sich was im Unternehmen. Wenn dies nicht der Fall ist,*
> *werden sogar teilweise laufende Programme beendet, die von*
> *vorigen CEOs angetrieben wurden.«*
> Benjamin Bahr, Management Berater bei pro.mara consulting

Laut einer Befragung bewähren sich folgende **Führungspraktiken für mehr Nachhaltigkeit** (vgl. Davis-Peccoud et al. 2013, S. 5):

- Mitarbeitende herausfordern, Nachhaltigkeit in die Kernprozesse sowie in jede Stufe der Produktion und jeden Geschäftsbereich einzubringen
- Mitarbeitenden Verantwortung dafür übertragen, mehr Nachhaltigkeit in ihre eigene Arbeit einfließen zu lassen sowie zusätzliche Anreize setzen (z. B. Prämien oder andere Leistungen)
- Mitarbeitenden Trainings und Werkzeuge zur Verfügung stellen, um Raum für weitere Verbesserungen zu schaffen

- zu Bottom-up-Initiativen ermutigen und sicherstellen, dass diese zu den strategischen Schwerpunkten des Unternehmens passen, Transparenz darüber schaffen.

Diese Charakteristiken unterscheiden sich nicht von denjenigen anderer inhaltlicher Themen. Hervorzuheben ist daher vielleicht gerade, dass sie *nicht* anders sind. Nachhaltigkeit ist in der Umsetzung nur zu gewährleisten mit derselben Umsicht, Ernsthaftigkeit und jenen Methoden, die auch anderen strategischen Prioritäten zuteil wird.

> *»›Es ist eine Frage der Disziplin‹, sagte mir später der kleine Prinz. ›Wenn man seine Morgentoilette beendet hat, muss man sich ebenso sorgfältig an die Toilette des Planeten machen.‹«*
> Antoine de Saint-Exupéry (1997):
> Der kleine Prinz, 1997, Kapitel 5, S. 22

EXKURS: Wie skalieren?

Eine der größten Herausforderungen ist die Skalierung von Nachhaltigkeit über den Kontext eines einzelnen Unternehmens hinaus. Dazu müssen verschiedene Akteure – hauptsächlich Kunden/Konsumenten, Unternehmen, Wissenschaft, NGOs und Regierungen – zusammenarbeiten. Die Ansatzpunkte sind vielfältig, aber erst das »Überschwappen« auf andere Bereiche führt zu jener Skalierung und Multiplikation, die für signifikante Auswirkungen auf globaler Ebene sorgen. Die Berichte des World Economic Forum zeigen dazu einige richtungsweisende Beispiele, die in Abbildung 48 zusammengefasst sind.

Akteure	systemische Trigger für Skalierung	Beispiele und Ideen für Skalierung
Kunden/Konsumenten	Die Emotionen und Werte von Kunden sind Treiber für Verhalten und werden insbesondere über Netzwerke verstärkt.	Die Kampagne für sichere Kosmetik (www.safecosmetics.org) hat auf Facebook derzeit 95 000 »Follower«; sie prangert Firmen an, die krebserregende und giftige Stoffe verwenden. Mehr als 1 500 Firmen haben bereits versprochen, gefährliche Inhaltsstoffe aus Kosmetik und Pflegeprodukten zu ersetzen. Johnson & Johnson hat sich als erste globale Firma verpflichtet, bis 2015 alle giftigen chemischen Stoffe zu ersetzen – in allen Produkten und Regionen.

Akteure	systemische Trigger für Skalierung	Beispiele und Ideen für Skalierung
Unternehmen	Koalitionen: Unternehmen können sich zusammenschließen, um die Auswirkungen ihrer Bemühungen zu vervielfachen.	Das Consumer Goods Forum (CGF) bringt CEOs und Senior Management von über 650 Händlern, Produzenten, Dienstleistern und anderen Stakeholdern aus 70 Ländern zusammen. Die Mitgliedsfirmen haben zusammen jährliche Umsätze von mehr als 2,8 Billionen Dollar. Das Forum verabredet weitreichende Ziele, zum Beispiel zur Beendigung der Abholzung und zur Eliminierung vieler Kühlflüssigkeiten.
	Finanzmärkte haben großen Einfluss und Milliardenvermögen zur Verfügung.	Die fünf weltweit größten Staatsfonds (Vereinigte Arabische Emirate, Norwegen, China, Singapur und Saudi-Arabien) haben ein Vermögen von circa 2,7 Billionen Dollar zur Verfügung. Investitionen in nachhaltigere Projekte und Unternehmen würden unmittelbar und mit hoher Symbolwirkung zur Skalierung beitragen.
Regierungen	Die Einkaufsmacht von Regierungen ist signifikant und kann Nachhaltigkeit forcieren.	Regierungen sind oft die größten Kunden in ihrem Land. In vielen asiatischen Ländern, macht die öffentliche Beschaffung 20 bis 25 % des Bruttoinlandsprodukts (BIP) aus; in Ländern der OECD sind es immerhin noch 12 % des BIP, die auf staatlichen Einkauf entfallen.
	Die Nutzung von Subventionen kann neue Branchen unterstützen oder Marktversagen verursachen.	Wenn 80 % der Subventionen für fossile Brennstoffe global wegfielen, würden gerade mal 5 % weniger Transporttreibstoffe nachgefragt, was zu einer Einsparung von knapp unter drei Millionen Barrel Öl pro Tag führen würde. Die Subventionen wären also anderweitig vielleicht besser eingesetzt.

Abb. 48: Akteure und Beispiele für Skalierung von Nachhaltigkeit (vgl. World Economic Forum 2012, S. 26)

Wann genug getan ist in Richtung Nachhaltigkeit, ist sehr schwer zu beantworten. Schließlich geht es langfristig um das menschliche Überleben auf der Erde. Viele seriöse Wissenschaftler äußern sich besorgt, auch wegen des dem Kapitalismus inhärenten Strebens nach Wachstum. Denn selbst wenn Unternehmen es schaffen, immer weniger Umweltressourcen pro Produkteinheit zu nutzen oder zu belasten, so sind sie doch, der Wirtschaftslogik folgend, dazu ausgelegt, immer mehr davon zu verkaufen. Es kommt in vielen Branchen zu einem Bumerang-Effekt: Obwohl jedes einzelne neue Auto deutlich weniger Emissionen ausstößt als ein Auto 2001 ausstieß, steigt die Gesamtmenge der Emissionen trotzdem immer weiter, weil in den folgenden zehn Jahren fast 300 Millionen zusätzliche Kraftwagen verkauft wurden (2001: 773 218 267 Kraftwagen, 2011: 1 069 097 774 Kraftwagen; vgl. Ward's Automotive Group 2014). Das »Mehr« an Energieeffizienz wird durch einen höheren Gesamtverbrauch überkompensiert. Allgemeine naturwissenschaftliche Phänomene werden allerdings in der Realwirtschaft ausgeblendet, so wie andere Systeme die Wirtschaftslogik ausblenden. Insofern rührt das Thema Nachhaltigkeit auch an den Grundfesten des kapitalistischen Wirtschaftssystems und der Politik.

>*»Growth for the sake of growth is the ideology of the cancer cell.«*
>*Edward Abbey (1988): One Life at a Time, S. 21*

Dabei weisen einige Untersuchungen darauf hin, dass gar keine neuen Rohstoffe mehr produziert bzw. gewonnen werden müssten, wenn alles tatsächlich wiederverwertet und reproduziert würde. Das muss allerdings in einem immens hohen Ausmaß geschehen, um die Effektivität wirklich spürbar zu machen. Und diese Wiederverwertung müsste selbst extrem energieeffizient geleistet werden können.

Der Ansatz, dass zukünftiges Handeln des Menschen strikter an die ökologische Nachhaltigkeit gebunden wird, stößt solange an Grenzen, wie ökologisches Bewusstsein noch nicht ins Selbstverständnis und in die Alltagshandlungen integriert ist und die Endlichkeit der Ressourcen und die Eingrenzung der persönlichen Freiheit noch nicht für jeden spürbar sind (vgl. Vogel 2006, Kapitel 5). Interessant sind Modelle, die in die staatlichen Fortschrittsberechnungen – anders als in der Berechnung des BIP als Indikator für Wohlstand – auch Kriterien der Rohstoffkosten und Umweltbelastung einbauen, wie zum Beispiel der *Genuine Progress Indicator*.

Ebenfalls interessant sind Versuche in Richtung **Ökokapitalismus.** Hier ist die Natur das Vorbild, das uns Wege und Grenzen aufzeigt. In der Natur entsteht kein Abfall. Alles wird wiederverwertet. Nach dem Motto »A strong environmental rating is a consistent predictor of profitability« (Lovins et al. 1999 S. 154ff.), versucht der Ökokapitalismus den Nachhaltigkeitsgedanken in Unternehmen einzuführen, und zwar auf einem Weg, der dem Gedanken der traditionellen Wirtschaft entspricht, dem Profitabilitätsdenken. Verbunden wird somit ein altes Muster, an dem sich orientiert wird, mit einem neuen Gedanken, der die Ziele des Ökokapitalismus einbindet.

Weiterlesen

Verwandte Ent-Scheidungen: Innovation, Resilienz und Agilität, Finanzierung und Liquidität, Strategische Kooperation
Passende Werkzeuge: Szenarioarbeit, Wisdom Council, Stakeholder-Plattformen, Wargaming, Thick Description, Seitenwechsel, Digitale Leistungsevaluation

Literatur

Bhattacharya, CB/Korschun, Daniel/Sen, Sankar (2011): What really drives value in corporate responsibility? McKinsey Quarterly, Dezember 2011. S. 3.
Bonini, Sheila/Görner, Stephan (2011): The business of sustainability. Putting it into practice. McKinsey&Company 2011.
Bonini, Sheila/Brun, Noémi/Rosenthal, Michelle (2009): Valuing corporate social responsibility. McKinsey global survey results. McKinsey&Company 2009.
Davis-Peccoud, Jenny/Allen, James/Artabane, Melissa (2013): The big green talent machine. How sustainability can help hone your talent agenda. Bain & Company. Boston (MA) 2013.
Dye, Renée/Stephenson, Elizabeth (2010): Five forces reshaping the global economy. McKinsey Global Survey Results. London 2010.
Europäische Kommission (2011): Eine neue EU-Strategie (2011-14) für die soziale Verantwortung der Unternehmen (CSR). Mitteilung der Kommission an das Europäische Parlament, den Rat, den Europäischen Wirtschafts- und Sozialausschuss und den Ausschuss der Regionen. KOM (2011) 681 vom 25.10.2011.Brüssel 2011.
Grober, Ulrich (1999): Der Erfinder der Nachhaltigkeit. In: Zeit Online, Ausgabe Nr. 48 vom 09. November 1999. https://www.zeit.de/1999/48/Der_Erfinder_der_Nachhaltigkeit/seite-4 (02.12.2014).
Haanaes, Knut/Balagopal, Balu/Arthur, David/Kong, Ming Teck/Streng Velken von, Ingrid/Kruschwitz, Nina/Hopkins Michael S. (2011): First look: The second annual sustainability & innovation survey. In: MITSloan Management Review, 52. Jg., 2011, Nr. 2, S. 76-83.
Jackson, Tim (2011): Wohlstand ohne Wachstum: Leben und Wirtschaften in einer endlichen Welt. München 2011.
Kiron, David/Kruschwitz, Nina/Haanaes, Knut/Reeves, Martin/Goh, Eugene (2013): The innovation bottom line. Research Report. In: MIT Sloan Management Review in Collaboration with the Boston Consulting Group. Winter 2013.
Klauer, Bernd (1999): Was ist Nachhaltigkeit und wie kann man eine nachhaltige Entwicklung erreichen? In: Zeitschrift für angewandte Umweltforschung. 12. Jg., 1999, H. 1, S. 86-97.
Lovins Amory B./Lovins Hunter L./Hawken Paul (1999): A road map for natural capitalism. In: Harvard Business Review, Mai/Juni 1999, S. 145-158.
Nachhaltigkeitsbericht (2012): 21. Öko-Controlling Bericht. Neumarkter Lammsbräu. 2012.
O'Connell, Deborah/Raison, John/Hatfield-Dodds, Steve/Braid, Andrew/Cowie, Annette/Littleboy, Anna/Wiedmann, Thomas/Clark, Megan (2013): Designing for action: Principles of effective sustainability measurement. Summary for the World Economic Forum Global Agenda Council on Measuring Sustainability. World Economic Forum 2013.
Panapanaan, Virgilio M./Linnanen, Lassi/Karvonen, Minna-Maari/Phan, Vinh Tho (2003): Roadmapping corporate responsibility in Finnish companies. In: Journal of Business Ethics, 44. Jg., 2003, H. 2-3, S. 133-148.

Reich, Robert/Vogel, David (2008): Corporate social responsibility. Is it responsible? Ein Vortrag an der Haas Business School. https://www.youtube.com/watch?v = OreAJnDuVzk (02.12.2014)

Senge, Peter/Smith, Bryan/Kruschwitz, Nina/Laur, Joe/Schley Sara (2011): Die notwendige Revolution. Wie Individuen und Organisationen zusammenarbeiten, um eine nachhaltige Welt zu schaffen. Heidelberg 2011.

Spiegel Online (2007): Boom der Ökobranche. Deutschland vor grünem Wirtschaftswunder, Spiegel Online vom 8.4.2007. http://www.spiegel.de/wirtschaft/boom-der-oekobranche-deutschland-vor-gruenem-wirtschaftswunder-a-476195.html (03.02.2015).

Visser, Wayne (2011): The age of responsibility – CSR 2.0 and the new DNA of business. West Sussex u. a. O. 2011.

Vogel, David (2006): The market for virtue – the potential and limits of corporate social responsibility, The Brookings Institution, Washington (D.C.) 2006.

Ward's Automotive Group (Hrsg.) (2014): WardsAuto. The information center for and about the global auto industry. http://wardsauto.com/data-center (09.12.2014).

World Economic Forum (2012): More with less: Scaling sustainable consumption and resource efficiency. Cologny/Geneva u. a. O. 2012.

World Economic Forum (2014): The future avaliability of natural resources. A new paradigm for global resource availability. New York u.a. O. 2004.

4. Unternehmensentwicklung – neue Wege

Im Kapitel 2 – Unternehmensentwicklung – ihre »DNA« und aktuelle Herausforderungen – haben wir beschrieben, welche Handlungsfelder zu verweben sind: Strategiearbeit, die Gestaltung der Organisation, die Entwicklung und Positionierung von Führung und die Arbeit am Verhältnis der Mitarbeitenden zu ihrem Unternehmen, das sich mit jeder größeren Entwicklung auch erneuert. Und wir haben die aktuellen Herausforderungen beschrieben, denen sich die Arbeit an diesen Themen zu stellen hat.

Im Kapitel 3 wiederum wurden wesentliche Entwicklungsströme und Anforderungen dargestellt, zu denen sich Unternehmen in ihrer Entwicklung zu entscheiden haben und wie sie sich in den vier Dimensionen – Strategie, Organisation, Führung, Beziehung zwischen Unternehmen und Mitarbeitenden – konsistent positionieren.

In diesem Kapitel geht es uns nun um die Synthese, sozusagen um eine Helikopterperspektive die uns sehen lässt, was das Gesamte dieser Entwicklungsstränge ausmacht und welche Schlüsse sich daraus für Unternehmensentwicklung ziehen lassen – kurz: »Unternehmensentwicklung revisited«.

Was ist also der rote Faden, der sich durchzieht? Und welche Gestaltungsstrategien und Maximen ergeben sich daraus für Unternehmensentwicklung, sowohl inhaltlich als auch für ihren Prozess?

4.1 Der rote Faden der Unternehmensentwicklung im VUKA-Umfeld

Zunächst nehmen wir die Gesamtperspektive in den Blick. Sie lässt uns erkennen, dass Unternehmen und ihre Entwicklung sich in folgende, beschreibbare generelle Richtungen bewegen:

1. mehr Öffnung nach außen, durchlässigere Unternehmensgrenzen (durch Web 2.0, Industrie 4.0, strategische Kooperationen, Lösungsgeschäft, volatile Finanzmärkte etc.): Das erzeugt vor allem Fragen danach, wie das Geschehen an den Grenzen des Unternehmens gesteuert wird und wie dabei der eigene »Kern« geschützt wird. Dabei ist insbesondere zu klären, was überhaupt »eigen« und stabil bleiben soll. Es gilt immer wieder zu entscheiden, wo das Unternehmen auf Grenze und Schließen setzt und wo auf Durchlässigkeit und Öffnen. Jedes

Öffnen, jede neue Schnittstelle nach außen erzeugt ein Mehr an Binnenkomplexität.

2. mehr Stakeholder im realen und virtuellen »Raum des Unternehmens«, die wichtige Partner für gelungene Unternehmensentwicklung werden: auf dem Finanzmarkt sind es etwa Ratingagenturen, Finanzanalysten, Banken; hinsichtlich Governance sind es z. B. SEC (U.S. Securities and Exchange Commission) oder staatliche Autoritäten; im eigenen Geschäft, z. B. Wertschöpfungspartner und Lieferanten für Ko-Kreation und in strategischen Kooperationen, die Kunden im Lösungsgeschäft oder auch Know-how-Träger wie Forschungsinstitute Start-ups etc. Dasselbe gilt, wenn Unternehmen international arbeiten: Virtuelle Zusammenarbeit mit unvertrauten, fremden Kulturen ist anspruchsvoll, weil es »unsichtbare« und »unbekannte« Stakeholder, d. h. diversifizierte regionale Märkte und Kunden / Partner / Mitarbeitende gibt. Sie repräsentieren unterschiedliche Logiken, deren Widersprüche im Unternehmen stärker aufeinander treffen und zu bearbeiten sind. Je mehr Wertschöpfung über die Grenzen des Unternehmens hinaus erbracht wird, umso mehr werden Unternehmen zu Ökosystemen von Partnern (mehr netzwerkartige Strukturen und virtuelle Kommunikationsformen). Das alles lässt die Frage aufkommen, wie es gelingt, tragfähige und zukunftsfähige Arbeitsbeziehungen zu schaffen für gemeinsame Lösungen und in welchen Settings Unternehmensentwicklung, also Entscheidungen über die gemeinsamen Zukunftsthemen hinsichtlich Strategie, Organisation, Führung und Personen, mit diesen Partnern getroffen werden.

3. Unternehmen sind in die Mitte der Gesellschaft zurückgekehrt und vernetzt: Unternehmen sind nach der Finanzkrise wieder mehr gefragt, sich mit der Logik anderer gesellschaftlicher Funktionssysteme zu verbinden und ihren Beitrag zur gesellschaftlichen Entwicklung zu thematisieren, als Arbeitgeber, als Produzent bzw. Dienstleister sowie über Nachhaltigkeits- und Governance-Fragen (die in den Regionen der Welt unterschiedlich geregelt sind). Die Ökonomisierung der Gesellschaft und die Krise des Kapitalismus bilden sich in Europa auch darin ab, wie Unternehmen gesellschaftlich diskutiert und bewertet werden. Dadurch entsteht eine direkte, manchmal auch nur mittelbare Wirkung auf die eigene Kernidentität bzw. die Attraktivität für Kunden oder Mitarbeitende (z. B. Google und Netzneutralität bzw. Bedürfnis nach Datenschutz; Image der Banken nach der Krise etc.)

4. mehr heterarchische Steuerung und Peer-to-Peer-Kooperation (durch Digitalisierung, Innovation, Lösungsgeschäft, Resilienz und Agilität, Nachhaltigkeit): Das erzeugt die Frage, zu welchen Aufgaben übergreifende Teams, Projekte, Taskforces, Netzwerke, Communities, Plattformen etabliert werden, wie sie so gesteuert und genährt bzw. koordiniert werden, dass sie möglichst lösungsorientiert und flexibel – also oft selbstorganisiert – zusammenarbeiten. Damit einher geht die Frage nach der Neupositionierung der Hierarchie als Steuerungsprinzip, die dadurch ja keineswegs obsolet wird.

5. mehr Selbstorganisation und -steuerung mit schnellen Rückkopplungen, Gleichzeitigkeit und Offenheit der Kommunikation (wie z. B. über Social Media und Web-2.0-Formate): Das ist ein Kontrapunkt zu klassischen tayloristischen Organisationen mit ihrer Spezialisierung und klaren Hierarchie und erzeugt die Frage, wo das Unternehmen auf die Potenziale solcher Selbststeuerung (Innovation, Agilität etc.) setzen möchte und wo nicht. Es gilt sorgfältig zu klären, wo es darum geht, sich zu öffnen und dadurch Wert zu schaffen, und dafür zwar Unsicherheit und Kontrollverlust in Kauf zu nehmen, zugleich aber über die eigene Kernidentität dieser Selbstorganisation Orientierung zu geben und über Werte, Verbote bzw. über Governance und Compliance-Regeln die Grenzen der Selbstorganisation klar zu markieren.

6. mehr flächig verteilte Autonomie und Verantwortung bei gleichzeitig größerer Abhängigkeit und stärkerer Vernetzung: Dies ist ein wachsendes Spannungsfeld für die Arbeit von Führungskräften und Experten, das alle Entscheidungsthemen betrifft. »Die Vernetzungsgesellschaft besteht aus aktuellen und potenziellen bzw. ständig aktualisierbaren Beziehungen, sodass jedes Management darin besteht, Entscheidungen über Wechsel oder Beibehalten einer Verknüpfung zu treffen« (Baecker 2007, S. 54). Das macht auch deutlich, warum »Sensemaking« und »Commitment« so in den Mittelpunkt rücken. »**Engagement und Aufmerksamkeit sind eine knappe und flüchtige Ressource** geworden. Das innovative Unternehmen der Zukunft wird nicht [nur – *Anmerkung der Autoren*] nach Maßgabe der Betriebswirtschaftslehre, sondern der Sozialpsychologie gestaltet« (Baecker 2007, S. 20). Mehr Autonomie und Eigenverantwortung brauchen bei den Akteuren ein verankertes Verständnis des Zielbildes und des als sinnvoll wahrgenommenen eigenen Beitrags (Sensemaking) sowie Engagement und Achtsamkeit für die jeweilige Situation. Die Beteiligten sind also als Subjekte mit ihrer ganzen Wahrnehmungs- und Kommunikationsfähigkeit sowie ihrer Entscheidungsbereitschaft gefordert – nicht nur mit ihrem formalen Jobprofil. In ihrem Agieren bildet sich damit immer auch ihre Beziehung zum Unternehmen ab, die sich natürlich parallel zur Unternehmensentwicklung mitentwickelt. Damit entstehen für Human Resources neue Bereiche, für Führung und für die Gestalter von Strukturen und Prozessen neue zu bearbeitende Perspektiven: Was können sie tun, um Engagement und eigenverantwortliches Commitment zu nähren und zu stärken – denn instruktiv lässt es sich nicht erzeugen. Solches Engagement ist eine knappe Ressource, vor allem, wenn Organisationen überlastet und strukturell erschöpft sind. Denn bei wachsender Komplexität reagieren Organisationen mit Überstrukturierung und Übersteuerung und erzeugen damit

Innenorientierung und das Gefühl, im operativen Hamsterrad gefangen zu sein. Es entsteht eine Mischung von operativer Hektik und Trägheit, wenn es um Wandel geht – »rasender Stillstand«, wie Paul Virilio (1997) es weitsichtig nannte.

7. gleichzeitig Exploit und Explore ausbauen: Das heißt, »schließend« zu steuern in Richtung operative Ergebnissicherung, Effizienz, schlanke Prozesse, Kostenvorteile (Exploit) und gleichzeitig Räume für Explore zu öffnen – für das Erkunden und Bearbeiten komplexer Fragen, das Entdecken und Entwickeln neuer Geschäftsmodelle bzw. von Innovationen etc. Die Intensität und Gleichzeitigkeit dieser gegensätzlichen Fokusse hat zugenommen, der Sog geht in Richtung Exploit: Aktuell beobachten wir immer noch einen Überhang der über Jahre vertrauten Kostenreduktionsprogramme und Effizienzbemühungen und eine gewisse konzeptuelle Hilflosigkeit hinsichtlich professioneller Settings für Explore und hinsichtlich der Frage, wie Innovationskraft und -kompetenz gestärkt werden können (→ Ent-Scheidung 1: Innovation). Zum Erfolgsrezept für Explore-Arbeitssettings gehören: ein tiefes **Verständnis des eigenen Geschäfts** sowie der Dynamik und Logik des Marktes, in dem es stattfindet, schnell Vertrauen und **gemeinsame Arbeitsfähigkeit** mit **Engagement** entwickeln bzw. abrufen zu können, **die Fähigkeit zum schnellen konstruktiven Dialog** (Präsenz, Achtsamkeit, Fokussierung) und die **Fähigkeit, an andere Welten anzudocken oder in sie einzutauchen** und dadurch zu lernen.

8. Wandel des Wandels (Agilität): es geht insgesamt also darum, mehr Komplexität in kürzerer Zeit zu verarbeiten. Pointierte Umsetzung und Geschwindigkeit zählen. Vorübergehende Wettbewerbsvorteile treten immer mehr an die Stelle nachhaltiger Wettbewerbsvorteile (vgl. McGrath 2013), die Kopierbarkeit von Strategien nimmt zu. Das wirft die Frage auf, wie Strategiearbeit kurzlebige Situationspotenziale rasch aufgreifen und zugleich die Kernidentität wahren kann und wie sich Organisationen und Führung agil und stabil aufstellen, statt mit Hyperaktivität und Übersteuerung zu antworten, die letztlich strukturell erschöpfen und das Unternehmen unsteuerbar machen. Nicht zuletzt geht es dann auch darum, wie in einem solchen Umfeld der Kontrakt Mitarbeiter – Unternehmen erneuert werden kann. Die wachsende Intensität des Wettbewerbs bildet sich auch in dieser Beziehung (Mitarbeiter – Unternehmen) ab. Die klassische Betriebsverbundenheit und Loyalität weichen einem auch im Unternehmen marktorientierten Verhalten, das den eigenen Nutzen maximiert und dazu das Umfeld der Organisation (aus-) nutzt, ein Umfeld, in dem schnelle flexible Anpassung gefragt ist. Damit ein solches labiles Zusammenspiel von Kooperation und Wettbewerb gelingt, braucht es ein sehr aufmerksames Kooperieren bzw. eine sehr aufmerksame Steuerung der Zusammenarbeit zwischen dem Unternehmen und seinen Mitarbeitenden durch Organisation und Führung. (vgl. das Konzept Darwiportunismus bei Scholz/Stein 2001, S. 29ff.)

Nun sind diese prägenden Richtungen der Unternehmensentwicklung bei genauerem Hinsehen schon länger spürbar. Man könnte davon sprechen, dass Unternehmen in Europa sich vielfach in einer **evolutionären Transformation** befinden, also in einem tief greifenden Veränderungsprozess, der die oben beschriebenen Paradigmenwechsel umfasst, die sichtbarer werden, wenn wir Abstand gewinnen. Der rote Faden, der in diese prägenden Themen eingewebt ist, macht deutlich, dass sich Unternehmensentwicklung stärker in Richtung eines Feldes bewegt, das durch Volatilität, Unsicherheit, Komplexität und Ambiguität (VUKA) gekennzeichnet ist. Das hat Konsequenzen für die zu bearbeitenden Inhalte, für Steuerung und für die Architektur der Unternehmensentwicklung. Weiterentwickelt entlang der Komplexitätslandkarte von Snowden/Boone (2007), die in Kapitel 2 skizziert wurde, gilt es für Unternehmensentwickler zunächst vor allem zu verorten, in welchem »Dynamikfeld« sich das Unternehmen bewegt und in welchem Komplexitätsniveau es agiert.

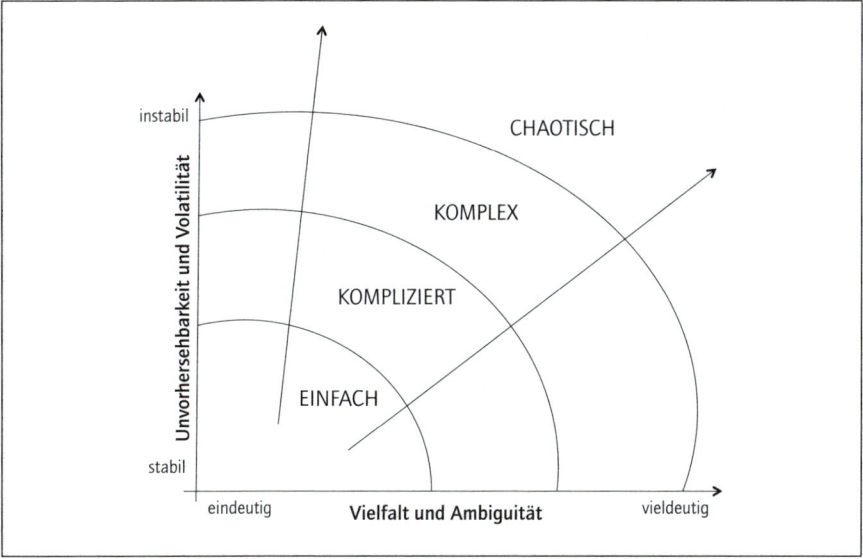

Abb. 49: Dynamik-Landkarte (2014 entwickelt von B. Heitger, J. Kölblinger und A. Serfass, anknüpfend an Heitger/Jarmai 1994; Boos/Mitterer 2014; Snowden/Boone 2007)

Das ist eine zentrale diagnostische Vorentscheidung, gibt sie doch Orientierung sowohl zu den zu bearbeitenden Inhalten der Unternehmensentwicklung als auch zu der Frage, wie ihr Prozess sinnvoll zu gestalten ist. Im komplizierten Kontext ist Unternehmensentwicklung ein Kooperationsprojekt von Experten, im komplexen Kontext geht es darum, über Zielbilder und Leitplanken durch strategische Experimente und Selbststeuerung Unternehmensentwicklung gesteuert emergent entstehen zu lassen. In chaotischen Kontexten gilt es, durch schnelle

Antworten und schnelles Handeln so viel Orientierung zu geben, dass wieder im komplexen Setting gearbeitet werden kann (genauer im Kapitel 2 auf S. 44).

Unternehmensentwicklung hat zum einen an das aktuelle Komplexitätsniveau des Unternehmens, seiner Branche und seines Umfeldes anzuknüpfen und sie zum anderen in Entscheidungen zu Strategie, Organisation, Führung und Personen zu gestalten. Die nachfolgenden Komplexitätslandkarten geben dazu weitere Orientierung.

Abb. 50: Dynamik-Landkarte für Strategieausrichtung

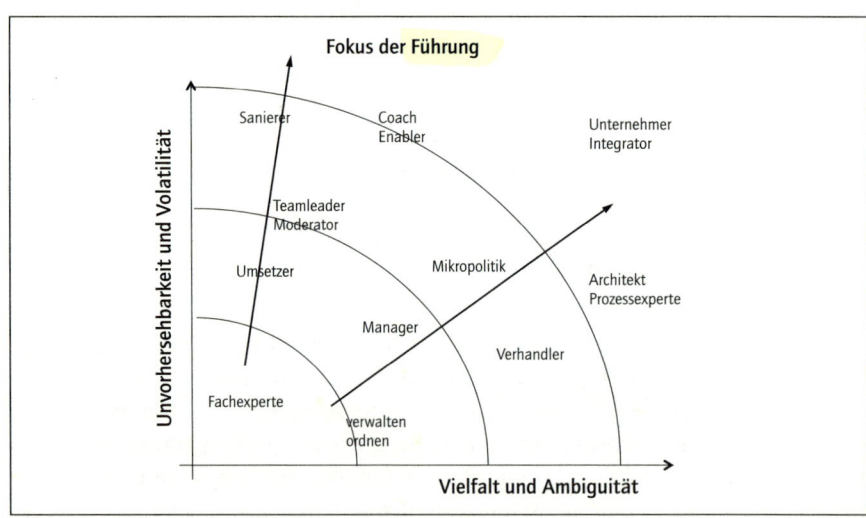

Abb. 51: Dynamik-Landkarte der Führungsrollen

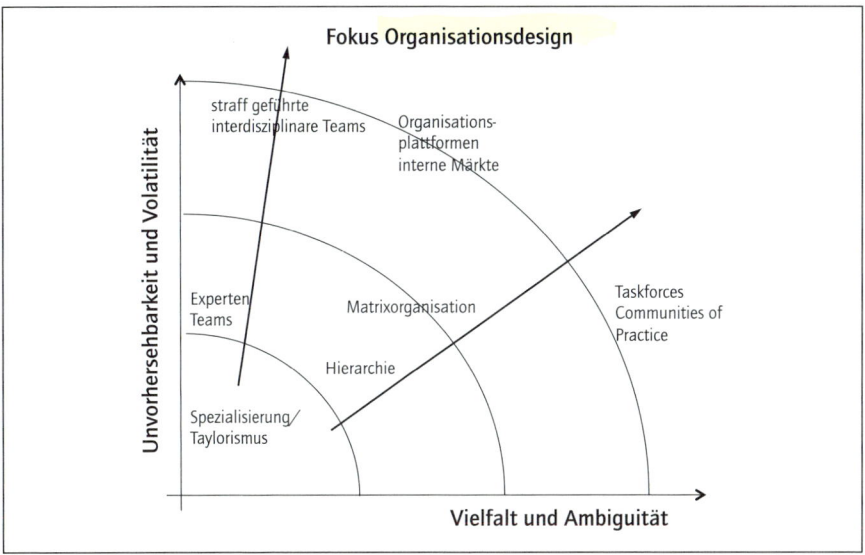

Abb. 52: Dynamik-Landkarte für Organisationsdesign

Im VUKA-Umfeld zu agieren, heißt vorwiegend, sich in einem komplexen und chaotischen Niveau und Kontext bewegen zu müssen. Was das für Strategie, Führung, Organisation und Personen bedeutet, macht die folgende Übersicht deutlich:

	einfach	kompliziert	komplex	chaotisch
Strategie	strategische Planung	Strategiearbeit durch Experten mit Stakeholder-Repräsentanten	klare Kernidentität/Vision mit groben Zielräumen; kollektive Strategiearbeit über Plattformen; Experimente, die die Peripherie mit einbinden, um Situationspotenziale auszunutzen; Immersion in der Strategiearbeit	klare Kernidentität in Kombination mit »Rapid Prototyping«: kleine strategische und operative Schritte, die schnell und am ehesten wirksam sind – dezentral am Ort des Chaos

	einfach	kompliziert	komplex	chaotisch
Führung	wahrnehmen ordnen/beurteilen reagieren	wahrnehmen analysieren Expertenlösung organisieren konsequent umsetzen	»Leadership« im Sinne von unternehmerisch, gestaltend, sozialer Architekt; schafft Raum für Ko-Kreation und Öffnen sowie für Entscheiden und Schließen; Muster statt (nur) Fakten beobachten/verstehen; erproben – beobachten – reagieren	Mut und Gestaltungskraft, verbunden mit reflexiver Deutungskompetenz über das Geschehen und die Wirkung möglicher Lösungen (individuell und als Führungsteam); »Machertum« gleichzeitig starke Führung und Selbstorganisation fördern
Organisation	klassisch/traditionell nach Funktion oder Sparte (Taylorismus); stabile, effiziente Prozesse	klassisch/ traditionell mit interdisziplinärer Zusammenarbeit	Multi-Matrixorganisation plus Projekte, Taskforces etc., um Vieldeutigkeit zu gestalten; starke Zentrale und starke dezentrale Einheiten; Plattformen für Austausch, Innovation, Kooperation	klare Führung im Netzwerk von Experimenten bzw. vor Ort umsetzende Teams, die über schnelle Instrumente, Kommunikationsgefäße und Plattformen verbunden sind
Personen	haben klare Aufgaben und Ziele, nur Umsetzungsverantwortung	Spezialisten mit sozialer Kompetenz, klare Verantwortungsfelder	das Unerwartete managen; selbstständig, unternehmerisch i.S. von den eigenen Beitrag im Bezug zum Ganzen zu konkretisieren/ entscheiden; Spezialisten mit Generalistenblick und Systemdiagnose	Macher und »Entrepreneurs«; starke Selbststeuerung und -führung; agil und resilient; fähig, Ungewissheit und Instabilität durch schnelles Gestalten zu meistern

	einfach	kompliziert	komplex	chaotisch
Fokus	Exploit	Exploit (und Explore)	Explore (und Exploit)	schnelles Handeln in kleinen Schritten steuern
Beispiele	Behörden, Autowerkstätten, auch die Energiebranche war lange Zeit einfach.	Krankenhäuser, Branchen, in denen Expertenwissen wichtig ist; High Reliabilty Organizations (→ Entscheidung 8: Resilienz)	viele Branchen derzeit: Kommunikationsbranche, Finanzbranche, Pharmabranche, ... Überall dort gibt es entweder ein sehr instabiles Umfeld, sehr vieldeutige Zusammenhänge oder beides.	zum Teil Google: sehr viele strategische Experimente; keiner weiß, »was fliegt«, sehr vielfältig, hohe Fehlerquote, die sehr wichtig ist – Scheitern als Konzept! Es gibt Branchen, die kein Chaos vertragen (z. B. High Reliability Organizations). Es gilt, den chaotischen Zustand möglichst wieder in einen komplexen Kontext zu wandeln.

Abb. 53: Einfluss des Komplexitätsniveaus auf Strategie, Führung, Organisation und Personen (angelehnt an Snowden/Boone 2007)

Welche neuen Wege gilt es nun in der Unternehmensentwicklung zu gehen, wenn sie sich im VUKA-Umfeld verortet und positioniert? Wie Unternehmensentwicklung in den Feldern Strategie, Organisation, Führung und Personen dann gestaltet werden kann, wollen wir im Folgenden zusammenfassen.

4.2   Strategie im VUKA-Kontext

Transiente Wettbewerbsvorteile durch ko-kreative Strategien
Um transiente, also kurzlebigere Wettbewerbsvorteile rund um den eigenen klaren Identitätskern und die darin enthaltene »Desired Future« (vgl. Mc Grath 2013) zu erreichen, werden Strategien genutzt, die durch Erproben und Weiterentwickeln (→ **Werkzeug 25: Rapid**

PROTOTYPING; vgl. Johansen 2009, S. 113) entstehen. Dazu gehören strategische Experimente (»Fail early and often, learn fast«), das aktive Mitwirken der Peripherie, die unmittelbar am Markt dran ist, das Nutzen kollektiver Intelligenz (Informationsmärkte zu Strategiefragen → WERKZEUG 22: PROGNOSEMARKT PREDIKI) oder Strategiearenen als interaktive Großveranstaltungen, in denen auch Wertschöpfungspartner oder Kunden mitwirken. Die klassischen Strategen werden zu Architekten, Designern und Dienstleistern einer solchen ko-kreativen Strategieproduktion, die dann ganz anders funktioniert als die klassische Strategieindustrie.

Duale Geschäftstransformation

Der schnelle Wandel von Industrien durch Technologien, neue Geschäftsmodelle und die Konvergenz von Branchen erfordern es, das eigene Kerngeschäft neu zu positionieren (schlanker, effizienter und mit Konzentration auf zukunftsfähige Elemente) und gleichzeitig für neue Geschäftsmodelle eigene Start-up-ähnliche Formate einzurichten. Das heißt für das Neue von Anfang an: ein pragmatischer Fokus auf Gewinn und eine eigene separate Organisation mit eigener Identität und Kultur (schnell, dynamisch, klein). Beispiele für solch eine duale Geschäftstransformation sind etwa Print- und Online-Medien, car2go-Taxis, klassische Energieversorgung und Energieinnovations-Start-ups, aber auch Boot Camps und Start-up-Spaces im Umfeld großer Unternehmen wie etwa Bosch oder T-Mobile (vgl. Gilbert et al. 2013; → FALL 2: PROGRAMM-MANAGENMENT). Duale Geschäftstransformation umzusetzen ist anspruchsvoll, weil das klassische und das neue Geschäft anders zu steuern sind und die emotionale Dynamik im bisherigen Kerngeschäft durch die offene Zukunft von Verletzlichkeit, Irritation und Unsicherheit geprägt ist.

Kundenzentrierung – die neue Macht der Kunden

Der Fortschritt in Technologie und Kommunikation und der offene Zugang zu Information und Wissen haben die Kunden kompetenter, mächtiger und weniger loyal gemacht. Sie können aktiver wählen, mitwirken, kompetenter entscheiden (oder auch sich alles abnehmen und sich rundum versorgen lassen). Kunden werden diverser, fordernder und informierter. Über Internet und Social Media können sie vielfältiger untereinander, aber auch mit dem Unternehmen verbunden sein, sie können mitgestalten (Kundenplattformen zur gegenseitigen Unterstützung), bewerten und kommentieren (Rating, z. B. auf Händlerplattformen wie Amazon).

Sie können Förderer, Multiplikatoren, Innovatoren sein, also auch unterschiedliche Rollen in der Wertschöpfung und in der Marktentwicklung einnehmen. Kundenzentrierung meint dann, strategisch an der Frage zu arbeiten, wie die digitalen und physischen bzw. direkten Kontakte mit (welchen) Kunden entlang des Geschäftsprozesses innovativ gestaltet, verknüpft, gesteuert und ausgewertet werden. Wo sind die »Moments of Truth« aus Kundensicht im Geschäftsprozess vom ersten Kontakt bis zum Aftersales/Service- und Reklamationsprozess? All das erfordert ein tiefes Verstehen der Kundenwelten und Kompetenz für Social Media bzw. »Digital Transformation« in der Strategiearbeit (→ Ent-Scheidung 4: Digitalisierung, Web 2.0 und Media Literacy). **Positive und einprägsame Kundenerfahrungen zu gestalten und zu schaffen** erzeugt jedenfalls die entscheidende Bindung in der Netzwerkökonomie, genau wie aktive Dialoge mit Kunden. Business Intelligence und Data Analytics unterstützen bei der Kundensegmentierung und bei passgenauen Angeboten. Leitfragen für die Unternehmensentwicklung, die dieser neuen Macht der Kunden gerecht werden, sind etwa: Wo und wie hört das Unternehmen seinen Kunden zu bzw. taucht in deren Welten ein? Wie werden Erfahrungen und Daten analysiert (Big Data, Algorithmen, aber auch erlebnis- und erfahrungsorientiertes Eintauchen in die Kundensicht)? Wo gestalten Kunden mit (Innovation, Verbesserungen, Erfahrungsaustausch, Reklamationen etc.)? Wo und wie können Mitarbeitende frei und eigenverantwortlich situativ Kundenwert schaffen? Wo und wie gestaltet das Unternehmen positive überraschende Kundenerfahrungen (man vergleiche das Erlebnis beim Auspacken und der Inbetriebnahme eines iPad® mit dem eines Laptops)? Wo und wie verbindet das Unternehmen digitale Kontakte mit physischen?

Zoom auf die Zukunft/Scouting
Im Vorfeld bzw. jenseits der kontinuierlicher werdenden Strategiearbeit braucht Unternehmensentwicklung im VUKA-Kontext, Räume, in denen mit größerem Abstand und aus anderen, auch ungewohnten Perspektiven mögliche Zukunftsszenarien des Unternehmens und seines Kerngeschäfts auch spielerisch entworfen werden. Ideen können im Dialog ohne Entscheidungsdruck entstehen – der Erfolgsfaktor heißt Varietät (Querdenker von außen und innen, externe Partner, »Scouts« nah am Kunden). Andocken und Eintauchen in andere interessante erlebnishafte Welten etc. gehören ebenso dazu wie offene, andere Kommunikationsräume oder -Inszenierungen. Hieraus können neue Wege entstehen, die eigene Zukunft zu gestalten. Auch wenn man sich nicht als Pionier positioniert, kann man Ideen für das eigene Profil finden und Risiken früh wahrnehmen. Insbesondere gilt das für offene Innovations-  felder wie etwa die Potenziale der digitalen Geschäftstransformation.
→ Werkzeug 19: Learning Journey

Fokus auf an gesellschaftlichen Bedürfnissen orientierte Strategien
Die Krise des Kapitalismus und die Rückkehr der Unternehmen in die Mitte der Gesellschaft stellt Strategiearbeit auch vor Fragen, welche gesellschaftlichen Bedürfnisse konkret aufgegriffen und befriedigt werden (statt vor allem Nachfrage zu erzeugen), wie die »Value Chain« verbessert werden kann (z.B.: Investitionen in die Gesundheit der Mitarbeiter reduzieren Fehlzeiten.) oder wie das lokale

gesellschaftliche Umfeld unterstützt wird (örtliche Industriecluster etc.). Solche Handlungsfelder sprechen etwa Michael Porter und M. R. Kramer (2011) mit ihrem Konzept des »**Shared Value**« an, dem sie viel Wachstums- und Innovationspotenzial zuschreiben

4.3 Organisation – neue Herausforderungen im VUKA-Umfeld

4.3.1 Starker zentraler Kern und starke dezentrale Einheiten

Es geht um eine **Erneuerung des Arbeitsbündnisses** zwischen Headquarter und Geschäftseinheiten bzw. Regionen. Die Headquarter haben mehr VUKA zu bewältigen. Es gilt, nicht in die Falle zu gehen, mehr Komplexität durch Überstrukturierung und durch ein Mehr an Kontrolle seitens der Zentralen (wie etwa Multimatrix mit mehrfachen formalen Berichtslinien und Reporting-Systemen) bewältigen zu wollen. Das schwächt dezentrale Einheiten in ihrer Agilität in Richtung auf ihre jeweiligen Märkte, es sabotiert klare und fruchtbare Aushandlungsprozesse zwischen Headquarter und Geschäftseinheiten bzw. Regionen und lähmt schlussendlich auch die Zentralen selbst. Die Beziehung zwischen beiden braucht in turbulenten Umfeldern ein neues Arbeitsbündnis, in dem unternehmensweite Verantwortungen und Standards geklärt sind und auch klar ist, mit welchen Steuerungsmodellen sie umgesetzt werden. Zwischen folgenden Varianten gilt es zu entscheiden: Wo gibt es einheitliche Umsetzung operativer Standards, wo lediglich Rahmenvorgaben mit lokaler Anpassung, wo schafft man Freiraum mit Grenzen bzw. Verboten, wo herrscht kooperativer Wettbewerb, der zentral orchestriert wird mit unternehmerischen Anreizen und Austausch auf gemeinsamen Plattformen, und schließlich, wo macht Freiraum mit transparenter Selbstverpflichtung der dezentralen Einheiten und Unterstützungsangeboten der Zentrale oder untereinander am meisten Sinn? Die Vielfalt dieser Varianten zeigt, dass alle Akteure, Headquarter wie dezentrale bzw. marktnahe Einheiten, sich jeweils auf **Rollenvielfalt** einzustellen haben – also einmal asymmetrisch, einmal symmetrisch miteinander arbeiten, einmal voneinander abhängig, einmal autonom. Das Headquarter braucht Klarheit darüber, welche Funktionen es für das Unternehmensgeschehen übernimmt – und welche Steuerung, Rechte und Mandate es daher beansprucht und ausübt (vgl. Roghé et al. 2013). Die Spanne reicht vom bloßen Eigentümer über eine Finanzholding oder die Entwicklung von Markenclustern (z. B. Nestlé) sowie eine strategische und funktionale Führung (Expertentum und effiziente Shared Services) bis hin zum Involvement in operative Führung. Je nach Thema mag die Positionierung anders aussehen (z. B. Relation zu Finanzmärkten, Corporate Governance, Spielregeln in Bezug auf Social Media, IT-Plattformen etc.). Eine

stark ausgeprägte Headquarterfunktion umfasst etwa die verantwortliche Bearbeitung folgender Fragen:

- Was macht die Kernidentität des Unternehmens aus (Mission, Sinn und Zweck, strategischer Rahmen und strategische Stoßrichtungen / Arenen, Markenführung, Umgang mit Mitarbeitenden, Werte, Kultur), und welche Risiken sind auf jeden Fall zu vermeiden? Das schafft in chaotischen Umfeldern Orientierung und Rahmen für gerichtete Selbstorganisation.
- Welche Funktionen übernimmt die Zentrale (etwa Corporate Governance, Finanzierung, Economies of Scale, Technologieentwicklung, Kernelemente von IT und HR)?
- Welche wertschöpfenden Agenden steuert oder ermöglicht bzw. orchestriert das Headquarter: Innovation, Plattformen und Communities mit Kunden, Partnern und anderen Stakeholdern?
- Wie steuert das Headquarter die Arbeit an identitätsstiftenden Zukunftsthemen – etwa der Entwicklung des Basiskontrakts Unternehmen – Mitarbeitende, am Organisationsdesign des Unternehmens, an Technologieszenarien und hinsichtlich Strategie- bzw. Zukunftsarbeit etc.? (vgl. Zimmermann/Huhle 2013).

Starke dezentrale Einheiten haben im VUKA-Umfeld die Fähigkeit und Kompetenz, die Konkretisierung des Strategierahmens in ihrem Marktumfeld eigenständig voranzubringen und umzusetzen. Das bedeutet ein »Loslassen« des Headquarters (in Reports, im Abfragen überbordender Kennzahlen etc.), und es bedeutet, die dezentralen Einheiten pointiert in die kollektive Unternehmensentwicklung zu involvieren (z. B. über strategische Experimente, 2.0-Kollaboration, ad-hoc-Parallelstrukturen).

Die **Erneuerung des Arbeitsbündnisses** zwischen Headquarter und marktnahen Einheiten erfordert auch eine **Investition in die Führungsmannschaft** zwischen Ebenen, Funktionen, zentral und dezentral arbeitenden Führungskräften bzw. -teams (→ Fall 1: Netzwerkökonomie: Viele Köche – beste Küche).

4.3.2 Agile Organisationen

Keine Organisation bewegt sich konstant nur in einem Komplexitätsgrad. Es gilt, die Stammorganisation so zu gestalten, dass zeitlich begrenzte situative Organisationsformate (Projekte, Communities of Practice, Taskforces, strategische Kooperationen) gut angekoppelt, installiert und wirksam werden können.

Wesentliche Bauprinzipien für solche agilen und beweglichen Organisationen sind (vgl. u. a. Weick/Sutcliffe 2003):

- gemeinsame Zukunfts- und Zielbilder, die in der Organisation verankert sind
- Vertrauen und Empowerment (Delegation operativer Entscheidungen an die Akteure vor Ort)

- Achtsamkeit für kleine Abweichungen, Operatives und wechselseitige Abhängigkeiten
- Flexibilität und Teamarbeit – die Fähigkeit, in der Zusammenarbeit lösungsorientiert improvisieren zu können
- Bewusstsein für unterschiedliche Arbeitssettings (Exploit-Routineaufgaben effizient, straff und schlank erledigen, Explore-Settings offener und dialogorientiert bearbeiten)
- Redundanz – wichtige Faktoren für die Wertschöpfung sind ersetzbar bzw. mehrfach vorhanden
- tragfähige Arbeitsbeziehungen und Nähe zum Markt und Kunden

Agile Organisationen nutzen laterale Kooperationen dort, wo die hierarchische Struktur an Grenzen stößt. Neuere horizontale Kooperationsformate, die dem VUKA-Umfeld gerecht werden, sind etwa:

- strategische unternehmensübergreifende Kooperationen (→ Ent-Scheidung 6: Strategische Kooperationen)
- Communities of Practice (Expertennetzwerke zu Austausch, Innovation etc.)
- Open Innovation (→ Ent-Scheidung 1: Innovation)
- virtuelle Kooperationen mithilfe digitaler Kommunikationstechnologien
- Kollaborationsplattformen
- Partner- und Lieferanten-Communities

Damit organisieren Organisationen auch ihr Gegenteil: offene, selbstgesteuerte Netzwerke, die wiederum auf die Organisation zurückwirken und deren »Steuerung« eigenes Know-how erfordert. Hierarchie und Führung kommen so auf eine andere Weise ins Spiel: Sie schaffen Orientierung, einen Rahmen für mehr laterale Selbstorganisation, sind stärker in einer nährenden, Anreiz schaffenden und gegebenenfalls moderierenden Rolle, weniger in einer direktiv steuernden. Um agil zu werden bzw. zu bleiben, muss in Organisationen investiert werden – in das gemeinsame Verständnis der Zukunftsbilder, in Vertrauen untereinander, in Communities und Partnerschaften etc. Damit steht das Postulat der Agilität in einem natürlichen Spannungsfeld mit Kostensparen und hohen Wachstumszielen. Beide machen die Organisation weniger robust und flexibel, weil verletzbarer, wenn Turbulenzen zu bearbeiten sind

4.3.3 Komplexe und ausdifferenzierte Steuerungssysteme und -instrumente

IT Systeme sind nicht selten Treiber oder Grenzen für neue Prozesse und Organisationsdesigns. Die IT-Strategie und IT-Organisation des Unternehmens sind elementarer Bestandteil jeder Unternehmensentwicklung. IT-Systeme haben sich in den letzten Jahren extrem schnell weiter entwickelt, und es bleibt zu erwarten, dass dieser Trend sich weiter fortsetzt. In manchen Bereichen ist das korrekte Funktionieren dieser Systeme der entscheidende Faktor für den Erfolg eines Unternehmens. Hierzu zwei Beispiele:

Beispiel 1: High Frequency Trading

Daten werden hier in Sekundenbruchteilen analysiert, in Informationen verwandelt und eine Entscheidung getroffen. Dies muss in einer Geschwindigkeit passieren, die es völlig unmöglich macht, Menschen in diesen Entscheidungsprozess einzubinden. Ihre Entscheidung käme zu spät, die gewonnene Information wäre bereits veraltet und wertlos.

Beispiel 2: Amazon

Amazon verarbeitet täglich eine unglaublich hohe Anzahl an Anfragen und beantwortet diese nicht nur innerhalb eines Augenblicks mit dem entsprechenden Suchergebnis, sondern stellt dem User auch noch sinnvolle weitere Informationen zur Verfügung. Sucht man beispielsweise nach einer Kamera, bekommt man gleich nützliche Artikel wie Kameratasche, Zusatzobjektive usw. angezeigt.

Obwohl beide Beispiele in völlig unterschiedlichen Bereichen beheimatet sind, haben sie eines gemeinsam: Es gibt ein klares Bild davon, was das IT-System leisten muss und welche Informationen vom System generiert werden. Welche Informationen erfolgsentscheidend sind, ist in jeder Branche und für jedes Unternehmen unterschiedlich. Deswegen muss jedes Unternehmen für sich und entlang seines strategischen Geschäftsmodells herausfinden, was an Informationen in welcher Konfiguration gebraucht wird – als Angebot an Kunden und Stakeholder und an klassischen ebenso wie an zukunftsgerichteten Kennzahlen zur Steuerung des Unternehmens.

Klassische Kennzahlen beruhen meist auf historischen Daten, die erst dann nützliche Informationen liefern, wenn man sie mit Vorperioden oder anderen Unternehmen vergleicht, etwa wie sich die Profitabilität in den letzten drei Jahren entwickelt hat. Hier gibt es Änderungen im Datenvolumen und in der Datenqualität. Das Datenvolumen hat sich enorm vergrößert, vor allem durch die Granularität der gespeicherten Daten (Daten auf Transaktionsebene). Das ermöglicht es dem Management, jederzeit auf eine Kennzahl zu zoomen und zu analysieren, warum beispielsweise der Umsatz im letzten Quartal gesunken ist. Damit können Fragen leichter beantwortet werden, wie etwa »Ist es ein regionales oder globales Phänomen?« oder »Beschränkt sich der Umsatzrückgang auf eine bestimmte Produktgruppe?«, etc. Man kann somit nahezu in Echtzeit Hypothesen aufstellen und sie mit dem vorliegenden Datenmaterial validieren. Das erfordert eine hohe Datenqualität und IT-Lösungen, die den täglichen Geschäftsbetrieb widerspiegeln und integriert im Unternehmen eingesetzt werden.

Zukunftsgerichtete Kennzahlen (Risikokennzahlen), wie etwa »at-Risk«-Kennzahlen (Profit-at-Risk, Cashflow-at-Risk, Value-at-Risk, Potential Future Exposure), Sensitivitätsanalysen und Stressszenarien werden über aufwendige Simulationen ermittelt, die Tausende von möglichen Zukunftsszenarien durchspielen. Um eine hohe Datenqualität zu erzielen, ist es bei den zukunftsgerichteten Kennzahlen besonders wichtig, die unterstützende Technologie möglichst nahe an den realen Geschäftsprozessen zu modellieren. Ist dies gelungen, kann ein Unternehmen interessante Szenarien durchspielen. Zum Beispiel eine Fluglinie: Wie hoch wird mein Gewinn im nächsten Jahr sein, wenn der Kerosinpreis um 25 Prozent steigt? Wie hoch sind meine maximalen Ausfalls- und Wiederbeschaffungskosten, falls eine Gegenpartei zahlungsunfähig wird? Wie sensibel ist mein Geschäft gegenüber Zinsänderungen? Zu beachten ist, dass zukunftsgerichtete Kennzahlen meist Extremszenarien darstellen. Beispielsweise wird bei einem Profit-at-Risk derjenige minimale Profit in einem gewissen Zeitraum ermittelt, der mit einer Wahrscheinlichkeit von 99 Prozent nicht unterschritten wird. In einem Prozent der Fälle kann die Realität also noch schlimmer sein als die Prognose. Gerade dieses eine Prozent hat aber das Potenzial, dem Unternehmen riesige Probleme zu bereiten (Ein Beispiel ist die Finanzkrise 2008.). Der Nutzen solcher Steuerungssysteme kommt allerdings erst zur Geltung, wenn ihre Ergebnisse in Explore-Entscheidungssettings von Führungs- oder Expertenteams konsequent bearbeitet werden.

4.3.4 Hybride als Arbeitsformate der Organisation, wenn es um »Explore« geht

Hybride ermöglichen Verdichtung durch iterative Abfolgen von »verstehen« – »entwerfen/erneuern« – »erproben« – »auswerten und weiterentwickeln«. Dies heißt, dass diese Schleifen mit ihren Rückkopplungen schneller, kürzer und dichter in der Kommunikation und Reflexion gestaltet werden (z.B. früher Experimente wagen – nach kurzer pointierter Analyse). Hier liegt einiges Potenzial in der Verknüpfung agiler Methoden wie Scrum und Design Thinking (→ WERKZEUG 27: SCRUM und WERKZEUG 9: DESIGN THINKING, Scribble etc. mit systemischen Settings sowie strukturierten Methoden (→ WERKZEUGE 10 UND 12: DIGITAL BUSINESSANALYSE und DIGITALE ENTSCHEIDUNGSFINDUNG)

Außerdem ermöglichen Hybride die Verdichtung und eng verkoppelte Arbeit an Strategieentwürfen und Konzepten sowie Organisationsdesign, Führung selbst bzw. an der Beziehung Unternehmen – Mitarbeitende. Das heißt, Konzeption findet nicht mehr im stillen Kämmerlein durch Experten mit daran anschließenden Organisationsentwürfen durch Organisatoren und nachfolgender Umsetzung durch die Führung statt, sondern so, dass diese Dimensionen gleichzeitig im Prozess be-

arbeitet und aufeinander bezogen werden. (→ FALL 1: NETZWERKÖKONO-
MIE: VIELE KÖCHE – BESTE KÜCHE). Das macht Interdependenzen früher
deutlich und bearbeitbar, zeigt Chancen und Risiken früher auf und
lässt das Commitment beteiligter Stakeholder im Prozess durch konti-
nuierliches Involvement mitwachsen. Der zunächst größer scheinende
Aufwand rechtfertigt sich dadurch allemal und ist vor allem ein Investment in
das gemeinsame Zukunftsbild und das kollektive Verstehen der Systemdynamik, wenn Strategie, Organisation, Führung und die Beziehung Unternehmen
– Mitarbeitende unmittelbar miteinander verwoben werden. Diese Investition
macht agil und schafft tragfähige Arbeitsbeziehungen, die für Turbulenzen und
spätere Umsetzung sowie durch das gewonnene Erfahrungswissen unbezahl-
bar sind. Natürlich brauchen solche Hybride hohe Design- und Moderations-
kompetenz.

Drittens ermöglichen Hybride die Verdichtung im Wechsel zwischen Erfah-
ren/Erleben fremder Welten und dem Herstellen der Bezüge zur eigenen Welt.
VUKA und Effizienzdruck erzeugen einen Sog nach innen, daher braucht Unternehmensentwicklung mehr Elemente, in denen auch die relevante Außenwelt
(die Welt der Kunden oder Wertschöpfungspartner) erlebt und erfahrbar wird,
und dann der Bezug zum eigenen System erarbeitet wird. (siehe dazu auch Heit-
ger/Serfass 2012, S 309ff.).

Die Verdichtungen solcher Hybride machen die umzusetzende Unternehmensentwicklung bereits im Prozess ihrer Erarbeitung (er-) lebbar – und sind daher
zugleich Plattform für die inhaltliche Arbeit daran, wie auch Probebühne für das
Neue und Motor für die Entwicklung von Commitment. Sie kommunizieren die
Entwicklung durch den Prozess mit.

4.4 Anforderungen an Führung im VUKA-Umfeld

Individuell wie kollektiv haben Führungskräfte immer wieder von neuem eine
wichtige Metaentscheidung zu treffen: In welcher Dynamik und Komplexität bewegt sich das Unternehmen (einfach, kompliziert, komplex, chaotisch), und welches Entscheidungssetting ist daher zielführend?

4.4.1 Systemdynamik verstehen – adäquate Führung und Steuerung
entscheiden

Führung, die den Anforderungen durch VUKA Rechnung trägt, fordert Antworten
heraus, die gegenläufig zum operativen Sog des Tagesgeschäfts sind und somit
eine Aufgabe darstellen, die nicht intuitiv aufgegriffen wird (vgl. Johansen 2009):

V	Volatilität	braucht als Gegenüber	V	Vision (»Desired Future«)
U	Unsicherheit	braucht	U	Umsicht und Verstehen
K	Komplexität	braucht	K	(nicht simplifizierte!) Klarheit für den nächsten Schritt
A	Ambiguität	braucht	A	Agilität

Inhaltlich braucht Führung mehr denn je auch ein Verständnis dafür, was sich an gesellschaftlichen und marktbezogenen Entwicklungen in der Unternehmensdynamik abbildet. Es geht darum, kognitiv-analytisch zu verstehen, welche Fragestellungen zu bearbeiten sind, wenn es etwa um Entscheidungen zu den in Kapitel 3 beleuchteten Themenfeldern geht. Die Fähigkeit, diese Themen in ihrer Vernetzung und Systemdynamik zu verstehen und aufeinander zu beziehen und ihre emotionale Resonanz spüren und produktiv thematisieren zu können, ist nicht nur auf der Ebene des Topmanagements erforderlich.

Welche Themen Führung jeweils zu balancieren hat, zeigt die Abbildung 54:

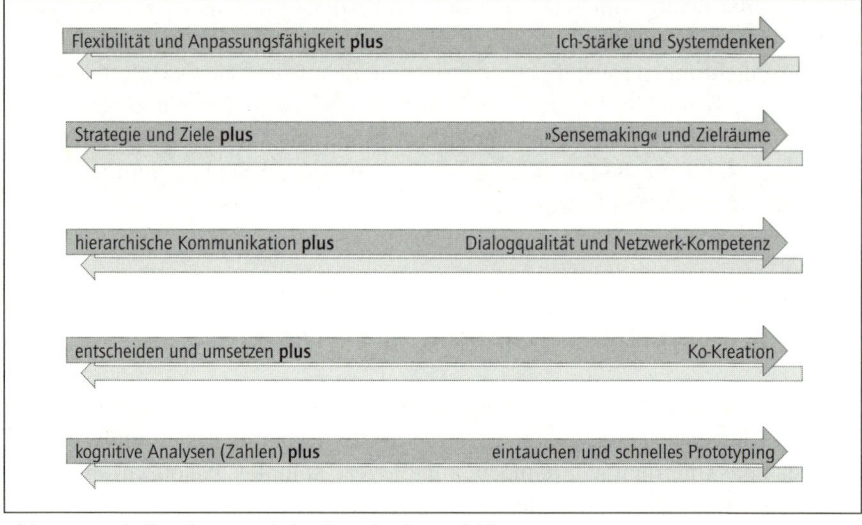

Abb. 54: Durch die Führung zu balancierende Themenfelder

Besondere Aufmerksamkeit verdient die Selbstfürsorge von Führung, die Eigenverantwortung dafür, auch in druckvollen Entscheidungssituationen gut arbeiten zu können – und die sich entwickelnden Paradigmenwechsel entschlossen und zugleich undramatisch Schritt für Schritt passend zur Entwicklung des Unternehmens anzupacken. Führung wird wichtiger, erlebt eine Renaissance.

4.4.2 Settings schaffen für Regeneration, Reflexion und Erneuerung bzw. Öffnung

Regeneration hatte früher Platz in informellen Zwischensituationen (Puffer in Meetings, Pausen etc.), die vielfach wegorganisiert sind bzw. mit dem Erledigen von E-Mails und operativem Tagesgeschäft gefüllt sind. **Qualitative Standortbestimmung und dialoggeprägte Reflexion** brauchen Zeit und Raum. Dafür werden heute mehr denn je Berater und Coaches hinzugezogen, die solche Prozesse gestalten, steuern, ihre Außensicht ins Spiel bringen bzw. Settings für Multiperspektivität schaffen. **Explore Settings für Erneuerung** ermöglichen es, sich in neues Terrain zu begeben, Neues für sich zu erproben und zu entdecken – im weitesten Sinn Innovation. Alle drei Zugänge sind in ihrer Dynamik dem Exploit als normalem Arbeitsmodus entgegengesetzt, der sich im Unternehmensgeschehen von allein multipliziert. Die Dominanz des Exploit-Modus führt immer mehr zu **struktureller Erschöpfung** der Organisation, ihrer Führung und Mitarbeitenden. Oftmals möchte man denken, hier wird Sprint mit Marathon verwechselt. Dies geschieht, weil die zur Bewältigung des VUKA-Umfeldes auch notwendige Regeneration, Reflexion und Erneuerung zu kurz kommen. Die Führungsfrage dazu lautet: Wie kann es gelingen, das eigene Unternehmen vor solcher Überanstrengung und Erschöpfung zu schützen, wie kann man sie im Ansatz erkennen, wie nachsteuern? Führungskräfte brauchen ein Sensorium dafür, Überanstrengung der Organisation, von Müdigkeit und Erschöpfung bis hin zum organisationalen Burn-out, rechtzeitig zu erkennen und zu unterscheiden (→ Werkzeug 3: Bedürfnis-Quadranten). Um im VUKA-Umfeld gut zu arbeiten, brauchen Unternehmen gleichermaßen die Bereitschaft zu mutiger Reflexion und Agilität, zu neuen Perspektiven, Innovationsfreude und Innovationskraft sowie zu Unternehmertum.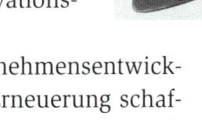

Führung muss das in den Blick nehmen und für die Unternehmensentwicklung explizit Räume für Regeneration, Reflexion, Dialog und Erneuerung schaffen. Das ist – weil zunächst ein Gegenpol zum Effizienzdenken – anspruchsvoll und immer wieder neu auszubalancieren.

4.4.3 In Führung als kollektive Mannschaftsleistung investieren

Die Leistungsfähigkeit und Agilität der Führungsmannschaft als Kollektiv (Funktionen, Ebenen, Regionen, Märkte, Herkünfte) ist ein essenzielles und immer wieder unterbelichtetes Feld der Unternehmensentwicklung (vgl. Heitger/Schubert 2013, S. 180ff.). In Teams und größeren Führungsarenen können Dilemmata der Führung im Dialog bearbeitet und tiefere Einsichten durch die Integration neuer Erkenntnisse aus allen Führungsperspektiven gewonnen werden. Tragfähige Kooperationen, Vertrauen aufgebaut zu haben, eine gemeinsame Verortung über Herkunft, Dynamik und Zukünfte entwickelt zu haben, sind eine Investition in Führung, die als Trumpf – in turbulenten Zeiten ausgespielt – nicht zu ersetzen ist. Zu dieser Investition gehört auch ein gemeinsames Verständnis darüber, welche Führungsfelder zu bearbeiten sind und mit welchen Indikatoren und Radarsystemen sie gesteuert werden (**Navigationssystem und Landkarte für Führung**).

4.4.4 Netzwerk- und Community-Kompetenz verbunden mit »Social Media Literacy« und Kompetenz zu digitaler Transformation

Kollektive Intelligenz zu nutzen und zu stärken über physische und digitale Interaktionsformate ist Aufgabe von Führung. Dabei wird es wichtig, zu verstehen, was die unterschiedlichen Settings von Selbstorganisation ausmacht und wie sie gesteuert bzw. genährt werden können (→ ENT-SCHEIDUNG 5: LÖSUNGSGESCHÄFT; 6: STRATEGISCHE KOOPERATIONEN; 1: INNOVATION und 4: DIGITALISIERUNG, WEB 2.0 UND MEDIA LITERACY). Die Digitalisierung wird dazu führen, dass in gewisser Weise jedes Unternehmen ein Technologieunternehmen wird – digitale Geschäftstransformation befasst sich dann mit der Frage, wie das Web 2.0 die Logik und die Geschäftsmodelle ganzer Industrien verändert (etwa der Banken, der Medien, im Handel) und wie sich Unternehmensfunktionen wandeln, wenn sie digitale Technologie strategisch nutzen (etwa Industrie 4.0 in der Produktion). Digitale Transformation wird vorangetrieben durch Konnektivität, Internet of Things, den unbegrenzten Zugang zu digital verfügbaren Produkten und Services, die Konvergenz von Branchen und Märkten sowie die Vernetzung von Marktplätzen und Wertschöpfungspartnern. Digitale Märkte sind gekennzeichnet durch hohe Geschwindigkeit und Skalierbarkeit, können Nischenfokus und Gesamtplattform verbinden, haben offene bzw. verschwommene Grenzen und sind geprägt von gleichzeitig starkem Wettbewerb und großen Kooperationschancen. Die »User Experience« ist ein wichtiges Erfolgskriterium. Diese Dynamiken zu verstehen, ist notwendig, um für das Kerngeschäft und für jede Unternehmensfunktion die strategischen Chancen der Digitalisierung zu entdecken. Digitale Geschäftstransformation integriert sich damit in jede Führungsverantwortung, ist nicht an IT delegierbar – sie kann zwar eventuell in der Startphase von einem Chief Digital Officer (CDO) orchestriert werden, wird aber als zentrale Führungskompetenz in Zukunft nicht mehr wegzudenken sein – ähnlich wie vor 20 Jahren Change-Management.

4.5   Personen: die Beziehung Mitarbeiter – Unternehmen weiterentwickeln

4.5.1   Den materiell-psychologischen Kontrakt zwischen Mitarbeitenden und Unternehmen erneuern

Unternehmen und Mitarbeitende entscheiden sich immer wieder neu, wie sie ihre Beziehung zueinander gestalten, welche Beiträge sie erbringen und wie sie aneinander ankoppeln. Dieser Kontrakt wird durch Vereinbarungen, Gespräche und durch alltägliches Handeln immer wieder erneuert (→ Kapitel 2). Das Verhältnis Individuum – Organisation ist durch den Austausch vielfältiger Währungen (nicht nur Leistung bzw. Zeit gegen Bezahlung) gekennzeichnet. VUKA als Umfeld bedeutet, dass dieses Verhältnis noch wichtiger wird, geht es doch darum, dass die Mitarbeitenden ihre Aufmerksamkeit, ihr Commitment, ihre Erfahrungen und Kooperationsbereitschaft dem Unternehmen möglichst stabil und eigeninitiativ zur Verfügung stellen. Mitarbeitende sind gefragt, achtsam auf Ungewöhnliches, Neues zu reagieren, ihre Beiträge im Kontext des Ganzen und der »Desired Future« immer wieder neu zu verorten und zu adaptieren und vielfältige ko-kreative Konstellationen von Zusammenarbeit zu gestalten, die dialogorientiert und offen für unterschiedliche Perspektiven sind und in denen komplexe Themen schnell und wirksam bearbeitet werden. Für diese Anforderungen sind klassische Organisationen oft nicht ausgestattet – weder in der Führung noch in der Organisation (Überstrukturierung, fehlerfeindliche Kultur etc.) noch in der strategischen Ausrichtung und Instrumentierung der HR-Funktion.

Wie das **Unternehmen** seine **Anschlussfähigkeit an Mitarbeitende als »Kontraktangebot«** gestaltet, ist abhängig vom Markt und der Marktdynamik, in der das Unternehmen agiert. Das Verhältnis Mitarbeitende – Unternehmen entwickelte sich historisch tendenziell von einem paternalistisch-fürsorgenden Verhältnis über ein industrialisiertes (unternehmensweit ausgerollte, eng verkoppelte HR-Standards und -Instrumente) zu einem mehr auf Aushandeln basierenden Verhältnis, das gemeinsamen Leitplanken folgt. Solche »Kontrakte« sind dann immer eine gemeinsame Leistung von Führungskraft und Mitarbeiter oder Mitarbeiterin, gestützt durch Plattformen und Architekturen, welche die HR-Abteilung bereitstellt und weniger durch eine Vielzahl operativ verbindlicher HR-Instrumente. Zugleich wirkt aber die Konsistenz der Unternehmensentwicklung (Stimmigkeit von Strategie, Organisationsdesign, Führung und Kultur) insgesamt kontraktstärkend – ebenso wie die Werte, die längerfristige Partnerschaften schaffen (gemeinsame Sinn- und Zielbilder, Transparenz, Vertrauen, Wertschätzung sowie »Geben und Nehmen« trotz Turbulenzen, klare Grenzen etc.). Heute geht es darum, dass in der Gestaltung der Beziehung Mitarbeiter – Unternehmen **mehr Augenhöhe und Entscheidungsspielraum im Aushandlungsprozess** etabliert wird und damit auch deutlich mehr Eigenverantwortung des Mitarbeiters für den gemeinsamen Kontrakt gefragt ist.

Die immer auch mit verhandelten Machtdynamiken können – je nach Marktsituation – ebenfalls zu Dysbalancen führen (»War for Talents« versus Prekariate
von Praktikanten). Die **Individualisierung des »unternehmerischen Selbst«**, in
dem die Mitarbeitenden und Führungskräfte tendenziell vereinzelt werden, birgt
neben der Chance der Selbstverwirklichung auch die Gefahr der Selbstausbeutung (vgl. Bröckling 2007).

Damit die zunehmenden Aushandlungsanteile längerfristig gelingen, brauchen die daran beteiligten Personen Klarheit über die Kernidentität und Werte
des Unternehmens, über Leitplanken und Plattformen für den Aushandlungsprozess. Das ist die notwendige »Systemleistung« dazu. Unternehmen brauchen
Orientierung darüber, welche Werte und Spielregeln die Verhandlungsgrundlage
darstellen sollen und was nicht verhandelbar ist (Grenzen). Die zunehmende
unfreiwillige Transparenz (Social Media etc.) von Unternehmen lässt das Innen
des Agierens von Unternehmen und seiner Führung im Außen schnell und scho-
nungslos sichtbar werden. Das Handeln im Alltag, die Führungs- und Organisationskultur rücken auch deswegen wieder stärker in den Mittelpunkt. Damit geht
es zum einen darum, Gestaltungsprinzipien und -strategien für die Beziehung
Mitarbeiter – Unternehmen zu entwerfen, welche die Unternehmensidentität berücksichtigen und seine Geschichte mit seiner Zukunft verbinden. Die Arbeit daran ist in die Unternehmensentwicklung mit einzubauen und wird auch implizit
in der Strategie, im Organisationsdesign und in der Arbeit am Führungskonzept
und -verständnis mit verhandelt. Darüber hinaus gilt es, grundsätzliche Bedürfnisse und Dynamiken zu verstehen, die Menschen leiten, wenn es um Veränderung und Neuorientierung geht.

Dazu gibt das **SCARF Modell** von David Rock (2009) interessante Hinweise. Es
basiert darauf, dass soziale Bedürfnisse in den gleichen Hirnregionen verarbeitet
werden wie primäre Lebensbedürfnisse. Sie werden also neuronal gleich behandelt wie das Bedürfnis nach Nahrung und Wasser. Das SCARF-Modell gibt Führungskräften und Mitarbeitenden grundsätzliche Orientierung, wie sie in ihrem
Handeln solche neuronalen Auswirkungen berücksichtigen. Es geht darum, zu
starke Verunsicherung zu vermeiden, weil diese als Bedrohung wahrgenommen
wird und instinktiv Flucht und Rückzug auslösen würde. Stattdessen braucht es
Impulse, die Aktivität und ein »hin zu« auslösen. Das gilt für die Dimensionen:

- **Status** – die eigene Bedeutung und Position in Relation zu anderen
- **Gewissheit** (Certainty) – eine relative Vorhersehbarkeit von zukünftigen Situationen, die Klarheit und Zuversicht gibt
- **Autonomie** – die Möglichkeit, das eigene Umfeld zu beeinflussen und zu gestalten, mitzuentscheiden
- **Zugehörigkeit** (Relatedness) – die Vertrauen und Bindung in einem identi-
  täts- und sinnstiftenden sozialen Gefüge schafft
- **Fairness** – klare Spielregeln, Integrität und Respekt bzw. transparente, nachvollziehbare Entscheidungen (»Sensemaking«)

Diese Elemente gilt es, in Führung inhaltlich und prozessual einzubauen, also insbesondere wichtige Entscheidungen im Hinblick auf diese Kriterien zu über-prüfen. Der Einsatz dieses Modells hat sich in unserer Arbeit mit Führungskräften in der Unternehmensentwicklung bewährt.

4.5.2 Konsequenter Fokus auf Engagement und Commitment der Mitarbeitenden

Engagement und Commitment der Mitarbeitenden sind knappe Ressourcen und brauchen mehr Aufmerksamkeit denn je, geht es doch darum, dass die Mitarbeitenden eigeninitiativ kooperieren und im VUKA Umfeld im Sinne des Unternehmens eigenständig entscheiden. Commitment sehen wir als Ergebnis, wenn Mitarbeitende verstehen, in welche Richtung es geht, diese in die eigene Perspektive übertragen können und sich dafür (und nicht dagegen) entscheiden – das braucht in der Unternehmensentwicklung vor allem dann Zeit für das Aushandeln und Erproben des Neuen, wenn der persönlich damit verbundene Wandel tief greifend ist. Ins Können zu investieren (Lernen, Trainieren), ebenso wie in einen sorgfältigen »Onboarding-« und Einübungs- bzw. Verankerungsprozess, sind weitere wichtige Ingredienzien. Vor allem das Onboarding, also das Einführen neuer Mitarbeitender ins Tun kommt oft zu kurz ($\rightarrow$ WERKZEUG 20: NEUER MANAGER – NEUES TEAM). Diese vier Dimensionen des Commitments (Verstehen, wollen, können, erproben / üben) sind also im Prozess der Unternehmensentwicklung zu beachten, erfordern sie doch unterschiedliche Antworten: das Big Picture und konsequentes Sensemaking, kontinuierliches Aushandeln (durch Gespräche und Handlungen) von wechselseitig relevanten Währungen, um Ziele zu erreichen, Investition in Lernen (on and off the job) und eine Phase der Einarbeitung. Die Vielfalt der Mitarbeiter ist gewachsen und vergleichbar derjenigen der Kunden (Diversität durch die Generationen Babyboomer, X (in den 1960er- bis 1980er-Jahren geboren), Y (»Millennials«) und Z (jetzige Generation), Nationalität, Gender, Lebenssituation etc.), sodass die Maßnahmen dazu durchaus vielfältig sein können.

Gallup® schätzt den Produktivitätsverlust durch nicht engagierte Mitarbeiter in den USA auf jährlich 370 Milliarden Dollar (vgl. Gallup® 2013). Und Towers Watson stellt fest: Engagierte Firmen haben sechs Prozent höhere Gewinne als nicht engagierte (vgl. Towers Watson 2012). In der Global Workforce Study 2012/2013 von Towers Watson werden für Deutschland 29 Prozent der Mitarbeitenden als nachhaltig engagiert, 23 Prozent als engagiert, aber ausgebremst, 22 Prozent mit der Haltung »Dienst nach Vorschrift« und 26 Prozent als ungenutztes Potenzial beschrieben (vgl. Towers Watson 2012, S. 19). Die Schattenseite: Der manchmal illusionäre Optimismus, wie viel Veränderungen Organisationen und ihre Mitglieder vertragen und verarbeiten können und die intensiven Effizienzprogramme bergen die Gefahr in sich, dass Überlastung und stiller Rückzug, also Disengagement, übersehen werden, vor allem dann, wenn der Druck für alle Beteiligten – auch die Führungskräfte – groß ist. Um sich davor zu schützen, sind nicht nur Achtsamkeit und Verantwortung sowohl der Mitarbeitenden als auch der Führungskräfte gefragt. Es gilt, in der Arbeit der Unternehmensentwicklung noch pointierter einzubauen, was sie im zukünftigen Tagesgeschäft für die Mitarbeiter strukturell »produziert« an Commitment-Chancen und -Risiken. Voraussetzung dafür ist zunächst, wirklich zu verstehen, was Mitarbeiter tun, an welchen Zielen sie sich orientieren, wie sie im Tagesgeschäft kooperieren, Probleme lösen, sich Ressourcen organisieren, worin sie Grenzen sehen – also ihren Kontext zu verstehen und dafür Zeit und Raum zu schaffen – nicht nur über Mitarbeiterbefragungen, (Great Place to Work, Pulsechecks), sondern vor allem durch dialogorientierte Selbstbeobachtung und Selbstverortung, in der alle Beteiligten als Mitentscheidende, als Feedbackgeber und -empfänger agieren.

4.5.3 Integration, übergreifende Zusammenarbeit und Netzwerkintelligenz entwickeln und stärken

Wenn mehr selbstgesteuerte horizontale Kooperation gefragt ist, gilt es in der Beziehung Mitarbeiter – Unternehmen neue und andere »Währungen« zu forcieren – wie bisher auch schon etwa **Teamkompetenz** und Teamfähigkeit, **Unternehmertum.** Aber auch **Reziprozität** (Austausch und Balance von Geben und Nehmen) sowie **Integratoren** sind zu stärken (unabhängig von ihrer formalen Funktion) – etwa solche, die zwischen und mit heterogenen Bereichen bzw. Stakeholder-Gruppen Lösungen erarbeiten können oder Settings dafür bereitstellen und die engagiert Kooperation aufbauen. Hier bildet sich in den Unternehmen Ähnliches ab wie in der Gesellschaft: In beiden geht es darum, das »Zwischen« (von Teilbereichen, die jeweils ihrer eigenen Logik folgen) zu stärken. Dazu gehört auch, Kompetenzen wie das **Aufbauen oder Gestalten von Plattformen und Communities** zu entwickeln und in offenen, unsicheren Kontexten Entscheidungen zu treffen.

4.5.4 Designprinzipien für Engagement und Kooperation

VUKA-spezifische Arbeitsformen verlangen, wie gesehen, andere Fähigkeiten und Beiträge – insbesondere dann, wenn es um stärker horizontale, stärker sich selbst steuernde, übergreifende Arbeitssettings geht, die häufig den eingeübten klassischen Organisationsmustern diametral entgegengesetzt sind und deswegen mehr Fokus und Unterstützung brauchen. Um diese Fähigkeiten und Beiträge zu fördern, muss Unternehmensentwicklung auf folgenden Designprinzipien aufbauen:

- sinnstiftende, gemeinsame Zielbilder und jeweils nächste klare gemeinsame und individuelle Teilziele (das große Bild und der konkrete nächste Schritt dorthin)
- Transparenz: wenige, aber zeitnahe Indikatoren über den Fortschritt – den eigenen und den anderer bzw. den von Teams (etwa vergleichbar dem täglichen Scrum- oder Kanban-Meeting)
- schnelles Feedback – quantitativ und qualitativ, um schnell lernen zu können (→ WERKZEUG 4: BODY-METER)
- Entwicklungsstufen definieren, die mit Symbolen verbunden sind (z. B.: Welche Einheiten sind wie weit im Umsetzungsprozess, haben bereits wie viel Umsatz mit Lösungsgeschäft erwirtschaftet?) – und diese Entwicklungsstufen miteinander in Kooperation bringen
- Plattformen für Kooperation und sportlichen Wettbewerb schaffen (→ FALL 1: NETZWERKÖKONOMIE: VIELE KÖCHE – GUTE KÜCHE), auf denen Austausch und gemeinsame Aktionen entstehen
- sorgfältige Onboarding-Prozesse für das Neue (verbunden mit den Entwicklungsstufen)
- Communities für ähnliche Perspektiven schaffen (z. B. Communities of Practice/Experts), in denen sowohl Reflexion und Weiterentwicklung der eigenen Beiträge als auch Expertise bzw. Kompetenzen im Mittelpunkt stehen sowie der Einzelne und die Gemeinschaft füreinander deutlich werden (sozusagen als professionelle Heimat)

Wenn VUKA auch als Ergebnis und Ausdruck fragmentierter in erster Linie auf ihre Eigenlogik konzentrierter Teilsysteme verstanden werden kann – weil durch ihren Egoismus Brüche, und dysfunktionale Dynamiken entstehen (wie etwa die Finanzkrise oder unternehmensintern Silodenken), dann gilt es, Integrationsanreize und -plattformen als Gegenpol in der Unternehmensentwicklung aufzubauen.

Literatur

Baecker, Dirk (2007): Studien zur nächsten Gesellschaft. Frankfurt am Main 2007.

Boos, Frank/Mitterer, Gerald (2014): Einführung in das systemische Management. Heidelberg 2014.

Bröckling, Ulrich (2007): Das unternehmerische Selbst: Soziologie einer Subjektivierungsform. Berlin 2007.

Gallup® (2013): State of the global workplace. Employee engagement insights for business leaders worldwide. Washington (D.C.) 2013.

Gilbert, Clark/Eyring, Matthew/Foster, Richard N. (2013): Duale transformation. In: Harvard Business Review, Februar 2013. Boston (MA) 2013.

Heitger, Barbara/Jarmai, Heinz (1994): Erfolgsfaktor Organisation. Wien 1994.

Heitger, Barbara/Serfass, Annika (2012): Schatzsuche für strategische Innovationen: Eine Fallstudie. In: Dessoy, Valentin/Lames, Gundo (Hrsg.):»Siehe, ich mache alles neu«: Innovation als strategische Herausforderung in Kirche und Gesellschaft. Trier 2012.

Heitger, Barbara/Schubert, David (2013): Next Generation Leadership. In: Schumacher, Thomas (Hrsg): Professionalisierung als Passion: Aktualität und Zukunftsperspektiven der systemischen Organisationsberatung; Heidelberg 2013.

Heitger, Barbara/Doujak, Alexander (2014): Harte Schnitte – Neues Wachstum: Wandel in volatilen Zeiten. München 2014.

Johansen, Bob (2009): Leaders Make the Future: Ten new leadership skills for an uncertain world. San Francisco (CA) 2009.

McGrath, Rita Gunther (2013): Transient advantage. In: Harvard Business Review, Juni 2013. Boston (MA) 2013.

Paharia, Rajat (2013): Loyalty 3.0: How to revolutionize customer and employee engagement with Big Data and gamification. New York 2013.

Porter, Michael/ Kramer, M. R. (2011): Creating shared value. In: Harvard Business Review, Januar 2011, S. 62ff.

Rock, David/Cox Christine (2012): SCARF® in 2012: Updating the social neuroscience of collaborating with others. In: NeuroLeadershipJournal, Issue 4, 2012.

Rock, David (2009): Brain at work: Strategies for overcoming distraction, regaining focus, and working smarter all day long. New York 2009.

Roghé, Fabrice/Pidun, Ulrich/Stange, Sebastian/Krühler, Matthias (2013): Designing the corporate center: How to turn strategy into structure. In: BCG Perspectives, Mai 2013.

Scholz, Christian (2003): Spieler ohne Stammplatzgarantie: Darwiportunismus in der neuen Arbeitswelt. Weinheim 2003.

Snowden, David J./Boone, Mary E. (2007): A leader's framework for decision making. In: Harvard Business Review, November 2007, Boston (MA) 2007.

Towers Watson (Hrsg.) (2012): Global Workforce Study. Geld, Karriere, Sicherheit? Was Mitarbeiter motiviert und in ihrem Unternehmen hält. Ergebnisse für Deutschland 2012/2013. Frankfurt am Main 2012.

Virilio, Paul (1997): Rasender Stillstand: Essay. Frankfurt am Main 1997.

Weick, Karl E./Sutcliffe, Kathleen M. (2003): Das Unerwartete managen: Wie Unternehmen aus Extremsituationen lernen. Stuttgart 2003.

Zimmermann, Tim/Huhle, Fabian (2013): Corporate Headquarters Study 2012: Developing value adding capabilities to overcome the parenting advantage paradox. Roland Berger Strategy Consultants. München 2013.

5. Fallstudien

In diesem Kapitel möchten wir darstellen, wie sich die neuen Wege der Unternehmensentwicklung in der Praxis abbilden, und zwar in der Art und Weise wie Unternehmen Strategiearbeit, die Ausrichtung von Organisation und Führung sowie die Erneuerung der Beziehung Unternehmen – Mitarbeitende im Prozess der Unternehmensentwicklung anders integrieren als bisher, wenn das Umfeld komplex, volatil und besonders dynamisch ist. Die vorgestellten Fälle greifen, inhaltlich konkretisierend, viele der Themen wieder auf, die wir in den vorherigen Kapiteln beschrieben haben. Zugleich machen diese Fallbeispiele auch deutlich, wie sich die Beziehung Kunde – systemischer Berater weiterentwickelt zu einer Beziehung mit vielfältigerem Rollenzusammenspiel. Damit möchten wir Beratende und interne Entscheidungsträger, die mit Themen sowie der Prozessgestaltung der Unternehmensentwicklung befasst sind, zu integrierten, agilen Arbeitsformaten und flexibleren Zielräumen ermutigen. Denn diese sind im aktuell meist vorherrschenden VUKA-Umfeld hilfreicher als die klassischen Arbeitsformate. Im Hinblick auf die systemisch orientierte Beratung ist es unser Anliegen, einen Beitrag zur Weiterentwicklung unserer Profession zu leisten. Die – Rollenvielfalt der Berater ist im VUKA Kontext größer und anspruchsvoller: Berater sind zunächst Experten dafür, was gelingende Unternehmensentwicklung in unterschiedlichen Komplexitätsgraden inhaltlich und an Gestaltungsstrategien erfordert, sie sind als aktiver Sparringspartner für das Durchdenken und Erproben von Varianten der Unternehmensentwicklung gefragt. Zugleich unterstützen Sie als Change-Berater, Moderator, Prozessberater und auch als Teamentwickler und Coach. Eine solche Rollenvielfalt ist voraussetzungsreich, was Qualifikation, Erfahrung und Kooperationskultur der Berater anbelangt, braucht aber auch eine tragfähige und aufgeklärte Berater-Kunden-Beziehung, in der angemessene Erwartungen und flexible Arbeitssettings im Prozess selbst weiterentwickelt und konkretisiert werden können. Das gilt auch für die hier dargestellten Fälle, zu denen wir im Folgenden einen kurzen Überblick geben:

»Netzwerkökonomie: Viele Köche – beste Küche« berichtet, wie die größte Region eines Technologiekonzerns erfolgreich die eigene Unternehmensentwicklung in einem dynamischen Markt voranbringt. Annika Serfass und Barbara Heitger zeigen, wie sich das in der der jährlichen Führungskräftetagung abbildet, wo es um Strategieausrichtung, Konkretisierung europaweiter Initiativen, um die Stärkung der Führungsmannschaft, gemeinsames Lernen und das Arbeiten an jeweils offenen, auch sehr emotionalen Themen und Spannungsfeldern geht.

In »**Von der Hardware zur Lösung – Programm-Management für Dual Business Transformation**« beschreiben Matthias Pöll, Eva Kiefer und Werner Kroer, wie systemisch geprägtes Programm-Management den Weg eines Technologieunternehmens unterstützt, Lösungsgeschäft konsequent aufzubauen und dabei das traditionelle Geschäft – nicht abwertend – weiterzuführen.

Adrienne Rubatos macht in ihrem Beitrag »**East meets West – Herausforderung Internationalisierung und interkulturelles Verstehen**« deutlich, wie anspruchsvoll und oft vernachlässigt der interkulturelle und der Change-Aspekt bei Produktionsverlagerungen ist. Und sie zeigt auf, dass solche Vorhaben nie nur Wandel für den neu entstehenden, sondern auch für den abgebenden Teil des Unternehmens bedeuten.

In »**Scrum – nützlich für komplexe Projekte in traditionellen Unternehmen?**« zeigt Manfred Brandstätter, welche Spannungsfelder auftauchen, wenn in Unternehmen, deren Erfolgsgeschichte von Ingenieursdenken sowie detail- und qualitätsorientierter Technikorientierung geprägt ist, mit agilen Methoden wie Scrum gearbeitet wird, weil diese für turbulentere, kundenorientierte Projekte effektiver und effizienter sind.

Herbert Schober und Uta-Barbara Vogel zeigen in »**Den Wandel verändern**« am Beispiel eines richtungsweisenden Workshops im Rahmen einer großen Reorganisation, wie unkonventionelle Interventionen die große Belastung der Organisation (durch Komplexität, hohes Tempo, eine Überzahl an Veränderungsprojekten, bewegliche hohe Ziele, Effizienzdruck etc.) bei den Beteiligten in gemeinsames Commitment umwandeln können.

Georg Remmers berichtet im Fall »**Das ›Global Leadership Programm‹ – Brückenschläge zwischen individuellem Lernen, Team-Lernen und Unternehmensentwicklung**« als Verantwortlicher für das Programm eines internationalen Familienunternehmens über Ausrichtung, Ziele, Architektur und Design einer Initiative zu individueller und kollektiver Führungskräfteentwicklung mit dem Anspruch, persönliches Lernen mit der Stärkung der Führungsmannschaft und aktueller Unternehmensentwicklung zu verbinden.

In »**Human Resources Business Partner – All in One**« berichten Judith Kölblinger und Annika Serfass wie Unternehmensentwicklung für Human Resources in einem Hybrid, der Strategiearbeit und -umsetzung, Organisationsentwicklung, Qualifizierung und Teamentwicklung verbindet, pointiert und effizient umgesetzt wird.

5.1   Fall 1 Netzwerkökonomie: viele Köche – beste Küche

Barbara Heitger, Annika Serfass

Seit Jahren begleiten wir einen high-tech Kommunikationsdienstleister in seiner strategischen Entwicklung. In einer jährlichen Großveranstaltung kommen jeweils circa sechzig Manager aus ganz Europa und teilweise Übersee für zwei Tage zusammen. In diesem Offsite-Workshop wird in einem sehr großen Raum gemeinsam gearbeitet.

Die **Herausforderungen für das Unternehmen,** besonders für die europäische Organisation, sind vielfältig und anspruchsvoll:

* Die Organisation ist in einen sehr großen weltweiten Konzern eingebettet. Man betreut ausschließlich global aktive Kunden, was ein sehr multinationales Denken, Arbeiten und interkulturelles Miteinander erfordert. Zuweilen sind die Konzernziele allein zahlenbasiert und extrem herausfordernd. Das inhaltliche Bild für die Zukunft zu konkretisieren, bleibt dabei der jeweiligen Region überlassen.

* Die Komplexität der Organisation ist teilweise der Unternehmenskultur und dem heute häufig anzutreffenden Kontrollbedürfnis des Mutterkonzerns geschuldet. Dies führt bei Kunden, Mitarbeitenden und Führungskräften oft zu Frustration. Beispielsweise haben aufwendige Prozesse, viel Reporting und große Abstimmungsrunden lange Entscheidungswege zur Folge.

* Die Kommunikationsbranche ist seit Jahren in einer sehr tief greifenden Transformation. Neue technische Möglichkeiten bringen es mit sich, dass das Unternehmen vielfältigere Produkte und permanent innovatives Know-how an der Grenze der technischen Machbarkeit auf globalem Niveau braucht. Neuere Kommunikationslösungen wie Internet of Things oder Cloud-Lösungen müssen in das globale Gesamtangebot integriert werden.

* Die Manager agieren in einem sehr innovativen und volatilen Markt – und leben permanent damit, dass es »Moving Targets« gibt: neue Produkte, neue Herangehensweise etc. Das Unerwartete zu managen, gehört dort zur DNA. Für uns als Berater ist es ein Beleg dafür, dass es im Umfeld von VUKA immer weniger möglich ist, eine Strategie mit klaren Zielen zu erarbeiten, die – durch ein Programmoffice gesteuert – umgesetzt wird.

* Neue Wettbewerber treten in die Branche. Nicht mehr nur Telekommunikationsunternehmen sind Anbieter von Kommunikationswerkzeugen. Die neuen Konkurrenten kommen vor allem aus der Internet-Ökonomie. Innovation, Profitabilität und Tempo werden zu entscheidenden Erfolgsfaktoren.

* Die Branche verändert sich von einem Produkt- zu einem Lösungsgeschäft. Es reicht nicht mehr, die technischen Bedürfnisse des Kunden möglichst kostengünstig zu befriedigen. Kunde und Anbieter müssen sich in einem ko-kreativen Prozess gemeinsam in die Erfassung der Anforderungen und die Entwick-

lung passender Komplettlösungen begeben, die letztendlich dem »Business« des Kunden zugutekommen. Das wiederum setzt einen stark veränderten Zugang zum Design von Kundenakquise- und Angebotsentwicklungsprozessen voraus. Neben der beruflichen Identität der Vertriebseinheiten werden auch die bisherigen Herangehensweisen infrage gestellt und müssen neu gestaltet werden.

- Aufgrund der inhaltlichen und der organisatorischen Komplexität müssen sich die einzelnen Funktionen gut vernetzen, um Kundenprojekte gemeinsam bewältigen zu können. Diese cross-funktionale und cross-regionale Arbeit ist im Tagesgeschäft sehr herausfordernd – nicht zuletzt wegen fehlenden Budgets für Reisen und Teammeetings. Sehr viel der gemeinsamen Arbeit wird virtuell effektiv bewältigt.
- Obgleich viele Personen direkt vor Ort mit dem Kunden arbeiten, müssen die Teams in den Ländern eng mit »Remote«-Kompetenzzentren oder Major Service Centers, sei es in near- oder offshore Locations zusammenarbeiten. Dieses arbeitsteilige Miteinander zwischen lokalen und entfernten Einheiten ist ein Erfolgsfaktor, um kostengünstig globale Services erbringen zu können.

Da sich die Konzernvorgaben häufig ändern, dient diese Großveranstaltung der Verzahnung des »Big Picture« mit der jeweiligen regionalen Strategie sowie der lokalen Umsetzung in den Ländern (Buy-in). Deswegen wird diese Veranstaltung meist gegen Jahresende gemacht, um bereits zu Jahresbeginn alle wesentlichen Meilensteine und die Ausrichtung inklusive dem Management-Buy-in abgestimmt zu haben.

5.1.1 Ablauf und Elemente

Abbildung 55 zeigt den jährlichen Ablauf und die Elemente der Vorbereitungen zu dem Offsite-Workshop.

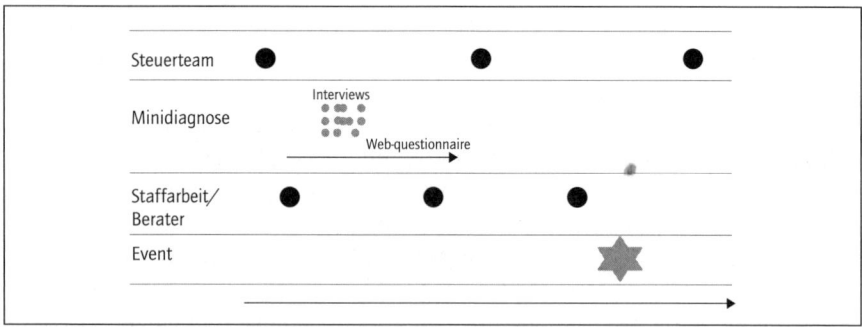

Abb. 55: Architektur der Vorbereitung

Standortbestimmung und »Zielräume«

Jedes Jahr treffen wir uns mit dem Senior Vice President der Organisation, der gleichzeitig Mitglied des globalen Executive Committee des Konzerns ist, um einen Einblick in die Situation der Organisation zu erhalten. In diesem Gespräch geht es erst einmal darum, Zielräume zu definieren, da wir genaue Ziele für die Veranstaltung immer erst nach der Minidiagnose skizzieren können. Von unserer Seite herrscht große Kontinuität im Staff: Seit 2009 arbeiten dieselben drei Berater an diesem Projekt. Nach diesem Treffen raucht uns jedes Mal der Kopf: Die Komplexität der Organisation, die Vielfalt neuer Produkte, der hohe Anspruch der Ziele, die vielen neuen Projekte und die hohen Erwartungen aller Beteiligten machen diese Veranstaltung zu einer gern gesehenen Herausforderung für uns.

Aktivieren und multiperspektivische Standortbestimmung

In der Architektur der Vorbereitung setzen wir jedes Jahr auf ein sehr ähnliches Konzept. Nach dem Gespräch konzipieren wir einen Online-Fragebogen, der einige Fragen jedes Jahr wiederholt und je nach der aktuellen Situation zudem neue Fragen beinhaltet. So sehen wir einige Aspekte der Organisation über die Jahre in einer stetigen Entwicklung und andere Aspekte, die aktuell Aufmerksamkeit benötigen. Alle Teilnehmenden sind eingeladen, diesen Fragebogen auszufüllen. Ergänzend führen wir ungefähr 15 Telefoninterviews à 45 Minuten durch. Diese helfen uns, die Stimmung und Gesamtentwicklung qualitativ aufzufangen und die Themen herauszuarbeiten, die im Offsite-Workshop zielgerichtet bearbeitet werden sollen. Wir fragen auch nach »Critical Incidents« und »Critical Developments« sowie »Critical Topics« des letzten und des kommenden Jahres. In ihrer Kombination gewährleisten die drei Schritte, bestehend aus Gespräch mit dem Auftraggeber, Online-Fragebogen und Interviews, eine sehr effiziente Multiperspektive.

Auswertungen, Staffarbeit und Designvarianten

Die Ergebnisse der Interviews und Fragebögen werden verdichtet und wir entwickeln inhaltliche Prioritätsfelder und verschiedene erste Designvarianten. Mit dem Auftraggeber und seinem kleinen Europa-Managementteam werden dann die Ergebnisse und Ideen besprochen. Dabei gehen wir nicht nur in die Rolle der Moderatoren, sondern sind auch Sparringspartner für die Inhalte. In einer Mischung von Containment und Herausforderung weisen wir auf Themen hin, die wir beobachten, und die eventuell (mit) behandelt werden sollten oder könnten. Wir legen auch einen Fokus auf das, was ausgeblendet sein könnte (wie z. B. Verlangsamung wegen großer Hektik und schneller Lösungssuche). Dieses Sparring hat sich in der inzwischen langjährigen Zusammenarbeit als sehr fruchtbar herausgestellt. Es setzt Vertrauen und Klarheit voraus sowie das Verstehen des Geschäfts. Die Letztentscheidung über Ziele und Themen des Offsite-Workshops trifft klarerweise das Management bzw. der Auftraggeber. Anschließend folgt ein

Staff Meeting. Nach diesem und der Überarbeitung des Designvorschlags besprechen wir uns abermals mit dem Auftraggeber. Die Ergebnisse der Interviews und
Fragebögen werden in eine kurze Präsentation verdichtet und vor dem Workshop
ausgesandt. So können sich die Teilnehmer bereits im Vorfeld einlesen, und die
Rückspiegelung am Anfang des Workshops kann sich auf die Kernaussagen konzentrieren. Die Ergebnisse werden auch nach der Veranstaltung gern genutzt, da
sie eine konzentrierte Status-quo-Verortung bieten.

Der Event

Im Design setzen wir auf einen Mix von starker **Vernetzung** und dem Fokus auf
einige – sehr bewusst gewählte – inhaltliche Schwerpunkte. In der komplexen
Matrixorganisation ist dieser jährliche Workshop eine der wenigen Gelegenheiten, bei denen sich die Funktionsgruppen – Vertriebsmanager, Kundenservices,
Professional Services, Geschäftsführer der einzelnen Länder etc. – über die Lan-
desgrenzen hinweg persönlich sehen und sich auch mit dem kleinen zentralen
europäischen Managementteam insgesamt austauschen können. Aber auch über
die Funktionsgruppen hinaus hat das Netzwerken eine extrem wichtige Funktion: **Austausch** von Best Practices, voneinander lernen, einander kennenlernen
und **Vertrauen aufbauen,** wissen, wen man wozu fragen kann. Der Workshop
trägt maßgeblich dazu bei, in diesem großen Team von etwa 60 Personen tragfähige Beziehungen aufzubauen. Dafür ist besonders die Zusammensetzung der
Gruppen wichtig, die wir für jede Arbeitsgruppe neu mischen nach jeweils anderen Kriterien, die wir in der Vorbereitung mit dem Auftraggeber und seinem
Management-Kernteam besprochen haben. Zu Anfang der Veranstaltung nutzen
wir kurze Interventionen, die einen größtmöglichen Austausch zulassen. Zum
Beispiel durch dreiminütige Austauschrunden mit drei Kollegen zu einem Thema, die es den Kollegen ermöglichen, sich kennenzulernen oder wieder neu zu
begegnen und in der Veranstaltung »anzukommen«. Natürlich spielen auch die
Pausen für die Vernetzung und den Vertrauensaufbau eine große Rolle.

Auch das Raumsetting trägt dazu bei. Der Hauptraum ist sowohl sehr groß als
auch sehr hoch und mit riesigen Glasfronten ausgestattet. Direkt vor dem Raum
befinden sich Sitzgruppen und Stehtische sowie Getränke. In Gruppenarbeiten
bleiben die Gruppen somit eng beieinander und verstreuen sich nicht auf kleinere, abgeschlossene Räume. Während jeder Gruppenarbeit bleibt so die Energie
konzentriert und der Raum schwirrt vor Gesprächen. Auch können sich Gruppen
kurzfristig absprechen oder – sobald sie ihre Gruppenaufgabe bearbeitet haben
–, Gesprächspartner zum Netzwerken suchen.

Das System erlebt und spürt sich als Ganzes. Es geht um die Frage, wie die
Weisheit der Vielen genutzt werden kann: Wie bewegen sich Märkte, Kunden,
Akquisitionsstrategien, Herangehensweisen, Lösungskonzepte etc.?

Ein zweiter Schwerpunkt des Workshops ist die **strategische Arbeit.** Die Vorgaben des Konzerns und die Ziele der Europa-Organisation werden vorgestellt.

Progress-Reports über mehrjährige Projekte (z. B. zur Verbesserung der Margen) werden präsentiert. Neue Produkte und Technologien werden von eingeladenen Gästen der Produkteinheiten vorgestellt. Diese inhaltlichen Inputs sind nicht nur wegen der limitierten Zeit oft sehr dicht und nicht vollständig, sondern auch wegen der Volatilität und Komplexität. Es geht also nicht darum, sich Dinge auf der Veranstaltung so abschließend zu erklären, dass es in konkreten Projekten direkt bearbeitet und umgesetzt werden kann. Vieles wird absichtlich offen gelassen mit dem erklärten Ziel: Wir haben ein Verständnis für das, was geht und worum es geht und dafür, wen man dafür ansprechen kann. Man kennt am Ende der zwei Tage zwar nicht die exakten Umsetzungsdetails, aber man kann **den nächsten guten Schritt machen** und hat genug **Energie und Spannung** dafür aufgebaut.

Daher können auch die an die Präsentationen und Inputs anschließenden Gruppenarbeiten oder Diskussionsrunden nur eine erste Verarbeitung und gemeinsame Vertiefung über wichtige Umsetzungs- und Konkretisierungsfragen sein, die noch nicht zu konkreten Ergebnissen oder Schritten führt. Die Ideen und Befürchtungen aus diesen Arbeitsrunden werden mit nach Hause genommen und nach der Veranstaltung verarbeitet und ausdifferenziert. Durch diese **Offenheit** bleibt auch **Spannung** erhalten, wieder aneinander anzudocken. Keiner geht raus und »muss nur noch umsetzen«. Vor Ort setzen und arrangieren wir die Gruppen situativ zusammen, je nachdem, wie die Arbeitsaufträge aussehen, um die größtmögliche Passung an Perspektiven, Expertise und Weiterarbeitsbedarf zu erreichen. Das können Funktionsgruppen sein, Ländergruppen, maximal heterogen gemischte Gruppen, Projektgruppen oder nach anderen Gesichtspunkten zusammengesetzte Gruppen.

Für jeden Workshop bringen wir auch ein **neues Element** oder eine neue aktuelle Perspektive ein. Als die Kundenzufriedenheit beispielsweise leicht zurückging, wurden zwei Kunden eingeladen, die beide sehr offen und ungeschminkt über ihre Erfahrungen mit der Organisation berichteten und für einen Austausch bereitstanden. Ein anderes Beispiel sind besondere Interviewsettings mit Experten aus der Organisation, deren Input und Expertise bedeutsam für die aktuellen Herausforderungen sind.

Visualisierung als Anker: ein besonderes Highlight sind die Cartoons, die unser Berater Stephan Rey jedes Jahr anfertigt und die das ganze Jahr wirken. Bedeutungsvolle Zitate aus den Interviews und einige Aussagen während des Workshops werden in augenzwinkernde Cartoons umgesetzt und im Raum aufgehängt. Nach dem Workshop werden sie sowohl Teil des Fotoprotokolls als auch von den Teilnehmern im Original mitgenommen. Über Europa verteilt, hängen diese Cartoons in Büros oder werden als Desktop-Bild genutzt. Insgesamt legen wir Wert darauf, die Atmosphäre durch besondere Marker aufzulockern. Viele Visualisierungen, klare Dokumentation am Flipchart, ein Ergebnisprotokoll oder auch musikalische Signaturen, die das Ende der Pause oder Arbeitseinheit anzeigen – all diese sorgfältigen Kleinigkeiten tragen zu einem reibungslosen Ablauf bei, unterstützen die Ziele der Veranstaltung und machen sie zu einem Erlebnis mit Erinnerungsankern für die Umsetzung.

Abb. 56: Beispiele für die von Stephan Rey angefertigten Cartoons

5.1.2 Reflexion

Sehr wichtig sind die **kontinuierliche Staff-Arbeit** und kontinuierliche Absprachen mit dem Auftraggeber und seinem Kernteam, vor allem im Verlauf der Veranstaltung. Dies macht uns sehr viel Spaß, ist wegen der »Moving Targets« aber manchmal auch anstrengend und immer notwendig! In den Pausen der Veranstaltung und während der Gruppenarbeiten sprechen wir uns zu dritt ab, um die nächsten Schritte zu überprüfen und über die Atmosphäre zu sprechen. Am Abend vor dem Workshop und am ersten Abend während des Workshops setzen wir uns mit dem Auftraggeber und einem kleinen Steuerteam zusammen und gehen das Design für den nächsten Tag durch: Gibt es neue Entwicklungen? Gibt es bestimmte Gruppensettings, die noch für einen Austausch genutzt werden sollen? Welche Inhalte müssen noch vertieft werden? Wie war die Rückmeldung der Teilnehmer – was vermissen sie, was brauchen sie ad hoc, wo stehen wir mit den Zielen? Diese Besprechungen münden fast immer in Anpassungen des Ablaufs, und bis wir alle das Gefühl haben, eine wirklich stimmige Lösung komponiert zu haben, wird es leicht 23 Uhr.

Abb. 57: Illustrationen von Stephan Rey

In den ersten Jahren waren wir immer mal wieder enttäuscht, dass wir jedes Jahr weniger Themen »untergebracht« haben, als vom Auftraggeber und den Teilnehmern gewünscht. Teilweise waren die ausgewählten Themen auch nicht solche, an denen gern gearbeitet wurde, sondern die vom Mutterkonzern vorgegeben wurden. Zusätzlich blieben die Inhalte immer in gewisser Weise »fuzzy«.

Inzwischen verstehen wir, dass die Veranstaltung jährlicher Strategieprozess-Kick-off ist und eine Impuls-Funktion für Alignment und Buy-in hat. Neben der – wichtigen – Beziehungspflege sind die Inhalte eben nur sehr verkürzte Impulse, damit man weiß, an wen man sich für welches Thema wenden kann und dass die Grundgrammatik eines Themas mit seiner Zielrichtung verstanden ist. In der Organisation wird sehr viel Wert auf Eigenverantwortung gelegt. Die Teilnehmer bekommen während des Workshops eine ungefähre Ahnung und wissen, welche Themen auf dem Tisch liegen. Dies geschieht in dem Bewusstsein, dass die Inhalte mehr Konkretisierung brauchen. Diese wird von den Teilnehmern nach dem Workshop selbst organisiert. Insofern passen Ziele und Setting zum VUKA-Kontext.

Inzwischen arbeiten wir auch zwischen den jährlichen Strategiekonferenzen mit dem Kunden in ähnlichen Settings. Je nach den aktuellen Themen und Umstrukturierungen bauen wir auf den Ergebnissen des Offsite-Workshops auf und arbeiten an den spezielleren Umsetzungsherausforderungen einzelner Funktionen.

Beeindruckend sind für uns immer wieder einige Punkte, die gemeinsam die Arbeit mit diesem Kunden zu einem jährlichen Highlight für uns machen:

- Ein kleines, sehr effektives europäisches Managementteam treibt die anliegenden Programme sehr stark. Eine äußerst klare Priorisierung unterstützt die Umsetzung.
- Der Auftraggeber ist sehr markt- und kundenorientiert, bescheiden und lässt viel Raum für Eigenverantwortung. Über die Jahre wurden sehr gute und belastbare Beziehungen aufgebaut – fast freundschaftlicher Art. Er schafft Transparenz und Vertrauen unprätentiös mit starker Vorbildwirkung.
- Die Zahlenziele sind für die Organisation sehr klar und extrem herausfordernd. Ein sehr enges Controlling ist an diese angeschlossen. Die Art der Umsetzung obliegt jeweils der lokalen Organisation.
- Die Personen sind klug und mit Bedacht für ihre Position gewählt. Sie agieren als Unternehmer in einem Netzwerk. Ein hohes Commitment zur Organisation macht auch den sehr hohen Anspruch realistisch.
- Es gibt nach Ländern und nach Funktionsgruppen auch Coachings und Sparrings in Kleingruppen. Themen sind vor allem die Lessons Learned aus Erfolgen und Misserfolgen.
- Die stärkere Seite der Matrix sind die Länderorganisationen. Viel Übung und hohe Professionalität machen die Zusammenarbeit der Funktionsgruppen länderübergreifend virtuell trotzdem möglich.
- Die Atmosphäre auf den Workshops ist mit sehr hoher Energie verbunden. Die Teilnehmer begreifen sich als ein großes – und wichtiges – Team. Charismatische Charaktere und tiefes Expertenwissen sind gepaart mit Neugier und Spaß an der Arbeit. So wird Höchstleistung möglich.

Die Workshops und Projekte mit diesem Kunden sind für uns ein gutes Beispiel dafür, wie **Hierarchie und Netzwerkökonomie** zusammenhängen und zusammen funktionieren können.

In der Beobachtung der Organisation fallen uns einige Aspekte auf, die für die Personen immer wieder zu Herausforderungen werden und die oft thematisiert werden:

- Zuweilen fühlen sich die Führungskräfte durch die vorherrschende organisationale Komplexität und die hohen Profitabilitätsansprüche eingeengt – bestimmte Angebote für Kunden werden beispielsweise nicht genehmigt. Dies führt mitunter zu Frustration. Struktur, Prozesse und Entscheidungswege scheinen hinderlich – das Konzernheadquarter ist mit seiner Entscheidungslogik zu weit weg.
- Die vielen verschiedenen Programme, Ziele und strategischen Anliegen sind für die Manager zum Teil überwältigend – Priorisierung das Gesamtbild und die jeweils nächsten Schritte betreffend, ist wichtig, ebenso wie der Fokus auf das Geschäft. Das Unternehmen ist nichts für Personen, die langsamer

sind, gerne Dinge zuerst gründlich und in der Tiefe begreifen wollen und die schnell erschöpft sind.

* Die Führungscommunity spielt eine entscheidende Rolle für den Erfolg der Länder, die Abstimmung zwischen den Ländern und zwischen den Funktionen. Sie überwindet auch organisationale Schwächen. Man hilft einander.

* Der Zielkonflikt zwischen Umsatzwachstum und höchstmöglicher Profitabilität ist nicht immer klar gelöst. Dennoch werden Jahr für Jahr beachtliche Verbesserungen der Profitabilität erzielt, ohne dass auf das Wachstum verzichtet werden muss.

* Der Paradigmenwechsel von einem produktbasierten Angebotsgeschäft zu einem ko-kreativen Lösungsgeschäft ist im Werden. Die Expertise für »das, was möglich ist« ist noch nicht überall vorhanden, die Zusammenarbeit von Vertrieb, Produkteinheiten, Kundenservice und Umsetzung ist noch nicht von Anfang an integriert und orchestriert vor dem Kunden. Daraus entsteht auch die Frage, wie die Organisation und ihre Mitglieder sich in den radikalen Veränderungen weiterentwickeln können.

* Für die Führungskräfte ergibt sich daraus auch die folgende, weitere Herausforderung: trotz konstanter Veränderungen die Nachbearbeitung und Umsetzung der strategischen Themen und der Workshop-Inhalte voranzutreiben.

* Es besteht manchmal eine Überschätzung, wie viel Wandel die Organisation »on the go« im Tagesgeschäft verkraftet und leisten kann. Sehr viel hängt an Personen und persönlichen Beziehungen.

Der jährliche Offsite-Workshop ist aus unserer Sicht somit immer ein Hybrid aus Strategiekommunikation, Herunterbrechen der Strategie auf den eigenen Bereich (Land und Funktion), Austausch und Netzwerken, Leadership Development und Teambuilding. Dabei bleibt der Prozess extrem schlank. Seine Funktion geht weit über die zwei Tage gemeinsamer Arbeit hinaus. Als Berater nehmen wir die Herausforderung jedes Jahr gerne wieder an, zu dieser Unternehmensentwicklung mit einem eindrucksvollen Mix pointiert gesteuerter europäischer Programme und dezentral vernetzter Selbstorganisation der Strategieumsetzung beizutragen.

5.2 Fall 2 Von der Hardware zur Lösung – Programm-Management für Dual Business Transformation

Matthias Pöll, Eva Kiefer und Werner Kroer

Ein internationaler Technologie-Konzern, der Hardware-Produkte herstellt, möchte sich in Richtung auf ein grundlegend neues Geschäft – IT-Dienstleistungen – entwickeln. Die Länderorganisation Österreich kommt 2012 mit Fragen zu dieser Transformation auf uns zu. Ihre Vorstellungen des Neuen sind noch vage, das rückläufige Hardware-Geschäft soll jedenfalls als Basis und Treiber für das neue Geschäft genutzt werden. Eine solche duale Transformation bringt besondere Herausforderungen mit sich, die wir mit einer besonderen Form des Programm-Managements bearbeitet haben.

5.2.1 Die Ausgangssituation des Unternehmens in Österreich

- Die Organisation ist in eine globale Konzernstruktur mit langer Wertschöpfungskette, zentraler Produktion und Headquarter in Asien eingebettet. Ergänzt wird diese durch eine dezentrale Länder-Vertriebsorganisation mit transnationalen (hier: europäischen) Führungsstrukturen.
- Das klassische Hardware-Geschäft ist Identitätskern des in seiner Kultur produktorientierten (»produktverliebten«) Unternehmens (Fokus auf Weiterentwicklung und Optimierung der Hardware-Produkte).
- Die strategische Stoßrichtung, in das Dienstleistungsgeschäft einzusteigen, ist 2012 auf globaler Ebene bereits ausgesprochen, jedoch noch nicht in konkrete dezentrale Umsetzungspläne für die Regionen übersetzt worden. Anlass sind Veränderungen im Markt, die sich u. a. im rückläufigen Umsatz mit Hardware-Produkten äußern. Die Branche bewegt sich in Richtung IT-basierter technischer Lösungen, die Hardware-, Software-, Service- und Beratungsleistungen integrieren.
- Es geht also um zwei Prozesse (»Dual Business Transformation«), die mit ihren Abhängigkeiten und Überschneidungen (geteilte Ressourcen und Erfahrungen, Cross-Selling etc.) zu gestalten sind: auf der einen Seite die Repositionierung des angestammten Kerngeschäfts (mit Geräten, die die angesprochenen Lösungen etwa in Form neuer Schnittstellen und Software unterstützen) und auf der anderen Seite die Entwicklung des Dienstleistungsgeschäfts (von einfachen Wartungsarbeiten ausgehend bis hin zu »Managed Services«).

> *»Die ungefähre Richtung ›Dienstleistungen‹ war klar. Aber da*
> *ist sehr viel dazwischen, das ist wie im Grand Canyon: Du siehst*
> *auf die andere Seite und die Luftlinie ist nicht weit,*
> *aber wenn du hindurch willst, brauchst du 24 Stunden.«*
> *Werner Kroer über die Ausgangssituation des Projekts*

5.2.2 Vorgehen: Programm für ein neues Geschäft

Workshop-Reihe: Suchbewegung unterstützen, Kernfragen präzisieren
Mit der österreichischen Führungsmannschaft arbeiten wir in einer Workshop-Reihe an der Frage, was die neue Konzernstrategie auf Länderebene bedeuten kann und was sie voraussetzt. Als Berater unterstützen wir die in dieser Phase notwendige Suchbewegung. Unsere erste wichtige Intervention ist, die Kernfragen mit dem Kunden herauszuarbeiten und zu präzisieren. Am Ende steht der Entschluss, ein internes Programm für alle Transformationsaktivitäten zur Arbeit an den Kernthemen – bereits begonnene wie noch zu planende – aufzusetzen.

Programm: Steuerungs- und Bearbeitungsstruktur aufsetzen
Die Programmsteuerung (Abbildung 58) übernimmt ein Kreis von 13 Linienmanagern, der alle vier bis sechs Wochen zusammenkommt, um sich abzustimmen und Entscheidungen zu treffen. So schaffen wir von Anfang an eine starke Verbindung zum Geschäft und geben Zielkonflikten und offenen Fragen zwischen Einzelprojekten einen Raum, in dem sie sofort bearbeitet werden können. Auf Wunsch des Kunden liegt die Gesamtverantwortung für das Programm beim Berater – er soll das »Neue« als Außenstehender glaubwürdig vertreten – allerdings in enger Kooperation mit zwei Führungskräften an entscheidenden Stellen der Organisation (Business Development und Kundenprojektleitung). Wir konzipieren das Programm für eine Dauer von drei Jahren und erwarten erste konkrete Umsetzungsergebnisse (gemessen am mit Dienstleistungen erzielten Umsatz) nach einem Jahr.

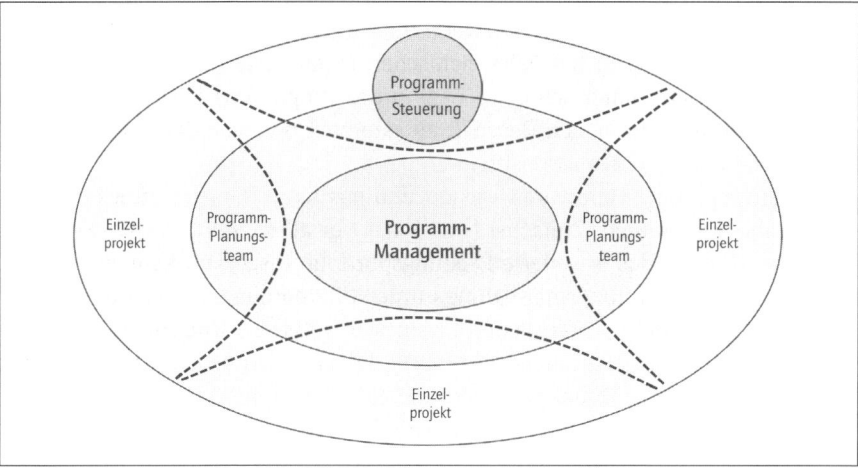

Abb. 58: Die Steuerungs- und Bearbeitungsstruktur des Programms

Unser Berater agiert in drei Rollen: erstens als externer Programm-Manager in der Durchführungsverantwortung, zweitens als eine Art Coach und als Moderator in Veränderungsfragen für die Linien- und Projektmanager und drittens als fachlicher Inputgeber zu Themen wie Markteintrittsstrategie, Kooperationsstrategie für externe Partner, Personalstrategie, Prozessgestaltung etc. Das erfordert eine hohe Aufmerksamkeit für die eigene Rolle in verschiedenen Situationen und ist oft ein Balanceakt. Interne Staff-Arbeit oder Intervision des Beraters im Hintergrund sind dafür hilfreich.

Solution Business: Projektinventur durchführen

Die erste Aktivität im Programm ist eine Inventur aktueller Projekte, die uns einen Überblick darüber gibt, welche Projekte im Unternehmen bereits in Richtung des Dienstleistungsgeschäfts zielen oder von der Transformation betroffen sind und sein werden. Wir bündeln diese Projekte und integrieren sie in das Programm.

Produkt bzw. Lösungssegmentierung: Services zusammenfassen

Der Weg in das Dienstleistungsgeschäft erfolgt, ausgehend vom angestammten Hardware-Geschäft, Schritt für Schritt – von Services, die die bestehenden Produkte nur marginal ergänzen (kurzfristiger Zeithorizont für die Umsetzung), über vom Kerngeschäft entkoppelte Services (mittelfristig), hin zu anbieterübergreifender Beratung gesamthafter Lösungen (mittel- bis langfristig; Stichwort »Managed Services«).

Umsetzung: schrittweise das Service-Portfolio erweitern

Für die erste Stufe der Angebotserweiterung um Services stehen bereits Knowhow und Ressourcen in der österreichischen Organisation zur Verfügung. Das Unternehmen geht damit schon zu Beginn des Programms auf den Markt, um sofort Erfahrungen im neuen Geschäft zu sammeln und sich daran zu messen – die Resonanz vom Markt ist positiv.

Das angestammte Hardware-Geschäft und das neue Dienstleistungs-Geschäft teilen dabei Ressourcen. Zunächst betrifft das vor allem den Sales-Bereich, dessen Mitarbeitende das erweiterte Leistungsportfolio insgesamt kennen und verkaufen müssen (Schulungsmaßnahmen unterstützten dies). In der Delivery und im Support der komplexeren neuen Leistungen setzt das Unternehmen auf die Akquisition eines Dienstleisters, der diese abdecken kann. Längerfristig sollen organisationale Veränderungen folgen, die eine Integration der Prozesse beider Geschäfte ermöglichen (etwa in Form zentraler Competence Center).

Roadshow: die Transformation intern kommunizieren

Die ersten sichtbaren Zeichen der Transformation sorgen in der Organisation für Gesprächsstoff und in Teilen für Verunsicherung. Dem begegnen wir mit einer

Roadshow der Regionalleiter mit der Geschäftsführung, die in allen Geschäftsstellen in Town-Hall-Meetings mit sämtlichen Mitarbeitenden abgehalten wird – eine erste Öffnung für die Fragen und Anmerkungen der gesamten Belegschaft. Ergänzend bauen wir zentral weitere Informations- und Kommunikationsmedien auf (u. a. im Intranet).

Die Kommunikation einer dualen Transformation des Geschäfts ist herausfordernd, weil sie ein Zukunftsbild vermitteln muss, das genug Kraft und Sinn für den Wandel gibt und zugleich eine unproduktive Abwertung des aktuellen Geschäfts unbedingt vermeidet, zumal dieses das neue Service-Business wie einen kleinen Bruder quasi »hochzieht« und gleichzeitig bestmöglich weitergeführt werden soll.

Service-Entwicklung: Erfolg messen, Lösungen standardisieren

Wir etablieren einen verbindlichen Modus für die Erfolgsmessung im Dienstleistungsgeschäft (KPIs, Balanced Scorecard). Im Zuge der schrittweisen Erweiterung des Service-Portfolios wird Standardisierung wieder wichtiger – Lösungen, die aus Hardware, Software, Service und Beratung bestehen können, setzen sich zunehmend aus Bausteinen zusammen und bleiben dennoch maßgeschneidert.

Die zu Beginn gewählten Services und Lösungsthemen werden schneller als erwartet vom Markt angenommen und die Organisation kann diese Nachfrage auch bedienen. Weiterentwicklungen des Angebots werden deshalb zunehmend weniger von Programmplänen und stattdessen mehr von tatsächlichem Kundeninteresse geleitet.

Die **Gesamt-Architektur des Transformationsprozesses** hat vier Dimensionen (Abbildung 59):

1. das Programm selbst, das die duale Geschäftstransformation organisiert und steuert
2. in enger Verbindung damit tatsächliche Kundenprojekte im neuen Dienstleistungsgeschäft, die als Treiber fungieren
3. die Change-Begleitung dieses komplexen Prozesses (dazu zählen auch kommunikative Maßnahmen zur Information und Involvierung von Stakeholdern, insbesondere der Mitarbeitenden, Trainings und Workshops)
4. weitere (auch konzernweite) Projekte, die Einfluss auf die Transformation haben (u. a. die Definition eines neuen Innovationsprozesses für das angestrebte Lösungsangebot)

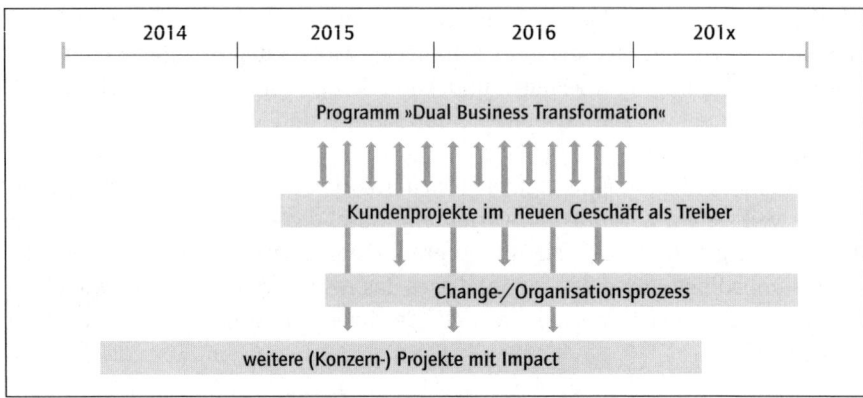

Abb. 59: Dimensionen der »Dual Business Transformation« im Zeitablauf

5.2.3 Das Besondere an diesem Programm

Das Programm-Management geht über die klassischen Aufgaben, Projekte zu koordinieren und Entscheidungen zu eskalieren, deutlich hinaus.

- Das mit 13 Führungskräften breit aufgesetzte Steuerungsgremium spiegelt Zielkonflikte und Überschneidungen zwischen Projekten sofort wider, es fordert die Linie heraus, das große Ganze des Programms immer im Blick zu behalten. Notwendige Klärungen finden direkt – im »Hier und Jetzt« dieser Gruppe – statt.

- Dies setzt im Managementteam viel voraus, etwa eine entwickelte Diskussions- und Fehlerkultur, erhöht aber die Qualität der getroffenen Entscheidungen und die Wahrscheinlichkeit für Akzeptanz und gelingende Umsetzung in der Linie.

- Zwischen den Terminen des Steuerungsgremiums arbeiten die Projekte möglichst ungestört an ihren Aufgaben (Modus des »Schließens«). Der Blick auf die Metathemen, d. h. die Programmthemen, liegt dann bei den drei Hauptverantwortlichen. Während der Abstimmungstermine geht es hingegen um die Öffnung für alle Interdependenzen und Fragen (Modus des »Öffnens«).

- Entscheidungen werden transparent und gemeinsam im Steuerungsgremium getroffen, was unserer Erfahrung nach eine hohe Beteiligung und einen offenen, konzentrierten Austausch während der Meetings gefördert.

5.2.4 Reflexion

- Strategieumsetzungen, die Geschäftsmodellmodifikationen erfordern, sind komplexe Vorhaben, die eine entsprechend komplexe Bearbeitungsstruktur (d. h. auch Architektur) verlangen.

- Programm-Management eignet sich gut als Format, darf sich aber mit diesem Auftrag nicht nur auf seine klassischen Aufgaben beschränken, sondern muss die Konflikte der Transformation in seiner Steuerungsstruktur abbilden.
- Vor allem die Verbindung des bisherigen mit dem neuen Geschäftsmodell, das sorgfältige Bearbeiten von Berührungspunkten und Abhängigkeiten zwischen den Projekten des Programms sowie die regelmäßige Organisation des Austauschs relevanter Stakeholder untereinander bedarf hoher Aufmerksamkeit des Programm-Managers und Beraters für das einzelne Projekt sowie für die »Klammer« und den Spannungsbogen des gesamten Programms.
- Die Gleichzeitigkeit der Repositionierung des Kerngeschäfts (Hardware) und der Etablierung des neuen Geschäfts (Dienstleistungen) erfordert die Organisation und Gestaltung von Überschneidungen (zunächst v.a. im Bereich Pre-Sales und Sales, u.a. durch Key Account Management) sowie Vorsicht vor möglichen gegenseitigen Abwertungen (den Weg und Sinn der Transformation rechtzeitig kommunizieren; die Spannung zwischen Bestehendem und Neuem produktiv nutzen).
- Komplementäre Beratungsleistungen im Sinn von gebündelter Kompetenz in methodischen, organisationalen, sozialen, fachlichen und Vorgehensfragen können für den Kunden eine große Unterstützung in der Umsetzung der dualen Transformation darstellen.
- Eine Steuerungsstruktur, die Programm- und Linienmanagement eng verzahnt, ist unentbehrlich. Die Größe des Gremiums darf nicht abschrecken. Wichtig ist, dass die Gesamtsicht immer wieder aufs Neue hergestellt wird, um die Steuerbarkeit des Gesamtprozesses sicherzustellen.
- Eine offene Diskussionskultur in dieser zentralen Führungsrunde ist unabdingbar. Konflikte sind primär als Spiegelbilder organisationaler Zielkonflikte zu sehen und werden dann im Hinblick auf die Realisierung des »großen Ganzen« bearbeitet und entschieden.

5.3 Fall 3 East meets West – Herausforderung Internationalisierung und interkulturelles Verstehen

Adrienne Rubatos

Vorbemerkung

Ganz im Sinne von Innovation initiiert diese Fallstudie ein neues »Genre«, das mehrere Unternehmen behandelt, sodass der Leser zum Thema Internationalisierung und Interkulturalität unterschiedliche Praktiken kennenlernen kann.

Zur Vereinfachung der Sprache wird im weiteren Text die übergreifende Bezeichnung »Deutsch« auch für Österreich und die Schweiz verwendet. Dies geschieht in vollem Bewusstsein und der Respektierung der Unterschiede unter den deutschsprachigen Kulturen, aber auch in dem Wissen, dass die meisten Personen in Mittel-und Osteuropa (MOE) diese Unterschiede wenig bis gar nicht kennen, bemerken oder thematisieren und tatsächlich in der Regel alle drei mit »Deutsch« assoziieren.

5.3.1 Einführung

Über zwei Jahrzehnte nach der Wende lockt MOE noch immer mit gut ausgebildeten Ingenieuren, günstigen Arbeitskräften, kurzen Transportwegen und einer gewissen Kulturverwandtschaft zu den westeuropäischen Kulturen, zumindest im Vergleich zum asiatischen Kulturraum.

In der Fallstudie handelt es sich um Firmen aus deutschsprachigen Ländern, die einen Teil oder die Gesamtheit ihrer Produktion nach Mittel- und Osteuropa verlagert haben. Der Fokus des Artikels ist auf vier solche Unternehmen gerichtet, wobei in den verallgemeinernden Aussagen die Erfahrung von ca. vierzig von der Autorin begleiteten Firmen mitschwingt.

Die beschriebenen Projekte verfolgen meist die Ziele Kostenreduktion und langfristiges Überleben durch eine neue geografische Struktur und Positionierung. Dies geht oft mit einem transformativen Change im Unternehmen einher; für manche Teile der Unternehmen sind dabei »harte Schnitte«, für andere »neues Wachstum« eine Konsequenz. Die interkulturellen Aspekte dieser Change-Vorhaben werden im Folgenden besonders hervorgehoben. Dabei bringt die Autorin nicht nur die Außenperspektive, das systemische Prozess-Know-how und internationale Erfahrung als Managerin und als Beraterin ein, sondern auch eine differenzierte interkulturelle Innensicht, gewonnen durch die eigene multikulturelle Abstammung und die Erfahrungen im Leben und Arbeiten in den genau hier berücksichtigten Kulturen – mal als Fremde, mal als Dazugehörige jener Kulturkreise.

5.3.2 Die Firmen

KleinChem: Chemische Produkte, kleines Unternehmen, erster Schritt in die Internationalisierung, die gesamte Produktion wird verlagert.

Metallo: Metallteile, mittelgroße deutsche Tochter einer europäischen Firma, internationalisiert das erste Mal und verlagert die Produktion einiger Produkte.

AutoMot: International geübte Automotive Firma, verlagert Teile der Produktion, baut zuerst eine, dann zwei weitere Produktionsstätten im selben Land auf, erweitert danach auch mit Nearshoring für Software-Tests der eigenen Produkte.

ElektronWelt: Elektronik, eine große, global erfahrene und produzierende Firma expandiert und verlagert ihre Produktionslinien aus verschiedenen Ländern an einen neuen MOE-Standort.

Die Fallstudie soll beispielhaft Herausforderungen sowie Lösungen im Verlagerungsprozess aufzeigen, wobei interkulturelle, Change-Kommunikation und teilweise ethische Aspekte im Vordergrund stehen. Die wichtigsten Fallstricke, hilfreiche Interventionen und Lessons Learned werden beschrieben. Zur Orientierung zeigt Abbildung 60 einen repräsentativen, vereinfachten Ablauf eines Produktionstransfers.

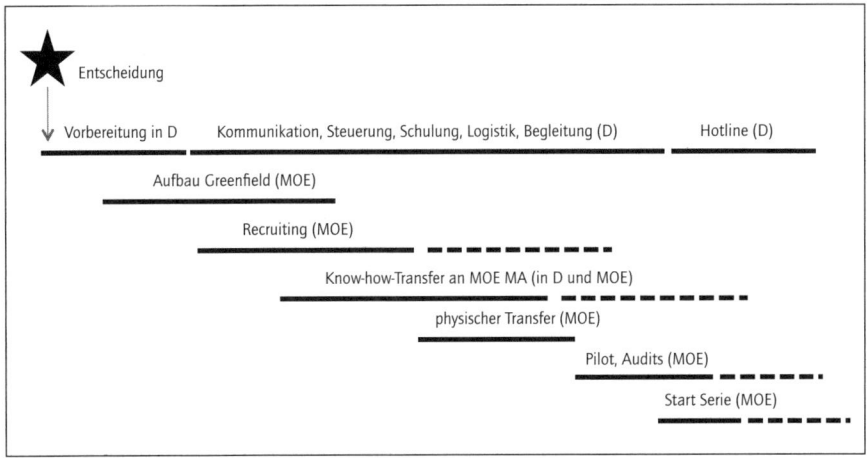

Abb. 60: Schritte eines Produktionstransfers – vereinfachte Darstellung

Die Unternehmen sind dabei gefragt, zu folgenden **strategischen**, **planerischen Fragen** Entscheidungen zu treffen:
- Welche Art **Internationalisierungsstrategie** wenden wir an, was ist für unser Unternehmen üblich, welche passt genau bei diesem Transfer? D.h., wie sollen die Rollenaufteilung, das Zusammenspiel und die gegenseitige Beeinflussung zwischen dem Mutterkonzern oder der Hauptfabrik und dem neuen »Ableger« sein? – ein oft unterbelichtetes Thema.
- Wie eng sollen wir **zeitlich planen?** Wie werden wir in der neuen Kultur und im **Standort unterstützt** (lokale Politik, Ämter, Bewerber etc.)? Oder werden wir eher gebremst?

- Welchen **Anteil an Expats** wollen wir in welchen Rollen haben? Wie finden wir die erwünschten »selbstlosen Spitzenfachkräfte mit hoher sozialer und kultureller Kompetenz«?
  - ElektronWelt belegte das gesamte Management vor Ort mit Deutschen. AutoMot und Metallo entsendeten wenige Fachkräfte, vor allem zur Einarbeitung der lokalen. KleinChem entsendete nicht.
- Wer steuert den **Aufbau vor Ort?** Wer betreut die Baustelle, wer die Organisation an sich?
  - Der Fabrikbau wurde bei allen vieren ausgelagert – für die passende Qualität brauchte dies eine kontinuierliche Überwachung aus dem Mutterhaus.
  - AutoMot steuerte mit einer Mannschaft komplett von Deutschland aus. ElektronWelt schickte plätschernd einzelne Expats, die ranghöchsten zum Schluss – das verursachte großen Stress bei den ersten Expats und ein zersplittertes Team.
- Wann und wie geht zentrale oder lokale **deutsche Führung an das lokale Management** über?
  - AutoMot nutzte einen MOE-erfahrenen deutschen Manager und übergab erfolgreich nach wenigen Jahren an einen lokalen Geschäftsführer. KleinChem setzte von Beginn auf einen lokalen Manager, Metallo und ElektronWelt behielten immer die deutsche Führung. ElektronWelt rotiert aber alle drei Jahre, was Unruhe vor Ort verursacht.
  - Recruiting – welche Bedingungen stellen wir, wie sieht unsere Ethik aus (z.B. Abwerben)? Können wir eine u.U. große Anzahl von Auszubildenden in Deutschland aufnehmen? Meist waren die Ansprüche an die Bewerber sehr hoch, z.B. Deutschkenntnisse oder zumindest Englisch, selbst für einfache Arbeiter. Alle Firmen mussten zurückstecken, u.a. Sprachkurse bezahlen und Übersetzer beschäftigen. Je nach Konjunktur sind an guten Standorten die Arbeitsmärkte leergefegt.
- Zeit und Raum für Beziehungsaufbau und um Netzwerke zu planen als essenzieller Komplexitätsreduktionsfaktor:
  - Die Firmen erkannten und planten diesen Faktor nicht bewusst, was oft zu Verzögerungen und Blockaden im Transferprozess führte.
  - Es gab jedoch einzelne Manager in jeder der vier Firmen, die – eher intuitiv als geplant – kleine hilfreiche Initiativen für Beziehungspflege starteten.
- Wie behandeln wir Abweichungen von unseren Normen im neuen Land, in der neuen Produktion? Wie soll unsere Fehler- und Feedbackkultur werden?
- Wie dokumentieren und prozessieren wir von vornherein unsere Learnings für das Wohl des Unternehmens und für das Gelingen des nächsten Transfers?

5.3.3 Strategie und Architektur

Die vier Firmen folgten alle einer klassischen Strategie der Kostenreduzierung (bei ElektronWelt Hand in Hand mit einer Wachstumsstrategie). Die Internationalisierungsstrategie war dagegen, wie zu Beginn schon erwähnt, unklar oder kaum thematisiert. Da die Produkte bei allen weltweit bzw. an globale Kunden verkauft werden, war Kundennähe durch Präsenz in MOE kein Kriterium. Die Auswahl der zu transferierenden Produkte folgte einer Kombination folgender Kriterien:
- einfacher herzustellende Produkte bzw. Produkte für Nicht-Premium-Kunden
- mögliche Synergie unter den verlagerten Produktionslinien (z. B. örtliche Nähe am neuen Standort, gemeinsame Nutzung mancher technologischer Abläufe)

Bei den großen und an verteilten Standorten agierenden Firmen schien man allein der technischen und wirtschaftlichen Logik zu folgen.

Die Standorte selbst wurden hauptsächlich nach Gehälterniveau, lokalen Universitäten, Fremdsprachenkenntnissen, einem nahen Flughafen, Industrietradition der Stadt, Entfernung und Infrastruktur, politischer und legaler Stabilität, EU-Nähe, staatlicher Förderung, Steuervorteilen und einigen weiteren Kriterien ausgesucht. Die Fabriken wurden ausnahmslos »auf der grünen Wiese« gebaut.

Was ist nun die Rolle eines systemischen Beraters in einer solchen scheinbar sachlich klaren Umgebung? Solche Verlagerungen verursachen tiefe Veränderungen in den Unternehmen – Umstrukturierungen, neue Prozesse und Kooperationswege, Jobwechsel oder Arbeitsplatzverlust in den »alten« Teilen der Organisation, neue Arbeitsplätze in anderen, neuen Teilen der Organisation. Die Intensität des Wandels ist hoch, beide Teile brauchen Arbeitsfähigkeit (also gelungene Unternehmensentwicklung). Die Komplexität wächst durch die Ferne und die Interkulturalität. Dementsprechend sind Firmen gut beraten, die Transferprojekte durch einen professionell geführten Change-Prozess zu begleiten. Inwiefern die Unternehmen in diese Begleitung investiert haben, beleuchtet diese Fallstudie.

Abbildung 61 zeigt eine neutralisierte Change-Architektur, die mit kleinen Variationen alle vier Verlagerungsprozesse gut unterstützt hätte.

Die Rolle des Beraters ist idealerweise, diese Change-Architektur zusammen mit dem Steering Committee zu definieren, sie bei Bedarf abzuwandeln, einzelne Maßnahmen zu designen und meist auch zu moderieren. Wobei der Blick immer auf den Gesamtprozess in Kooperation mit den Verantwortlichen der Kundenfirmen gerichtet bleibt. Häufig nutzen Firmen nur isolierte Elemente der obigen Architektur, in der Regel interkulturelle Trainings. Die übrigen Lücken im Change-Ablauf werden dann zum großen Teil aus der operationalen »Muskelkraft«, aus dem »Goodwill« der Beteiligten und teilweise aus der Extra-Arbeit der Berater gefüllt. Die Berater werden eher als interkulturelle Fachleute angeheuert

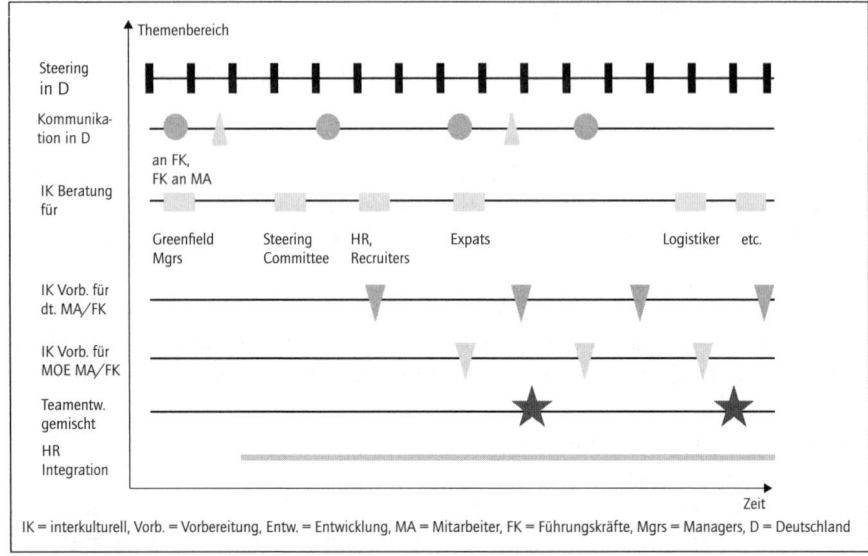

Abb. 61: Beispiel für die Architektur eines Produktionstransfers

und häufig von HR »nur« als Trainer angesehen. Aus dieser Perspektive haben Berater, zusätzlich zu den Trainings, Raum für Bottom-up Change-Beteiligung als sinnvoll vorgeschlagen und dies nach »oben« kommuniziert, sie haben Change-gerechte Interventionen entwickelt und die interkulturellen Trainings (-reihen) zu kleinen Change-Prozessen gestaltet. Interessanterweise haben Produktionsfirmen Respekt vor unbekannten Kulturen und vor Fettnäpfchen, aber häufig wenig Gespür oder Interesse für die umfassenden Veränderungen und Krisen durch Internationalisierung in den eigenen Reihen zu Hause.

Neben den genannten Gemeinsamkeiten unter den Firmen in der Handhabe des Change-Prozesses, gab es auch spezifische **Architekturausprägungen** und Ansätze (die mit * markierten Aktionen aus der Architektur werden im weiteren Text näher erläutert, eingeflochten in die Phasenstruktur eines Produktionstransfers):

- KleinChem definierte von vornherein ein Change-Projekt, in dessen Rahmen alle weiteren Aktionen kontrolliert und geplant abliefen. Durch die geringe Firmengröße wurde pro Abteilung nur ein interkulturelles Training jeweils für Mitarbeitende aus MOE und aus Deutschland durchgeführt, gefolgt von einem gemischten Team-Workshop* für jede der betroffenen Abteilungen. Der Kick-Off Workshop am neuen Standort für alle Beteiligten kann als ein Town-Hall-Event angesehen werden.
- ElektronWelt hat großzügig und laufend die Führungskräfte und Mitarbeitenden, d.h. die neuen aus MOE und die bestehenden aus Deutschland, inter-

kulturell geschult*. Nach langem Insistieren des Beraters und nach mancher Eskalation vor Ort wurden sogar Aspekte von Change-Kommunikation* eingeführt. Damit konnte die Angst vor Verlust der Arbeitsplätze etwas reduziert werden. Zu Team-Entwicklungen zwischen den kooperierenden Standorten kam es nicht. Die Expats selbst wurden, samt Ehepartner, frühzeitig in speziellen interkulturellen Workshops vorbereitet.

- AutoMot war der Planungs-Champion unter allen, der bereits ein Jahr vor der Verlagerung das Managementteam* zur interkulturellen Vorbereitung zusammenrief. Bald folgten Trainings für Expats. Einige Zeit nach dem Transfer wurden punktuell Hilferufe mit Wunsch nach einer bi-kulturellen Team-Mediation laut, die jedoch intern lange überhört wurden. Ein einziger Teamprozess fand verspätet statt, dank dem deutschen Teamleiter, der den Event forcierte.
- Metallo hatte eine Vorbereitung der deutschen Führungskräfte und der Mitarbeitenden auf beiden Seiten geplant, was aber dem operativen Stress zum Opfer fiel. Später wurden interkulturelle Workshops für fast alle deutschen Mitarbeitenden realisiert, die die MOE-Kollegen einarbeiten sollten. Die Ausbildungsleiter, die Berater und ansatzweise Personen der zentralen HR-Abteilung, nahmen quasi die Rolle eines pragmatischen Change-Komitees ein. Für Expats und vor allem für den Geschäftsführer in MOE gab es keine geregelte Vorbereitung. Die Akzeptanz der Leitung und die Zusammenarbeit der Managementgruppe vor Ort in MOE entwickelten sich sehr schwierig.
- AutoMot und Metallo bieten inzwischen langfristig offene interkulturelle Trainings in Deutschland an, für jeden Deutschen der seine Kompetenzen erweitern möchte.

Bevor wir uns den unterstützenden Faktoren je Umsetzungsphase widmen, hier zunächst einige **häufige Fallstricke bei der ersten Planung und Architekturerstellung:**

- die Verlagerung als eine einfache »copy & paste«-Operation und als einen rein technischen und logistischen Akt anzusehen, ohne die Soft-Facts zu berücksichtigen
- Interkulturalität zu ignorieren, weil MOE so nahe ist und die Unterschiede vermeintlich vernachlässigbar sind
- simple und kurze »Stereotypen-Schulungen« zum Thema Interkulturalität statt Selbstreflexion und Arbeit mit klarem Bezug zur unmittelbaren Aufgabe
- interkulturelle Arbeit als Ersatz für Change-Steuerung anzusehen
- fremde Kulturen als Sündenbock für Führungsschwäche und sonstige Probleme zu betrachten
- Investitionen in Change- oder interkulturelle Unterstützung sparen zu wollen, aber bei einer akuten Eskalation nach »Sofortmaßnahmen« zu fragen

5.3.4 Erfahrungen in der Phase: Vorbereitung

Management Team

Deutsche sind in MOE und in der Welt als Planungsweltmeister bekannt. Wie sah das in den Beispielfirmen aus? AutoMot hat besonders früh (ca. ein Jahr vor dem Transfer) das Managementteam aus allen notwendigen Bereichen zusammengestellt und sich als Erstes ein interkulturelles Training verordnet. Das Team wuchs während des gemeinsamen Lernens zusammen und entwickelte eine einheitliche Sicht darüber, wann etwas wie angegangen werden soll. Ihr Transfer lief insgesamt sehr »smooth«.

ElektronWelt dagegen heuerte peu à peu die einzelnen deutschen Manager aus verschiedenen Standorten an, den neuen Geschäftsführer sogar als Letzten. Im Nachhinein interviewt, empfanden das die Manager als ein großes Hindernis. Die ersten zwei waren sehr lange allein und damit überfordert, alle Funktionen abdecken zu müssen. Im operativen Stress blieb dann kein Raum für eine Konsolidierung des Teams. Nicht selten berichten deutsche Manager darüber, mehr Probleme mit anderen deutschen, erst im Greenfield-Projekt kennengelernten Managern zu haben als mit dem lokalen Personal. Einem reflektierenden Teamprozess wird im Fluss der für viele (Macher) prickelnden Aufbauenergie keine Zeit gewidmet.

Interkulturelle Vorbereitung

Interkulturelle Bildung über das Zielland kann nicht früh genug stattfinden, sie kann sogar die Entscheidung für ein Land beeinflussen und Hilfestellung bieten bei den ersten Schritten, wie z. B. Umgang mit Baufirmen, Behörden, Personalfirmen und Bewerberinterviews. Interkulturelle Maßnahmen sind inzwischen eine stabile Größe in internationalen Prozessen vieler deutscher Unternehmen geworden, sicherlich auch aufgrund der Tendenz zur Unsicherheitsvermeidung in der deutschen Kultur – man glaubt, das Wissen über das neue Land gebe Sicherheit. Fettnäpfchen stehen entsprechend an erster Stelle auf der Liste der Fragen, die deutsche Teilnehmer an interkulturelle Trainer stellen, gefolgt von Fragen, die man unter dem Anspruch zusammenfassen kann »erkläre mir die Knöpfe, die an Mitarbeitenden im Land X zu drücken sind, damit sie sich deutsch verhalten«. Das bedeutet, dass sie zumindest loyal, motiviert, regeltreu, zuverlässig, präzise, teamorientiert, langfristig denkend und direkt sind. Auch wenn diese Bedürfnisse ernst genommen und ernst behandelt werden sollten, so ist es für den nachhaltigen Erfolg viel wichtiger, auch folgende Aspekte zu adressieren:

- ein Verständnis erzeugendes Wissen über die Zielkultur
- Sensibilisierung für die eigenen Vorurteile und den eigenen Umgang mit Andersartigem
- Reflexion über die »Ecken und Kanten« der deutschen Kultur im Fremdbild anderer

- aus dieser Perspektive ein Antizipieren von »Critical Incidents« in der Zusammenarbeit
- Strategien zum Umgang mit Dilemmata und Unterschieden

Dies sollte so erfolgen, dass die Aspekte zielführend und für beide Kulturen kompatibel behandelt werden; ein Kunststück, in der Tat. Erfolgreich sind insgesamt jene Interventionen, die eine emotionale Betroffenheit, Selbsterkenntnis oder »Aha«-Effekte auslösen. Interkulturelles Lernen, wie auch Kulturunterschiede zwischen MOE und Deutschland sind Bücher füllende Themen, die hier nur punktuell erwähnt werden können (siehe → Ent-Scheidung 2: Internationalisierung und Interkulturalität).

Obwohl allen Firmen bewusst war, dass für eine nachhaltige Entwicklung weitere Unterstützung, wie z. B. Coaching an »Real-Life-Examples«, Trainings für Personen aus MOE, regelmäßige gemischte Team-Workshops etc. notwendig wäre, wurden solche Fortsetzungen allein von der Firma KleinChem gebucht, was erneut für eine gesamtheitliche Change-Perspektive spricht. Was gerade Expats lernen und berichten ist, dass sie unter dem enormen Druck in einer Greenfield-Umgebung häufig auf ureigene alte Verhaltensweisen zurückgreifen statt auf das neu Erlernte. Coaching-Gespräche nach Bedarf wären für sie ein wunderbares Angebot.

Überraschende Erfolge konnten gerade im Rahmen der Begleitung von KleinChem verbucht werden. Wenn deutsche Mitarbeitende durch die Verlagerung ihren Arbeitsplatz verlieren, ist ein interkulturelles Training, d. h. das Bestreben, Interesse und Sympathie für die Eigenarten der »Feinde« aus MOE zu entwickeln, ein verzwicktes Unterfangen. Wenn das Training dennoch damit endet, dass eine Verlängerung des Trainings und eine gemeinsame Reise ins »neue« Land von den anfangs aufgebrachten Fachkräften gewünscht wird, dann kann man von »Magic Moments« sprechen. Der Schlüssel dazu lag in der Kombination folgender Interventionen: Eine professionelle, ernst nehmende Aufnahme des Grolls der Gruppe brachte schon etwas Ruhe. Die Chance, mit Humor die schlimmsten Stereotype über das MOE-Land abzuladen, mag sie entlastet haben und nach ganz vorsichtigem Anbieten von kleinen Stories und Fotos kam die erste offene Frage, was dann endgültig das Eis brach.

Nach der Vorbereitung der gerade angekommenen Mittel- und Osteuropäer am deutschen Standort fand ein sorgfältig designter und gemischter Workshop statt. Nun waren die Deutschen gefordert den jungen Mittel- und Osteuropäern in die Augen zu schauen und ihnen über Monate hinweg täglich das ein Leben lang gesammelte Wissen weiterzugeben. Der Workshop verlief in unglaublicher Wärme und Freundschaft weil das »Gewinner- / Verliererthema« explizit bearbeitet wurde. Aus der Reihe vieler gelungener Interventionen sei noch eine erwähnt: In den monokulturellen Trainings ließen die Berater Botschaften an die jeweils andere Seite schreiben. Es kamen Sätze zustande, deren Vorlesen zu Beginn eine tiefe Menschlichkeit in den Workshop hineinbrachten. Einige davon aus MOE:

»Wir sind nicht schuld«, »Wir respektieren Euch sehr«, »Wir haben Kühlschränke und leben nicht in Erdlöchern«. Oder auch seitens der Deutschen: »Ihr könnt nichts dafür« und »Wir werden Euch alles bestens beibringen«.

5.3.5 Erfahrungen in der Phase: Know-how-Transfer

Ausbildung

Der Know-how-Transfer startete bei allen beschriebenen Firmen mit der Ausbildung der neu eingestellten MOE-Mitarbeitenden durch die jeweiligen abgebenden Produktionslinien an den meist deutschen Standorten. Später, nach Erreichen einer kritischen Masse an Wissen im Greenfield-Standort, wurden die neu angestellten Kollegen vor Ort in MOE entweder von den »älteren« direkten Kollegen oder von internen Trainern eingearbeitet. Letztere wurden in Train-the-Trainer-Kursen von den deutschen Ausbildungsleitern auf die Aufgabe vorbereitet.

Den **Übersetzern** kommt in der Zwischenzeit eine bedeutende soziale und kulturintegrierende Rolle zu. Als eine Lesson Learned aus Transferprozessen lohnt es sich, in die passenden Übersetzerpersönlichkeiten zu investieren.

Der Wissenstransfer ist für beide Seiten – Ausbilder und »Azubi« – anspruchsvoll. Die meisten deutschen Mitarbeitenden sprechen kaum Fremdsprachen, womöglich Deutsch auch noch mit starkem Dialekt, und haben keine Erfahrung mit dem Ausbilden bzw. Anweisen. Sie mussten in allen Firmen diesen zusätzlichen Job neben den alltäglichen Aufgaben absolvieren. Die Motivation, sich selbst überflüssig zu machen zugunsten der Mittel- und Osteuropäer, ist selbstverständlich begrenzt. Es muss bewundernd erwähnt werden, mit welcher Disziplin und Loyalität die meisten deutschen Fachkräfte die MOE-Kollegen trotz allem angeleitet haben!

Für die **Betreuung der »MOE-Ankömmlinge«** haben sich folgende Aspekte als erfolgsfördernd herausgestellt:

- eine minimale Einführung geben, bevor die Mittel- und Osteuropäer ins Ausland reisen; oft werden sie zwei Tage nach Vertragsunterschrift ins Flugzeug gesetzt, ohne zu wissen, was sie erwartet. Vor allem die Situation der Kollegen vor Ort sollte verständlich gemacht werden.
- persönlicher, warmer Empfang und menschliches Kümmern. Meist haben die betroffenen Personen aus MOE starkes Heimweh.
- Sensibilität bei der Auswahl der Unterkunft, natürlich auch Grenzen setzen bei zu hohen Ansprüchen
- genaues Einhalten der Versprechen, vor allem was Tagesgelder und Heimreisen angeht
- ein persönlicher Ansprechpartner zumindest am Ausbildungsort, ideal aber auch in der Heimat, sobald dort HR und mehr Personal aufgebaut wurde. Anfangs, z. B. während der Bauphase, gibt es oft nur externe Personalberater.

- regelmäßigen Kontakt mit der Familie ermöglichen (Telefon, Internet, Heimreisen oder Besuch des Ehepartners etc.)
- möglichst klare Trainingspläne, Lernziele, Mentoren oder Ausbilder nennen. Sonst wächst die Unsicherheit, eventuelle Prüfungen am Ende nicht zu bestehen oder gekündigt zu werden.
- Gelegenheiten für persönliche, soziale Interaktion schaffen, mit den deutschen Kollegen und untereinander.
- möglichst viel praktisch lernen lassen, Handbücher und lange Vorträge helfen weniger

Manche dieser Punkte klingen vielleicht selbstverständlich, sie werden dennoch oft in der »Sachlichkeit« und Komplexität des Transfers ignoriert. Andere Ratschläge dagegen mögen anspruchsvoll erscheinen, aber ihr Nichtbefolgen führte immer wieder zu Aufständen, Krisen oder zumindest zu starken Effizienzverlusten im Lernprozess. Man kann den menschlichen Aspekt nicht genug betonen. Zur Verdeutlichung: Ein häufiges Feedback nach erfolgreichen interkulturellen Trainings mit MOE über die deutsche Kultur ist: »Aha, die Deutschen sind auch Menschen«, weil so vieles als kalt und roboterhaft empfunden wird. »Erwachsene sorgen für sich selbst« ist die deutsche Ethik, während es in der MOE-Ethik elementar ist, dass man »errät«, was der Andere braucht und ihm proaktiv hilft.

Ein Beispiel für Best Practice in diesem Zusammenhang lieferte AutoMot: ein Kümmer-Programm, das vom Managementteam nach dem interkulturellen Training ausgedacht wurde. Die neuen MOE-Mitarbeitenden wurden bewusst im Zentrum der Kleinstadt (am Sitz des Mutterhauses) einquartiert, nahe beieinander. Dabei wurden die Qualität der Zimmer und der gute Umgang der Vermieter mit ihnen geprüft. Jeder bekam ein altes Fahrrad und in der Fabrik einen persönlichen Mentor und eine Person, die sich um alle Belange des Protegés kümmert. Die lange Einarbeitungszeit sowie auch der Produktionsstart verliefen bei AutoMot weitestgehend konfliktfrei.

Interkulturelle Trainings

Metallo bereitete die jeweils aktuell zu schulende Welle an MOE-Mitarbeitenden mit interkulturellen Trainings für alle deutschen Fachkräfte vor. Ein wichtiger Erfolgsfaktor war der hohe Motivationsgrad der zwei Ausbildungsleiter (bei Metallo) und des Projektleiters (bei AutoMot) sowie deren kontinuierlicher Dialog mit dem interkulturellen Berater auch über die Trainingszeiten hinaus.

Im Unterschied dazu erkannte ElektronWelt die Bedeutung von Trainings auch für die ankommenden Personen aus MOE und verordnete interkulturelle Trainings für Ausbildende und für besuchende Auszubildende an jedem abgebenden Standort. Dieser Prozess erstreckte sich über fast ein Jahr und bot Gelegenheit für wesentliche weitere Lernerfolge für alle Beteiligten.

Die Besonderheit des ElektronWelt-Projektes bestand insgesamt in folgenden Aspekten: hohe Komplexität (mehrere involvierte Länder und Produkte), die aber bewusst durch aufgesplittetes, autarkes Arbeiten angegangen wurde; kein Gesamtblick, kein Gesamtprojekt und keine Gesamtansprechpartner (vor allem bei »Soft«-Aspekten). Das einzig Verbindende und Steuernde war eine zentrale Logistik. Der Transfer fand aus westlichen Ländern, vor allem Deutschland, auch innerhalb von MOE statt, von Land A nach Land B (das Greenfield-Land).

Besonderheiten in Trainingsdesign und -durchführung
In der Know-how-Phase und durch die spezielle Konstellation bei ElektronWelt in Land A musste das interkulturelle Training umgestaltet werden, um den akuten Bedürfnissen der Teilnehmenden und des Systems zu entsprechen. Denn wegen des nicht aktiv adressierten Change-Prozesses landete eine Vielzahl von Problemen im Trainingsraum. So gesehen war es, wenn auch unbewusst, eine wichtige Entscheidung von ElektronWelt, diese Trainings großzügig für viele Mitarbeitende über lange Monate hinweg zu ermöglichen. Hier wurde Training zu einem Hybrid von Lernen, Arbeit am Change-Prozess und Systementwicklung (Voraussetzung auf Trainerseite sind dabei Beratungs- und Coaching-Kenntnisse):

• Die kulturellen Unterschiede zwischen A und B waren zu gering, sodass es günstiger war, die Teilnehmer selbst ihre Fremd- und Selbstbilder reflektieren zu lassen, bei Eskalationen als Moderator zu mäßigen und etwas Landeswissen zur Verfügung zu stellen.
• Außerdem wurde die Logik der deutschen Kultur betrachtet. Das Einordnen der Kultur von A und B als kontrastierende zur deutschen war weniger stigmatisierend und somit akzeptabel für alle.
• Grundsätzliche Klarstellungen hinsichtlich Globalisierung, Demokratie, Wirtschaftslogik und der Normalität des nicht Perfekten in solchen komplexen Settings mussten immer wieder ins Gespräch gebracht werden.
• Durch die tägliche Interaktion zwischen Mitarbeitenden aus A und B entwickelten sich kritische Erfahrungen, die weniger kulturell zu erklären waren, sondern organisatorisch (bzw. Change-bezogen). Die Vorfälle wurden bearbeitet, gesammelt und als Lernmaterial für weitere, nachfolgende Gruppen genutzt.
• Die allgemeine Sensibilisierung für Kulturen geschah durch Reflexion nützlicher Soft-Skills für internationale Tätigkeiten. Eine hilfreiche Grundlage dazu sind die Push-and-Pull-Eigenschaften, wie im Evaluations-Tool »TIP« (The International Profiler). Oft verwandelte sich das Training bei kleinen Gruppen in ein echtes Coaching rund um diese oft fehlenden Skills, wie z.B. Geduld.
• Neugier, Unsicherheitstoleranz, Ethnorelativismus etc. wurden gefördert. Darüber hinaus mussten manchmal persönliche Angriffe oder eskalierende, zu verallgemeinernde Aussagen gecoacht bzw. hinterfragt werden.

- Das systemische Arbeiten wurde abgerundet durch
  - einen Dialogstil, der geprägt war von zirkulären, hypothetischen und lösungsorientierten Fragen (ein Beispiel: Angenommen wir könnten im Training klären ob Ethnie A oder B als erste das Gebiet N bewohnt hat, welche Konsequenzen ergäben sich für den Aufbau der Fabrik in Valreich bzw. für die Zusammenarbeit zwischen Madinien und Valreich heute und morgen?).
  - hinführen zur Übernahme von Selbstverantwortung statt Einnehmen einer Opferhaltung (z.B. sich proaktiv um einen Ausbilder, eine Dokumentation oder die Übersetzung zu kümmern).
  - das Zirkulieren von Botschaften und Wünschen zwischen den zwei Parteien A und B fördern und auf diese Weise eine Verbindung zwischen ihnen schaffen, wenn schon gemeinsame Veranstaltungen nicht möglich waren (Vorschläge für gemischte Teamentwicklungen, Mediation, Frage-und-Antwort-Stunden zwischen A-Mitarbeitenden und B-Mitarbeitenden wurden vom Auftraggeber abgelehnt).

Die **erfolgreichste Intervention** war das spezifische Eingehen auf jede einzelne Gruppe und die Offenheit für jede Frage der Teilnehmer, ob sie nun »politically correct« war oder nicht. Viele emotional belegte Themen wurden auf diese Weise das erste Mal für die Teilnehmer reflektiert, entschärft und positiv belegt.

Ost-West-»Machtgefälle«

»Westler« brauchen genau wie »Ostler« einen Reflexionsraum und einen vorgehaltenen Spiegel. Es geht für Beschäftigte aus MOE darum, Verständnis zu erarbeiten für westliche Wirtschafts- und Arbeitsweisen, um Stärkung ihrer oft schwächeren Stellung oder darum, ihnen Auswege aus ihrer vermeintlichen ethnischen oder persönlichen Opferrolle heraus zu bieten. Betrachtet man das Verhältnis Deutschland-MOE ganzheitlich, so ist auch heute noch ein gewisses Ost-West Machtgefälle zu spüren (vgl. Rubatos 2008). Es wird zwar nicht ausgesprochen, aber es wird entsprechend agiert: Die deutsche Seite ist »erwiesenermaßen« stark (z.B. durch: Wirtschaftserfolg, Sieg über Kommunismus, Technologie, auch durch selbstbewusstes, konfrontierendes Auftreten etc.) und meint daher, das Recht zu haben zu »belehren«. Die MOE-Seite dagegen ist »schwach« (ebenfalls Makro- und Mikro-Aspekte im Verhältnis zum Westen). So kommen zu den realwirtschaftlichen Parametern meist die politisch-soziale Instabilität, nationale Identitätsunsicherheit, auch mangelnde Deutschkenntnisse und der indirekte, konfliktscheue Kommunikationsstil schwächend hinzu, die alle zu einer von beiden Seiten gefühlten Dysbalance führen. Das Machtgefälle addiert sich zu den rein kulturellen Aspekten. Das will in den Trainings thematisiert und im Alltag der Kooperation berücksichtigt werden.

Aus allen genannten Aspekten, soll der in MOE gepflegte indirekte Kommunikationsstil als besonders essenziell für die Zusammenarbeit herausgegriffen werden. In einem Aushandlungsprozess, in dem eine Seite laut, klar und insistierend ihre Forderungen stellt und verteidigt und die andere Seite schweigt oder Dinge nur andeutet, einknickt und der Konfrontation ausweicht, wird es keine Überraschung sein, wer seine Interessen eher durchsetzt. Selbst wenn Deutsche nach Feedback fragen, kommt nicht automatisch wirklich etwas zurück. Und selbst wenn Mittel- und Osteuropäer auch emotional ausbrechen, grob und direkt werden können, so unterstützt auch dies ein Verhandeln auf gleicher Augenhöhe nicht *(vgl. Rubatos 2011)*. Zugleich dreht sich das Machtgefälle auch um, wenn nämlich das faktische Handeln von MOE zeigt, dass Kommunikation und Feedbackanliegen der deutschen Seite nicht angekommen sind. Beide Seiten sind aufeinander angewiesen.

Besonderheit: Intra-MOE-Zusammenarbeit
»Was ist die Position des Unternehmens zum ethnischen Konflikt zwischen A und B?« fragte eine junge Führungskraft aus B im Training während er in A in Ausbildung war. Für diese Frage, die offiziell gar nicht existiert, hat der Auftraggeber, HR in A, keine Antwort. Selbstverständlich soll nicht Parteinahme für eine Seite entstehen, zugleich wird aber Ignoranz zum Thema als eher respektlos wahrgenommen. Schwierig wird es, wenn deutsche Unternehmen einen Standort in B aussuchen und aufbauen und dabei zunächst übersehen, dass in der Region eine große A-Minderheit existiert, die in einem unterschwelligen oder auch teilweise offenen Konflikt mit der Regierung und Bevölkerung von B steht. Infolgedessen werden standardmäßig einfache Trainings beauftragt: »Mache die Kultur der einen für die anderen verständlich und vice-versa«. In unserem Fall saßen nun in der Gruppe für ein Training über A mindestens drei kulturell unterschiedliche Subgruppen: echte B's, Mitglieder der A-Minderheit in B und Kinder aus Mischehen der beiden Kulturen – die entgegen der Erwartung selten als Vermittler oder Integratoren agierten. Und all diese sollen offiziell etwas über die Kultur von A lernen. Welche aber? Die Kultur in A oder die der eigenen A-Minderheit in B? Diese sind nämlich auch nicht gleich. Nun sollen also A im Training hören, wie B sind und das sogar in Anwesenheit der »verfeindeten« B's? Das wäre kulturell als direkte Intervention nicht erfolgversprechend. Gleichzeitig ist das aber der Auftrag, weil die beschriebenen Haltungen und Relationen zueinander von den deutschen Auftraggebern in diesem Fall als »überflüssige Kindereien« angesehen bzw. in ihrer Bedeutung unterschätzt wurden, falls man überhaupt die Lage kannte. »Hört mit dem lächerlichen Geschichtsbezug auf. Auch wenn ihr so viel verloren habt, es ist vorbei, wir sind im Jetzt.« sagten häufig Deutsche in MOE, hier speziell den A.

Eine wichtige Konsequenz für Unternehmen in solchen und gar nicht so seltenen Konstellationen in MOE ist, unbedingt professionelle Berater mit System- und Change-Wissen einzusetzen, die die involvierten Kulturen auch historisch gut kennen. Unerfahrene Trainer mit oberflächlich faktischem Zielkulturwissen kommen in solcher Komplexität schnell an ihre Grenzen. Bleiben solche Konflikte dann unbehandelt, können solche Trainings sogar mehr Schaden als Nutzen stiften.

Jeder Mitarbeitende pflegte unveröffentlichte Ranglisten von Sympathie und Bewunderung der anderen MOE-Länder. Und die nationalen Gefühle gingen dabei von Feindschaft über Ignoranz bis hin zu Solidarität (Das war allerdings eher die Ausnahme.). Und obwohl ein Teil der Trainingsteilnehmer, ob A oder B, dem ethnischen Konflikt respektvoll neutral gegenüberstand, tauchte das Thema in jeder Gruppe auf, von leisen Andeutungen bis hin zur Explosion.

5.3.6 Erfahrungen in der Phase: Konsolidierung der neuen Produktion

Nach der Rückkehr der Mitarbeitenden, die das notwendige Know-how an den neuen Standort bringen, folgt der Prüfstein: Ist alles integrierbar, sind die neuen Linien steuerbar, passen die ersten Testprodukte, nimmt der Kunde die Audits ab? Und sind die Beziehungen zu den Kollegen aus den abgebenden Länder tragfähig, helfen sie »Feuer zu löschen« in der Greenfield-Fabrik, klappt die virtuelle Kommunikation in der Pilotproduktion mit ihnen? Befragte in den Unternehmen berichten, dass jetzt andere, neue Aspekte im interkulturellen Verhalten auftauchen. Der Umgang mit Emotionen, Zeit und Zusagen werden wichtiger. So sollen z. B. in einer der Firmen die Personen aus MOE einfach viel zu enthusiastische Prognosen abgeben oder aber von den Kollegen in den anderen Ländern zu forsch Forderungen stellen. Natürlich ist die Intensität beim operativen Start einer neuen Produktion auch eine exzellente Chance für lokale Teams, um zusammenzuwachsen, und für Führungskräfte ist es die Chance, sich zu beweisen.

Trotz solcher konfliktträchtiger Zeiten gestalten Firmen diese Phase nur manchmal als klaren Change-Prozess – mit oder ohne Berater. Nur wenige Expats äußern, dass sie Coaching bräuchten (viele sind fern von der Familie, was Stress erhöht) oder dass Teamentwicklungen, besonders bei neuen lokalen Leitungsteams, notwendig wären.

5.3.7 Reflexion zu Change bei Produktionsverlagerungen

In den letzten Abschnitten wurden die Phasen eines Produktionstransfers von einem Land in ein anderes MOE-Land in den verschiedenen Firmen vor allem von einem interkulturellen Standpunkt betrachtet. In diesem abschließenden Abschnitt möchten wir noch einmal die Brille des Change-Managements aufsetzen. Unsere Kernaussage: Jedes Auslagern in ein anderes Land bedeutet eine tief greifende Veränderung im Unternehmen – ganz unabhängig davon, ob Stellen abgebaut werden oder nicht.

Vielleicht hilft der Vergleich des Verlagerns der Produktion mit dem De-Merger eines Unternehmens: Nach dem Transfer gibt es zwei Teile der alten, bisherigen Einheit, die nach dem Heraustrennen des Neuen unterschiedlich weiter arbeiten und unterschiedliche Perspektiven haben. Meist geht ein Teil gestärkt hervor, der andere geschwächter. Kaum eine Firma würde einen Merger oder De-Merger allein logistisch-operativ und ohne eine professionelle Change-Begleitung abwickeln, ohne eine passende Change-Architektur, ohne ein Steering-Team aus Top-Linienmanagern, HR und anderen Experten, ohne regelmäßige und vielfältige Kommunikation etc. Auch bei jedem Transfer gibt es ja einen Teil der Organisation, der etwas abgibt und damit »verliert«. Und es gibt einen neuen Teil, der meist erst durch die Abgabe der anderen geboren wird. Die Belegschaft des abgebenden Unternehmens ist also stark in Mitleidenschaft gezogen. Ein sinnvolles Change-Management begleitet beide, die »Alten«, die Ihren Arbeitsplatz ganz oder teilweise durch den Transfer verlieren, und die »Neuen«, die zuerst auf eigene Beine kommen müssen. Vor allem, weil in der Praxis meistens das »Neue« übermäßig viel Aufmerksamkeit und Energie anzieht, zum Nachteil der »Alten«, die Verlust, Trennung, Abschied und eher negativen Wandel und damit eine ganz andere Dynamik erleben als die neu Startenden: »Wir haben hier positiven Stress, verstehen Sie?«, sagte begeistert der eine deutsche Manager am neuen Standort. Und das ist verständlich und positiv für den Aufbau des Neuen.

Der Fall ElektronWelt ist besonders lehrreich für das Change-Verständnis, weil in A niemand abgebaut werden sollte und dennoch ähnliche Unsicherheiten, Angst und Aggression entstanden sind, wie bei der Schließung von transferierenden abgebenden Abteilungen. Die Gefühle (nicht nur) bei Veränderungen folgen eben nicht der rationalen Logik. In diesem Fall gelang der Prozess durch individuelle und informelle Initiativen Beteiligter – verspätet und etwas holprig. Aber er gelang.

Literatur

Rubatos, Adrienne (2008): Wachsende Komplexität im interkulturellen Management in MOE – Beobachtungen einer Praktikerin. In: Koch, Eckart/Speiser, Sabine (Hrsg.): Interkulturelles Management. München/Mering 2008.
Rubatos, Adrienne/Thomas, Alexander (2011): Beruflich in Rumänien – Trainingsprogramm für Manager, Fach- und Führungskräfte. Göttingen 2011.

5.4 Fall 4 Scrum – nützlich für komplexe Projekte in traditionellen Unternehmen?

Manfred Brandstätter

Ziel dieses Falles ist es, exemplarisch zu zeigen, wie agile Managementmethoden jenseits der IT und insbesondere in komplexen Umfeldern wirksam sein können. Dies geschieht am Beispiel der Methode **Scrum,** auch wenn es viele weitere gibt, die für Projekte und das Tagesgeschäft Nutzen stiften. Die Zitate der Teilnehmer geben einen Einblick in deren konkrete Schwierigkeiten und Erkenntnisse.

Die Ausgangssituation des Unternehmens – eines deutschen Automobilproduzenten – ist geprägt von Herausforderungen in der Produktionsplanung, speziell in Bezug auf Expansionspläne in Asien und den USA:

- Bei der Planung der Produktion und der Produktionsmittel muss das Unternehmen spürbar flexibler werden als in der Vergangenheit, ohne Einbußen in der Produktqualität! Ein Beispiel dafür sind die Entscheidungspunkte in den jeweiligen Quality-Gates, wobei es u. a. möglich sein muss, Designfreigaben für den Karosseriebau noch später treffen zu können.
- Die Entwicklung neuer Instrumente für die Produktionsplanung, wie z. B. »Lean Rating« ist dazu notwendig. Hierbei handelt es sich um ein Instrument, das den »Schlankheitsgrad« der Produktion schon in einer sehr frühen Phase der Planung (z. B. 30 Monate vor Produktionsbeginn) bestimmen kann.

5.4.1 Methoden zur Planung und Umsetzungssteuerung von temporären Aufgaben

In der Vergangenheit wurde in diesem Unternehmen zur Planung und Umsetzung von temporären Aufgaben – wie generell in vielen Firmen zur Lösung abgegrenzter Aufgaben – die Methode des traditionellen Projektmanagements herangezogen. Diese liefert als temporäre Organisationsform solide Ergebnisse, wenn zu Beginn des Vorhabens eine eindeutige Spezifikation die Grundlage des umfassenden Planungsvorhabens (Leistung, Termine, Kosten) liefern kann bzw. wenn während der Planung und Umsetzung keine gravierenden Änderungen auftreten.

Wenn wir nun von **Agilität** sprechen, meinen wir grundsätzlich eine Fähigkeit, in der Flexibilität, Wendigkeit und schnelles Reaktionsvermögen auf Veränderungen im Vordergrund stehen. Agilität ist ein Ansatz, um aktuelle Anforderungen unter erhöhter Volatilität und bei hoher Komplexität zu lösen.

5.4.2 Anlass, Anliegen und Ziele des Vorhabens

Im Rahmen einer Informationsveranstaltung wurde einem Entscheidungsträger des Automobilherstellers aus dem Bereich der Produktionsplanung und -steuerung die Methode Scrum vorgestellt. Gemeinsam wurde die Idee entwickelt, diese als agile Methode des Projektmanagements im Rahmen eines Pilotprojekts unkompliziert kennenzulernen und dabei zudem eine Entscheidungsgrundlage dafür zu entwickeln, wo Scrum im Entwicklungs- und Fertigungsablauf des Unternehmens noch anwendbar wäre.

Der Auftrag war, eine Personengruppe in agilem Projektmanagement auszubilden und im Rahmen der Pilotierung zu begleiten. Das Ziel des Projekts war die Entwicklung eines Diagnoseinstruments für die Produktionsplanung der PKW-Serienfertigung.

5.4.3 Masterplan, Architektur und Phasen

Im Unternehmensbereich Produktion wurde in Abstimmung mit dem Auftraggeber ein abteilungsübergreifendes Team etabliert. Es ging einerseits darum, die agile Projektmanagementmethode Scrum kennenzulernen und andererseits sollte die Methode Scrum kurzfristig im Rahmen eines oder mehrerer Produktionsplanungsprogramme direkt angewendet werden. Das Vorhaben mit der Bezeichnung »Body Mass Index by Lean Car Production« (BOMICAP) bot sich als erstes Projekt ideal an.

Der erste Teil der Umsetzung war eine **Initialphase,** die rund fünf Tage dauerte. Diese beinhaltete einen **zweitägigen Scrum Impulsworkshop** und eine anschließende **dreitägige Begleitung** in der Umsetzung. Der Scrum Impulsworkshop zum Kennenlernen der Methode des agilen Projektmanagements wurde als Lösungssimulation gestaltet. Darin konnten die Mitarbeitenden spielerisch erproben, Projekte auf eine Art zu führen, die es ihnen ermöglichte, auch hochgradig komplexe Aufgabenstellungen zu meistern, an denen klassisches Projektmanagement zumeist scheitert. Praktische Übungen, Fallstudien und Beispiele verdeutlichten den Unterschied zwischen agiler und traditioneller Projektmanagement-Methode.

In der Lösungssimulation wurde nach folgendem Fahrplan vorgegangen:
* Kurzer Impuls zum agilen Projektmanagement im allgemeinen und der Methode Scrum (→ Werkzeug 27) im Detail:
  - agile Aufgabenstellung (Epics, User Stories, Product Backlog, Sprint Backlog)
  - Aufwandsschätzung und -planung
  - Rollenverteilung in Scrum (Product Owner, Scrum Master, Team)
  - Anwendung der simplen Regeln und Artefakte (Daily Scrum Meetings, Burndown Charts, Impediment Lists, Review, Retrospective)

- Kennenlernen der notwendigen Voraussetzungen und sinnvolle Dimensionierung der Ressourcen und Anforderungen in Scrum-Projekten
- Umsetzung eines kleinen Projektvorhabens zum einfachen und spielerischen Kennenlernen der Methode Scrum. Dabei konnten von den Teilnehmern alle drei Rollen der Methode (Product Owner, Scrum Master, Team) kennengelernt und ausprobiert werden.

In den nachfolgenden drei Tagen begleiteten wir die Mitarbeiter im Starten, Planen, Umsetzen und Abschließen der ersten Sprints im Rahmen des Pilotprojektes BOMICAP.

> *»Was Sie als Berater im Impulstraining als positive Auswirkung*
> *im Arbeiten mit der Methode Scrum beschrieben haben,*
> *u. a. das Schaffen erhöhter Verbindlichkeit durch autonomes*
> *Arbeiten, ist in unserem Projekt voll eingetreten!«*
> *Teilnehmer*

Der zweite Teil war als **Begleitungsphase** gestaltet, dauerte zehn Tage und beinhaltete die individuelle Betreuung aller Scrum-Rollen. In dieser Phase halfen wir dem Scrum Master beim Aufbau seines Handlungsrahmens, dem Product Owner beim Definieren und Beschreiben der Epics und User Stories sowie dem Team in der agilen Umsetzung seiner Tasks.

5.4.4 Schwierigkeiten und unerwartete Erfolge

Das gemeinsame Vorhaben stand zu Beginn – also noch **vor der Initialphase** – vor folgenden **Herausforderungen:**
- Die involvierten Personen arbeiteten im Unternehmen mit einem traditionellen Führungsverständnis. Eine »Command-and-Control«-Kultur hatte sich im Führungskreis langjährig etabliert, z. B. durfte erst mit dem Arbeiten begonnen werden, wenn eine konkrete Vorgabe des Managements vorlag.
- Es sollte rasch eine neue Managementmethode und gleichzeitig eine neue Managementkultur erlernt und akzeptiert werden.
- Das Ziel des Pilotteams war, in einer bestehenden Unternehmensorganisation ein Instrument zu entwickeln und zum erfolgreichen Einsatz zu bringen, zu dem der Anwender und Nutzer ko-kreativ beitrug. In der Vergangenheit kannte diese Organisation jedoch keine solchen Nutzer oder internen Kunden, sondern nur Organisationseinheiten und Rollen, für die jeweils Prozesse und Instrumente entworfen und deren Verwendung »verordnet« wurden.

Es ging also darum, in einem Projektteam schnell arbeitsfähig zu werden, das mit einer gänzlich neuen Methode in Planung und Umsetzung arbeiten sollte und dabei gleichzeitig die Erstellung der Spezifikation in Iterationen mitgestalten musste; dies zudem in einer Organisation mit einer traditionell geprägten Führungskultur. Der Einsatz von Simulationen war eine wichtige Antwort auf diese Herausforderungen.

Problem- und Lösungssimulationen als Werkzeug in Organisationsprojekten

Die Verhaltensmuster für Problemlösung im traditionellen Führungsverständnis sind, insbesondere wenn der Druck wächst, oft geprägt von einer mechanistischen Welt- und Wirklichkeitsvorstellung, so auch in diesem technikorientierten Unternehmen. Dabei wird allzu leicht vergessen, dass gute Vorsätze sich schnell in Luft auflösen, wenn es nicht gelingt, die erarbeiteten Werte, Leitbilder und Visionen vom Papier in die Köpfe und Herzen der Mitarbeitenden zu bringen. Wer Leistung will, braucht intrinsische Motivation. Gemeinsames Handeln schafft Commitment und neue Energie für die Anliegen. Ein erster Schritt war daher das gemeinsame Erproben der Methode anhand einer Simulation.

In der von mir entwickelten Simulation für das Kennenlernen von Arbeit in agilen (lean) Organisationen, geht es in erster Linie darum, einen bestehenden Arbeitsraum (z. B. Arbeit als Projektleiter in einem technischen Büro) zu verlassen, um eine Anforderung in einem neuen Arbeitsraum und einer neuen Rolle (z. B. Creative Director einer Medienagentur mit dem Auftrag, einen Werbespot zu konzipieren und mit seinem Team zu erzeugen) zu erleben und kennenzulernen. Im Vordergrund steht, spielerisch Anforderungen zu lösen und im Rahmen dieses Prozesses neue Methoden auszuprobieren (z. B. Scrum als agile Methode in Projekten oder Kanban als evolutionäre und iterative Verbesserungsmethode im Tagesgeschäft kennenzulernen) und zu »verinnerlichen«.

Diese Art der Lösungssimulation wurde in der **Initialphase** unseres Vorhabens eingesetzt, um alle involvierten Personen in einem Prozess des Erlebens, Begreifens und Verstehens schnell arbeitsfähig zu machen. Das »Verinnerlichen« neuer Regeln und Verhaltensmuster in Planung und Umsetzung von Projekten wurde erfolgreich angestoßen. Folgende »neue« Erkenntnisse löste der in der Simulation gemeinsam erlebte Prozess aus:

- Das autonom und selbst organisierte Arbeitsteam ist speziell für komplexe Aufgabenstellungen schneller arbeitsfähig als ein zentral gesteuertes.
- Einfache Regelwerke – konsequent angewendet – helfen in der Selbstorganisation auch bei schwierigen Projektsituationen.
- Autonomie in der Planung sowie Umsetzung von komplexen Aufgaben verschaffen eine höhere Sensorik für Änderungen und ein rascheres Reagieren darauf.

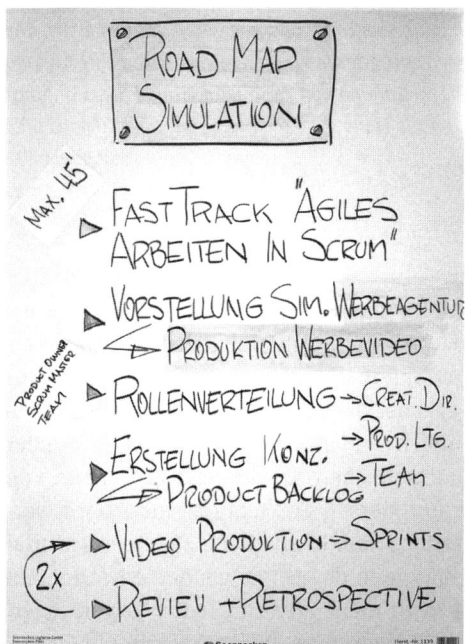

Abb. 62: Road Map Simulation (Flipchart M. Brandstätter)

Herausforderungen in der Begleitungsphase
Während die Problemstellung in der Initialphase schon im Vorfeld klar war und wir dieser mit einer Simulation begegnen konnten, kam das Projekt in der **Begleitungsphase** sehr spontan – und nachträglich analysiert – aus zwei Gründen ins Stocken:

Voraussetzungen unterschätzt
Es mangelte an einer wesentlichen Voraussetzung, damit Scrum funktioniert, nämlich die Zuordnung der Mitarbeitenden zum Projektteam BOMICAP im Ausmaß von zumindest 50 Prozent ihrer Zeit. Die vom Management zu Beginn des Pilotprojektes gemachten Zusagen einer hohen Verfügbarkeit wurden schon nach den ersten Sprints zurückgenommen. Wie in der Projektorganisation dieses Unternehmens üblich, wurden aufgrund von kurzfristigen Prioritätsänderungen Mitarbeitende spontan für andere Projekte abgezogen. Eine derartige Einflussnahme behindert die Grundvoraussetzungen für Scrum massiv. Eine kontinuierliche Produktlieferung mit der Methode Scrum kann nur durch ein kontinuierlich vorhandenes – und daher planbares – Projektteam garantiert werden.

»Scrum ist wirklich eine voraussetzungsreiche
Projektmanagementmethode, wie wir in unseren ersten drei
Sprints schmerzhaft erfahren mussten. Wir hatten eine fixe und
kontinuierliche Zuordnung von Personen für das Projekt anfangs
eingefordert, unsere Linienvorgesetzten haben diese Zusage aber
zurückgenommen.«
Teilnehmer

Mangelnde Einbeziehung der Nutzer

In der Vergangenheit wurden im Unternehmensbereich Produktion derartige Projektergebnisse als Instrumente und Werkzeuge von einem Technikerteam erzeugt und den Anwendern in der Produktion (hier: den Produktionsplanern) zur Benutzung »verordnet«. Die Auftraggeber dieses Projektes waren also – wie sonst auch in diesem Unternehmen üblich – nicht die eigentlichen Anwender und Nutzer der Ergebnisse. Und die tatsächlichen Anwender waren nicht von Beginn an in das Vorhaben BOMICAP und dessen Konzeption einbezogen worden. In einem der ersten Review-Workshops kam es so gleich zu einem frustrierenden Erlebnis, da der befragte Nutzer, wie in der Vergangenheit gewohnt, ein fertiges und perfekt funktionierendes Instrument erwartet hatte. Scrum liefert Produktergebnisse jedoch in iterativen Schritten und Teilergebnissen ab. Darauf war der Anwender nicht vorbereitet worden und verunsicherte deshalb zusätzlich mit seiner Ablehnung das gesamte Entwicklungsteam im Projekt BOMICAP. Die User-Stories, vom Product Owner als Vorgabe für die nachfolgende iterative Umsetzung durch das Team formuliert, waren zu Beginn des Projektes überwiegend aus den Vorgaben des Auftraggebers beschrieben worden. Der zukünftige Anwender dieser Projektergebnisse war nicht in die Gestaltung der User Stories einbezogen worden:

»Das ist doch immer schon unser Geschäft gewesen, damit kennen wir uns als Produktionsteam bestens aus.«

»Wir wollen die Produktionsplaner nicht bei ihrer Arbeit stören. Die haben sowieso immer ein knappes Zeitbudget.«

»In manchen Bereichen unseres Unternehmens ist es besser, wenn wir Fakten schaffen, anstatt zu diskutieren. Ein Beispiel dazu: Die Bereichsplaner (Linienvorgesetzten der Produktionsplaner) sind es gewohnt, dass wir ihnen fertige und fehlerfreie Instrumente zur Verfügung stellen. Diskussionen im Vorfeld würden nur Unsicherheit vermitteln.«

In dieser Situation des Projektes – es war zum Ende des dritten Sprints – wurden die User Stories nur noch abstrakt ausformuliert. Die Diskussionen zwischen Product Owner und Team drehten sich oftmals im Kreis. Ein eindeutiges Verständnis fehlte, die Performance in der Produktumsetzung (Anzahl der fertig umgesetzten User Stories in Produktfunktionen) war gesunken. Gepaart mit den fehlenden Ressourcen erzeugte dies Frustration und Demotivation. Das Team hatte den Eindruck, man bewege sich weg vom Projektziel. Das Projekt stand an einem Tiefpunkt.

Problemlösung in der Begleitungsphase
Das Vertrauen in die Methode Scrum als passendes Instrument, um mit unklaren und sich wandelnden Zielen umzugehen, war dennoch ungebrochen. Im Nachhinein betrachtet, war dies sicherlich entscheidend dafür, dass eine Wende möglich wurde. Gründe für dieses Vertrauen waren:

* Scrum als Methode für Planung und Umsetzung erzeugte durch die Einfachheit in der Bedienung sowie die iterative Herangehensweise (vom Groben zum Feinen) das gute Gefühl einer natürlichen und dadurch überzeugenden Arbeitsweise.
* Durch die Erlebbarkeit von schnellen Erfolgen, so z. B. ein fertiges Ergebnis am Ende eines jeden Sprints zu haben, wurde die Methode Scrum im Arbeitsteam, speziell bei den Technikern und Ingenieuren, als wirksames Instrument sofort akzeptiert.
* Scrum schaffte eine schnelle Verbindlichkeit zwischen den Personen der Arbeitsteams und wurde daher auch als Organisationsform sofort akzeptiert.
* Die notwendigen Voraussetzungen für Scrum wurden erlebbar und spürbar, sobald sie eben nicht mehr vorhanden waren. Daher konnte dieser Mangel durch das Team, speziell durch den Scrum Master, bei den Linienvorgesetzten selbstbewusster und authentischer eingefordert werden als z. B. bei Ressourcenproblemen in herkömmlichen Projekten.

Bezüglich der notwendigen Ressourcen und der zurückgenommenen Zusage durch die Linienvorgesetzten intervenierte der Scrum Master geschickt und profitierte von seinem hohen Vernetzungsgrad im mittleren und höheren Management des Unternehmens. Außerdem war in dieser Situation das Vertrauen wichtig, das das Team in den Scrum Master gesetzt hatte und das ihn in seinen Interventionen festigte und ihm internen Rückhalt gab. In diesem erlebten Beispiel und in der erfolgreichen Intervention bestätigen sich die Aussagen von Gloger (2008, S. 45ff.) und Pichler (2008, S. 24ff.), dass Scrum als sehr »voraussetzungsreiche« Methode auf Disziplin und kontinuierlicher Teamzugehörigkeit aufbaut.

Zum zweiten Punkt, der mangelnden Einbeziehung der Nutzer, musste aus unserer Sicht sofort interveniert werden. Der Begriff des internen Kunden war speziell im Bereich der Produktion nicht gängig (ausgeprägte Experten- bzw. Funktionsorientierung). Die Methode Scrum jedoch erfordert ein striktes Einbeziehen des Anwenders in den Produktentwicklungsprozess. Erst damit ist gewährleistet, dass die Anforderungen (User Stories) den Anwenderwünschen entsprechen und das Produkt von Beginn an akzeptiert und in der Produktion auch nachhaltig angewandt wird. Obwohl im ersten Teil des begleiteten Vorhabens – der Initialphase – unsererseits immer von einem »Produktentwicklungsprojekt« und nicht nur von Projekt oder Technologieprojekt gesprochen wurde, konnten wir nicht davon ausgehen, dass damit automatisch ein Wandel in Richtung eines internen Kundenverständnisses einherging.

Um diesbezüglich einen schnellen Erfolg zu erzielen, mussten wir bei unserem Pilotteam rasch ein Verständnis dafür schaffen, den Anwender des geplanten Lean Instruments als einen internen Kunden zu akzeptieren und das Projektergebnis als ein Produkt zu argumentieren, das intern Verwendung finden soll.

Das Modell der **Value Proposition Map** (vgl. Christensen 1996; Christensen et al. 2004; auch bei Osterwalder 2011 beschrieben) half uns bei dieser Intervention als Ideengeber.

In der Gestaltung der Value Proposition Map (VPM) geht es darum, einerseits die Kernaufgaben des Kunden (Job), dessen Ärgernisse (Pain) und seine Erwartungen und erwünschten Vorteile (Gain) bei der Umsetzung seiner Kernaufgaben zu identifizieren. Im zweiten Schritt werden die eigenen Produkte und Services identifiziert, die wiederum diese Ärgernisse des Kunden lösen helfen sollen (Painkiller) und andererseits die Wünsche und Erwartungen des Kunden erfüllen helfen sollen (Gainmaker).

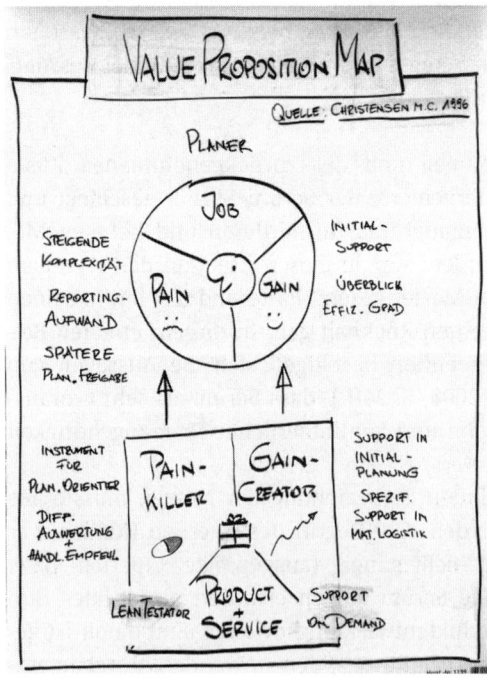

Abb. 63: Value Proposition Map (Flipchart M. Brandstätter)

Für jeden Aspekt (Pain und Gain) muss jeweils mindestens ein Produkt und/ oder Service identifiziert werden. Ist die Value Proposition Map (VPM) fertig erstellt, ist der nächste Schritt, die Ergebnisse der erstellten Value Proposition Map sofort mit (potenziellen) Kunden zu prüfen und zu adaptieren. In iterativen Schritten werden dabei prototypische Erfahrungen und Produktideen geschaffen und schrittweise verfeinert.

In Anwendung der VPM auf das aktuelle Vorhaben wurde **der Planer als interner Kunde** identifiziert. Seine »Jobs« in diesem Kontext sind das Planen einer Produktionslinie im vereinbarten Leistungs-, Zeit- und Kostenrahmen.

Die »Pains« sind dabei:

- Das Management legt sich immer später auf Planungsfreigaben fest.
- mehr Varianten in der Produktvielfalt
- noch striktere Kostenbeschränkungen
- gleichzeitig steigende Komplexität in der Fertigung
- die steigende Anzahl an Reporting-Leistungen in Richtung der Bereichsplaner und Produktionsmanager, um deren Bedürfnis an Überblick, Sicherheit sowie Flexibilität hinsichtlich des Entscheidungs- und Budgetspielraums zu befriedigen

Die »Gains« oder Erwartungen des Planers an interne Dienstleistungen sind:

- Unterstützung in den ersten Planungsschritten
- Instrumente zu haben für einen aktuellen Überblick über den eigenen Planungsstand in Relation zum relativen Optimum in der jeweiligen Planungsphase
- Beratungsdienstleistung in spezifischen Fragen der Produktionsprozesse (z. B. neue Möglichkeiten »schlanker« Materiallogistik in der Produktion)

Das im Vorhaben BOMICAP somit identifizierte »Produkt« ist ein Instrument für die Ermittlung des aktuellen Schlankheitsgrades im jeweiligen Produktionsplanungsschritt, dies schon dreißig Monate vor dem Anlaufen der Vorserie. Dem Instrument wurde der Produktname »Leantestator« gegeben. Der Leantestator besteht im Erfassungsteil aus einem Frage-und-Antwortkatalog, der in Relation zu den unterschiedlichen Quality Gates sämtliche Aspekte des Produktionsprozesses (Karosseriebau, Montage, Lackierung und Materiallogistik) mit einschließt. Die Antworten wurden in einem empirischen Verfahren gewichtet, aus dem daraufhin ein Auswertungssystem geschaffen wurde, das den Anwendern (Planern) einen grafischen Überblick verschaffen und Handlungsempfehlungen je nach Auswertung geben sollte. In der ersten Version besteht der Leantestator aus einer kombinierten und interaktiv gesteuerten Dokumentensammlung. In einer späteren Version ist eine eigene Applikation – z. B. eine App – dazu angedacht.

Als »Service« wurde erstens die initiale Beratungsleistung identifiziert, um die internen Kunden (Planer) in der Bedienung des Leantestators zu unterweisen.

Zweitens wurde ein ad-hoc-Service (eine Hotline oder ähnliche Plattform) identifiziert, durch den die Planer nach Bedarf schnelle Unterstützung in Bezug auf
Auswertungen des Leantestators bzw. in Richtung einer schlanken Produktionsplanung erhalten.

Diese Intervention mit der VPM veränderte die Perspektive hin zu mehr Kun-
den- und Produktorientierung und brachte viele »Aha-Erlebnisse«, neue Motivation und einen Wendepunkt in der Projektarbeit.

> *»Ich habe selbst erleben können, dass autonomes Arbeiten*
> *funktioniert. Ich denke auch, dass sich die Organisationsform*
> *Scrum speziell für Arbeiten im Ingenieurumfeld sehr gut eignet.«*
> *Teilnehmer*

5.4.5 Reflexion

In der Rückschau betrachtet, ist das Vorhaben ein positives Beispiel für ko-kreative Arbeit und dies vom ersten Schritt an. Das zeigte sich schon in den ersten
Meetings, die sich durch eine sehr offene und vertrauensvolle Gesprächsführung
auszeichneten, in der einfachen Angebotsgestaltung und in dem Bewusstsein,
dass sich das Projekt schrittweise entwickelt und auch entwickeln darf.

Erfolgsfaktoren dafür waren:

- eine langfristig stabile und gute Arbeitsbeziehung zwischen Kunde und Berater
- schnelle Arbeitsfähigkeit im Unternehmen durch einen simplen Zweistufen-
plan
- regelmäßige Kommunikation mit allen Stakeholdern während der gesamten
Zeit der Umsetzung
- eine achtsame Herangehensweise durch den Berater, die wiederum situations-
angepasste Interventionsmöglichkeiten bot
- ein gut ausgestatteter Methodenkoffer des Beraters im Bereich der agilen Managementmethoden
- handlungsorientiert alte und neue Rollen sowie Herangehensweisen ins Gespräch zu bringen und zu nutzen (z. B. VPM)

> *»Wenn man Scrum als Projektform in der Automobilproduktion*
> *weiterdenkt, dann wird man manche klassischen Rollen*
> *überdenken müssen.«*
> *Teilnehmer*

Für andere Projekte lässt sich Folgendes aus dem konkreten Fallbeispiel ableiten:

* Bei schnellen Wandlungsvorhaben in einem Unternehmensbereich sind Simulationen eine Erfolg versprechende Methode.
* Scrum ist eine sehr voraussetzungsreiche Methode. Das hat sich in diesem Vorhaben abermals gezeigt (50 Prozent feste Kapazität; Nutzer / Anwender aktiv einbeziehen; klare Rollen und Spielregeln).
* Projekte mit geringer Spezifikation und hoher Volatilität können auch außerhalb der IT-Branche mittels Scrum erfolgreich zum Abschluss gebracht werden.
* Eine hohe Änderungsrate in Projekten – mehr als 30 Prozent – ist mit der Methode Scrum gut und mit traditionellen Methoden nicht zufriedenstellend zu bewältigen. Das hat sich auch in diesem Projekt gezeigt. Ein ähnliches Projekt wurde in diesem Unternehmen mithilfe des traditionellen Projektmanagements gestartet und nach geraumer Zeit erfolglos abgebrochen.
* Wenn die User Stories als Anforderungen in Scrum-Projekten nur sehr abstrakt ausformuliert werden können, vom Product Owner aufwendig und kompliziert erklärt werden müssen und viele Diskussionen mit dem Team zur Folge haben, kann das auf eine mangelnde Einbeziehung des Anwenders hindeuten.

Literatur

Brandstätter, Manfred (2013): Methoden zur Planung und Umsetzungssteuerung von temporären Aufgaben. Gepostet am 16.05.2013.
http://organisationsgestalter.blogspot.co.at (03.12.2014).

Brandstätter, Manfred (2014): Problem- und Lösungssimulationen als Werkzeug in Organisationsprojekten. Gepostet am 04.01.2014
http://organisationsgestalter.blogspot.co.at (03.12.2014).

Christensen, M. Clayton/Anthony, D. Scott/Roth, A. Erik (2004): Seeing what's next: Using the theories of innovation to predict industry change. Boston 2004.

Gloger, Boris (2008): Scrum. Produkte zuverlässig und schnell entwickeln. München 2008.

Johnson, Mark W./Christensen, Clayton M./Kagermann, Henning (2008): Reinventing your business model. In: Harvard Business Review, Dezember 2008.

Osterwalder, Alexander (2011): Business Model Generation: Ein Handbuch für Visionäre, Spielveränderer und Herausforderer. Frankfurt am Main 2011.

Pichler, Roman (2008): Scrum. Agiles Projektmanagement erfolgreich einsetzen. Heidelberg 2008.

5.5 Fall 5 Den Wandel verändern

Herbert Schober-Ehmer und Uta-Barbara Vogel

In diesem Beitrag geht es um einen Ausschnitt aus einem Change-Projekt, der beschreibt, wie mit unkonventionellen Methoden das Beobachtungs- und Handlungsrepertoire eines Führungsteams in Richtung heterarchischer Selbststeuerung zielorientiert erweitert werden konnte.

> »Ich gewinne immer mehr den Eindruck, uns geht die Luft und auch die Lust aus – wahrscheinlich müssen wir die Art, wie wir auf Anforderungen von außen reagieren und innen immer besser werden wollen, verändern. Wir sollten die Weise, wie wir Change gestalten, selbst einmal zum Thema machen«,

so der Beginn für einen spannenden Auftrag. Insofern kann dieses Fallbeispiel als repräsentativ angesehen werden für die hohe Agilität und den Mut von Führung und Beratenden, auf Selbststeuerung zu setzen, wenn die Komplexität, der Druck und die Change-Müdigkeit wachsen.

5.5.1 Kontext des Unternehmens

Das Unternehmen ist ein Big Player seiner Branche mit ca. 80 Milliarden Euro Umsatz. In einem sehr sorgfältig gestalteten Prozess wurde für eine zentrale Steuerungs- und Dienstleistungsfunktion eine Shared-Service-Organisation mit zu diesem Zeitpunkt 1 000 Mitarbeitenden aufgebaut.

Das rasante Wachstum war Motor und Motivator für die vielen jungen Führungskräfte und Mitarbeitenden. Obwohl Teil eines Konzerns, erlebte man sich als »Start-up«, konnte sich an sinnvollen Aufgaben beweisen, ein hohes Maß an Eigenständigkeit nutzen und Ideen einbringen. Auch wenn die Leistungsprozesse strikt definiert waren, entstanden keine bürokratischen Muster. Die Tatsache, dass in der Zwischenzeit Menschen aus über 50 unterschiedlichen Nationen beschäftigt waren und deren Vielfalt zum tragenden und gestaltenden Element der Unternehmenskultur gehörte, schaffte ein Bewusstsein für die Wirkungskraft von Unterschieden – zugleich aber auch für die kräftezehrende Herausforderung, immer mit »dem anderen« konfrontiert zu sein. Diese Dynamiken ließen die Geschäftsführung nicht nur auf die ökonomischen Erfolge, sondern auch auf »schwache Signale« achten. Sie nahm kritische Bemerkungen und Hinweise auf Überforderung ernst und fragte sich: Wie kann die bisher hohe Leistung sowohl quantitativ als auch qualitativ weiterhin gewährleistet werden? Wie können Veränderungsfähigkeit erhalten und Freude an Innovation (auch im »Kleinen«) sowie eigenverantwortliches Handeln sichergestellt werden?

So lautete der offizielle Auftrag: »Wie müssen wir Change in unserer Shared-Service-Organisation anders gestalten, damit Führung und Mitarbeitende weiterhin den zukünftig erforderlichen Wandel gut bewältigen können? Und gut heißt: unter Berücksichtigung der Ressourcen aller Beteiligten und Aufrechterhalten von Commitment und Engagement. Nach den ersten gemeinsamen Reflexionen mit dem Führungsteam fokussierten wir auf das Ziel »Evolutionsfähigkeit erhalten«.

5.5.2 Die Vorbereitungsphase

Die Geschäftsführung hatte in ihrem Management Meeting entschieden, dass das Thema auf dem alljährlichen Off-site Meeting der Führungsmannschaft (17 Teilnehmer: die beiden Geschäftsführer mit ihren Direct Reports) bearbeitet werden sollte. Die Berater wurden sowohl in die Vorbereitungsphase als auch in die Durchführung des Off-sites zum »Wandel des Wandels« eingebunden.

Das Vorgehen – einzelne Schritte
Die Architektur- und Gestaltungselemente des Prozesses umfassten:
* Perspektiven und Bilder von Führungskräften und Mitarbeitenden sichtbar machen (Erhebungsphase, Hypothesenbildung, Feedback)
* Kommunikationsmuster und Kooperationskultur im Managementteam erkennen und verdeutlichen (teilnehmende Beobachtung eines Management Meetings)
* einen experimentellen Change-Prozess im Zeitraffer erleben (1½-Tage-Workshop mit dem Vorbereitungsteam für das Off-site)
* Erstellung des Off-site-Designs in Ko-Kreation durch Beraterteam und Vorbereitungsteam
* *keine* weitere inhaltliche Abstimmung mit der beauftragenden Geschäftsführung – nur Abstimmung zu deren Rolle am Off-site
* begleiten, beraten und moderieren des Off-sites
* Auswertung des Off-sites
* Evaluation der dort geplanten Maßnahmen

Perspektiven und Bilder der Führungskräfte – die Erhebungsphase
In einer ersten Phase wurde von 18 Mitgliedern der Organisation in Zweierkonstellationen deren Perspektive zur aktuellen Situation erfragt und beim wöchentlichen Routinemeeting des Managementteams ein Eindruck von deren Kooperationskultur gewonnen. Die eingeplanten Pausen zwischen den 30-minütigen Gesprächen wurden übergangen und mit »Was Sie noch unbedingt wissen sollten…« gefüllt. Zu Mittag wurde das Gehörte auch noch mit den Sichtweisen des Assistenten angereichert. Die Organisation zeigte so indirekt den Beratern, wie

sie tickt. Gleichzeitig erstaunte und begeisterte nicht nur die Berater, sondern auch die Teilnehmenden selbst die durchgängige Offenheit der Gespräche (es gab kein: »Mal ganz im Vertrauen gesagt – das bleibt jetzt unter uns ...«).

Perspektiven und Bilder von Führungskräften und Mitarbeitenden –
die Hypothesenbildung

In der folgenden Aufzählung haben wir die wichtigsten Aussagen und Ergebnisse aus den Interviews »auf einige Punkte gebracht«:

- *Die Start-up-Kultur wirkt noch immer, trotz der Entwicklung zu Standardisierung und Differenzierung.*
  Möglich wurde dies durch das permanente Hinzukommen neuer Aufgaben, die Erfordernis von und den Ehrgeiz zu kontinuierlicher Verbesserung und die konsequente Erlaubnis und Aufforderung zu Eigeninitiative.
- *Die persönliche Abstimmung, die Face-to-Face-Kommunikation, muss durch Regeln und Verfahren der Koordination (zumindest) ergänzt werden.*
  Man würde gerne mehr Mitarbeitende einbeziehen, Einblick in deren Arbeit bekommen. Die Fülle der Aufgaben und die große Personenzahl machen das aber nicht möglich.
- *Faszination und Fluch der Dynamik geraten außer Balance.*
  Mitarbeitende, die Veränderungen lieben, fühlen sich von der Vielfalt und Geschwindigkeit inspiriert und zugleich mehr und mehr an der Grenze zur Überforderung (»ich bin erschöpft«). Dies überwiegt die Freude an der Vielzahl der Projekte und an der Möglichkeit, selbst Initiative ergreifen zu können.
- *Der Sinn trägt (noch) – der Stolz beginnt, sich zu verflüchtigen.*
  Trotz eines Strategieprozesses, bei dem 120 Mitarbeitende einbezogen waren, trotz Standortsicherung bis 2020 (!) weicht das Bewusstsein, eine »besondere« Serviceorganisation zu sein, einem Gefühl von »Wir sind nur etwas Vorübergehendes« bzw. »Uns gibt es nur, weil Asien noch nicht so weit ist«.
- *Pioniergeist und bürokratische Erfordernisse halten sich noch die Waage.*
  Die flexibel und nicht über Aufzeichnungen geregelte Arbeitszeit hat einen sehr hohen Wert.
- *Die Größe der Organisation produziert abgesteckte »Claims«.*
  Die Chance und Aufgabe des Managementteams, das »Ganze« im Blick zu behalten und übergreifende Kooperation sicherzustellen, schwindet somit.
- *Die Bedeutung der Wertschätzung durch die Führung steigt.*
  Das trifft v.a. zu, wenn das Gefühl der Überforderung zunimmt, Funktionalitäten nicht immer durchschaubar sind, Intentionen des Topmanagements die Mitarbeitenden nur noch über Kaskaden erreichen.
- *»Unruhige« (instabile) Organisationen brauchen zu ihrer Stabilisierung Vertrauen und die Zuschreibung von Glaubwürdigkeit in die Führung.*

Der Vorbereitungsworkshop – Intention und Design

»Also gut, dann machen Sie uns mit einem zeitgemäßen und evolutionsfähigen Change-Prozess vertraut«, so bündelte der Koordinator des internen Vorbereitungsteams die Erwartungen an die Beratung. Statt mit Definitionen und theoretischen Erläuterungen zu beginnen, entschieden wir uns für das Experiment, einen solchen Prozess konkret erlebbar zu gestalten. Damit sollten zugleich die relevanten Themen und zu diskutierenden Inhalte für das Off-site erarbeitet und erste Ideen für die Gestaltung generiert werden.

Die einzelnen Phasen und Fragen des Workshop-Designs bildeten den Rahmen, der es dem Team in einem »Double Loop Learning« ermöglichte, einen Change-Prozess im Zeitraffer mitzugestalten, ihn an sich selber zu erleben und mit den eigenen Vorstellungen und den Annahmen über die Erwartungen der Organisation Schritt für Schritt abzugleichen (dies war mit »evolutionsfähig« als Zielkriterium gemeint).

Die folgenden Punkte führen im Telegrammstil durch das Design des Vorbereitungsworkshops:

* Einstimmung, Erwartungsklärung und indirektes Vertiefen der Organisationsdiagnose
* erklären und vereinbaren des Designs
* Blick auf die Organisation aus Beraterperspektive – das Beraterteam lässt sich zu seinem Hypothesenpapier befragen.
* Die Teilnehmer überarbeiten die Diagnose, bilden dazu ihre eigenen Hypothesen und definieren Schwerpunkte zu den Themen: Quellen hoher Energie / Quellen von Irritation und Frust / Wofür braucht es einen Change des Change? / Aspekte der lustvollen Ausrichtung / Aspekte der Dringlichkeit
* Erläutern des Konzeptes »Die Organisation der Zukunft ist eine temporale« (Schober-Ehmer/Vogel 2013), das nicht mehr und nicht weniger besagt, als dass man die Organisation zunächst sozusagen als Leerstelle, als eine »Organisation N.N.°« (Nomen Nominandum) denkt
* In Anwendung dieses Konzept und der Organisationsdiagnose erarbeiten die Teilnehmer, worauf es für die Organisation besonders ankommt. Der Fokus liegt dabei nicht auf Strukturen oder Prozessen, sondern zunächst auf Eigenschaften, mit denen die Organisation »aufgeladen« werden soll, um sich erfolgreich weiterzuentwickeln und um dem Change eine emotionale Qualität und spürbare Richtung zu geben.
* Was sind dafür bestehende und künftige Erfolgsfaktoren?
* Ideen für passendere Change-Formate
* Ideen für Formate am Off-site
* Schnüren von Arbeitspaketen als Vorbereitung auf das Off-site

5.5.3 Der Off-site Workshop

Das Motto und die Ziele für diese Tage entwickelten die Berater zum einen aus »Reflexion und Feedback« mit der Geschäftsführung und zum anderen aus den Ergebnissen des Workshops mit dem Vorbereitungsteam.

- *Motto:* eine gewagte Balance von Überblick und Tiefe, von Person und Organisation, von Bewahren und Wagnis, von Beschleunigung und Entschleunigung
- *Ziele:* lernen, Dynamiken intelligent[1] zu steuern, Initiativen zu fördern, Energie freizusetzen, Mitwirken realistisch zu ermöglichen, den permanenten Wandel durch »Stabilisierungsbewegungen« sicherzustellen, eine Managementkultur der Wertschätzung, Sichtbarkeit und Befragbarkeit zu vertiefen

Die ersten eineinhalb Tage des Off-sites wurden von uns Beratern moderiert, für die zweite Hälfte der Veranstaltung übernahmen dies – wie bei den bisherigen Management Meetings auch – die beiden Geschäftsführer.

Tag 1
Als Einstieg in das »etwas andere Off-site« begannen wir mit Atem- und einfachen Körperübungen: eine Meditation zur Synchronisierung der beiden Hirnhälften, um ganzheitliches Denken und die Intuition der Teilnehmer anzuregen. Für das geplante **Wechselspiel von Person und Organisation** wählten wir eine Übung, bei der durch gemeinsames Summen einerseits der Einzelne selbst und andererseits die Gruppe als Ganzes unmittelbar wahrnehmbar wurden, beides Interventionen, die den Wechsel vom Tagesgeschäft in den Workshop-Modus einleiten sollten. Am Vormittag fokussierten sich die Teilnehmer mithilfe des Zürcher Ressourcenmodells (ZRM) **auf ihre eigene Haltung, inneren Bilder, Vorstellungen und Empfindungen zu Wandel.** Vor der Mittagspause entstand so eine Galerie mit den ausgewählten Bildern und den jeweils individuell formulierten Haltungssätzen zu Wandel.

Nach der Mittagspause wurde mit einem kurzen Input zu den Phasen eines Change-Prozesses zur **organisationalen Perspektive auf Change** übergeleitet. Daran anknüpfend, stellte das Vorbereitungsteam seine Ergebnisse und Überlegungen zu den jeweiligen Phasen vor – visualisiert auf großen Charts. Im Grunde handelte es sich dabei um die Zusammenfassung des vom Vorbereitungsteam am eigenen Leib erfahrenen »experimentellen Change-Prozesses im Zeitraffer« (siehe oben). Bereits während der Präsentation und besonders in der Phase des Nachfragens und Klärens wurde von den Teilnehmenden deutlich signalisiert, dass es für sie eine große Herausforderung – wenn nicht gar Zumutung – war,

---

1   intelligent im Sinne von: Komplexität erkennen, sie berücksichtigen, sich aber nicht darin verlieren und gezielt reduzieren

diesen **Change-Prozess nachzuvollziehen und mitzutragen.** Der Unmut entlud sich an der vom Vorbereitungsteam gewählten Metapher für den zukünftigen Change: ein Hochtechnologie-Segelschiff beim Admiralscup. So nahm der Prozess eine andere Wendung und der Schritt:»Erheben der Gemeinsamkeiten und Identifikation von Unterschieden zu den vorgestellten Arbeitsergebnissen« wurde gestoppt.

Stattdessen fiel die Entscheidung für einen Musterwechsel im Vorgehen, und wir zeigten ein Video von Peter Kruse auf YouTube »Kollektive Intelligenz – Was heißt das konkret«[2]. Den dort beschriebenen Paradigmenwechsel im Umgang mit Veränderungen erlebten die Teilnehmer als sehr inspirierend. Das bereitete den Boden, um **mit neuen Perspektiven einzelne Aspekte ihres Change-Prozesses zu bearbeiten.**

Die Teilnehmer bildeten Arbeitsgruppen und beschäftigten sich mit den folgenden, von uns vorformulierten Themen:

- Spielregeln zur Gestaltung des Mitwirkens und Informierens von Mitarbeitern bei Change-Vorhaben (Bei welchem Thema wird wer wann wie informiert oder zur Mitwirkung eingeladen?).
- neue Strukturen, Prozesse, Formate für Change
- Was hat sich bei uns bewährt? Welche Wege würden jetzt ins »Verderben« führen? Was wollen wir anders oder neu machen?
- Führung von Change in den Spannungsfeldern von loslassen vs. bestimmen, Selbstständigkeit vs. Kontrolle, Überforderung vs. Entlastung sowie Fremdbestimmung vs. Selbstbestimmung

Die erarbeiteten konkreten Inhalte sollten am nächsten Morgen im Plenum vorstellt werden. Zwar zeigte die Blitzlichtrunde am Abend zu der Frage:»Was beschäftigt mich gerade und wo stehe ich?«, dass der ins Stocken geratene Verständigungsprozess zwischen Vorbereitungsteam und restlichem Managementteam die Gemüter noch beschäftigte, jedoch war das Vertrauen in ein erfolgreiches Ergebnis zurückgekehrt.

Tag 2

Der zweite Tag begann wieder mit Atem- und Körperübungen, bevor die Arbeitsgruppen ihre Ergebnisse präsentierten. Jeweils im Anschluss wurden Verständnisfragen geklärt und die Resonanz der Zuhörer sowie deren Ergänzungen aufgenommen. Besonderes Augenmerk erhielt das Thema:»Worauf sollte Führung in folgenden Spannungsfeldern achten und was daher in Zukunft tun/unterlassen?« Aus diesen Überlegungen entspann sich eine Diskussion um das grundsätzliche Führungsverständnis und einen Musterwechsel in Richtung Selbststeuerung

---

2 Video auf YouTube: http://www.youtube.com/watch?v=xUWB5oho82E (04.12.2014)

und heterarchischer Entscheidungsstrukturen. Der am Vortag holprig begonnene Change-Prozess nahm Fahrt auf und erlebte an dieser Stelle einen spürbaren »Kick«.

Um den Transfer und die Fortführung des Begonnenen zu gewährleisten, sollten die Teilnehmenden Initiativgruppen bilden, in denen sie die nachfolgend aufgeführten Themen und Aufgaben bestimmten, die sie gemeinsam (im selbstbestimmten Zeitrahmen) bearbeiten wollten und als Abschluss dieses ersten Teils des Off-site's vorstellten:

- Wir entwickeln die Experten Community weiter.
- Wir präzisieren die Leitfragen (zu den relevanten Themen aus dem Vorbereitungsworkshop), um sie für die Organisation nutzbar zu machen.
- Was würde ein Musterwechsel (in Richtung Selbststeuerung und heterarchischer Entscheidungsstrukturen) bedeuten? Begriffsdefinition, Folgen, Einbindung etc.
- Wir erarbeiten, wie ein Paradigmenwechsel (hin zu einer neuen Art der Gestaltung von Veränderung) in der Organisation erfolgreich umgesetzt werden könnte und klären die Frage, was wir unter erfolgreich verstehen.
- Wir ›experimentieren‹ mit einer heterarchischen Gruppe zum Thema: Wie schaffen wir Vertrauen?
- Wir kümmern uns um das Follow-up und verstehen uns als Impulsgeber zu Erfolgsfaktoren. Wir stellen eine erhöhte Präsenz vom Managementteam im gesamten Bereich sicher.

An den selbstgestellten Aufgaben wird deutlich, dass sich das Managementteam ganz konkret mit den Themen Selbststeuerung und heterarchische Entscheidungsstrukturen befassen will. Der »Wandel des Wandels« hatte damit begonnen.

5.5.4 Was nehmen Teilnehmende und Beratende mit?

Markante Schwierigkeiten – die man hätte ahnen können?
Der Übergang von der Personenperspektive zur Organisationsperspektive war für die Teilnehmenden eine große Hürde und erschwerte das sich Einlassen auf die neuen Inhalte des Change-Prozesses. Die notwendige Verknüpfung des *Lernens über* Wandel mit Blick auf die reale Situation der Organisation wurde nur langsam verstanden.

Es zeigte sich, dass sich die vom Vorbereitungsteam gewählte Metapher des Hochleistungsseglers nicht auf den Change-Prozess des gesamten Managementteams übertragen ließ und dies eine nicht unerhebliche Rolle für das Unverständnis und den Widerstand der Kollegen spielte. Ohne das missverständliche Bild hätte es jedoch kein Lernen im Loslassen einer liebgewonnenen Idee geben können (siehe »hilfreiche Überraschungen«).

Was hat Kraft gebracht und Erkenntnisse ermöglicht?

- die kurze Meditation zur Synchronisierung der rechten und linken Gehirnhälfte und das Einstimmen – »Einsummen«
- das Entdecken der eigenen Kraft und das Kreieren der Haltungssätze zu Wandel
- das Arbeiten an »handfesten« Lösungsansätzen nach dem Versuch, den Change-Prozess der Kollegen im Zeitraffer nachzuvollziehen
- die Verknüpfung der Aufgaben mit den eigenen Bildern und Haltungssätzen in den Initiativgruppen
- Die folgenden Interventionen waren einerseits nützlich für die Personen und das Team, andererseits aber auch für die Organisation und das Unternehmen.
- Es ging um Konzentration, Verankern und Verorten. Trotz Unsicherheit und Druck muss es dafür Raum in Unternehmen geben. Selbstfürsorge und Entschleunigung werden in hektischen Kontexten zu wichtigen Kompetenzen.
- In Unternehmen, in denen Erschöpfung spürbar wird, sind analoge Interventionen und Tätigkeiten wie z. B. die Körperübungen wichtige Methoden, um »Dampf abzulassen«, durchzuatmen, Dinge sichtbar werden zu lassen, die nicht besprechbar sind. Sich körperlich anders zu verhalten, erleichtert es, neue Wege im Denken und Arbeiten zuzulassen.

Hilfreiche Überraschungen

Das Loslassen der vom Vorbereitungsteam liebgewonnenen Metapher des Hochleistungsseglers wurde schließlich zum symbolischen Akt des Einlenkens und der Verständigung. Das ermöglichte es dem restlichen Managementteam, sich auf den Change-Prozess hin zur neuen Organisation einzulassen.

Hilfreich war auch, dass sich einer der Geschäftsführer nicht dazu verführen ließ, die aus der Begeisterung wenig reflektierte Zustimmung der Teilnehmenden zu Selbstorganisationselementen und heterarchischen Strukturen unreflektiert aufzunehmen. Erst über den Zweifel und die Reflexion der Tragweite eines solchen Musterwechsels konnte sich die Führungsmannschaft dafür öffnen und den Dialog darüber beginnen.

5.5.5 Worauf es in Zukunft in dieser Organisation ankommen wird – Gedanken, die sich auch übertragen lassen

- Das Managementteam hat verstanden und emotional erfasst, dass sein Vorhaben, auf die Dynamik des Umfelds mit einer gut gesteuerten Eigendynamik zu antworten, ein selbstbewusstes (im wahrsten Sinn sich reflexiv seiner Wirkung und Grenzen bewusst seiendes) und **sich selbst organisierendes Steuerungssystem** erfordert. Die Manager haben erkannt, was es bedeutet, »gut aufgestellt« zu sein: die Ressourcen der einzelnen Kollegen zu kennen, ein ausgeprägtes Interesse an neuen Wegen zu haben sowie die Bereitschaft, den »Schlüssel« dazu bei sich, in den eigenen mentalen Mustern, in der Kooperation und der Art und Weise der Führung zu entdecken.

- Damit erforderliche Muster- oder Paradigmenwechsel eingeleitet werden können, ohne die Organisation zu »chaotisieren«, bedarf es einer guten **Balance von Risikobereitschaft und Achtsamkeit für das Erhaltenswerte.** Diese Balance kann nur in einem vertiefenden, kritischen Dialog hergestellt werden, bei dem auch die Themenfelder für den angestrebten Prozessmusterwechsel präzise identifiziert werden sollten.

- Andere Situationen und Erwartungen der Kunden, der Märkte, der Stakeholder, der Mitarbeitenden (also der Umwelten) erfordern andere Reaktions- und Entscheidungsmuster der Organisation. Dies wiederum verlangt vom Management ein über das Fachwissen hinausgehendes gemeinsames Verständnis von Organisationsdynamiken und den ihnen innewohnenden selbststeuernden Prozessen, von wirksamen Paradoxien und Widersprüchen und der Funktion von Führung.

- Die bereits vorhandene **Beobachtungsfähigkeit** sollte noch weiter **vertieft** werden, durch:
  - die Unterscheidung von Beobachtung und Bewertung
  - das Erkennen des Zusammenhangs von »Vorannahmen« und Fokus der Beobachtung bzw. Bewertung
  - das Entdecken und Einnehmen unterschiedlicher Perspektiven
  - das Wissen um »Wirklichkeitskonstruktionen«

- Damit Erkenntnisprozesse (wie die während des Off-site) und die gewünschten Verbindlichkeiten ihre Wirksamkeit im täglichen Geschäft entfalten können, sollte das Managementteam sich konsequent an die gewählten und als wichtig für die zukünftige Organisation erachteten Eigenschaften erinnern und zur Unterstützung einen »Change-Beauftragten« wählen, der sicherstellt, dass bei jedem Meeting das Thema genügend Platz findet.

- Die Basis für Veränderungsprozesse ist der konstruktive »Streit« – das bewusste und klare Aussprechen von unterschiedlichen Einschätzungen und Bewertungen hinsichtlich Inhalten, Auswirkungen auf Personen, Erwartungen und zeitlichen Erfordernissen. Ein zu schnelles Einverstandensein belässt sowohl Risiken als auch Chancen von Veränderungsideen in der Unschärfe, und damit können sie weder berücksichtigt noch zurückgewiesen und vor allem nicht beeinflusst und gemanagt werden. Es braucht einen Erlaubnisraum, in dem unterschiedliche Perspektiven – auch gegen die Erwartung der »Spitze« – deutlich sichtbar werden.

Literatur

Schober-Ehmer, Herbert/Vogel, Uta-Barbara (2013): N.N. Die Organisation der Zukunft – eine Annäherung. In: ChangeX. In die Zukunft denken, Ausgabe vom 28.03.2013. http://www.changex.de/Article/essay_schober_ehmer_organisation_nn/LAgA5DR ZRRxOBCC55hrRajn4fYIBlw (04.12.2014).

5.6   Fall 6 Das ›Global Leadership Programm‹ – Brückenschläge zwischen individuellem Lernen, Team-Lernen und Unternehmensentwicklung

Georg Remmers

Eine Lernreise mit letztlich offenem Verlauf, flexiblen Abstechern und nicht berechenbarem Ergebnis für die Entwicklung der Leadership-Kompetenz der Top-Führungskräfte eines internationalen Konzerns

Vorgestellt wird ein langfristig angelegtes und globales Leadership-Development-ment-Programm, welches auf mehreren Ebenen individuelles, kollektives und strategieumsetzendes Lernen mit Impulsen für die Unternehmensentwicklung verbindet. Methodisch angelegt als »Lernreise« und als Prozess, orientiert sich das Programm am Action-Learning-Ansatz bzw. am Prinzip des erfahrungsorientierten Lernens. Es wird im Auftrag des CEO durchgeführt, ist ein gezielter Veränderungsimpuls im Rahmen der Unternehmensentwicklung und insofern sowohl intensive Personal- als auch wirksame Organisationsentwicklung.

5.6.1 Der Business Case

Heraeus ist ein ausgesprochen erfolgreiches, global aktives Familien- und Technologieunternehmen mit einer mehr als 160-jährigen Geschichte. Über die letzten mindestens zwei Dekaden galt das Strukturprinzip »Unternehmen im Unternehmen« sowie einer Organisation aus quasi autonomen Teilkonzernen mit technologisch sehr unterschiedlichen Schwerpunkten. Eine breite Diversifizierung war zum Teil die Folge dieses unternehmerischen Modells, was in der Spitze dazu führte, dass das Unternehmen in mehr als 40 zum Teil sehr unterschiedlichen Marktsegmenten tätig war. Mit dieser Aufstellung hat sich Heraeus über viele Jahre erfolgreich entwickelt.

Dennoch wuchs allmählich die Erkenntnis, dass dieses Geschäftsmodell weiteres Wachstum limitiert und die große Komplexität Risiken birgt. Zu der Verflachung des Wachstums kamen weitere Faktoren hinzu wie die Substitution bislang erfolgreicher Produkte durch neue Technologien und veränderte Markt- und Kundenanforderungen.

Daher wurde im Unternehmen ein gezielter Prozess der Umsteuerung in Richtung stärkerer Integration angestoßen. Ziel dieser langfristig angelegten Veränderung ist, die Steuerungsmechanismen der zunehmenden Größe und Komplexität sowie insbesondere dem angestrebtem starken Wachstum anzupassen. Dies geschieht nicht zuletzt, um das Risikomanagement und die langfristige Sicherung der finanziellen Unabhängigkeit des Unternehmens zu stärken. Folglich wurden die bisher eher unterbetonten Konzernfunktionen gezielt personell und technisch gestärkt und ein konzernweit einheitliches neues Enterprise-Resource-Planning- (ERP-) System auf den Weg gebracht, um ein angemessenes Maß an Transparenz zwischen Konzernleitung und Teilkonzernen herzustellen. Ohne auf weitere Aspekte dieser fundamentalen Veränderung einzugehen, wird deutlich, dass es letztlich um das neue Austarieren des Verhältnisses zwischen Konzernleitung und Geschäftsbereichen ging. Die ersten Ideen für das globale Leadership-Programm fielen in die frühe Phase der skizzierten Veränderung und damit in eine Zeit, in der es der Konzernleitung darum ging, einen starken zentralen Impuls im internen Kräftespiel mit den Teilkonzernen zu setzen. Aus Sicht des Auftraggebers passte das Programm zur Unternehmensentwicklung in Richtung Integration. Das waren gute Voraussetzungen für die Idee eines anspruchsvollen globalen Leadership-Programms.

Allerdings war das Programm nicht unumstritten. Aus dem Geschäft wurden die Inhomogenität der Gruppe, die damit einhergehende begrenzte Transfermöglichkeit sowie die hohen Kosten kritisiert. Zum Teil gab es auch Kommentare, die grundsätzlichen Zweifel am Wert einer entsprechenden Leadership-Development-Maßnahme äußerten. Vermutlich waren die Ursachen des spürbaren Widerstandes aber tiefer liegend und standen im Zusammenhang mit der Neuausrichtung des Unternehmens. Denn das Programm war von Anfang an als gemeinsame Lernreise von wesentlichen Führungskräften aus allen Konzernbereichen angelegt. Eine vergleichbare gemeinsame Aktivität über die Grenzen der Teilkonzerne hinweg existierte zum damaligen Zeitpunkt nicht. Es sollte einen offenen Austausch der teilnehmenden Führungskräfte geben, und es war klar, dass damit eine Transparenz einziehen würde, die es schwer machen würde, die eingeübten gegenseitigen Zuschreibungen der autonomen Geschäftsbereiche aufrechtzuerhalten.

Das Programm war somit von Beginn an in den langfristigen Veränderungsprozess eingewoben. Dieser war der Kontext, in dem es überhaupt möglich war, das Programm zu platzieren und in den es sich als Projekt einpassen musste. Gleichzeitig war es eine Intervention in Richtung auf mehr Integration und damit gezielter Bestandteil der Transformation: Plattform für Diskussion und Dialog über die Grenzen der Teilkonzerne hinweg; Durchbrechen von Tabus, Überwin-

dung von Mythen, Erkennen von Kompetenz beim Nachbarbereich und damit
Aufbau von gegenseitiger Wertschätzung.

5.6.2 Die Teilnehmenden

Das Programm richtet sich an jeweils 15 internationale Top Leader aus allen
Geschäftsbereichen und Konzernfunktionen. Diese Führungskräfte können in
der Regel bereits auf eine erfolgreiche Karriere zurückblicken und tragen wesentliche Verantwortung. Dazu gehört in den meisten Fällen eine globale Profit-
and-Loss- (P&L-) und Geschäftsverantwortung oder die Leitung einer globalen
Konzernfunktion. Diese Zielgruppe besteht insgesamt aus etwa 70 Personen. Die
Teilnehmenden werden nach Nominierung durch die Geschäftsbereiche letztlich
vom CEO ausgewählt. Ein Kriterium ist dabei, dass sie in Zukunft eine noch
weiter gehende Rolle im Konzern spielen können. Kennzeichnend für die Teilnehmenden ist, dass sie eine hervorragende fachliche akademische Ausbildung
sowie als »Executive Manager« viel Praxiserfahrung besitzen, in aller Regel seit
mehreren Jahren auch im internationalen Kontext. Wie in mittelständischen
deutschen Unternehmen nicht unüblich, haben sie in der Regel allerdings selten
eine gezielte manageriale Weiterbildung durchlaufen. Die Gruppen sind international zusammengesetzt (USA, Asien, Europa), wenn auch mehrheitlich mit
deutschem Hintergrund.

5.6.3 Ziele und Inhalte

Die übergreifenden Ziele des Programms leiten sich aus der beschriebenen
Unternehmensentwicklung und der Strategie ab und fokussieren auf vier Punkte:
1) Führung/Leadership 2) Wachstum 3) Innovation und Veränderungsmanage-
ment und 4) globale Präsenz.

Die teilnehmenden Führungskräfte sollen in die Lage versetzt werden, mit
den sich verändernden Anforderungen aus der zunehmenden Größe und Globalisierung des Unternehmens Schritt zu halten und Treiber für die erfolgreiche
Entwicklung des Unternehmens zu sein.

Die Themen orientieren sich an drei verschiedenen Perspektiven: Geschäft,
Organisation und Person (siehe Kasten).

Die Gestaltung des Programms ist so angelegt, dass zu Beginn der Fokus auf
aktuellen Herausforderungen der Teilnehmer in ihrer jetzigen Verantwortung
liegt. Im Verlauf des Programms werden die Teilnehmer aufgefordert, einen
strategischeren und zukunftsorientierteren Blick auf ihre Arbeit zu entwickeln
und über ihre aktuelle Verantwortung hinaus auf das Gesamtunternehmen
und die Chancen einer stärkeren Vernetzung zu achten. Dieser allmähliche

Perspektivenwechsel wurde gegenüber den Teilnehmern folgendermaßen beschrieben:

- **Step 1:** Demonstrating leadership for results on today's commitments
- **Step 2:** Learning personally in areas that are critical to my immediate and long-term success
- **Step 3:** Learning with others in areas that enable Heraeus' future

---

Leading the Business: Wie erkenne ich globale Marktdynamiken und deren Implikationen für den eigenen Verantwortungsbereich? Wie identifiziere ich attraktive Wachstumschancen und nutze dabei die herausragenden technologischen Kompetenzen des Konzerns?

Leading the Organization: Wie kann ich in einer zunehmend globalen und komplexen Organisation wirksam führen (laterales Führen; Führen über weite Distanzen)? Wie kann ich durch produktiven Dialog Interessenkonflikte lösen und zu nachhaltigen Entscheidungsprozessen kommen? Wie entwickle ich meine Talente und Schlüsselmitarbeiter und forme meine Mannschaft zu einem »High-Performance Leadership Team«?

Leading Personality: Wie kann ich mehr als General Manager denken und handeln und mehr Zeit für langfristige, strategische Themen investieren? Wie kann ich meine persönlichen Entwicklungsziele schärfen und mein Selbstbewusstsein durch die Assessments des Programms und gezielte Reflektion stärken? Wie kann ich meine Führungspräsenz und Überzeugungskraft stärken und meine Wirksamkeit erhöhen?

5.6.4 Die Entwicklungs- und Lern-Architektur

Der Idee der Lernreise folgend, verteilen sich vier Präsenzmodule über einen Zeitraum von etwa einem guten Jahr. Dies bietet die Möglichkeit der Anwendung von Gelerntem zwischen den Modulen und dem Mitbringen von Erfahrungen in die jeweils nächsten. Das Lernen findet auf drei Ebenen statt: individuell, in stabilen Kleingruppen, den sogenannten Home Groups, und in der großen Gruppe, dem Plenum. Dies ermöglicht die individuelle Weiterentwicklung als Führungskraft und Mensch sowie kollektives Lernen als Managergruppe und als Unternehmen.

Die individuelle Lernebene

Jeder Teilnehmer folgt seinem individuellen »Lern-Weg«. Dieser beginnt mit der Formulierung der eigenen Führungsherausforderungen und Entwicklungsziele. In Gesprächen mit dem Vorgesetzten und mit Unterstützung des Coaches werden sie abgestimmt und konkretisiert. Der Teilnehmer kehrt im weiteren Verlauf des Programms immer wieder zu diesem Dokument zurück und entwickelt es wei-

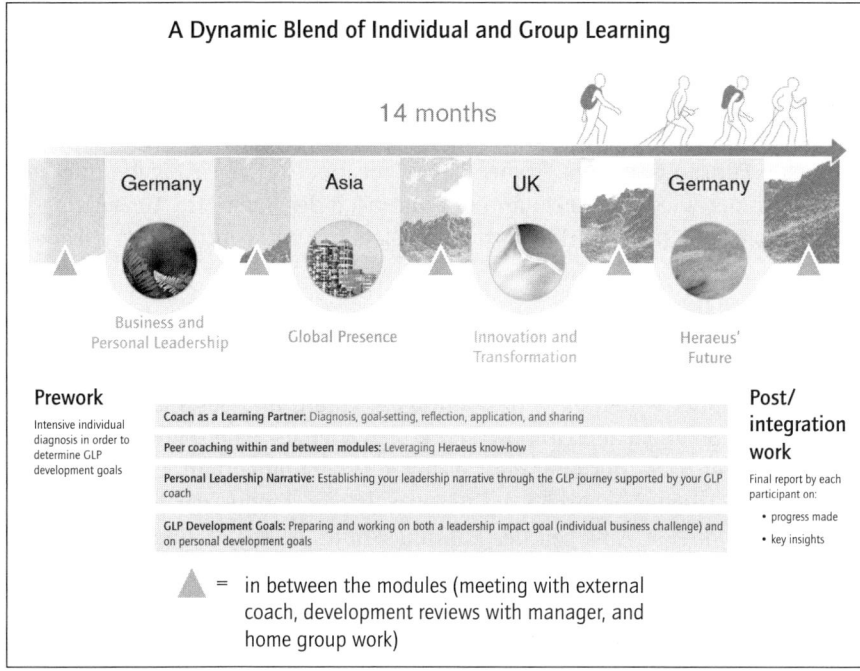

Abb. 64: Die Architektur des globalen Leadership-Programms (Heraeus Holding GmbH 2014)

ter. Einsichten aus dem Programm und Erfahrungen aus der Praxis werden auch unter Einbindung des Coaches und der »Home Group« eingearbeitet.

Ergänzend zu den Lernzielen erhält jeder Teilnehmer im ersten Modul ein umfangreiches Feedback durch ein 360°-Feedback und ein Persönlichkeits-Assessment mit dem Risk Report aus der Hogan Assessment Suite (http://www.hoganassessments.de/). Die Ergebnisse werden gemeinsam mit dem Coach bearbeitet und können auch in der »Home Group« geteilt werden. Die beiden Feedbacks helfen, die Selbstsicht zu hinterfragen, blinde Flecken aufzudecken und Selbstreflexion zu fördern.

Das Coaching

Die Coaches begleiten die Teilnehmenden durch das gesamte Programm auf ihrer individuellen Lernreise. Das erste Treffen zwischen Teilnehmer und seinem Coach findet bereits vor dem ersten Modul statt. Darauf folgt jeweils ein Coaching während und nach jedem Modul. So bietet das Coaching einen langfristigen, vertraulichen und verbindlichen Reflexionsraum. Die Vorgesetzten sind über drei Wege in den Prozess und insbesondere das Coaching eingebunden:
1. vorbereitende Webinare mit Information über die gesamte Lernarchitektur
2. Gespräche mit ihrem Mitarbeiter nach jedem Modul

3. zwei Trio-Meetings mit dem Mitarbeiter und dem Coach zu Beginn und zum Ende des Programms

Das Coaching dient der Reflexion des im Programm Gelernten, dem vertraulichen Dialog persönlich wichtiger Fragestellungen und insbesondere dem Transfer in konkretes Führungshandeln. Daher haben die Coaches die Aufgabe, die Teilnehmer immer wieder herauszufordern und nach der konkreten Umsetzung im Führungsalltag zu fragen: »How do you translate this and contribute as a leader?«

Die »Home Groups«

Jeder Teilnehmer ist einer von drei »Home Groups« mit jeweils fünf Personen zugeordnet. Sie sind maximal gemischt in Bezug auf ihre Zugehörigkeit zu einem Teilkonzern, einer Funktion (z. B. Controlling, Finanzen), Geschlecht und Land bzw. Region. So entstehen Gruppen mit großer Vielfalt. Jede »Home Group« hat einen eigenen Coach, der über den gesamten Programmverlauf konstant bleibt. Die Gruppen arbeiten während der meisten Zeit im Modus der kollegialen Beratung an konkreten Anliegen der Führungskräfte. Dieses Setting hat das Ziel, eine sichere, zunehmend vertraute Plattform zu schaffen, in deren Rahmen die Teilnehmer auch persönlich anspruchsvolle und wichtige Themen ansprechen und bearbeiten. Ziel ist außerdem, dass die Mitglieder der »Home Groups« sich gegenseitig Feedback geben und sich hinsichtlich ihrer transparenten persönlichen Lernziele fordern und damit zu einer größeren Verbindlichkeit und Ernsthaftigkeit beitragen. Um diesen Prozess zu unterstützen, gilt Vertraulichkeit sowohl für die Arbeit in den »Home Groups« als auch für das Coaching. An den »Home-Group«-Einheiten nehmen nur deren Mitglieder und der jeweilige Coach teil, nicht aber der Auftraggeber und oder Vertreter des HR-Managements.

Die Teilnehmer waren bereits im ersten Modul der drei bisher durchgeführten Programme überrascht über das schnell erreichte hohe Maß an Offenheit. So haben bisher alle »Home Groups« für sich entschieden, die Ergebnisse der 360°-Feedbacks und des Hogan Assessments untereinander zu teilen. Die Teilnehmer nutzen die Möglichkeiten der »Home Groups« aktiv und beurteilen deren Wert in der Programmevaluation sehr positiv. Offensichtlich bietet die relativ kleine Gruppe mit Kollegen, die alle sehr ähnliche Herausforderungen haben und dennoch sowohl in der Arbeit als auch im Privaten wenige Berührungspunkte besitzen, ein ideales Setting, um geschützt wichtige Fragen anzusprechen. Die professionelle Begleitung durch die Coaches spielt hier auch eine wichtige Rolle. Insofern bilden die »Home Groups« eine stabile Zone im gesamten Programm und den notwendigen Raum für direktes Feedback, kollegiale Unterstützung und gute Kooperation.

Die Präsenz-Module

Die vier Präsenzphasen bzw. Module dauern jeweils vier Tage mit informellem Start am Sonntagabend. Jedes Modul hat einen thematischen Schwerpunkt (Innovation & Transformation, Global Presence etc.). Das Design der Workshops ist angelegt als eine gemeinsame Erkundung des Themas und der Umgebung des jeweiligen Moduls. Es ist abwechslungsreich, interaktiv und intensiv, allerdings in der Regel wenig an kognitiv vermittelten Inhalten orientiert. Grundmuster ist der Wechsel zwischen Plenumsarbeit, »Home-Group«-Zeit und dem Coaching.

Die Zeiten im Plenum sind geprägt von kurzen Inputs externer Impulsgeber zu den grundlegenden Themen und Konzepten, die im Programm vermittelt werden, und Beiträgen des Beraterteams, dessen Mitglieder als Moderatoren, Berater, Themenexperten und Coaches agieren. Die inhaltlichen Elemente werden möglichst kurz gehalten, da wesentliche Artikel und Unterlagen im Vorfeld über eine Online-Plattform zur Verfügung gestellt werden. Das Plenum ist immer auch ein Raum, in dem über die aktuelle Unternehmensentwicklung und die Implikationen für die eigene Führungsebene reflektiert wird. In Phasen mit großer Veränderungsdynamik bietet dies für die Teilnehmenden die Möglichkeit eines »Sensemaking«, der gemeinschaftlichen Orientierung und des besseren gegenseitigen Verständnisses.

5.6.5 Die Rolle der Unternehmensleitung

Das Programm erhält auch dadurch besonderes Gewicht, dass in jedem Modul der CEO oder ein Vertreter der Konzernleitung für eine Dialogsession und für weitere auch informelle Kommunikation vor Ort ist. Da das Programm im Kontext einer Phase der Neuausrichtung des Unternehmens und der Strategieentwicklung steht, sind diese Treffen auch Strategiekommunikation und Anstöße zur Strategieumsetzung. Die Unternehmensleitung nutzt das Programm als Forum, um strategische Neuorientierungen zu platzieren und die Hintergründe ausführlicher zu erläutern als in den üblichen Informationsveranstaltungen. Die Teilnehmenden werden zu besseren Multiplikatoren, weil sie im Dialog die Chance haben, ein tieferes Verständnis zu entwickeln und eigene Beiträge und Perspektiven beizusteuern. Die Unternehmensleitung wiederum nutzt die Teilnehmer des Programms als »Sounding Board« und testet quasi zu einem frühen Zeitpunkt strategische Optionen.

Die Workshop-Elemente mit der Unternehmensleitung haben sich im Laufe der Programmdurchführung somit als große Chance erwiesen. Gleichzeitig stellten sie sich aber auch als Herausforderung heraus und waren nicht immer gelungen. So wurden anfänglich Erwartungen auf beiden Seiten nicht erfüllt. Die Teilnehmenden verhielten sich eher vorsichtig und vermieden das Risiko, einen schlechten Eindruck zu vermitteln. Sie waren höflich, respektvoll und wagten kaum kritische Fragen. Gleichzeitig erwarteten sie von der Unternehmensleitung klare und starke Aussagen zur Ausrichtung des Konzerns und zur Strategie. Die Leitung wiederum erwartete mehr »Leadership« und wollte wohl auch mehr gefordert werden bzw. eigene Ideen der Teilnehmer hören. Sie waren nicht angereist, um zum wiederholten Mal die Unternehmensstrategie vorzustellen. Dieses Muster erzeugte kommunikative Hilflosigkeit auf beiden Seiten. Es war ein wesentlicher Schritt getan, als es gelang, das in einer offenen Reflexion zu thematisieren – die Teilnehmer berichteten ja zum Teil an den Vorstand selber (wenn in einer Konzernfunktion) zum anderen Teil an die Divisionsverantwortlichen (wenn in einer Division arbeitend). Damit war das Spannungsfeld der Unternehmensentwicklung Division (mit ihrer identitätsstiftenden Funktion) – Holding auch im Global Leadership Programm (GLP) thematisiert und das GLP als Mikrokosmos und Probebühne für die Transformation nutzbar. Im Lauf der Zeit gelang der von beiden Seiten gewünschte Dialog auf Augenhöhe, in dem dann auch Chancen und Risiken der Transformation und die wechselseitigen Führungserwartungen allmählich offener besprochen werden konnten.

In diesem Kontext geht es den Initiatoren des Programms um kollektives Lernen: Wie verbindet sich das GLP-Team der Teilnehmer konstruktiv, in dem ja auch durch die vertretenen Funktionen verschiedene Perspektiven (Konzern – Division; Geschäft – Region; interne Funktion – marktorientierte Funktion) repräsentiert sind, und wie gelingt ein gewinnbringender Dialog mit dem Vorstand über Fragen, die alle bewegen? Eine Rolle spielte in dieser Konstellation auch, dass durch den Staff sehr hohe Erwartungen an den Auftritt des CEO geweckt wurden. Dadurch wurde es schwer, im Dialog gleiche Augenhöhe zu erzielen, die eigentlich von beiden Seiten gewünscht wurde. Hilfreich war an dieser Stelle auch, spielerische Elemente einzuführen und Rollenspiele der Teilnehmer zu nutzen, in denen diese ihre Einschätzungen pointiert darstellten.

5.6.6 Globale Durchführung und »Immersion Learning«

Die Module finden zur einen Hälfte in Deutschland und zur anderen an für die Unternehmensentwicklung bedeutsamen bzw. interessanten internationalen Orten statt (bisher: Mumbai, Indien; Chengdu, China; Cambridge, Großbritannien). Im Sinne der Erkundung und des Eintauchens in andere Welten (Immersion Learning) sind die Teilnehmer zu einem Gutteil außerhalb des Tagungshotels unterwegs. Sie besuchen in kleinen Gruppen Führungskräfte von relevanten Organisationen. Das können Unternehmen, öffentliche Einrichtungen, Forschungsinstitutionen, NGOs und auch Kunden sein. Die Besuche sind als Interviews angelegt, bei denen die Teilnehmer weitgehend den Dialog führen und den Gesprächsverlauf in ihrem Sinne leiten. Unter dem Leitsatz »Leaders speaking with leaders« wird auf die üblichen PowerPoint-Präsentationen und Unternehmensvorstellungen verzichtet. Es geht darum, so authentisch und so konkret wie möglich zu erfahren, wie andere Top-Führungskräfte mit zentralen Herausforderungen von Unternehmensentwicklung und Leadership umgehen und welche Erfahrungen des Erfolgs und auch des Scheiterns sie dabei machen. Dieser Ansatz erfordert von den Teilnehmern ein hohes Maß an Vorbereitung, Fokussierung und sozialer sowie interkultureller Kompetenz und ist eine hervorragende Übung und Lernchance für Führungskräfte. Darüber hinaus sind diese Exkursionen eine Quelle an Informationen über Trends und Benchmarks in der jeweiligen Region.

Einen weiteren intensiven, erfahrungsorientierten Lernimpuls bietet die metaphorische Bearbeitung der Geschichten von Shakespeare im letzten Modul in Kooperation mit dem Unternehmen *Olivier Mythodrama*, London. Hier durchlaufen die Teilnehmer anhand der Lebensgeschichte von Henry V. bzw. des Dramas von Shakespeare in metaphorischer Form eine Reihe von Übungen und werden dabei eingeladen, sich als »Inspirational Leader« zu üben. Die Herausforderung besteht darin, in verschiedenen Situationen als Person und Persönlichkeit emotionale Überzeugungskraft zu entfalten und dabei sowohl innere als auch äußere Hindernisse zu überwinden. Insbesondere geht es darum, ein Gespür und tieferes Verstehen dafür zu erlangen, welche Hürden und Stufen in der eigenen Entwicklung als Führungskraft anstehen – und welche schon bewältigt und gestaltet wurden. Ziel ist es, die eigenen Ressourcen und Muster sowie deren Potenziale und Grenzen im Gestalten solcher Situationen auf einer tiefen persönlichen Ebene besser zu verstehen. Die Teilnehmer wenden die Erkenntnisse der Übung auf ihre nächsten wesentlichen Entscheidungen zu ihrer Zukunft als Führungskraft an. Dabei hat sich herausgestellt, dass die aktive Zusammenarbeit der Coaches mit den Kollegen von Mythodrama den Transferprozess positiv beeinflusst.

Die Übungen rund um die Lebensgeschichte von Henry V. kommen zum Abschluss des Programms zu einem idealen Zeitpunkt, indem sie dazu beitragen, die Erfahrungen jedes Teilnehmers aus dem gesamten Programm zu einem Fazit und Ausblick zusammenzuführen.

5.6.7 Die Zusammenarbeit im Staff Team: Mit wem und wie arbeiten wir?

Der Erfolg eines so zentralen Programms hängt im hohen Maße von den richtigen Beratern ab. Diese müssen erstens hervorragende Coaches sein und das individuelle Lernen »ihrer« Teilnehmenden gezielt fördern. Zweitens geht es darum, die kollektiven Lernprozesse optimal zu unterstützen. Dazu gehören die aktive Moderation der »Home Groups« und die Leitung der Dialogprozesse im Plenum. Außerdem besteht die Erwartung, State-of-the-Art-Management und Leadership-Know-how im internationalen Kontext zu kennen und dies in diesem internationalen Setting, teilweise in Anwesenheit der Konzernleitung, überzeugend, attraktiv und aktivierend einzubringen.

Da das Programm im Sinne des Action-Learning-Ansatzes eng an die Unternehmensentwicklung angebunden sein soll, kommt es zudem darauf an, dass die Berater neben ihren Kompetenzen im Leadership Development auch die unternehmensspezifischen strategischen Herausforderungen und Implikationen für Führung gut erfassen und in ihre Arbeit einbeziehen können.

Bei dem umfassend angelegten Auswahlprozess gab es auch Kontakt mit einigen Top Business Schools. Es stellte sich aber heraus, dass diese oft weniger Interesse hatten, sich intensiv mit dem Unternehmen und mit den konkreten individuellen Herausforderungen der Teilnehmenden auseinanderzusetzen.

Daher fiel die Entscheidung auf systemisch orientierte Unternehmensberatungen und letztlich auf Einzelpersönlichkeiten, die gemeinsam die Anforderungen an Diversität, Globalität und gute Zusammenarbeit erfüllen. Dieser Weg war aus Sicht des Auftraggebers und auch der einzelnen Berater nicht der einfachste, da die Berater sich untereinander noch nicht kannten und gewollt unterschiedliche Perspektiven und Ansätze vertraten. Es war ein eigener gruppendynamischer Prozess notwendig, bei dem die erforderlichen Rollenklärungen und eine professionelle Kultur gemeinsam erarbeitet wurden. In der Design- und Umsetzungsphase haben sich die Vorteile von Präsenz- bzw. Designmeetings herausgestellt, die trotz der regelmäßigen Telefonkonferenzen und einem internetbasierten Teamraum notwendig waren. So war es möglich, das Design der Module nah an der aktuellen Unternehmensentwicklung zu gestalten, die unterschiedlichen Stile der Berater und des Auftraggebers auf eine gemeinsame Linie zu bringen und den Teamgeist im »Staff« zu pflegen. Ein globales Leadership-Development-Programm mit einem solch komplexen Beratersystem zu gestalten, sollte gut überlegt sein. Die notwendigen Abstimmungsprozesse kosten Zeit und damit Geld, tragen aber erheblich zur Qualität des Programms bei. Dieser zusätzliche Wert entsteht durch die höhere Vielfalt, die tiefere Kenntnis des Unternehmens durch die Berater und den Umstand, dass das Design ko-kreiert werden muss und damit maßgeschneidert ist.

5.6.8 Zwischenbilanz: Was haben wir erreicht?

Wir haben das Programm über einen Zeitraum von etwa fünf Jahren dreimal durchgeführt. Damit haben insgesamt circa 45 internationale Führungskräfte auf wichtigen Schlüsselpositionen ein gemeinsames Leadership-Verständnis entwickelt und ihre eigenen Leadership Kompetenzen maßgeblich weiter entwickelt. Sie sind laut Teilnehmerfeedback heute erfolgreichere Führungskräfte. Es ist gelungen, eine globale Leadership Community und vielfältige Vernetzungen über den gesamten, in der Vergangenheit eher parzellierten Konzern hinweg zu schaffen. Die Teilnehmenden können heute ihr Führungshandeln weit besser in den Gesamtkontext des Unternehmens stellen und leisten Beiträge über ihren eigenen Bereich (Silo) hinaus. Somit hat das Programm einen wesentlichen Beitrag in Richtung der angestrebten Unternehmensentwicklung hin zu einer stärkeren Integration geleistet. Der Konzern als Ganzes hat seine Kompetenz zu wichtigen Zukunftsthemen (Wachstum, Innovation, Transformation, Globalisierung, Talent) bereichsübergreifend und global signifikant weiterentwickelt. Aus der Talent-Management-Perspektive haben Top Leader mit weiterem Potenzial ihre Sichtbarkeit über den eigenen Bereich hinaus und gegenüber der Konzernleitung verbessert.

Die Konzernleitung besitzt heute mit dem Programm eine Plattform zum Dialog mit der wichtigen zweiten globalen Führungsebene und gewinnt aus erster Hand Einschätzungen über deren Leadership-Kapazität und -Potenzial. Im Rahmen der Strategiekommunikation hat sie mit den Teilnehmenden und zusätzlich den Alumni eine globale Plattform zur Vermittlung und zur Multiplikation.

5.6.9 Wie kann/muss es weitergehen?

Da die Integration des Unternehmens in der Zwischenzeit erfolgreich weiter vorangetrieben wurde, bieten sich neue Chancen zu noch mehr Wirksamkeit. Heute gibt es ein gemeinsames Verständnis der Wichtigkeit eines konzernübergreifenden globalen Talent Managements, insbesondere für Führungskräfte. Globales Talent Management ist Aufgabe des Gesamtunternehmens und nicht mehr der Teilkonzerne. Hinzu kommt eine auf den Weg gebrachte weitere Professionalisierung des HR-Managements mit dem Ziel, globale und standardisierte Prozesse und Werkzeuge einzuführen (HR-Stammdaten & OrgManagement, Grading, HR IT-Systeme, Performance Management, Leadership-Leitbild).

Diese neuen Rahmenbedingungen bieten die Möglichkeit, die Teilnahme am Programm zukünftig stärker mit einer gezielten Nachfolgeplanung zu verknüpfen. Aktuell streben wir an, dass alle Teilnehmenden zukünftig eine belastbare positive Potenzialeinschätzung besitzen. Die Teilnahme soll Teil eines längerfristig angelegten Entwicklungsplanes sein, dessen Ziel die Entwicklung möglichst jeden Teilnehmers in eine weitergehende globale Verantwortung ist.

Somit geht eine Phase von mehreren Jahren, in denen das Programm entwickelt, umgesetzt und kontinuierlich weiterentwickelt wurde, zu Ende. Die dritte Gruppe des globalen Leadership Programms geht aktuell auf die Zielgerade und schließt ihre Lernreise in den nächsten Monaten ab.

Trotz des sehr hohen Aufwands kann das Programm als eine lohnende Investition beurteilt werden. Es hat an vielen Stellen im Unternehmen zukunftsrelevante Kompetenzen gestärkt. Der größte Wert besteht in der Bildung einer Topmanagement-Community, die intensive gemeinsame Erfahrungen gemacht und ein gemeinsames Führungsverständnis entwickelt hat. Das macht es wahrscheinlicher, dass die für das Unternehmen entscheidenden Zukunftsfragen in einem breiten Kreis von Führungskräften konstruktiv angesprochen und beantwortet werden.

5.7   Fall 7 Human Resources Business Partner – All in one?

Judith Kölblinger, Barbara Heitger, Annika Serfass

In diesem Fall – der Einführung und Umsetzung des Konzepts der **Human Resources Business Partner** (HRBP) bei der österreichischen Telekom – geht es uns darum zu zeigen, wie anspruchsvoll, wertvoll, aber auch voraussetzungsreich es sein kann, Veränderungsinitiativen unmittelbar mit Professionalisierung on the Job, mit unmittelbarer Arbeit für die Kunden (schnelle Prototypen), klassischer Qualifizierung und Teamentwicklung zu verknüpfen. Sozusagen als Beispiel für die Umsetzung der Unternehmensentwicklung in puncto neue HR-Strategie und -Organisation. Der Nutzen für das Unternehmen ist groß, der Ressourceneinsatz sehr effizient. Die Voraussetzungen sind allerdings entsprechend anspruchsvoll: Die Initiative erfordert ein stabiles Arbeitsbündnis zwischen Beratenden, Projektleitern und Auftraggebern, weil kontinuierliche und schnelle Reflexion und schnelles Agieren bei unerwarteten Chancen und Risiken notwendig sind und Berater mit vielfältigen Kompetenzen gefordert sind: Sie müssen vom Geschäft etwas verstehen (HR, Telekomgeschäft), von Wandel und Organisation (insbesondere von den Chancen und Hürden des HR-Modells nach Dave Ulrich) und nicht zuletzt Trainingsexpertise hinsichtlich HRBP-Kompetenzen und Teamentwicklung sowie Gruppendynamik haben.

Wir berichten über das Set-up, die Phasen und das Auf und Ab dieses Falls – der, soviel sei vorweggenommen, außerordentlich erfolgreich umgesetzt wurde –, sowohl aus der Perspektive von HR wie auch aus der der internen Kunden.

5.7.1   Die Ausgangssituation

Viele HR Abteilungen haben sich nach dem **HR-Modell von Dave Ulrich** (1997) in den letzten Jahren neu aufgestellt und dabei auch die Funktion der Businesspartner erfolgreich etabliert. Das Modell unterscheidet organisatorisch drei Funktionen: **Shared Services,** die das operative Standardgeschäft von Human Resources abwickeln und die zentralisiert, automatisiert und möglichst effizient zu steuern sind; **Competence Center** (CC) oder Centers of Expertise, die zu den Kernfunktionen von HR unternehmensweit Konzepte, Standards und Instrumente bzw. Designs erarbeiten. Diese werden dann meist über Projekte durch Shared Services – operativ – oder über die HRBP als Botschafter und Multiplikatoren bei den jeweiligen Zielgruppen im Unternehmen auf den Weg gebracht. Die Funktion der Businesspartner ist es einerseits also, Überbringer zu sein für unternehmensweite strategische HR-Themen und diese ins Geschäft zu übersetzen und andererseits als **strategische Partner** für ihren internen Kunden, das jeweilige Linienmanagement zu agieren, wenn es darum geht, HR-Initiativen zu konkretisieren, die zur Umsetzung der jeweiligen Geschäftsstrategien beitragen. Damit haben sich die Businesspartner von der rein operativ unterstützenden Rolle als Betreuer oder Referenten für ihre Bereiche eher zu verabschieden und eine strategische geschäftsnahe Perspektive als Sparringspartner auf Augenhöhe aufzubauen.

Die Businesspartner haben sich oft zuvor als Personalreferenten oder »Key-Account-Betreuer« mit viel Engagement ein Standing in den Fachbereichen erarbeitet. Aber die Frage, wie sie in der Rolle als Businesspartner ihr Potenzial als strategische Vermittler und geschäftsnahe Berater tatsächlich etablieren können, ist in der Praxis oft schwieriger zu beantworten als erwartet. Denn das HRBP-Modell bedeutet eine neue Identität für HR-Manager, und dieser Identitätswandel wird am deutlichsten sichtbar in der zu etablierenden Rolle der Human Resources Business Partner. Er bedeutet natürlich auch für die Kunden intensive Veränderung: weniger operative Entlastung, weniger persönliche Betreuung durch HR, Anonymität und Automatisierung bei HR-Standardthemen einerseits, strategischer Fokus, mehr eigenverantwortliches Mitwirken an HR-Themen und herausgefordert werden andererseits.

Die Schattenseiten des Modells seien hier auch kurz erwähnt: HR-Innovationen, die Gefahr laufen vom Markt abgekoppelt zu werden, weil die Competence Center (CC) viel weniger Kundenkontakt haben; HR-interne Machtkämpfe und Doppelgleisigkeiten durch Wettbewerb um direkten Kundenkontakt zwischen CC und HRBP, operative Überlastung der HRBP und Asymmetrie in der Beziehung zu ihren Kunden dadurch, dass sie nicht in die Rollen- und Arbeitssettings eines strategischen Partners kommen; fehlende Integration der Linie und der Mitarbeitenden als Kunden in den Change-Prozess der Etablierung eines solchen HR-Arbeitssettings und gefühlte Abwertung der Shared Services, die sich als Massen-Werkbank ohne tiefen Kundenkontakt erleben – so wie übrigens Mitarbeitende als Kunden von HR auch oft ihre früheren persönlichen Ansprechpartner vermissen. Wie also kann in Anbetracht der sinnvollen Ziele des Modells und der nicht zu unterschätzenden Stolpersteine die Umsetzung des Konzepts und insbesondere die der HRBP-Rolle gelingen?

Einerseits verlangt die Funktion des Businesspartners ein anspruchsvolles persönliches Repertoire – von Fähigkeiten in Contracting, Beratung und Mikropolitik über fundierte Kenntnis der Geschäftslogik der Fachbereiche bis hin zu HR-Generalistenwissen auf sehr hohem Niveau. Andererseits ist die Funktion der Business Partner auch organisational sehr anspruchsvoll, da sie an Schnittstellen zu Bereichen mit sehr unterschiedlichen Logiken positioniert ist. Von den prozessorientierten Services bis zu den Expertise getriebenen Competence Centers sowie zwischen strategischer Planung des HR Managements und Performance- / Kostenzielen der Fachbereiche, müssen die Businesspartner eine Richtlinienfunktion im Auftrag der HR und eine Beratungsfunktion im Auftrag der Fachbereiche ausbalancieren. Damit das gelingt, braucht es ein starkes, abgestimmtes und in der Organisation gut verankertes Businesspartner-Team mit klarem Leistungsversprechen und agilen Schnittstellen zu den wichtigen Anspruchsgruppen.

Als das Projekt mit der Telekom Austria/A1 begann, war die Unternehmensgruppe noch in einer Post-Merger-Integration nach der Fusion der Festnetz- mit der Mobiltelefonsparte und dabei, eine neue Identität zu entwickeln. Der HR-Bereich hatte sich strategisch, organisatorisch und personell neu ausgerichtet und die Umsetzung dieser Neupositionierung war gestartet. Das HR-Business-Partner-Modell war konzipiert und eingeführt worden. Die HR-Businesspartner waren als Team sehr heterogen (mit Herkunft aus Mobiltelefon- und Festnetzsparte bzw. einigen neuen Mitarbeitenden) und neu zusammengesetzt. Sie waren zum Teil direkt in den Fachbereichen angesiedelt und zum Teil in HR. Zugleich standen sie im Fokus der Veränderungen des Unternehmens und von HR selbst. Es ging ja auch darum, in gleicher Weise HR zu erneuern, die Fusion HR-intern zu vollziehen und die integrierten Kundenbereiche in der Post-Merger-Phase als HR zu beraten und zu betreuen.

Der Anstoß zu diesem Projekt entsprang unserer Arbeit mit dem HR-Managementteam. Über einen Prozess von etwa einem Jahr arbeiteten wir an einem gemeinsamen, integrierten Verständnis von HR, der HR-Strategie für das sehr wettbewerbsintensive Geschäftsumfeld der Telekom-Industrie und brachten zentrale strategische HR-Initiativen auf den Weg, darunter auch die Etablierung und weitere Professionalisierung der HRBP. Die bisherigen Erfahrungen in der Zusammenarbeit von uns als externe Berater mit dem Kunden hatten bereits eine Vertrauensbasis geschaffen, auf der dieses ungewöhnliche Programm möglich wurde. Schließlich gab es neben komplexen Inhalten, vielfältigen Charakteren und den Nachwehen der Post-Merger-Integration auch den Wunsch, dass hier über individuelles und teambasiertes Lernen hinaus ein Beitrag zur Strategieumsetzung geleistet wird.

5.7.2 Diagnose – Klärung der Veränderungs- und Qualifizierungsziele

Als wir im ersten Schritt Interviews mit den Businesspartnern führten und einen ausführlichen **Online-Fragebogen** mit quantitativen und offenen Fragen von den Businesspartnern und den Fachbereichen beantworten ließen, waren die Rückmeldungen grundsätzlich positiv. Allerdings wurden auch einige Diskrepanzen zwischen Selbsteinschätzung und der Einschätzung durch die Fachbereiche sichtbar. Die HRBP sahen sich selbst stärker als Treiber von HR-Themen, als sie von den Fachbereichen als solche wahrgenommen wurden. Insgesamt wurden folgende Richtungen deutlich, an denen vornehmlich zu arbeiten war:

vonseiten der Fachbereiche:
- Serviceprofessionalisierung steigern; konkret: transparentere und insgesamt kürzere Durchlaufzeiten
- Schärfung der HR-Prozesse in Richtung »one face to the customer«; konkret: hohe HR Kompetenz und proaktive Angebote an den Fachbereich

vonseiten der Businesspartner:
- klare Strukturen und Verantwortung; Klärung von Zuständigkeiten in HR
- Ressourcen bereitstellen und Kapazitätsverteilung optimieren; konkret: Positionierung der BP und Umsetzung der strategischen Vorgaben

Es bestand eine große Bereitschaft zur Qualifikation vonseiten der Businesspartner.

Die Fragen der Organisationsentwicklung hatten in ihrer Dringlichkeit für uns eine gefühlt besonders hohe Priorität. Daher machten wir den Vorschlag,
a) die Arbeit daran vor der Weiterbildung zu beginnen und
b) die Weiterbildung explizit als Treiber der OE Umsetzung zu etablieren.

5.7.3 Das Programm zur Umsetzung der HR-Strategie und -Organisation

Auf Basis dieser Ergebnisse konzipierten wir ein Lernprogramm als ein Hybrid zwischen inhaltlicher Strategieumsetzung, Qualifizierung, System- und Teamentwicklung und unmittelbarer Arbeit mit den internen HR-Kunden, dessen Verlauf folgendermaßen aussah: In vier Modulen wurde im Verlauf eines Jahres an den genannten Themen gearbeitet (siehe Abb. 65).

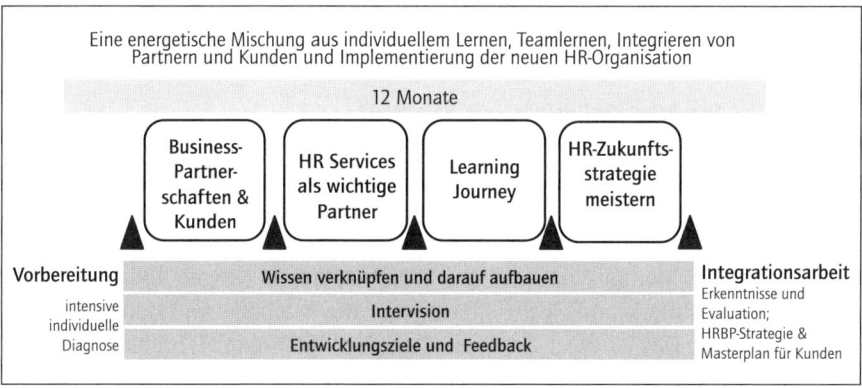

Abb. 65: Verlauf des Lernprogramms zur Umsetzung der HR-Strategie und -Organisation

Das Programm wurde von zwei Beratern kontinuierlich begleitet, um die Gruppe von zwölf HR-Businesspartnern mit diesen anspruchsvollen Mehrfachzielen (Qualifizierung, Teamentwicklung, kontinuierliche Arbeit an kundenbezogenen Themen, die neue HR-Organisation im Zusammenspiel HRBP mit Servicecenter, Competence Center und Managern verankern) gut beraten, coachen und trainieren zu können.

Das erste persönliche Treffen aller Teilnehmenden mit den Beratern geschah im Rahmen eines eintägigen Kick-off-Workshops. Darin wurden die Ergebnisse der Befragung vorgestellt, ebenso das Programm und seine Inhalte. Die Gruppe und die Beratenden lernten einander kennen, etablierten einen gemeinsamen Lern- und Arbeitskontext und schufen Commitment zu den Zielen des Programms. Dabei wurden Stärken und Ressourcen der Teilnehmerinnen und Teilnehmer herausgearbeitet, um sie für die Gruppe nutzbar zu machen sowie Rollen und Erwartungen geklärt. Gemeinsam wurden Erfolgskriterien festgelegt, die für die Evaluation des Programms genutzt wurden. Als Begleitung für das individuelle Lernen wurde das persönliche »Logbuch« eingeführt. Für das Logbuch wurden pro Modul von uns die zentralen Modelle geliefert. Auf diese Weise entstand ein kleines praktisches Handbuch für die Teilnehmenden. Abschließend wurde die Vorbereitungsarbeit für das erste Modul vereinbart.

Die Vorbereitung auf die Module war integraler Teil des Programms. Sie zielte darauf ab, dass die Teilnehmenden Verantwortung für ihren Lernfortschritt übernehmen und der Bezug zum Unternehmen lebendig und im Fokus bleibt. Vor dem ersten Modul war die Vorbereitung am intensivsten, um auch inhaltlich auf eine gemeinsame Ausgangsbasis zu kommen. Sie umfasste das Durcharbeiten einer Studie, die Evaluation der Businesspartnerschaft anhand eines standardisierten Evaluationsbogens, der sich auf vereinbarte HR Key Performance Indicators bezog, eine Präsentation der Business-Bereiche, für die jeweils HR-Verantwortung getragen wird, ein strukturiertes Feedback-Interview mit dem/der jeweiligen Linienmanager/-in zur Kooperation und zum aktuellem Bedarf sowie die Aufbereitung eines Falls oder einer typischen Situation für eine kollegiale Beratung.

Modul 1: Auf dem Weg zur Businesspartnerschaft
Die Kernanliegen des dreitägigen Moduls waren das Üben von **Contracting** sowie **Coaching** und **Sparring** untereinander und für die Kunden aus dem Kerngeschäft. Ein Live-Contracting mit einem Linienmanager diente dabei als Lernbeispiel. Diese Konstellation verlieh dem Inhalt des Falls besonderes Gewicht. Und obwohl die Methode dabei deutlich wurde, fiel es einigen Teilnehmenden schwer, ihre Aufmerksamkeit gleichzeitig auf die Methode und den Inhalt des Falls zu richten. Das ist einer der Preise, der bei derartigen Hybriden zu zahlen ist – dadurch dass die Aufmerksamkeit auf Inhalt und Methode gleichzeitig gerichtet ist, besteht die Gefahr der Überladung. Daher ist sorgfältiges Bearbeiten,

insbesondere die Trennung von inhaltlichem und methodischem Transfer, besonders wichtig.

Thematisch stand im Modul die Funktion als Businesspartner im Vordergrund. Wir beschäftigten uns mit damit verbundenen Anforderungen, Erfahrungen und Fragen. Der Kontext der Arbeit wurde abgesteckt und die Stakeholder im Fachbereich mit ihren Erwartungen, ihrem Kontext, ihren Bildern von sich selber und von den HRBP unter die Lupe genommen. Dazu wurde eine Expertendiskussion auf Basis der HRBP-Studie initiiert. Es wurden Strategien entwickelt, wie die Businesspartner individuell und als Team wirksam sind und noch wirksamer werden können. Dafür wurden auch Methoden kollegialer Beratung eingeführt und an den vorbereiteten Fällen und Situationen geübt. Am letzten Tag wurden Taskforces eingerichtet, die an der Verbesserung der Prozesse arbeiten und Modul 2 vorbereiten. Im Kern ging es darum, das Contracting als Arbeitsbasis für die HRBP zu etablieren: Instrumente und Methoden, die zentralen Inhalte und vor allem durch das Contracting den Startpunkt für eine andere, neue, stärker symmetrische Sparringspartnerschaft zwischen dem HRBP und dem Linienmanager zu setzen – als Symbol und Impuls für die neue Identität beider, wenn es um HR-Verantwortung geht.

Modul 2: HR Services als vitale Schnittstelle

Im Vorfeld von Modul 2 wurde in einem gesonderten Workshop auch auf HR-Management-Ebene an akuten Organisationsentwicklungs- und Kooperationsthemen zwischen HR-Einheiten gearbeitet und dafür Lösungen gefunden. Für Modul 2 wurden drei wichtige Themen für das bessere Zusammenwirken von HRBP und Service Center ausgewählt, an denen gemeinsam gearbeitet werden sollte: die Struktur der Ansprechpartner bzw. sinnvolle Kriterien für die Verteilung von Ansprechpartnern, Beschleunigung des Unterschriftenlaufs und die Vereinheitlichung von Verträgen. An der Lebendigkeit in Moderation und Design wurde besonders deutlich, wie gut sich Organisationsentwicklung und Lernen verbinden lassen.

Das Design für Modul 2 wurde so vorbereitet, dass die Moderation von den Teilnehmenden selbst durchgeführt werden konnte. Zusätzliche Unterlagen zu den HR Services, zu Moderation und Projektmanagement rundeten die Vorbereitung ab.

Auch die HR Services waren ja stark von der HR-Umstrukturierung betroffen, daher standen diese wichtigen Schnittstellen im Vordergrund dieses ebenfalls dreitägigen Moduls. Die Businesspartner brauchten Sicherheit für ihre Funktion als Brücke zwischen HR Services und den Linienmanagern. Inhaltlich war das Modul sehr breit angelegt: Konzepte und Methoden aus der Konfliktregelung (Mediation), dem Change Management, dem Projektmanagement und der Moderation von Teamentwicklungen wurden eingebracht und anhand des Themas individuell weiterentwickelt. Der rote Faden war das Vorantreiben von Themen.

In der Nachbearbeitung wurden weitere Taskforces aufgesetzt, die z. B. an einem Dashbord für die Businesspartner, an der Mitwirkung am Projekt Talent Management (Zusammenarbeit mit dem Competence Center), am Aufsetzen von Intervision und an der Struktur und den Spielregeln für die HRBP-Meetings ar-beiteten. Abschließend wurden Ideen für das nächste Modul mit einer Learning Journey → WERKZEUG 19: LEARNING JOURNEY gesammelt. Deren Ziel war es, in der Mitte des Programms den Blick nach außen zu richten, mit den HR-Bereichen anderer Unternehmen, die ähnliche Veränderungen gut bewältigt hatten, in Dialog und intensiven Austausch zu treten. Es wurde geklärt, welche Unternehmen interessant sein könnten und welchen Fragen dabei nachgegangen werden könnte bzw. wer die Unternehmen kontaktiert.

Modul 3: Learning Journey
Zwei Tage lang besuchten wir andere Unternehmen, die ebenfalls das HRBP-Modell eingeführt hatten, um uns darüber auszutauschen. Was hatte sich bewährt? Was weniger? Wie ist an den inzwischen klar gewordenen Kernfragen zur erfolgreichen Einführung des HRBP-Modells zu arbeiten? Die Vorbereitung war dabei alles andere als einfach. Die Verlässlichkeit der Zusagen im druckvollen Alltagsgeschäft, das sorgfältige Briefing, das notwendig ist, um nicht bei oberflächlichen Präsentationen stecken zu bleiben, sind ganz wesentliche Voraussetzungen für das Gelingen solcher Learning Journeys.

Schlussendlich besuchten wir zwei Unternehmen (HP und Oracle) und luden einen ausgewiesenen HR-Experten zur Diskussion ein (anstelle des dritten Unternehmens). Für die im Vorfeld entwickelten Fragen gab es jeweils einen Paten oder eine Patin, der bzw. die dafür verantwortlich war, die interessanten Aspekte der Antwort zu erfassen und gegebenenfalls vertiefend nachzufragen. Es wurde ein Protokoll mit den wichtigsten Ergebnissen verfasst. Für die HRBP waren folgende Fragen von Interesse:
- Wie sind die HRBP ins Team und in die Geschäftsbereiche eingebettet?
- Rollenschärfung und -entwicklung der HRBP
- Welche Entscheidungskompetenzen haben die HRBP?
- Welches Organisationsdesign für die HRBP-Einheit hat sich bewährt?
- Welche technologischen Schnittstellen sind etabliert und werden wie genutzt?
- Welche Grundlagen für das Talent Management liegen vor?

Die Nacharbeit wurde mit folgenden Fragen vertieft:
- Was ist deutlich anders (und übertragbar)?
- Was können wir hinsichtlich Standardisierung und internationaler Arbeit lernen?
- Was sind für uns vielversprechende Fragen zum Weiterdenken bzw. zur Weiterentwicklung unserer Praxis?

Die Moderation der Treffen wurde wieder von Teilnehmenden übernommen und durch die Beratenden unterstützt. Der Austausch wurde auch von den besuchten Unternehmen als überaus anregend empfunden und die Fortführung wurde gewünscht. Bis dato ist sie jedoch noch nicht umgesetzt. In der Evaluation wurde auch deutlich, dass von den Erkenntnissen hätte mehr übernommen werden können.

Modul 4: High Impact Workshop & Meister, die üben

Das letzte Modul wurde eingeleitet von einer Reflexion der Teilnehmenden zu ihrer bisherigen Arbeit als HRBP. Deshalb sollten sie als Vorbereitung erarbeiten:

* ihre Lessons Learned bisher
* die wichtigsten offenen Fragen
* wesentliche nächste Schritte für die Verankerung in die Organisation (z. B. Spielregeln, Jour fixe, Mentorenschaften, Ressourcen von anderen Organisationseinheiten, Meetings mit anderen Funktionen etc.)

In diesem Modul arbeiteten die Businesspartner an ihrer Weiterentwicklung in Richtung interne Berater. Das Thema der Einflussnahme ohne formale Autorität, um in formal asymmetrischen Settings gelingende Arbeitsbündnisse zu etablieren, nahm besonderen Raum ein. Außerdem wurde an der strategischen Positionierung der eigenen Organisationseinheit innerhalb des Unternehmens gearbeitet. Dabei wurde vor allem der Frage nachgegangen, wie stimmige Leistungsangebote für die Geschäftseinheiten bereitgestellt und weiterentwickelt werden können. Die Teilnehmenden erarbeiteten für das nächste Geschäftsjahr erste Entwürfe der maßgeschneiderten HR-Strategie für ihren Bereich, in die sie allerdings die unternehmensweiten strategischen HR-Themen hinein webten. Das Team der HRBP nutzte dabei jeden Einzelnen als Sparring- und Impulsgeber für die eigene Arbeit. Das Gesamtbild dieser Strategien wurde zum Abschluss mit dem Personalvorstand durchdiskutiert. So war dieser Workshop ein eindrückliches Erlebnis von Kompetenz, Geschäftsorientierung, Fokus und Teamstärke der HRBP – weil hier alle vorab erarbeiteten Inhalte und Methoden noch einmal konzentriert zusammengefügt wurden.

Als Programmabschluss wurden persönliche Lessons Learned und kritische Punkte für den Transfer in den Organisationsalltag erarbeitet. Die Businesspartner nannten unter anderem die Themen des Finetuning des persönlichen Portfolios, Perspektiven der Zusammenarbeit in der Community der Businesspartner und Planung der Supervisionen und ihrer Schwerpunkte, die den Transfer in den Organisationsalltag begleiten sollen. Entlang der eingangs definierten Indikatoren haben wir das Programm abschließend gemeinsam evaluiert.

Eine weitere Evaluation fand ein Jahr nach Abschluss des Programms statt. Wieder wurden die Businesspartner, ihre Vorgesetzten und die Fachbereiche mittels Online-Fragebogen um ihre Einschätzung gebeten. Das Ergebnis: Insgesamt haben sich die Ergebnisse im Vergleich zur ersten Evaluation in fast allen Werten sehr positiv entwickelt. Selbst- und Fremdbild sind dabei homogener geworden. Die Businesspartner erleben ihre Arbeit als deutlich wirkungsvoller und auch die Fachbereiche sehen einen klar markierten und gestiegenen Mehrwert der Businesspartner für ihr Geschäft und fühlen sich noch besser unterstützt. Besonders positiv war auch die große Verbesserung im Vorantreiben von HR-Themen in den Fachbereichen, die die Businesspartner nun viel stärker als erste Ansprechpartner nutzen und anerkennen. Inputs der Businesspartner fließen vermehrt in die HR-Strategiearbeit ein.

Wie kam diese Entwicklung zustande? Das HRBP-Modell ist vor allem ein Beziehungsgeschäft. Die Stärkung des Teams nach innen und der Fokus auf die Beziehungen zu den Fachbereichen haben diesen Zusammenhang positiv sichtbar gemacht. Das zeigen auch die Kommentare aus den Fachbereichen, die unter anderem schrieben:

»Ausgezeichnete Zusammenarbeit«; »Klare Abgrenzung, was geleistet werden kann und welche Funktionen im Bereich erbracht werden müssen«; »Unser Business Partner macht einen exzellenten Job.«; »Ich fühle mich in der jetzigen Konstellation sehr gut unterstützt.«

Der Leiter der HRBP war als solcher und als Leiter dieses Projektes vollständig in das Programm integriert. Der Personalvorstand war immer wieder Gast und stand für Fragen und Austausch zur Verfügung. Nicht zuletzt haben diese stabilen Arbeitsbündnisse wesentlich zum Erfolg beigetragen, ging es doch im Projektverlauf immer wieder auch darum, aktuelle und manchmal auch sehr konflikthafte (vor allem HR-interne Themen) im Change-Prozess aufzugreifen und dafür schnelle ad-hoc-Bearbeitungsformen zu entwickeln.

Projekt-Reflexion

In unserem Beraterstab haben wir das Programm überdacht und festgestellt, dass gleichzeitig sehr viele Punkte adressiert wurden – mehr sogar als eingangs gedacht!

- Ausbildung: Die individuelle Qualifizierung der Leute wurde angehoben.
- Es entstand ein gemeinsames Verständnis darüber, was es bedeutet, in diesem Unternehmen ein HR-Businesspartner zu sein.
- das Zusammenwirken und -spiel in den Rollen HRBP, CC und Service Center wurde etabliert und verankert.
- Es gab einen Teambuilding-Effekt unter den Businesspartnern und zu ihren HR-internen Kollegen.
- Teile der HR-Strategie wurden umgesetzt: Mit der starken Einbeziehung der Schnittstellen zu Shared Services und Competence Centers wurde Organisationsentwicklung im Sinne der HR-Strategie erreicht und nicht nur die Businesspartner als isolierte Einheit entwickelt.

- Arbeit an aktuellen Kundenanliegen: Da die ganze Zeit in den Modulen an aktuellen Fällen gearbeitet wurde, gab es eine unmittelbare Wertschöpfung.
- Bei der »Vermarktung« des Modells bei den internen Kunden wurde erreicht, dass auch auf Kundenseite das Erwartungsprofil angepasst wurde und es kam zu realistischeren Vorstellungen über die Zusammenarbeit und die Leistung. Auch die Befragungen und die aktive Einbeziehung während der ganzen Zeit haben sicherlich zur besseren Positionierung der HRBP beigetragen.

Im Hinblick auf diese Vielseitigkeit wurden die Ressourcen sehr effizient eingesetzt. Dazu trugen nicht zuletzt die hohe Motivation und der Einsatz der Teilnehmenden bei. Als »Preis« dieses sehr schlanken und dichten Ausbildungsprogramms stellten wir fest, dass die vielen Lernthemen teilweise überforderten. Weil Methoden an konkreten Anliegen und Fällen demonstriert wurden, war manchmal die Konzentration schwierig zu fokussieren: Verfolge ich den komplexen Inhalt oder achte ich auf die wirksame Anwendung der Methode?

Abschließend war das Projekt für uns auch so etwas wie eine kleine Wundertüte! Obwohl es komplex und anspruchsvoll war, konnten wir doch mehr erreichen, als erwartet. Wir haben die Hypothese, dass Hybride zwischen Qualifizierung, Change Management, inhaltlicher Arbeit für den jeweiligen Kunden und Stärkung des Kollektivs (hier Vertrauen im Team und wachsende Kooperation mit HR-Services und Competence Centers) nachhaltige Umsetzungsergebnisse und tiefer greifende Verankerung bringen, wenn es um Veränderung zweiter Ordnung geht.

Dennoch ist bei den Teilnehmenden der Wunsch nach vertiefter methodischer Entwicklung aktuell. Auch neue HRBP einzubinden, ist nicht einfach. Es lässt sich nicht leicht an die intensive gemeinsame Erfahrung anschließen.

Literatur

Ulrich, Dave (1997): Human Resource Champions: The next agenda for adding value and delivering results. Boston 1997.

Ulrich, Dave/Younger, Jon/Brockbank, Wayne/Ulrich, Mike (2012): HR from the outside in: Six competencies for the future of human resources. New York 2012.

6. Werkzeuge – Einführung zum Online-Angebot

Wie bereits an vielen Stellen in diesem Buch durch entsprechende Verweise angedeutet, möchten wir Ihnen eine »Kollektion« von 40 verschiedenen Werkzeugen vorstellen, die Ihnen bei der praktischen Umsetzung von Unternehmensentwicklung von großem Nutzen sein können. Der für die Beschreibung erforderliche Umfang würde den Rahmen dieses Buches jedoch sprengen. Wir haben uns aus diesem Grund für ein zusätzliches Online-Angebot zum Buch entschieden.

Um zu den Online-Werkzeugen zu gelangen, finden Sie auf der ersten Buchseite eine Internetadresse und einen Code. Auf der genannten Internetseite geben Sie den Code ein und schalten damit das begleitende Online-Angebot zum Buch frei. Wählen Sie das gewünschte Werkzeug aus und laden Sie es als Datei herunter. Um die Werkzeuge besser vergleichen zu können und die Arbeit mit ihnen zu erleichtern, enthält jedes Tool die gleichen Bausteine:

- Kategorie / Anwendungsbereich
- Fallbeispiel
- Einsatzgebiete / Anwendungsmöglichkeiten
- Zeitbedarf
- Ziele / erreichbare Ergebnisse
- Voraussetzungen
- Vorgehensweise
- Kommentar der Autorinnen

Bei der Auswahl haben wir uns weitestgehend auf neue, innovative Konzepte und Instrumente konzentriert oder aber auf bewährte, pointierte, die besonders gut für Unternehmensentwicklung im VUKA-Umfeld geeignet sind. Sie finden also ein Kaleidoskop von Werkzeugen – technologiegestützte, dialogorientierte, kreativ künstlerische, sehr einfache, aber auch aufwendigere. Darunter befinden sich Interventionen, konkrete Tools, aber auch umfassende Konzepte und Methoden.

Im Folgenden geben wir Ihnen eine alphabetisch geordnete Übersicht und Kurzbeschreibung der einzelnen Werkzeuge, damit Sie diese einordnen und gezielt online auswählen können.

1. Appreciative Inquiry

Energie folgt der Aufmerksamkeit. Mithilfe von Interviewleitfäden wird in fünf Phasen auf wertschätzende und anerkennende Weise erkundet, was gut läuft, an welchen Fragen gearbeitet und welche Themen weiterentwickelt werden sollen.

Fokus: Ressourcen- und Lösungsorientierung sowie Kooperation mit Vertrauen

2. Aufstellung relevanter Unterschiede

Auf der Basis von Hypothesen und geeigneten Fragen können mit dieser Methode schnell unterschiedliche Positionen zu einem Thema innerhalb einer Gruppe verdeutlicht werden. Das Tool ist als Einstieg in eine Systemdiagnose oder als Zwischenbilanz geeignet.

Fokus: Wirkung relevanter Unterschiede sichtbar und besprechbar machen

3. Bedürfnis-Quadranten

In Bezug auf fünf Stufen menschlicher Grundbedürfnisse kann eine Person, Gruppe oder Geschäftseinheit das aktuelle (emotionale) Befinden reflektieren und besprechbar machen. Das Tool wirkt insbesondere als hilfreiche Entschleunigung, wenn Leistungsdruck auf Erschöpfung trifft, die nicht thematisiert wird.

Fokus: Resilienz und Leistungsfähigkeit

4. Body Meter

Superschnell liefert Body Meter eine Momentaufnahme, Standortbestimmung oder Abstimmung. Rasch und unkompliziert wird Meinung sichtbar und macht auch noch Spaß.

Fokus: Blitzlicht, Klarheit für den nächsten Schritt

5. Business Model Canvas

Geht es um die Weiterentwicklung oder Neudefinition von Geschäftsmodellen und der strategischen Ausrichtung, so bietet dieses Tool mit seiner »Landkarte« aus neun Feldern die Möglichkeit, konzentriert und strukturiert an relevanten Gestaltungsdimensionen zu arbeiten und neue Gelegenheiten aufzuspüren. Auch für die kreative Produktentwicklung ist das Business Model Canvas geeignet.

Fokus: kreative und strukturierte strategische Innovation

6. Campaigning for Change

Kampagnen sind ein wirkungsvolles Werkzeug, um größeren Gruppen Veränderungsimpulse zu geben, Aufmerksamkeit für ein Thema zu erregen oder dessen öffentliche Wahrnehmung zu beeinflussen.

Fokus: Rahmen für Selbstorganisation zu neuen Themen

7. Change Map

Die Change Map ist ein wichtiges Instrument, um Veränderungsvorhaben zu positionieren, insbesondere wenn diese noch Konkretisierung brauchen. Dies ermöglicht es, Art und Konsequenzen der Veränderung zu antizipieren und den Veränderungsprozess entsprechend zu gestalten.

Fokus: evolutionäre versus tiefgreifende Veränderungen passgenau gestalten

8. Change Phasen

Das Phasen-Modell hilft festzustellen, in welcher Phase des Wandels sich welche Stakeholder-Gruppen befinden und welche Einstellungen und Handlungen daraus erwachsen. Es kann zur Planung der nächsten Meilensteine oder dann eingesetzt werden, wenn bei Change-Verantwortlichen Frust über scheinbare Stagnation oder Widerstand im Prozess entsteht.
Fokus: Gestaltungsstrategien und Schwerpunkte für jede Phase

9. Design Thinking

Die Methode lehnt sich an die Prinzipien von Designarbeit an und eignet sich für die Entwicklung neuer Ideen und konsequent lösungs- und ergebnisorientiertes Arbeiten an Herausforderungen. So entstehen Alternativen oder Prototypen, mit denen weiter gearbeitet werden kann.
Fokus: nah an die Anwender und schnell Experimentieren und Lernen

Digitale Methoden:

Die im Folgenden beschriebenen vier digitalen Methoden basieren alle auf der Beobachtung, dass nahezu jede Situation durch die Kombination von zwei bzw. drei möglichen Optionen hinreichend beschrieben und analysiert werden kann.
Fokus: Orientierung für klare Entscheidungen

10. Digitale Businessanalyse

Die digitale Businessanalyse ermöglicht anhand von zehn Faktoren die griffige Analyse eines Unternehmens in seinem Umfeld, quasi als Schnappschuss. Damit eröffnet sich eine Orientierung und Gesprächsgrundlage über Prioritäten der Unternehmensentwicklung.

11. Digitale Leistungsevaluation

Die digitale Leistungsevaluation kann zur Mitarbeiterentwicklung eingesetzt werden und ermöglicht es, ein klares und strukturiertes Bild von Leistungsindikatoren, Stärken, Schwächen und Entwicklungsfeldern zu zeichnen.

12. Digitale Entscheidungsfindung

Vor allem, wenn es viele konkurrierende Entscheidungsoptionen gibt, ist die digitale Entscheidungsfindung eine ausgezeichnete Methode, um innerhalb kurzer Zeit ein hohes Maß an Klarheit für komplexe Entscheidungen zu gewinnen.

13. Digitaler Rapid (Collective) Scan

Ein variables Diagnose- und Analysetool zur Einschätzung verschiedener Dimensionen des Unternehmens, das zu Beginn einer Beratung, bei Workshops zur Strategieentwicklung, zur Begleitung von Change-Prozessen oder auch im Rahmen eines Coaching angewendet werden kann.
Fokus: Entscheidungskriterien festlegen

14. Einschätzungstest Agilität

Ein einfaches, aussagekräftiges Diagnoseinstrument, mit dem man in drei Modulen mit wenig Zeitaufwand herausfindet, ob eine Organisation vom Einsatz agiler Managementmethoden profitieren kann.

Fokus: Fit für agile Methoden?

15. Experimentierräume

Eine Anregung für Unternehmen, die für ihre Unternehmenskultur mehr Innovation wünschen. Es geht darum, einen Raum zu schaffen, in dem durch seine Ausstattung und experimentelle Atmosphäre die Mitarbeitenden zum Experimentieren und Entwickeln von Innovationen angeregt werden. Die Ausstattung entspricht der »Desired Future«.

Fokus: Zukunft erlebbarer machen

16. Großgruppenveranstaltung

Zum Beispiel in Strategieumsetzungs- oder Veränderungsprozessen, in Krisen oder nach einem Führungswechsel, können Großgruppenveranstaltungen sehr hilfreich dabei sein, eine Organisation mit sich selbst ins Gespräch zu bringen, für alle die Zugehörigkeit zur Organisation und das Kollektiv in Aktion erlebbar zu machen.

Fokus: Das Unternehmen im Raum – Turbo für Commitment und Wandel

17. Hymne

Die Hymne ist ein kollektiver kreativer Akt und kann dazu genutzt werden, z. B. im Rahmen eines Workshops einen Akzent zu setzen und gleichzeitig Kreativität, hierarchieübergreifende Zusammenarbeit, Teamgeist und Zusammengehörigkeitsgefühl zu fördern.

Fokus: gemeinsam kreativ und Symbol für das Neue

18. Improvisation: Lernen von Jazz und Theater

Auf Basis der Grundregel der Improvisation, die Realität zu akzeptieren und daraus etwas zu machen, können individuelle und gemeinsame Lernerfahrungen vermittelt werden. Fähigkeiten wie z. B. Flexibilität, Offenheit, Eigenverantwortung, Achtsamkeit für andere, Lernen aus Erfahrung, eher in Prozessen statt in Strukturen zu denken usw., können geübt werden.

Fokus: Team, Erproben und auf Improvisieren vertrauen

19. Learning Journey

Ein Vorgehen das gewählt werden kann, wenn Unternehmen sich strategisch neu ausrichten, die genaue Richtung aber noch nicht klar ist. Die Learning Journey hilft dabei, neue Möglichkeiten zu entdecken, Best Practice zu identifizieren, Perspektiven zu wechseln und so die Innovationskompetenz zu stärken.

Fokus: professionell geführt in neue strategisch relevante Welten eintauchen – Erkenntnisse für Innovationspotenziale und zugleich Commitment dafür

20. Neuer Manager – neues Team

Durch die gemeinsame Erarbeitung sowohl von Ergebniszielen als auch von Haltungszielen ermöglicht dieses Vorgehen bei einem Führungswechsel ein schnelles und konzentriertes Kennenlernen sowie die Klärung wechselseitiger Erwartungen von Team und neuer Führungskraft aneinander.
Fokus: schnelles »Onboarding« und wirksames Zusammenspiel Führung – Team

21. Online-Befragungen

Wenn ein Unternehmen etwas über sich selbst in Erfahrung bringen will, bieten sich – gegebenenfalls als Ergänzung zu qualitativen Befragungen – Online-Befragungen an. Ihr Vorteil ist, dass eine große Anzahl von Personen einfach und kostengünstig erreicht werden kann. Es ist auf einfache Weise möglich, ein Monitoring von (Veränderungs-)Prozessen aufzusetzen.
Fokus: rasche und umfassende Beteiligung, schnelles Feedback

22. Prognosemarkt Prediki

Online-Prognosemärkte sind Interventionen, die zur gemeinsamen Einschätzung künftiger Entwicklungen in einer Gruppe dienen. Wie bei einer Aktienbörse werden Prognosen gehandelt, indem jeder Beteiligte »Credits« einsetzt. Die Handelnden beziehen sich dabei aufeinander und setzen auch ihre Glaubwürdigkeit ein. Die Prognose entwickelt sich dynamisch im Zeitablauf. Treffsicherheit belegt!
Fokus: Wissensentwicklung von vielen über das Handeln und Begründen von Einschätzungen

23. Qualitative Befragungen – systemisch

Ähnlich wie Online-Befragungen können qualitative Befragungen immer dann eingesetzt werden, wenn das Unternehmen etwas über sich selbst erfahren will. Im speziellen Fall der systemischen Befragung wird mit Fragen gearbeitet, die einen weiteren Blickwinkel und die Reflexion der Befragten anregen.
Fokus: systemische Standortbestimmung – Wirkungszusammenhänge und Wirklichkeitskonstruktion

24. Quick Ideas

Eine Methode, die es den Beteiligten durch den »Zwang«, schnell Ideen zu produzieren, ermöglicht, fokussiert und kreativ zu denken. Die Ideen werden miteinander verbunden und zu wenigen vielversprechenden Optionen verdichtet, die es sich lohnt weiter zu verfolgen.
Fokus: Hineinspringen in die Ideenproduktion – klare Schrittfolge

25. Rapid Prototyping

Sollen Innovationen früh, günstig und schnell in die Hände von Anwendern und potenziellen Kunden gebracht werden, eignet sich diese Methode. Ausgehend von einem rudimentären Prototypen gelangt man im Verlauf eines iterativen Prozesses zu einer marktreifen Innovation.
Fokus: erproben und schnelles Feedback aus der Praxis der Nutzer

26. Resilienz-Check

Dieser Schnelltest ermöglicht innerhalb von fünf Minuten eine erste Einschätzung der Resilienz der Organisation. Dabei werden Aussagen hinsichtlich Anticipation (vorbereitet sein, auf das was kommt), Adaptation (flexibel und schnell agieren), Recovery (Rückbesinnung auf Bewährtes) und Lessons Learned (Erfahrung nutzen) zu einer Bestandsaufnahme zusammengefasst.

Fokus: Dimensionen organisationaler Resilienz evaluieren

27. Scrum

Eine Methode für das agile Management komplexer Projekte, die auf die klassischen Projektmanagement-Werkzeuge verzichtet und darauf aufbaut, dass ein teilautonomes Team nach festen Spielregeln und Ritualen agiert und die gemeinsame Verantwortung für die Fertigstellung vereinbarter Aufgabenpakete übernimmt.

Fokus: klare Rollen und Settings sichern Agilität, Eigenverantwortung, Teamarbeit und schnelle Ergebnisse

28. Seitenwechsel

Durch das vorübergehende Einnehmen der Perspektive anderer können gedankliche Muster aufgebrochen und neue Erfahrungen gesammelt werden oder neue Ideen entstehen. Auf Unternehmensebene kann diese Methode ein Wegbereiter für ein innovatives Klima und eine offenere Unternehmenskultur sein.

Fokus: Neues durch Erleben

29. Shadowing

In zwei Varianten – sich beobachten lassen oder selbst andere beobachten – können mit dieser Methode wertvolle Einsichten über sich selbst (Person oder Organisation) oder über andere gewonnen werden. Erfahrungsgemäß sind diese vielschichtiger und authentischer als die durch andere Methoden gewonnenen Erkenntnisse. Hier werden auch viele Aspekte impliziten Wissens in Erfahrung gebracht.

Fokus: beobachten, reflektieren, Dialog

30. Sherry Party

Diese Methode eignet sich gut als Einstieg in einen Workshop oder eine Großgruppenveranstaltung. In drei kurzen Runden tauschen sich Teilnehmende zu relevanten Fragen aus, die mit der Veranstaltung in Verbindung stehen – ein erstes Warm-up.

Fokus: schnell vernetzen und aktivieren

31. Sli.do

Ein Online-Werkzeug, das es Gruppen ermöglicht, in Echtzeit, für alle sofort sichtbar, Fragen zu beantworten oder eigene zu stellen und diese gemeinsam zu priorisieren. Ähnlich einer TED-Abstimmung im Fernsehen erlaubt Sli.do schnelles Feedback und dessen Vernetzung. Sli.do ist besonders für Großgruppenveranstaltungen geeignet!

Fokus: schnelle Beteiligung und Priorisieren mit hoher Transparenz

32. Stakeholder-Plattformen

Insbesondere, wenn es darum geht, Bedürfnisse, Meinungen und Impulse z. B. von Kunden zu erhalten, wenn neue Ideen getestet werden sollen oder wenn an strategischen Fragen gearbeitet wird, ist der direkte Austausch mit Stakeholdern ein gewinnbringender Prozess. Er ist zudem oft attraktiv, weil er gleichzeitig für die Stakeholder Ausdruck von Wertschätzung ist.

Fokus: neue Erkenntnisse und tragfähige Beziehungen durch strukturierten Dialog

33. Storytelling in situ

Diese Methode nutzt situativ das Potenzial von Geschichten, indem die Form der Erzählung genutzt wird, um Erfahrungen und Vorstellungen zu vermitteln und auszuhandeln. Storytelling in situ eignet sich sowohl zur Standortbestimmung als auch zur Generierung von Impulsen für die zukünftige Ausrichtung.

Fokus: durch Geschichten Raum schaffen für persönlichen Sinn und gemeinsames Agieren

34. Szenarioarbeit

Die Arbeit mit Szenarien hat sich für die Beschäftigung mit Zukunftsfragen bewährt. Durch das Entwickeln von Best-Case- und Worst-Case-Szenarien kann ein ungefährer Rahmen des Erwartbaren geschaffen und dieses durch Diskussion deutlicher gemacht werden. Gleichzeitig wird das emotionale Begreifen, von dem was kommen könnte, erleichtert.

Fokus: Zukunftsvarianten schaffen Antwortfähigkeit

35. Tetralemma

Für das Durcharbeiten von unterschiedlichen Optionen einer Entscheidung ist das Tetralemma eine gute Methode. Das verstandes- und gefühlsmäßige Eintauchen vertieft das Verständnis, und der Prozess eröffnet neue Perspektiven. Raus aus dem Dilemma!

Fokus: Ambivalenzen und »Entweder-oder«-Entscheidungen auflösen

36. Thick Description

Es geht darum, das Verhalten von Personen (Kunden, Partner, Wettbewerber usw.) zu beobachten und besser zu verstehen, wie z. B. Nutzer mit neuen Produkten umgehen oder welchen Bedarf Kunden haben, ohne ihn explizit auszusprechen. Diese Informationen sind nutzbringend für die eigene Positionierung, für Innovationen oder Entwicklungen.

Fokus: konzentriert Beobachten – mit Phantasie interpretieren

37. Wargaming

Aus der Perspektive eines Konkurrenten wird im Wargaming konsequent und findig auf die eigenen Produkte oder Strategien geblickt und dadurch Schwachstellen identifiziert. Die erhaltenen Impulse können für präventive Maßnahmen oder vor der Markteinführung eines Produktes oder einer strategischen Neuausrichtung genutzt werden.

Fokus: aus der Strategie eines potenziellen Angreifers strategische Erkenntnisse gewinnen

38. Wheel of Future

Ein gutes Werkzeug zur Entwicklung von Zukunftsszenarien. Die möglichen Trends sind auf dem Wheel of Future in vier Kategorien unterteilt und durch Drehen des Rads werden Trends willkürlich kombiniert. Diese Verbindung und ihre möglichen Auswirkungen für das Unternehmen können nun diskutiert und Maßnahmen bestimmt werden. Wiederholung bringt noch mehr Ideen! *Fokus:* ungewohnte Zukunftsbilder erproben und kombinieren

39. Wisdom Council

Wenn es darum geht, von Betroffenen (z. B. Mitarbeitende oder auch Bürger und Bürgerinnen) pointierte Ideen und Empfehlungen zu bekommen, ist der Wisdom Council ein gutes Instrument. Eine durch Zufallswahl zusammengestellte Gruppe von zwölf Personen – der Rat der Weisen – bereitet einen Beitrag für eine nachfolgende Großgruppenveranstaltung vor. Der Wisdom Council bringt besonders bei einer diffusen Konfliktlage wesentliche Themen auf eine breitere Basis und die Beteiligten in die Verantwortung. *Fokus:* mutige Erkenntnisse und Impulse durch hohe Dialogqualität und Präsenz in der Goßveranstaltung

40. Word-Rap

Eine Methode, die unter Einbeziehung aller Beteiligten einen sehr schnellen Überblick oder ein kurzes Stimmungsbild ermöglicht. Auf eine Frage wird mit genau einem Wort geantwortet. Der Word-Rap ist eine zeitsparende Methode für den Abschluss eines Workshops oder einer inhaltlichen Sequenz. *Fokus:* pointiertes Gesamtbild, aktiviert

Um Ihnen die Suche nach den für Ihre Zwecke jeweils geeigneten Werkzeugen zu erleichtern, haben wir alle Werkzeuge zudem nach Anwendungsbereichen kategorisiert:

1. **Expose:** Den Anfang machen Werkzeuge, die der **Beobachtung** dienen, und dazu, sich etwas bewusst zu machen und etwas tiefer zu verstehen.
2. **Explain:** In einem weiteren Schritt geht es um das **Vergemeinschaften** von Beobachtungen oder Erkenntnissen, um das Verdeutlichen.
3. **Explore:** Im dritten Schritt kommen Werkzeuge aus der Kategorie des »Explore« zum Einsatz: **Neues wird entwickelt,** es geht um sich Öffnen, um Ausprobieren. Experimente werden unternommen und dadurch neue Erkenntnisse gewonnen.
4. **Execute:** Dieses Neue **einzuführen,** dazu dienen die Werkzeugen dieser Kategorie. Es geht um etablieren, **umsetzen.**
5. **Exploit:** Etwas Bestehendes noch weiter zu verankern und es kontinuierlich zu **verbessern,** effizienter zu machen bzw. zu verwerten, ist der Kern von Werkzeugen dieser Kategorie, die dem »Exploit«-Modus entspricht.

6. Examine: Die Werkzeuge dieser letzten Kategorie widmen sich der **Messung** von Erfolgen, teilweise auch der Kontrolle und Steuerung. Sie sind zum Teil überlappend mit dem neuerlichen Beobachten und können so in einen Kreislauf ihrer Anwendung überleiten.

Abbildung 66 stellt daher die Kategorien und ihre Anwendung auch als Kreislauf angeordnet dar. Dieser ist nicht verpflichtend einzuhalten, aber eine oft zu findende logische Folge.

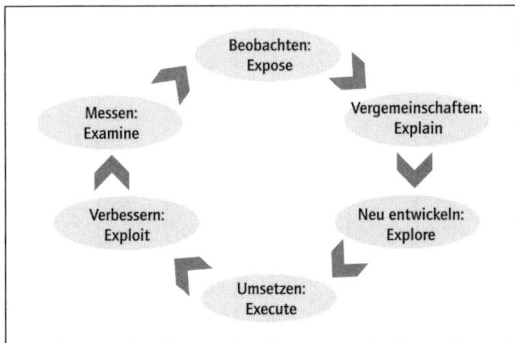

Abb. 66: Kategorisierung Werkzeuge

Da viele Werkzeuge für mehr als eine Anwendung geeignet sind, gibt Abbildung 67 einen Überblick über die mögliche Nutzung. Auch hier ist die Reihenfolge der Werkzeuge alphabetisch.

Nr.	Werkzeug	1 Beobachten: Expose	2 Vergemeinschaften: Explain	3 Neu entwickeln: Explore	4 Umsetzen: Execute	5 Verbessern: Exploit	6 Messen: Examine
1	Appreciative Inquiry		•	•		•	
2	Aufstelllung relevanter Unterschiede	•	•				
3	Bedürfnis-Quadranten		•				•
4	Body Meter	•	•				•
5	Business Model Canvas		•	•		•	
6	Campaigning for Change				•		
7	Change Map		•				
8	Change-Phasen	•	•				
9	Design Thinking			•			
10	Digitale Business Analyse	•	•				•
11	Digitale Leistungs-evaluation	•					•
12	Digitales Entscheiden			•	•		

Nr.	Werkzeug	1 Beobachten: Expose	2 Vergemeinschaften: Explain	3 Neu entwickeln: Explore	4 Umsetzen: Execute	5 Verbessern: Exploit	6 Messen: Examine
13	Digitaler Rapid Scan	•	•				•
14	Einschätzungstest Agilität	•					•
15	Experimentierräume			•			
16	Großgruppenveranstaltung		•	•	•		
17	Hymne		•	•			
18	Improvisation: Lernen von Jazz und Theater			•	•		
19	Learning Journey			•			
20	Neuer Manager – neues Team				•	•	
21	Online-Befragungen		•		•	•	•
22	Prognosemarkt Prediki		•			•	•
23	Qualitative Befragungen	•	•				•
24	Quick Ideas			•			

Nr.	Werkzeug	1 Beobachten: Expose	2 Vergemeinschaften: Explain	3 Neu entwickeln: Explore	4 Umsetzen: Execute	5 Verbessern: Exploit	6 Messen: Examine
25	Rapid Prototyping			•	•		
26	Resilienz Quick Check	•	•				•
27	Scrum				•	•	
28	Seitenwechsel	•		•			
29	Shadowing	•		•		•	
30	Sherry Party		•				
31	Sli.do		•				•
32	Stakeholder-Plattformen		•	•		•	
33	Storytelling in situ		•	•	•		
34	Szenarioarbeit	•	•	•			
35	Tetralemma		•	•		•	
36	Thick Description	•		•			
37	Wargaming			•			
38	Wheel of Future	•	•	•			
39	Wisdom Council		•	•	•		
40	Word Rap		•				•

Abb. 67: Anwendungsfelder der Werkzeuge

Und zum guten Schluss noch ein paar nützliche Literaturempfehlungen zum klassischen Repertoire für systemisch orientierte Manager bzw. Berater:

Gassmann, Oliver/Frankenberger, Carolin/Csik, Michaela (2013): Geschäftsmodelle entwickeln: 55 innovative Konzepte mit dem St. Galler Business Model Navigator. München 2013.
Heitger, Barbara/Doujak, Alexander (2014): Harte Schnitte – neues Wachstum. 2. aktualisierte Neuaufl., München 2014.
Königswieser, Roswita/Exner, Alexander (2006): Systemische Intervention. Architekturen und Designs für Berater und Veränderungsmanager. Stuttgart 2006.
Nagel, Reinhart (2014): Lust auf Strategie. Workbook zur systemischen Strategieentwicklung. 3. aktualisierte Aufl., Stuttgart 2014.
Von Schlippe, Arist (2010): Systemische Interventionen. Göttingen 2010.

Autoren- und Mitwirkendenverzeichnis

Barbara Heitger

Dr. Barbara Heitger (heitger@heitgerconsulting.com) ist Gründerin der Heitger Consulting Group of Experts sowie renommierte Autorin und Vortragende zu den Themen Unternehmensentwicklung, Strategie, Organisation, Führung, Wandel, Human Resources und systemische Beratung. Die Heitger Consulting Group of Experts berät Vorstände, Managementteams und Projekte in Strategiearbeit, Organisationsentwicklung und Leadership Development. Zu den Kunden von Heitger Consulting zählen DAX und Fortune 500 Unternehmen, ebenso wie Familienunternehmen und Hidden Champions.

Ausbildungen und Erfahrungen

Studium: Jura, Soziologie und Politikwissenschaft, systemische Beraterausbildungen, Supervisorin, Gründungsmitglied des Austrian Coaching Council (ACC), tiefenpsychologische Therapieausbildung, Gruppendynamiktrainerin und Lehrberaterin der OEGGO (Österreichische Gesellschaft für Gruppendynamik und Organisationsberatung); wissenschaftlicher Beirat Carl Auer Verlag; Trainerin, Beraterin, Projektmanagerin in einer Bank und in einem internationalen Computerkonzern; Studienaufhalte in den USA; 17 Jahre lang Managing Partnerin der Beratergruppe Neuwaldegg, Engagement in NGOs und Sparring für junge Unternehmer/-innen

Seit über 25 Jahren Beraterin für Familienunternehmen und Großkonzerne mit den Schwerpunkten

- Unternehmensentwicklung und Arbeit mit Vorständen
- Strategiearbeit und Umsetzungsinitiativen
- internationale Change-Management-Initiativen
- Arbeit mit und Coaching von Managementteams
- internationale Leadership Development Programme
- strategische Innovation und agile Organisationen

Drei Worte zu mir

Musik, Entdecken, Freunde

Annika Serfass

Dipl. oec. Annika Serfass (serfass@heitgerconsulting.com) ist Beraterin bei Heitger Consulting. Ihr Fokus liegt auf prozessorientierten Seminaren, Strategie- und Change-Workshops, Vorträgen und Großveranstaltungen sowie System- und Prozessdiagnosen. Inhaltliche Schwerpunkte sind Resilienz von Personen und Organisationen, systemische Unternehmensentwicklung sowie Zukunft und Innovation.

Ausbildungen und Erfahrungen

Studium: Wirtschaftswissenschaften, Philosophie und Kulturreflexion an der Universität Witten/Herdecke. Weiterbildung zur systemischen Beraterin am hsi Heidelberg. Fortbildungen in Gruppendynamik, Change-Management, Innovationsmanagement, Structural Thinking (Robert Fritz) und Motto-Zielen (Zürcher Ressourcenmodell). Studien- und Arbeitsaufenthalte in den USA, Kanada, England und China.

Seit 2009 Beraterin bei Heitger Consulting mit den Schwerpunkten

- prozessorientierte Seminare, Moderation von Workshops in Beratungsprojekten
- Design
- System- und Prozessdiagnose von Organisationen und Projekten
- Entwicklung, Durchführung und Auswertung von qualitativen Befragungen
- qualitative Forschung (Design, Erhebung und Auswertung)
- internationales Projektmanagement
- systemische Unternehmensentwicklung
- Vorträge zu verschiedenen Schwerpunktthemen
- Forschung zu Innovationsfähigkeit, Zukunft und Resilienz von Organisationen und Personen
- innovative Strategiearbeit

Veröffentlichungen zu Großgruppenmoderation, Resilienz und strategischer Innovation, z.B. in der »REVUE für postheroisches management«, im »Standard«, und in verschiedenen Herausgeberwerken.

Drei Worte zu mir

Lyrik, Sprache, Neugier

Gudrun Becker
becker@heitgerconsulting.com

Berufliche Schwerpunkte
Change Management, Coaching, virtuelle Teams

Mitwirkung
Feedback und Ergänzungen zu Ent-Scheidung 2: Internationalisierung und Interkulturalität

Drei Worte zu mir
Interkulturelle Begegnungen, Kite Surfing,
Organisationen im Wandel

Andreas Graf von Bernstorff
info@bernstorff-camp.de

Berufliche Schwerpunkte
Berater und Dozent für Campaigning und strategische Kommunikation

Mitwirkung
Autor von Werkzeug 6: Campaigning for Change

Drei Worte zu mir
Kennt fast alle Vogelstimmen

Christina Bösenberg
boesenberg@heitgerconsulting.com

Berufliche Schwerpunkte
Global Leadership Development (Programme), Neuroscience und Führung, Executive Coaching

Mitwirkung
Feedback und Ergänzungen zu Ent-Scheidung 3: Virtuelle Zusammenarbeit

Drei Worte zu mir
NGO Leader & Charity Campaigner, Writer, Yogi, Lover
of the Arts

Manfred Brandstätter

brandstätter@heitgerconsulting.com

Berufliche Schwerpunkte

agile Projekt- und Linienorganisationen

Mitwirkung

Autor von Fall 4: Scrum – nützlich für komplexe Projekte in traditionellen Unternehmen?, Werkzeug 14: Einschätzungstest Agilität, Werkzeug 27: Scrum sowie des Beispiels für Werkzeug 9: Design Thinking

Drei Worte zu mir

Gehen, Denken, Gestalten

Robert Fritz

seminars@robertfritz.com

Berufliche Schwerpunkte

Strategieberatung, Schreiben, Filme machen

Mitwirkung

Autor der Werkzeuge 10, 11 und 12: Digitale Business Analyse, Digitale Leistungsevaluation und Digitale Entscheidungsfindung

Drei Worte zu mir

Founder of Structural Dynamics, Organizational Consultant, Best Selling Author, Award Winning Filmmaker

Hubertus Hofkirchner

hjh@prediki.com

Berufliche Schwerpunkte

Zukunftsforschung, Markt- und Meinungsforschung

Mitwirkung

Autor von Werkzeug 22: Prognosemarkt Prediki

Drei Worte zu mir

Wasser- und Leseratte, Wirtschaftsblogger

Eva Kiefer

kiefer@heitgerconsulting.com

Berufliche Schwerpunkte
Organisation organisieren, Führung kommunizieren, Forschung

Mitwirkung
Koautorin von Fall 2: Programm-Management sowie Werkzeug 33: Storytelling in situ; Autorin von Werkzeug 13: Digital Rapid (Collective) Scan

Drei Worte zu mir
Neugier, Kunst, Berge

Judith Kölblinger

koelblinger@heitgerconsulting.com

Berufliche Schwerpunkte
Wandel, interne Beratung, Leadership Development

Mitwirkung
Koautorin von Fall 7: Human Resources Business Partner – All in One; Recherche, Vorarbeit, Feedback und Ergänzungen zu Ent-Scheidung 8: Resilienz und Agilität; Autorin von Werkzeug 20: Neuer Manager – neues Team, dem Beispiel für Werkzeug 1: Appreciative Inquiry sowie dem Beispiel für Werkzeug 39: Wisdom Council

Drei Worte zu mir
Familie, Tango Argentino, Salzburger Festspiele

Werner Kroer

kroer@heitgerconsulting.com

Berufliche Schwerpunkte
Business Model & Process Design, IT-Management, Projekt/Programm-Coaching und Programmmanagement

Mitwirkung
Recherche, Vorarbeit, Feedback zu Ent-Scheidung 4: Digitalisierung, Web 2.0 und Media Literacy; Koautor von Fall 2: Programm-Management; Autor des Beispiels für Werkzeug 5: Business Model Canvas

Drei Worte zu mir
Tech geek, Off-the-beaten-path, Endurance Sports

Wolfgang Looss
Wlooss@t-online.de

Berufliche Schwerpunkte
Organisationsberatung, Management Development,
Executive Coaching

Mitwirkung
kontinuierlicher Impulsgeber; Mitarbeit an Kapitel 4:
Unternehmensentwicklung – neue Wege

Drei Worte zu mir
Sprache, Komplexität, Faulenzen

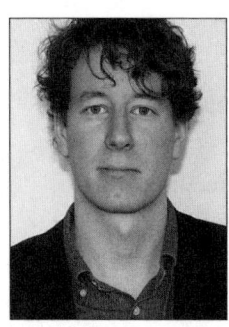

Maximilian Manderscheid
manderscheid@heitgerconsulting.com

Berufliche Schwerpunkte
Nachhaltigkeit, Wassermanagement, Web 2.0

Mitwirkung
Recherche und Interviews für Ent-Scheidung 10: Nachhaltigkeit

Drei Worte zu mir
Natur, Sport, Neues

Matthias Mose Pöll
poell@heitgerconsulting.com

Berufliche Schwerpunkte
Systemische Beratung, Kommunikation,Wandel digital
gestalten

Mitwirkung
Recherche, Textarbeit, Feedback zu Ent-Scheidung 3:
Virtuelle Zusammenarbeit sowie zu Ent-Scheidung 4: Di-
gitalisierung, Web 2.0 und Media Literacy (inklusive der
Tabellen); Autor von Fall 2: Programm-Management und
des Beispiels für Werkzeug 3: Bedürfnis-Quadranten;
Koautor von Werkzeug 33: Storytelling in situ

Drei Worte zu mir
Fußball, Schreiben, Pistazien

Philipp Rafelsberger
rafelsberger@heitgerconsulting.com

Berufliche Schwerpunkte
Veränderungsprozesse, Großgruppenveranstaltungen, Teamentwicklung

Mitwirkung
Autor von Werkzeug 17: Hymne

Drei Worte zu mir
Regatten, Walking Bass, Gruppendynamik

Georg Remmers
georg.remmers@heraeus.com

Berufliche Schwerpunkte
Organisationsentwicklung, Leadership Learning

Mitwirkung
Autor von Fall 6: Global Leadership

Drei Worte zu mir
Familie, Rennrad, Global

Stephan Rey
rey@heitgerconsulting.com

Berufliche Schwerpunkte
Wandel begleiten, Transformation

Mitwirkung
Zeichner der Cartoons; kontinuierliche Versorgung mit interessanten Quellen, Texten, Links, Hinweisen, Personen

Drei Worte zu mir
Zeichnen, Querdenken, Großzügigkeit

Adrienne Rubatos
rubatos@heitgerconsulting.com

Berufliche Schwerpunkte
Unternehmensberatung, Coaching, Training

Mitwirkung
Autorin von Fall 3: East meets West

Drei Worte zu mir
Meer, Tango, Austauschen

Herbert Schober-Ehmer
schober-ehmer@heitgerconsulting.com

Berufliche Schwerpunkte
Change neu gestalten, Leadership-Teams begleiten, Familienunternehmen und Unternehmerfamilien beraten

Mitwirkung
Koautor von Fall 5: Den Wandel verändern

Drei Worte zu mir
Klettern, Lachen, das Leben zum Singen bringen

Ullrich Silaba
ullrich.silaba@gmail.com

Berufliche Schwerpunkte
Projekt-Management, Leadership, Interkulturelle Beratung

Mitwirkung
Koautor von Ent-Scheidung 2: Internationalisierung und Interkulturalität

Drei Worte zu mir
Lachen, Lernen, Leben

Uta-Barbara Vogel
u.vogel@redmont.biz

Berufliche Schwerpunkte
Supervision und Coaching, Teamentwicklung, Führungskräfteentwicklung

Mitwirkung
Koautorin von Fall 5: Den Wandel verändern

Drei Worte zu mir
Tanzen, Entdecken, Genießen